JEAN V. PONCELET

# COURS DE MÉCANIQUE

## APPLIQUÉE AUX MACHINES

AF854129

Elibron Classics
www.elibron.com

Elibron Classics series.

© 2005 Adamant Media Corporation.

ISBN 1-4212-1723-6 (paperback)
ISBN 1-4212-1722-8 (hardcover)

This Elibron Classics Replica Edition is an unabridged facsimile of the edition published in 1874 by Gauthier-Villars, Paris.

Elibron and Elibron Classics are trademarks of Adamant Media Corporation. All rights reserved.

This book is an accurate reproduction of the original. Any marks, names, colophons, imprints, logos or other symbols or identifiers that appear on or in this book, except for those of Adamant Media Corporation and BookSurge, LLC, are used only for historical reference and accuracy and are not meant to designate origin or imply any sponsorship by or license from any third party.

# COURS
# DE MÉCANIQUE
## APPLIQUÉE AUX MACHINES.

Tout exemplaire du présent Ouvrage qui ne porterait pas, comme ci-dessous, la griffe de l'Éditeur-Propriétaire, sera réputé contrefait. Les mesures nécessaires seront prises pour atteindre, conformément à la loi, les fabricants et les débitants de ces exemplaires.

570 Paris. — Imprimerie de GAUTHIER-VILLARS, quai des Augustins, 55.

# COURS
# DE MÉCANIQUE

## APPLIQUÉE AUX MACHINES,

PAR

J.-V. PONCELET.

---

PUBLIÉ PAR M. X. KRETZ,
Ingénieur en chef des Manufactures de l'État.

PARIS,
GAUTHIER-VILLARS, IMPRIMEUR-LIBRAIRE
DE L'ÉCOLE POLYTECHNIQUE, DU BUREAU DES LONGITUDES,
SUCCESSEUR DE MALLET-BACHELIER,
Quai des Augustins, 55.

1874

(Tous droits réservés.)

# PRÉFACE.

Poncelet fut chargé, en 1824, par une décision du Ministre de la Guerre, de créer, à l'École d'Application de Metz, un Cours sur la science des Machines. Il s'était déjà fait connaître par des travaux de Géométrie et ne renonça pas sans peine à ses études favorites : ce fut, comme il le dit lui-même (1), sinon avec répugnance, du moins avec un vif sentiment de regret, qu'il accepta cette tâche laborieuse à laquelle il n'était nullement préparé. Néanmoins il se mit à l'œuvre et réunit rapidement les éléments du Cours, tant par l'étude des Ouvrages, peu nombreux alors, qui traitaient des applications de la Mécanique aux Machines, que par l'examen minutieux de la constitution et du fonctionnement des appareils dans les ateliers. Il arrêta dès lors le plan général de son enseignement, qu'il divisa en trois Parties : *Cours de Mécanique appliquée aux Machines*, *Leçons préparatoires au lever d'Usines*, et Rédaction, par les élèves, de *Mémoires à l'appui du lever de Machines*.

La première Partie, composée de quatre Sections, fut

(1) Avertissement de la deuxième édition des *Propriétés projectives des figures*.

lithographiée en 1826, pour l'usage particulier des élèves de l'École d'Application. Dans son Rapport à l'Académie des Sciences (7 mai 1827), Ch. Dupin dit, au sujet de ce travail : « C'est une production remarquable par la rigueur de l'esprit qui en a tracé la marche et par les simplifications opérées pour rendre moins difficilement applicables à la pratique des calculs réservés, pour la plupart, à des spéculations transcendantes.

» En résumant notre opinion sur le Cours de M. Poncelet, nous pensons qu'il est digne de l'approbation de l'Académie, et nous proposerions de l'insérer dans la Collection des *Mémoires des Savants étrangers*, s'il n'appartenait pas à S. Exc. le Ministre de la Guerre de décider la publication illimitée de cette production. »

Ce chaleureux appel ne fut pas entendu ; on se borna à faire lithographier, en éditions successives, le nombre d'exemplaires exigé pour l'enseignement à l'École d'Application, et, sans le culte de M$^{me}$ Poncelet pour la mémoire de son mari, le *Cours de Mécanique appliquée aux Machines* ne serait pas encore imprimé en France, un demi-siècle après sa création.

La présente édition est la reproduction des Sections I, II, III et V, lithographiées en 1836, sauf quelques changements de détails faits conformément à des annotations écrites par l'Auteur, changements que j'ai du reste signalés par des Notes ajoutées au bas du texte. Il me paraît utile, au point de vue historique, de compléter ces indications et de résumer ici les additions que Poncelet a faites successivement au Cours de 1826, de telle manière qu'il soit possible au lecteur de reconstituer chacune des éditions lithographiées qui ont paru en 1826, 1832, 1836.

La première Section, *Considérations générales sur les Machines en mouvement*, n'a reçu aucune modification, sauf l'addition, en 1832, de l'exposition du principe des forces vives et de quelques développements contenus dans les paragraphes **17**, **18**, **30**.

La deuxième Section, *Principaux moyens de régulariser l'action des forces sur les machines, et de transmettre les vitesses dans des rapports donnés*, n'a pas été reproduite en 1832 ; Poncelet y a ajouté (¹), dans l'édition de 1836, la théorie des régulateurs à pompe et du régulateur à ressort; il a donné de nouveaux développements à la théorie du régulateur à force centrifuge, aux considérations dynamiques sur les effets des manivelles, au tracé des engrenages, à la théorie et au calcul des volants; enfin il a ajouté une série de formules relatives à la détermination des moments d'inertie. Ces additions se rapportent plus spécialement aux paragraphes suivants du texte : **5** à **7**, **10** à **17**, **19**, **20**, **22** à **49**, **57** à **75**, **78** à **84**, **86**, **92**, **94**, **95** à **106**, **115**, **125**, **126**, **129**, **132** à **163**.

La troisième Section, *Calcul des résistances passives dans les pièces à mouvement uniforme*, a été augmentée, en 1832, des sujets suivants : frottement de roulement, théorie du coin, frottement des pièces guidées, résistance des roues et roulettes, de la poulie mobile, des palans, des vis à filets triangulaires, en ayant égard à l'influence de l'élasticité des matières; on y trouve, en outre, des développements nouveaux sur le calcul des résistances du treuil. Les modifications principales portent sur les

---

(¹) *Voir*, dans le *Compte rendu* de la séance du 13 février 1837 de l'Académie des Sciences, la Note relative à la nouvelle édition du *Cours de Mécanique appliquée aux Machines*.

paragraphes 7 à 11, 16, 17, 21 à 37, 39 à 54, 57, 58, 59, 61 à 69, 86 à 91.

La quatrième Section, *Influence des variations de la vitesse sur les résistances*, qui n'est pas reproduite dans l'édition de 1832, figure dans celle de 1836, sous le titre de cinquième Section; elle a reçu, dans cette dernière, quelques additions relatives à la théorie des marteaux et des balanciers à découper.

Je crois devoir rappeler que les divers sujets qui viennent d'être résumés, et qui constituent ce Volume, ne comprennent qu'une partie des Leçons que Poncelet a professées à l'École d'Application. Ainsi qu'il a été dit plus haut, le *Cours de Mécanique appliquée* était suivi des *Leçons préparatoires au lever d'Usines*, contenant les notions les plus usuelles de l'Hydraulique pratique, du mouvement des gaz, des roues hydrauliques et des machines à vapeur. Ces Leçons forment les Sections VI et VII de l'ensemble du Cours; elles ont été publiées en cahiers lithographiés (*années* 1831 *et* 1836), par les soins de M. Morin, dont le concours a également été précieux au professeur, pour la révision des autres Sections (¹).

Un cahier spécial, qui a été présenté à l'Académie des Sciences le 17 février 1834, contient la description et la théorie des principaux *ponts-levis* employés dans la fortification.

D'un autre côté, Poncelet avait fait une série de Leçons sur le calcul du frottement des pièces articulées qui entrent dans la composition des machines, ainsi que sur l'étude de divers appareils en usage dans l'Artillerie et dans le Génie, tels que pompes, machines à épuiser et à

(¹) Les premières éditions du *Cours* avaient été lithographiées, d'après les Notes de Poncelet, par les soins de M. Gosselin.

draguer, machines soufflantes, scieries, cisailles, laminoirs, etc. Malheureusement il n'a guère laissé, sur ces divers sujets, que des Notes manuscrites, uniquement rédigées pour lui servir de guide dans ses Leçons orales, et trop peu développées pour pouvoir être livrées à l'impression.

Peu de modifications essentielles ont été apportées jusqu'ici, par les auteurs qui ont traité de la Mécanique appliquée, aux idées exposées par Poncelet, à une époque où l'emploi des machines était loin d'avoir l'extension actuelle. Il m'a paru utile de signaler, dans quelques Notes, les travaux récents relatifs aux matières de ce Cours, et d'indiquer certaines considérations nouvelles imposées par les progrès de la pratique. Ces Notes se trouvent au bas des pages et sont suivies du signe (K).

En terminant, je remercie M. Resal d'avoir bien voulu me continuer le concours amical qu'il m'avait déjà prêté pour la publication de l'*Introduction à la Mécanique industrielle*.

KRETZ.

Paris, le 20 novembre 1873

# TABLE DES MATIÈRES.



## PREMIÈRE SECTION.

### CONSIDÉRATIONS GÉNÉRALES SUR LES MACHINES EN MOUVEMENT.

#### I. — NOTIONS ET PRINCIPES SUR LESQUELS SE FONDE LA SCIENCE DES MOTEURS ET DES MACHINES.

*Travail des moteurs et des machines.*



*Théorèmes relatifs à la quantité de mouvement et à la force vive.*



#### II. — APPLICATION DU PRINCIPE DES FORCES VIVES AU MOUVEMENT DES MACHINES.

*Conditions spéciales que présentent les machines.*

---

# DEUXIÈME SECTION.

## DES PRINCIPAUX MOYENS DE RÉGULARISER L'ACTION DES FORCES SUR LES MACHINES ET DE TRANSMETTRE LES VITESSES DANS DES RAPPORTS DÉTERMINÉS.

# TROISIÈME SECTION.

## CALCUL DES RÉSISTANCES PASSIVES DANS LES PIÈCES A MOUVEMENT UNIFORME ET SOUMISES A DES ACTIONS SENSIBLEMENT INVARIABLES.

### I. — Considérations préliminaires.



### II. — Des diverses sortes de résistances.

*De la résistance directe du frottement et de l'adhérence des corps en contact.*



*Résistance due au roulement des corps.*



*De la roideur des cordes et des courroies.*



*Frottement des cordes et courroies autour des cylindres immobiles.*



### III. — Applications aux machines simples.

*Frottement d'un corps sur un plan incliné.*



*Frottement du coin.*

# NOTES.

I. — *Sur la valeur approchée linéaire et rationnelle des radicaux de la forme* $\sqrt{a^2+b^2}$, $\sqrt{a^2-b^2}$,....



II. — *Sur le moment total et le bras de levier moyen des résistances dans la vis à filets carrés ou triangulaires et les cônes de friction.*



---

# QUATRIÈME SECTION.

## INFLUENCE DES VARIATIONS DE LA VITESSE SUR LES RÉSISTANCES.

### I. — Des résistances dans les pièces a mouvement variable périodique ou permanent.

### II. — Influence des changements brusques de la vitesse.

*Principes généraux..*



### III. — Applications.

*Du choc des cames et des pilons.*



*Du choc des cames et des marteaux.*



*Des machines à percer, à découper, à étamper et à frapper les monnaies.*



FIN DE LA TABLE DES MATIÈRES.

# COURS
# DE MÉCANIQUE
## APPLIQUÉE AUX MACHINES.

---

## PREMIÈRE SECTION.

### CONSIDÉRATIONS GÉNÉRALES SUR LES MACHINES EN MOUVEMENT.

#### OBJET DE CETTE SECTION.

L'objet de cette Section est d'exposer les principes généraux qui constituent la théorie des machines en mouvement, de faire connaître leurs principales propriétés, sous le point de vue mécanique, de prescrire à l'avance les règles et les conditions essentielles d'après lesquelles on doit les établir, enfin de faire apprécier, lorsqu'elles sont construites, leurs défauts, leurs qualités et leurs effets mécaniques ou industriels. Il est d'ailleurs entendu qu'il ne sera ici question que des machines pour lesquelles l'emploi de la force et son économie sont une considération importante.

### I. — NOTIONS ET PRINCIPES SUR LESQUELS SE FONDE LA SCIENCE DES MOTEURS ET DES MACHINES.

#### Travail des moteurs et des machines.

1. *Objet des machines industrielles.* — Les machines, considérées sous le point de vue industriel, ont pour objet l'exécution de certains travaux des arts, à l'aide des *moteurs* ou

*forces motrices* [1] que présente la nature, tels que les *animaux*, le *vent*, l'*eau*, le *calorique*.

2. *Manière dont on évalue la puissance des machines et des moteurs.* — La *force* ou *puissance productive* des machines et des moteurs, c'est-à-dire leur *pouvoir*, leurs *effets* ou *qualités mécaniques*, s'évaluent dans les arts par la quantité de travail, d'une espèce déterminée, qu'ils peuvent produire dans un temps donné. Leur valeur absolue dépend d'autres éléments, qui ne sont pas du ressort de la Mécanique et dont il faut néanmoins tenir compte dans la pratique; tels sont : le prix du travail, l'entretien, la mise de fonds, la durée, etc.

3. *Choix de l'unité de travail.* — Si le genre du travail était toujours le même, il serait facile d'apprécier, d'après l'expérience, la valeur mécanique des moteurs et des machines, puisqu'elle aurait pour mesure la quantité de matière confectionnée, dans un temps donné; or il n'en est pas ainsi : les travaux des moteurs et des machines sont infiniment variés, et, pour pouvoir les comparer entre eux, les mécaniciens ont dû adopter une unité, d'espèce particulière, une sorte de *monnaie mécanique*, comme l'a dit M. Navier, qui pût servir aisément de mesure à tous les genres de travaux et ne laissât absolument rien d'arbitraire dans leur évaluation en nombres.

4. *L'unité du travail se rapporte à l'élévation verticale des corps pesants.* — C'est d'après ces considérations, et plusieurs autres que nous ferons connaître, qu'on a choisi, pour cette unité, l'effet qui consiste dans l'élévation des corps pesants. Rien de plus facile, d'ailleurs, que d'évaluer en nombres le travail dont il s'agit : car, si l'on prend pour unité le travail qui

---

[1] Les expressions *force motrice* et *moteur* qui, dans le langage industriel, sont généralement regardées comme synonymes, ont, en Mécanique, des significations distinctes. Le mot *force* a un sens spécial qui est défini dans le n° 5, et l'on appelle *moteur* tout corps ou tout système de corps qui est capable de développer, sur un autre corps, une force, et de faire décrire, au point d'application de celle-ci, un certain chemin, dans le sens de son action : la vapeur est un *moteur*; la pression de cette vapeur sur le piston d'une machine est une *force motrice*. (K.)

consiste à élever l'unité de poids à l'unité de hauteur, il paraîtra évident qu'élever à une hauteur quelconque H un poids donné P, c'est répéter autant de fois l'effet partiel qui répond à l'unité de travail, qu'il y a d'unités de longueur dans H et d'unités de poids dans P; le produit PH est donc la mesure naturelle de l'effet ou du travail *utile* total de la force motrice qui, par son activité, a élevé le poids P à la hauteur H; peu importe, au surplus, la manière dont ait varié la vitesse propre de l'agent, en intensité ou en direction: car l'effet dont il s'agit ne suppose en lui-même autre chose qu'un effort vertical constant, mesuré par P, et dont le point d'application décrit un certain chemin H dans sa direction propre.

Cette définition et cette mesure du travail mécanique cadrent d'ailleurs avec la manière dont se payent, dans les arts, tous les travaux qui se rapportent à l'élévation verticale des fardeaux; par exemple, quand il s'agit de tirer de l'eau du fond d'un puits, d'élever des terres, des matériaux quelconques à certaines hauteurs.

5. *Définition et mesure des forces.* — C'est ici le lieu de remarquer que nous n'entendrons désormais par le mot *force* que la pression, l'effort simple dont est capable un agent quelconque, dans une direction et un point déterminés, pression et effort qui sont toujours comparables et peuvent se mesurer par des poids, à l'aide d'instruments à ressorts, tels que le dynamomètre de Régnier, certains pesons du commerce, etc., qui ont été tarés ou vérifiés à l'avance, en y suspendant des poids *étalons*. On conçoit, en effet, que le même degré de flexion de ces ressorts, en supposant leur élasticité parfaite et indépendante du temps et de la fatigue (ce qui n'est pas, et exige de fréquentes vérifications), indique constamment le même effort absolu, la même pression, pourvu que cet effort, cette pression s'exerce au même point et dans la même direction. Ainsi, pour nous, les forces seront toujours exprimables en unités de poids, en *kilogrammes*, par exemple, et nous n'en reconnaîtrons pas d'autres; mais, comme c'est un fait d'expérience que l'intensité de la pesanteur varie selon la position des lieux, il faut bien sous-entendre que cette unité de poids se

rapporte à un lieu déterminé, ou aux différents lieux pour lesquels l'intensité absolue de la gravité reste constante, ce qui est sensiblement vrai pour l'étendue entière d'un pays tel que la France.

6. *Dénominations et valeurs diverses attribuées à l'unité de travail.* — Le produit PH a reçu des mécaniciens diverses dénominations, qu'il importe de connaître : Smeaton, ingénieur anglais, auquel on doit de nombreuses expériences sur les roues hydrauliques, le nomme *puissance mécanique;* Carnot, dans ses *Principes fondamentaux de l'équilibre et du mouvement,* le nomme *moment d'activité;* Monge et Hachette (*voir* le *Traité des Machines* de ce dernier) l'ont appelé simplement *effet dynamique,* expression qui a le défaut d'être un peu vague dans sa généralité; enfin Coulomb, suivi en cela par beaucoup d'autres, l'a nommé *quantité d'action,* mots expressifs, dont il nous arrivera souvent de faire usage, concurremment avec celui de *travail,* qui se présente naturellement à l'esprit, mais qui ont l'inconvénient de s'appliquer à une autre espèce de quantités déjà en usage dans la Mécanique rationnelle.

Quant à la valeur absolue de l'unité d'action ou de travail, divers auteurs, à compter de MM. Montgolfier et Hachette, l'ont supposée égale au poids du mètre cube d'eau, ou 1000 kilogrammes, élevé à 1 mètre de hauteur ; c'est ce produit que M. Hachette nomme la *grande unité dynamique,* M. Clément *dynamie,* et, en dernier lieu, M. Coriolis, *dynamode* (*Du calcul de l'effet des machines*). M. Charles Dupin a aussi proposé de prendre pour unité le poids de 1 mètre cube d'eau, élevé à 1 kilomètre de hauteur, unité qu'il nomme *dyname* (*Cours de Mécanique,* t. III, p. 487); mais il suppose que ce travail s'est opéré régulièrement, en un jour, ce qui fait rentrer le dyname dans l'espèce d'unités dont il sera fait mention plus loin (n°.7).

La notation employée par M. Navier (*Architecture hydraulique de Bélidor,* t. I, addition au Livre I), et qui consiste à placer l'indice $^{\mathrm{kg}\times\mathrm{m}}$ ou $^{\mathrm{kgm}}$ à droite et un peu au-dessus du produit du poids en kilogrammes par la hauteur en mètres, revient à prendre pour unité de travail 1 kilogramme, élevé à

1 mètre de hauteur, unité que nous nommerons simplement *kilogrammètre*, afin d'abréger et d'éviter le rappel d'un travail particulier, l'élévation des corps pesants, qu'il n'est point indispensable d'exprimer, comme nous le verrons bientôt. D'ailleurs, cette dernière convention et celle qui précède peuvent s'étendre à toutes les hypothèses qu'on pourrait avoir à faire sur les unités de poids ou de longueur qui entrent dans l'expression des unités de travail (1).

7. *Définition du cheval dynamique.* — Lorsque l'action des moteurs et des machines est longtemps continuée d'une manière uniforme, les nombres qui servent à évaluer le travail peuvent devenir embarrassants par leur longueur, et alors on convient de ne prendre pour sa mesure que celui qui se rapporte à l'unité de temps, par exemple à la seconde, à la minute, etc. C'est ainsi que les mécaniciens ont été amenés à introduire, dans la notion du travail servant d'unité, l'idée de la durée, qui y est totalement étrangère et ne peut s'appliquer avec exactitude qu'aux travaux où la même quantité d'action est développée régulièrement dans chaque unité de temps; encore ne faut-il pas perdre de vue la durée totale et effective du travail et tenir compte, par conséquent, de ses intermittences plus ou moins fréquentes, etc.

Les fabricants de machines à vapeur, entre autres, ont généralement adopté une unité d'action de cette espèce, nommée improprement par eux *force de cheval*, d'après l'expression anglaise *horse-power*, qu'il serait plus exact de traduire par celle de *pouvoir de cheval* ou de *cheval dynamique*, attendu que le mot *force* a un sens bien déterminé (5) en Mécanique, et qui ne cadre nullement avec l'idée qu'on attache à la quantité d'action ou de travail. Quoi qu'il en soit, l'expression de *force de cheval* ayant généralement prévalu, nous pourrons en faire usage dans les applications de ce Cours, malgré le défaut qu'elle a de ne présenter en elle-même rien de précis, car sa valeur, qui ne peut être que purement fictive, a été différemment définie par les mécaniciens constructeurs (*voir* l'en-

(1) Introduction à la *Mécanique industrielle* (3e édition, p. 76).

droit cité (6) de la nouvelle édition de l'*Architecture hydraulique de Bélidor*). Celle qui paraît le plus universellement accréditée de nos jours représente une quantité de travail de 75 kilogrammètres, développée en chaque seconde, et se rapporte plus particulièrement à l'unité, dite *routinière*, adoptée en Angleterre d'après Watt et Boulton : telle est aussi la valeur que nous lui supposerons par la suite.

**8.** *Travail des forces constantes agissant dans le sens du chemin décrit par leur point d'application.* — Voyons maintenant comment on peut généralement évaluer le travail mécanique des forces quelconques, et ramener l'expression de sa mesure aux mêmes unités que celle qui se rapporte à l'élévation des fardeaux, suivant la verticale (¹).

En y réfléchissant un peu, on voit qu'exécuter un travail mécanique quelconque, c'est vaincre, d'une manière utile pour le besoin des arts, des résistances telles que la force d'adhésion des molécules des corps, la force du calorique et des ressorts, la force de la pesanteur, la résistance des fluides, les frottements et quelquefois l'inertie de la matière, comme lorsqu'il s'agit de lancer des projectiles, de mettre en action des marteaux, des pilons, etc.; les exemples de toute espèce ne sauraient ici manquer; mais, pour vaincre et détruire successivement des résistances continuellement renouvelées le

---

(¹) *Définition du travail mécanique.* — Le but de ces considérations préliminaires est d'établir une corrélation entre le *travail*, tel qu'on le définit en Mécanique, et l'*effet* produit ou exigé par l'exécution d'un ouvrage. Pour éviter toute incertitude, il convient, dans les théories mécaniques, de n'attribuer à l'expression *travail d'une force* d'autre signification que celle de *produit de la force et du chemin décrit par son point d'application, estimé suivant la direction de la force*, produit déterminé d'après les règles exposées aux nᵒˢ 8, 9 et 10, par simple définition, et abstraction faite de toute idée sur la constitution ou le mode d'action des moteurs, sur l'effet obtenu dans la confection de l'ouvrage. L'*unité de travail* est le produit de l'unité de force par l'unité de longueur.

Ce n'est qu'après avoir démontré divers théorèmes relatifs au *travail des forces* dans les machines, que l'on peut établir nettement une relation entre un *effet* produit et la *dépense* correspondante, et se rendre un compte exact des raisons qui ont fait choisir le mot *travail*, pour désigner le produit qui vient d'être défini (*voir* la note du nᵒ 46). (K.)

long d'un certain chemin, il faut un effort de traction ou de pression agissant au point d'application de cette résistance, et qui se renouvelle en se déplaçant lui-même constamment. Or il peut arriver, ou que l'effort soit dirigé à chaque instant dans le sens du chemin décrit par son point d'application, ou que cet effort varie d'une manière quelconque, en grandeur et en direction, sans cesser néanmoins de faire constamment équilibre à la résistance que lui oppose directement son point d'application, en vertu du principe de l'action égale et contraire à la réaction.

Considérons d'abord le premier cas, et supposons que l'effort et par suite la résistance conservent une valeur constante à tous les instants, ou pour chacun des éléments de chemin parcouru; on pourra évidemment appliquer à cet effort le même raisonnement que pour le cas où il s'agissait (4) d'élever directement un poids à une certaine hauteur sans lui faire quitter la même verticale. La quantité d'action qu'il développera, dans une longueur de chemin donnée, sera donc ici encore directement proportionnelle et à l'intensité constante de cet effort et au nombre de fois qu'il a été répété, ou au nombre des résistances partielles et égales qui ont été vaincues, c'est-à-dire au produit de cet effort, exprimé en unités de poids (5), par la longueur effective du chemin parcouru dans sa direction propre, estimée en unités de distances. Q étant donc le nombre des kilogrammes qui mesurent l'effort, $q$ celui des mètres qui mesurent la longueur du chemin, la valeur du travail pourra encore être exprimée par le produit

$$Q^{kg} \times q^{m} \quad \text{ou} \quad Qq^{kgm},$$

en faisant attention qu'ici l'unité de travail, 1 kilogrammètre, se rapporte à un effort constant de kilogramme, qui se répète le long d'un chemin de 1 mètre dirigé d'une manière quelconque.

Si, d'ailleurs, on veut se rendre compte, dès à présent, comment cette unité a, sous le point de vue purement mécanique, la même valeur que l'unité analogue relative à l'élévation des fardeaux, suivant la verticale, il suffira de considérer que les machines offrent en général les moyens de transformer un travail industriel quelconque en un autre, et qu'elles opéreraient même cette transformation sans aucune perte, si l'on pouvait y éviter complétement les résistances étrangères, qui absorbent toujours une portion plus ou moins grande du travail moteur; mais c'est ce qui sera démontré directement et généralement un peu plus loin, quand nous aurons établi quelques autres données ou principes indispensables.

9. *Travail des forces d'intensité variable.* — Les raisonnements qui précèdent supposent que l'effort exercé demeure constant et toujours dirigé dans le sens du chemin parcouru par son point d'application; s'il était variable, il faudrait considérer ce qui se passe dans chaque élément du temps pendant lequel son point d'application a décrit le chemin total $q$ dans sa direction propre. $Q\,dq$ sera évidemment la quantité de *travail élémentaire* développée par Q le long de $dq$ et

$$\int Q\,dq,$$

pris entre deux positions quelconques du point d'application de la force, exprimera la quantité de travail totale développée dans l'étendue de chemin comprise entre ces mêmes positions, quantité qu'on pourra calculer analytiquement, toutes les fois qu'on aura Q en fonction de $q$, et dans tous les cas, par approximation, au moyen du théorème de Thomas Simpson, si l'on connaît seulement, par expérience ou autrement, chacune des valeurs de Q, qui répondent aux différentes valeurs de $q$ (1).

Nommons X l'effort moyen constant que devrait exercer une autre force, dirigée dans le sens $dq$, pour produire la même quantité de travail; $q'$ et $q''$ les valeurs de $q$ relatives à la première et à la dernière des positions du point de X et de

(1) Introduction à la *Mécanique industrielle* (3e édition, p. 194); on trouve également dans cette édition, p. 197, une autre méthode de quadrature qui a été exposée par Poncelet dans ses *Leçons à la Faculté des Sciences de Paris*, et qui a été publiée, en premier lieu (1852), dans les *Éléments de Mécanique* de M. Resal. (K.)

Q, de sorte que $q'' - q'$ soit la longueur de chemin qui a été parcourue; il est évident qu'on aura pour déterminer X la relation

$$X(q'' - q') = \int_{q'}^{q''} Q\,dq \quad \text{d'où} \quad X = \frac{\int_{q'}^{q''} Q\,dq}{q'' - q'}.$$

La considération de cette valeur moyenne nous sera utile dans plusieurs circonstances.

10. *Travail des forces variables d'une manière quelconque en intensité et en direction.* — Enfin la force Q pourrait varier à chaque instant de direction, par rapport à l'élément de chemin $ds$ décrit par son point d'application; $\alpha$ étant l'angle variable formé par ces directions, on concevra cette force décomposée en deux autres, l'une $Q\cos\alpha$, agissant suivant le prolongement de $ds$, l'autre $Q\sin\alpha$, agissant normalement à la courbe décrite par le point d'application de Q. Celle-ci sera évidemment détruite par la résistance ou l'obstacle, quel qu'il soit, qui oblige le point d'application dont il s'agit à demeurer sur $ds$; de plus, l'élément de chemin décrit dans sa direction propre étant nul, il en est de même de sa quantité de travail, dont on pourra ainsi faire abstraction; mais comme elle tend à produire des compressions qui, dans les systèmes matériels, tels que les machines, font naître des résistances tangentielles, étrangères aux forces *actives* de ces systèmes, et que, pour cette raison, on nomme *nuisibles* ou *passives*, il y aura lieu de tenir compte du travail dû à ces nouvelles résistances dans l'évaluation générale des effets mécaniques de pareils systèmes. Quant à la quantité de travail produite par l'autre composante $Q\cos\alpha$, elle aura évidemment pour valeur, d'après ce qui précède, l'intégrale générale

$$\int Q\cos\alpha\,ds \quad \text{ou} \quad \int Q\,dq,$$

qu'il faudra prendre entre des limites convenables, en observant que nous supposons ici $dq = ds\cos\alpha$, c'est-à-dire égal à la projection de l'élément de chemin $ds$ sur la direction de la force Q; or il est très-digne de remarque que la quantité d'action ou de travail élémentaire

$$Q\,dq = Q\cos\alpha\,ds$$

n'est autre chose que ce qu'en Mécanique rationnelle on nomme le *moment virtuel* de la force Q, pour le mouvement infiniment petit attribué à son point d'application; de plus, on voit qu'elle est la même que celle que l'on obtiendrait directement, en raisonnant comme on l'a fait pour le premier cas ci-dessus, et considérant que l'espace élémentaire $dq$ décrit par ce point dans le sens de la force est réellement $\cos\alpha\,ds$.

De cette identité de nature entre les moments virtuels et les quantités de travail élémentaires ou instantanées des forces, pour le cas où le mouvement virtuel considéré est précisément le mouvement actuel et infiniment petit du point d'application de ces forces, on conclut de suite diverses conséquences relatives aux lois que suit, en général, la transmission du travail dans les systèmes matériels soumis à des puissances et à des résistances quelconques, et qui sont d'une application immédiate à la science des moteurs et des machines. Mais, pour bien faire saisir cette application, il est nécessaire de rappeler succinctement les notions élémentaires sur lesquelles elle repose et qui ont servi à en établir le principe (¹).

## Théorèmes relatifs à la quantité de mouvement et à la force vive.

**11.** *Ce que l'on nomme proprement vitesse et quantité de mouvement.* — On sait que deux forces appliquées tour à tour à un même corps qui cède librement à leur action, en se mouvant parallèlement à lui-même, dans le sens de cette action,

(¹) L'édition de 1832 porte la note suivante : « Nous renverrons, pour tous les développements, aux *Traités de Mécanique* de MM. de Prony et Poisson, en observant que l'expérience de l'enseignement à l'École d'application nous a fait apercevoir l'utilité de revenir sur ces notions, ainsi que sur la démonstration des principes généraux qui en dérivent, et sans la parfaite intelligence desquels il serait impossible de bien comprendre la théorie du mouvement des machines. » Les principes rappelés dans les nos 11 à 16 n'étaient pas reproduits dans les éditions antérieures à 1836. (K.)

lui impriment, dans le même élément de temps $dt$, des vitesses qui sont infiniment petites, proportionnelles à leur intensité respective, et indépendantes du mouvement précédemment acquis. Ainsi $p$ étant le poids absolu d'un certain corps ou point matériel, dans un lieu pour lequel la gravité lui imprime la vitesse $g = 9^{m},8088$, au bout de la première seconde de sa chute, ou $gdt$ dans chaque élément $dt$ du temps, puisqu'il s'agit ici d'une force accélératrice sensiblement constante, et $\varphi$ étant une autre force motrice quelconque, capable d'imprimer au même corps et dans l'élément du temps $dt$ l'accroissement de vitesse $dv$, on aura, d'après la loi énoncée:

$$\varphi : p :: dv : gdt, \quad \text{d'où} \quad \varphi = \frac{p}{g}\frac{dv}{dt}.$$

Soit pareillement $p'$ le poids absolu (5) de ce corps dans un autre lieu quelconque, pour lequel la vitesse imprimée au bout de la première seconde serait $g'$; on aurait également

$$\varphi = \frac{p'}{g'}, \quad \text{d'où} \quad \frac{p'}{g'} = \frac{p}{g} = \text{const.} = m;$$

ce qui est évident *a priori*, puisqu'en vertu de la même loi on a

$$p : p' :: g\,dt : g'\,dt.$$

Or le rapport $m$, qui demeure indépendant de l'intensité de la gravité en chaque lieu, est précisément ce que l'on est convenu de nommer *la masse* du corps; définition qu'il faut admettre, sans s'embarrasser des idées physiques ou métaphysiques qu'on y attache quelquefois, en sorte qu'on a aussi par simple convention

$$p = mg \text{ (}^1\text{)}.$$

(1) On voit que dans un même lieu, ou pour une contrée entière telle que la France (5), la masse reste sensiblement proportionnelle au poids, et l'on en conclut que les poids peuvent être substitués aux masses ou pris pour les masses; mais cela n'est vrai qu'autant qu'il s'agit de les comparer entre elles dans les formules où elles entrent d'une manière homogène par rapport aux autres quantités; car, puisque l'hypothèse $m = p$ revient à prendre $g$ pour l'unité de longueur, on voit qu'il peut arriver bien des cas, dont nous aurons des exemples par la suite, où l'on tomberait dans des erreurs grossières en substituant les poids aux masses.

Du reste, comme le rapport $m$ ne change ni avec le volume, ni avec la forme, ni avec le poids absolu d'un corps, il arrive souvent que, sous le point de vue mécanique, on désigne simplement les corps par leurs masses, et c'est ainsi que nous en agirons par la suite. La première des équations ci-dessus nous donne en conséquence, $v'$ étant la vitesse du corps à l'instant où l'action de la force commence, et $v$ celle qui correspond à un temps quelconque écoulé depuis cet instant,

$$\varphi = m\frac{dv}{dt}, \quad \varphi\, dt = m\, dv, \quad \int_{t_1}^{t} \varphi\, dt = m(v - v'),$$

en supposant toujours que la force $\varphi$ entraîne le corps $\frac{p}{g}$ dans le sens de sa propre direction, qui est invariable, comme pour la gravité. Or les produits $mv$, $mv'$, qui correspondent aux vitesses $v$ et $v'$ possédées par le corps à la fin et au commencement de l'intervalle de temps où l'on considère l'action de la force, sont précisément ce qu'on est convenu de nommer les *quantités de mouvement* de ce même corps, relatives aux instants dont il s'agit; expression à laquelle il ne faut également attacher aucune idée métaphysique, et qui n'a, comme la précédente, pour objet que de faciliter l'énoncé des théorèmes de Mécanique, où les quantités telles que $mv = \frac{p}{g}v$ se reproduisent fréquemment.

D'ailleurs, on voit que la quantité de mouvement répondant à une intégrale de la forme $\int \varphi\, dt$, prise entre des limites déterminées, a une signification très-distincte de celle qui se rapporte à la quantité d'action ou de travail (8), de sorte qu'il n'est pas permis de les confondre avec ces dernières, dans les applications.

12. *Définition et mesure de la force vive.* — En effet, nommant toujours, dans les hypothèses ci-dessus, $de$ l'élément de chemin décrit par le point d'application de la force $\varphi$, pendant $dt$, la quantité de travail élémentaire qu'elle aura développée dans le même temps sera $\varphi\, de$, de sorte qu'on aura, entre les

mêmes limites de vitesses $v'$ et $v$, et attendu que $\frac{de}{dt} = v$,

$$\int \varphi\, de = \int m \frac{dv}{dt}\, de = \int mv\, dv = \tfrac{1}{2}(mv^2 - mv'^2),$$

pour l'expression de la quantité de travail imprimé depuis la position où le corps possédait la vitesse $v'$ jusqu'à celle où il a acquis la vitesse $v$, et qui d'ailleurs sera, comme on voit, positive ou négative, selon que $v$ sera plus grand ou plus petit que $v'$, ou selon que la force $\varphi$ tendra à accélérer ou à retarder constamment le mouvement primitivement acquis par le corps, l'accroissement instantané $dv$ de la vitesse prenant dans ce dernier cas un signe contraire à $v$.

Les quantités $mv^2$, $mv'^2$ sont ce que les géomètres sont convenus de nommer une *force vive*, expression impropre, puisque nous n'admettons point d'autres forces que celles de pression, comparables à des poids, et à laquelle il ne faut encore attacher aucune idée métaphysique, mais qu'on doit considérer comme une définition abrégée du produit de la masse $\frac{p}{g}$ d'un corps actuellement en mouvement par le carré de sa vitesse effective. Par ce moyen, on évitera d'ailleurs de confondre entre elles la force vive et la quantité de travail qui se rapportent à des phénomènes et à des effets physiques distincts, quoique, numériquement parlant, elles soient du même ordre et aient une mesure commune. En effet, l'équation ci-dessus exprime, quand on y suppose $v' = 0$, ce qui répond au cas où le mouvement commence avec l'action de la force, que la *force vive acquise par le corps est égale au double de la quantité de travail totale qui lui a été imprimée par cette force.*

13. *Définition et mesure de la force d'inertie dans le mouvement rectiligne.* — C'est encore un axiome reçu généralement en Mécanique que l'*action* d'une force en son point d'application est toujours égale et directement contraire à la *réaction* que lui oppose ce point. Or il en résulte que la force motrice $\varphi$, considérée ci-dessus, doit éprouver, de la part de la masse $m$, une réaction mesurée par $-m\frac{dv}{dt}$, qui lui fait

équilibre et provient évidemment de la résistance opposée par l'inertie du corps à tout changement de mouvement; c'est pourquoi on nomme quelquefois cette résistance la *force d'inertie*, relative à la variation de vitesse $dv$. On voit qu'elle se comporte comme une simple résistance quand le mouvement s'accélère, et comme une puissance véritable quand il se ralentit, la force motrice $\varphi$ jouant elle-même alors le rôle de résistance.

Du reste, la force d'inertie ne préexiste pas à l'instant où la variation du mouvement commence; elle naît, elle coexiste avec elle, de la même manière que la réaction d'un ressort par rapport à la force qui le presse, c'est-à-dire sans en détruire les effets physiques; car, si l'on appliquait à cet instant même au corps une autre force égale et directement contraire à la force motrice $\varphi$, ou $m\frac{dv}{dt}$, qui est capable de produire l'altération de vitesse $dv$, cette altération n'aurait pas lieu, le mouvement demeurerait uniforme pendant l'instant $dt$, et il y aurait simplement équilibre entre les forces, dans le sens où on l'entend ordinairement, quand on applique le principe de d'Alembert, en remplaçant les forces du système par les quantités de mouvement qu'elles seraient capables d'imprimer ou qu'elles impriment en effet dans l'élément du temps. On voit donc que ces différentes manières d'envisager les choses reviennent, quant au fond, à la même; mais les considérations des forces d'inertie offrent l'avantage de faire concevoir *a priori* l'état des questions relatives à la transmission du mouvement.

14. *Force d'inertie dans le mouvement curviligne.* — Supposons maintenant que la force $\varphi$ change à chaque instant de direction, de façon que le corps, censé concentré en un seul point matériel et libre, décrive une ligne courbe quelconque sous l'action de cette force, combinée avec sa vitesse initiale. Le principe de la réaction égale et contraire à l'action n'en subsistera pas moins, c'est-à-dire que la résistance absolue et totale, opposée par l'inertie au changement du mouvement, sera encore égale et directement opposée à $\varphi$; ce qui devra avoir lieu, de la même manière d'ailleurs, pour leurs compo-

santes respectives suivant la tangente et la normale de la courbe au point d'application. Mais la composante tangentielle, pour la force motrice, produisant la variation de vitesse $dv$, éprouvée par le corps dans la direction rectiligne de l'élément qu'il décrit pendant l'instant infiniment petit $dt$, on aura, comme on sait et comme il est évident *a priori*, pour sa valeur, la quantité $-m\frac{dv}{dt}$ relative au cas du mouvement rectiligne (12), tandis que la composante normale, qui empêche le corps de s'écarter de la courbe, devra être égale et précisément contraire à la *force centrifuge*, dont la valeur est, comme on sait encore, exprimée par

$$\frac{mv^2}{r},$$

$r$ étant le rayon de courbure au point considéré.

Donc la composante normale de la force d'inertie n'est autre chose que cette même force centrifuge, et sa composante tangentielle a pour valeur la quantité $-m\frac{dv}{dt}$, dont le signe doit toujours être contraire à celui de $dv$; donc la force d'inertie totale de la masse $m$ a pour valeur absolue la quantité

$$\sqrt{\left(-m\frac{dv}{dt}\right)^2+\left(\frac{mv^2}{r}\right)^2}=m\sqrt{\left(\frac{dv}{dt}\right)^2+\frac{v^4}{r^2}},$$

qui est aussi celle de la force motrice $\varphi$.

Quant à la quantité de travail développée par chacune de ces forces, pendant l'élément du temps $dt$, il est clair (9) qu'elle se réduit simplement à celle de leurs composantes tangentielles, c'est-à-dire (13) à

$$m\frac{dv}{dt}de = mv\,dv$$

pour la force motrice, et à $-mv\,dv$ pour la force d'inertie, de sorte que, dans toutes les questions où l'on n'a à s'occuper que des quantités de travail développées par les forces d'inertie des différentes masses d'un système, on peut, à la rigueur, faire abstraction des composantes normales de ces forces, c'est-à-dire des forces centrifuges, pour ne tenir compte que de celles qui agissent dans le sens de l'élément du chemin décrit, et que, à cause de leur activité particulière, on pourrait nommer les *forces vives* des corps; mais, comme cette expression est universellement admise pour désigner la valeur de leur travail, dans un intervalle de temps fini et déterminé, nous la remplacerons par celle de *force d'inertie tangentielle*, et quelquefois, dans la vue d'abréger, simplement par celle de *force d'inertie*.

Au surplus, en faisant de telles abstractions, on ne devra pas perdre de vue que les forces centrifuges des différentes masses, bien qu'elles n'aient par elles-mêmes aucune activité, sous le rapport du travail, n'en exercent pas moins une certaine influence sur le mouvement des systèmes matériels dont elles font partie, en concourant (9) simultanément avec les composantes des autres forces normales aux courbes décrites par leurs points d'application respectifs à développer sur les points d'appui, sur les articulations de ce système, s'il en possède, des pressions qui font naître des résistances passives analogues au frottement, et qu'on devra pouvoir calculer lorsque la loi du mouvement, à un instant donné, sera connue pour les points matériels du système.

15. *Principe de la transmission du travail.* — Tout ceci étant bien entendu, il ne sera pas difficile de démêler le rôle que joue chaque espèce de force dans un système quelconque de corps matériels en mouvement, sous des conditions données, et tels que ceux qui constituent les moteurs et les machines de l'industrie. En effet, considérons à un instant donné, ou pour une position déterminée des différentes masses, l'ensemble de toutes les forces, tant intérieures qu'extérieures, tant actives que passives (autres que les forces d'inertie), qui agissent simultanément sur le système et exercent une influence appréciable, mais quelconque, sur l'état du mouvement de ses divers éléments matériels; puis supposons qu'on applique à chacun de ces éléments d'autres forces capables d'empêcher la modification qu'éprouve réellement ce mouvement, sous la seule action des premières et pour la durée infiniment petite du temps $dt$ qui suit l'instant dont il s'agit, il est clair que ces

nouvelles forces, détruisant l'effet des autres, elles leur feront nécessairement équilibre. Mais ces mêmes forces sont précisément égales en intensité et en direction aux réactions ou forces d'inertie (13 et 14) qui naissent du changement de mouvement des différentes masses; donc il y aura simplement équilibre entre toutes les forces qui agissent efficacement sur le système et ces mêmes forces d'inertie.

Représentant donc par $\Sigma Q dq$ la somme des quantités de travail élémentaire développées par les forces efficaces dont il s'agit, en prenant positivement celles de ces quantités qui appartiennent à des forces agissant dans le sens du mouvement de leur point d'application et négativement celles des forces qui agissent dans le sens contraire; désignant pareillement par $\Sigma - mv dv = - \Sigma mv dv$ la somme des quantités de travail relatives aux forces d'inertie $-m \dfrac{dv}{dt}$ des différentes masses du système, quantités dont le signe doit toujours être opposé à celui que prend naturellement le produit $v dv$ pour chaque masse $m$, attendu que la force d'inertie agit comme résistance (10) quand le mouvement de cette masse s'accélère, c'est-à-dire quand $dv$ a le sens et le signe de $v$, et comme puissance quand il diminue, ou que $dv$ a un signe contraire à $v$; en faisant, dis-je, ces suppositions, et observant que les quantités de travail ne sont ici autre chose que les moments virtuels relatifs à chaque force et au mouvement effectif du système, on aura, d'après un principe bien connu, la relation

$$\Sigma Q dq - \Sigma mv dv = 0,$$

qui exprime que

*La somme des travaux élémentaires développés, tant par les différentes forces qui produisent la modification du mouvement, que par les forces d'inertie qui naissent de cette modification, est constamment égale à zéro.*

**16.** *Principe des forces vives.* — L'équation ci-dessus ayant lieu pour tous les instants et étant indépendante d'ailleurs du mode d'action des forces, qui peut être quelconque et même discontinu, pourvu qu'on ait égard aux intermittences de cette action, dans l'appréciation des quantités de travail relatives à chaque force, il en résulte que son second membre sera susceptible d'être intégré, dans tous les cas; elle donnera lieu à ce qu'on nomme le principe des *forces vives*, envisagé dans l'acception la plus générale. Nommant en effet

$v'$ la vitesse de la masse quelconque $m$ au premier instant, ou pour la première position où l'on veut considérer le système;

$v$ ce que devient cette vitesse, pour un autre instant, ou pour une autre position donnée de ce système;

désignant d'ailleurs par $\int_{q'}^{q} Q\,dq$ la quantité de travail développée par la force quelconque Q dans le même intervalle, travail qui peut être intermittent et prendre des valeurs quelconques, on aura la nouvelle équation

$$\sum \int_{q'}^{q} Q\,dq = \sum \int_{v'}^{v} mv\,dv = \tfrac{1}{2}\Sigma(mv^2 - mv'^2),$$

qui exprime que :

*Entre deux positions quelconques et données du système, l'accroissement de la somme des forces vives de différentes masses est égal au double de la somme des quantités de travail positives ou négatives, imprimées dans le même intervalle par toutes les forces distinctes de l'inertie qui ont agi sur le système.*

## II. — Application du principe des forces vives au mouvement des machines.

### Conditions spéciales que présentent les machines.

17. *Idée de la constitution physique des machines.* — Pour appliquer le principe de la transmission du travail ou des forces vives à la théorie des machines telles qu'on les consi-

dère dans les arts, nous devons remarquer qu'elles se composent, en général, d'une suite de pièces matérielles, qui se communiquent le mouvement de proche en proche, depuis celle qui est immédiatement soumise à l'action du moteur, et qu'on nomme le *récepteur*, jusqu'à celle qui opère immédiatement le travail utile et qu'on nomme l'*outil* ou l'*opérateur*. Or on donne toujours, tant à ces pièces extrêmes qu'à celles qui servent d'intermédiaires, et qu'on nomme les *communicateurs* du mouvement, un degré de solidité, de rigidité ou d'inextensibilité suffisant pour que, sous les efforts qu'elles ont à supporter, elles conservent une forme sensiblement invariable et transmettent la vitesse, sans perte appréciable, d'une extrémité à l'autre de la machine, c'est-à-dire par des lois dépendant uniquement de la constitution géométrique du système.

C'est en effet dans cette supposition qu'on envisage ordinairement la théorie des machines, afin d'éviter des difficultés qui seraient souvent insurmontables dans l'état actuel de nos connaissances mécaniques, si l'on voulait tenir compte de toutes les réactions moléculaires et intimes qui naissent de la compressibilité des corps, même les plus solides. Mais il ne faut pas oublier, pour cela, que cette compressibilité existe, et qu'elle est la cause de certaines pertes de travail, de certaines résistances qu'il n'est pas permis de négliger dans le calcul des effets des machines et dont on apprécie la valeur d'une manière approximative, soit à l'aide de l'expérience, soit à l'aide du calcul et du raisonnement [1].

---

[1] Cette hypothèse permet d'étudier d'une manière simple les circonstances principales du mouvement d'ensemble des machines. Il faut remarquer toutefois que les machines industrielles comprennent le plus souvent des arbres de grande longueur, des courroies et d'autres organes qui, sous l'action des efforts variables qu'ils transmettent, subissent des déformations très-appréciables; il faut alors tenir compte non-seulement des pertes de travail qui en résultent, ainsi que cela est dit dans le texte, mais encore des modifications souvent très-considérables qu'éprouvent les mouvements relatifs des pièces du système. Une étude spéciale est nécessaire, dans ces cas, pour déterminer les vitesses relatives des divers points qui ne peuvent plus être calculées par la simple considération du tracé géométrique. Il est nécessaire de tenir compte de ces déforma-

18. *Pertes de travail provenant de la réaction des ressorts moléculaires.* — Les frottements, l'adhérence, la roideur des cordages sont des résistances qui tiennent à des causes de cette espèce et qui sont étrangères au travail utile, car elles supposent des déplacements moléculaires dus, les uns au mouvement tangentiel des corps soumis à des pressions normales, les autres à leurs flexions plus ou moins grandes et continuellement renouvelées; ces résistances et quelques autres, telles que celle des milieux dans lesquels les corps se meuvent, accompagnent d'une manière constante le mouvement des machines, et il arrive rarement qu'on puisse se dispenser d'en tenir compte.

Quant aux actions moléculaires qui sont mises en jeu par le changement de forme général des pièces solides qui se communiquent le mouvement, c'est-à-dire par la flexion, l'extension, la torsion, etc., que ces pièces éprouvent sous les efforts dus à cette réaction réciproque, l'expérience démontre qu'on peut négliger la considération de leur travail toutes les fois que l'état de compression reste sensiblement le même pendant la durée entière du mouvement, ou qu'il n'éprouve que des variations très-faibles.

Mais lorsque ces variations sont fréquemment répétées et suivies de déformations permanentes des corps, lorsque surtout elles sont dues aux forces d'inertie, aux réactions de toute espèce qui se développent dans les changements brusques du mouvement, par suite des chocs dus à la rencontre de corps animés de vitesses contraires ou inégales, il devient indispensable de tenir compte des pertes de travail qui peuvent résulter, tant de ces déformations en elles-mêmes que des mouvements relatifs imprimés aux molécules, mouvements étrangers à celui par lequel s'opère le déplacement

---

tions dans l'étude d'un grand nombre de questions pratiques dont l'hypothèse de l'invariabilité des organes ne peut pas donner la solution. Il est à remarquer que, même dans le mouvement uniforme, le rapport des vitesses n'est pas rigoureusement celui qui résulterait du tracé, dans les cas fort nombreux aujourd'hui où l'on se sert de courroies pour transmettre le mouvement (*voir* les Notes des n$^{os}$ 39, 41, Section I; du n$^{o}$ 15, Section III). (K.)

général des corps du système et qui s'éteignent rapidement, comme on sait, par leur opposition réciproque et par leur dissémination générale dans les masses environnantes.

Nous exposerons plus tard les principes d'après lesquels on estime approximativement cette perte de travail; quant à présent, il nous suffit de remarquer : 1° que la durée des chocs, tels qu'en éprouvent les machines, est généralement négligeable par rapport à celle du temps où l'on considère le mouvement de la machine; 2° que, les pièces qui subissent ce choc étant constituées de façon que les altérations de forme qu'elles éprouvent sont en elles-mêmes fort petites, le système se retrouve après le choc sensiblement dans les mêmes conditions de liaisons géométriques qu'auparavant, l'intensité de la vitesse absolue de chaque point étant seule changée; 3° qu'enfin le résultat du choc a été simplement une perte de force vive éprouvée par les différents corps et qui est mesurée par la différence de celle que le système possède avant et après le choc.

### Équations générales du mouvement des machines.

19. *Établissement des équations générales d'après le principe des forces vives.* — D'après ces diverses considérations, on voit que les seules forces dont il soit nécessaire de tenir compte dans la pratique sont : 1° les forces motrices destinées à produire le travail utile et à vaincre toutes les résistances nuisibles : leurs travaux instantanés ou élémentaires peuvent être représentés (10) par des expressions de la forme $F df$, qui seront essentiellement positives; 2° les résistances nuisibles ou passives de toute nature (18) et qui agissent d'une manière continue ou intermittente, pendant la durée entière du mouvement : leurs quantités de travail élémentaire négatives pourront être représentées par des expressions de la forme $-R dr$; 3° les résistances utiles qui constituent le travail des dernières pièces de la machine et jouent le même rôle que les précédentes, de sorte que leurs quantités de travail élémentaires peuvent être représentées par des termes de la forme $-Q dq$; 4° les poids des divers éléments matériels

du système, qui, agissant tantôt dans le sens du mouvement, tantôt dans le sens contraire, donnent lieu à des quantités de travail que nous représenterons, en conséquence, par des expressions de la forme $\pm p\,dh$ ou $\pm mg\,dh$, $m$ étant la masse d'une molécule matérielle quelconque, $mg$ ou $p$ son poids (11) et $\pm dh$ la hauteur dont elle s'abaisse ou s'élève selon la verticale et dans l'élément du temps où l'on considère le mouvement de la machine; 5° enfin la force d'inertie $-m\dfrac{dv}{dt}$ (13) des diverses molécules dont il s'agit, produisant dans le même élément du temps des quantités de travail représentées (14) par $-mv\,dv$ et qui s'ajoutent à celles des puissances ou s'en retranchent, selon que la vitesse de chaque molécule décroît ou augmente, c'est-à-dire selon que le produit $v\,dv$ est négatif ou positif.

Ainsi on aura, en conservant du reste les notations et conventions des n$^{os}$ 15 et 16

$$\Sigma mv\,dv = \Sigma \mathrm{F}\,df - \Sigma \mathrm{R}\,dr - \Sigma \mathrm{Q}\,dq \pm \Sigma mg\,dh$$

pour chaque élément du temps, et

$$\Sigma mv^2 - \Sigma mv'^2 = 2\Sigma\int \mathrm{F}\,df - 2\Sigma\int \mathrm{R}\,dr - 2\Sigma\int \mathrm{Q}\,dq \pm 2\Sigma\int mg\,dh,$$

entre deux instants quelconques dont le premier correspond à la vitesse $v'$, antérieurement acquise par la molécule $m$, et dont le dernier correspond à la vitesse $v$ qu'elle a reçue sous l'influence des forces proposées.

**20.** *Termes relatifs au poids des pièces en mouvement.* — Avant d'aller plus loin, nous ferons observer que les termes $\Sigma mg\,dh$, $\Sigma\int mg\,dh$ peuvent être mis sous une forme plus simple en les supposant intégrés, soit pour toute l'étendue de la machine, soit pour l'intervalle de temps qui répond aux vitesses $v$ et $v'$ de la masse $m$; nommant en effet $h$ la hauteur dont s'est élevée, dans cet intervalle, la masse élémentaire dont il s'agit; M et P la somme des masses et des poids de toutes les parties matérielles qui constituent le système, c'est-à-dire la masse et le poids total des pièces mobiles de la machine; enfin H la hauteur dont s'est élevé, toujours dans cet intervalle de temps considéré, leur centre de gravité général, on aura évidemment, par la théorie du centre des forces parallèles,

$$\Sigma mgh = MgH = PH,$$
$$\Sigma mgdh = PdH,$$
$$\Sigma \int mgdh = \Sigma mgh = PH,$$

relations qui n'auront lieu qu'autant que le poids P restera le même à chaque instant, ou qu'aucune des masses $m$ ne quittera le système pendant l'intervalle auquel s'appliquent les sommations et intégrations. Généralement nous supposons qu'on n'applique le principe des forces vives aux machines que pour chacun des intervalles où les conditions restent les mêmes, ou plutôt que, si ces conditions sont susceptibles de changer, soit dans chaque élément du temps, soit à des instants déterminés, on y ait égard lors de l'intégration des différentes quantités de travail, ce qui est bien évident *a priori*, d'après la manière dont nous envisageons (16) le principe des forces vives, mais ce qui demande quelque attention dans les applications de ce principe aux divers cas.

21. *Forme abrégée des équations du mouvement.* — En supposant la seconde des équations (19) intégrée de la même manière, par rapport à chacun des termes dont elle se compose, nous pourrons, dans la vue de simplifier les énoncés, l'écrire ainsi sous une forme abrégée,

$$mv^2 - mv'^2 = 2(Ff - Rr - Qq \pm PH);$$

mais il ne faudra pas oublier la manière dont elle a été obtenue, ni la signification véritable de chacun de ses termes.

Nous représenterons de même son équation différentielle, qui a lieu à chaque instant du mouvement (9), par

$$mv\,dv = Fdf - Rdr - Qdq \pm PdH.$$

Ces notations reviennent simplement à supposer que les forces variables qui agissent sur le système ont été remplacées par les valeurs moyennes (9) qui leur correspondent entre les deux instants où l'on considère le système.

## Discussion des équations générales.

22. *Influence de la gravité sur l'effet utile.* — Les équations que nous venons de poser et de définir contiennent implicitement toute la théorie des machines en mouvement; mais, pour en bien saisir l'esprit, il est nécessaire d'examiner à part la signification de chacun de leurs termes et son influence sur les effets généraux de la machine, et principalement sur l'effet utile $Qq$, qu'il s'agit évidemment de rendre le plus grand possible, eu égard à la quantité d'action $Ff$ développée par le moteur.

Pour cela, résolvons la première de ces équations par rapport à $Qq$, nous aurons

$$Qq = Ff - Rr \pm PH + \frac{mv'^2}{2} - \frac{mv^2}{2}.$$

Considérons d'abord le terme PH qui concerne les poids des pièces matérielles de la machine; on voit qu'il disparaîtra de l'équation toutes les fois que le centre de gravité de tout le système restera constamment à la même hauteur, car H sera alors égal à zéro; autrement il ne disparaîtra de l'équation que les parties de ce terme relatives à des poids dont le centre de gravité ne monte ni ne descend, comme cela a lieu, par exemple, pour les diverses *roues centrées* ou dont l'axe passe par le centre de gravité, pour les *courroies* et *chaînes sans fin*, pour les *chariots* ou pièces qui glissent sur des plans horizontaux, etc. Dans tous ces cas, il ne faudra pas oublier que, si le poids de ces pièces disparaît de l'équation ci-dessus, il n'en est pas moins nécessaire de tenir compte des résistances de toute espèce qui en résultent et dont l'influence se fait sentir dans les termes relatifs aux frottements et aux forces vives du système.

Mettant d'ailleurs de côté le cas où l'un des corps de la machine s'élèverait ou descendrait constamment pendant la durée du mouvement, puisque son poids $p$ (19) ferait partie de la résistance utile Q, ou de la force motrice F, il restera à examiner celui où il baisserait et monterait alternativement, comme cela aurait lieu pour une roue *non centrée* ou qui ne tournerait pas *rond*, pour une scie verticale qui recevrait le mouvement d'une manivelle, etc.; alors, s'il ne quitte jamais la machine, son poids ne produira d'autre effet que d'augmenter ou de diminuer périodiquement et de quantités égales la somme des quantités d'action imprimées par les autres forces, c'est-à-dire de manière que cette somme et l'effet utile $Qq$ ne seront nullement altérés entre deux instants où sa position sera redevenue la même, attendu qu'on aura entre ces instants $\int p\,dh = 0$; mais si le poids des pièces à mouvement alternatif n'exerce directement aucune influence nuisible sur l'effet utile, il n'en fait pas moins naître des résistances en chargeant les points d'appui et en altérant, comme on le verra plus tard, la vitesse et la force vive du système relatives à chaque instant.

23. *Influence des résistances passives et des chocs.* — Il n'y a rien de semblable à dire sur le terme $Rr$, qui contient les quantités de travail dues aux résistances passives de toute espèce; car elles tendent constamment (19) à détruire une certaine portion du travail moteur $Ff$. C'est pourquoi l'on aura, dans chaque cas, à examiner les moyens de diminuer le plus qu'il est possible leur influence, en recherchant la forme, la vitesse et la disposition qu'il convient de donner aux parties qui y sont soumises, pour rendre le produit $Rr$ un *minimum*.

D'ailleurs, il est essentiel de distinguer (18) les résistances passives qui agissent d'une manière continue pendant la durée du mouvement, telles que les résistances du milieu, le frottement, etc., de celles qui ne se reproduisent que par intervalles et dans des instants excessivement courts, telles que celles que développent les chocs ou changements brusques quelconques de la vitesse des corps du système; les premières opérant à la manière de la pesanteur ou des forces motrices quelconques, on conçoit très-bien comment on peut évaluer leurs quantités de travail, dans tous les cas où la loi de leur intensité est connue (10). Quant aux autres, il faut supposer que, pendant le temps très-court où les corps réagissent et se compriment, les forces moléculaires sont mises en jeu, de manière à développer, en sens contraire du mouvement, des quantités de travail qui sont numériquement (18) la moitié de la somme des forces vives détruites pendant l'acte du choc, somme qui est toujours comparable, comme nous le verrons par la suite, à la force vive totale du système, même quand les corps qui y entrent seraient ce qu'on nomme *parfaitement élastiques*, c'est-à-dire tels qu'ils reprissent exactement après le choc la forme qu'ils possédaient auparavant.

24. *Inconvénients des chocs; moyens de les éviter.* — On remarquera au surplus que, si le choc est destiné à produire un effet utile, comme lorsqu'il s'agit de comprimer, d'écraser un corps sous l'action d'un pilon ou d'un marteau, une partie de la force vive perdue par les pièces de la machine doit être censée appartenir au terme $Qq$ : c'est celle qui est strictement nécessaire pour produire le changement de forme qui a lieu dans la matière à comprimer ou à diviser. On conçoit même que la majeure partie de la force vive du pilon serait utilement employée, si ce dernier était parfaitement roide et élastique, si sa forme et sa constitution physique ne s'altéraient pas dans un même choc ou par la répétition des chocs, et si, enfin, il ne conservait après le choc, ainsi que la matière qui y est soumise, aucune vitesse relative et étrangère à l'effet utile; mais, comme il en est tout autrement, comme le mouvement est toujours accompagné de résistances passives, on voit qu'il y a nécessairement une portion notable de la force vive imprimée au pilon, ou du travail que suppose cette force vive, qui est consommée en pure perte. Voilà pourquoi aussi, et indépendamment des autres raisons à alléguer, il vaut mieux produire les effets ci-dessus par de simples pressions, ainsi qu'il arrive dans les machines à cylindres, à meules, etc., que les bons constructeurs substituent, avec raison, aux pilons et aux marteaux.

Si donc il est utile d'éviter les chocs dans le cas actuel, à plus forte raison en est-il ainsi quand ce choc n'est pas indispensable à l'effet qu'on veut produire. C'est ce qui a lieu, par exemple, lorsque des pièces se quittent et se reprennent brusquement avec des vitesses finies, soit qu'elles abandonnent entièrement la machine, soit que, servant à communiquer le mouvement, elles offrent beaucoup de jeu dans leurs articulations et éprouvent des changements de vitesse en intensité et en direction, telles que les pièces à mouvement alternatif, etc. On évite en partie ces effets en diminuant ce jeu le plus qu'il est possible et en employant, pour transformer le mouvement continu en mouvement alternatif, des ressorts, ou, ce qui vaut mieux, des manivelles, des excentriques qui éteignent et restituent graduellement la vitesse au commencement et à la fin de chaque oscillation; enfin en disposant les parties qui transmettent le travail par leur contact et en général toutes les pièces de la machine, de façon qu'elles soient rigoureusement assujetties dans leur tracé et leur mouvement à la loi de continuité.

L'effet des changements brusques quelconques est, d'ailleurs, de faire éprouver aux machines des secousses qui détériorent leur constitution en fatiguant les assemblages, en désunissant les parties et augmentant le jeu, ce qui a pour résultat inévitable une augmentation progressive des pertes de travail. On peut en dire autant des fortes pressions en général, lorsqu'elles éprouvent des alternatives fréquentes et longtemps répétées en direction et en intensité.

25. *Influence de la forme et de la vitesse du récepteur.* — Passons maintenant à ce qui concerne le terme F*f*, relatif aux quantités de travail développées par les forces motrices, et remarquons que les moteurs peuvent être *primitifs*, tels que la gravité et le calorique, ou *secondaires*, tels que les animaux, le vent, les cours d'eau et la vapeur. Il ne peut être ici question du mode d'agir des uns et des autres; tout ce qu'il importe de remarquer, c'est que la pression F, exercée par le moteur secondaire sur le récepteur, est, en général, susceptible de varier avec la vitesse propre $v$ de cette pièce, de telle sorte que, étant nulle pour une vitesse de son point d'application égale à la plus grande vitesse V que puisse prendre librement le moteur, elle est, au contraire, la plus grande possible quand le récepteur est immobile ou que $v = 0$.

La quantité d'action F*f*, communiquée par le moteur à la machine, étant ainsi nulle pour les cas extrêmes dont il s'agit, on voit qu'il y aura une valeur de $v$, comprise entre o et V, qui rendra le produit $Ff$ un maximum [1]; cela paraîtra évident, si l'on considère la manière d'agir de quelques-uns des moteurs secondaires, tels que les animaux et l'eau. D'ailleurs, il y aura, dans chaque cas particulier, d'autres conditions à remplir pour rendre $Ff$ le plus grand possible : il faudra notamment éviter les chocs et toute décomposition de la force et de la vitesse du moteur qui serait nuisible à l'effet, ou ferait croître inutilement la pression sur les appuis et les résistances passives, etc.; mais il est impossible de donner des préceptes généraux à cet égard, et ce ne serait pas le lieu d'entrer dans des détails.

26. *Influence de la forme et de la vitesse de l'outil. — Influence de l'inertie des masses.*— Il nous reste à dire un mot des termes de notre équation (22) qui concernent l'inertie ou les forces vives de la machine; car il est assez évident qu'on peut répéter à l'égard de l'effet utile $Qq$ ce qu'on a dit des résistances passives en général : ainsi l'on aura à examiner la vitesse, la forme, etc., qui conviennent à l'*outil* ou *opérateur*, pour qu'à dépense égale de travail il produise le *maximum* d'ouvrage d'une espèce déterminée; l'expérience a, en effet, appris que chaque outil offre une vitesse qui est la plus avantageuse possible, et dont on ne saurait s'écarter sans inconvénients, soit pour la qualité, soit pour la quantité des produits.

Passant donc aux termes qui contiennent les forces vives $mv^2$ et $mv'^2$, possédées par les différentes pièces de la machine,

---

[1] Plusieurs auteurs ont reproduit ce raisonnement, dans le but de démontrer que, pour tout moteur, il existe une vitesse du récepteur qui donne lieu au meilleur *rendement;* nous croyons devoir faire remarquer que le raisonnement du texte ne s'applique pas à la question ainsi posée; il répond à la détermination de la vitesse qui conduit au maximum de travail dans l'unité de temps, vitesse qui, généralement, n'est pas celle qui se rapporte au meilleur rendement. Quant à la vitesse à laquelle il convient de faire fonctionner les machines industrielles, et que l'on nomme *vitesse de règle* ou *vitesse normale,* elle ne correspond, le plus souvent, ni au meilleur rendement, ni au maximum de travail par unité de temps. Des considérations d'un autre genre doivent encore intervenir pour déterminer cette vitesse, dans chaque cas (*voir* la Note du n° 42). (K.)

à la fin et au commencement de l'intervalle de temps pendant lequel on considère son mouvement, on remarquera que l'un tend à augmenter et l'autre à diminuer l'effet $Qq$ ; mais, comme les machines partent nécessairement du repos et qu'elles n'acquièrent de vitesse que celle que leur communique le moteur, on voit que la quantité de travail mesurée par la force vive $\frac{mv'^2}{2}$ en suppose une autre primitivement dépensée par ce moteur et qui lui est toujours supérieure, à cause de résistances nuisibles inhérentes à la constitution de la machine. Quant à la force vive $\frac{mv^2}{2}$, qui se présente comme une perte véritable de travail, on pourra l'utiliser en partie vers la fin du mouvement de la machine en laissant agir celle-ci seule et en vertu de sa seule inertie, contre les résistances que présente la matière à confectionner; ce que, d'ailleurs, ne permet pas toujours la matière du travail et le genre de l'outil; mais comme, dans tous les cas, les résistances passives en absorberont une portion notable, on voit qu'il y a, de toute manière, de l'inconvénient à laisser acquérir une certaine force vive aux différentes pièces, indépendamment de ce que l'influence des chocs et des résistances nuisibles croît avec l'augmentation des masses et de la vitesse. Néanmoins, si le mouvement de la machine doit être longtemps continué, la perte de travail, représentée par $\frac{mv^2}{2}$, devient négligeable par rapport à l'effet utile total, et son influence est nulle comparativement à celle qu'elle exerçerait dans le cas où le mouvement de la machine serait interrompu par de fréquents repos.

On voit aussi que, si l'effet utile consiste à élever ou mouvoir des corps dans une direction quelconque, il y a toujours une certaine perte de force vive ou de travail, lorsque ces corps quittent la machine avec une vitesse acquise; cette vitesse doit être nulle ou la moindre possible.

Quant aux pièces à mouvement alternatif, dont la vitesse s'éteint à la fin et au commencement de chaque oscillation, on voit aisément que, si cette vitesse varie par degrés insensibles, leur force vive n'aura d'autre effet que de diminuer et d'augmenter périodiquement celle de la machine, de façon qu'elle redeviendra la même à la fin et au commencement de chaque oscillation, et qu'il n'y aura, sous ce rapport, aucune perte de quantité de travail.

## III. — Circonstances principales du mouvement des machines.

### Lois générales du mouvement.

27. *Nature particulière du mouvement des machines.* — Après avoir examiné à part l'influence des différents termes de l'équation des forces vives (22) sur l'effet utile, nous allons maintenant en déduire les lois mêmes du mouvement des machines.

Les machines sont en effet assujetties à exécuter des périodes de mouvement qu'on nomme *tours, révolutions,* et au bout desquelles la position des différentes masses redevient la même qu'auparavant; or, toutes les pièces étant *solidaires,* la vitesse se communique de proche en proche, par des lois purement géométriques, de façon que celle des divers points peut s'exprimer en fonction de la vitesse de l'un quelconque d'entre eux et de la variable qui fixe sa position à chaque instant. L'équation des forces vives donnerait donc cette vitesse à un instant quelconque, si l'on connaissait, pour cet instant, les quantités d'action totale imprimées au système par les différentes forces, et, sous ce point de vue, elle contient implicitement les lois du mouvement de toutes les machines.

Si l'on suppose que le système soit parti du repos, on fera $v'=0$ dans l'équation

$$\Sigma mv^2 - \Sigma mv'^2 = 2\Sigma\int \mathrm{F}\,df - 2\Sigma\int \mathrm{R}\,dr - 2\Sigma\int \mathrm{Q}\,dq \pm 2\mathrm{PH},$$

et elle donnera la valeur de la vitesse $v$ de la masse quelconque $m$, puisque, d'après la nature des machines, les vitesses des diverses autres masses ont avec $v$ des rapports donnés et dépendant seulement des grandeurs qui fixent la forme et la position des différentes parties du système à chaque instant.

Si l'on veut seulement considérer ce qui se passe dans l'intervalle de temps infiniment petit $dt$, pendant lequel l'accroissement de vitesse de $m$ est $dv$, correspondant aux espaces élémentaires $df$, $dr$, $dq$, on aura, en différentiant l'équation ci-dessus, par rapport au temps,

$$\Sigma mv\,dv = \Sigma F df - \Sigma R dr - \Sigma Q dq \pm P dH,$$

équation qui servira à faire connaître l'accroissement de vitesse reçue à chaque instant par l'un quelconque des points de la machine et par suite la loi du mouvement.

Pour le démontrer, nous remarquerons que, si l'on nomme $e$ le chemin total décrit par la molécule $m$ à l'instant où sa vitesse est $u$, de sorte que $udt = de$, puis que l'on représente par $\varphi(e)$ en général la fonction purement géométrique qui exprime le rapport de la vitesse $v$ d'un élément de masse quelconque de la machine à la vitesse $u$ au même instant, on pourra remplacer les quantités $\Sigma mv^2$, $\Sigma mv'^2$, par leurs équivalentes

$$u^2 \Sigma m \overline{\varphi(e)}^2, \quad u'^2 \Sigma m \overline{\varphi(e')}^2$$

dans les équations précédentes, qui deviendront ainsi, en représentant par $k$ et $k'$, pour abréger, les valeurs de $\Sigma m \overline{\varphi(e)}^2$, $\Sigma m \overline{\varphi(e')}^2$ relatives aux deux positions distinctes considérées,

$$ku^2 - k'u'^2 = 2\Sigma \int F df - 2\Sigma \int R dr - 2\Sigma \int Q dq \pm PH,$$
$$ku\,du + \tfrac{1}{2}u^2 dk = \Sigma F df - \Sigma R dr - \Sigma Q dq \pm P dh,$$

et comme $df$, $dr$ et $dq$ ont aussi avec $de$ des rapports qui sont purement fonctions de $e$ et des constantes qui fixent la grandeur et la position relative des parties matérielles du système, qu'enfin F, R et Q sont censées constantes ou variables, suivant des lois qui sont données *a priori*, en fonction du temps, ou des variables $f$, $r$ et $q$, c'est-à-dire de $e$, on voit que la dernière de ces équations donnera, par les méthodes connues, la loi effective du mouvement, de sorte qu'étant réunie avec la précédente elle doit contenir implicitement toutes les propriétés essentielles des machines telles que nous les envisageons ici.

Mais, pour qu'il en puisse être ainsi, il faut supposer que

l'on tienne compte de toutes les circonstances qui surviennent pendant le travail des forces, et notamment de celles qui peuvent momentanément suspendre ou modifier leur action et le mouvement des différentes parties matérielles, comme il arrive, par exemple, dans le jeu des pilons ou des marteaux, où certaines masses quittent et reprennent alternativement la machine : les intégrales doivent alors évidemment se prendre dans les intervalles distincts à considérer.

28. *Du mouvement à partir du repos.* — A l'instant où une machine sort du repos, le travail élémentaire $F\,df$ du moteur surpasse nécessairement celui de toutes les résistances réunies, c'est-à-dire que $F\,df - R\,dr - \ldots > 0$. Cela arrive ordinairement, ou parce que la résistance utile Q a sa valeur *minimum*, ou parce que la pression motrice F a le *maximum* de la sienne (25). La force vive augmente ainsi à chaque instant d'une quantité $d(mv^2) = 2mv\,dv$, égale au double des quantités d'action élémentaires imprimées par les puissances.

L'accroissement de la force vive continuera tant que le moment $F\,df$ ou le travail élémentaire du moteur l'emportera sur celui $R\,dr + Q\,dq \ldots$ des diverses résistances [1]; mais il faut admettre, conformément à l'expérience et à la nature des machines industrielles, que la force vive ne croîtra pas indéfiniment, du moins d'une manière appréciable, et atteindra plus ou moins rapidement une limite ou maximum pour laquelle on aura

$$\tfrac{1}{2}\,d(mv^2) = F\,df - R\,dr - Q\,dq \pm P\,dh = 0,$$

---

[1] *Période de mise en marche des machines.*— Il est bien rare, dans la pratique, que le travail élémentaire moteur puisse rester supérieur au travail élémentaire résistant pendant tout le temps nécessaire à la mise en marche du système; mais il résulte des dispositions des machines industrielles, du mode d'action du moteur sur le récepteur, qu'il existe des *périodes de mouvement* telles que le travail moteur total correspondant à chacune d'elles puisse être maintenu supérieur, égal ou inférieur au travail résistant, quelle que soit d'ailleurs la loi de variation des travaux élémentaires. Ce résultat est obtenu à l'aide de dispositifs particuliers tels, que les *distributeurs* et les *régulateurs,* dont il est question plus loin (n° 43). Pour que la machine sorte du repos et prenne des forces vives de plus en plus grandes, au bout des évolutions successives, il faut que le travail moteur soit plus grand que le travail résistant pour l'ensemble de

ce qui exprime, d'après le principe des vitesses virtuelles, qu'*il y a, au même instant, équilibre entre les forces motrices et les résistances, abstraction faite des forces d'inertie* $-m\frac{dv}{dt}$ (14) *des diverses masses, dont la somme des moments virtuels est naturellement égale à zéro.*

En effet, si la force vive croissait sans cesse et d'une manière sensible à chaque révolution de la machine, il en résulterait que la vitesse d'une pièce quelconque, par exemple celle du point d'application du moteur, croîtrait également et atteindrait bientôt un terme pour lequel ce moteur ne serait plus capable (25) d'aucun effort, circonstance qui n'a pas lieu pour les résistances, puisqu'il arrive souvent qu'elles croissent avec la vitesse.

La force vive et la quantité de travail communiquée ayant donc atteint leur maximum, il pourra arriver ou qu'elles restent constantes, ou qu'elles décroissent pendant un certain temps pour recroître ensuite, et ainsi alternativement, puisque le mouvement n'est pas censé s'éteindre.

29. *Conditions du mouvement uniforme.* — Considérons d'abord le premier cas, qui est le plus simple; l'accroissement élémentaire $2mvdv$ de la force vive étant nul, ainsi que la somme $Fdf - Qdq\ldots$ des quantités de travail élémentaires imprimées, il y aura à chaque instant équilibre pour toutes les positions de la machine et abstraction faite des forces d'inertie; la vitesse redeviendra par conséquent la même

---

chaque période. Cette condition est suffisante; en d'autres termes, *si le travail moteur qui correspond à une période est supérieur au travail résistant à vaincre pendant la même période, il existe au moins une position de départ de la machine, à partir de laquelle le mouvement commencera et continuera, quelles que soient d'ailleurs les variations ou les intermittences des travaux à chaque instant.* Ce théorème se démontre aisément par la considération des aires de la courbe du travail; nous l'indiquons ici parce qu'il est d'une certaine importance dans l'étude du mouvement des machines; il fait reconnaître nettement les erreurs souvent commises au sujet du rôle des volants, notamment quand on veut en démontrer la nécessité pour entretenir un mouvement périodique, pour franchir *les points morts*, même dans les cas où le travail moteur, par tour, est égal ou supérieur au travail résistant. (K.)

pour les mêmes positions, et, puisqu'on aura, entre deux instants quelconques,

$$mv^2 - mv'^2 = 2(\mathrm{F}f - \mathrm{Q}q - \mathrm{R}r) \pm \mathrm{PH} = 0,$$

l'inertie n'exercera plus aucune influence directe sur la transmission du travail.

Le cas le plus général et à la fois le plus ordinaire où ces circonstances peuvent se présenter est celui où les différentes masses du système posséderaient séparément des vitesses constantes ou uniformes, car on ne conçoit pas, *a priori*, comment ces vitesses pourraient varier de façon que l'accroissement des forces vives de certaines pièces fût constamment égal au décroissement de celles de toutes les autres, ce qui est nécessaire pour que la somme des forces vives reste constante. De plus, il est évident que les vitesses effectives $v$, $v'$, $v''$,... ou (13 et 14) $\frac{de}{dt}$, $\frac{de'}{dt}$, $\frac{de''}{dt}$,... des différentes masses ne peuvent rester constantes si les vitesses virtuelles $de$, $de'$, $de''$,..., qui dépendent uniquement de la nature géométrique des liaisons du système, ne sont elles-mêmes dans des rapports invariables, pour toutes les positions qu'il peut prendre (¹).

Cette condition exclut, comme on voit, tout à fait les pièces à mouvement alternatif, puisque leurs vitesses effectives et leurs vitesses géométriques ou virtuelles ne pourraient être en rapport constant avec celles des autres; mais elle ne suffit pas pour assurer l'uniformité du mouvement de la machine, il faut encore qu'on ait, à chaque instant,

$$\mathrm{F}df - \mathrm{Q}dq - \mathrm{R}dr \pm \mathrm{P}d\mathrm{H} = 0,$$

---

(¹) Soient K, K',... ces rapports constants, de sorte qu'on ait

$$de' = \mathrm{K}'de'' = \mathrm{K}de\ldots;$$

on aura donc aussi, entre deux positions quelconques du système,

$$e' = \mathrm{K}e, \quad e'' = \mathrm{K}'e,\ldots;$$

c'est-à-dire que les espaces entiers décrits entre ces positions par les différents points seront également dans les mêmes rapports.

ou qu'il y ait équilibre, abstraction faite toujours des forces d'inertie, nouvelle condition qui ne pourra être remplie d'une manière générale si la puissance et les résistances agissent par intervalle d'une manière discontinue, ou varient en intensité ou en direction, par des lois quelconques et indépendantes, dans les diverses positions de la machine. Or, en supposant même les forces F, R et Q constantes avec la vitesse, ainsi que les angles qu'elles forment avec la direction des chemins élémentaires décrits par leurs points d'application, condition qui rend les moments virtuels $Q\,dq$, $R\,dr$, $F\,df$ constants, et qui se trouve remplie dans beaucoup de machines, il faudra encore que le poids $p$ de chaque pièce conserve (22) son centre de gravité à la même hauteur, à moins qu'ayant une vitesse uniforme il ne fasse partie de la puissance motrice ou de la résistance utile, car dans tout autre cas il imprimera évidemment des quantités de travail instantanées $\pm p\,dh$ qui seront variables pour les diverses positions du système.

D'après ce qui a été dit précédemment, il ne peut entrer dans la machine de pièce à mouvement alternatif; elle devra donc se composer uniquement de pièces de rotation ou de *roues* exactement *centrées* (22), de *courroies* et de *chaînes sans fin*, etc.

30. *Du temps nécessaire à l'établissement du mouvement uniforme.* — Cet examen peut servir à montrer combien il est difficile d'établir le mouvement rigoureusement uniforme dans les machines; on peut même dire qu'il ne s'y présente jamais dans toute l'exactitude mathématique, car il suppose non-seulement que les forces restent constantes en intensité et en direction, etc., mais encore que les vitesses virtuelles des différentes parties de la machine soient entre elles dans des rapports indépendants de la position du système, ce qui exige que les quantités représentées ci-dessus par $\varphi(e)$ soient constantes, pour toutes les positions. Enfin on démontre très-simplement, soit par la considération de l'équation

$$K\frac{d^2e}{dt^2} = K\frac{dv}{dt} = \Sigma F\frac{df}{de} - \Sigma R\frac{dr}{de} - \Sigma Q\frac{dq}{de},$$

dans le second membre de laquelle $\frac{df}{de}, \frac{dr}{de}, \frac{dq}{de}$ seraient supposées constantes, soit par des considérations directes de Géométrie, que, lorsque l'action des différentes forces est soumise à des lois continues, analogues à celles de la pesanteur et dépendant uniquement des variables qui déterminent la position ou la vitesse du système, ce n'est, pour ainsi dire, qu'au bout d'un temps infini que la vitesse acquiert, en général, sa limite, quoique, dans un temps souvent fort court, elle n'en diffère que d'une quantité inappréciable et qu'on peut négliger pour la plupart des cas de pratique.

Il suffit pour cela de remarquer que, d'après les notions précédentes, la fonction représentée par ce second membre a sa plus grande valeur quand la machine part du repos ou que $v = 0$, et qu'elle décroît plus ou moins rapidement à mesure que la vitesse $v$ augmente, de manière à devenir complétement nulle pour une certaine valeur finie de cette vitesse, ce qui lui suppose implicitement la forme

$$N(a - v)^n$$

ou toute autre forme équivalente, N étant une fonction de $v$ et de constantes, essentiellement positive, et $a$ la vitesse limite dont il s'agit. On tire, en effet, de l'équation posée en dernier lieu,

$$t = \int \frac{K\,dv}{N(a - v)^n} = K \int \frac{dv}{N(a - v)^n},$$

intégrale qui, d'après les règles connues, étant prise depuis $v = 0$ jusqu'à $v = a$, doit renfermer au moins un terme de la forme $-A \log(a - v)$, si $n$ est impair, ou de la forme $-A(a - v)^{-n+1}$, si $n$ est pair; or ces fonctions sont l'une et l'autre susceptibles de devenir infinies quand la vitesse $v$ atteint sa limite $a$.

Ce fait est analogue à celui qui se présente dans le mouvement des parachutes, des fluides qui s'écoulent par les orifices des vases, et il avertit des précautions à prendre dans certains cas, quand on ne veut pas courir le risque de se tromper sur le régime ou l'état de mouvement d'un système.

Des observations analogues sont applicables d'ailleurs aux machines qui, par leur constitution et celle des moteurs ou des résistances, ne pourraient acquérir qu'un mouvement périodique constant ou permanent, c'est-à-dire tel que la vitesse, quoique variable dans l'étendue de chaque révolution, revienne constamment la même pour les mêmes positions.

31. *Avantages du mouvement uniforme.* — L'importance qu'il y a de satisfaire, dans chaque cas particulier, sinon rigoureusement, du moins le plus possible, aux conditions propres à établir l'uniformité du mouvement des machines, sera sentie si l'on met en parallèle les avantages inhérents à ce mouvement avec les inconvénients qui résultent du mouvement variable.

Dans les machines qui possèdent le mouvement uniforme, et où les puissances et les résistances agissent d'une manière continue et avec la même intensité d'action (1), les pièces se conduisent toujours de la même manière et demeurent sans cesse en contact, sans éprouver aucune secousse nuisible, aucun changement brusque de vitesse; et, comme les quantités de travail élémentaires reçues et transmises par chacune d'elles sont égales et constantes, ou qu'il y a équilibre à chaque instant, de même que pour la machine entière, les chances de destruction sont moindres, et l'on peut apprécier, dans chaque cas, les efforts qu'elles supportent, les flexions qu'elles éprouvent et la solidité minimum qui leur convient. Mais ces avantages ne sont pas les plus importants de ceux qui appartiennent à l'uniformité du mouvement; car, puisqu'il existe (25) pour chaque moteur une vitesse de son point d'application qui rend un maximum la quantité de travail

---

(1) *Du régime uniforme.* — Il résulte de ces considérations que, pour que les machines se trouvent dans les meilleures conditions de fonctionnement, il ne suffit pas qu'elles possèdent un mouvement uniforme : il faut encore que toutes les forces qui agissent sur elles conservent, pendant toute la marche, la même intensité et la même direction, condition qui n'est pas nécessairement remplie dans le mouvement uniforme. Ces circonstances pourraient être caractérisées par la dénomination de *mouvement régulier*, ou mieux, par celle de *régime uniforme*. (K.)

qu'il communique à la machine et que la qualité et la quantité du travail de l'outil dépendent aussi (26) de sa vitesse et surtout de la constance de cette vitesse, on voit que le cas le plus avantageux possible sera celui où les vitesses des pièces extrêmes de la machine seront telles que le réclame chaque genre de moteur et de travail utile, et resteront invariables pendant le mouvement, aussi bien que celles des pièces intermédiaires.

32. *Inconvénients du mouvement varié.* — Dans les machines dont le mouvement varie à chaque instant d'une manière sensible et suivant des lois d'ailleurs continues, les choses se passent d'une manière tout à fait opposée, sans compter les autres inconvénients qui s'y présentent quelquefois. Ainsi, par exemple, il pourrait arriver que le mouvement ne pût aucunement naître ou s'entretenir, parce que, l'action du moteur ou celle des diverses résistances étant intermittente, il y aurait des instants pour lesquels cette dernière ayant acquis toute son énergie, tandis que l'autre a atteint le minimum de la sienne, la force vive possédée par la machine ne serait pas suffisante pour entretenir le mouvement dans ces positions, que les praticiens nomment *points morts*, et cela bien que la quantité de travail que pût fournir le moteur dans une révolution de la machine, supposée parvenue à un certain état de mouvement, fût égale ou même supérieure à celles que développeraient toutes les résistances réunies [1]. Mais, en supposant que le mouvement puisse naître et s'entretenir, il n'en résulterait pas moins, de son état variable, que la machine ne travaillera pas sous les conditions les plus avantageuses, et que ses différentes pièces éprouveront des secousses, des pressions et des tractions qui altéreront plus ou moins rapidement leur constitution et absorberont en pure perte une portion du travail moteur (18).

33. *Moyens de corriger en partie les inconvénients du mouvement varié.* — On remarquera que ces derniers inconvé-

[1] La note du n° 28 fait connaître la restriction qu'il faut apporter à ce passage. (K.)

nients, quoique analogues à ceux qui ont déjà été signalés au n° 24, sont pourtant moins graves, attendu que le jeu des diverses articulations est ici censé très-faible, et que nous supposons le tracé, la disposition de toutes les parties conformes à la loi de continuité, de sorte que les pièces à mouvement alternatif, inhérentes à la constitution de la machine, éteignent graduellement leur vitesse à la fin et au commencement de chaque oscillation.

Pour bien concevoir les inconvénients qui arrivent dans le cas actuel et pouvoir y remédier dans l'occasion, il faut considérer qu'ils ont lieu uniquement, soit parce que la puissance motrice agit sur la première pièce (le récepteur), tantôt dans un sens, tantôt dans le sens directement opposé, soit parce qu'il existe dans la machine des poids ou des ressorts qui tendent, d'une manière active, à imprimer de la vitesse à la machine, tantôt dans le sens du mouvement, tantôt dans le sens opposé; il en résulte, en effet, que la pièce qui en conduisait une autre peut en être conduite à son tour, et qu'à cause du jeu indispensable ces pièces cessent d'être en contact, ou se quittent pour se reprendre ensuite, et ainsi alternativement.

34. *Nécessité de s'éloigner, dans certains cas, des conditions de l'uniformité du mouvement.* — D'après ces divers inconvénients du mouvement variable des machines, il semblerait qu'on dût en proscrire l'emploi dans toutes les applications à l'industrie, et se borner uniquement aux moyens qui permettent l'uniformité rigoureuse du mouvement; ce qui se réduit, comme on l'a vu, à n'employer, même pour le récepteur et l'outil, que des pièces de rotation continue, et à éviter toute action intermittente de la part du moteur et des résistances. C'est aussi à quoi tendent tous les efforts des bons constructeurs et des mécaniciens instruits; mais, quoiqu'on ait résolu la question pour plusieurs machines importantes, d'une manière suffisamment approchée, il n'y a pas d'espoir qu'on puisse le faire pour toutes. La nature du moteur et du travail, les circonstances locales, et principalement trop de sujétion dans l'exécution matérielle, trop de dépense s'opposeront tou-

jours à ce qu'on atteigne le but d'une manière satisfaisante; du moins on doit chercher à en approcher le plus possible, dans chaque cas particulier, en évitant les principaux inconvénients du mouvement variable que nous venons de signaler.

Or nous remarquerons qu'il n'existe en réalité que trois causes essentielles du mouvement varié des machines, et qui consistent dans l'irrégularité d'action, soit du moteur, soit de la résistance utile, soit de l'un et de l'autre réunis; il n'arrivera donc pareillement que trois circonstances où l'on soit forcé de faire usage de pièces à mouvement alternatif, et, dans ces trois circonstances, on devra éviter de multiplier inutilement ces pièces.

Ainsi, le récepteur devant posséder un mouvement alternatif et l'opérateur un mouvement de rotation continu, uniforme, on transformera immédiatement, à l'aide de manivelles, d'excentriques, etc., le premier mouvement en un mouvement pareil au second; toutes les pièces intermédiaires seront ainsi des roues, des courroies à mouvement continu. On en fera autant quand, au contraire, le récepteur devra posséder une vitesse uniforme, et l'outil un mouvement alternatif; mais, si l'outil et le récepteur doivent à la fois posséder un mouvement alternatif, il y aura à examiner si le premier peut immédiatement s'appliquer au second, sans interposition de pièces quelconques, de façon que les oscillations et les alternatives d'action coïncident parfaitement, que la vitesse et la pression s'éteignent par degrés vers la fin et le commencement de chacune d'elles; car alors il ne pourra y avoir de perte d'effet sensible, et la machine travaillera presque aussi avantageusement que si elle possédait le mouvement uniforme. Mais cela arrive rarement, et presque toujours on se voit obligé de faire usage de pièces intermédiaires auxquelles on donne, quand le cas l'exige et qu'il y a de l'avantage à régulariser l'action, un mouvement de rotation continu dans le même sens.

### Moyens généraux de régulariser le mouvement des machines [1].

35. *Précautions à prendre au sujet des tracés et de la répartition des efforts.* — Laissant donc de côté le cas où toutes les pièces ont un mouvement alternatif, il n'y aura plus qu'à s'occuper des trois autres, auxquels on pourra joindre celui où toutes les pièces mobiles ont un mouvement de rotation continu, quoique la puissance ou la résistance agissent sur la première et la dernière pièce, d'une manière intermittente, variable; or, dans tous ces cas, mais surtout dans celui où il est avantageux (31) que l'une de ces pièces extrêmes possède la vitesse uniforme, il paraît convenable de régulariser le plus possible le mouvement de la machine, et ce qui précède nous en indique les moyens principaux : 1° on tracera les parties par lesquelles le mouvement de rotation continu se transmet d'une pièce à l'autre, de façon que la vitesse géométrique reste

---

[1] *Des conditions de bon fonctionnement des machines.* — Pour apprécier la valeur des divers *moyens de régularisation*, il est nécessaire de définir d'abord les conditions qui assurent le *bon fonctionnement* des machines.

La question industrielle se résume à fabriquer, au moindre prix total, l'unité d'ouvrage, avec la perfection voulue. La bonne exécution du produit, laquelle constitue le but final, dépend uniquement des conditions du mouvement de l'outil et des organes accessoires qui règlent l'arrivée de la matière à travailler. Quelquefois il est nécessaire d'adopter, pour ces pièces, des vitesses déterminées; le plus souvent elles peuvent fonctionner à des *marches*, c'est-à-dire à des vitesses moyennes, assez éloignées l'une de l'autre, pourvu que, pour une même marche, la vitesse reste sensiblement constante, ou que du moins les variations se fassent avec lenteur; ce sont, en effet, les variations brusques de la vitesse qui occasionnent, suivant les cas, la rupture des fils, les arrachements ou déchirements de la matière soumise au travail. De même, la bonne action du moteur sur le récepteur, la régularité de la distribution dépendent de conditions analogues; enfin, si l'on étudie la question au point de vue de la conservation des organes, dont dépend l'importance des frais d'entretien et de réparation, on reconnait que la cause la plus énergique de destruction réside dans les secousses, les chocs dans les articulations, qui, pour chaque pièce en particulier, dépendent directement de la grandeur de l'accélération.

En résumé, le bon fonctionnement de l'ensemble exige que les vitesses et les accélérations des diverses pièces restent comprises entre des limites spéciales à chacune d'elles. Or, dans l'hypothèse de la rigidité des organes qui est ici faite, les vitesses $v$ et les accélérations $\frac{dv}{dt}$ de tous les points de la machine dans un rapport donné, ce qui constitue véritablement le problème des *engrenages* pris dans toute sa généralité; 2° on *centrera* exactement (22) les roues, ce qui aura pour avantage d'annuler l'effet de la force centifuge ou la pression qui en résulte sur les axes; 3° on mettra pareillement en équilibre le poids des pièces à mouvement alternatif, ou l'on fera concourir ce poids, s'il y a lieu, à régulariser l'action de la puissance et de la résistance dans chaque position du système; 4° on diminuera autant qu'il est possible la vitesse, l'amplitude du mouvement et la masse de ces mêmes pièces, c'est-à-dire autant que le permettront la solidité et l'usage qu'on en veut faire; 5° enfin on régularisera l'action même du moteur ou de la résistance par des contre-poids, ou par toute autre disposition qui peut résulter de l'examen de chaque cas individuel: par exemple, si l'effet de l'une ou de l'autre de ces forces se compose d'effets partiels égaux, distincts et répétés plusieurs fois dans une même révolution de la machine, il conviendra de les distribuer de façon qu'ils se succèdent à

---

peuvent s'exprimer (27) en fonction des vitesses et des accélérations d'un même point, que nous supposerons choisi sur une pièce à rotation, de vitesse angulaire $\omega$, à l'unité de distance de l'axe. On a ainsi, en désignant par K une fonction connue pour chaque point considéré de l'espace $s$ décrit, depuis l'origine, par le point dont la vitesse est $\omega$,

$$v = K\omega, \quad \frac{dv}{dt} = K\frac{d\omega}{dt} + \omega^2\frac{dK}{ds},$$

et l'on peut déterminer les valeurs entre lesquelles doivent rester compris $\omega$ et $\frac{d\omega}{dt}$ pour que la vitesse $v$ et l'accélération $\frac{dv}{dt}$ des organes les plus exposés ne dépassent, pour aucune position, les limites dangereuses; ces valeurs fixent les deux *conditions de régularité* de la vitesse, de l'ensemble de la machine, en fonction de la vitesse et de l'accélération de l'un des arbres du système.

On voit, d'après la seconde équation, que, quels que soient les procédés de régularisation que l'on emploie, il existe pour toute machine une limite supérieure de la vitesse $\omega$, pour laquelle le fonctionnement deviendrait inadmissible, lors même que $\frac{d\omega}{dt}$ serait toujours nul, c'est-à-dire que le mouvement des pièces à rotation fût parfaitement uniforme.

Il faut remarquer que les deux conditions nécessaires que nous venons d'indiquer ne peuvent pas, à elles seules, régler les tensions des pièces, lesquelles dépendent encore de l'intensité des forces qui agissent sur les machines et de la répartition des masses en mouvement. (K.)

des intervalles réguliers et en quelque sorte sans discontinuité, ou que les plus grands efforts des uns aient lieu en même temps que les plus faibles des autres, etc.

Tous ces moyens étant épuisés et les causes de l'irrégularité d'action étant par là corrigées autant que possible, il restera une dernière ressource que nous allons faire connaître, attendu qu'elle se rattache aux lois générales du mouvement des machines, dont nous avons un instant abandonné la discussion.

36. *Influence des pièces à mouvement alternatif.* — Nommons, en général, $\omega$ la vitesse angulaire ou la vitesse à l'unité de distance de l'une des pièces de rotation de la machine; sa force vive aura pour expression

$$\Sigma mv^2 = \Sigma m\omega^2 r^2 = \omega^2 \Sigma mr^2,$$

$r$ étant la distance à l'axe d'une molécule matérielle quelconque, $m$ sa masse et $\Sigma mr^2$ le *moment d'inertie* de la pièce; la force vive totale possédée par les pièces semblables à un instant donné, et en général par toutes celles qui ont des vitesses continues, dans des rapports donnés (29), pourra donc être représentée par $A\omega^2$, $A$ étant une constante qui dépend des rapports de vitesses et des moments d'inertie des pièces. Quant à la somme des forces vives des pièces à mouvement alternatif, nous continuerons à la représenter par l'expression générale $mv^2$, de sorte que les équations du n° 27 donneront, pour déterminer à chaque instant la vitesse angulaire $\omega$,

$$A\omega^2 = 2\left(Ff - Qq \ldots \frac{mv^2}{2}\right),$$

$$A\omega\, d\omega = F df - Q dq - \ldots - mv\, dv.$$

L'effet des pièces à mouvement alternatif se bornant ainsi à diminuer le travail élémentaire $Fdf$ imprimé à chaque instant par les puissances, d'une quantité variable $mv\,dv$, on pourra représenter cet effet (14) par celui d'une force $\varphi = m\dfrac{dv}{dt}$, qui n'est autre que la résultante générale des forces d'inertie tangentielles relatives à ces pièces, et comprendre explicitement cette force, dont la quantité de travail instantanée est, abstraction faite du signe, $-mv\,dv = \varphi\,de$, au nombre de celles qui sollicitent réellement la machine et qui sont étrangères à l'inertie.

On remarquera d'ailleurs que, puisque la vitesse $v$ des pièces dont il s'agit devient nulle à la fin et au commencement des oscillations de chacune d'elles, il en est de même de la quantité de travail $\varphi\,de$ ou $mv^2$ que développe leur inertie, ce qui suppose $\varphi\,de$ tantôt positif et tantôt négatif, ou que la force $\varphi$, relative à une même pièce, restitue et détruise constamment, dans chaque demi-oscillation, des quantités de travail égales et qui n'altèrent ainsi aucunement l'effet utile de la machine. Sous ce point de vue donc, l'action de cette force peut être assimilée à celle de la pesanteur (22) sur les pièces à mouvement alternatif, de sorte que les moyens de corriger son influence sont entièrement analogues; ainsi, indépendamment de ceux qui ont déjà été indiqués au nº 35 ci-dessus, on pourra opposer à la masse de ces pièces d'autres masses douées d'un mouvement oscillatoire précisément contraire, c'est-à-dire tel, que l'accroissement $2mv\,dv$ de leur force vive soit à chaque instant égal, quoique de signe contraire, à celui qui est relatif à ces mêmes pièces; pareillement encore on pourra disposer les périodes de mouvement de ces pièces de façon que la force $\varphi$, qui remplace leur effet, détruise en partie l'irrégularité d'action des puissances et des résistances. Mais ces divers moyens sont rarement applicables avec simplicité, quoiqu'on ne doive aucunement les dédaigner dans chaque cas particulier; on préfère généralement augmenter l'inertie de quelqu'une des pièces de rotation de la machine, conformément aux principes que nous allons exposer.

37. *Lois du mouvement varié des machines.* — Reprenons les raisonnements du nº 28; il résultera des équations posées ci-dessus : 1º que lorsqu'une machine est partie du repos, la vitesse $\omega$ qu'elle a acquise, au bout d'un certain temps, est d'autant plus grande que la quantité de travail communiquée par les différentes forces l'est elle-même davantage, et que la quantité A, uniquement relative aux moments d'inertie et aux rapports constants des vitesses géométriques des pièces de

rotation, est au contraire plus petite; 2° que l'accroissement élémentaire $d\omega$ de la vitesse, à une époque quelconque du mouvement, est directement proportionnel à la quantité de travail élémentaire imprimée au même instant, et inverse de la vitesse acquise $\omega$ et de la quantité constante A. La vitesse $\omega$ croîtrait donc sans cesse à chaque révolution si, comme nous l'avons déjà expliqué (28), la somme des forces vives du système n'atteignait bientôt, du moins sensiblement, une limite absolue qu'elle ne peut dépasser, d'après la nature même des moteurs et des résistances. La machine étant parvenue à cet état de mouvement, la force vive $A\omega^2$ et la vitesse $\omega$ ne pourront plus varier, soit dans un même tour, soit d'un tour à l'autre, qu'entre des limites plus ou moins resserrées et relatives aux variations mêmes de la quantité d'action totale $Ff - Qq - \ldots$ qui lui aura été imprimée dans les intervalles correspondant à ces tours ou révolutions. Ainsi ces diverses quantités atteindront successivement et simultanément une valeur maximum, puis une valeur minimum, pour chacune desquelles il y aura équilibre entre toutes les forces considérées (36), attendu qu'on aura

$$A\omega\, d\omega = F df - Q dq - R dr \pm P dA - mv\, dv = 0.$$

Or, quelle que soit la loi suivant laquelle varie l'intensité absolue de ces forces, et pourvu qu'elle ne soit pas tout à fait irrégulière et qu'on puisse déterminer, soit par le calcul, soit par l'expérience, la quantité de travail imprimée entre les deux instants où la vitesse $\omega$, relative à un même tour ou à plusieurs tours successifs, atteint sa plus grande et sa plus petite valeur absolue, on sera toujours le maître de rendre le mouvement des pièces de rotation de la machine aussi approchant qu'on le voudra de l'uniformité.

38. *Moyen général de régulariser le mouvement des machines.* — En effet, soient $\omega''$ et $\omega'$ la plus petite et la plus grande valeur de la vitesse $\omega$, S la somme des quantités d'action imprimées, dans l'intervalle qui leur correspond, par les différentes forces, en y comprenant $\varphi$ (§ 36), on aura

$$A(\omega''^2 - \omega'^2) = 2S.$$

Nommons de plus $\Omega$ la vitesse $\frac{\omega' + \omega''}{2}$, moyenne arithmétique entre $\omega'$ et $\omega''$, et $d$ la différence $\omega' - \omega''$ entre ces mêmes vitesses, on aura

$$\omega'^2 - \omega''^2 = 2\Omega d,$$

et l'équation ci-dessus deviendra

$$A\Omega d = S, \quad \text{d'où} \quad \frac{d}{\Omega} = \frac{S}{A\Omega^2},$$

ce qui montre qu'on pourra rendre le rapport $\frac{d}{\Omega}$ égal à une quantité $\frac{1}{n}$ aussi petite qu'on le voudra [1], en augmentant suffisamment la quantité A, qui contient les moments d'inertie des pièces à mouvement continu et la vitesse moyenne $\Omega$; dès lors, celle-ci pourra être regardée, sans erreur sensible,

---

[1] *De l'écart proportionnel des vitesses au point de vue de la régularisation; effets du couplement des machines sur la régularité.* — L'auteur mesure la régularité du mouvement d'une machine par le rapport $\frac{1}{n}$ de la différence des vitesses extrêmes à la vitesse moyenne, rapport que l'on nomme ordinairement *écart proportionnel des vitesses*. Le problème de la *régularisation du mouvement* se réduit à rendre cet écart inférieur à une quantité donnée. C'est ainsi que la question a été posée, dès 1819, par Navier (*Notes sur l'Architecture hydraulique de Bélidor*), et qu'elle est encore envisagée aujourd'hui par tous les auteurs.

Lorsque, conformément à la théorie exposée dans le texte, on ne se préoccupe que des *variations périodiques*, l'écart proportionnel des vitesses règle en réalité l'accélération moyenne, et, par suite, l'accélération maxima qui ordinairement, pour une même machine, varie sensiblement comme l'accélération moyenne; dans ce cas, les deux conditions de régularité établies dans la note du n° 35 peuvent se réduire à une seule consistant à limiter l'écart proportionnel des vitesses. On peut, en effet, exprimer l'accélération moyenne en fonction de la vitesse moyenne $\Omega$, de l'écart proportionnel $\frac{1}{n}$ et du nombre $\mu$ de périodes par tour; on trouve

$$\frac{d\omega}{dt} = \frac{1}{n}\,\frac{\mu\Omega^2}{2\pi}.$$

Il est constaté par l'expérience que, pour des machines semblables, marcomme égale à la vitesse moyenne effective qu'on obtiendrait en divisant, par le temps moyen d'une révolution, la circonférence $2\pi$ décrite, pendant ce temps, par le point situé à l'unité de distance de l'axe.

39. *Théorie et propriétés des volants.* — Pour rendre ainsi le mouvement d'une machine aussi approchant de l'uniformité qu'on le désire, il n'est pas nécessaire d'augmenter à la fois la vitesse et le moment d'inertie de toutes les pièces rotatives, ce qui aurait des inconvénients graves, et ferait croître les résistances passives; on se contente de le faire pour une des pièces de rotation qu'on nomme *volant* et qu'on a soin de placer le plus près possible de la force dont il importe de régulariser l'action (33). Quelquefois aussi on emploie deux volants, lorsque le moteur et la résistance agissent en même temps d'une manière irrégulière; chacun d'eux est alors destiné séparément à rendre uniforme l'action de la puissance près de laquelle on le place. Dans tous les cas, il convient que

---

chant à des vitesses différentes, la régularité obtenue par la théorie du texte est satisfaisante; on peut en conclure que, dans ces conditions, la limite à assigner à l'accélération doit varier proportionnellement au carré de la vitesse moyenne $\Omega$, résultat qu'on peut, du reste, établir directement.

Il est important de remarquer que, si plusieurs machines semblables sont couplées ensemble, ce qui augmente le nombre de périodes par tour, le volant qui assure une régularité définie par $\frac{1}{n}$ permet, toutes les conditions de marche restant les mêmes, des accélérations d'autant plus grandes, que le nombre $\mu$ de périodes est plus considérable (*voir* la note des n° 88, 94, Section II); si donc on tient à avoir la même régularité pour les accélérations, dans les divers cas, il faut, en conservant la formule ordinaire, y remplacer $n$ par des nombres qui peuvent être exactement déterminés dans chaque cas, et qui, pour des machines semblables, varient en général sensiblement en raison inverse du nombre de périodes.

Lorsque le système est soumis à des *variations accidentelles*, et c'est à peu près le cas général, la condition relative à l'écart proportionnel des vitesses ne peut plus suffire pour assurer à la machine la régularité voulue; il est nécessaire alors de faire successivement l'étude au point de vue de l'écart des vitesses et à celui de l'accélération, et, dans chaque cas, d'adopter, pour le volant, les dimensions les plus fortes résultant des deux procédés. Le plus souvent, lorsque la machine est munie d'un bon régulateur et que le travail est sujet à des variations brusques, c'est la condition relative à la limite d'accélération qui devient prédominante et qui doit déterminer l'énergie du volant. (K.)

le volant assure l'uniformité de vitesse de son axe, indépendamment de l'inertie propre des pièces de rotation qui ne sont pas directement interposées entre lui et la force dont il doit régulariser l'action, condition qui tend d'ailleurs à simplifier le problème de son établissement ([1]).

Le poids des volants occasionnant un surcroît de frottement sur les axes, il convient, en outre, de les rendre aussi légers que possible pour la même énergie; celle-ci étant proportionnelle (36) à la force vive $\omega^2 \Sigma mr^2$, il faut donner à la matière dont se composent les volants une grande densité et en rejeter la masse à une certaine distance de l'axe de rotation.

Ce n'est point ici le lieu d'entrer dans des détails sur la construction et le calcul des volants; nous nous bornerons à remarquer que leur fonction consiste, d'après ce que l'on vient de dire, à convertir en force vive ou à *emmagasiner*, selon l'expression admise, une certaine portion du travail moteur, lorsque l'énergie des puissances surpasse celle de toutes les résistances ou que la vitesse du mouvement augmente, et à convertir ensuite cette même force vive en travail employé contre les résistances, quand le mouvement vient à se ralentir, par suite de la prépondérance de ces dernières sur les puissances. Ce sont les propriétés des volants qui les font appeler quelquefois des *réservoirs de force vive* ou *de travail*, et qui sont surtout précieuses quand il pourrait résulter de l'irrégularité du mouvement des pertes de travail ou d'autres inconvénients (32 et 33); mais il ne faut pas oublier qu'ils introduisent dans la machine de nouvelles causes de résistances, des pertes de force vive (26) qui doivent les faire proscrire

---

([1]) *Emplacement du volant.* — L'emplacement du volant paraît indifférent, quand on n'étudie la régularisation qu'au point de vue des variations de la vitesse; la meilleure répartition à adopter, pour les diverses masses en mouvement, ne peut être déterminée que par les conditions relatives aux tensions (note du n° 76, Section II). Dans cette étude, il devient indispensable de renoncer à l'hypothèse de l'invariabilité des dimensions des organes, et de tenir compte de leur élasticité, qui constitue une sorte d'indépendance relative des diverses parties des machines; de là, la nécessité d'assurer la régularité du mouvement de chaque arbre en particulier, précaution recommandée dans le texte. (K.)

dans bien des circonstances. Par exemple, l'emploi d'un volant ou, en général, tout surcroît donné aux moments d'inertie au delà de ce qui est strictement nécessaire, serait plus nuisible qu'avantageux dans les machines qui posséderaient par elles-mêmes un mouvement uniforme ou suffisamment uniforme, dans celles qui seraient susceptibles de s'arrêter fréquemment et tout à coup, enfin dans toutes celles où la constance de la vitesse serait nuisible et même dangereuse.

40. *Nécessité et avantages de régulariser le plus possible le mouvement, indépendamment de l'emploi du volant.* — On voit, par cette discussion, combien il est essentiel de chercher à régulariser l'action des puissances indépendamment du volant, et quand bien même on serait finalement obligé d'y avoir recours ; car, la valeur de S qui doit entrer dans l'équation du n° 38 étant alors très-faible, on se trouvera dispensé de donner à ce volant les dimensions et la vitesse qu'il devrait recevoir dans la supposition contraire. Nous avons indiqué précédemment quelques-uns des moyens généraux de remplir le but dont il s'agit, et il pourra s'en offrir d'autres dans chaque cas particulier; mais la condition la plus importante est de régler l'intensité absolue de la puissance et de la résistance utile, de façon que les quantités de travail qu'elles développent sur la machine, supposée parvenue à un état donné de mouvement, soient constamment égales pour chaque révolution ou tout au moins pour chaque deux, trois révolutions, afin que la quantité S n'acquière pas de valeurs trop grandes, ou que la force vive et la vitesse, si elles ne peuvent être constantes, restent du moins comprises entre des limites fixes, et redeviennent périodiquement les mêmes au bout d'un temps donné, en prenant ainsi ce qu'on nomme un *régime de stabilité.*

Les moyens qu'on emploie pour atteindre ce but se rattachant à la question de l'établissement des machines, nous croyons devoir en résumer succinctement les conditions principales, et tracer en peu de mots la marche qui est ordinairement suivie dans la pratique, pour parvenir à une solution, sinon rigoureuse, du moins suffisamment approchée. C'est par là que nous terminerons ces considérations sur les machines.

## IV. — De l'établissement des machines industrielles.

### Conditions du meilleur établissement des machines [1].

**41.** *Division de la question générale.* — Nous avons déjà dit que les conditions essentielles d'un pareil établissement consistent à rendre un maximum l'effet utile ou la quantité d'ouvrage confectionné, et un minimum la dépense en travail moteur et en argent; de sorte que l'unité d'ouvrage de chaque espèce soit fournie au moindre prix possible. Pour traiter cette question dans toute sa généralité, il faudrait être à même de faire varier à la fois toutes les données dont elle dépend, dans les relations qui lient l'effet utile à l'effet dépensé; mais en faisant même abstraction du prix en argent, qui change suivant les temps et les localités, on ne peut aborder ainsi la question de l'établissement des machines. On se contente de la décomposer en plusieurs autres distinctes pour les traiter à part : ainsi l'on étudie successivement l'action des moteurs sur les récepteurs, des outils ou opérateurs sur la matière à confectionner, à déplacer, etc., puis on en vient aux pièces

---

[1] *Dénominations usitées pour les diverses parties d'une installation industrielle.* — On a trouvé avantageux, dans le langage industriel, de donner des noms spéciaux à des groupes d'organes qui concourent à un but commun. L'auteur, dans la suite du Cours, se sert souvent de ces expressions techniques; nous croyons donc utile de les définir ici.

L'ensemble d'une *installation mécanique* se compose d'une ou de plusieurs *machines motrices*, de *machines outils* et de *transmissions de mouvement*.

La *machine motrice* comprend le *récepteur* proprement dit, c'est-à-dire la pièce qui reçoit immédiatement l'action du moteur, les organes nécessaires pour transformer le mouvement ordinairement irrégulier et alternatif de ce récepteur en mouvement de rotation continue, ainsi que toutes les pièces fixes ou mobiles qui sont destinées à assurer et à régler l'action du moteur sur le récepteur, à le condenser, à l'évacuer. Les diverses parties sont réunies sur des bâtis en fonte, en charpente ou en maçonnerie. Le premier arbre à rotation continue porte le nom d'*arbre de la machine motrice;* c'est sur cet arbre que se trouve ordinairement placé le volant de la machine motrice. On exprime généralement la vitesse de la machine par le nombre de tours que fait son arbre par minute.

Dans certains cas, le moteur existe tout formé et peut agir sur le récepteur, matérielles qui servent simplement à communiquer le mouvement.

L'expérience et le calcul ont appris que ces dernières pièces exercent en général peu d'influence sur la quantité d'action transmise par elles dans toutes les machines qui sont bien construites et où elles ne sont pas trop multipliées; en un mot, la quantité de travail absorbée par les résistances passives inhérentes à ces pièces est ordinairement une fraction assez faible de celle qu'elles reçoivent du récepteur. Il n'en est pas ainsi des pertes de travail qui ont lieu sur le récepteur et sur l'outil; elles forment, comme nous le verrons, presque toujours une fraction considérable de la valeur absolue et mécanique du moteur. C'est pourquoi, dans la question de l'établissement d'une machine, ce qui importe le plus, c'est le choix de ces deux pièces extrêmes; et, comme le genre du travail est toujours déterminé, on procède d'abord au choix de l'opérateur.

42. *Choix de l'opérateur et du récepteur.* — L'opérateur et le récepteur devant être considérés comme de véritables machines soumises à une puissance et à des résistances, tout

---

sans opération préalable : machines hydrauliques, moulins à vent, etc.; dans d'autres, il est nécessaire de constituer le moteur. Cette opération préliminaire se fait dans des appareils nommés *générateurs ;* telles sont les *chaudières,* dans le cas où le moteur est la vapeur d'eau.

Les *transmissions de mouvement* se composent des organes, ordinairement à rotation continue (arbres, roues, poulies), qui, prenant le mouvement sur l'arbre de la machine motrice, le transportent dans toute l'usine, pour le communiquer finalement, avec la vitesse et le sens voulus, aux *machines outils;* elles comprennent en outre les pièces fixes qui servent de guide ou de support aux pièces mobiles (consoles, chaises, paliers, coussinets), ainsi que les dispositifs nécessaires pour interrompre ou rétablir le mouvement sur certains points (embrayages). Souvent, par suite de nécessités locales, on est obligé d'établir des *transmissions intermédiaires,* des *renvois,* entre la *machine outil* et la *transmission principale,* qui prend le mouvement sur l'arbre de la *machine motrice.*

La *machine outil* est composée de l'*outil* proprement dit, c'est-à-dire de la pièce qui agit directement sur la matière, pour lui faire subir l'opération voulue, des organes nécessaires pour transformer le mouvement de l'outil en mouvement de rotation continue, ainsi que des dispositifs destinés à présenter la matière à l'action de l'outil et à régler cette action. Toutes ces pièces sont ce que nous avons dit des machines en général leur est immédiatement applicable ; ainsi, en mettant de côté le prix même de ces agents, qui doit rarement être pris en considération, attendu qu'il est toujours une assez petite fraction de celui du travail moteur considéré pendant un temps suffisamment long, on pourra, à l'avance, fixer les conditions essentielles de leur établissement et motiver, à défaut d'expériences directes, le choix qu'on doit en faire, la préférence qu'on doit accorder aux uns sur les autres. Par exemple, nous avons déjà fait remarquer que le meilleur opérateur et le meilleur récepteur sont ceux où la puissance et la résistance agissent d'une manière continue, uniforme, sans secousses et sans chocs, ce qui convient principalement aux pièces à mouvement de rotation uniforme autour d'un axe fixe; il faut en outre, pour le récepteur, que toute la quantité de travail dont est capable la puissance dans un temps donné soit complétement absorbée, et, pour l'opérateur, que le déchet de la matière soit le moindre possible, que le produit ait le degré de perfection désirable, etc.

Si l'opérateur et le récepteur n'étaient soumis à aucune ré-

---

ordinairement réunies sur un même bâtis, de manière à former un ensemble qui peut être déplacé suivant les besoins.

Les divers organes des *machines motrices* et des *machines outils* ont des dimensions telles, qu'ils ne subissent, pendant la marche, aucune déformation appréciable; cette condition est, le plus souvent, indispensable pour assurer le jeu régulier de toutes les pièces, dont le fonctionnement doit se faire rigoureusement pour des positions déterminées du récepteur ou de l'outil. Les théories exposées dans le texte s'appliquent donc au mouvement propre et considéré isolément, soit des machines motrices, soit des machines outils, en sorte que l'on peut déterminer, par la théorie ou par l'expérience, les limites de vitesse et d'accélération (note du n° 35) relatives au mouvement de chaque arbre, pour assurer le bon fonctionnement de la machine correspondante. Mais, si l'on veut étudier le mouvement d'ensemble des diverses parties d'une installation mécanique, et avoir égard aux véritables conditions du fonctionnement d'un système de machines qui réagissent les unes sur les autres, il devient nécessaire de tenir compte des déformations des organes de transmission; la torsion des arbres qui ont généralement une assez grande longueur, la flexion des bras des roues, l'allongement des courroies modifient, à chaque instant, la situation relative des parties constituantes et, par suite, la corrélation entre le fonctionnement des diverses machines. (K.)

sistance, il résulterait des conditions précédentes qu'ils utiliseraient, de la manière la plus convenable, toute la quantité d'action dépensée par la force motrice qui leur est appliquée, ou qu'ils produiraient le *maximum d'effet absolu;* mais il n'en est jamais ainsi dans la pratique; fort souvent même, comme on l'a déjà expliqué (34), on se voit obligé de renoncer aux conditions de l'uniformité du mouvement, etc.; d'où il suit que, ne pouvant faire produire à l'opérateur et au récepteur le *maximum d'effet absolu,* on se borne à rendre son travail utile un *maximum relatif.* Il faut, en effet, se rappeler (26) que, quelle que soit la constitution d'un pareil agent, ses dimensions, sa forme, sa vitesse ([1]) exercent une influence no-

---

([1]) *Détermination de la vitesse de règle et conditions de régularité des machines industrielles.* — Il n'est pas possible, en général, de déterminer, par la théorie seule, la *vitesse normale* ou *vitesse de règle* à laquelle il convient de faire fonctionner les machines. Si l'on n'a égard qu'aux frais d'installation première, de surveillance, d'emplacements nécessaires pour produire une quantité donnée d'ouvrage par jour, on doit évidemment adopter la vitesse qui permet, avec une machine donnée, d'obtenir le maximum de travail par unité de temps; si, au contraire, on se préoccupe de l'importance des résistances passives, des frais d'entretien et de réparation résultant de la détérioration des organes qui augmente rapidement avec la vitesse, on est conduit à adopter une marche lente. Enfin, si l'on envisage la question au point de vue du *rendement,* on reconnaît que, dans certains cas où le moteur possède une vitesse déterminée, il existe une vitesse du récepteur qui conduit à la meilleure utilisation du moteur, mais que, le plus généralement, le rendement absolu est d'autant meilleur que la vitesse du récepteur est plus faible. Dans chaque cas, la *vitesse de règle* de la machine motrice et des machines outils doit donc être déterminée d'après l'importance relative de ces divers genres de considérations; lorsque cette vitesse est fixée, on peut calculer les dimensions à donner aux volants, pour atténuer, dans les proportions voulues, les effets des variations périodiques; mais, par suite des variations accidentelles inévitables dans toute usine, les vitesses moyennes des divers arbres sont modifiées plus ou moins brusquement. Il résulte, de la manière même dont la *vitesse de règle* est déterminée, qu'on peut, sans grand inconvénient, faire fonctionner une machine à des vitesses différentes de celle-ci, et les écarts qu'on peut admettre dépendent du choix même de la *vitesse normale;* une marche plus rapide augmente le travail fourni par unité de temps, mais diminue ordinairement le rendement et met les organes dans de plus mauvaises conditions. Une marche plus lente améliore en général le fonctionnement, et l'écart admissible dépend surtout de la diminution que peut éprouver, sans inconvénient, le travail fourni. On voit donc que, sauf des cas exceptionnels, il ne peut résulter aucun inconvénient sérieux du fait que la table sur le travail transmis; de sorte que, dans chaque cas, on doit faire la recherche des combinaisons qui offrent le plus d'avantages réunis. L'expérience et le calcul ont déjà conduit à quelques résultats précieux, relativement aux divers récepteurs, mais il reste encore beaucoup à faire pour les outils.

### Indications générales sur l'établissement des machines.

43. *Moyens de régler le travail de l'outil.* — Si l'on connaissait pour chaque moteur, chaque récepteur et chaque outil les conditions du meilleur effet et le rapport de la quantité de

---

machine fonctionne à des vitesses tantôt un peu plus grandes, tantôt un peu plus faibles que la *vitesse de règle;* si, dans la pratique, on reconnaît mauvais un fonctionnement à vitesses variables, la cause principale doit être cherchée non dans l'écart même des vitesses, mais surtout dans la rapidité avec laquelle se font les variations.

On reconnaît, d'après ces considérations pratiques, pour le mouvement moyen de chaque machine, la nécessité, déjà indiquée (note du n° 35) pour le mouvement réel, de deux conditions de régularité fixant, l'une l'écart maximum des vitesses, l'autre l'accélération maxima.

Il importe de remarquer qu'il est d'autant plus nécessaire de régler, à l'aide d'un volant convenable, les accélérations des diverses machines, que le régulateur, quelque parfait qu'il soit, ne peut avoir aucune action sur cet élément, au moment même de la production des perturbations (note du n° 35, Section II).

Lorsque les limites de vitesse et d'accélération relatives au fonctionnement propre de chaque machine constitutive sont fixées, il faut déterminer les conditions auxquelles doit satisfaire le mouvement pour que, malgré les liaisons des diverses machines entre elles, le fonctionnement de chacune reste dans les limites qui lui conviennent; on reconnaît ainsi que, bien souvent, il est nécessaire de donner aux machines motrices un degré de régularité supérieur à celui qui serait suffisant pour en assurer le jeu normal; qu'il n'est pas indifférent, au point de vue des accélérations des outils, de leur communiquer une vitesse donnée, à l'aide de machines motrices marchant plus ou moins vite. Il est à remarquer que, dans ces questions, les déformations des organes de transmission jouent souvent un rôle très-important; les vitesses et les tensions oscillent autour des valeurs qu'elles auraient si les pièces étaient rigides, ce qui augmente l'amplitude des variations. Mais, dès qu'un *régime uniforme* est établi, les choses se passent très-sensiblement comme si les pièces étaient de forme invariable, sous leurs tensions moyennes; en sorte que les limites de régularité peuvent être établies dans cette hypothèse, à la condition toutefois que, par une étude faite à posteriori on prenne les mesures nécessaires pour limiter les oscillations provenant de l'élasticité des liens (*voir* la note du n° 46, Section II). (K.)

travail transmise à la quantité de travail absolue, en combinant ces données avec celles qui sont étrangères à la Mécanique, on serait en état de choisir le récepteur et l'opérateur, qui, dans chaque cas particulier et pour chaque localité, sont le plus avantageux possible, et l'établissement des machines ne souffrirait plus dès lors de grandes difficultés; car la vitesse, la forme et les dimensions relatives que doivent recevoir cette première et cette dernière pièce étant réglées, le choix des pièces intermédiaires, leurs rapports de grandeur, de position et de mouvement seraient presque entièrement exempts d'arbitraire, puisqu'on aurait, pour se diriger, les préceptes généraux qui précèdent et les tableaux des diverses transformations de mouvement.

Il resterait ensuite à régulariser l'action du moteur et de la résistance utile, c'est-à-dire à en proportionner les effets ou le travail, de manière (40) à assurer la permanence du mouvement et son uniformité, s'il est possible.

Il faut supposer que la quantité de matière à confectionner ou d'ouvrage quelconque à produire dans un temps donné soit connue, ainsi que le nombre des révolutions de la machine, et qu'il s'agisse de régler en conséquence la marche des opérations et le travail du moteur. La condition la plus essentielle à remplir, c'est de disposer les choses de façon que des quantités égales de matière soient présentées à l'action de l'outil ou de l'opérateur [1], sinon à chaque instant et d'une manière continue, ce qui ne convient qu'aux outils de rotation, du moins à chacune de ses diverses révolutions, de sorte qu'il y ait le moins d'intervalle possible entre les chargements et le moins de temps perdu. Il en résultera, en effet, que, si l'on applique à l'opérateur une puissance capable de

---

(1) *Des distributeurs de la matière.* — Les dispositifs qui sont employés pour présenter à l'action de l'outil une quantité déterminée de matière, par chaque période d'action, portent le nom général de *distributeurs de la matière.* La quantité de matière présentée à chaque action de l'outil varie avec la course, la position ou le degré d'ouverture des distributeurs; ces éléments peuvent être modifiés soit à la main, soit par le jeu d'appareils spéciaux reliés à la machine. (K.)

vaincre toutes les résistances qui y sont attachées, elle devra développer des quantités de travail égales, sinon à chaque instant, du moins à chaque révolution, de sorte que les variations de la vitesse demeureront elles-mêmes comprises entre des limites resserrées et fixes.

Ces conditions sont ordinairement remplies dans toutes les bonnes machines, soit par les agents préposés à la surveillance et à la direction du travail, soit au moyen de dispositions particulières inhérentes à l'opérateur lui-même, et qui font varier la quantité de matière qui lui est soumise proportionnellement à la vitesse ou à l'énergie du moteur : le *babillard* des moulins à farine, le *pied-de-biche* des scieries à bois, etc., sont de véritables régulateurs de ce genre.

44. *Moyens de régler le travail du moteur.* — Il arrive pourtant, quelquefois, qu'on ne peut ainsi régulariser l'action de l'opérateur, soit parce que les rechargements de matière occasionnent des interruptions plus ou moins fréquentes, plus ou moins longues, soit parce que la résistance opposée par cette matière elle-même n'est pas constante (1); mais alors il faut au moins chercher à renfermer les inégalités dans des limites suffisamment étroites, et de façon que les quantités de travail à dépenser dans chaque unité de temps ne s'écartent jamais par trop de la valeur moyenne déduite d'un certain nombre de révolutions de l'opérateur.

Dans tous les cas où il résulterait de cette inégalité d'action des inconvénients graves pour la machine, on a recours, comme nous l'avons vu (39), à l'emploi d'un volant, qu'on place le plus près possible de l'opérateur, et qui, par son inertie, sert à maintenir l'uniformité du mouvement de l'axe auquel il est appliqué, pourvu que la puissance qui agit tan-

(1) *Des séparateurs.* — Il est souvent impossible, par suite du défaut d'homogénéité de la matière soumise à l'opération, de maintenir constante la résistance opposée au mouvement de l'outil, lors même que la machine est munie de distributeurs fonctionnant convenablement. Quelquefois, pourtant, le résultat peut être obtenu d'une manière suffisante, par le passage préalable de la matière dans des appareils *trieurs* ou *séparateurs*, tels que les tamis. (K.)

gentiellement, par hypothèse (34 et 35), à la circonférence de la roue motrice montée sur cet axe, développe contre elle et dans chaque unité de temps des quantités de travail égales à la moyenne dont il vient d'être parlé ci-dessus, moyenne qui doit être censée donnée par le calcul ou l'expérience, ainsi que la vitesse, sensiblement constante, du point d'application de la force motrice. Divisant donc cette quantité de travail par cette vitesse, c'est-à-dire par le chemin que décrit uniformément le point dont il s'agit, on aura aussi (9) la valeur moyenne de l'effort que doit exercer la puissance pour vaincre toutes les résistances qui lui sont opposées, valeur qui, généralement, s'écartera peu de la véritable et qu'on pourra, sans erreur sensible, lui substituer dans tous les calculs relatifs à l'appréciation des effets de la machine.

Maintenant si l'on considère, les unes après les autres, les différentes pièces interposées entre le récepteur et l'opérateur, pièces qui, par hypothèse, sont toutes douées d'un mouvement de rotation sensiblement uniforme et où l'influence de l'inertie peut être négligée, de sorte que les puissances et les résistances y sont constamment en équilibre (29), si l'on considère, dis-je, les unes après les autres, ces pièces ou machines simples, il deviendra facile de calculer de proche en proche, et par les théories que nous ferons connaître, les intensités moyennes des forces dont il s'agit et, par suite, la quantité de travail qui devra être fournie au récepteur dans chaque révolution ou chaque unité de temps, pour vaincre à la fois toutes les résistances unies, et en supposant qu'on ait assuré convenablement la constance de son mouvement au moyen d'un nouveau volant, si cela est nécessaire (40).

Ainsi finalement, puisque la théorie des récepteurs et des moteurs est censée faite, on pourra déterminer, à son tour, la quantité de travail absolue que devra dépenser ce dernier dans l'unité de temps ou dans chaque révolution de la machine, et il ne s'agira plus que de régler en conséquence son intensité d'action, ce qui se fera par des moyens analogues à ceux qui servent à régler le travail même de l'opérateur : par exemple, en levant convenablement la *vanne* qui donne l'eau à la roue hydraulique, le *robinet* qui fournit la vapeur aux cylindres des machines à feu, etc. (¹). Ces opérations sont encore ici exécutées par les hommes chargés du soin de la machine, et quelquefois on emploie des dispositions particulières pour que l'intensité de la force motrice suive naturellement les variations de la résistance et maintienne la constance du mouvement : tel est plus particulièrement le *pendule conique* ou *régulateur à force centrifuge*, dont nous donnerons la théorie dans la section suivante.

### Conditions pratiques de l'établissement des machines.

45. *Manière de régler une machine construite.* — On voit par cette discussion que, lorsque la quantité de travail à appliquer à l'outil est donnée, on peut déterminer la force absolue qui convient au moteur et la régler convenablement; mais cette recherche n'est utile que pour le projet même d'établissement de la machine, car, quand il s'agit de la faire marcher et qu'elle est toute construite, on peut, par un tâtonnement facile, régler son travail et sa vitesse en faisant varier la résistance utile ou l'intensité de la force motrice par les moyens indiqués. D'ailleurs si, à l'inverse, la quantité de travail absolue que peut fournir le moteur dans l'unité de temps était donnée, on s'y prendrait d'une manière absolument analogue pour déterminer, de proche en proche, la quantité de matière que peut et doit confectionner l'outil.

La solution du problème de l'établissement des machines, que nous venons d'esquisser à la hâte, n'est, comme on voit, qu'approchée; mais elle serait impossible par toute autre voie, attendu la multitude des indéterminées dont elle dépend; elle est suffisamment exacte pour la pratique, où l'on ne saurait jamais prétendre à la rigueur mathématique et où ap-

(¹) *Des distributeurs du moteur.* — Ces dispositifs (vanne, robinet, tiroir, etc.), dont le rôle est analogue à celui des distributeurs de la matière, portent le nom de *distributeurs du moteur*. On appelle généralement *régulateurs* les appareils spéciaux mus par la machine même qui assurent, à chaque instant, la position, le degré d'ouverture convenable des distributeurs. Le plus ordinairement les régulateurs agissent sur les distributeurs du moteur ; mais, dans certains cas, on peut, avec avantage, régler de la même manière le travail résistant. (K.)

procher, même d'une manière grossière, par exemple à $\frac{1}{5}$ ou à $\frac{1}{4}$ près, du résultat le plus avantageux, c'est avoir atteint un degré de perfection aussi précieux qu'il est rare. Il n'arrive malheureusement que trop souvent, en effet, que l'ignorance des constructeurs de machines, si elle ne leur fait pas tout à fait manquer le but, les en éloigne de telle façon que l'effet utile obtenu n'est pas le $\frac{1}{5}$ et quelquefois même le $\frac{1}{10}$ de celui qu'on aurait pu espérer d'une meilleure disposition. Au surplus, si nous insistons sur ce sujet, c'est pour faire sentir la difficulté et l'inutilité, quant à présent, d'une solution rigoureuse du problème des machines; c'est pour éviter aux élèves l'idée de tentatives qui souvent seraient sans succès, et pour leur faire apprécier, d'une autre part, le mérite réel des connaissances basées sur les données certaines de la Mécanique et de l'expérience; c'est enfin pour les mettre à même d'entrevoir à l'avance la nature des ressources que l'on peut espérer en obtenir dans chaque cas.

46. *Objet et avantages réels des machines.* — On voit aussi, par tout ce qui a été dit jusqu'à présent des machines, qu'il ne peut être question de leur faire produire les effets merveilleux qu'en attendent parfois des artistes peu instruits des lois de la Mécanique et dominés par leur imagination. Soumises, comme elles le sont, d'après leur constitution nécessaire, à une foule de résistances passives, elles ne peuvent que transmettre avec perte le travail qu'on leur confie [1], et cela à tel point, qu'on estime comme excellentes, sous ce rapport, celles qui rendent en effet utiles les 0,50 ou les 0,60 de la quantité d'action absolue dépensée par le moteur; il en existe effectivement, ainsi que nous l'avons déjà observé ci-dessus, un grand nombre qui, grâce à la multiplicité ridicule

---

[1] *Du travail et de la dépense correspondante.* — Il a été établi (n° 19 et suivants) que, lorsqu'on exécute, à l'aide de machines, un ouvrage déterminé, le moteur développe, pendant la marche normale, un travail égal au *travail utile* augmenté de tous les travaux perdus ou inutilement dépensés, soit par les pertes du côté du moteur, avant, pendant ou après son action sur le récepteur, soit par suite des chocs, des résistances passives de tout genre,

et à la fausse combinaison de leurs rouages, rendent à peine le $\frac{1}{10}$ ou même le $\frac{1}{20}$ de cette quantité d'action.

L'avantage des machines consiste essentiellement dans la propriété, bien autrement précieuse que celle de multiplier simplement la puissance du moteur, de modifier cette puissance selon les différents besoins des arts et suivant des lois telles, qu'elle devienne applicable à un genre de travail auquel elle ne pouvait l'être dans son état primitif. C'est ainsi que, par leur secours, on est parvenu à remplacer l'adresse et l'intelligence de l'homme par la force purement physique des animaux et autres agents naturels qui, étant beaucoup moins chère, fournit l'unité de travail à un prix moins élevé. Souvent même l'usage des machines et des outils procure des produits plus beaux, plus parfaits, parce qu'ils sont plus précis dans leur forme et plus réguliers. C'est encore ainsi qu'on parvient à obtenir des moteurs qu'ils impriment aux corps des vitesses plus grandes que celles qu'ils possèdent ou peuvent prendre par eux-mêmes, et qu'ils soulèvent des fardeaux dont le poids excède l'effort absolu dont ils sont capables, circonstances qui tiennent simplement à ce que la masse des corps, dans le premier cas, et leur vitesse, dans le second, sont fort petites, de sorte que les forces vives ou les quantités de travail correspondantes ont en elles-mêmes des valeurs assez faibles et qui

---

soit enfin par des opérations complétement inutiles au but final exécutées par l'outil sur la matière qui lui est soumise.

Toute production de travail moteur implique une consommation qui diminue d'autant la quantité de travail que le moteur peut encore fournir; cette consommation se traduit, pour l'industriel, par une dépense en argent. Le travail moteur développé pour exécuter un ouvrage est donc la mesure de la *dépense* nécessaire à cet effet; le *travail utile*, ou bien le travail moteur égal qu'il faut faire agir, est la mesure de la *dépense* strictement et absolument nécessaire pour faire un ouvrage défini et ne faire que lui. C'est pour cette raison que l'on a adopté, en Mécanique, cette dénomination de *travail* qui, dans tout ce qui précède, désigne le produit d'une force par une longueur. Dans le langage ordinaire, un travail est mesuré par la fatigue physique ou morale qu'il occasionne. En Mécanique, la notion de travail fait abstraction de la difficulté de l'opération, de l'adresse, de l'intelligence qu'elle exige; ce n'est donc que dans les cas où ces considérations ont peu d'importance et peuvent être négligées, tels que les élévations de fardeaux ordinaires, que le travail mécanique peut être considéré comme une mesure de l'ouvrage, telle que le suppose le sens sont en rapport avec les quantités de travail développées par les moteurs. Enfin l'emploi d'une machine peut servir quelquefois aussi à augmenter l'effet utile dont serait capable le moteur, s'il agissait immédiatement sur la résistance, ce qui ne contrarie en rien ce qu'on vient de dire, attendu que l'augmentation de l'effet résulte uniquement alors d'un emploi plus avantageux de la force absolue du moteur.

Tels sont donc les services réels que les machines peuvent rendre à la société et aux arts en général; mais, pour leur faire atteindre ce but important, il est indispensable, comme on l'a vu, de résoudre une foule de questions, même sous le point de vue purement mécanique, dont les unes sont relatives au travail des moteurs, les autres à la manière d'agir des outils des divers opérateurs, les autres enfin à l'évaluation des résistances passives qui accompagnent nécessairement les pièces destinées à transmettre l'action et le mouvement.

Nous nous occuperons spécialement, dans ce Cours, de l'étude des moyens de régulariser l'action des forces sur les machines, d'assurer la transmission des vitesses suivant des lois déterminées, et nous indiquerons les règles à suivre pour évaluer les résistances passives dans les cas ordinaires de la pratique.

---

ordinaire du mot. Ceci montre qu'il ne faut pas chercher à établir une corrélation trop intime entre le travail mécanique et le travail pris dans son sens vulgaire, sens mal défini et qui se rapporte plus spécialement au cas où l'homme est le moteur.

Ce qui précède fait comprendre aussi comment une force qui ne travaille pas peut occasionner une dépense; le travail utile peut être nul sans qu'il en soit ainsi des travaux résistants nuisibles, et par suite du travail moteur nécessaire pour développer un effort statique. Dans un essai au frein de machines, un poids suspendu à l'extrémité d'un levier est maintenu immobile; il n'y a production d'aucun travail utile, et le moteur fait exactement la même dépense que s'il faisait marcher toute l'usine; la dépense est entièrement absorbée par le travail des frottements intérieurs qui, il est vrai, restitue de la chaleur, mais dont le résultat extérieur apparent est uniquement de maintenir un poids à la même hauteur. Cet exemple fait comprendre comment un homme se fatigue, rien qu'en développant des efforts, en soutenant des fardeaux, ou en les transportant horizontalement, sans faire aucun travail utile au point de vue mécanique. (K.)

# DEUXIÈME SECTION.

## DES PRINCIPAUX MOYENS DE RÉGULARISER L'ACTION DES FORCES SUR LES MACHINES ET DE TRANSMETTRE LES VITESSES DANS DES RAPPORTS DÉTERMINÉS.

---

### OBJET DE CETTE SECTION.

Nous avons indiqué dans la Section précédente (31 à 41) les causes qui rendent irrégulier le mouvement des machines et les principaux moyens dont on doit se servir pour en corriger l'influence, le plus qu'il est possible; il ne s'agit pas de revenir sur ces généralités, mais de présenter quelques exemples particuliers, quelques applications qui se reproduisent fréquemment dans l'établissement des machines. Nous traiterons ainsi succinctement des modérateurs, des régulateurs, des manivelles simples ou multiples, des volants, des engrenages et des autres moyens employés pour transmettre les vitesses dans des rapports déterminés.

### I. — DES MODÉRATEURS.

#### Des divers genres de modérateurs.

**1.** *Objet spécial des modérateurs.* — Leur objet est de s'opposer à toute accélération de vitesse, qui pourrait être nuisible à l'effet de la machine, ou en elle-même dangereuse : les freins, en général, dont on se sert pour presser les roues en mouvement et augmenter plus ou moins le frottement, les parachutes, les volants à ailettes, qui, frappant l'air, occasionnent une résistance qui croît rapidement avec la vitesse de leur axe, appartiennent spécialement à la classe des modérateurs. Comme ils permettent uniquement de faire varier les résistances passives de la machine, ils absorbent en pure perte une grande portion du travail moteur; on ne doit donc en faire usage que quand il est impossible de régulariser l'action motrice elle-même, ou celle de la résistance utile, ce qui se réduit à peu près au seul cas où la machine contient des poids dont l'action ne peut être mise constamment en équilibre par les résistances inhérentes à la machine. Les freins servent aussi dans tous les cas où il est indispensable d'éteindre brusquement la force vive possédée par les pièces d'une machine; quant aux volants à ailettes, il arrive souvent qu'ils ont uniquement pour objet d'obtenir un mouvement rigoureusement uniforme. Enfin les soupapes de sûreté qui servent à laisser échapper l'eau des presses hydrauliques, la vapeur des chaudières, quand la tension y atteint une certaine limite, les déversoirs ou orifices servant à maintenir au-dessous d'une certaine hauteur le niveau des bassins d'eau qui alimentent les machines hydrauliques, etc., doivent être également rapportés à la classe des modérateurs.

### Des freins.

2. *Des freins employés dans les voitures.* — Lorsque, à la descente des côtes, on enraye les roues d'une voiture au moyen de la chaîne ou du *sabot*, on change le frottement de roulement de ces roues en un frottement de glissement, qui, comme on sait, est beaucoup plus rude. Un pareil dispositif est un frein véritable; mais, attendu que l'accroissement d'intensité du frottement est ici uniquement relatif au poids de la charge placée sur la voiture, on ne peut le faire varier à volonté selon l'inclinaison de la pente des routes; c'est pourquoi M. Molard, ancien directeur du Conservatoire des Arts et Métiers, a rendu un très-grand service aux voituriers, en substituant aux chaînes et aux sabots d'enrayage un frein dont l'action peut être réglée suivant les besoins.

Cet appareil, dont l'emploi s'est rapidement répandu, avec peu de modifications, consiste (*fig.* 1) dans une traverse horizontale terminée à ses extrémités par des pièces armées de plaques de fer embrassant une portion des bandes des roues de derrière de la voiture, contre lesquelles on les force à s'appuyer, plus ou moins fortement, au moyen d'une vis de pression manœuvrée par un bras de manivelle. Il résulte en outre de ce dispositif l'avantage très-grand que l'on n'est nullement obligé d'arrêter les voitures pour enrayer, comme cela se pratiquait autrefois. La disposition représentée sur la *fig.* 1 exige que le conducteur descende de sa voiture chaque fois qu'il doit serrer le frein; on évite cet inconvénient par l'emploi d'un mécanisme de léviers et de vis qui permet d'opérer la manœuvre du haut du siége.

Fig. 1.

C'est par un dispositif analogue que les conducteurs de wagons, sur les chemins de fer, s'opposent à l'accélération de mouvement dans les descentes ou provoquent l'arrêt complet du train.

3. *Des freins employés dans les moulins à vent.* — On se sert de dispositifs analogues dans la plupart des moulins à vent : on enveloppe le contour extérieur d'une grande roue en bois, montée sur l'arbre incliné du volant, d'une bande de bois d'orme, d'environ $0^m,07$ d'épaisseur, et dont la flexibilité est augmentée par le moyen de traits de scie donnés vers sa partie intérieure; cette bande (*fig.* 2) est retenue à l'une de ses extrémités, en A, à un point fixe, et par l'autre

elle est liée au mouvement d'un levier tournant autour d'un axe B et qui sert à la tirer avec une force suffisante pour faire

Fig. 2.

naître, le long de la roue, un frottement capable de ralentir à volonté le mouvement de la machine, même pendant les plus grands vents : l'emploi des bandes flexibles est ici avantageux, comme on le verra (Section III), pour faire croître le frottement plus rapidement que la tension qui est exercée à l'une de leurs extrémités.

On remarquera d'ailleurs que cette disposition est principalement employée ici pour suspendre totalement le mouvement de la machine, et donner au conducteur le moyen de replier les ailes des volants et de proportionner ainsi l'étendue de leur surface à l'action qu'il est nécessaire de transmettre à la résistance; en se servant du frein pour modérer d'une manière constante le mouvement pendant les grands vents, on fatiguerait beaucoup la machine, on risquerait de mettre le feu à la bande frottante et l'on serait astreint à une surveillance continuelle pour la manœuvre du frein.

L'objet des freins étant, en général, d'absorber un excédant de travail moteur [1], il convient de les appliquer à des roues

---

[1] *Freins des appareils élévatoires.* — La plupart des appareils élévatoires sont munis de freins destinés, soit à maintenir les poids élevés à une certaine hauteur, soit à en modérer la descente. Ordinairement la roue est en fonte et

d'un grand rayon ou douées d'une grande vitesse, afin qu'à l'aide d'une petite pression ou d'un frottement assez faible, ils soient susceptibles d'un grand effet.

### Des volants à ailettes.

4. *Notions préliminaires.* — Les volants à ailettes, tels que ceux des tourne-broches et des horloges, sont composés d'un arbre tournant, auquel on adapte plusieurs bras terminés par

Fig. 3.

des plaques métalliques très-minces, dont le plan est ordinairement perpendiculaire à la direction du mouvement; on

---

la bande en acier non garni de bois; quelquefois le serrage du frein, au lieu d'être produit par un mouvement de levier, ainsi que l'indique la *fig.* 2, est obtenu par la manœuvre d'une vis qui déplace, le long de son axe, un écrou guidé de manière à ne pas tourner et auquel est reliée l'extrémité libre de la lame.

Lorsque l'arbre sur lequel est monté le frein tourne tantôt dans un sens, tantôt dans l'autre, et que le frein doit pouvoir agir dans les deux cas, il est avantageux de ne pas fixer l'extrémité A; on l'articule, comme l'autre, à un petit bras faisant corps avec le levier et disposé normalement à la direction rectiligne de la lame.

Souvent, pour éviter les accidents, on fixe sur le levier de manœuvre un contre-poids suffisant pour empêcher le mouvement de l'arbre, sous la charge maxima que celui-ci peut élever. Quand le fardeau doit être mis en mouvement d'ascension ou de descente, le conducteur est obligé de soulever le contre-poids, soit par action directe, soit par l'intermédiaire de renvois; dès qu'il l'abandonne, volontairement ou par inadvertance, le frein se trouve serré et la force vive de la charge s'éteint rapidement. (K.)

5.

l'incline quelquefois plus ou moins, par rapport à l'axe, afin de diminuer convenablement l'intensité de la résistance du milieu. Le mouvement de l'arbre du volant est lié à celui de la machine, au moyen de rouages (*fig.* 3) ou d'une vis sans fin, qui en accélère beaucoup la vitesse. L'avantage d'un pareil dispositif consiste principalement à amener le système auquel il est appliqué à une limite de vitesse qu'il ne peut dépasser et qui devient sensiblement uniforme au bout d'un petit nombre de révolutions.

La théorie du volant à ailettes n'offre par elle-même aucune difficulté, sous le point de vue mécanique; mais nous devons saisir l'occasion qui se présente de donner un exemple de la manière dont le mouvement parvient plus ou moins rapidement à l'uniformité dans les machines (§ 30, section I); d'autant plus que le volant à ailettes est souvent employé dans les expériences comme moyen de se procurer un mouvement constant servant à déterminer la loi de la vitesse de certains corps.

5. *Équation du mouvement.* — Nous choisirons plus particulièrement, pour exemple, le dispositif (*fig.* 4) qui a servi à Borda pour mesurer la résistance que l'air oppose au mouvement des corps animés de différentes vitesses: P est le poids moteur suspendu à l'extrémité inférieure d'un cordon vertical *ab* enroulé sur un tambour horizontal monté sur l'arbre *c* du volant, portant les ailes planes *ed*, *e'd'* de formes quelconques, mais symétriquement placées dans un plan passant par l'axe *c*. Attendu d'ailleurs que les bras sont amincis dans le sens du mouvement et que la vitesse du tambour, du cordon et du poids P est très-faible par rapport à celle des ailes, nous négligerons, comme on le fait ordinairement, la résistance qu'ils éprouvent de la part de l'air; mais nous tiendrons compte de la variation de longueur des parties enroulées ou déroulées du cordon, ainsi que de leur inertie, qui peut exercer quelque influence dans les grandes machines.

Cela posé, nommant

$\Pi$ la densité ou le poids de l'unité de volume du milieu;

A la surface réunie des ailettes supposées perpendiculaires à la direction du mouvement;

Fig. 4.

R la distance de leur centre à l'axe;

*r* celle d'un point quelconque au même axe;

R' le rayon du tambour mesuré au milieu du cordon;

ρ le rayon des tourillons de l'arbre;

ω la vitesse angulaire de ce dernier;

L la longueur totale des parties enroulées et déroulées du cordon;

*l* celle de cette dernière partie;

δ le poids de l'unité de longueur de ce cordon;

P le poids moteur mesuré en kilogrammes;

*p* le poids de tout le surplus du système, y compris celui du cordon;

$g = 9^{m},809$ l'accélération de la gravité;

*m* un élément matériel situé à la distance *r* de l'axe,

la vitesse du centre des ailettes sera ωR, celle du poids P

et du cordon $\omega R'$, enfin celle du point $m$ sera $\omega r$; l'accélération de la vitesse angulaire $\omega$ dans l'élément $dt$ du temps étant $\frac{d\omega}{dt}$, $mr\frac{d\omega}{dt}$ sera la résistance occasionnée par l'inertie de la molécule $m$ à cette accélération, $r^2 m\frac{d\omega}{dt}$ le moment de cette résistance par rapport à l'axe, et enfin $\frac{d\omega}{dt}\Sigma mr^2$ la somme des moments semblables pour toutes les parties matérielles formant corps avec l'arbre. Quant au moment relatif à l'inertie du poids P et du cordon, il sera évidemment $\frac{P}{g}R'^2\frac{d\omega}{dt}$ pour le premier, et $\frac{\delta L}{g}R'^2\frac{d\omega}{dt}$ pour le second.

Enfin l'action des ailettes contre le milieu ambiant et du frottement sur les tourillons qui supportent l'arbre du tambour donne lieu à des résistances qu'il est facile d'évaluer, d'après le résultat des expériences connues, sur lequel nous reviendrons plus tard : il nous suffira de dire ici que la première de ces résistances doit être mesurée par le produit $\frac{\gamma \Pi A \omega^2 R^2}{2g}$, dans lequel le coefficient numérique $\gamma$ a pour valeur moyenne 1,45, pour des vitesses comprises depuis les plus faibles jusqu'à 50 mètres environ par seconde, et que la seconde est une certaine fraction $f$ de la somme des pressions supportées par les tourillons de l'arbre, somme évidemment égale à $P + p - \frac{(P+\delta l)}{g}R'\frac{d\omega}{dt}$, attendu que $\frac{(P+\delta l)}{g}R'\frac{d\omega}{dt}$ est la mesure de l'inertie du poids P et de la partie verticale $l$ du cordon. On aura donc

$$(P+\delta l)R' = \left[\Sigma mr^2 \frac{(P+\delta l)R'^2}{g}\right]\frac{d\omega}{dt} + \frac{\gamma \Pi A}{2g}\omega^2 R^3 + f\left[P + p - \frac{(P+\delta l)}{g}R'\frac{d\omega}{dt}\right]\rho,$$

en faisant attention que le frottement dont il s'agit a pour bras de levier le rayon $\rho$ des tourillons de l'arbre.

En posant, pour abréger,

$$\frac{(P+\delta L)}{g}R'^2+\Sigma mr^2-f\frac{(P+\delta l)}{g}R'\rho=\mu^2,\qquad \frac{\gamma\Pi AR^3}{2g}=\nu^2,$$

$$(P+\delta l)R'-f(P+p)\rho=q^2,$$

on trouve

$$\mu^2\frac{d\omega}{dt}+\nu^2\omega^2-q^2=0.$$

6. *Manière de tenir compte de la roideur du cordon.* — Nous n'avons point tenu compte, dans cette équation, de la résistance que présente le cordon à son déroulement en $b$, parce qu'elle est ordinairement négligeable; mais, si le poids P montait et que le cordon s'enroulât, il offrirait une résistance très-comparable, dans certains cas, à celle qui est occasionnée par le frottement des tourillons; nommant alors $t$ la tension que le cordon supporte en $b$, tension évidemment égale à $P-\frac{(P+\delta l)}{g}R'\frac{d\omega}{dt}$, la résistance due à cette roideur rapportée au bras du levier R′ serait mesurée par l'expression

$$a+bt=a+b\left[P-\frac{(P+\delta l)}{g}R'\frac{d\omega}{dt}\right];$$

dans laquelle $a$ et $b$ sont des constantes fonctions du diamètre du cordon, de celui du tambour et du degré d'usé ou de flexibilité de ce cordon; de sorte qu'on aurait à ajouter le terme

$$aR'+b\left[P-\frac{(P+\delta l)}{g}R'\frac{d\omega}{dt}\right]R'$$

à celui qui contient le frottement; ce qui ne changerait nullement la forme de l'équation ci-dessus,

$$\mu^2\frac{d\omega}{dt}+\nu^2\omega^2-q^2=0,$$

dans laquelle il suffirait simplement d'attribuer d'autres valeurs aux constantes $\mu^2$, $\nu^2$, $q^2$, qui resteraient essentiellement positives à cause de la petitesse de $\rho$ et $f$, $a$ et $b$.

7. *Conséquences.* — On tire de cette équation

$$t = \mu^2 \int_0^{\omega} \frac{d\omega}{q^2 - \nu^2\omega^2} = \frac{\mu^2}{2q\nu} \log\left(\frac{q + \nu\omega}{q - \nu\omega}\right);$$

puisque $\omega$ est supposé nul à l'origine du mouvement. Par suite, on aura, pour calculer la vitesse angulaire $\omega$ acquise par le système au bout du temps quelconque $t$,

$$\omega = \frac{q\left(e^{\frac{2q\nu t}{\mu^2}} - 1\right)}{n\left(e^{\frac{2q\nu t}{\mu^2}} + 1\right)},$$

$e$ étant égal à 2,71828, et le logarithme ci-dessus étant népérien, de sorte que, si l'on prend la valeur dans les Tables ordinaires, on devra ensuite la multiplier par le nombre 2,302585.

On voit que cette valeur converge très-rapidement vers une limite $\frac{q}{\nu}$, qu'elle n'atteint rigoureusement qu'au bout d'un temps infini. Cette même limite répondant d'ailleurs à l'instant où le mouvement est devenu uniforme, on y arrive de suite, en écrivant dans l'équation du n° 5, qui exprime les conditions du système, que $d\omega$ est égal à zéro.

L'expression de cette limite est

$$\frac{q}{\nu} = \sqrt{\frac{2g[(P + \delta l)R' - f(P + p)\rho]}{\gamma \Pi A R^3}};$$

elle montre que cette valeur croît lentement avec le moment PR′ du poids, et décroît, au contraire, très-rapidement à mesure que le rayon moyen R du volant augmente, l'inertie n'exerçant ici d'influence que sur la durée du temps nécessaire pour amener le système à la vitesse uniforme.

## II. — Des régulateurs.

### Des divers genres de régulateurs.

8. *Objet spécial des régulateurs.* — Les freins et volants à ailettes, qui viennent de nous occuper, pourraient évidem-

ment servir de régulateurs aux machines, s'ils n'avaient l'inconvénient de consommer inutilement une grande portion du travail moteur, attendu que leur action régulatrice dépend essentiellement de l'intervention de résistances passives étrangères au système. Les moyens les plus convenables d'atteindre le but consistent dans des dispositions qui permettent de faire varier, au besoin, la quantité de matière, la résistance qui fait l'objet du travail utile ou l'intensité des forces motrices et d'inertie; nous en avons cité quelques exemples aux n° 35, 43 et 44 de la première Section, et il nous serait facile d'en étendre la nomenclature.

Ainsi, par exemple, les réservoirs d'air à pression constante des pompes et des machines soufflantes, les grands réservoirs d'eau ou étangs, qui accompagnent toujours les machines hydrauliques, les trémies et grils tournants des fourneaux de machines à vapeur, qui servent à distribuer régulièrement et uniformément le combustible sous la chaudière, l'espace vide laissé au-dessus de l'eau dans cette chaudière pour servir de réservoir à la vapeur ([1]); les excentriques et autres dispositifs servant à régler la distribution de cette vapeur au-dessus et au-dessous des pistons; les mécanismes particuliers, qui servent à replier plus ou moins les toiles qui recouvrent les ailes des moulins à vent, selon la vitesse du mouvement, les fusées et tambours en spirales, qui ont pour objet de régulariser l'action du moteur ou de la résistance utile dans plusieurs machines, notamment dans les

---

([1]) *Sur la régularisation en général.* — Ces exemples font voir que les moyens généraux employés pour régulariser le mouvement des machines s'appliquent, avec une analogie complète, à la réglementation de la marche d'une opération quelconque; les dispositions à adopter doivent toujours remplir les fonctions des *distributeurs*, des *volants*, des *régulateurs* et des *modérateurs*, qu'il s'agisse de régler l'écoulement de l'eau d'un réservoir, de maintenir constante la température ou la pression d'un milieu, etc D'après les distinctions admises dans la première section, les réservoirs d'air des pompes, les réservoirs de vapeur au-dessus de l'eau des chaudières remplissent un rôle analogue à celui des *volants;* les grils tournants, les tiroirs, les vannes, les robinets sont des *distributeurs.* (*Voir* le *Mémoire sur la réglementation de la température*, par M. E. Rolland; *Mémoires des Savants étrangers*, t. XVIII.) (K.)

montres et machines à molettes employées dans les mines, etc., sont autant d'appareils régulateurs du genre de ceux dont il s'agit, tandis que les soupapes de sûreté, qui servent à laisser échapper la vapeur des chaudières, quand la tension y a atteint une certaine limite, les déversoirs ou orifices servant à vider le trop plein des bassins d'eau, qui alimentent les machines hydrauliques, etc., appartiennent plus particulièrement à la classe des simples modérateurs, à laquelle se rapportent les freins et volants à ailettes.

9. *Des régulateurs spontanés.* — On doit distinguer parmi tous ces moyens ceux qui sont indépendants des agents chargés du soin de diriger le travail de la machine, et les dispensent ainsi d'une surveillance continuelle et pénible; l'essence des bonnes machines est, en effet, de se gouverner par elles-mêmes, autant qu'il est possible et sans le secours de l'intelligence humaine. Les machines à vapeur, dans leur état actuel de perfection, en offrent un modèle pour ainsi dire parfait, et dont on tâche d'approcher, autant qu'il est possible, dans les diverses autres machines. Mais nous ne saurions nous proposer de passer en revue ces différents moyens, dont la description et la théorie appartiennent, pour la plupart, à la description et à la théorie même des machines où on les emploie, et l'on ne peut guère excepter, à cause de l'universalité de leur application, que le *régulateur à pompe* et le *pendule conique* ou *régulateur à force centrifuge*, que les Anglais nomment simplement *gouverneur*, auxquels nous joindrons le régulateur à ressort et à détente instantané, dont il sera question plus loin, et dont nous avons proposé l'adoption dès l'année 1829 (*Leçons faites aux ouvriers de Metz*).

En effet, les fusées en spirales et les tambours coniques, qui paraîtraient offrir des applications étendues, ne peuvent être utiles que dans les machines où l'action, soit du moteur, soit de la résistance, est variable suivant une loi exactement connue; ce qui n'a lieu que pour quelques cas particuliers. Leur théorie toute géométrique n'offre d'ailleurs point de difficulté; on sait qu'ils sont destinés à recevoir les enroulements, les spires d'une corde ou chaîne sur laquelle agit la force variable; or toute la question consiste à faire croître ou décroître le bras de levier de cette force, par rapport à l'axe du tambour, de façon que son moment reste constant pour les diverses positions du système.

Ce moyen n'est d'ailleurs avantageux que lorsque la puissance conserve des valeurs constamment croissantes ou décroissantes dans une série de révolutions de la machine; il ne faut pas le confondre avec les cames, les ondes et autres dispositions, qui ont uniquement pour objet de régulariser momentanément la vitesse de certaines pièces ou les efforts exercés sur elles par des puissances constantes ou variables.

### Du régulateur à pompe et à flotteur.

10. *Description du mécanisme.* — A est un corps de pompe (*fig.* 5), prenant l'eau dans un bassin inférieur du puits C; la tige EF du piston est mise en jeu par la machine

Fig. 5.

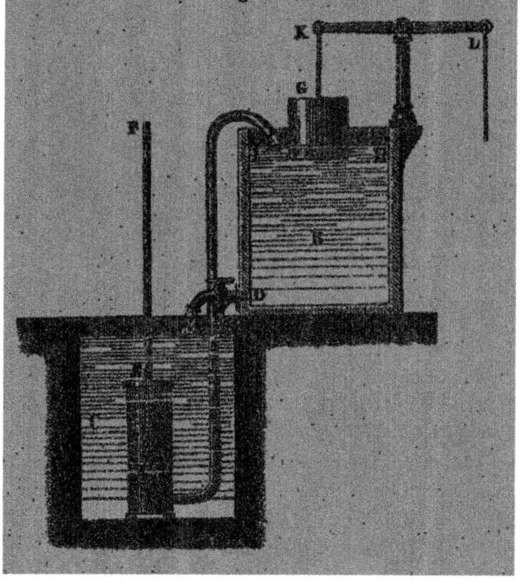


dont il s'agit de régulariser le mouvement; cette pompe est employée à élever et refouler l'eau, qu'elle aspire, dans un bassin supérieur B, percé en D d'un orifice dont l'ouverture est réglée au moyen d'une petite vanne intérieure ou d'un robinet extérieur; G est un flotteur suspendu à l'extrémité d'un levier KL destiné à donner le mouvement aux vannes, soupapes, etc., qui livrent accès au fluide moteur sur le récepteur de la machine. On conçoit que, si, fermant d'abord l'orifice en D, on laisse le bassin B se remplir d'eau jusqu'à ce que son niveau supérieur IH force le flotteur à prendre une position moyenne, fixée à l'avance et qui corresponde, je suppose, à celle où le balancier KL est horizontal; qu'ensuite on ouvre l'orifice en D, de façon qu'il dépense, dans un temps donné, exactement le volume de liquide qui afflue de la pompe, pour la vitesse moyenne ou de régime qu'on veut laisser prendre à la machine, ce que l'on peut constater par une expérience directe; on conçoit que, tant que le mouvement de cette machine ou du piston qu'elle conduit sera régulier, le niveau IH demeurera constant et le flotteur G immobile; mais qu'aussitôt que la vitesse s'écartera de celle qui a été adoptée pour régime, soit en plus, soit en moins, le niveau IH et le flotteur s'élèveront ou s'abaisseront de quantités correspondantes, et feront mouvoir le levier KL et son système avec une énergie relative à l'augmentation ou à la diminution qu'a subie le volume de son enfoncement ou du liquide qu'il déplace.

11. *Condition d'équilibre du flotteur.* — Examinons d'abord les conditions de l'équilibre du flotteur, eu égard à la résistance qu'il a à vaincre de la part des soupapes ou vannes motrices, et à l'excédant de liquide qui serait fourni par la pompe au bassin B, au bout d'un temps quelconque donné. Nommons :

$\Pi$ le poids du mètre cube du liquide;

$P$ le poids du flotteur, y compris son équipage et sa surcharge;

$p$ l'effort, en kilogrammes, nécessaire pour vaincre les résistances inhérentes au levier KL, effort qui est censé agir suivant l'axe vertical du flotteur;

$a$ l'aire de la section de ce flotteur supposé prismatique;

$A$ celle de la section du bassin B;

H la profondeur à laquelle le flotteur se trouve enfoncé au-dessous du niveau moyen ou du régime IH, à l'instant où la vitesse de la machine est régulière;

$z$ ce que devient cette profondeur au-dessous du même niveau immédiatement après l'introduction d'un volume excédant Q de liquide;

$x$ la hauteur dont s'est élevé, au même instant, le niveau dans le bassin B, au-dessus du niveau primitif ou moyen.

On aura évidemment

$$P = \Pi a H, \quad Q = (A - a)x + a(H - z), \quad \Pi a(x + z - H) = p,$$

attendu que $a(x + z)$ est le volume du liquide déplacé au second instant, et $a$H celui qui l'est au premier.

Lorsque les dimensions du bassin et du flotteur seront données, aussi bien que Q et la résistance $p$ à vaincre pour fermer les vannes, résistance que l'on obtiendra par une expérience directe, à défaut de calculs, on connaîtra aussi les valeurs de $x$ et de $z$ et par suite celle de $H - z$, qui exprime la hauteur absolue dont s'est élevé le flotteur et l'extrémité du levier auquel il est suspendu.

Supposant, à l'inverse, que Q représente une diminution au lieu d'un accroissement du liquide dans le bassin, il n'y aura que le signe $H - z$ à changer dans les deux dernières équations, lesquelles deviendront

$$Q = (A - a)x + a(z - H), \quad \Pi a(x - z + H) = p.$$

12. *Conditions qui limitent l'étendue de la course du flotteur.* — La plus grande valeur de $x$ ou de l'amplitude de mouvement du niveau dans le bassin B, au-dessus ou au-dessous de sa position moyenne IH, est déterminée spécialement par la condition que la vitesse d'écoulement dans l'orifice D n'éprouve pas une trop grande variation, à laquelle correspondrait une variation proportionnelle dans la dépense de cet orifice. Supposant qu'on ait donné au niveau moyen IH une hauteur de 2 mètres, au-dessus du centre de l'orifice D, on pourra laisser prendre à $x$ la valeur maximum de $\frac{1}{10}$ ou de $\frac{1}{20}$ de cette hauteur. Quant à l'amplitude de la demi-course as-

cendante $H - z$, ou descendante $z - H$ du flotteur et de son levier, elle est également fixée par les conditions relatives à l'amplitude de mouvement qu'on veut laisser prendre à la vanne motrice, à partir de sa position moyenne, et il est naturel de la supposer la même dans les deux cas de l'ascension et de la descente.

Nommant donc $h$ cette amplitude limite, $Q'$ et $x'$ les valeurs correspondantes de $Q$ et de $x$, censées aussi égales entre elles pour les deux cas de la montée et de la descente, on aura seulement à satisfaire aux équations

$$Q' = (A - a)x' + ah, \quad \pi a(x' - h) = p,$$

qui supposent d'ailleurs que la résistance peut être la même pour les deux positions extrêmes du flotteur ou des vannes motrices; s'il en était autrement, on aurait à satisfaire à une équation de plus, et il ne resterait d'arbitraires que deux des cinq quantités qu'elle renferme, au nombre desquelles se trouve nécessairement la quantité $Q'$, tant qu'on n'a pas réglé le rôle que doit jouer la pompe A pour régulariser le mouvement de la machine.

15. *Manière de régler l'énergie régulatrice du système.* — A cet égard, on remarquera qu'on ne peut espérer maintenir à chaque instant la machine à l'état de mouvement rigoureusement uniforme : quand bien même sa constitution propre le permettrait, le jeu de la pompe, qui est alternatif, s'y opposerait; on se donnera donc le plus grand écart qu'on veut laisser prendre à la machine, en deçà et au delà de sa vitesse moyenne ou de régime, et l'on supposera que ces écarts répondent précisément aux amplitudes de mouvement du flotteur et de la vanne motrice, dont il a été précédemment parlé; mais cela ne suffira pas encore pour déterminer $Q'$ : il faudra aussi se donner un nombre qui indique l'énergie régulatrice de la pompe, ou la rapidité avec laquelle on veut qu'elle fasse élever ou baisser le flotteur, à partir de l'instant où la vitesse de la machine serait arrivée à l'une ou à l'autre de ses limites, supposé qu'elle pût y arriver brusquement, ce qui ne saurait être, à cause de l'inertie.

Soient :

$N$ le nombre des coups de piston donnés, en une minute, par la machine, quand elle possède la vitesse de régime uniforme ;

$q$ le volume de liquide fourni au bassin B à chacun de ces coups ;

$n$ la fraction dont on veut que cette vitesse puisse augmenter ou diminuer au maximum ;

$nNq$ sera, par minute, l'excédant du volume d'eau fourni au réservoir sur celui qui est sorti.

Nommant enfin T le nombre de minutes à partir desquelles le flotteur devrait être arrivé à sa position extrême, si la vitesse conservait sa valeur maximum ou minimum, on posera

$$nNqT = Q'$$

pour condition propre à déterminer $Q'$.

14. *Moyens d'atténuer les causes d'irrégularité provenant de la pompe.* — D'un autre côté, il est évident qu'à cause de l'irrégularité d'action de la pompe il en résultera une oscillation du liquide dans le réservoir, même pour le cas de la vitesse de régime; or il faut renfermer ces oscillations dans une limite qui ait fort peu d'étendue, par rapport à l'amplitude totale de mouvement qui peut résulter de l'affluence du volume d'eau $Q'$ dans le bassin B; c'est-à-dire que la plus grande différence entre les quantités d'eau irrégulièrement fournies et régulièrement dépensées par l'orifice D, pendant la durée entière d'une oscillation, doit être une très-petite fraction de $Q'$. Cette différence peut être rendue assez faible, soit en construisant la pompe à double effet, ou de manière que le piston agisse à la fois en montant et en descendant, soit en y adaptant un réservoir à air servant à régulariser le jet; soit enfin, ce qui est préférable, en remplaçant cette pompe elle-même par une machine à mouvement régulier, telle que la vis d'Archimède, par exemple, qui a surtout l'avantage de ne point varier dans ses effets, comme il arrive pour les pompes, qui, au bout d'un temps plus ou moins long, cessent de bien fonctionner. Moyennant de semblables

dispositifs, il deviendra possible de réduire beaucoup Q' de manière à rendre le régulateur sensible à de faibles accroissements du mouvement moyen de la machine.

15. *Degré de sensibilité du régulateur à pompe.* — Quoi qu'il en soit, la différence maximum entre les quantités d'eau fournies par la pompe et dépensées par l'orifice D étant connue, il faudra la multiplier par un nombre suffisamment grand, tel que 20 ou 30, pour obtenir Q'. Supposant, par exemple, que la pompe soit à simple effet, la plus grande différence dont il s'agit pouvant s'élever aux 0,53 [1] environ du volume $q$ donné par la pompe à chaque oscillation entière, on prendra

$$Q' = 20 \times 0{,}53, \quad Q' = 20 \times 0{,}53q = 10{,}6q \text{ au moins,}$$

et l'on aura à satisfaire, en outre, à la condition

$$nNqT = 10{,}6q \quad \text{ou} \quad nNT = 10{,}6;$$

ce qui montre que l'action régulatrice de la pompe sera ici très-peu énergique; car il n'est guère possible de prendre N supérieur à 30; et, en admettant même que la vitesse puisse s'écarter de $\frac{1}{10}$ de part et d'autre de sa valeur moyenne, ce qui suppose $n = 0{,}1$, on aurait

$$T = \frac{10{,}6}{3} = 3',53;$$

c'est-à-dire qu'à partir de l'instant où la vitesse limite serait atteinte il s'écoulerait plus de $3\frac{1}{2}$ minutes avant que le flotteur n'ait produit l'effet voulu.

Pour la pompe à double effet, la différence maximum entre les quantités d'eau fournies par la pompe et dépensées par l'orifice D ne s'élèverait qu'à la fraction $0{,}058q$, $q$ étant toujours le volume d'eau fourni par la pompe dans la double oscillation du piston, ce qui donne

$$Q' = 20 \times 0{,}053q = 1{,}16q \quad \text{et} \quad nNT = 1{,}16.$$

Ainsi, dans les hypothèses ci-dessus de $n = \frac{1}{10}$, $N = 30$, on

[1] *Voir*, à ce sujet, la Théorie des manivelles à simple et à double effet.

aurait $T = 0',387$ seulement, au lieu de $T = 3',53$. Enfin l'énergie du régulateur serait pour ainsi dire indéfinie, si l'on substituait à la pompe un système d'épuisement continu, tel que la vis d'Archimède, la noria, le chapelet, etc. Dans tous les cas, la quantité $q$ restant arbitraire, on pourra en profiter pour augmenter convenablement la valeur de $Q'$, qui entre dans les équations de condition relatives à l'établissement du flotteur, lesquelles donnent immédiatement

$$a = \frac{p}{\Pi(x' - h)}, \quad A - a = \frac{Q'}{x'} - \frac{ph}{\Pi x'(x' - h)},$$

pour déterminer les aires des sections horizontales du bassin B et du flotteur, et dont la dernière montre que $Q'$ doit être pris d'autant plus grand que $x' - h$ est plus petit, afin que $A - a$ reste positif.

16. *Inconvénients de ce régulateur.* — Telle est, ce nous semble, la véritable manière d'envisager la théorie du régulateur à flotteur et à pompe; cela suffit pour montrer que les avantages qu'on se promet de son adoption sont bien loin de compenser les inconvénients qui résultent de la perte de travail notable qu'il occasionne et des accidents qui peuvent être produits par les dérangements de la pompe. D'ailleurs on voit que son action ne se fait pas sentir instantanément au flotteur, et qu'il ne fait même dépendre que fort indirectement le jeu des vannes motrices de la variation de vitesse de la machine, le temps pendant lequel cette variation s'opère entrant nécessairement comme facteur de son effet régularisant; sous ces divers rapports, le pendule conique à force centrifuge, que nous allons décrire, nous paraît de beaucoup préférable dans la pratique [1].

---

(1) On emploie fréquemment, dans la pratique, des régulateurs à pompe qui ont une grande analogie avec celui qui est décrit dans le texte : le réservoir B est fermé à sa partie supérieure, et le flotteur est remplacé par un piston qui met en mouvement les organes de distribution ; le plus souvent, au lieu d'opérer par refoulement d'eau dans le cylindre, on agit par aspiration d'air. Tel est le cas du régulateur Larivière. (*Voir* une Théorie de ce régulateur par M. Resal, *Annales des Mines*, t. II, 7e série, 1872.) (K.)

### Du régulateur à force centrifuge.

17. *Description de l'appareil.* — Ce régulateur se compose ordinairement d'un losange à charnières ABCD (*fig.* 6), monté sur un axe vertical AH, mis en communication de mouvement avec une pièce de rotation de la machine; le losange est

Fig. 6.

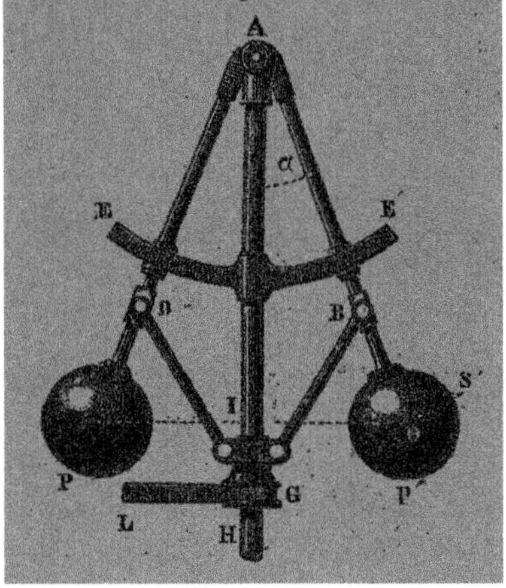


fixé à cet axe par l'un de ses sommets A, et en reçoit le mouvement angulaire; les verges supérieures AB, AD portent sur leurs prolongements des boules de métal P; l'angle en C est armé d'un manchon à gorge G qui embrasse l'axe AH et peut glisser à frottement doux le long de cet axe. L'effet de la force centrifuge sur les boules est de soulever plus ou moins le manchon G, qui, par une communication de mouvement facile à imaginer (voir *fig.* 24, p. 143, en $Yy$Z), sert à régler l'admission du moteur, en faisant varier convenablement l'ouverture d'une vanne, d'un robinet, etc., lorsque la vitesse de la machine vient à changer par l'action d'une cause quelconque.

Nommons

P et M le poids et la masse de chacune des boules;
$g = 9^m,8088$, $\pi = 3,1416$;
$\omega$ la vitesse angulaire de l'axe AH du pendule;
$\alpha$ l'angle des verges AB, AD avec cet axe;

$a$ le côté AB du losange;
$b$ la distance de A au centre de gravité O des boules P;
$h$ la longueur AC de la diagonale verticale du losange, qui fixe la position du manchon G.

On pourra considérer ce losange comme soumis à l'action des forces suivantes, qui se font équilibre :

1° La force centrifuge des deux boules réunies, mesurée par $2M\omega^2 IO = 2M\omega^2 b \sin\alpha$ et dont $AI = b\cos\alpha$ est le bras de levier, par rapport au centre A;

2° Le poids $2P = 2Mg$ de ces mêmes boules, ayant pour bras de levier, par rapport à A, la distance $OI = b\sin\alpha$;

3° Enfin le poids et la force centrifuge des verges du losange, qu'on a coutume de négliger, aussi bien que le frottement des articulations et l'effort nécessaire, en C, pour vaincre la résistance qui s'oppose au mouvement des soupapes régulatrices, etc.

18. *Conditions de l'équilibre et règle pratique anglaise.* — Négligeant donc la considération de ces dernières forces, et observant que l'équilibre doit s'établir entre les deux autres autour du point A, on aura

$$2M\omega^2 b\sin\alpha \times b\cos\alpha = 2Pb\sin\alpha,$$

d'où, à cause de $h = 2a\cos\alpha$, $P = Mg$,

$$b\cos\alpha = AI = \frac{g}{\omega^2}, \quad h = \frac{2ag}{b\omega^2}.$$

Ainsi l'on aura la hauteur $h$ à laquelle se tient le manchon G au-dessous du sommet A, quand la vitesse $\omega$, à l'unité de distance de l'axe AH, sera connue, et réciproquement.

Soit T la durée en secondes d'une révolution de cet axe, on aura

$$T\omega = 2\pi;$$

substituant cette valeur de $\omega$ dans la relation ci-dessus, on en déduira

$$T = 2\pi\sqrt{\frac{b}{2a}\frac{h}{g}} = 2\pi\sqrt{\frac{AI}{g}}.$$

C'est, comme on voit, le double de la durée des oscillations d'un pendule qui aurait pour longueur la hauteur $AI = \frac{b}{2a} h$ des boules au-dessous du sommet fixe C du losange. Supposant, par exemple, que le régulateur accomplisse une révolution en 2 secondes ou fasse 30 révolutions par minute, on aura $T = 2$, et AI deviendra la longueur $0^m,994$ du pendule qui bat les secondes dans nos contrées.

19. *Insuffisance de cette règle.* — Telle est la règle fort simple, ordinairement indiquée par les auteurs pour déterminer la position des boules relative à une vitesse moyenne ou de régime d'une machine, lorsqu'on s'est donné cette vitesse à l'avance; mais ces règles ne sont rien moins que satisfaisantes, attendu qu'elles sont indépendantes du poids des boules et qu'elles ne tiennent nullement compte de l'énergie que doit posséder leur force centrifuge, pour vaincre les résistances passives inhérentes au mouvement du système, qui sert à faire ouvrir ou fermer les soupapes, ou vannes motrices.

Tredgold, ingénieur anglais, qui a écrit un *Traité sur les machines à vapeur*, paraît avoir senti l'insuffisance de la règle établie; il propose de fixer la plus grande amplitude du mouvement vertical des boules de manière que, quand la vitesse de la machine dépasse le vingtième de sa valeur moyenne, les soupapes soient entièrement fermées, tandis qu'elles seraient complétement ouvertes, au contraire, quand la machine atteindrait sa vitesse moyenne de régime, afin, dit-il, d'éviter pour cette dernière vitesse les étranglements de la conduite qui amène la vapeur sous les pistons de la machine, et la perte de travail moteur qui en est la conséquence; mais il est évident qu'une semblable disposition aurait l'inconvénient de produire une diminution de force motrice précisément à l'instant où il surviendrait un ralentissement de la vitesse, ce qui est absurde et montre que, sans avoir égard à l'inconvénient des étranglements, on doit donner forcément à la soupape, pour le cas d'une vitesse moyenne, une position intermédiaire entre celle où elle laisse affluer en plein le fluide moteur et celle où elle l'intercepte d'une manière complète.

20. *Véritables conditions de l'établissement de l'appareil.* — Nommant $h'$ la hauteur du manchon qui correspond à la vitesse angulaire $\omega' = (1+n)\,\omega$, $h''$ celle qui répond à la vitesse $\omega'' = (1-n)\,\omega$, $\omega$ étant toujours la vitesse moyenne de régime et $h$ la hauteur correspondante, on aura

$$h' = \frac{2ga}{(1+n)^2\omega^2 b} = \frac{h}{(1+n)^2}, \quad h'' = \frac{2ga}{(1-n)^2\omega^2 b} = \frac{h}{(1-n)^2},$$

et, par conséquent, pour l'amplitude du mouvement d'élévation du manchon, qui doit régler celui des soupapes d'admission,

$$h'' - h' = h\,\frac{4n}{(1-n^2)^2} = 4nh,$$

à très-peu près, si l'on néglige $n^2$ vis-à-vis de l'unité.

Supposant, avec Tredgold, $n = \frac{1}{20}$, on aura $h'' - h' = \frac{1}{5}h$ environ; ce qui montre que, pour un changement de vitesse assez faible, les espaces décrits par le manchon et le système qui le met en relation avec les soupapes pourront être très-appréciables; de sorte que l'on peut dire avec cet ingénieur que, si le régulateur à force centrifuge est en défaut, ce n'est certainement pas à cause du manque de sensibilité que lui ont reproché certains auteurs, qui lui ont substitué, au détriment de l'action motrice, le jeu d'un régulateur à pompe dans le genre de celui qui nous a occupé précédemment.

21. *Influence du poids des boules et de l'angle des tiges.* — Quant à l'influence du poids des boules sur l'action régulatrice, Tredgold se contente d'observer que, dans les machines à vapeur, ce poids varie de 12 à 36 kilogrammes, et que son effet dépend beaucoup des angles formés par les tiges : dans la disposition représentée par la *fig.* 6, la force du régulateur pour mouvoir le manchon est considérable, mais l'étendue du mouvement est petite; ce qui a lieu à plus forte raison pour la disposition représentée *fig.* 8, et qui est souvent adoptée dans les machines; dans la disposition de la *fig.* 9, au contraire,

la force est petite, mais l'étendue du mouvement très-grande; en d'autres termes, l'énergie du régulateur croît en raison inverse du chemin que tend à décrire le manchon dans chaque dispositif, ce qui est bien évident, d'après le principe des vitesses virtuelles.

22. *Équation d'équilibre dans le cas d'une accélération et en ayant égard à la résistance à vaincre.* — Pour montrer comment de cette considération dérive la théorie véritable du régulateur à force centrifuge, nous supposerons, d'après les auteurs anglais, qu'on ait établi l'appareil de fait, ou que lorsque la machine atteint la vitesse de régime, mesurée par $\omega$, le manchon G (*fig.* 6) et le système du levier et de la vanne qu'il conduit n'exercent aucune action l'un sur l'autre; ce qui exige que ce système se trouve, pour la position du manchon, fixée par la relation $h = \frac{2ag}{b\omega^2}$ (18), dans un état d'équilibre strict et abstraction faite du frottement. Cela posé, on remarquera que la vitesse angulaire du régulateur pourra augmenter d'une certaine fraction donnée de sa valeur primitive, avant que l'effort exercé sur le manchon ne soit capable de faire mouvoir la vanne motrice, c'est-à-dire de vaincre les résistances inhérentes à ce mouvement; il faudra, en effet, que l'intensité de la force centrifuge des boules augmente, de manière qu'elle puisse faire équilibre à la fois à l'action du poids et des résistances dont il s'agit; ce qui donne une nouvelle équation de condition à laquelle le régulateur doit satisfaire, et qu'on obtiendrait facilement à l'aide de la simple décomposition des forces, mais que, pour plus de généralité, nous rechercherons par le principe des vitesses virtuelles.

23. Considérons d'abord la première disposition qui est reproduite *fig.* 7, et, conservant les dénominations déjà admises (17), nommons, de plus, $p$ la résistance à vaincre par le manchon et $\omega' = (1 + n')\omega$ la nouvelle vitesse angulaire que doit acquérir le régulateur pour vaincre cette résistance; faisant, pour un instant, abstraction du mouvement angulaire dont il s'agit, on supposera qu'on relève le sommet C d'une

quantité infiniment petite $dh$, qui pourra être prise pour la vitesse virtuelle de $p$ ; le centre de gravité des boules décrira l'arc élémentaire $OS = b\,d\alpha$, la vitesse virtuelle de la force centrifuge estimée suivant sa direction sera $OS \cos\alpha = b \cos\alpha\, d\alpha$, celle du poids des boules $b \sin\alpha\, d\alpha$; enfin, puisque $h = 2a\cos\alpha$, $dh = -2a\sin\alpha\, d\alpha$ sera la vitesse virtuelle de C ou de $p$.

Fig. 7.

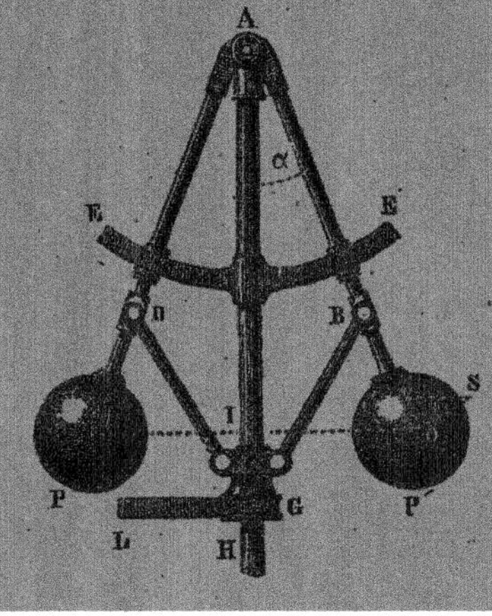


D'après cela, le principe du travail virtuel donnera, pour l'équation d'équilibre des forces, en observant que les actions de $2P$ et de $p$ sont opposées à celle de la force centrifuge,

$$2M\omega'^2 b^2 \cos\alpha \sin\alpha\, d\alpha - 2Pb \sin\alpha\, d\alpha - 2pa \sin\alpha\, d\alpha = 0,$$

ou, en divisant par $2\sin\alpha\, d\alpha$ et observant que $M = \frac{P}{g}$ et $h = 2a\cos\alpha$,

$$(1) \qquad P\omega'^2 b^2 h - 2ag(Pb + pa) = 0.$$

Mais on a, par hypothèse (18),

$$h = \frac{2ag}{b\omega^2};$$

donc cette dernière équation devient

$$bP\omega'^2 - bP\omega^2 - ap\omega^2 = 0,$$

ce qui donne, pour le rapport à établir entre le poids P des boules et la résistance $p$,

$$\frac{P}{p} = \frac{a}{b}\frac{\omega^2}{\omega'^2 - \omega^2},$$

ou, en se rappelant que $n$ est censé très-petit,

$$\frac{P}{p} = \frac{a}{b(2n' + n'^2)} = \frac{a}{2n'b}.$$

24. Il existe donc une relation nécessaire entre le rapport dont il s'agit et les quantités $a, b, n'$, qui fixent les dimensions du régulateur et la grandeur de l'écart de la vitesse angulaire, par rapport à la vitesse de régime. Si l'on veut, par exemple, que cet écart ne puisse surpasser le $\frac{1}{50} = 0,02$ de $\omega$, on aura

$$P = 25\frac{a}{b}p;$$

et, comme dans la disposition représentée par la *fig.* 7, $b$ ne peut surpasser sensiblement $\frac{3}{2}a$ sans qu'on ait à craindre que les boules ne viennent rencontrer le levier GL pour la position la plus basse du système, on devra donner à P une valeur d'au moins $\frac{2}{3}25 = 16,67$ fois $p$ pour produire l'effet désiré.

25. C'est parce que cette valeur de P peut devenir très-grande, dans certains cas, que l'on a été conduit à adopter la disposition de la *fig.* 8, dans laquelle on donne à $b$ jusqu'à trois et quatre fois la longueur $a$, au moyen d'un allongement correspondant des verges inférieures CB et CD.

Nommant $c$ la longueur de ces verges, qui doit être presque égale à $b$, et conservant toutes les autres dénominations, on aura, par le triangle ABC,

$$AC = h = a\cos\alpha + \sqrt{c^2 - a^2\sin^2\alpha};$$

d'où

$$dh = -a\sin\alpha\left(1 + \frac{a\cos\alpha}{\sqrt{c^2 - a^2\sin^2\alpha}}\right)d\alpha,$$

Fig. 8.

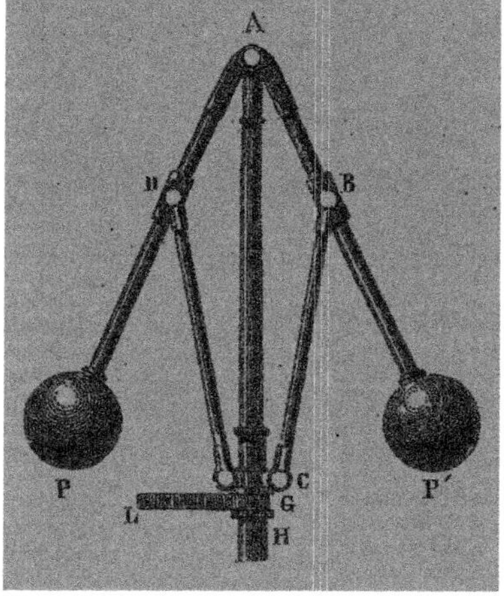


pour le déplacement virtuel de C ou de $p$, et l'équation d'équilibre deviendra ici, après avoir divisé par $\sin\alpha d\alpha$,

$$2\frac{P}{g}b^2\omega'^2\cos\alpha - 2Pb - a\left(1 + \frac{a\cos\alpha}{\sqrt{c^2 - a^2\sin^2\alpha}}\right)p = 0.$$

Faisant $p = 0$ dans cette équation, on aura, pour déterminer l'angle $\alpha$ qui répond à la position moyenne du manchon et à la vitesse de régime $\omega$ de la machine,

$$\omega^2 b\cos\alpha - g = 0; \quad \text{d'où} \quad b\cos\alpha = \frac{g}{\omega^2}.$$

Cette relation, comme on voit, est entièrement identique avec celle que nous avons obtenue précédemment (18) pour le cas du simple losange, ce à quoi l'on devait bien s'attendre.

Substituant la valeur de $\alpha$ qu'elle donne, dans l'équation en $p$, on aura, pour calculer le rapport de P à $p$,

$$\frac{P}{p} = \frac{a}{2b}\,\frac{\omega^2}{(\omega'^2-\omega^2)}\left(1+\frac{ag}{\sqrt{(c^2-a^2)b^2\omega^4+a^2g^2}}\right)$$
$$= \frac{a}{4n'b}\left(1+\frac{ag}{\sqrt{(c^2-a^2)b^2\omega^4+a^2g^2}}\right),$$

en négligeant $n'^2$ vis-à-vis de $2n'$.

Ici la valeur du rapport $\frac{P}{p}$ ne dépend plus seulement de celle de $n'$ et du rapport $\frac{a}{b}$, il varie avec les grandeurs absolues de $c$, $a$ et $\omega$, et devient d'autant plus petit que $c^2-a^2$ et $\omega^2$ croissent davantage, la valeur de $\frac{a}{b}$ restant constante.

Prenant, par exemple, $b=4a$, $c=3,5a$, $a=0^{m},3$, $n'=0,02$ et $\omega^2=g$, ce qui revient à supposer que le régulateur fasse moyennement près de 30 révolutions à la minute, on trouvera

$$P=3,904p,$$

valeur très-petite par rapport à celle qui a été trouvée pour le cas précédent, mais qui doit être considérée comme une limite inférieure dans ce système.

**26.** L'inconvénient que présente en lui-même l'allongement des verges BC, DC, résultant de l'obligation de placer le manchon G à une certaine distance au-dessous des boules P, fait souvent préférer à ce dispositif celui de la *fig.* 9, qui jouit aussi de la propriété de permettre d'augmenter, en quelque sorte à volonté, le rapport de $b$, $a$, et dans lequel la figure ABCD est un véritable losange; mais, au lieu de placer les tiges AP, AP' qui portent les boules dans le prolongement exact des côtés AD et AB, on leur fait former, avec ce prolongement, un certain angle que nous nommerons $m$, et qui a pour objet d'éviter la trop grande acuïté des angles A et C lors des faibles vitesses de la machine.

Pour cette disposition, on aura évidemment

$$h = 2a\cos(m+\alpha), \quad dh = -2a\sin(m+\alpha)\,d\alpha,$$

$$\frac{\mathrm{P}}{g}\, b^2\omega'^2 \sin\alpha\cos\alpha - \mathrm{P}b\sin\alpha - ap\sin(m+\alpha) = 0,$$

et toujours

$$b\cos\alpha = \mathrm{Al} = \frac{g}{\omega^2},$$

en posant $p = 0$ et remplaçant $\omega'$ par $\omega$.

Fig. 9.

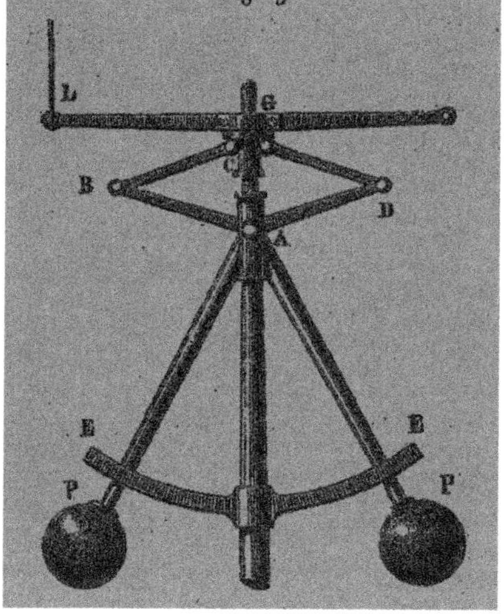


De là on tire successivement et approximativement

$$\frac{\mathrm{P}}{p} = \frac{a}{b}\,\frac{\sin(m+\alpha)}{\sin\alpha}\,\frac{\omega^2}{(\omega'^2-\omega^2)} = \frac{a}{2n'b}\,\frac{\sin(m+\alpha)}{\sin\alpha}$$

$$= \frac{a}{2n'b}\left(\cos m + \frac{g}{\sqrt{b^2\omega^4 - g^2}}\sin m\right).$$

Adoptant les mêmes données que ci-dessus, et, de plus, faisant $m = 30°$, $\sin m = 0{,}50$, $\cos m = 0{,}866$, on trouvera

$$\mathrm{P} = 10{,}125\,p.$$

Si l'on prenait, au contraire, $m = 0$ ou qu'on mît les tiges AP,

AP′ sur le prolongement exact des verges AB, AD, on trouverait $P = 6,25 p$ seulement, de sorte que l'augmentation de l'angle $m$ tend à faire croître le rapport de P à $p$.

Cette discussion servira à fixer le choix ou la préférence que l'on doit accorder dans chaque cas à l'une de ces dispositions sur les deux autres; elle fera pressentir, *a priori*, l'influence de chaque genre de dispositif, pourvu que l'on se rappelle que le rapport dont il s'agit ne peut être diminué sans que l'étendue de la course du manchon ne décroisse en même temps ([1]).

27. *Cas où le mouvement se ralentit; relation entre la plus petite et la plus grande vitesse nécessaire pour vaincre la résistance.* — Lorsque la vitesse de la machine, au lieu d'augmenter comme on vient de le supposer, diminue de manière à devenir $\omega'' = (1 - n'')\omega$, c'est le poids des boules qui doit faire équilibre à l'action de la force centrifuge et de la résistance $p$; les équations restent donc les mêmes, au signe près de $p$, ce qui établit, dans chaque cas, la relation nécessaire

$$\frac{\omega^2}{\omega'^2 - \omega^2} = \frac{\omega^2}{\omega^2 - \omega''^2} \quad \text{ou} \quad \omega'^2 + \omega''^2 = 2\omega^2;$$

d'où l'on tire, en remplaçant $\omega'$ par $(1 + n')\omega$ et $\omega''$ par $(1 - n'')\omega$,

$$\begin{aligned} n'' &= 1 - \sqrt{1 - n'(2 + n')} \\ &= n'(1 + \tfrac{1}{2}n') - \tfrac{1}{2}n'^2(1 + \tfrac{1}{2}n')^2 + \tfrac{1}{2}n'^3(1 + \tfrac{1}{2}n')^3 - \ldots, \end{aligned}$$

ou, en négligeant les puissances de $n'$ supérieures à la quatrième,

$$n'' = n' + \tfrac{5}{8}n'^4,$$

résultat qui montre que le manchon et la vanne régulatrice

---

([1]) Les développements sur la théorie du régulateur qui sont reproduits dans les nos 22 à 35 n'existent que dans l'édition de 1836. Toutefois, nous devons signaler que, dans l'édition de 1826, Poncelet avait déjà tenu compte de la force $p$ nécessaire pour vaincre les résistances du système, et avait établi l'équation d'équilibre (1) du no 23.

Depuis cette époque, de nombreuses études ont été faites sur la théorie du régulateur et sur les meilleures dispositions à adopter; on trouvera un résumé de ces recherches dans la Note du no 28 (K.)

commenceront à se mouvoir pour des écarts de vitesse sensiblement égaux de part et d'autre de la vitesse moyenne ou de régime $\omega$, pourvu que la grandeur de ces écarts, qui mesure ici le degré de sensibilité de l'appareil ou son énergie régulatrice, soit suffisamment petite.

Mais cet appareil doit remplir d'autres conditions qui, conjointement avec les précédentes, servent à déterminer, dans chaque cas, la valeur qu'on doit adopter pour $a$ et $b$; il doit, en effet, être capable de faire fermer ou ouvrir complétement la vanne motrice au moyen d'un nouvel accroissement ou d'une nouvelle diminution de la vitesse de la machine; car le manchon ne se mettra pas en mouvement tant que cette vitesse n'excédera pas $\omega'$, ou ne descendra pas au-dessous de $\omega''$.

28. *Conditions relatives aux limites de vitesses qu'on veut laisser prendre à la machine* (1). — Soient $\alpha'$ et $\alpha''$, $h'$ et $h''$ les

---

(1) *Des régulateurs isochrones.* — Pour l'un quelconque des dispositifs qui sont décrits dans le texte, la position du manchon et, par suite, le degré d'ouverture de la vanne ou de la soupape d'admission du moteur se trouvent déterminés par la vitesse de la machine à l'instant considéré. Or, pour que, sous une charge donnée, la machine conserve un mouvement régulier, il faut que ce degré d'ouverture soit tel que le travail moteur fourni par tour soit égal au travail résistant à vaincre dans le même parcours. Il résulte de là que, malgré la présence du régulateur, la vitesse de marche dépend de l'importance du travail transmis, et que toute variation dans ce travail est nécessairement accompagnée de variations de la vitesse.

On a cherché à éviter cet inconvénient; le problème revient à faire en sorte que la vitesse angulaire sous laquelle le régulateur reste en équilibre soit la même pour toutes les positions, ou du moins pour celles qui sont comprises entre les deux limites de la course; les régulateurs qui jouissent de cette propriété ont reçu le nom de *régulateurs isochrones*.

Reportons-nous à la *fig.* 6; conservons les notations du texte d'après lesquelles $a$ est le côté du losange articulé, $b$ la longueur de la tige à boules, $p$ la résistance à vaincre par le manchon, résistance qui agit toujours en sens inverse du mouvement et qui doit, par suite, être affectée du signe $+$ ou du signe $-$, suivant que le mouvement est ascendant ou descendant; désignons de plus par Q le poids du manchon; l'équation d'équilibre, pour la position définie par l'angle $\alpha$, devient (23)

$$(1) \qquad \frac{P}{g}\omega^2 b^2 \cos\alpha = Pb + Qa \pm pa.$$

La valeur de $\omega$ ne peut évidemment rester constante, pour toutes les valeurs

valeurs de l'angle $\alpha$ et de la hauteur $h$ qui fixent simultanément la position des tiges et du manchon, relatives à la fermeture et à l'ouverture complète de la vanne motrice; nommons, de plus, $\omega'_1 = (1 + n'_1)\omega$, $\omega''_1 = (1 - n''_1)\omega$ les vitesses angulaires correspondantes, qu'on veut laisser prendre à la machine, on aura à satisfaire simultanément aux quatre équations suivantes, en considérant ici, pour exemple, le cas qui se rapporte aux dispositions de la *fig.* 6 :

$$\frac{P}{g}\omega'^2 b^2 \cos\alpha - Pb - pa = 0, \quad \frac{P}{g}\omega^2 b^2 \cos\alpha - Pb = 0,$$

$$\frac{P}{g}\omega_1'^2 b^2 \cos\alpha' - Pb - pa = 0, \quad \frac{P}{g}\omega_1''^2 b^2 \cos\alpha'' - Pb + pa = 0;$$

ce qui suppose d'ailleurs que la résistance $p$ demeure sensiblement constante pour toutes les situations de la vanne dont il s'agit. S'il en était autrement, il faudrait remplacer $p$ par ses

---

de $\alpha$, que si $p$ est nul, ce qui n'a jamais lieu en pratique. Il ne peut donc pas exister, pour les machines industrielles, de régulateur rigoureusement *isochrone;* mais on a conservé cette dénomination pour les régulateurs disposés de telle manière qu'ils seraient réellement isochrones, s'ils n'étaient soumis à aucune résistance passive; dans cette hypothèse, l'équation (1) devient

$$(2) \qquad \frac{P}{g}\omega^2 b^2 \cos\alpha = Pb + Qa.$$

Différents systèmes de solution peuvent être adoptés :

1° *Régulateurs à contre-poids.* — La charge Q qui agit sur le manchon peut être rendue variable, et déterminée de telle sorte que, $\omega$ étant supposé constant, l'équation (2) soit vérifiée quel que soit $\alpha$. On a proposé diverses solutions reposant sur l'emploi d'un contre-poids fixé à l'une des extrémités d'un levier dont l'autre tend à soulever le manchon, en s'appuyant contre lui par l'intermédiaire de cames convenablement déterminées; la plus ancienne disposition de ce genre est due à M. Charbonnier (*Bulletin de la Société industrielle de Mulhouse*, n° 83, 1842).

2° *Régulateurs à ressorts.* — Au lieu d'introduire des contre-poids dans le système, comme il vient d'être dit, on peut faire agir des ressorts convenablement disposés pour faire disparaître le terme en $\alpha$. Dans l'une des dispositions imaginées par L. Foucault, le sommet inférieur C du losange est fixe, le sommet supérieur A porte la douille mobile le long de l'axe; on fait de plus $b = 2a$, condition qui maintient les boules, pour toutes les positions, dans un même plan perpendiculaire à l'axe et passant par le sommet C. Le travail virtuel du poids P se trouve ainsi annulé; si nous supposons en outre qu'on ait rendu valeurs $p'$ et $p''$ qui correspondent à $\alpha'$ et $\alpha''$ respectivement. Ces équations peuvent être remplacées par leurs équivalentes

$$P = \frac{a}{b}\,\frac{\omega^2}{\omega'^2 - \omega^2}\,p = \frac{a}{2n'b}\,p,$$

$$b\cos\alpha = \frac{g}{\omega^2}, \quad b\cos\alpha' = \frac{\omega'^2}{\omega'^2_1}\,\frac{g}{\omega^2} = \frac{(1+2n')}{(1+2n'_1)}\,\frac{g}{\omega^2},$$

$$b\cos\alpha'' = \left(\frac{2\omega^2 - \omega'^2}{\omega''^2_1}\right)\frac{g}{\omega^2} = \frac{(1-2n')}{(1-2n''_1)}\,\frac{g}{\omega^2},$$

en négligeant encore ici, vis-à-vis de l'unité, le carré des fractions $n'$, $n'_1$, $n''$, censées très-petites.

De là on tire, en remarquant que l'on a en général $h = 2a\cos\alpha$,

$$h = 2\,\frac{ag}{b\omega^2}, \quad h' = 2\,\frac{a}{b}\,\frac{\omega'^2}{\omega'^2_1}\,\frac{g}{\omega^2} = 2\,\frac{a}{b}\,\frac{(1+2n')}{(1+2n'_1)}\,\frac{g}{\omega^2},$$

$$h'' = 2\,\frac{a}{b}\,\frac{(2\omega^2 - \omega'^2)}{\omega''^2_1}\cdot\frac{g}{\omega^2} = 2\,\frac{a}{b}\,\frac{(1-2n')}{(1-2n''_1)}\,\frac{g}{\omega^2},$$

$$h - h' = 2\,\frac{a}{b}\left(1 - \frac{\omega'^2}{\omega'^2_1}\right)\frac{g}{\omega^2} = 4\,\frac{a}{b}\,\frac{(n'_1 - n')}{(1+2n'_1)}\,\frac{g}{\omega^2},$$

$$h'' - h = 2\,\frac{a}{b}\,\frac{(2\omega^2 - \omega'^2 - \omega''^2_1)}{\omega''^2_1}\,\frac{g}{\omega^2} = 4\,\frac{a}{b}\,\frac{(n''_1 - n')}{1 - 2n''_1}\,\frac{g}{\omega^2},$$

---

nulle la charge Q du manchon, et que nous introduisions une force nouvelle R, agissant sur le centre de gravité de la boule, suivant la perpendiculaire menée de ce centre sur l'axe, l'équation d'équilibre se réduit à

$$2\,\frac{P}{g}\,\omega^2 a \sin\alpha = R.$$

Si l'on dispose, suivant la direction de R, un ressort à boudin dont l'une des extrémités est reliée à la boule, l'autre à un point fixe, et qui soit à l'état naturel quand $\alpha = 0$, la tension du ressort, dans une position quelconque, sera proportionnelle à son allongement, c'est-à-dire à $\sin\alpha$, en sorte que $\omega$ aura une valeur constante dépendant de la roideur du ressort.

3° *Régulateurs paraboliques.* — L'équation (2) devient, quand la charge Q du manchon est équilibrée,

$$\omega^2 = \frac{g}{b\cos\alpha} = \frac{g}{H},$$

H désignant la projection de la tige de la boule sur l'axe : il en résulte que, si la distance du centre de la boule au point d'articulation A varie de telle manière que sa projection H reste constante, pour toutes les positions, la vitesse $\omega$

expressions dont les deux dernières donnent la mesure de l'amplitude de course du manchon de part et d'autre de sa position moyenne ou d'équilibre strict.

29. Ces mêmes expressions ayant pour facteur commun la quantité $2\frac{ag}{b\omega^2}$, on voit que leurs rapports s'en trouvent indépendants, et ont des valeurs complétement déterminées dès qu'on s'est donné celles des nombres $n'$, $n'_1$ et $n''_1$, qui règlent les écarts de la vitesse angulaire sur sa valeur moyenne ou de régime.

---

reste également constante. Ce résultat est obtenu, si l'on fait mouvoir le centre des boules suivant une parabole : l'exécution d'un tel système est difficile et compliquée; on a essayé de lui en substituer un autre dans lequel les courbes paraboliques sont remplacées par des bras ordinaires à deux articulations, permettant aux boules de décrire des arcs de cercle très-voisins des arcs de parabole (Régulateur parabolique de Frank, *Technologiste*, t. IX, 1848).

4° *Régulateurs à bras croisés.* — M. Farcot a imaginé un régulateur représenté dans la *fig.* 10, qui tient à la fois des trois systèmes précédents : le centre de rotation de la tige à boules est en dehors de l'axe, et déterminé de telle manière, que le cercle décrit par le centre de la boule soit, entre les deux limites de course, très-voisin de l'arc de parabole qui correspond à la solution rigoureuse; l'erreur résultant de la non-concordance des deux courbes est corrigée en partie par un contrepoids variable, en partie par un ressort à boudin qui enveloppe l'arbre et dont l'une des extrémités est fixée au bâtis et l'autre à la face inférieure du manchon.

Fig. 10.

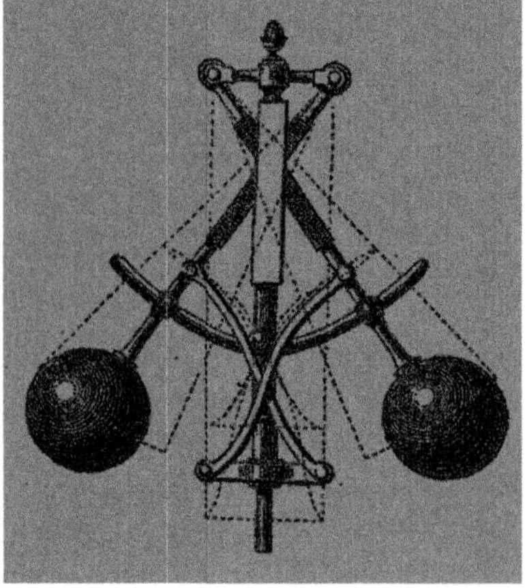

Si l'on désigne par $\rho$ la distance de l'articulation supérieure à l'axe, par R la force verticale variable introduite par le ressort, l'équation d'équilibre est

$$\frac{P}{g}\omega^2 b\cos\alpha(b\sin\alpha-\rho)=Pb\sin\alpha+(Q+R)a\sin\alpha,$$

qui donne la condition à laquelle doivent satisfaire la distance $\rho$ et le mode de variation des forces Q et R, pour assurer la constance de la vitesse $\omega$.

5° *Régulateurs à boules conjuguées.* — M. E. Rolland a donné une solution rigoureuse du problème de l'isochronisme, sans faire usage de ressorts ni de

Si l'on veut notamment s'imposer la condition que les amplitudes $h - h'$, $h'' - h$ de la course du manchon soient égales entre elles, ce qui, au premier abord, paraît assez convenable, ces nombres devront satisfaire à l'équation

$$1 - \frac{\omega'^2}{\omega_1'^2} = \frac{2\omega^2 - \omega'^2}{\omega_1''^2} - 1 \quad \text{ou} \quad \frac{\omega_1''^2}{\omega_1'^2} = \frac{2\omega^2 - \omega'^2}{2\omega_1'^2 - \omega'^2}.$$

Cette relation fera connaître l'une de ces trois quantités, quand les deux autres seront données : en supposant, par exemple, $n_1'' = n_1' = 0,04$, ce qui revient à prendre $\omega_1'' = 0,96\omega$,

---

contre-poids variables; le principe général consiste à compenser, à l'aide d'une deuxième boule, les variations résultant des déplacements de la première. La *fig.* 11 indique l'une des dispositions des divers systèmes dus à M. Rolland. A'A'' est l'axe du régulateur : à cet axe est lié un support OA portant en O un petit arbre horizontal sur lequel sont calées deux tiges à angle droit OB, OB'; celles-ci portent des boules égales B et B', placées à la même distance de O; elles sont articulées en C et C', avec les tiges CO' et C'O'', qui sont articulées elles-mêmes en O' et O'' avec les bras horizontaux O'A', O''A'', terminés par des douilles A', A'', mobiles le long de l'arbre. Ce dispositif est reproduit de l'autre côté de l'axe; il peut, du reste, être répété dans un nombre quelconque de plans, formant entre eux des angles égaux, autour de l'axe. Soient :

Fig. 11.

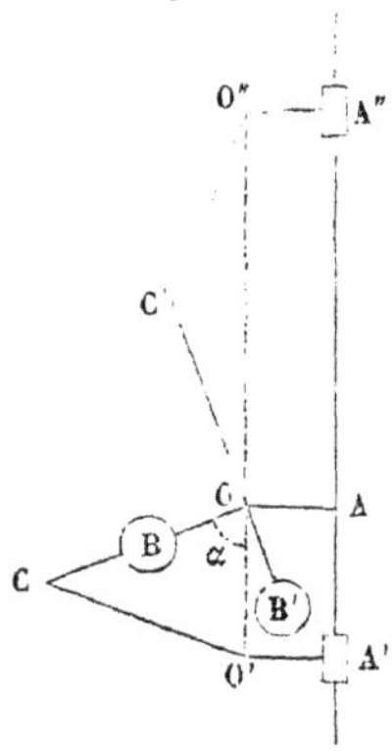


$\rho$ la distance $OA = O'A' = O''A''$;
$l$ la longueur $O'C = CO = OC' = C'O''$;
L la distance du centre de gravité de chacune des boules B, B' au point O;
P le poids de chaque boule;
$x$, $y$ des efforts verticaux exercés de haut en bas, l'un en O'', l'autre en O';
$\alpha$ l'angle BOO'.

L'équation d'équilibre, pour une position définie par $\alpha$, est

$$\frac{\omega^2}{g} PL\rho(\sin\alpha + \cos\alpha) = (PL + 2yl)\sin\alpha + (2xl - PL)\cos\alpha,$$

les conditions d'isochronisme sont remplies si l'on annule les coefficients de $\sin\alpha$ et de $\cos\alpha$; on trouve ainsi

$$y = P\frac{L}{2l}\left(\frac{\omega^2\rho}{g} - 1\right), \quad x = P\frac{L}{2l}\left(\frac{\omega^2\rho}{g} + 1\right).$$

Ces relations permettent de déterminer les valeurs à donner aux charges $y$ et $x$

$\omega_1 = 1,04\omega$, on trouve $\omega' = 1,0295\omega$ ou $n' = 0,04$ à peu près.

Mais il n'est pas indispensable de limiter ici le nombre $n'$, dont la petitesse indique le degré de sensibilité de l'appareil, et rien ne s'oppose à ce que, se donnant à volonté $n'$ et $n'_1$ ou $\omega'$ et $\omega'_1$, la valeur de $n''_1$ qui résulte de l'équation ci-dessus diffère un peu de celle de $n'_1$; en prenant, par exemple, $n' = 0,02$ et $n'_1 = 0,04$, on trouve $\omega''_1 = 0,9245\omega'_1$, ou $n'' = 0,037$, de sorte que les écarts de la vitesse angulaire de part et d'autre de la moyenne $\omega$, bien qu'inégaux, ne différeraient entre eux que des $0,003$ de $\omega$, quantité tout à fait négligeable.

**30.** *Conditions relatives à la constitution matérielle du système.* — Supposons que le nombre $n''_1$ ait été déterminé comme on vient de l'indiquer; la connaissance des nombres $n'$, $n'_1$, $n''_1$ et des quantités $p$ et $h - h'$ ne suffit pas pour fixer la grandeur des autres éléments du problème, tels que P, $a$, $b$, $\omega$, $h$, ...; car nous avons ici moins d'équations que d'inconnues; il faut joindre à ces équations les conditions ou données particulières que fournit la constitution matérielle du

---

pour obtenir la vitesse constante $\omega$; on voit qu'à l'aide de cette disposition l'appareil peut être réglé pour une vitesse normale quelconque, par de simples modifications aux charges additionnelles $x$ et $y$.

Si l'on choisit $\rho$ de telle manière que $\frac{\omega^2\rho}{g}$ soit égal à 1, la charge $y$ devient nulle, et l'on a $x = \mathrm{P}\frac{\mathrm{L}}{l}$; la douille mobile inférieure peut alors être supprimée, ainsi que les tiges CO', O'A'; on arrive ainsi à un régulateur isochrone dont l'exécution n'est pas plus compliquée que celle d'un régulateur ordinaire.

*Régulateurs à ailettes.* — M. Yvon Villarceau (*Comptes rendus de l'Académie des Sciences*, 3 et 10 juin 1872) a fait remarquer que les deux boules conjuguées des régulateurs de M. Rolland peuvent être remplacées par une masse unique convenablement déterminée; il a étudié en outre la question des régulateurs isochrones destinés à maintenir le mouvement uniforme par leur action sur les résistances, et plus particulièrement, sur la résistance de l'air à l'aide du déploiement variable d'ailettes reliées à l'appareil. Dans ce cas, les résistances passives provenant de la manœuvre de la valve d'admission n'existent pas, et les seules causes qui puissent s'opposer à l'isochronisme parfait sont le frottement des articulations et du manchon, l'absence d'homogénéité des métaux employés et les petites erreurs inévitables de l'exécution. M. Yvon Villarceau a introduit, dans son appareil, des masses régulatrices qui permettent de corriger système et qui limitent l'étendue des valeurs à attribuer aux quantités en apparence tout à fait arbitraires.

Parmi ces dernières conditions, les plus importantes ont déjà été indiquées à l'occasion de la disposition (*fig.* 6) qui nous occupe : 1° les boules ne doivent pas, dans leur position la plus basse répondant à l'angle $\alpha''$, venir toucher le levier qui lie le manchon à la vanne motrice et dont la position est sensiblement horizontale ; 2° ces mêmes boules ne doivent pas non plus venir toucher les verges inférieures BC et DC du losange à l'instant qui répond à cette position la plus basse. A ces conditions, on peut joindre celle que l'angle $\alpha''$ ne soit jamais au-dessous de 20 à 30 degrés, afin de ne pas être obligé à évider par trop la chape qui reçoit en A les verges des boules ou de courber ces verges elles-mêmes, ce qui se fait néanmoins quelquefois. Enfin on peut admettre que le rayon des boules ne dépassera pas, en aucun cas, $0^m,12$, ce qui leur suppose un poids d'environ 52 kilogrammes; que, d'un autre côté, la demi-largeur des verges CB et CD, ainsi que celle du levier GL, ne surpassera pas $0^m,025$;

---

ces dernières imperfections; l'écart moyen de la vitesse constaté sur un régulateur construit par M. Bréguet dans ces conditions s'est trouvé réduit à 1 millième de la vitesse du régime, malgré les variations du poids moteur dans le rapport de 1 à 6.

De tels régulateurs ne peuvent évidemment convenir que dans les cas où l'on n'a pas à se préoccuper de l'économie du travail moteur; ils sont surtout destinés à assurer une vitesse uniforme à des instruments de Physique ou d'Astronomie.

*Sensibilité des régulateurs isochrones.* — Lorsqu'il s'agit de régulateurs des machines industrielles, les résistances passives ne peuvent jamais être rendues négligeables; il en résulte que, si l'équilibre est établi sous un angle $\alpha$, à la vitesse normale $\omega_0$, cette vitesse peut augmenter jusqu'à une valeur $\omega'$ ou diminuer jusqu'à une autre valeur $\omega''$, sans que le manchon se mette en mouvement. Ces deux vitesses, qui sont données par l'équation (1), deviennent, dans le cas de la *fig.* 6, quand la condition d'isochronisme (2) est remplie,

$$\omega' = \left(\omega_0^2 + g\frac{pa}{Pb^2\cos\alpha}\right)^{\frac{1}{2}} \quad \text{et} \quad \omega'' = \left(\omega_0^2 - g\frac{pa}{Pb^2\cos\alpha}\right)^{\frac{1}{2}}.$$

La résistance $p$ varie, en général, avec la position de la valve ou du manchon; l'écart maximum des vitesses correspond à la position pour laquelle $\frac{p}{\cos\alpha}$

7.

qu'enfin le jeu à conserver entre les boules et ces verges ou ces leviers sera au moins de $0^{m},035$.

Désignant par $j$ l'intervalle qui existe entre le milieu du manchon G et le centre des articulations C, les deux premières conditions donnent évidemment lieu aux inégalités

$$h - b\cos\alpha'' \text{ ou } 2\frac{ag}{b\omega^2}$$

$$-\frac{(1-2n')}{1-2n''_1}\frac{g}{\omega^2} > 0^{m},12 + 0^{m},025 + 0^{m},035 - j = 0^{m},18 - j,$$

$$\text{BO}\sin\text{CBO} \text{ ou } (b-a)\sin 2\alpha''$$

$$= 2\left(1-\frac{a}{b}\right)\sin\alpha''\frac{(1-2n')}{1-2n''_1}\frac{g}{\omega^2} > 0^{m},18,$$

dans lesquelles $\alpha''$ doit être pris égal à 20 degrés au moins.

---

est maximum. On reconnaît du reste que, dans les conditions pratiques, la moyenne $\frac{\omega'+\omega''}{2}$ des vitesses extrêmes diffère très-peu de la vitesse moyenne $\omega_0$, en sorte que l'écart proportionnel des vitesses est sensiblement égal à

$$\frac{\omega'-\omega''}{\omega_0} = \frac{ga}{\omega_0^2 r\rho^2}\frac{p}{\cos\alpha},$$

expression dans laquelle il faut attribuer à $\frac{p}{\cos\alpha}$ sa valeur maxima.

La sensibilité de l'appareil dépend donc directement de l'importance des résistances passives; il en résulte qu'il n'y a aucun avantage à employer des régulateurs rendus isochrones par l'introduction de masses considérables qui, en chargeant les articulations, occasionnent un accroissement notable des résistances passives.

Dans ce qui précède, nous n'avons envisagé les régulateurs que dans leur état d'équilibre; si l'on veut se rendre compte du fonctionnement réel de ces appareils, il est indispensable d'étudier les conditions du mouvement qui les amène d'une position d'équilibre à une autre. A ce point de vue, leur moment d'inertie joue un grand rôle; M. Rolland a fait voir (Mémoire sur l'établissement des régulateurs de la vitesse, *Journal de l'École Polytechnique*, XLIII^e Cahier) que, lorsque l'importance de ce moment dépasse certaines limites, il peut en résulter, pour les boules et par suite pour la vitesse de la machine, des oscillations continues que les praticiens appellent *oscillations à longues périodes*. M. Rolland a étudié les moyens à employer pour réduire au minimum l'inertie de l'appareil, et il a indiqué une disposition d'un régulateur parfaitement isochrone, dans lequel il n'existe aucune masse parasite (*voir* le Mémoire cité plus haut). (K.)

Ces inégalités feront connaître les limites des valeurs qui peuvent être attribuées au rapport $\frac{a}{b}$, quand on se sera donné, avec $\alpha''$, la valeur de l'une ou de l'autre des quantités $\omega$ et $h - h'$, qui sont liées entre elles par la relation

$$h - h' = 4 \frac{a}{b} \frac{(n'_1 - n')}{1 + 2n'_1} \frac{g}{\omega^2}.$$

Ayant réglé les valeurs de $\alpha''$, $\omega$, $p$, $h - h'$ et $\frac{a}{b}$, d'après ces considérations et celles qui peuvent résulter de l'établissement du système de leviers servant à transmettre le mouvement des manchons à la vanne motrice, on en déduira immédiatement les valeurs de $p$, $b$, $a$,... au moyen des équations

$$\mathrm{P} = \frac{ap}{2n'b}, \quad b = \frac{(1 - 2n')}{\cos\alpha''(1 - 2n''_1)} \frac{g}{\omega^2}, \ldots$$

31. *Limites des proportions à adopter.* — Pour que ces valeurs soient admissibles, elles ne devront pas dépasser certaines limites que l'usage ou l'expérience indique. Ainsi, par exemple, il y aurait quelque inconvénient à ce que P excédât de beaucoup 36 à 40 kilogrammes et que $b$ fût supérieur à 1 mètre ou à $1^{\mathrm{m}},10$. Or, d'une part, l'expression ci-dessus de $b$ fait voir que cette dernière limite serait notablement surpassée si l'on donnait à $\cos\alpha''$ et à $\frac{\omega^2}{g}$ des valeurs trop inférieures à l'unité, condition qu'on remplira en ne donnant pas à l'angle $\alpha''$ plus de 30 degrés, et ne faisant pas faire à l'axe du régulateur moins de 30 révolutions par minute. D'une autre part, on ne saurait attribuer à $n'$ une valeur au-dessus de 0,03 sans faire perdre à l'appareil sa propriété régulatrice; la première des inégalités ci-dessus donne

$$\frac{a}{b} > (0^{\mathrm{m}},18 - j)\frac{\omega^2}{2g} + \frac{1}{2}\frac{1 - 2n'}{1 - 2n''_1} > 0,1 + 0,5 = 0,6;$$

puisque $j$ est au moins égal à $0^{\mathrm{m}},02$, que $\omega^2$ doit surpasser $g$, d'après ce qui précède, et qu'enfin la fraction $\frac{1 - 2n'}{1 - 2n''}$, dans laquelle $n'$ est plus petit que $n''$, surpasse elle-même l'unité, on aura nécessairement

$$P > \frac{0,6}{0,06} p > 10 p, \quad \text{et partant} \quad p > \frac{40^{kg}}{10} > 4^{kg}.$$

Cette condition pourrait conduire à donner à $h - h'$, dans certains cas, des valeurs trop petites incompatibles avec l'équation

$$h - h' = 4 \frac{a}{b} \frac{n'_1 - n'}{1 + 2n'_1} \frac{g}{\omega^2};$$

car le produit $p(h - h')$, qui exprime en quelque sorte l'effet utile du régulateur, pour la course ascendante du manchon, a une valeur assignée par l'amplitude correspondante du mouvement de la vanne et de la résistance que ce mouvement entraîne avec lui, de sorte que $p$ ne peut être diminué sans que $h - h'$ augmente. Substituant d'ailleurs la valeur de $\frac{a}{b}$ tirée de cette dernière relation dans l'expression de P, il en résultera

$$P = \frac{1 + 2n'_1}{8n'(n'_1 - n')} \frac{\omega^2}{g} p(h - h'),$$

nouvelle expression dans laquelle le produit $p(h - h')$ est donné, $\frac{\omega^2}{g} > 1$, et qui peut conduire à une valeur de P supérieure de beaucoup à 40 kilogrammes, auquel cas il faudrait renoncer au dispositif de la *fig.* 6 pour recourir à l'un ou à l'autre de ceux des *fig.* 8 et 9.

Je ne crois pas d'ailleurs nécessaire de rapporter ici les équations de condition ou inégalités relatives à ces derniers dispositifs, les discussions qui précèdent montrant suffisamment la marche qu'il faudrait suivre.

32. *Système d'embrayage pour suppléer la force du régulateur par celle de la machine.* — Lorsque les valeurs de $p$ et de $h - h'$ sont tellement grandes qu'il devient impossible de faire mouvoir directement la vanne par le manchon du régulateur, on sait que l'usage des constructeurs est de tirer, du

mouvement même de la machine, la force nécessaire pour opérer cette manœuvre; le dispositif employé dans ce cas est représenté dans la *fig.* 12.

Fig. 12.

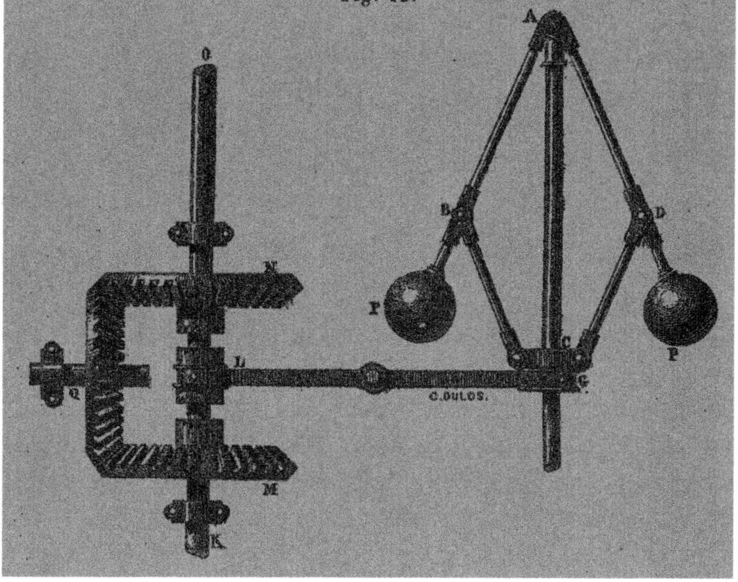


Le régulateur est alors uniquement employé à faire mouvoir le manchon d'embrayage L par l'intermédiaire du levier GL; OK est un arbre qui tire directement son mouvement de la machine, et autour duquel peuvent tourner librement, sans glisser longitudinalement, les roues d'angles N, M qui engrènent dans la roue Q servant à transmettre, tantôt dans un sens, tantôt dans l'autre, le mouvement de l'arbre OK à la vanne, dès que le manchon à griffe L, qui a au contraire la faculté de glisser sans tourner sur cet arbre, vient à embrayer l'une ou l'autre des roues N ou M, de manière à les rendre solidaires avec ce même arbre.

Il résulte de ce dispositif que l'effort *p* est simplement remplacé par celui qui est nécessaire pour faire glisser d'abord, puis embrayer le manchon L avec l'une ou l'autre des roues N et M dont il s'agit. Mais comme, à partir de l'instant où les griffes du manchon L sont amenées en contact avec celles de ces roues, l'effort $p$ doit être augmenté, pour vaincre les résistances inhérentes à l'embrayage, il s'écoulera un certain temps avant que la machine ait acquis le nouvel accroissement ou la nouvelle diminution de vitesse que nécessite ce surcroît de résistance [1].

33. *Conditions de l'établissement de ce système.* — Nommant $p'$ l'effort que doit alors exercer le manchon G du régulateur, $\omega'_2 = (1 + n'_2)\omega$, $\omega''_2 = (1 - n''_2)\omega$ les vitesses correspondantes du régulateur, et observant que les angles $\alpha'$, $\alpha''$ et les hauteurs $h'$, $h''$ n'ont pas varié, on aura à satisfaire aux nouvelles équations de condition

$$\frac{P}{g}\omega'^2_2 b^2 \cos\alpha' - Pb - p'a = 0, \quad \frac{P}{g}\omega''^2_2 b^2 \cos\alpha'' - Pb + p'a = 0,$$

qui serviront simplement à déterminer les valeurs de $\omega'_2$, $\omega''_2$, si l'appareil se trouve déjà établi, ou à déterminer les valeurs de P, $a$, $b$, ... conjointement avec les équations de condition précédentes, si l'on prétend se donner arbitrairement ces premières valeurs; mais, comme alors on aurait à satisfaire à plus de conditions qu'il n'y a d'inconnues si l'on continuait à

(1) *Régulateurs à cônes de friction.* — Ainsi que cela est dit, à la fin du n° 35 du texte, le système représenté *fig.* 12 conduit à des écarts de vitesse notables et souvent à des oscillations à longue période. Cela tient à ce que les résistances sur le manchon, qui sont ordinairement faibles dans le trajet entre les deux roues, deviennent brusquement très-importantes, au moment des embrayages ou des débrayages. On a cherché à remédier à cet inconvénient en substituant à l'embrayage à dents un système de cônes de friction dont la manœuvre est plus douce et plus régulière. M. Farcot est l'auteur d'un régulateur de ce genre; il a perfectionné, en outre, la réglementation en adoptant une disposition dans laquelle la valve d'admission est manœuvrée, non-seulement par la rotation résultant de l'embrayage, mais encore par le mouvement du manchon le long de l'axe; les deux cônes sont, du reste, mobiles dans le sens vertical entre certaines limites de course et d'effort, en sorte que le mouvement longitudinal du manchon peut se continuer après l'embrayage. Le système ingénieusement combiné, à l'aide d'arbres creux concentriques qui permettent de ramener toutes les pièces autour de l'axe du régulateur, est d'une exécution et d'un entretien difficiles; il n'est, du reste, pas établi au point de vue de l'isochronisme, et le constructeur lui a substitué, depuis quelques années, le régulateur à bras croisés (Note du n° 28). (K.)

prendre $\omega'_1$ et $\omega''_1$ arbitrairement, on devra regarder les équations d'équilibre, qui renferment ces quantités, comme propres seulement à les déterminer quand les autres quantités du problème auront été fixées, et remplacer, en conséquence, les équations dont il s'agit et toutes celles qui en dérivent par d'autres, dans lesquelles on devra substituer $p'$, $\omega'_2$, $\omega''_2$, $n'_2$, $n''_2$ à $p$, $\omega'_1$, $\omega''_1$, $n'_1$, $n''_1$ respectivement.

Relativement à la manière de déterminer $p$, elle consiste tout simplement à mesurer, à l'aide du dynamomètre ou par un moyen quelconque, l'effort nécessaire à appliquer au manchon G dans la direction de l'axe AH du régulateur pour faire embrayer le manchon L avec l'une ou l'autre des roues N et M pendant le mouvement même de la machine; ce qui n'a aucune difficulté lorsqu'une fois le système de l'embrayage et du levier GL se trouve établi. On pourra aussi calculer directement les résistances de ce système, d'après ce qui sera dit dans les sections suivantes de ce Cours, en observant que la résistance à l'embrayage, mesurée dans le sens de l'axe OK du manchon L, provient essentiellement : 1° du frottement produit sur les faces des griffes par la pression qu'il faut leur appliquer perpendiculairement pour vaincre la résistance opposée par la roue Q; 2° du frottement produit le long de l'arbre OK tant par le poids propre du manchon que par la réaction qui provient de cette pression, et qui s'exerce principalement sur la languette saillante servant de guide à ce manchon le long de l'arbre dont il s'agit.

Il est sans doute inutile d'observer que la résistance $p'$ doit être évaluée, d'après les suppositions et pour l'instant les plus défavorables possible, de sorte que l'effort réel ne puisse jamais surpasser celui qui aura été adopté d'après le calcul ou l'expérience; et, comme il faut que cet effort soit exercé dans toute l'étendue de la course du manchon L, pendant l'embrayage ou le débrayage, il serait convenable de comprendre cette étendue dans les valeurs de $h - h'$, $h'' - h$, qui sont censées correspondre aux vitesses limites $\omega'_2$ et $\omega''_2$ dont il a été question ci-dessus.

Les équations de condition spécialement relatives à l'établissement du régulateur deviendront ainsi, en admettant toujours la disposition de la *fig.* 6,

$$P = \frac{a}{b}\frac{\omega^2}{\omega'^2 - \omega^2}p = \frac{a}{2n'b}p,\quad b\cos\alpha'' = \frac{2\omega^2 - \omega'^2}{\omega''^2_1}\frac{g}{\omega_2} = \frac{1-2n'}{1-2n''_2}\frac{g}{\omega^2},$$

$$h - h' = 2\frac{a}{b}\left(1 - \frac{\omega'^2}{\omega'^2_2}\right)\frac{g}{\omega^2} = 4\frac{a}{b}\frac{(n'_2 - n')}{1+2n'_2}\frac{g}{\omega^2},$$

$$h'' - h = 4\frac{a}{b}\frac{(n''_2 - n')}{1-2n''_2}\frac{g}{\omega^2},$$

auxquelles il faudrait joindre les inégalités du n° 31, qui deviennent ici

$$\frac{a}{b} > \frac{(1-2n')}{2(1-2n''_2)} + \left(0,09 + \frac{1}{2}j\right)\frac{\omega^2}{g} < 1 - \frac{0,09}{\sin\alpha''}\frac{(1-2n''_2)}{(1-2n')},$$

et dans lesquelles $\alpha''$ doit toujours être pris au-dessus de 20 degrés.

**34.** *Action de la gravité et de la force centrifuge sur les verges du régulateur.* — Avant de terminer ce sujet, nous croyons devoir indiquer la manière de tenir compte de l'action de la gravité et de la force centrifuge sur les verges du régulateur, action qui peut exercer une certaine influence dans le cas où la résistance $p$ serait très-faible.

Négligeant encore le frottement des articulations du système dont l'action, qui s'ajoute à celle de $p$, en demeure toujours une très-petite fraction, supposant d'ailleurs aux verges une forme prismatique ou remplaçant, dans certains cas, leurs sections variables par une section moyenne constante, ce qui altérera très-peu les résultats du calcul, on décomposera d'abord le poids des verges inférieures BC (*fig.* 7 et 8) en deux, l'un agissant en C et l'autre en B : le premier s'ajoutera au poids du manchon G pour augmenter ou diminuer la valeur de $p$, selon la disposition du système et le sens propre du mouvement de ce manchon; le second sera de nouveau décomposé en deux autres agissant en O et A, dont l'un s'ajoutera au poids P des boules et l'autre sera détruit par la résistance de l'axe A. On décomposera pareillement le poids des verges ABP en deux autres, agissant aux mêmes points A et O.

D'après cela, nommant $q$, $q'$ et $q_1$ respectivement le poids simple des verges inférieures et supérieures ainsi que du manchon G, on trouvera, en particulier pour le cas de la *fig.* 6 et en conservant les dénominations jusqu'ici admises, que le poids P des boules doit être augmenté de la quantité $\frac{1}{2}\left(q\frac{a}{b}+q'\right)$ et la résistance $p$ du poids $q+q_1$ si le manchon s'élève, ou diminué de ce même poids s'il s'abaisse.

Quant à la force centrifuge des verges, on trouve sans difficulté que, pour chacune d'elles, son action équivaut à celle d'une masse égale au tiers de la sienne propre et supposée concentrée à l'extrémité la plus distante de l'axe de rotation. Or il résulte de cette proposition que, pour tenir compte de l'action de la force centrifuge sur les verges, il suffira d'augmenter simplement la masse $M=\frac{P}{g}$ des boules de la quantité $\frac{1}{3g}\left(q\frac{a}{b}+q'\right)$.

Dans le cas de la *fig.* 9, on observera que le poids du manchon et du losange supérieur ABCD est opposé à celui des boules; de sorte que, si l'on représente ici par $q$, $q'$ et $q''$ respectivement le poids des verges ou portions de verges AB, AP et BC, on devra remplacer, dans les équations d'équilibre qui s'y rapportent,

$$P \text{ par } P+\frac{1}{2}q'-\frac{1}{2}(q+q'')\frac{BK}{IP}$$
$$=P+\frac{1}{2}q'-\frac{1}{2}(q+q'')\frac{a}{b}\frac{\sin(m+\alpha)}{\sin\alpha},$$

$$\frac{P}{g} \text{ par } \frac{P}{g}+\frac{1}{3g}q'+\frac{1}{3g}(q+q'')\frac{AK}{AI}$$
$$=\frac{P}{g}+\frac{1}{3g}q'+\frac{1}{3}(q+q'')\frac{a}{b}\frac{\cos(m+\alpha)}{\cos\alpha},$$

$p$ par $p-q_1-q''$ si la vitesse augmente, et par $p+q_1+q''$ si, au contraire, elle diminue ou que le manchon s'élève.

35. *Observations générales relatives à l'établissement des régulateurs à force centrifuge.* — Les développements dans lesquels nous venons d'entrer sont suffisamment motivés par

l'importance des applications que reçoit, dans l'industrie, le régulateur à force centrifuge et l'état d'imperfection où se trouve encore sa théorie; mais nous n'aurions qu'imparfaitement rempli la tâche que nous nous sommes imposée si nous n'insistions quelque peu sur l'étendue de ces applications et les attentions qu'on doit avoir lors de son établissement.

D'abord il est clair que, quelle que soit la manière dont il ait été primitivement réglé, les effets ne pourront être que très-incertains, très-irréguliers si la résistance de la vanne ou du système qui la lie au manchon n'est pas constante, ou si elle est susceptible de croître au delà des limites qui lui ont été d'abord assignées, ce qui arrive pour beaucoup de cas.

Ensuite si la machine est par elle-même douée d'un mouvement oscillatoire ou périodiquement variable, telles que celles qui portent des balanciers, des bielles et manivelles, le régulateur ne fera lui-même qu'osciller à chaque révolution, autour de la position moyenne, en imprimant à la vanne motrice des mouvements contraires, plus nuisibles qu'utiles, puisqu'ils ne peuvent en aucune manière empêcher la périodicité de la vitesse de la machine. Le volant, dont nous étudierons la théorie plus loin, est seul capable de diminuer l'amplitude de ces variations de la vitesse, pour ainsi dire momentanées, et l'effet du régulateur doit se borner à empêcher que ce mouvement ne s'accélère ou ne se retarde pas trop dans une succession de périodes de la machine ([1]).

Enfin lorsqu'on a recours simultanément à l'emploi d'un volant et du régulateur, il convient de ne pas donner à ce dernier une sensibilité telle, qu'il puisse osciller pendant la durée du mouvement régulier ou de régime de la machine, ce qui exige qu'on prenne pour $n'\omega$ ou $n''\omega$ précisément le plus grand des écarts que reçoit la vitesse durant ce mouvement et malgré la présence du volant. On peut aussi, sans diminuer cette

([1]) *Corrélation entre le régulateur et le volant.* — L'action du régulateur est en relation intime avec l'énergie du volant; quelque sensible que soit un régulateur, il ne peut pas agir instantanément; les considérations exposées dans le texte prouvent du reste qu'une trop grande sensibilité serait ordinairement plus nuisible qu'utile. Il faut ajouter que, dans la plupart des machines, surtout dans les machines à détente, le régulateur ne peut avoir d'action efficace sensibilité, donner à la gorge du manchon qui conduit les vannes une longueur telle que, moyennant un jeu convenable, ces dernières ne se meuvent qu'à partir de la position du régulateur, qui répond au plus grand écart dont il s'agit. Cette disposition est surtout nécessaire dans le cas où l'on est forcé d'employer, pour manœuvrer la vanne, l'embrayage dont il a été parlé au nº 32; mais alors le jeu, au lieu de s'établir sur l'un ou l'autre des manchons, doit l'être sur l'arbre même qui porte l'embrayage, de façon que le manchon de cet arbre ait un certain espace à parcourir avant d'embrayer dans l'une ou l'autre des roues. De plus, comme ici la vanne est susceptible de s'élever ou de s'abaisser d'une quantité très-grande avant que l'inertie des masses de la machine ait permis de ramener, d'une quantité sensible, la vitesse actuelle vers la vitesse de régime, on voit que ce dispositif pourra, dans certains cas, présenter des inconvénients fort graves, et aura dans tous celui d'amener la vanne à un état d'oscillation d'une durée plus ou moins grande, ce qui tient à ce que les amplitudes de son mouvement n'ont qu'une dépendance fort indirecte avec la cause qui fait varier la vitesse de la machine, et qui consiste évidemment dans la variation même des résistances qui lui sont appliquées.

Cette dernière considération nous conduit à une solution du problème qui nous paraît plus directe et plus simple, outre qu'elle jouit de divers avantages très-essentiels que nous aurons soin de faire connaître dans l'article suivant.

---

sur le moteur que pendant une fraction de la course du récepteur, c'est-à-dire pendant la période d'introduction. Il résulte de là qu'il s'écoule nécessairement un temps plus ou moins long entre le moment de la production d'une variation dans la vitesse et celui où le régulateur peut apporter une correction utile. Pendant cette période, les volants seuls peuvent atténuer les inconvénients des variations; leur moment d'inertie doit donc être calculé de manière à ne pas laisser atteindre à l'accélération du système sa valeur dangereuse, et, en second lieu, à maintenir la vitesse entre les limites voulues, en supposant que la variation de travail persiste pendant tout le temps que le régulateur ne peut pas avoir d'action efficace (*voir*, au sujet de la corrélation entre le régulateur et le volant, le Mémoire sur les effets des variations du travail, et sur les moyens de les corriger, par M. E. Rolland, *Comptes rendus de l'Académie des Sciences*, janvier 1872). (K.)

**Nouveau régulateur à ressort et instantané.**

36. *Description de l'appareil.* — A et A′ (*fig.* 13) sont deux portions indépendantes d'un même arbre moteur, interrompu vers le milieu de l'intervalle compris entre les coussinets *hg*, qui en supportent les extrémités voisines. L'arbre A entraîne, dans son mouvement, le tambour en fonte CC, qui est évidé

Fig. 13.

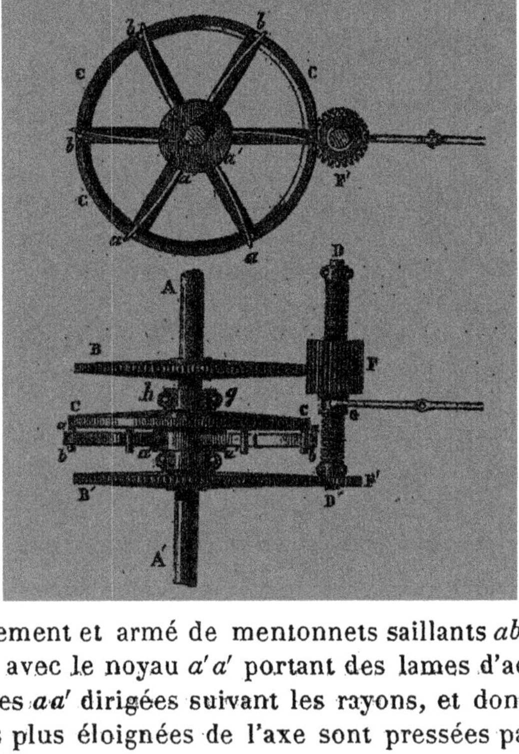

intérieurement et armé de mentonnets saillants *ab*; l'arbre A′ fait corps avec le noyau *a′a′* portant des lames d'acier droites et flexibles *aa′* dirigées suivant les rayons, et dont les extrémités les plus éloignées de l'axe sont pressées par les mentonnets *ab* du tambour C; de cette manière, le mouvement de rotation de l'arbre A est transmis à l'arbre A′ par l'intermédiaire des ressorts *aa′*, et réciproquement.

B, B′ sont deux roues égales portant le même nombre de dents, et qui reçoivent le mouvement des deux arbres respectifs A et A′; ces roues engrènent avec les pignons F et F′ montés sur l'arbre DD′ parallèle à AA′: mais, tandis que la roue F′ fait corps avec son arbre, la roue F, qui porte un manchon à gorge G et dont le noyau est taillé en écrou, peut cheminer le long de cet arbre qui, à cet effet, est taillé en vis. Maintenant il est clair que, si les portions d'arbre A, A′ faisaient système, les roues B, B′ décrivant les mêmes angles, l'écrou suivrait le mouvement de la vis sans cheminer longitudinalement; mais que, comme ces arbres, au contraire, parcourent des angles différents à cause de la flexion des ressorts qui les unissent, il arrivera que la roue F cheminera le long de son arbre d'une quantité qui sera exactement proportionnelle à l'angle de torsion des arbres A et A′, et dont elle donnera la mesure précise; qu'enfin, si l'effort de réaction de ces mêmes arbres est constant, ce qui suppose le mouvement rigoureusement uniforme, la roue F tournera, sans cheminer, à la place que lui assigne l'angle de torsion relatif à cet effort. Concevant donc que le manchon G soit employé à faire mouvoir la vanne, qui sert à régler le volume du fluide moteur admis sur la machine, de manière que cette vanne s'abaisse quand la flexion des ressorts augmente et s'élève quand elle diminue, on voit que le nouveau dispositif remplira d'autant mieux les fonctions de régulateur qu'ici les quantités dont la vanne s'est élevée ou abaissée, c'est-à-dire dont l'orifice s'est agrandi ou diminué, seront exactement en rapport avec les variations correspondantes de la flexion de ressorts qui, en deçà de la limite pour laquelle l'élasticité est altérée, sont elles-mêmes, comme on sait, exactement proportionnelles aux variations de l'effort qui sollicite ces ressorts à leurs extrémités.

37. *Dispositions diverses de ce régulateur.* — Au lieu des roues dentées B et B′, F et F′, on peut employer de simples poulies qui se communiquent le mouvement par des cordes sans fin, pourvu que ces cordes soient convenablement tendues et que l'arbre DE soit assez éloigné de AA′ pour que la poulie F, qui alors aura très-peu de largeur, ne se présente pas trop obliquement par rapport à la corde qui la lie à la poulie B.

Pareillement, au lieu de laisser au pignon F la liberté de cheminer dans le sens de l'axe DD′, ce qui oblige à donner une grande largeur, soit à ce pignon, soit à la roue B, on pourrait le maintenir à la même place au moyen d'épaulements latéraux fixes, mais alors c'est l'axe DD′ qui porterait le manchon et aurait la faculté de glisser longitudinalement, soit dans ses deux coussinets, soit dans l'œil de la roue F′, qui serait épaulé latéralement et porterait des tenons saillants s'engageant dans des mortaises pratiquées longitudinalement sur l'arbre D, D′.

38. Il peut être avantageux, dans certains cas, de remplacer le tambour C par une roue d'engrenage de la machine, qui serait folle sur l'arbre AA′, composé alors d'une seule pièce, et ne transmettrait son action à ce dernier que par l'intermédiaire des ressorts $a$, $a'$ disposés comme dans le cas précédent. Dans ce dispositif la roue B′, par exemple, ferait système avec la roue C, ce qui exige qu'elle puisse, de son côté, tourner librement autour de l'arbre AA′; mais alors la roue C peut elle-même très-bien en tenir lieu, lorsque sa denture est exécutée avec la précision convenable.

Enfin nous indiquerons encore la disposition très-simple de

Fig. 14.

la *fig.* 14, dans laquelle la roue F et le manchon à gorge G, qu'elle conduit, sont montés sur l'arbre même du tambour C, mis en mouvement par la roue d'engrenage E : l'angle relatif décrit par ce tambour et par l'arbre AA', en vertu de la flexion des ressorts, fait mouvoir le double secteur denté BB', monté sur un arbre particulier D, faisant corps avec AA', etc.

39. *Calcul des dimensions à donner aux lames* (1). — Voyons maintenant comment on devra procéder à l'établissement du régulateur qui nous occupe.

Supposons les lames des ressorts égales et prismatiques; nommons P l'effort total qui les sollicite à leurs extrémités près du tambour C, $n$ leur nombre, $a$ leur longueur ou saillie sur le noyau, $b$ leur largeur, $c$ leur épaisseur, $f$ leur flèche commune, qui, étant censée fort petite par rapport à leur longueur $a$, peut être prise pour l'arc décrit par leurs extrémités, on aura, d'après les formules connues sur la résistance des verges élastiques à la flexion,

$$f = \frac{4Pa^3}{nEbc^3},$$

dans laquelle le *coefficient d'élasticité* E est d'environ 21 000 000 000 kilogrammes pour l'acier fondu, et lorsque l'on prend le mètre et le kilogramme pour unités de mesure. Désignons, en outre, par P' et $f'$ le plus grand effort et la plus grande flèche que doivent supporter les lames, afin que leur élasticité ne puisse être altérée, même après un long usage, effort qui est environ $\frac{1}{6}$ de celui qui répond à la rupture, on aura, pour régler les dimensions de ces lames,

$$f' = \frac{4P'a^3}{nEbc^3}, \quad R = \frac{18P'a}{nbc^2} \quad \text{ou} \quad \frac{3P'}{n} = R\frac{bc^2}{6a},$$

dans lesquelles E a la même valeur que ci-dessus; et R, coefficient de rupture, doit, d'après M. Morin, être pris égal à 103 333 333 kilogrammes.

---

(1) *Voir*, pour la détermination de la forme et des dimensions des lames, la *Notice sur divers appareils dynamométriques*, par M. A. Morin. (K.)

De là on tire, pour calculer l'épaisseur $c$ et la largeur $b$, quand la longueur $a$ et la flèche maximum $f$ sont connues,

$$c = \frac{4R}{18E}\frac{a^2}{f'} = 0{,}000765\,\frac{a^2}{f'}, \qquad b = \frac{18P'}{Rnc^2}a = 0{,}29732\,\frac{f'^2 P'}{na^3}.$$

Prenant $f' = 0^m{,}05$, $n = 32$, $P = 2000$ kilogr. et $a = 0^m{,}5$, on trouve $c = 0^m{,}0038$ et $b = 0^m{,}372$. Cette dernière dimension ne pourrait être adoptée pour la largeur d'une lame unique; on remplacerait celle-ci par six ou sept petites lames de $0^m{,}05$ à $0^m{,}06$ de largeur dans le sens de l'axe de la roue, si mieux on ne préférait augmenter le nombre $n$ ou la largeur $a$ de manière à réduire $b$ convenablement; résultat auquel on arriverait surtout en diminuant $f'$, d'où dépend essentiellement la sensibilité de l'appareil.

D'ailleurs, si l'on donne au profil des lames la forme de la parabole d'égale résistance, en leur conservant toujours l'épaisseur $c$ près du noyau de l'arbre, la flexibilité sera augmentée et les résultats seront plus avantageux. En effet, les formules deviendront alors

$$c = \frac{8R}{18E}\frac{a^2}{f'} = 0{,}00153\,\frac{a^2}{f'}, \qquad b = \frac{18P'a}{nRc^2} = 0{,}07433\,\frac{f'^2}{na^3}P',$$

ce qui donnera dans les hypothèses ci-dessus, c'est-à-dire pour $n = 32, \ldots,$

$$c = 0^m{,}0272 \quad \text{et} \quad b = 0^m{,}122.$$

**40.** *Disposition à adopter dans le cas de machines puissantes exposées à des chocs.* — En supposant que l'appareil ait été monté sur un axe à grande vitesse, ce qui paraît convenable, la valeur 2000 kilogrammes, attribuée à P, répondra évidemment à une machine très-puissante; ce qui suffit pour démontrer la possibilité de ce genre de régulateur pour les divers cas d'application. Cette valeur sera toujours facile à déterminer approximativement au moyen du calcul ou de l'expérience; néanmoins on fera remarquer que, si cette même machine était soumise à des chocs ou changements brusques de vitesse, l'effort de réaction P pourrait acquérir momentanément de très-grandes valeurs et compromettre la solidité des ressorts. Dans ce cas, il sera à propos de disposer les choses de façon que, quand l'angle relatif ou de torsion du tambour C, par rapport à l'arbre qui supporte les ressorts, dépassera la limite qui répond à la flèche $f'$, la couronne de ce tambour vienne porter contre des saillies ou bras faisant corps avec l'arbre dont il s'agit, condition très-facile à remplir en plaçant, dans l'intervalle des lames, des tiges très-roides et très-fortes contre lesquelles viendront s'appliquer des saillies pratiquées sur le pourtour inférieur du tambour C. On fera bien d'ailleurs d'user de cette précaution dans tous les cas, ne serait-ce que pour éviter les grands efforts de torsion, qui ont lieu, en général, lorsque l'on met la machine en train et que le moteur doit vaincre les forces d'inertie du système, en outre des résistances.

41. *Loi qui lie le mouvement du manchon de l'appareil aux tensions.* — Ayant ainsi réglé les dimensions des lames et la limite des efforts qu'elles doivent supporter, ou de la flèche qu'elles doivent prendre, on trouvera sans difficulté la loi qui lie en général ces efforts aux courses correspondantes du manchon G. Nommant, en effet,

$\theta$ l'angle relatif ou de torsion du tambour, correspondant à l'effort P et à la flèche quelconque $f$;
$a + d$ la distance de l'extrémité des lames à l'axe AA';
R le rayon des roues B, B';
$r$ celui des pignons F et F';
$e$ le pas commun aux différents filets de la vis DD';
enfin $h$ la longueur de course du manchon parcourue pendant que l'angle $\theta$ ou l'arc $f$ est décrit,

on aura évidemment

$$\theta(a+d)=f,\quad h=\frac{\theta R}{2\pi r}e=\frac{2Pa^3eR}{\pi r(a+d)nEbc^3}$$

pour fixer les positions du manchon relatives à chacun des efforts P exercés sur les ressorts.

42. *Cet appareil peut servir de moyen dynamométrique pour mesurer le travail des machines.* — Les longueurs de

course $h$, parcourues par le manchon, étant exactement proportionnelles aux efforts, on voit que cet appareil pourrait très-bien servir de moyen dynamométrique propre à mesurer à chaque instant l'intensité de ces efforts; il ne s'agirait à cet effet que d'adapter au manchon un index et un limbe gradué, disposés à peu près de la même manière que dans le dynamomètre à ressorts de M. Régnier; ajoutant, en outre, à ce même appareil, le dispositif à plateau tournant ([1]), dont il sera parlé dans une autre partie de ce Cours, on obtiendrait la succession des efforts variables de la puissance P et la quantité d'action ou de travail même qu'ils produisent, quantités qui sont mesurées par l'intégrale du produit de ces mêmes efforts et des chemins élémentaires décrits par leur point d'application, situé à la distance $a+d$ de l'axe AA′ en vertu du mouvement de rotation général de cet axe.

Supposons le mouvement uniforme et la force P constante remplacée par sa valeur moyenne; nommons, de plus, $m$ le nombre des révolutions de l'axe AA′ par minute, la quantité de travail sera pour chaque révolution de cet arbre mesurée par le produit

$$2\pi(a+d)\,P$$

et pour chaque seconde par

$$\frac{2m\pi}{60}(a+d)\,P,$$

---

([1]) Le Chapitre relatif au *régulateur à ressort* est extrait de l'édition de 1836. La description de l'appareil a été donnée par Poncelet, en 1830, dans le *Cours de Mécanique industrielle fait aux ouvriers messins.*

Les principes fondamentaux des divers appareils dynamométriques, encore en usage aujourd'hui, dont il est question dans le n° 42, sont exposés en détail dans les *Leçons préparatoires au lever d'usines* (années 1831), professées par l'auteur à l'École d'application de Metz. *Voir*, à ce sujet, dans la *Notice analytique sur les travaux de Poncelet* (mars 1834), les articles relatifs aux appareils suivants : *Nouveau régulateur à ressort; appareil dynamométrique pour mesurer le travail des moteurs et des machines; compteur servant à mesurer le travail variable des forces, l'aire des courbes et la valeur des intégrales; appareil pour découvrir expérimentalement les lois du mouvement varié des machines.* Consulter également la *Notice sur divers appareils dynamométriques*, par M. A. Morin. (K.)

expressions dans lesquelles on mettra pour P sa valeur en $h$ déduite de l'équation ci-dessus qui donne

$$P = \frac{2\pi r(a+d)nEbc^3h}{4a^3eR},$$

et partant

$$\frac{2\pi(a+d)P}{60} = \frac{n\pi^2(a+d)^2Ebc^3rh}{60a^3eR},$$

$$\frac{2m\pi(a+d)P}{60} = \frac{mn\pi^2(a+d)^2Ebc^3rh}{60a^3eR}.$$

**43.** *Manière de graduer ou de tarer l'instrument après sa mise en place.* — Mais, au lieu de calculer directement P et le travail par ces formules, il sera à propos de déterminer expérimentalement, et cela après la mise en place du tambour à ressort et du manchon, la relation qui existe entre P et $h$ ou, ce qui est la même chose, l'échelle de graduation de $h$ dont les divisions en parties égales correspondront toujours à des valeurs égales de P, tant que ces valeurs n'excéderont pas la limite des efforts que peuvent subir les ressorts d'une manière permanente sans perdre de leur élasticité, limite que nous avons désignée par P′, à laquelle correspond une course $h'$ du manchon, qui sera donnée approximativement par la formule

$$h' = \frac{2a^3eP'R}{\pi r(a+d)nEbc^3},$$

ou plus exactement par l'échelle de graduation dont il vient d'être parlé.

D'ailleurs l'expérience par laquelle on se propose de trouver, sans calcul, la longueur $h$, qui correspond à chacun des efforts P, consiste tout simplement à envelopper le tambour C d'une cordelle flexible à laquelle on suspendra verticalement un poids égal à cet effort, en fixant l'arbre AA′, qui porte les ressorts, de manière qu'il ne puisse en aucune manière tourner, tandis que le tambour et le manchon prendront la position d'équilibre qui répond au poids dont il s'agit.

Ces opérations, exécutées avant la mise en place du système

des leviers ou rouages qui servent à transmettre le mouvement du manchon à la vanne motrice de la machine, mettront à même d'arrêter complétement le projet d'exécution de ce système de manière à atteindre convenablement et sans aucune hésitation le but qu'on s'est proposé.

44. *Établissement du système de leviers qui donne le mouvement à la vanne.* — En effet, la vitesse moyenne ou de régime qu'on veut laisser prendre à la machine étant assurée, il ne s'agira que de faire travailler celle-ci sous la plus grande et la plus petite des résistances utiles qu'on aura à vaincre pendant la mise en activité, en levant à chaque fois la vanne motrice, de manière à atteindre la vitesse de régime dont il s'agit; observant ensuite les positions moyennes correspondantes des manchons ou les valeurs de $h$, on disposera le système des leviers de communication entre cette vitesse et ce manchon de façon qu'ils prennent nécessairement les positions simultanées qui ont été observées lors des expériences.

Si l'on voulait agir d'une manière tout à fait rigoureuse, on ferait travailler la machine à la vitesse de régime, sous une suite de résistances utiles comprises entre la plus grande et la plus petite et, observant chacune des positions correspondantes de la vanne et du manchon, on aurait à disposer le mécanisme qui rend leurs mouvements solidaires de façon que ces positions fussent simultanément atteintes, ce à quoi on parviendrait par le tracé convenable de la pièce que dirige la gorge du manchon. Mais comme il est dans la nature des machines que les efforts P croissent et décroissent avec la résistance utile $p$, suivant une loi exprimée sensiblement par la formule $P = A + Bp$, dans laquelle A et B sont des fonctions de la vitesse et de la grandeur qui fixe la position des diverses pièces à un instant donné, on voit que, si la vitesse doit rester la même à chaque révolution ou à chaque retour de la machine à la même position, les efforts P correspondant à cette position se composeront d'une quantité constante A, exprimant la résistance quand $p = 0$ ou que la machine marche à vide avec la vitesse de régime dont il s'agit, et d'une autre quantité $Bp$ exactement proportionnelle à la résistance utile $p$. Or cette condition sera naturellement satisfaite si le système des leviers qui lient le mouvement de la vanne motrice à celui du manchon est établi de manière que les espaces décrits demeurent exactement proportionnels, comme cela a été indiqué en premier lieu, car la vitesse restant, par hypothèse, constante, les quantités de travail dépensées dans chaque révolution de la machine ou livrées au récepteur croissent elles-mêmes sensiblement comme l'effort P et comme la masse de fluide écoulée par l'orifice de la vanne motrice.

45. *Causes d'irrégularité auxquelles peut échapper cet appareil.* — Ces considérations supposent implicitement que les causes qui tendent à troubler le mouvement de la machine proviennent uniquement de la variation des résistances, et c'est là en effet ce qui a lieu dans presque tous les cas où il arrive, comme dans les laminoirs, les machines à filer, les scieries, etc., que le travail de l'opérateur ou de plusieurs des opérateurs est momentanément suspendu ou modifié par une résistance tantôt plus forte, tantôt plus faible. Or si l'intensité de l'action transmise par le fluide moteur à la machine pouvait varier par des causes indépendantes et de la vitesse que prend cette machine et de l'ouverture laissée par la vanne régulatrice, l'appareil qui nous occupe ne serait plus d'aucune utilité, parce que l'effet P, et par conséquent la position du manchon du régulateur, pourrait demeurer sensiblement constante pour des variations très-lentes du mouvement du récepteur, occasionnées par une variation correspondante de l'action du fluide moteur. Tout ceci, au surplus, s'éclaircira beaucoup par l'étude de l'action des moteurs, sur laquelle il ne conviendrait pas d'insister ici. Nous nous contenterons seulement de faire remarquer que les causes qui tendent à faire varier d'une manière absolue l'intensité de l'action motrice sont très-rares dans les machines bien établies, et que le véritable remède consiste alors dans les soupapes de sûreté, les orifices de trop-plein, les grands réservoirs régulateurs dont il a été parlé aux n$^{os}$ 1 et 8. Quant au cas où cette même action éprouverait forcément un changement d'état durable et sensible, il sera très-facile de modifier en conséquence l'ouverture

moyenne de la vanne motrice; mais il nous serait impossible ici d'entrer dans ces détails sans dépasser de beaucoup les bornes que nous nous sommes prescrites.

46. *Manière d'éviter les oscillations dans des variations momentanées de mouvement.* — Nous ne terminerons pas néanmoins ce sujet avant d'avoir dit un mot de la manière dont on doit disposer le régulateur à ressort, pour éviter les oscillations périodiques que ne manquerait pas d'éprouver le système de la vanne et des leviers, dans le cas où la machine ne serait pas naturellement susceptible d'un mouvement rigoureusement uniforme ([1]).

Il est évident qu'ici, comme dans le cas du régulateur à force centrifuge, l'établissement d'un volant est une chose absolument indispensable pour diminuer l'amplitude de ces

---

([1]) *Équation du mouvement d'une transmission, en tenant compte de l'élasticité des liens.* — On peut établir les équations du mouvement des deux arbres A et A'; celui-ci est un cas particulier du mouvement d'une transmission, quand on tient compte des déformations de ses organes, en supposant qu'elles ne dépassent pas les limites d'élasticité. La question peut toujours être ramenée à la suivante (*De l'élasticité dans les machines en mouvement*, par M. Kretz, *Comptes rendus de l'Académie des Sciences*, 24 juillet 1865) :

L'arbre moteur A, dont la vitesse angulaire est $\omega$, est sollicité par une force P, agissant tangentiellement à une roue de rayon $r$; sur l'arbre mené A', dont la vitesse angulaire est $\omega'$, agit la force résistante Q, tangentiellement à une roue de rayon $r'$; le mouvement de rotation est transmis de l'un à l'autre par l'intermédiaire d'un lien élastique, agissant tangentiellement aux deux roues, avec une tension T; trouver les lois du mouvement.

En désignant par $m$ et $m'$ deux masses fictives qui, réparties sur des circonférences de rayons $r$ et $r'$, auraient les mêmes moments d'inertie que les deux arbres avec leurs roues, et remarquant que la différence des chemins élémentaires $(r\omega - r'\omega')dt$ décrits par les circonférences des roues est égale à l'allongement $k\,d\mathrm{T}$ du lien, $k$ ne dépendant que des dimensions et du coefficient d'élasticité du lien, on trouve

$$r\frac{d\omega}{dt} = \frac{\mathrm{P}-\mathrm{T}}{m}, \quad r'\frac{d\omega'}{dt} = \frac{\mathrm{T}-\mathrm{Q}}{m'}, \quad r'\omega' = r\omega - k\frac{d\mathrm{T}}{dt}.$$

Il est à remarquer que ces équations sont les mêmes que celles du mouvement rectiligne de deux masses $m$ et $m'$, reliées dans la direction du mouvement par une tige élastique; cette propriété existe du reste, quel que soit le nombre d'arbres en mouvement.

Il est facile de trouver l'expression de la tension et des vitesses, quand les variations momentanées; le tambour à ressort C étant placé sur l'arbre de ce volant du côté où les efforts sont le moins irréguliers dans une même période, on devra laisser au système de levier qui transmet le mouvement du manchon à la vanne le jeu nécessaire pour que cette dernière ne bouge que quand les efforts de la machine dépasseront la plus grande ou la plus petite valeur relative à une même période de mouvement, ce à quoi on arrivera expérimentalement en observant les oscillations du manchon après que le volant aura été établi et quand la machine travaille dans les conditions prescrites avec sa charge moyenne. Mais, au lieu d'user de ce moyen, il serait préférable, sans aucun doute, de donner au système de levier dont il s'agit une élasticité, une flexibilité assez grande pour qu'il puisse céder aux accroissements ou diminutions momentanés de l'effort P, sans que le mouvement soit com-

---

forces extérieures sont constantes. Si l'on désigne par Q' l'intensité normale des deux forces P et Q, quand le régime est uniforme, on peut mettre P et Q sous les formes $P = Q' + p$, $Q = Q' + q$, $p$ et $q$ étant supposés constants pendant tout le mouvement; soit de plus, $Q' + \chi$, $\omega_0$ et $\omega'_0$ la tension et les vitesses angulaires initiales, et posons $\frac{m + m'}{kmm'} = N$; on trouve

$$T = Q' + \frac{qm + pm'}{m + m'} + \left(\chi - \frac{qm + pm'}{m + m'}\right) \cot t\sqrt{N} + \frac{r\omega_0 - r'\omega'_0}{k\sqrt{N}} \sin t\sqrt{N},$$

$$r\omega = \frac{mr\omega_0 + m'r'\omega'_0}{m + m'} + \frac{1}{m + m'}\Big[(p - q)t - km'\sqrt{N}\left(\chi - \frac{qm + pm'}{m + m'}\right)\sin t\sqrt{N}$$
$$+ m'(r\omega_0 - r'\omega'_0)\cos t\sqrt{N}\Big],$$

$$r'\omega' = \frac{mr\omega_0 + m'r'\omega'_0}{m + m'} + \frac{1}{m + m'}\Big[(p - q)t + km\sqrt{N}\left(\chi - \frac{qm + pm'}{m + m'}\right)\sin t\sqrt{N}$$
$$- m(r\omega_0 - r'\omega'_0)\cos t\sqrt{N}\Big].$$

Les valeurs des tensions et des vitesses oscillent périodiquement au-dessus et au-dessous de celles qui répondent au cas où $k$ est nul, c'est-à-dire où les pièces seraient parfaitement rigides. Si, à l'origine, le mouvement normal est établi, il faut, dans les équations précédentes, faire $\chi = 0$ et $r\omega_0 = r'\omega'$ ; on peut étudier les circonstances qui se présentent, soit lorsque P et Q varient en même temps, soit quand Q est seul variable, ainsi que le suppose le texte; dans ce dernier cas $p$ est nul. Cette étude fait ressortir les diverses difficultés que l'appareil décrit peut présenter dans la pratique, difficultés indiquées par l'auteur dans les nos 45 et 46. (K.)

muniqué à cette vanne qui tend à la fois à résister, en vertu de son inertie et de son frottement, à ces variations instantanées, tandis qu'elle ne peut manquer de se mouvoir sous l'action résultant d'un changement durable de l'effort P.

Dans le cas où l'on se servirait d'un système de rouages pour transmettre le mouvement du manchon à la vanne, il n'y aurait qu'à disposer l'une de ces roues à peu près comme l'est lui-même le tambour C, c'est-à-dire de manière qu'elle ne puisse entraîner son arbre qu'au moyen d'un léger angle de torsion.

47. *Dispositif à adopter dans le cas où le mouvement des vannes offrirait une grande résistance.* — On ne doit nullement s'inquiéter ici de l'effort plus ou moins grand qui est nécessaire pour faire cheminer la vanne et son système de levier, attendu que cet effort sera toujours vaincu par les roues B, B′ aux dépens de l'action motrice de la machine. Néanmoins, si cet effort était très-considérable, comme il arrive dans les machines mues par des roues hydrauliques, il conviendrait de sacrifier un peu sous le rapport de l'instantanéité d'action du régulateur en faisant opérer la manœuvre de la vanne, non plus directement par le manchon G, mais par l'intermédiaire d'un système d'embrayage dans le genre de celui qui a été mentionné au n° 32, de manière à faire marcher la vanne, tout en diminuant considérablement la tension des lames.

48. *Combinaison du régulateur à ressorts avec le volant à ailettes pour régulariser directement le mouvement.* — Enfin on pourrait encore se servir du dispositif qui nous occupe pour modifier directement le mouvement de manière à le ramener sans cesse vers l'état du régime uniforme; il ne s'agirait que de l'appliquer à un axe indépendant de la machine, mais qui en recevrait directement le mouvement de rotation, comme cela a lieu dans le régulateur à force centrifuge, et qui porterait un volant à ailettes dont la résistance, croissant rapidement avec la vitesse, produirait la torsion du tambour C sur ce même arbre. On conçoit, en effet, que, les choses étant disposées de manière que, pour la vitesse de régime, la vanne

ait la position moyenne qui lui convient, il ne pourra survenir aucun accroissement de vitesse sans qu'il ne survienne une diminution correspondant à l'ouverture de l'orifice et réciproquement. Or il arrivera ici que les amplitudes de course du manchon, de part et d'autre de la position moyenne, croîtront sensiblement comme les écarts mêmes de la vitesse sur la vitesse du régime. Du reste les propriétés de cet appareil seront analogues à celles du régulateur à force centrifuge, et le problème de son établissement deviendra facile au moyen de tout ce qui a été dit déjà dans les nos 5 et suivants.

## III. — Des manivelles.

### Notions préliminaires sur les manivelles.

49. *Disposition générale des manivelles.* — Les manivelles offrent, comme on l'a vu (24, Section I), le moyen le plus convenable, en général, de transformer le mouvement alternatif en mouvement de rotation continu et réciproquement; le plus ordinairement elles sont formées d'un bras AB (*fig.* 15 et 18) fixé perpendiculairement à l'extrémité d'un axe ou arbre tournant A, et au bout duquel agit, par l'intermédiaire d'une pièce

Fig. 15.

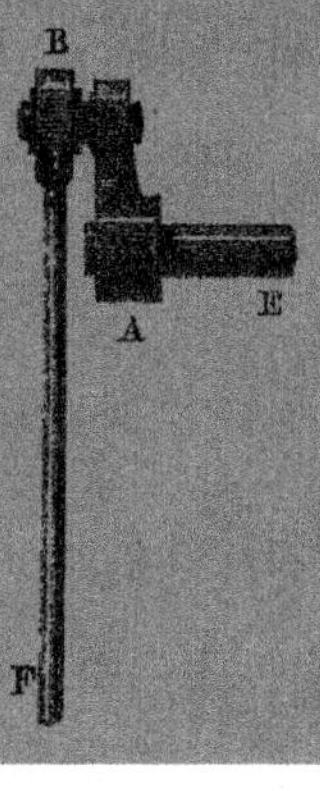


Fig. 16.

rectiligne BF, nommée *bielle* ou *chasse*, une résistance ou une puissance F douée du mouvement alternatif, dans une direction quelconque BF, que nous supposerons d'abord constante, comme cela a lieu sensiblement dans les bonnes machines, où l'on cherche à éviter les décompositions de force inutiles, mais qui, dans la réalité, est soumise à de légères déviations périodiques, dépendant du mode de mouvement de l'extrémité de la bielle opposée au bouton B de la manivelle, c'est-à-dire du chemin que cette extrémité est assujettie à parcourir.

Lorsque l'arbre se prolonge au delà du plan du mouvement de la bielle, on remplace le bras AB par un coude ABA′ (*fig.* 16).

50. *Des excentriques circulaires.* — Quelquefois le rôle des manivelles est rempli par des pièces spéciales qui portent le nom d'*excentriques circulaires;* cela arrive lorsque le bras AB (*fig.* 15) serait trop court par rapport au rayon du bouton B et souvent aussi quand, l'arbre se prolongeant au delà de la bielle, on veut éviter de couder l'arbre. La disposition indiquée *fig.* 15 ou 16 se trouve alors remplacée par un disque circulaire à gorge, embrassé par un anneau fixé à l'extrémité de la pièce formant bielle (*fig.* 17); mais il ne faut pas confondre le dispositif dont il s'agit avec celui de certaines cames

Fig. 17.

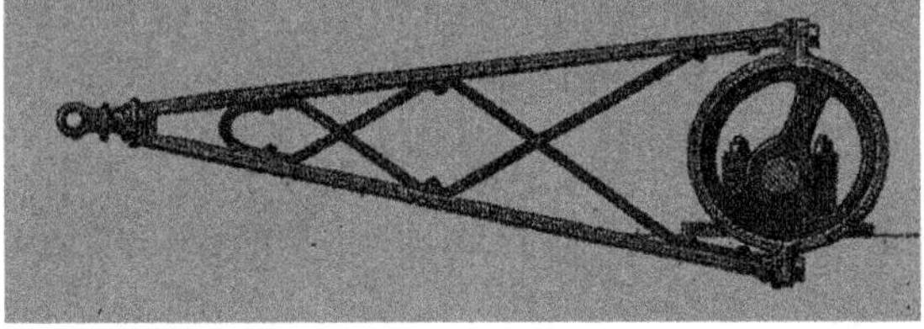

nommées également *excentriques,* et qui, montées sur des arbres tournants, sont destinées à agir sur des pièces dont la direction du mouvement est indépendante de la leur propre. L'agrandissement du bouton de la manivelle, en permettant de supprimer presque entièrement le jeu et d'éviter les inégalités provenant de l'usé des surfaces frottantes, amène avec lui beaucoup de continuité et de douceur dans le mouvement, qualités qui s'achètent, comme nous le verrons plus tard, aux dépens de la force motrice, ce qui fait qu'on n'emploie guère les excentriques que dans les mécanismes qui sont soumis à de faibles efforts, tels que ceux, par exemple, qui, dans les machines à vapeur, sont destinés à faire mouvoir les robinets ou tiroirs d'admission (*voir fig.* 24, p. 143, en L*l*).

51. *Des manivelles simples. — Variation de l'action dans le premier demi-tour.* — Admettons que, l'arbre étant supposé horizontal, la direction invariable BF (*fig.* 18) soit celle de

Fig. 18.

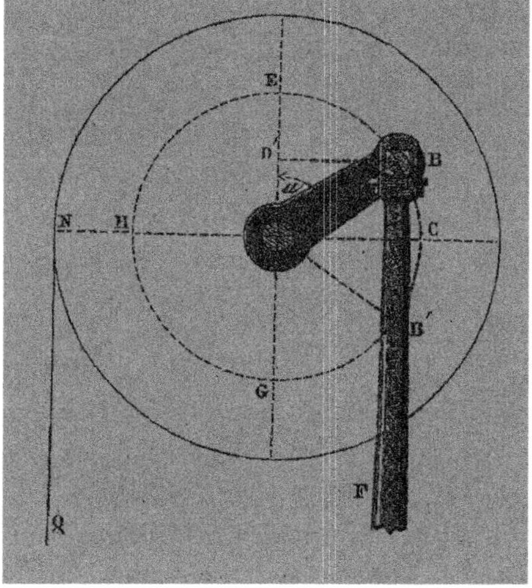


la verticale; nommons F la force constante, qui sera censée agir de haut en bas à la manière des poids, $b$ le bras AB de la manivelle, $\alpha$ l'angle variable EAB qu'il forme, dans un instant quelconque, avec la verticale AE; l'énergie de la puissance à faire tourner aura pour mesure son moment virtuel $Fb\sin\alpha d\alpha$, qui est aussi sa quantité de travail ou d'action élémentaire; elle sera par conséquent proportionnelle au bras de levier $b\sin\alpha = AD = BD'$ de la puissance, c'est-à-dire nulle pour les positions AE, AG de la manivelle, et la plus grande possible pour la position intermédiaire et horizontale AC; la valeur moyenne $x$ du bras de levier AD, dans le demi-tour ECG, s'obtiendra en remarquant que la quantité de travail $F.EG = F.2b$, développée dans ce même demi-tour par la puissance F, sur la manivelle, doit être égale à celle qui serait développée par cette puissance, dans un intervalle pareil, en la supposant appliquée tangentiellement au cercle de rayon $x$; or cette quantité d'action est évidemment $F\pi x$, $\pi$ étant le rapport de la circonférence au diamètre; donc on aura, pour déterminer $x$, l'équation

$$2bF = F\pi x; \quad \text{d'où} \quad x = \frac{2}{\pi} b = 0{,}6366 b.$$

Ainsi la longueur du bras de levier moyen d'une force constante agissant dans une direction invariable, sur une manivelle simple, est un peu moindre que les deux tiers du rayon de cette manivelle : elle s'écarte, comme on voit, des valeurs extrêmes 0 et $b$ du bras de levier, des quantités respectives $0{,}3634 b$ et $0{,}6366 b$. En multipliant ces quantités par $F d\alpha$, on aura la mesure des écarts des moments virtuels ou des quantités de travail élémentaire $Fb \sin\alpha\, d\alpha$, par rapport à leur valeur moyenne $0{,}6366 F b\, d\alpha$.

52. *Variation de l'action des manivelles simples dans le second demi-tour.* — Nous n'avons encore considéré que ce qui se passe dans un demi-tour de manivelle; voyons maintenant ce qui a lieu quand elle achève l'autre demi-tour EHG. Or il peut arriver l'une de ces trois choses : ou la puissance F cesse entièrement d'agir, ou elle agit dans une direction contraire à sa direction primitive, ou enfin elle continue d'agir dans la même direction.

Dans le premier cas, le travail élémentaire communiqué par la puissance F dans le second demi-tour restant constamment nul, celui qui est imprimé dans un tour entier est encore $2Fb$, tandis que le travail de la même puissance, appliquée au bras de levier moyen $x$, sera $2\pi x F$; on aura donc

$$x = \frac{b}{\pi}\, 0{,}3183 b,$$

quantité qui diffère de ses valeurs extrêmes 0 et $b$ de $0{,}3183 b$ et $0{,}6817 b$ respectivement.

Dans le deuxième cas, la puissance continuant à faire marcher l'arbre dans le même sens développera dans le tour entier la quantité de travail $4Fb$; de sorte qu'on aura

$$4Fb = 2\pi x F \quad \text{et} \quad x = \frac{2b}{\pi} = 0{,}6366\,b,$$

comme pour le premier demi-tour. La plus grande et la plus petite valeur du moment de F ayant toujours lieu pour les positions horizontales et verticales de la manivelle, les écarts de l'action élémentaire sur la moyenne seront encore mesurés par les nombres 0,6366 et 0,3634; d'où il résulte que le plus grand écart sera moindre ici que dans le cas précédent.

Dans le troisième cas, la quantité de travail fournie par la puissance pendant un tour entier de la manivelle sera nulle, et il en sera de même du travail élémentaire moyen, ce qui fait que les écarts, mesurés alors par 0 et 1, seront les plus grands possibles.

La première et la deuxième de ces hypothèses se rapportent spécialement au cas des pistons de pompes, des pédales, des châssis de scies, etc., à simple ou à double effet, c'est-à-dire qui agissent simplement en descendant, ou à la fois en montant et en descendant. Quant à la dernière, elle s'applique à l'action de la pesanteur, qui agit constamment dans le même sens, et ne produit sur les pièces à mouvement alternatif aucun effet utile (22, I^re^ Section). Comme cette action se joint toujours à celle d'une autre force de la nature des précédentes, il convient d'examiner son influence sur le mouvement.

53. *Manière de régler le poids des équipages de manivelles.* — Nommons $p$ le poids des pièces à mouvement alternatif, composé de la portion du poids de la bielle BF et du surplus de l'équipage, qui agit suivant la direction de F, on observera que l'action de $p$ s'ajoute à la force F, ou s'en retranche alternativement et selon le sens dans lequel elle s'exerce, de sorte que la quantité de travail développée dans une révolution entière n'est nullement altérée, non plus que le bras de levier moyen et la quantité moyenne de travail élémentaire; et,

comme le moment de la puissance continue à être nul pour les positions verticales de la manivelle, on voit que l'effet de $p$ se réduira simplement à augmenter ou à diminuer la limite supérieure $Fb$ de ce moment, selon le sens de la puissance F.

Cela posé, il est clair que les écarts du moment total des forces F et $p$ sur le moment moyen seront, dans le cas où F agirait dans les deux demi-tours et dans celui où elle n'agirait que dans le premier demi-tour de façon à s'ajouter à $p$, plus considérables que pour les cas précédents, où l'on supposait $p=0$. Dans ces circonstances donc, il sera essentiel de mettre l'équipage en équilibre autour de l'axe de rotation; mais il pourra en être tout autrement dans le cas où F, n'agissant que dans le premier demi-tour de bas en haut, serait diminué de $p$. En effet, la plus grande valeur du moment ayant toujours lieu pour la position horizontale de la manivelle sera $b(F-p)$ pour le premier demi-tour et $bp$ pour le second, et l'on devra prendre la première ou la dernière de ces quantités pour le moment limite, selon que l'on aura $F-p >$ ou $< p$, c'est-à-dire $F >$ ou $< 2p$. Le cas le plus avantageux se rapporte évidemment à la valeur de $p$ qui donne

$$b(F-p)=bp, \quad \text{d'où} \quad p=\tfrac{1}{2}F;$$

ainsi le plus grand moment sera alors $0{,}5bF$. Le moment moyen étant toujours $0{,}3183bF$ et le plus petit zéro, on voit que les variations du travail élémentaire seront moindres que pour les cas précédents.

54. *Des manivelles multiples. — Disposition la plus avantageuse des manivelles doubles.* — Afin de diminuer l'irrégularité de l'action qu'exerce une puissance unique sur la manivelle, on partage quelquefois cette puissance en deux ou plusieurs autres égales entre elles, appliquées à autant de manivelles distinctes, montées sur un même arbre et disposées de manière que les plus grands moments des efforts exercés sur cet arbre par les unes correspondent précisément aux plus petits moments des efforts exercés par les autres.

Tel est, par exemple, le cas des manivelles doubles (*fig.* 19 et 20), qui tantôt sont dans un même plan passant par l'axe,

Fig. 19. Fig. 20.

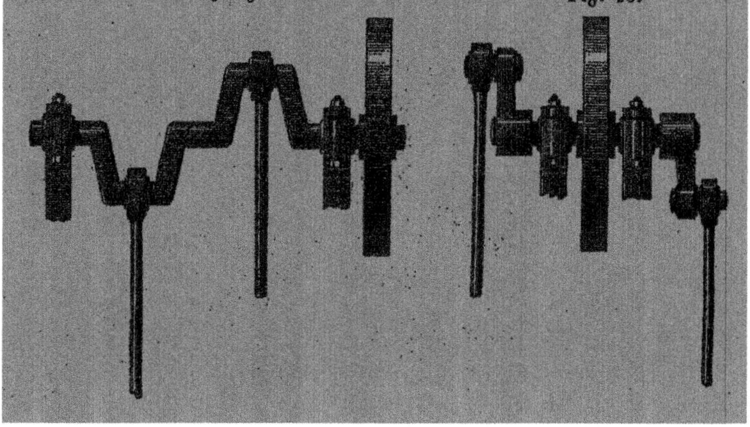

mais dirigées en sens contraire, tantôt dans deux plans quelconques, formant entre eux un certain angle (*fig.* 21). La première de ces dispositions présente les mêmes circonstances que la manivelle simple et ne peut servir à régulariser l'action de la puissance, supposée toujours constante en grandeur et en direction; la seconde, au contraire, qu'on nomme *manivelle coudée*, peut très-bien être employée à cet objet.

La discussion qui lui est relative apprend en effet que, lorsque les puissances parallèles, égales et constantes, appliquées aux deux bras, n'agissent que dans un demi-tour, l'action est, à la vérité, plus irrégulière que pour les manivelles simples dans lesquelles les équipages seraient en équilibre, mais qu'il en est tout autrement quand le poids de ces équipages est moitié de celui des puissances ou quand, les équipages étant en équilibre, les puissances agissent à la fois et de la même manière dans les deux demi-tours; on devra donc rejeter toute disposition où ces dernières circonstances n'auraient pas lieu.

55. *Angle qui répond au minimum d'irrégularité de l'action.* — Soient AB, AB′ (*fig.* 21) les deux bras de la manivelle double ainsi disposée, $a$ le demi-angle BAI ou IAB′ formé par

ces bras; il est aisé de s'assurer que le moment total des puissances F atteindra sa limite supérieure pour les positions

Fig. 21.

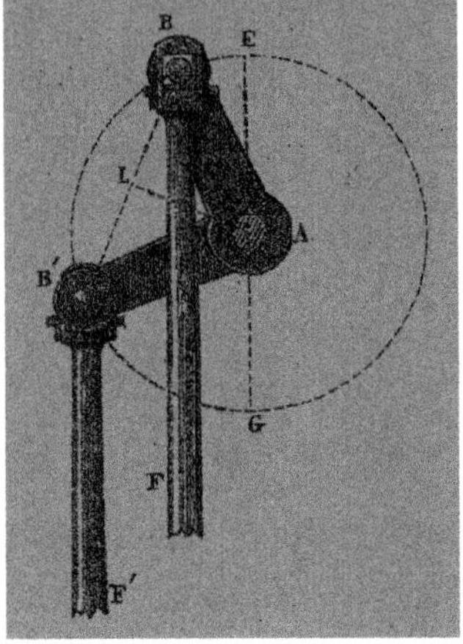


horizontale et verticale de **BB'**, et sa limite inférieure pour les quatre positions symétriques, où l'un des bras AB, AB' se confondra avec la verticale [1]. Ces valeurs extrêmes du moment total seront ainsi respectivement

$$2Fb\cos a, \quad 2Fb\sin a, \quad Fb\sin 2a = Fb\sin a\cos a.$$

---

[1] Si $\theta$ désigne l'angle EAI, la valeur absolue des moments est $Fb\sin(\theta - a)$ pour la force appliquée en B, et $Fb\sin(\theta + a)$ pour celle qui agit en B'; comme ces forces changent de sens quand leur point d'application passe de l'autre côté du diamètre vertical, l'expression de chaque moment doit être affectée du signe + ou du signe −, suivant que le point d'application de la force correspondante est à gauche ou à droite de EG.

On trouve ainsi que le moment total est $2Fb\cos\theta\sin a$ pour les valeurs de $\theta$ entre 0 et $a$, qu'il est $2Fb\sin\theta\cos a$ quand $\theta$ varie entre $a$ et $\pi - a$, et $-2Fb\cos\theta\sin a$ lorsque $\theta$ est compris entre $\pi - a$ et $\pi$.

Les écarts maxima des moments sont

$$y = \sin a(1 - \cos a) \quad \text{et} \quad y_1 = \cos a(1 - \sin a);$$

on reconnait immédiatement, en traçant les courbes représentées par ces équations, que l'on se trouve dans les conditions les plus avantageuses en donnant à $a$ la valeur pour laquelle $y = y_1$; ainsi que cela est dit dans le texte, cette valeur est $a = 45^\circ$. (K.)

En discutant ces valeurs, on trouve qu'elles sont le plus resserrées possible quand $\sin a = \cos a = \sqrt{\frac{1}{2}}$, ou que l'angle BAB′ des manivelles est droit. Dans cette hypothèse, on obtient pour les valeurs ci-dessus des moments

$$2Fb\sqrt{\tfrac{1}{2}},\quad 2Fb\sqrt{\tfrac{1}{2}},\quad 2Fb\tfrac{1}{2},$$

de sorte que le moment moyen se trouvera compris entre

$$2Fb\sqrt{\tfrac{1}{2}} = 2Fb \times 0,7071 \quad \text{et} \quad 0,5 \times 2Fb.$$

Les puissances F développant dans un tour entier la quantité de travail $2F.4b$, le moment moyen est égal à

$$\frac{2F.4b}{2\pi} = 0,6366 \times 2Fb,$$

et les différences avec le plus grand et le plus petit moment répondant respectivement à la position horizontale ou verticale de BB′ et des bras AB, AB′ sont seulement le $\frac{1}{9}$ et le $\frac{1}{5}$ environ de sa valeur propre; ce qui prouve que les manivelles coudées à angle droit sont effectivement très-avantageuses pour la régularité du mouvement de l'action des forces.

56. *Propriétés et inconvénients des manivelles triples ou quadruples.* — Pour une manivelle triple (*fig.* 22), dont les bras AB, AB′, AB″ partageraient, dans leur projection sur un plan perpendiculaire à l'axe, la circonférence en trois parties égales, et qui seraient sollicitées par trois forces verticales et égales F agissant seulement dans le demi-tour EBG, on trouve que le moment total a sa plus grande ou sa plus petite valeur quand l'un quelconque des bras est horizontal ou vertical (¹); de sorte que le moment moyen est compris entre

$$Fb \quad \text{et} \quad Fb\sin 60^\circ = \tfrac{1}{2}Fb\sqrt{3} = 0,866Fb.$$

(¹) Il en est encore ainsi lorsque chacune des trois manivelles agit à double effet; les moments ont alors des valeurs doubles de celles du texte. (K.)

Le bras de levier moyen étant alors

$$x = \frac{6Fb}{2\pi F} = \frac{3b}{\pi} = 0,955b,$$

on voit que le moment moyen $0,955\,Fb$ ne diffère que de $\frac{1}{22}$ du plus grand et de $\frac{1}{11}$ du plus petit moment. Ces résultats supposent d'ailleurs les équipages des manivelles en équilibre autour de l'axe A.

Fig. 22.

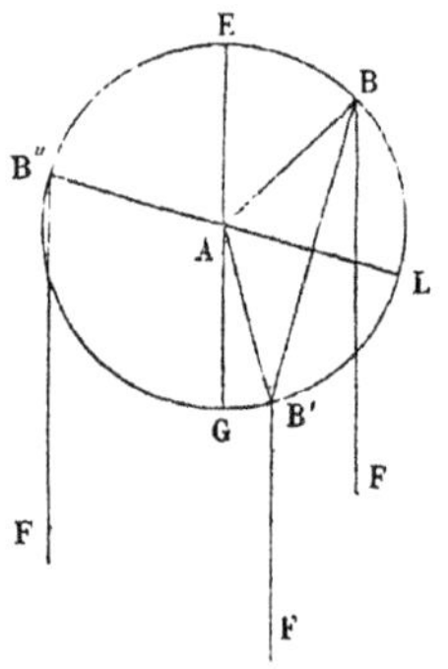


Il serait aisé de prouver que la manivelle quadruple offre moins de régularité dans son action que la manivelle triple, mais elle possède d'autres inconvénients beaucoup plus graves pour la pratique, qui lui sont communs avec la manivelle triple et qui suffiraient seuls pour y faire renoncer : c'est la difficulté de l'exécuter avec une perfection et une solidité suffisantes. En effet, toutes les fois qu'un axe ou arbre tournant est supporté sur plus de deux appuis ou *coussinets*, il devient très-difficile, pour ne pas dire impossible, lorsqu'il présente des parties coudées, de placer sur une même droite les axes des parties cylindriques que reçoivent ces coussinets, et alors on conçoit que l'arbre bride entre ses appuis et donne lieu à des efforts violents, qui consomment une portion considérable de la force motrice et amènent la rupture des manivelles. Le tour est le seul moyen à employer pour mettre ainsi un arbre en ligne droite; cela est faisable pour un arbre d'une seule pièce et qui présente assez de roideur pour ne pas fléchir;

mais cela paraît presque impossible lorsqu'il est interrompu par des manivelles.

### Considérations dynamiques sur les effets des manivelles.

57. *Loi de variation du travail d'une manivelle simple.* — Les considérations qui précèdent, analogues à celles qu'on trouve établies dans le Livre Ier, page 63 de l'*Architecture hydraulique de Bélidor*, édition de M. Navier, sont purement statiques et ne concernent que la loi des variations élémentaires de l'action des forces appliquées aux manivelles, ou celle du moment et du bras de levier propre de ces forces; mais on peut envisager la question d'une manière toute différente et qui se rapporte spécialement aux considérations dynamiques.

Conservant, en effet, les dénominations et conventions du n° 51 relatives à la manivelle simple, on peut se demander quelle est la loi des variations mêmes du travail de la puissance F, soit dans un demi-tour, soit dans un tour entier de la manivelle, et de comparer ces différentes valeurs à celles du travail uniforme d'une puissance constante ou moyenne, appliquée tangentiellement à la circonférence du cercle décrit par l'extrémité B de la manivelle.

Cette manivelle étant supposée à simple effet, de sorte que la force F n'agisse que dans le demi-tour ECG (*fig.* 18), et la quantité de travail élémentaire de F étant mesurée par $Fb \sin\alpha\, d\alpha$, celle qu'elle aura développée à partir de la verticale AF, et pendant que la manivelle décrit l'angle $EAB = \alpha$, sera évidemment

$$\int_0^\alpha Fb \sin\alpha\, d\alpha = Fb(1 - \cos\alpha) = F \times ED';$$

ce qu'on aperçoit d'ailleurs sans aucun calcul, puisque F est censé constant. Cette dernière quantité de travail qui a pour valeur le produit $2Fb$, quand la manivelle a décrit deux angles droits et est redevenue verticale, est aussi celle que développerait la composante $F\sin\alpha$ de F, qui agit constamment suivant la circonférence du cercle décrit par le point d'application B; or, si l'on remplace cette composante variable par sa valeur moyenne,

$$Y = \frac{2Fb}{2\pi b} = \frac{1}{\pi}F = 0,3183F,$$

relative à une révolution entière de la manivelle, attendu que celle-ci est supposée à simple effet, sa quantité de travail correspondant à l'angle quelconque $\alpha$ décrit par l'axe sera évidemment $\frac{Fb\alpha}{\pi}$, dont l'excès sur la précédente a pour valeur $Fb\left(\frac{\alpha}{\pi} - 1 + \cos\alpha\right)$ dans le premier demi-tour et simplement $Fb\left(\frac{\alpha}{\pi} - 2\right)$ dans le second, les angles $\alpha$ étant ici mesurés par les arcs qui leur correspondent sur la circonférence, qui a l'unité pour rayon.

58. *Discussion de cette loi.* — En discutant la première de ces expressions, on trouve qu'elle est nulle en même temps que $\alpha$; qu'elle croît positivement jusqu'à la valeur de $\alpha$ déterminée par la relation

$$\sin\alpha = \frac{1}{\pi} \quad \text{ou} \quad \alpha = \text{arc}\left(\sin = \frac{1}{\pi}\right) = 0,32395,$$

à laquelle répond un premier maximum positif

$$Fb\left(\frac{\text{arc}\sin\frac{1}{\pi}}{\pi} - 1 + \sqrt{1 - \frac{1}{\pi^2}}\right)$$
$$= Fb(0,1031 - 1 + 0,948) = 0,051\,Fb;$$

qu'elle décroît ensuite de manière à redevenir nulle pour $\alpha = 0,2102\pi$ aux environs de $\alpha = \frac{2}{3}$; qu'elle devient un maximum négatif pour la valeur

$$\alpha = \pi - \text{arc}\left(\sin = \frac{1}{\pi}\right) = 0,8969\pi,$$

qui donne

$$Fb\left(\frac{\alpha}{\pi} - 1 + \cos\alpha\right) = Fb(0,8969 - 1 - 0,948) = -1,0511\,Fb;$$

qu'enfin sa valeur absolue décroît dans tout le surplus du demi-tour jusqu'à devenir égale à $-Fb$, rigoureusement, pour la position verticale AG de la manivelle répondant à $\alpha = \pi$.

Quant à l'expression de la différence relative au second demi-tour, elle demeure sans cesse négative et décroissante, jusqu'à devenir nulle pour la valeur $\alpha = 2\pi$, répondant à la position verticale supérieure AE de la manivelle, après laquelle les mêmes choses reviennent dans le même ordre.

Ainsi le plus grand écart absolu entre les quantités totales de travail, communiquées par la force variable $F \sin\alpha$ et la force moyenne $Y = \frac{1}{\pi}F$ supposées agir à la circonférence du cercle décrit par le bouton de la manivelle, est égal à

$$1,0511\,Fb = 0,5255 \,.\, 2Fb$$

ou surpasse la moitié de celle $2Fb$ que développe F dans une révolution entière de cette manivelle.

59. *Cas des manivelles simples à double effet.* — Dans les manivelles à *double effet* (52), la quantité de travail développée par la force constante F dans la révolution entière devient $4bF$; ce qui donne

$$Y = \frac{4bF}{2\pi b} = \frac{2}{\pi}F = 0,6366F,$$

la quantité de travail de F ou de la composante $F \sin\alpha$ étant toujours $Fb(1 - \cos\alpha)$, et celle de l'effort moyen Y, $Yb\alpha = \frac{2Fb\alpha}{\pi}$, l'excès de l'une sur l'autre aura pour valeur

$$Fb\left(\frac{2\alpha}{\pi} - 1 + \cos\alpha\right) \text{ dans le premier demi-tour.}$$

$$Fb\left(\frac{2\alpha}{\pi} - 3 - \cos\alpha\right) \text{ dans le second demi-tour;}$$

ce qui suppose que l'on fasse croître les angles $\alpha$ indéfiniment;

mais il suffira de considérer ce qui a lieu dans le premier demi-tour, attendu que tout se répète symétriquement dans le second, si l'on compte $\alpha$ à partir du rayon AG.

Or, la première de ces expressions devient nulle à la fois pour $\alpha = 0$, $\alpha = \frac{1}{2}\pi$, $\alpha = \pi$ et atteint son maximum positif ou négatif pour les deux positions intermédiaires qui correspondent à

$$\sin\alpha = \frac{2}{\pi} = 0,6366,$$

d'où

$$\alpha = 0,21966\pi, \quad \alpha = \pi - 0,21966\pi$$

et

$$\begin{aligned} \text{F}b\left(\frac{2\alpha}{\pi} - 1 + \cos\alpha\right) &= \text{F}b\left(2 \times 0,21966 - 1 + \sqrt{1 - \frac{4}{\pi^2}}\right) \\ &= +\,0,21049\,b\text{F}, \\ \text{F}b\left(\frac{2\alpha}{\pi} - 1 + \cos\alpha\right) &= \text{F}b\left[2(1 - 0,21966) - 1 - \sqrt{1 - \frac{4}{\pi^2}}\right] \\ &= -\,0,21049\,b\text{F}. \end{aligned}$$

Ainsi la valeur absolue du plus grand écart entre les quantités de travail des forces $\text{F}\cos\alpha$ et Y est ici seulement $0,0526 \times 4b\text{F}$ ou $\frac{1}{20}$ de la quantité totale de travail développée dans une révolution entière de la manivelle; ce qui doit s'entendre pareillement des écarts de la force vive variable imprimée au système, dans le cas d'un mouvement périodique, par rapport à la force vive moyenne, c'est-à-dire à la force vive relative à la vitesse moyenne.

### Des manivelles conduisant des pièces à mouvement rectiligne alternatif.

60. *Recherche du travail élémentaire de la force appliquée à la bielle.* — Nous avons jusqu'ici supposé que la direction de la force F ou de la bielle était constante, ce qui n'a jamais lieu dans la pratique, attendu que l'extrémité de cette bielle,

opposée à la manivelle, est ordinairement assujettie à décrire une ligne droite ou un arc de cercle d'un rayon très-grand, par rapport au bras de cette manivelle; il est par conséquent intéressant d'examiner quelle modification cette circonstance peut amener dans les résultats et comment alors on doit évaluer les rapports existant entre les vitesses, les forces appliquées et les moments virtuels ou quantités de travail relatifs à ces forces.

61. Considérons d'abord le système d'une manivelle AB (*fig.* 23) assujettie à tourner autour de l'axe A et qui agit par

Fig. 23.

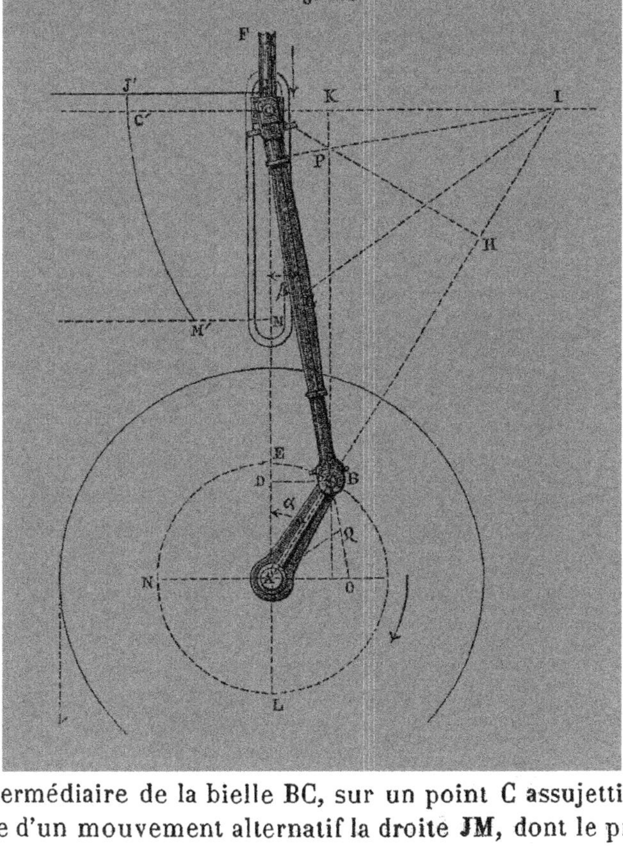


l'intermédiaire de la bielle BC, sur un point C assujetti à décrire d'un mouvement alternatif la droite JM, dont le prolongement passe par A. Supposons cette bielle sollicitée par la force constante F, agissant de haut en bas, suivant la ligne CA, pour entraîner AB dans la direction indiquée par la flèche de la figure. Posons enfin $AB = b$, $BC = l$, $AC = h$, $CAB = \alpha$, $ACB = \beta$, le triangle ABC nous donnera sans difficulté

$$h = b\cos\alpha + l\cos\beta = b\cos\alpha + l\sqrt{1 - \frac{b^2}{l^2}\sin^2\alpha},$$

$$dh = -b\sin\alpha\, d\alpha\left(1 + \frac{b}{l}\frac{\cos\alpha}{\sqrt{1 - \frac{b^2}{l^2}\sin^2\alpha}}\right);$$

cette vitesse virtuelle du point C est ici négative, parce que la hauteur $h = AC$ diminue quand l'angle $\alpha = BAC$ augmente; mais comme la force F agit dans le sens même du chemin $df = -dh$ décrit par son point d'application C, son moment virtuel devra être pris positivement, de sorte qu'on aura

$$F\,df = -F\,dh = F b\sin\alpha\, d\alpha\left(1 + \frac{b}{l}\frac{\cos\alpha}{\sqrt{1 - \frac{b^2}{l^2}\sin^2\alpha}}\right),$$

pour le travail élémentaire de F; $f$ représentant ici, si l'on veut, le chemin $b + l - h$ décrit par le point C, à partir de sa position la plus élevée.

62. *Expression simplifiée et approchée du travail de cette force.* — On remarquera que le facteur $F b\sin\alpha\, d\alpha$ n'est autre chose que le moment virtuel de la force verticale F, supposée appliquée au bouton B de la manivelle; et comme le deuxième terme de la parenthèse est toujours très-petit, vis-à-vis du premier ou de l'unité, on voit que les conséquences exposées dans tout ce qui précède en seront fort peu modifiées.

En effet, la plus grande valeur absolue que puisse acquérir ce second terme répond évidemment à $\sin\alpha = 0$, ce qui la rend égale à $\frac{b}{l}$. Or $l$ surpasse souvent 10 fois $b$, et il est rarement moindre que 5 fois $b$, même dans les circonstances les plus défavorables. D'ailleurs, la plus grande valeur que puisse acquérir le facteur

$$\frac{1}{\sqrt{1-\frac{b^2}{l^2}\sin^2\alpha}},$$

répondant évidemment à $\sin^2\alpha = 1$, on voit que, en supposant même $l = 5b$ seulement, elle ne sera jamais au-dessus de

$$\frac{5}{\sqrt{24}} = 1,0206,$$

de sorte qu'on pourra prendre

$$\mathrm{F}\,df = \mathrm{F}\,b\sin\alpha\,d\alpha\left(1+\frac{b}{l}\cos\alpha\right)$$

à moins de $\dfrac{0,0206\frac{b}{l}\cos\alpha}{1+\frac{b}{l}\cos\alpha}$ ou de $\dfrac{0,00412}{1,2} = \dfrac{1}{291}$ de sa valeur effective, ce qui revient à remplacer simplement F par $\mathrm{F}\left(1+\frac{b}{l}\cos\alpha\right)$ dans les considérations relatives aux manivelles sollicitées par une force F, dont la direction reste constante.

On aura de même, par approximation,

$$h = b\cos\alpha + l - \frac{1}{2}\frac{b^2}{l}\sin^2\alpha, \quad \int_0^\alpha \mathrm{F}\,df = b\,\mathrm{F}\left(1-\cos\alpha+\frac{1}{2}\frac{b}{l}\sin^2\alpha\right),$$

relations dont la dernière exprime la quantité de travail développée par la puissance F sur la manivelle, à partir de sa position verticale AF; mais ici l'erreur commise est beaucoup plus faible que pour l'expression ci-dessus de F $df$.

63. *Valeur approximative et construction rigoureuse du rapport des vitesses virtuelles de la puissance et de la résistance.* — Enfin si l'on veut comparer la vitesse virtuelle $-dh$ du point C à celle $b\,d\alpha$ de B, vitesse dont le rapport est précisément égal au rapport inverse de la force F à celle qui lui

ferait équilibre, étant appliquée en B tangentiellement à la circonférence décrite par ce point, on aura au même degré d'approximation

$$-\frac{dh}{b\,d\alpha} \quad \text{ou} \quad \frac{df}{b\,d\alpha} = \sin\alpha \frac{l + b\cos\alpha}{l}.$$

Mais, quelque simple que soit cette expression, on lui substituera avec avantage, dans certains cas, celle qui résulte de la considération directe et rigoureuse des données de la figure. En effet, nous aurons, sans rien négliger,

$$-\frac{dh}{b\,d\alpha} = \frac{(\sqrt{l^2 - b^2\sin^2\alpha} + b\cos\alpha)}{\sqrt{l^2 - b^2\sin^2\alpha}}\sin\alpha.$$

Or, si l'on prolonge AB jusqu'à sa rencontre I avec l'horizontale menée par C et CB jusqu'à son intersection en O avec l'horizontale passant par A, puis qu'on abaisse de B et C les perpendiculaires BK et CH sur CI et BI, on aura évidemment

$$-\frac{dh}{b\,d\alpha} = \frac{h\sin\alpha}{\text{BK}} = \frac{\text{CH}}{\text{BK}} = \frac{\text{CI}}{\text{BI}} = \frac{\text{AO}}{\text{AB}}, \quad \text{d'où} \quad \frac{df}{d\alpha} = \text{AO},$$

ce qui démontre que, en prenant AB égal à l'unité, la valeur du rapport dont il s'agit sera simplement mesurée par AO.

Ainsi, X étant la force qui, appliquée tangentiellement à la circonférence décrite par B, fait équilibre à F, on aura

$$\frac{\text{F}}{\text{X}} = \frac{\text{AB}}{\text{AO}} \quad \text{ou} \quad \text{F.AO} = \text{X.AB}.$$

De sorte que F produit l'effet d'une force égale et parallèle agissant en O, résultat auquel on arrive sur-le-champ en observant que l'effort inconnu qui s'exerce suivant la direction BC de la bielle doit avoir pour composantes en C la force verticale F et l'effort horizontal de réaction que supporte le guide rectiligne du point C. Supposant, en effet, le premier de ces efforts appliqué au point O de sa direction, et opérant de nouveau sa décomposition, sa composante suivant AO sera détruite ou plutôt son bras de levier, pour faire tourner AB, sera nul, et celle qui est verticale ne sera autre que la force F agissant avec le bras de levier AO.

64. *Principe général relatif aux vitesses de déplacement simultanées des différents points d'un système matériel.* — Mais on arrive aux mêmes conséquences encore à l'aide d'un principe que nous croyons utile d'énoncer ici, parce qu'il jette un grand jour sur la loi du mouvement des systèmes articulés, en général, principe qui nous avait été communiqué dès 1829 par M. Bobillier, savant professeur aux Écoles d'Arts et Métiers, et que M. Chasles, autre géomètre distingué, a de son côté publié, parmi beaucoup d'autres, dans le tome XIV du *Bulletin des Sciences mathématiques* de M. Férussac, p. 321. Ce principe consiste en ce que, si une figure plane de forme et de grandeur invariables, quoique arbitraires, éprouve un déplacement quelconque, infiniment petit, sans quitter ce plan, elle tendra à tourner, sans glisser, autour d'un certain point fixe qu'on obtiendra par la rencontre des normales aux éléments courbes que décrivent simultanément deux quelconques des points de la figure.

Ainsi, par exemple, dans le cas qui nous occupe, tous les points de la bielle BC tendent à tourner simultanément autour de l'intersection I des normales IC et IB, aux éléments $dh$ et $b\,d\alpha$ décrits par les points C et B, de manière que l'angle BIC reste invariable dans ce déplacement supposé infiniment petit. On a donc, en ne considérant que les grandeurs absolues,

$$dh : b\,d\alpha :: \mathrm{CI} : \mathrm{BI}.$$

Ce théorème est très-important, en ce qu'il donne sur-le-champ la vitesse d'un point quelconque lié d'une manière invariable à la droite BC, au moyen de la vitesse de l'une de ses extrémités B ou C, ce qui permet aussi d'obtenir la force vive d'un élément matériel quelconque, faisant corps avec la bielle, et par suite la force vive même de la masse de cette bielle, etc.

65. *Application de ce principe à la recherche de la force vive et de la force motrice des bielles conduites par une ma-*

*nivelle.* — Nommant $d\theta$ l'angle infiniment petit décrit par BC autour du point I, tandis que B parcourt l'arc $b\,d\alpha$, ou C l'arc $df = -dh$,

$m$ un élément de masse quelconque de la bielle, situé à la distance $\rho$ de l'axe de rotation instantanée, perpendiculaire au plan de la figure en I,

$d\sigma$ sa vitesse virtuelle, dirigée suivant la perpendiculaire à l'extrémité de $\rho$,

enfin $\omega$ la vitesse angulaire $\frac{d\alpha}{dt}$ de AB ou $\omega b$ la vitesse effective,

on aura d'abord

$$df = -dh = \mathrm{CI}\,d\theta, \quad b\,d\alpha = \mathrm{BI}\,d\theta, \quad d\sigma = \rho\,d\theta = \frac{\rho b\,d\alpha}{\mathrm{BI}},$$

et ensuite

$$\text{vitesse de } m \text{ ou } \frac{d\sigma}{dt} = \frac{b}{\mathrm{BI}}\rho\frac{d\alpha}{dt} = \frac{b\rho}{\mathrm{BI}}\omega,$$

force vive totale de la bielle $= \frac{b^2\omega^2}{\mathrm{BI}^2}\Sigma m\rho^2$, somme qu'il faudra étendre à la masse entière de cette bielle.

Nommant de plus M cette masse, G la distance de son centre de gravité à l'axe instantané de rotation, I son moment d'inertie pris par rapport à un axe parallèle, passant par son centre de gravité, on aura plus simplement encore

$$\frac{b^2\omega^2}{\mathrm{BI}^2}\Sigma m\rho^2 = \frac{b^2\omega^2}{\mathrm{BI}^2}(\mathrm{M}.\mathrm{G}^2 + \mathrm{I}^2).$$

On trouvera de la même manière l'expression de la force motrice ou d'inertie totale de la bielle, etc.

Au moyen des différentes données contenues dans ce paragraphe, il sera facile de découvrir et de discuter toutes les circonstances du mouvement et de la transmission des forces dans le système à manivelle et à bielle qui vient de nous occuper en dernier lieu. En particulier, il sera très-facile d'étendre à ce système général les considérations que, dans le paragraphe précédent, nous avons appliquées au cas où la bielle reste constamment verticale ou parallèle à elle-même.

### Des manivelles conduisant un balancier à mouvement alternatif.

66. *Description de l'appareil.* — La *fig.* 24 représente un balancier conduit par la manivelle AB et servant à communiquer le mouvement rectiligne alternatif à la tige verticale FP

Fig. 24.

d'un piston. Dans ce système, les choses sont ordinairement disposées de façon que la verticale du point A passe par les positions extrêmes de l'articulation C, répondant aux instants où la bielle BC et le bras AB de la manivelle sont situés en ligne droite; par suite, l'horizontale DL du centre de rotation D divise en deux parties égales l'angle total décrit par ce dernier.

Quant à la tige FP, elle ne reçoit ordinairement son mouvement que par l'intermédiaire du parallélogramme articulé EFHN, imaginé par Watt, et qui est dirigé par la tige ou *bride* SH, tournant autour du point fixe S, dont la position est réglée de façon que le sommet F décrive sensiblement une droite verticale pendant les oscillations du balancier, ce qui se fait ainsi : Supposons le parallélogramme EFHN établi et uniquement dirigé par le mouvement du balancier autour de D et du sommet F sur la verticale FG; on détermine la suite des positions correspondantes occupées par le sommet H, puis on fait passer au travers de ces différentes positions un arc de cercle qui s'en écarte le moins qu'il est possible de part et d'autre, et dont le centre détermine l'axe de rotation S de la bride SH.

On peut voir, dans le tome XIX, année 1823, des *Annales de Chimie et de Physique*, et dans le tome XII, année 1826, des *Annales des Mines*, un Mémoire de M. de Prony, dans lequel cet illustre ingénieur indique les moyens de disposer le parallélogramme de manière à rendre les déviations de la tige aussi petites qu'il est possible. On consultera aussi, au sujet des divers dispositifs qui peuvent servir à atteindre le même but, le *Traité des machines à vapeur* de l'ingénieur anglais Tredgold, pages 392 et suivantes, *Pl. XII*. Il nous suffit ici de savoir que l'articulation commune aux tiges FP et EF décrit sensiblement une ligne droite.

67. *Relations entre les forces et les vitesses des différentes parties.* — Supposons, pour la clarté, toutes les pièces réduites à leurs axes (*fig.* 25); la loi du mouvement du point C, sur l'arc de cercle qu'il décrit autour de D, est à peu près la même que pour le cas précédent (*fig.* 23, p. 137), où ce point était assujetti à parcourir la verticale AC; car ici l'arc dont il s'agit s'écarte toujours fort peu de cette verticale; mais l'expression analytique de cette loi, quoique facile à obtenir, serait trop compliquée pour qu'on pût en tirer un parti avantageux, et il conviendra de recourir au tracé de la figure, en se servant du principe énoncé au n° 64, qui donne immédiatement le rapport des vitesses des différents points et des forces qui leur sont appliquées.

Ainsi, par exemple, si, pour une position quelconque, on détermine l'intersection I du prolongement de la direction AB de la manivelle avec la ligne d'axe DC du balancier, cette intersection pourra être considérée comme le centre de rotation instantanée du système de la bielle BC et du triangle BCI, supposé de grandeur invariable, de sorte que les vitesses des points B et C seront entre elles dans le rapport de BI à CI.

Fig. 25.

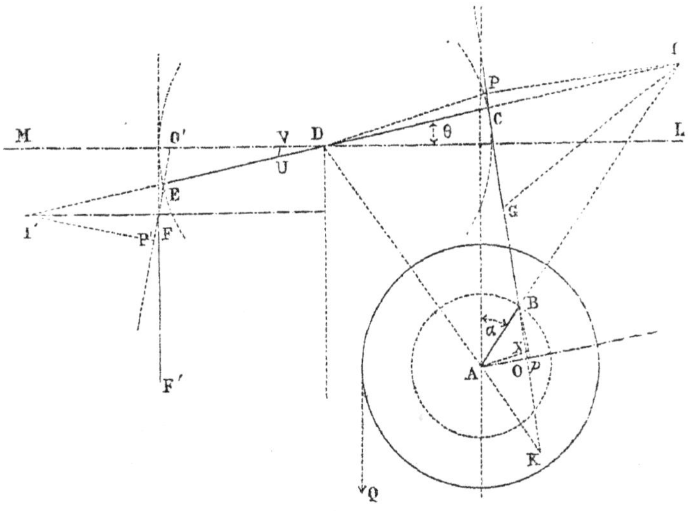


Pareillement, si l'on détermine le point de rencontre I′ du prolongement de DE avec l'horizontale I′F perpendiculaire au chemin décrit par F, ce point pourra être considéré comme le centre de rotation instantanée du système de la tige FE et du triangle EFI′, supposé de forme invariable, de sorte que les vitesses des points F et E seront entre elles comme les côtés FI′ et EI′, qui leur correspondent dans ce triangle.

Prolongeant FE jusqu'à son intersection O′ avec l'horizontale du centre de rotation D, le rapport de I′E à I′F pourra être remplacé par celui de DO′ à DE; menant par le centre A la parallèle AO à DC, qui rencontre BC prolongé en O, le rapport de BI à CI pourra être pareillement remplacé par celui de

AB à AO; posant enfin $AB=b$, $CD=DE=l$, $AO=u$, $DO'=u'$, $\text{ang}CDL=\theta$, $\text{ang}CAB=\delta$.

Nommant de plus $\omega$ la vitesse angulaire $\frac{d\alpha}{dt}$ de la manivelle, $dh$ la vitesse virtuelle du point F, et F la force verticale qui lui est appliquée; U et X les forces qui, appliquées tangentiellement aux arcs décrits par les extrémités E ou C et B seraient équivalentes à F ou lui feraient équilibre, abstraction faite de toute autre force, on aura, sans avoir égard au signe négatif de $d\theta$,

$$\frac{U}{X}=\frac{b\,d\alpha}{l\,d\theta}=\frac{BI}{CI}=\frac{AB}{AO}=\frac{b}{u},$$

d'où

$$Uu=Xb,\quad \frac{d\theta}{dt}=\frac{u}{l}\,\omega,$$

$$\frac{F}{U}=\frac{l\,d\theta}{dh}=\frac{I'E}{I'F}=\frac{DE}{DO'}=\frac{l}{u'},$$

d'où

$$Fu'=Ul=X\frac{bl}{u},\quad \frac{dh}{dt}=u'\frac{d\theta}{dt}=\frac{uu'\omega}{l},$$

relations faciles à calculer ou à construire, et auxquelles on arriverait directement (62) par la simple décomposition des forces ou des vitesses dirigées suivant les lignes BC et FE.

68. Ces mêmes relations mettront d'ailleurs en état de déterminer pour chacune des positions du système, et en fonction de la vitesse angulaire $\omega$, les forces d'inertie et les forces vives des différentes pièces, ainsi que nous l'avons montré en particulier dans le n° 65; mais il serait inutile d'insister ici sur cet objet, non plus que sur les conséquences qui peuvent se déduire, par une discussion facile, des relations dont il s'agit, en ce qui concerne l'irrégularité plus ou moins grande du mouvement ou de l'action des forces, selon que la tige EF agit à la fois dans chacune des deux demi-révolutions ou seulement dans l'une d'elles. Il est évident que ces conséquences seraient, aux chiffres près, analogues à celles auxquelles on est parvenu dans le cas particulier où il s'agit d'une manivelle sollicitée par une force constante en grandeur et en intensité.

Ainsi, par exemple, on trouverait ici encore que, dans le cas des manivelles à double effet, on doit mettre en équilibre leurs équipages qui comprennent le poids de la bielle, des balanciers, etc., tandis que, dans celui des manivelles à simple effet, il y a de l'avantage à charger l'une des extrémités du balancier d'un poids égal à environ moitié de la force F. D'après cela, nous nous contenterons d'indiquer en peu de mots comment on devra s'y prendre pour résoudre les principales questions ou difficultés qui peuvent se présenter dans cette discussion.

69. *Indication de la manière de résoudre, dans le cas général, les questions traitées aux nos 51 et 57 relativement aux bielles et manivelles simples.* — Considérant, par exemple, le cas où la puissance F, supposée constante, n'agit que pendant une demi-oscillation ascendante du piston ou pendant que la manivelle décrit le demi-cercle situé à droite de la verticale du centre de rotation A, nommant $h$ la hauteur de course du point F, correspondant à l'angle $\alpha$ décrit par cette manivelle, à partir de sa position supérieure, et $h'$ la hauteur totale de cette course, qui différera en général très-peu de $2b$, la quantité de travail développée par la force F dans une révolution entière sera mesurée par le produit $Fh'$, d'après quoi son bras de levier moyen rapporté à l'axe A aura pour valeur $\frac{h'}{2\pi}$, et l'effort moyen qui pourrait la remplacer et produire le même travail à chaque révolution entière, s'il était appliqué tangentiellement à la circonférence décrite par l'extrémité B de la manivelle, sera $\frac{h'}{2\pi b}F$.

Or, selon qu'il s'agira des considérations statiques des nos 51 et suivants, ou des considérations dynamiques des nos 57, 58 et 59, on aura à rechercher les maxima et minima du moment virtuel

$$F\,dh = F\,\frac{uu'}{l}\,d\alpha,$$

c'est-à-dire du produit $F\frac{uu'}{l}$ qui représente ici, en quelque sorte, le moment de la force constante F, ou bien il s'agira de trouver les positions du système pour lesquelles l'excès du travail de l'effort moyen $\frac{h'}{2\pi b}$ F sur le travail effectif de la puissance F atteint son maximum et son minimum; ce qui arrive nécessairement aux instants pour lesquels, ces forces se faisant équilibre, leurs quantités de travail élémentaires sont égales, de sorte qu'on a

$$\frac{h'}{2\pi b}\mathrm{F}\,b\,d\alpha - \mathrm{F}\,dh = 0 \quad \text{ou} \quad \frac{h'}{2\pi} - \frac{uu'}{l} = 0.$$

70. *Procédé graphique pour trouver le plus grand ou le plus petit écart du moment et du travail variable de la puissance sur son moment ou son travail moyen.* — Ainsi donc, dans le premier cas, on aura à rechercher la position du système qui répond à la plus petite et à la plus grande des valeurs de la fonction $\frac{uu'}{l}$, et dans le deuxième celles pour lesquelles cette même fonction devient égale au nombre donné $\frac{h'}{2\pi}$; problème dont la solution est on ne peut plus facile à l'aide des données de la figure, et en construisant une courbe unique ayant pour abscisses les différentes valeurs de $u'$ ou DO', et pour ordonnées les valeurs correspondantes de $\frac{uu'}{l}$, que l'on construira très-facilement, en portant la grandeur de $u =$ AO de D en U sur la direction de DE et menant la parallèle UV à O'EF, qui donnera sur DO' le segment

$$\mathrm{DV} = \frac{uu'}{l}.$$

Les valeurs de $u$ et $u'$, qui satisfont à la question, étant ainsi trouvées, on déduira immédiatement le plus grand et le plus petit des écarts du moment moyen sur le moment variable

$$\mathrm{F}\frac{uu'}{l} = \mathrm{F.DV},$$

ou du travail moyen $\frac{Fh}{2\pi}\alpha$ sur le travail variable F$h$ de la force F supposée constante, etc.

Il est évident que la question ne serait pas beaucoup plus difficile à résoudre si F variait avec $h$, suivant une loi donnée, par le tracé d'une courbe, par exemple; car les valeurs des quantités de travail $\int_0^h F\,dh$, $\int_0^\alpha F\,d\alpha$ seraient alors immédiatement données par les méthodes de quadrature mentionnées au n° 9 (Section I).

### Du joint brisé ou universel.

71. *Description de l'appareil.*— Le joint brisé ou universel a pour objet de transmettre le mouvement de rotation d'un axe à un autre, qui le rencontre sous un angle quelconque, plus grand que l'angle droit; il est ordinairement composé d'un croisillon (*fig.* 26) ou d'une boule de métal portant deux

Fig. 26.

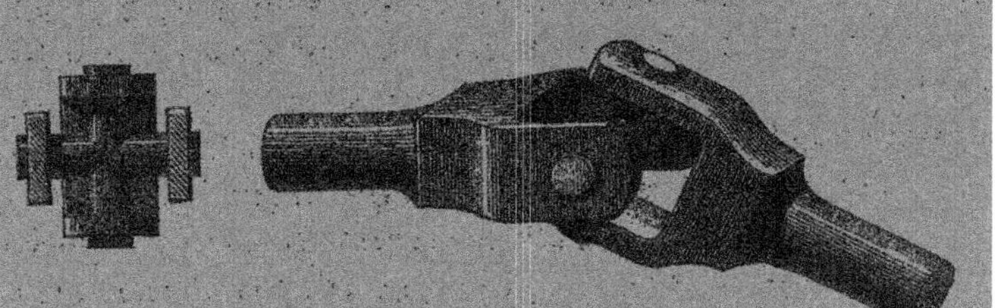

axes rectangulaires et qu'on interpose entre les mâchoires qui terminent, vers leur point de rencontre, les deux axes proposés. Ce mécanisme est principalement employé en Hollande pour transmettre le mouvement des moulins à vent aux axes inclinés des vis *d'Archimède* qui servent pour les épuisements. Son principal avantage consiste dans la faculté qu'il offre de pouvoir changer à volonté, quoique entre des limites données, l'angle des axes de mouvement. Généralement on n'en fait usage que pour les machines peu puissantes, à cause de l'irrégularité du mouvement qu'il occasionne et de l'énorme pression ou résistance que supportent les axes des croisillons, dont les bras sont toujours fort petits par rapport aux rayons des roues d'angles qu'on leur substitue ordinairement.

Prenons (*fig.* 27) pour plan horizontal celui des deux axes de rotation donnés CL et CM; soient DD', EE' les projections,

Fig. 27.

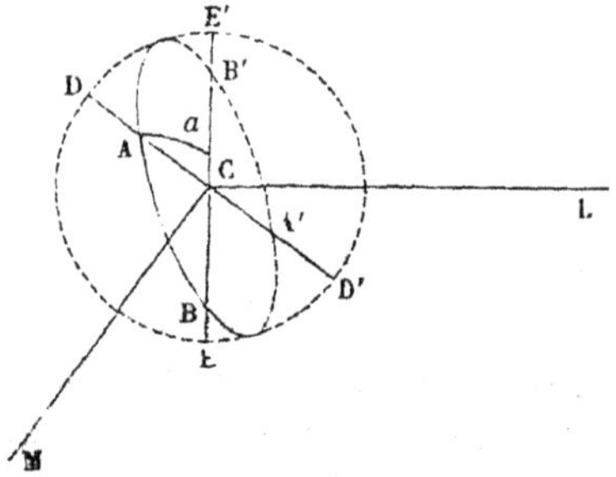


sur ce plan, des cercles respectivement décrits par les extrémités des axes des croisillons et qui sont perpendiculaires aux axes CL et CN; concevons la sphère qui contient à la fois ces cercles, et soient, pour une position quelconque du système, A et A', B et B' les projections de celles des extrémités dont il s'agit, qui sont diamétralement opposées entre elles sur les cercles DD', EE'; le grand cercle qui appartient à ces extrémités formera, avec les précédents, le triangle sphérique ABC, dont les côtés AB et AC fixent entièrement la position des extrémités supérieures B et C des croisillons, par rapport à l'intersection C des cercles DD', EE' ou celle des rayons CA et CB, par rapport à la verticale qui répond au point de rencontre des axes. Or, AC étant considéré comme l'arc du grand cercle décrit par l'extrémité B, à partir du point A, BE complément de CB devra être considéré comme l'arc décrit simultanément par l'extrémité B, à partir de E, ou de la position horizontale du rayon CB, correspondant à la position verticale C du rayon CA.

72. *Relation entre les angles décrits par les croisillons.* — Nommant donc $\alpha$ et $\beta$ les angles au centre des arcs BE et AC, ces angles seront précisément ceux que décrivent simultanément les rayons CB et CA, autour des axes CL et CM, auxquels ils sont respectivement perpendiculaires; et, si l'on nomme en outre C l'angle MCL = ACB de ces deux axes, on aura, par le triangle sphérique ABC, dans lequel AB équivaut à un quadrant et BC au complément de BE,

$$\tan\alpha + \cos C \tan\beta = 0.$$

On arrive au même résultat en observant que, si l'on porte de B en $a$, sur le grand cercle EE', un arc B$a$ = BA équivalent au quadrant, l'arc du grand cercle A$a$ sera perpendiculaire sur C$a$ = BE = $\alpha$, de sorte que, si l'on nomme I l'angle AC$a$, supplément de C, on aura, dans le triangle AC$a$,

$$\tan\alpha = \cos I \tan\beta.$$

Or cela démontre que les angles $\alpha$ et $\beta$, décrits simultanément autour des arcs CL et CM, sont précisément ceux que décriraient, à partir de la position verticale en C, deux rayons CA et C$a$, dont l'un serait la projection orthogonale de l'autre sur son propre plan de mouvement, propriété remarquée par MM. de Bétancourt et Bréguet, qui l'ont démontrée dans un Mémoire présenté à l'Institut de France et l'ont appliquée à leur système de télégraphe.

Différentiant la dernière des relations ci-dessus, elle donnera

$$\frac{d\alpha}{d\beta} = \frac{\cos I \cos^2\alpha}{\cos^2\beta} = \frac{1 - \sin^2 I \cos^2\alpha}{\cos I} = \frac{\cos I}{1 - \sin^2 I \sin^2\beta}$$

pour le rapport des vitesses de rotation des axes MC et LC, qui est aussi le rapport inverse des forces qui, agissant avec le même bras de levier, se feraient mutuellement équilibre autour de ces axes respectifs.

On voit ici que les valeurs de ce rapport peuvent varier depuis $\cos I$ jusqu'à $\frac{1}{\cos I}$, et que l'action sera d'autant plus régulière que l'angle I approchera davantage de zéro. D'ailleurs on peut se proposer les questions analogues à celles que nous avons résolues (51 et 57), dans le cas des manivelles.

73. *Recherche de l'effort et du travail transmis.* — Supposons, par exemple, l'axe CM, qui décrit les angles $\beta$, sollicité par une puissance constante F, agissant à l'extrémité du bras de levier R, qui sera, si l'on veut, le rayon d'une roue, on aura : 1° pour l'effort variable transmis à l'autre axe

$$\frac{F\,d\beta}{d\alpha} = \frac{F\cos I}{1-\sin^2 I\cos^2\alpha};$$

2° pour le travail élémentaire de cet effort

$$\frac{FR\cos I\,d\alpha}{1-\sin^2 I\cos^2\alpha};$$

3° enfin pour le travail total imprimé dans toute l'étendue de l'angle $\alpha$

$$\int_0^\alpha \frac{FR\cos I\,d\alpha}{1-\sin^2 I\cos^2\alpha} = FR\,\mathrm{arc}\left(\mathrm{tang} = \frac{\mathrm{tang}\,\alpha}{\cos I}\right);$$

prenant l'angle $\alpha = 2\pi$, il est clair que la quantité de travail relative à une révolution entière de l'arbre MC sera $F2\pi R$; donc ici *l'effort moyen* qu'il faudrait appliquer à une roue de rayon R, montée sur cet arbre, a précisément pour valeur F; ou, si l'on veut, R est le bras de levier moyen de la puissance constante F, supposée appliquée à ce même arbre; par conséquent

$$FR\,d\alpha - \frac{FR\cos I\,d\alpha}{1-\sin^2 I\cos^2\alpha} = FR\,d\alpha\left(1 - \frac{\cos I}{1-\sin^2 I\cos^2\alpha}\right),$$

$$FR\alpha - FR\,\mathrm{arc}\left(\mathrm{tang} = \frac{\mathrm{tang}\,\alpha}{\cos I}\right)$$

$$= F2\pi R\left[\frac{\alpha}{2\pi} - \frac{1}{2\pi}\,\mathrm{arc}\left(\mathrm{tang} = \frac{\mathrm{tang}\,\alpha}{\cos I}\right)\right]$$

expriment les écarts respectifs des quantités de travail élémentaires et totales, par rapport à celles que produirait l'effort moyen F, pour le même angle $\alpha$, décrit par l'arbre MC ; ce qui donne, pour la plus grande et la plus petite des valeurs du premier de ces écarts,

$$\mathrm{FR}\,d\alpha\left(\frac{1}{\cos \mathrm{I}}-1\right),\quad \mathrm{FR}\,d\alpha\,(1-\cos \mathrm{I})$$

respectivement.

Quant au second de ces écarts, il devient nul à la fois pour

$$\alpha = 0,\quad \alpha = \frac{1}{2}\pi,\quad \alpha = \pi,\quad \alpha = \frac{3}{2}\pi,\quad \alpha = 2\pi,$$

et il atteint ses plus grandes valeurs positives ou négatives dans les quatre positions intermédiaires du système, déterminées par l'équation

$$\frac{d\left[\alpha - \operatorname{arc}\left(\operatorname{tang} = \frac{\operatorname{tang}\alpha}{\cos \mathrm{I}}\right)\right]}{d\alpha} = 1 - \frac{\cos \mathrm{I}}{1 - \sin^2 \mathrm{I} \cos^2 \alpha} = 0,$$

qui donne

$$\cos\alpha = \pm\frac{\sqrt{1-\cos \mathrm{I}}}{\sin \mathrm{I}},\quad \operatorname{tang}\alpha = \pm\sqrt{\cos \mathrm{I}},$$

et par conséquent, pour les valeurs du maximum de l'écart demandées,

$$\mathrm{F}\,2\pi\mathrm{R}\left[\frac{\operatorname{arc}\left(\operatorname{tang} = \pm\sqrt{\cos \mathrm{I}}\right)}{2\pi} - \frac{\operatorname{arc}\left(\operatorname{tang} = \pm\frac{1}{\sqrt{\cos \mathrm{I}}}\right)}{2\pi}\right].$$

74. *Appréciation des plus grands efforts et des irrégularités d'action auxquelles donne lieu le joint universel.* — Supposant, par exemple,

$$\mathrm{I} = 45^\circ \quad \text{ou} \quad \cos \mathrm{I} = \sin \mathrm{I} = \frac{1}{2}\sqrt{2} = 0{,}7071,$$

ce qui a lieu, à peu près, dans le cas de la vis d'Archimède, on trouvera, pour la mesure du plus grand et du plus petit des écarts de la quantité de travail élémentaire sur la moyenne, ou du bras de levier et de l'effort variables par rapport à leur valeur moyenne,

$$\frac{1}{\cos I} - 1 = 0,414, \quad 1 - \cos I = 0,2929,$$

ce qui répond, comme on voit, à des variations d'action considérables, et prouve que les axes des croisillons peuvent éprouver momentanément de très-grands efforts répondant aux arcs

$$\alpha = 0, \quad \alpha = \pi, \quad \alpha = 2\pi.$$

Mais on ne doit pas conclure, pour cela, que les écarts du travail total ou de la force vive qui lui correspond, par rapport à leur valeur moyenne, soient eux-mêmes très-grands : en effet, la dernière des formules ci-dessus donne, pour les nombres qui mesurent cet écart :

$+ 0,02744$, répondant à l'angle $\alpha = 40^\circ\, 3'\, 40''$,

dont la tangente est égale à $+ \sqrt{\cos I} = 0,8409$;

$+ 0,02744$, répondant à l'angle $\alpha = 139^\circ 56'\, 20''$,

supplément du précédent, et dont la tangente est égale à $- \sqrt{\cos I} = - 0,8409$;

$- 0,02744$, répondant à l'angle $180^\circ + 40^\circ 3' 40'' = 220^\circ\; 3' 40''$;

$+ 0,02744$, répondant à l'angle $360^\circ - 40^\circ 3' 40'' = 319^\circ 56' 20''$.

Ces écarts sont, comme on le voit, moindres que ceux qui ont été trouvés (**59**) pour la manivelle à double effet.

## IV. — Applications particulières de la théorie des volants.

### Considérations générales sur l'emploi et sur la construction des volants.

**75.** *Impossibilité de découvrir une règle qui soit applicable à l'établissement de toute espèce de volant.* — D'après les principes généraux exposés au n° 39 (Section I) sur la théorie des volants, il est facile de voir qu'on ne saurait trouver une formule unique, qui pût servir à calculer leurs dimensions dans tous les cas; et, à cet égard, il est impossible d'admettre les règles universelles que quelques auteurs praticiens ont cherché à établir. Chaque genre distinct d'irrégularité d'action des puissances et des résistances en exigera une en particulier, et la théorie des volants ne sera complète, pour la pratique, que lorsqu'on l'aura appliquée à chaque cas spécial : ainsi le volant d'une scierie ne peut être calculé comme celui d'une machine à vapeur, d'un laminoir, etc. C'est pourquoi nous nous bornerons à montrer, par quelques exemples simples, relatifs aux systèmes à manivelle, la manière dont on doit, dans chaque cas, procéder à la solution de la question; mais, comme cette solution ne laisserait pas que d'être fort compliquée si l'on voulait avoir égard à toutes les circonstances du mouvement et à ce qui se passe dans toute l'étendue des machines, nous devons présenter ici quelques réflexions propres à faire éviter des difficultés de calcul qui seraient souvent sans objet pour le but qu'on se propose dans l'établissement des volants.

76. *Simplification qu'il est permis d'apporter dans beaucoup de cas au calcul des volants.* — D'abord on doit admettre en principe ce qui a été dit au n° 39 (Section I), que le volant est placé le plus près possible de la force, qui exerce des actions irrégulières [1] et doit assurer l'uniformité du mouvement indépendamment de l'inertie des pièces de rotation qui lui succèdent du côté opposé à cette force; car, sans cela, ces

[1] *Répartition des divers volants d'une usine.* — Pour assurer, en toutes circonstances, la bonne marche d'un ensemble de machines, il suffit de faire en sorte que, dans les cas extrêmes les plus défavorables, l'écart des vitesses et l'accélération ne dépassent pas les limites déterminées (Note du n° 42, Sect. I). Si T représente le travail transmis à la vitesse de règle $\omega$, $\alpha$ la plus grande variation totale, positive ou négative, que le travail moteur puisse éprouver sans que le régulateur intervienne d'une façon efficace, $\beta$ la plus grande variation du travail résistant, il est clair que l'excès maximum de la force vive sur la force vive normale correspondra au cas où $\alpha$ et $\beta$ coexisteront et seront de signes

pièces pourraient être soumises à des alternatives d'actions nuisibles ou dangereuses.

Ensuite on remarquera que les résistances passives, quelle qu'en soit la nature, introduisant dans l'équation des forces vives du n° 38 (Section I) des termes qui ne peuvent entrer que positivement dans le premier membre relatif à ces forces vives et négativement dans l'expression de S, elles auront pour effet, dans beaucoup de cas, de diminuer les plus grands écarts de la vitesse ou la valeur qu'il serait nécessaire de donner au moment d'inertie du volant, si ces circonstances n'avaient pas lieu; en d'autres termes, elles tendront, par elles-mêmes, à régulariser le mouvement en remplissant ainsi les fonctions de frein, et par conséquent, en les négligeant dans de pareilles circonstances, on sera certain d'obtenir, pour le volant, des dimensions plus que suffisantes.

D'ailleurs il arrive presque toujours que les résistances pas-

---

contraires. Il est toujours prudent de faire cette hypothèse extrême; car la position relative des diverses machines n'est pas constante, elle est modifiée à chaque instant par la déformation des organes de transmission, et surtout par les glissements inévitables des courroies, par les embrayages ou débrayages. D'un autre côté, les variations accidentelles se produisent à des époques qui ne peuvent pas être réglées. D'après la théorie exposée au n° 38, Sect. I, la force vive $A\Omega^2$ qu'il est nécessaire de donner au système, pour lui assurer une régularité définie par $n$, est déterminée par l'équation $A\Omega^2 = n(\alpha + \beta)$; on voit qu'elle est égale à la somme des deux forces vives égales à $n\alpha$ et à $n\beta$, que l'on trouverait en déterminant séparément un volant assurant l'écart $\frac{1}{n}$ à la machine motrice soumise à un travail résistant constant et à la variation $\alpha$ du travail moteur, et un autre volant assurant le même écart $\frac{1}{n}$ à la machine-outil, recevant un travail moteur constant et soumise à la variation $\beta$ du travail résistant. On arrive à des conséquences analogues en étudiant la question au point de vue des accélérations.

Le calcul des volants peut donc toujours être fractionné et ramené à celui de chaque machine isolée, recevant du dehors un travail constant et assujettie seulement aux variations de travail qui lui sont propres; il n'en résulte pas qu'une même machine doive avoir le même volant dans toutes les installations, car les éléments qui servent au calcul du volant d'un appareil donné, c'est-à-dire les conditions de régularité requises et le mode d'action des forces, varient dans chaque cas spécial avec la nature des autres machines de l'usine, avec l'importance des variations accidentelles, la sensibilité du régulateur employé; ces élésives les plus influentes font partie intégrante de la puissance motrice ou de la résistance active, ou peuvent être comprises dans les mêmes termes de l'équation des forces vives, de sorte qu'on peut, sans inconvénients, négliger la considération des résistances passives intermédiaires, en tenant compte seulement de leurs valeurs moyennes ou des quantités de travail qu'elles produisent dans chaque révolution de la machine, c'est-à-dire en ajoutant ces valeurs moyennes à la puissance ou à la résistance active.

Enfin, dans d'autres cas très-compliqués, où l'on aura à considérer des pièces à mouvement alternatif, on se verra contraint de négliger l'influence de l'inertie de quelques-unes ou de la totalité de ces pièces, en ne tenant ainsi uniquement compte que de l'irrégularité d'action même de la puissance et de la résistance, ou bien on sera obligé de faire quelque

---

ments doivent donc toujours être déterminés par une étude préliminaire. (Note du n° 42, Sect. I, et du n° 35).

Le mode d'opérer qui vient d'être indiqué apporte de grandes simplifications au calcul des volants; il conduit, en outre, à la répartition la plus avantageuse des volants sur les divers arbres, au point de vue de l'état moyen des tensions dans les organes de transmission et des oscillations de la vitesse réelle résultant des déformations élastiques.

En se reportant à la Note du n° 46, on peut se rendre compte de l'importance d'une bonne répartition des masses en mouvement. Si les forces extérieures viennent à varier en même temps qu'elles augmentent, par exemple, le premier effet de cette modification est un ralentissement de l'arbre mené, une accélération de l'arbre moteur, quelles que soient du reste les valeurs relatives des variations; lorsque celles-ci sont de peu de durée, on peut, par un choix convenable des masses, c'est-à-dire de la valeur de N, augmenter à volonté la durée de la période des oscillations et la rendre assez longue pour que, au moment où la perturbation cesse, la tension de la transmission ne soit pas encore arrivée à son maximum et diffère aussi peu qu'on le voudra de sa valeur moyenne.

Telle est la raison qui conduit à placer des volants sur les arbres des machines-outils; il faut remarquer que, par suite de l'emploi de ces volants, la diminution du travail résistant, au moment des débrayages, se trouve accompagnée d'une diminution de la masse en mouvement; l'inverse a lieu au moment des embrayages. Ces circonstances concourent pour augmenter les irrégularités du mouvement, et il est nécessaire d'en tenir compte, soit en calculant en conséquence le volant de la machine motrice, soit mieux en établissant des volants spéciaux sur les transmissions, dans des régions voisines de celles où se produisent les intermittences de travail. (K.)

supposition qui tende à simplifier l'état variable du mouvement de la machine, comme il arriverait pour les appareils des nos 61 et 66 (*fig.* 23 et 24), si l'on supposait la bielle BC sensiblement verticale, et la puissance F immédiatement appliquée à l'extrémité du bras DE du balancier, ce qui s'écarte assez peu de la réalité, dans les cas ordinaires, où les longueurs de cette bielle et de ce bras sont environ cinq fois celui de la manivelle AB.

77. *Dispositions les plus ordinaires des volants.* — Pour satisfaire autant qu'il est possible aux conditions indiquées au n° 39 (Section I), on compose ordinairement les volants d'un anneau en fonte (*fig.* 28) relié au moyen de bras, en même

Fig. 28.

matière, ou en fer, ou en bois, à un noyau central monté sur l'arbre [1]. Presque toujours la section de l'anneau dont il s'agit

(1) *Systèmes d'assemblage des volants.* — Lorsque les volants sont de petite dimension, ils sont ordinairement fondus d'une pièce; quand ils ont un grand

est rectangulaire, mais on lui donne quelquefois aussi, de même qu'aux bras, une forme elliptique allongée, dans la vue de diminuer la résistance de l'air; nous ne connaissons aucune expérience qui mette en état d'apprécier cette résistance dans le cas dont il s'agit, et il est même douteux que, vu la continuité de l'anneau et la succession rapide des bras dans un même espace, la forme des bras et de l'anneau joue un si grand rôle, que s'il s'agissait de surfaces complétement isolées. Enfin, dans des machines peu puissantes, on se contente souvent de placer à l'extrémité de bras en fer, amincis dans le sens du mouvement, des masses métalliques, auxquelles on donne la forme lenticulaire, toujours dans la vue de diminuer la résistance de l'air; mais ces derniers dispositifs doivent être proscrits à cause des dangers qu'ils présentent.

78. *Expressions approximatives et simplifiées du moment d'inertie et de la force vive des volants.*— Quoi qu'il en soit, il sera toujours facile, au moyen des règles posées à la fin de cette Section, de trouver le moment d'inertie $\Sigma m r^2$ et la force vive $\omega^2 \Sigma m r^2$ (36, Section I) d'un pareil système. Considérons, en particulier, le cas des volants à anneau continu, et nommant P′ le poids de cet anneau, $R_1$ son rayon moyen, V sa vitesse à l'extrémité de $R_1$, $g = 9^m,809$ l'accélération de la pesanteur, on aura très-approximativement

$$\Sigma m r^2 = \frac{P'}{g} R_1^2 \quad \text{et} \quad \omega^2 \Sigma m r^2 = \frac{P'}{g} \omega^2 R_1^2 = \frac{P'}{g} V^2.$$

---

diamètre, les rayons sont assemblés (*fig.* 28) à l'aide de boulons et de cales de serrage sur un noyau DE; l'anneau est composé de plusieurs segments, qui sont réunis entre eux à l'aide de prisonniers intérieurs traversés par des goujons perpendiculaires au plan du volant; ces jonctions se font, soit dans le prolongement des rayons, en A (*fig.* 29), soit dans l'intervalle compris entre les rayons, en B (*fig.* 28). Ces deux figures indiquent en C et *ab* deux modes fréquemment employés par les constructeurs pour l'assemblage de l'anneau avec les rayons.

Les volants sont souvent utilisés, en dehors de leur rôle spécial, comme organes de transmission de mouvement; la surface extérieure de la jante est alors tournée quand le volant doit recevoir une courroie, ou bien garnie de dents quand il fait fonction de roue d'engrenage. (K.)

Quant aux bras, si l'on nomme P″ leur poids total, on pourra, d'après les mêmes règles, prendre très-approximativement

$$\Sigma m r^2 = 0,325 \frac{P''}{g} R^2,$$

et, par conséquent,

$$\omega^2 \Sigma m r^2 = 0,325 \frac{P''}{g} \omega^2 R^2 = 0,325 \frac{P''}{g} V^2;$$

ce qui donne, pour la force vive totale du volant

$$\frac{(P' + 0,325 P'') V^2}{g},$$

que nous représenterons simplement par $\frac{P}{g} V^2$, soit qu'on veuille tenir compte ou non du moment d'inertie des bras, qui, au surplus, ne saurait guère surpasser le $\frac{1}{6}$ ou le $\frac{1}{8}$ de celui de l'anneau entier.

79. *Recherche du moment total des forces qui tendent à rompre les bras des volants* ([1]). — Le volant est principalement exposé à l'action de la force centrifuge, qui tend à séparer violemment les bras et les segments dont se compose l'anneau, et à l'action de la force motrice ou d'inertie qui naît de la variation instantanée du mouvement de rotation, et tend principalement à rompre les bras à leur encastrement près de l'arbre et de l'anneau. L'appréciation de l'une ou l'autre de ces actions peut être soumise à un calcul rigoureux, quand la constitution de la machine à laquelle le volant se trouve appliqué est bien connue.

Conservant toujours les mêmes dénominations, on observera que $\omega^2 rm$ est l'expression de la force centrifuge d'un élément de masse $m$, situé à la distance $r$ de l'axe, tandis que $\frac{d\omega}{dt} rm$, pris abstraction faite du signe, est celle de sa force

---

([1]) Consulter, au sujet des conditions de résistance des volants, le *Mémoire sur les volants des machines à vapeur*, par M. Resal. (*Annales des Mines*, t. I; 1872.)

motrice ou d'inertie tangentielle (n° 14, Section I), dont le moment, par rapport à l'axe, a ainsi pour valeur $\frac{d\omega}{dt} r^2 m$, ce qui donne, pour calculer à un instant assigné la force totale X, qui, agissant à l'extrémité du rayon moyen R de l'anneau, ou suivant sa circonférence moyenne, serait capable de faire équilibre à l'action des forces qui naissent de la variation instantanée du mouvement de rotation, l'expression

$$X = \frac{1}{R} \frac{d\omega}{dt} \Sigma m r^2 = \frac{1}{R} \frac{d\omega}{dt} \frac{(P' + 0{,}325 P'')}{g} R_1^2 = \frac{d\omega}{dt} \frac{PR}{g},$$

en considérant toute la masse du volant et des bras.

En assimilant cette force à un effort de torsion, agissant pour rompre les bras à leur encastrement, avec une énergie mesurée par le moment $\frac{d\omega}{dt} \frac{PR_1^2}{g}$, il sera facile d'appliquer les principes de la théorie de la résistance des solides ([1]) à la partie de la question qui nous occupe, quand on aura trouvé, pour le système formé par l'arbre du volant, et des pièces qui donnent lieu à l'irrégularité du mouvement, le maximum de la valeur $\frac{d\omega}{dt}$ qui, pour un instant ou une position quelconques, sera donnée (nos 36, 37 et 38 de la Section I) par l'équation

$$(A + B)\omega\, d\omega = (A + B) \frac{d\omega}{dt} d\alpha = F\, df - Q\, dq - \ldots = dS;$$

A désignant ici spécialement la somme des moments d'inertie des pièces à mouvement de rotation continu, qui font partie de l'arbre du volant; B une somme analogue relative aux pièces oscillantes du système et dont on pourra obtenir la valeur, en fonction de l'angle $\alpha$ décrit par l'arbre dont il s'agit, à l'aide

---

([1]) *Voir* le résumé des Leçons données à l'École des Ponts et Chaussées, sur l'application de la Mécanique aux constructions, etc., par M. Navier. Nous ferons remarquer à ce sujet que, comme les bras se trouvent encastrés aux deux bouts, il conviendra d'égaler le moment de la puissance à la somme de ceux des résistances qui agissent aux deux encastrements, tout en conservant à cette puissance un bras de levier égal à la longueur de ces bras.

des considérations exposées dans les nos 64 et suivants; enfin F représentant, si l'on veut, la puissance à action variable, Q la résistance constante qui agit sur la roue motrice de l'arbre du volant, etc. De là on tirera, pour calculer $\frac{d\omega}{dt}$,

$$\frac{d\omega}{dt} = \frac{F\frac{df}{d\alpha} - Q\frac{dq}{d\alpha} - \ldots}{A + B}.$$

Les quantités qui entrent dans cette expression étant toutes ou constantes, ou fonctions de l'angle $\alpha$, qui fixe la position du système, on n'aura plus qu'à rechercher son maximum par les méthodes ordinaires ou par des procédés analogues à ceux des nos 64 et suivants, déjà cités, pour obtenir celui de la force d'inertie totale X, qui, dans le cas d'un choc ou changement brusque quelconque de vitesse, pourra acquérir une grande intensité, dont les effets devront être appréciés d'après les principes qui seront exposés dans la suite de ce Cours.

**80.** *Recherche de la vitesse limite que peuvent recevoir les volants, eu égard à l'action de la force centrifuge sur leur anneau supposé d'une seule pièce.* — Relativement à l'action particulière de la force centrifuge, on remarquera qu'il peut se présenter plusieurs modes de rupture selon le genre de construction adopté.

En premier lieu, si l'on suppose l'anneau d'une seule pièce, et qu'on le considère comme soumis uniquement à l'action de la force centrifuge, qui tend à en refouler les parties, du dedans au dehors, en les distendant dans le sens de la couronne, on aura, d'après les théories connues, en nommant, de plus, $e$ l'épaisseur de cette couronne ou la différence de ses rayons, et T la limite des efforts que l'on veut faire supporter aux parties extérieures de l'anneau, sur le mètre carré de surface,

$$\frac{\Pi}{g}\omega^2 R_1^2 = T\frac{1 + \frac{1}{12}\frac{e^2}{R_1^2}}{1 + \frac{1}{2}\frac{e}{R}},$$

pour exprimer les conditions de l'équilibre de cet anneau, abstraction faite de l'action de la pesanteur et de la résistance des bras.

On prendra seulement pour la fonte douce. $T = 3000000^{kg}$
Et pour le fer malléable................ $T = 12000000^{kg}$
afin d'être certain que l'élasticité de la matière ne soit pas altérée.

Supposons d'ailleurs que l'épaisseur $e$ de l'anneau soit très-petite par rapport au rayon, comme cela a toujours lieu, la relation ci-dessus deviendra

$$\frac{\Pi}{g}\omega^2 R_1^2 = \frac{\Pi}{g} V_1^2 = T, \quad \text{d'où} \quad V_1 = \sqrt{\frac{g}{\Pi} T};$$

ce qui indique qu'il existe une limite absolue de la vitesse moyenne $V_1$ qu'il n'est pas permis de dépasser, quel que soit le mode de construction adopté. Prenant, pour la fonte douce, $\Pi = 7100^{kg}$, on trouvera $V_1 = 64^m,38$ par seconde. La vitesse limite sera presque double pour un anneau en fer forgé et bien soudé.

81. *Force nécessaire aux bras des volants et à leurs brides pour résister à l'action de la force centrifuge.* — Si le volant est composé de plusieurs segments (*fig.* 29) retenus à leurs extrémités par les bras, il faudra décomposer les forces centrifuges des éléments de l'un quelconque de ses segments en deux autres agissant, à ses extrémités, suivant la direction moyenne des bras correspondants; faire la somme de ces composantes et en doubler la valeur pour obtenir la force qui tend à rompre chaque bras ou la bride qui l'unit à la jante, force à laquelle on pourra d'ailleurs ajouter le poids de cette jante, pour tenir compte de l'action de la gravité sur la partie inférieure de la couronne.

La décomposition dont il s'agit sera d'ailleurs beaucoup facilitée par le principe suivant, très-aisé à établir : *Si un corps, tournant autour d'un axe fixe, est décomposable en tranches planes infiniment minces perpendiculaires à cet axe, et dont les centres de gravité sont situés sur une droite qui lui est parallèle, le corps ayant d'ailleurs une forme et une situation quelconques, ou sur une ligne quelconque comprise tout entière dans un plan passant par cet axe, le corps étant alors divisé symétriquement par un certain plan perpendiculaire à ce*

Fig. 29.

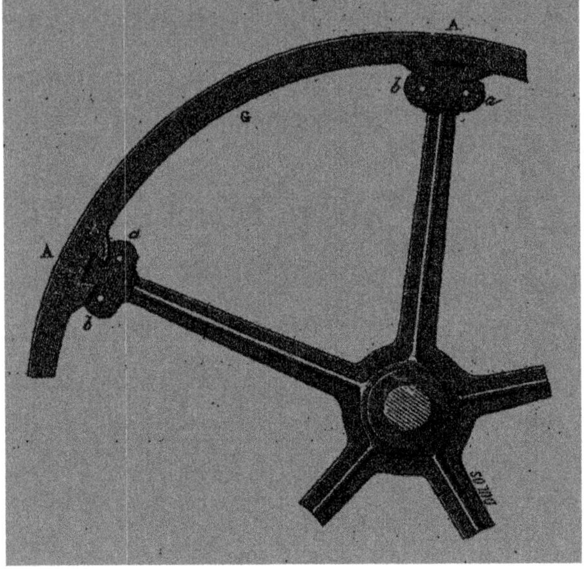


*même axe et qui en contient le centre de gravité, la force centrifuge de ce corps est la même que si toute sa masse était concentrée en son centre de gravité.* Ainsi G étant le centre de gravité du segment AA, $\frac{P'}{i}$ son poids, sa force centrifuge aura pour intensité

$$\frac{P'}{ig}\omega^2 2\frac{\sin\frac{1}{2}\alpha}{\alpha}R_1,$$

$\alpha$ étant l'arc qui mesure l'angle des bras dans le cercle dont le rayon est l'unité.

On aura donc, pour la force qui tend à faire sortir la jante de son encastrement en A, en la tirant suivant la direction du bras correspondant,

$$4\omega^2\frac{R_1\sin^2\frac{1}{2}\alpha}{\alpha g\sin\alpha}\frac{P'}{i},$$

et en ajoutant, comme on l'a dit, le poids d'une jante à l'action de la force centrifuge,

$$\left(4\omega^2 \frac{R_1 \sin^2 \frac{1}{2}\alpha}{\alpha g \sin \alpha} + 1\right) \frac{P'}{i}.$$

Mais, comme les différentes parties des bras sont elles-mêmes sollicitées par l'action de la force centrifuge, on fera bien d'avoir égard à cette circonstance pour déterminer la section de plus facile rupture de ces bras et des liens ou brides qui les unissent aux jantes, s'il arrivait qu'on n'eût pas augmenté, dans un rapport convenable, leur grosseur en allant de la circonférence au centre.

82. Enfin on remarquera que la rupture de l'anneau peut aussi s'opérer, du dedans vers le dehors, par le milieu de chaque jante du segment distinct AA, qu'on devra alors considérer comme une pièce posée simplement sur deux appuis inébranlables à ses extrémités, si les jantes sont détachées l'une de l'autre, ou comme solidement encastrée à ces mêmes extrémités, si l'anneau est d'un seul morceau, la question consistant alors à égaler le moment de la force centrifuge totale, par rapport au point de rotation A des parties de la jante, à ceux des forces de cohésion qui s'opposent à cette rupture, ainsi qu'enseigne à le faire la théorie de la résistance des solides (¹).

83. *Opinion de Tredgold relative à la solidité des anneaux et des bras des volants.* — Selon Tredgold (²), des bras en fer ne résisteraient pas à l'effet occasionné par un arrêt subit d'un volant ayant une jante de même poids qu'eux, et mû avec une vitesse de 5$^{m}$,5 par seconde; si la vitesse doit excéder 4 mètres par seconde, il conviendrait d'employer des bras en fer malléable; une vitesse de 10 mètres à la circonférence serait à peu près l'extrême limite que comporterait un volant, même quand l'anneau serait en fer ductile; enfin Tredgold ne pense

---

(¹) *Voir* l'Ouvrage déjà cité de Navier.

(²) *Traité des machines à vapeur*, traduit par M. Meller.

pas qu'il soit, en aucun cas, prudent d'excéder la vitesse de $5^m,5$. Mais ces résultats, pour lesquels l'auteur renvoie à son *Essai sur la force du fer fondu* (art. 261), ne paraissent pas fondés sur des données bien exactes : ils sont d'ailleurs contredits par les faits ; car on voit souvent des volants de laminoirs de 5 à 6 mètres de diamètre, et qui sont assujettis à de fréquentes et fortes variations de mouvement, faire jusqu'à soixante et quatre-vingt-dix tours à la minute ; ce qui suppose une vitesse de 15 à 25 mètres au moins par seconde. Les accidents que peut occasionner la rupture des volants doivent engager les constructeurs à donner la plus sérieuse attention au degré de solidité que réclament leurs différentes parties, et justifient les indications et développements que nous venons de présenter sur la manière d'apprécier les effets de la force centrifuge et de l'inertie dans cet appareil.

### Calcul du volant des manivelles à simple ou à double effet, dans les hypothèses les plus simples.

84. *Considérations et remarques préliminaires.* — Dans ce qui suit, nous nous proposerons de trouver les dimensions du

Fig. 30.

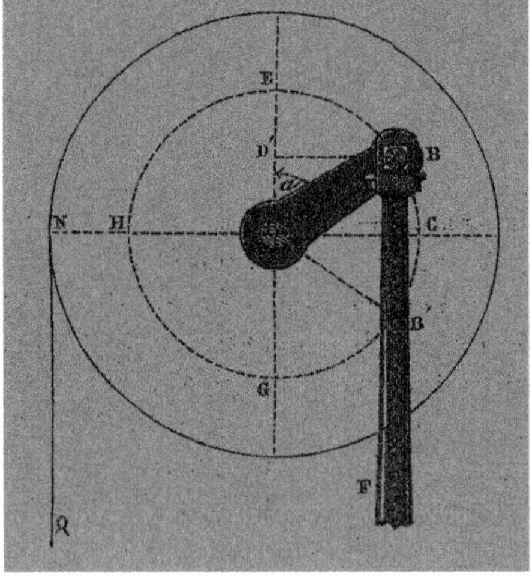


volant nécessaires pour assurer l'uniformité du mouvement de l'arbre d'une manivelle, agissant par l'intermédiaire d'une bielle à direction et à action constantes, conformément aux suppositions des nos 51 et suivants, et en négligeant ainsi le poids et l'inertie des pièces du système, qui possèdent le mouvement alternatif. Nous admettrons d'abord, avec Navier, qui, le premier, a traité cette question dans les Notes du tome Ier de l'*Architecture hydraulique de Bélidor* (p. 388 et suiv.), que l'action de la puissance F (*fig.* 30), appliquée à la manivelle, est employée à faire élever le poids Q par l'intermédiaire d'une roue, de rayon $r$, montée sur l'arbre de cette manivelle ou du volant, et dont nous négligerons d'ailleurs l'inertie, mais nous abandonnerons ensuite cette hypothèse particulière et nous simplifierons, plus que ne le fait ce géomètre, les formules définitives qui doivent servir aux applications numériques ou pratiques.

85. *Manivelle à simple effet sollicitée par un poids constant.* — Considérant, en premier lieu, le cas où la puissance F agit seulement en descendant dans le demi-tour ECG, et conservant toutes les dénominations admises dans les nos 51 et suivants, on posera l'équation de condition

$$2b\,F = 2\pi r Q \quad \text{ou} \quad b\,F = \pi r Q,$$

pour exprimer que les forces F et Q développent des quantités de travail égales dans chacune des révolutions de l'arbre de la manivelle, de manière à assurer la permanence du mouvement lorsque le système aura acquis la vitesse moyenne, ou de régime, qu'il doit conserver et que nous représenterons par $\Omega$.

Le moment de la force F, pour une position quelconque de la manivelle, étant $Fb\sin\alpha$, et celui de Q étant constamment $Qr$, ces deux forces se feront mutuellement équilibre dans les positions de la manivelle pour lesquelles $Fb\sin\alpha = Qr$, ce qui donne, à cause de $Fb = \pi r Q$,

$$\sin\alpha = \frac{1}{\pi} = 0{,}3183,$$

valeur qui répond à deux angles supplémentaires EAB, EAB′

et à deux rayons AB, AB′ symétriques par rapport au diamètre horizontal CH.

Or il est aisé de voir que la quantité de travail

$$F(b - b\cos\alpha) - Qr\alpha$$

livrée, par ces forces, au système, à partir de la position verticale AE de la manivelle, pour laquelle $\alpha = 0$, atteindra, ainsi que la vitesse et la force vive, sa valeur minima en B et maxima en B′, puis décroîtra constamment avec l'une et l'autre, tant que la manivelle décrira l'arc B′GHB, au bout duquel elle reprendra les mêmes valeurs qu'auparavant, en atteignant sa valeur moyenne vers C et H ; et ainsi de suite alternativement, puisque la quantité de travail imprimée dans un tour entier est nulle en vertu de la relation $Fb = \pi r Q$.

L'analogie de ces considérations avec celles qui résultent de la discussion établie au n° 58 paraîtra évidente d'ailleurs, si l'on observe qu'ici le système est censé posséder une force vive supérieure, ou tout au moins égale, au maximum

$$2F(b - b\cos\alpha) - 2Qr\alpha,$$

que peuvent imprimer simultanément les forces F et Q appliquées à ce même système.

Maintenant, on remarquera que, le travail développé séparément par ces forces dans l'intervalle BCB′ étant

$$BB'.F = 2bF\cos\alpha = 2bF\sqrt{1 - \frac{1}{\pi^2}}$$

pour la première, et

$$Q.\text{arc}\,BCB' = Qr.2\,\text{arc}\left(\cos = \frac{1}{\pi}\right)$$

pour la deuxième, celui qu'elles auront simultanément communiqué à la machine dans ce même intervalle aura pour valeur

$$2bF\sqrt{1 - \frac{1}{\pi^2}} - 2rQ\,\text{arc}\left(\cos = \frac{1}{\pi}\right),$$

laquelle devra être égalée à la moitié de la force vive imprimée au poids Q et au volant entre la position du système dont il s'agit.

On aura donc, d'après le n° 38 de la Section I, pour déterminer la force vive $\frac{P}{g}\Omega^2R^2$ ou $\frac{P}{g}V^2$ du volant, quand on se sera donné le rapport $n = \frac{\Omega}{d}$ qu'on veut établir entre la vitesse moyenne et l'excès de la plus grande sur la plus petite des vitesses effectives :

$$PV^2 + Q\Omega^2 r^2 = 2ng\left[bF\sqrt{1 - \frac{1}{\pi^2}} - rQ \operatorname{arc}\left(\cos = \frac{1}{\pi}\right)\right];$$

ce qui revient à l'équation donnée par Navier, à la page 390 de l'Ouvrage cité. On démontrerait aisément d'ailleurs, avec ce géomètre, qu'on arrive à un résultat équivalent, en considérant ce qui se passe dans la portion de tour B'HB.

86. *Recherche de la force d'inertie totale qui sollicite les bras.* — Si l'on veut obtenir, pour les hypothèses actuelles, l'expression du maximum de la quantité $\frac{d\omega}{dt}$, qui sert à calculer la force qu'il convient de donner aux bras du volant, pour leur permettre de résister aux forces d'inertie qui naissent de la variation instantanée du mouvement, on remarquera que la quantité de travail développée sur le système, pendant qu'il décrit l'angle $d\alpha$, est $Fb\sin\alpha\, d\alpha$; de sorte qu'on a généralement, pour le premier demi-tour,

$$\frac{d\omega}{dt} = \frac{Fb\sin\alpha - Qr}{A} = g\,\frac{(Fb\sin\alpha - Qr)}{PR_1^2 + Qr^2},$$

en négligeant toujours le poids et l'inertie des bielles de la manivelle, etc. Or cette expression acquiert sa plus grande valeur absolue pour la position où l'on a

$$\sin\alpha = 1 \quad \text{ou} \quad \alpha = \frac{1}{2}\pi;$$

ce qui donne, pour son maximum, la quantité

$$\frac{g(Fb - Qr)}{PR_1^2 + Qr^2},$$

et, pour la force d'inertie totale et maximum qui agit à l'extrémité du rayon $R_1$,

$$X = \frac{(Fb - Qr)PR}{PR_1^2 + Qr^2}.$$

**87.** *Manivelles à double effet.* — Si la force F agissait à la fois dans les deux demi-tours (52 et 59), on poserait

$$4bF = 2\pi rQ \quad \text{ou} \quad 2bF = \pi rQ,$$

et toujours $Fb \sin \alpha = Qr$, pour déterminer les positions d'équilibre, évidemment au nombre de deux, dans chaque demi-tour, et symétriques par rapport aux diamètres CH et EG; de sorte que la vitesse et la force vive seraient les mêmes pour les points B, B', et ceux qui leur sont diamétralement et respectivement opposés dans le demi-cercle EHG. On n'aura donc encore à s'occuper que de ce qui arrive dans le premier demi-tour ECG, pourvu que l'angle EAB, dont le sinus était précédemment $\frac{1}{\pi}$, soit remplacé par celui dont le sinus est maintenant égal à $\frac{2}{\pi}$, en vertu des équations ci-dessus.

D'après cela, on obtiendra, dans les hypothèses actuelles et en conservant les mêmes dénominations,

$$PV^2 + Q\Omega^2 r^2 = 2ng\left[Fb\sqrt{1 - \frac{4}{\pi^2}} - rQ \operatorname{arc}\left(\cos = \frac{2}{\pi}\right)\right],$$

comme l'a également trouvé Navier, à l'endroit cité.

Quant aux valeurs maxima de $\frac{d\omega}{dt}$ et de la force d'inertie (1)

---

(1) *Rapport des accélérations maxima des manivelles à simple et à double effet.* — L'expression de l'accélération maxima, en fonction de F et de Q, reste

totale X, il est clair qu'elles resteront les mêmes que dans le cas précédent, et continueront à avoir lieu pour les positions horizontales de la manivelle relatives à chaque demi-révolution.

88. *Simplification des formules relatives au cas où le poids est remplacé par une force quelconque, sans inertie.* — On remarquera que les équations et les expressions qui viennent d'être exposées se rapportent uniquement au cas où la force Q est un poids véritable, dont l'inertie doit être prise en considération, parce qu'elle contribue à régulariser l'action de la force F. Si Q était simplement un effort constant exercé à la circonférence de la roue du rayon $r$, et qu'on négligeât d'ailleurs l'inertie de cette roue, comme il convient de le faire, le terme $Q\Omega^2 r^2$ devrait disparaître de ces équations, qui deviendraient respectivement [1]:

1° Pour le cas des manivelles à simple effet, pour lesquelles on a $Fb = \pi Q r$,

$$PV^2 = 10{,}8109\, n\pi Q r;$$

---

la même, mais il faut remarquer que, dans le premier cas, on a

$$Fb = \pi Q r$$

et, dans le second,

$$Fb = \frac{\pi}{2} Q r.$$

Les accélérations maxima sont donc

$$\frac{d\omega}{dt} = \frac{gQr}{PR_1^2 + Qr^2}(\pi - 1), \quad \text{pour la manivelle à simple effet,}$$

$$\frac{d\omega}{dt} = \frac{gQr}{PR_1^2 + Qr^2}\left(\frac{\pi}{2} - 1\right), \quad \text{pour la manivelle à double effet;}$$

si, dans les deux cas, on donne le même moment d'inertie aux volants, ces accélérations sont entre elles dans le rapport $\frac{\pi - 1}{\frac{\pi}{2} - 1}$ ou environ $\frac{15}{4}$. (K.)

(1) Les accélérations maxima deviennent dans cette hypothèse :

$$\frac{d\omega}{dt} = g\frac{Qr}{PR_1^2}(\pi - 1), \quad \text{pour la manivelle à simple effet,}$$

$$\frac{d\omega}{dt} = g\frac{Qr}{PR_1^2}\left(\frac{\pi}{2} - 1\right), \quad \text{pour la manivelle à double effet.}$$

(K.)

2° Pour le cas des manivelles à double effet, où l'on a $Fb = \frac{\pi}{2} Qr$,

$$PV^2 = 2{,}0645\, n\pi Q r.$$

89. *Expression de la force vive du volant en fonction du nombre de chevaux de force et des révolutions par minute de la machine.* — On évalue ordinairement, dans l'industrie, la puissance des machines par le nombre des *chevaux* de force que développe sur elles le moteur, et leur vitesse par le nombre des révolutions du récepteur ou de l'opérateur en une minute. Or, $m$ étant ce dernier nombre, $m \frac{2\pi r}{60} Q$ sera évidemment, dans le cas qui nous occupe, la quantité de travail développée par Q ou F en une seconde, prise pour unité de temps; et par conséquent, si l'on nomme N le nombre des chevaux dynamiques de la machine, dont chacun équivaut à 75 kilogrammètres par seconde (7, Sect. I), on aura

$$N = \frac{2\pi r m}{60 \times 75} Q, \quad \text{d'où} \quad \pi Q r = \frac{2250}{m} N.$$

En substituant cette valeur dans les expressions ci-dessus de la force vive du volant, on trouvera, pour le cas des manivelles à simple effet,

$$PV^2 = 24324 \frac{n}{m} N,$$

et, pour celui des manivelles à double effet,

$$PV^2 = 4645 \frac{n}{m} N\,(^1).$$

Ces formules s'accordent avec les résultats obtenus aux nos 58 et suivants, pour prouver les avantages inhérents aux

---

(1) *Comparaison de la régularité des manivelles à simple et à double effet.* Si les deux systèmes de manivelles transmettent le même travail N, font le même nombre de tours $m$ et sont munis de volants assurant à tous deux le même écart proportionnel $\frac{1}{n}$, les variations de la vitesse de la manivelle à

manivelles à double effet pour régulariser le mouvement de la machine indépendamment de l'action du volant; on voit qu'elles se prêtent facilement au calcul, quand on connaît les nombres *m*, *n* et N, dont le dernier doit toujours être pris pour le nombre des chevaux de la puissance qui représente toutes les résistances réunies agissant sur l'arbre de la manivelle, tandis que le premier ou *m*, qui désigne le nombre des révolutions de la machine par minute, se rapporte essentiellement à ce même arbre et non au volant que l'on établit quelquefois sur un arbre différent, afin de lui donner une plus grande vitesse.

90. *Valeur à adopter pour le nombre n qui marque le degré de régularité qu'on doit obtenir.* — La plus petite valeur qu'on puisse adopter pour le nombre *n*, dans les expressions ci-dessus de la force vive du volant, est relative à l'hypothèse où la vitesse et la force vive minima du système seraient nulles, ce qui correspond à $n = \frac{1}{2}$, puisqu'on a alors (38, Sect. I) $\Omega = \frac{d}{2}$; mais, passé ce terme, quelle sera la valeur à adopter pour *n*? Cette question ne peut évidemment être résolue que dans chaque cas particulier, et d'après les données d'expériences relatives à la constitution, au genre de la machine et à son objet, puisqu'il faudra mettre en balance les avantages de la

---

simple effet sont moins brusques que celles de la manivelle à double effet; le rapport des accélérations maxima des deux systèmes est, en effet,

$$\frac{\pi - 1}{\frac{\pi}{2} - 1} \frac{4645}{24.324} = 0,716.$$

Si l'on tient, dans les deux cas, à limiter l'accélération angulaire à la même valeur, il faut employer des volants dont les poids soient dans le rapport $\frac{\pi - 1}{\frac{\pi}{2} - 1} = 3,75$; quand on règle l'écart proportionnel au même chiffre, dans les deux systèmes, ce rapport est

$$\frac{24.324}{4.645} = 5,24.$$

(K.)

plus ou moins grande uniformité de sa vitesse avec les inconvénients qui d'ailleurs sont inhérents à l'augmentation des moments d'inertie et des poids.

Afin de donner au moins une idée de la valeur de $n$, qui doit être adoptée dans l'établissement du volant de quelques machines mues par des manivelles, nous choisirons pour exemple celui des machines à vapeur, spécialement étudié par les auteurs anglais, qui ont donné, pour le calcul de leurs volants, des règles pratiques, déduites de considérations particulières, analogues à celles que nous venons d'exposer, d'après Navier, mais qui, en réalité, sont fondées sur des principes bien moins satisfaisants et surtout moins rigoureux ([1]).

**91.** *Considérations relatives à l'application des formules qui précèdent aux machines à vapeur.* — On sait que les machines à vapeur sont mises en action par un piston agissant par l'intermédiaire d'un système analogue à ceux qui ont été décrits dans les nos 61 et suivants, sur l'arbre d'une roue motrice qui porte un volant destiné à en régulariser le mouvement. Tantôt il arrive, comme dans les machines à cylindres oscillants d'Aitkin et Steel, ou dans celles à guides parallèles de Maudslay, etc. (*fig.* 23), que le mouvement est transmis directement, du piston à la manivelle, par une tige ou une bielle sans balancier, et tantôt il arrive, comme dans les machines de Watt, de Woolff, d'Oliver-Evans, etc. (*fig.* 24), qu'on fait usage d'un balancier plus ou moins puissant. Dans tous les cas, les choses sont disposées de manière ou que les équipages soient en équilibre, ou que l'action des poids, s'il en existe, soit atténuée autant qu'il est possible, par rapport à celle de la puissance qui agit sur la manivelle et qui est toujours à double effet.

Enfin les vitesses, les angles de rotation et de déviation de pièces oscillantes sont généralement assez faibles pour qu'on puisse, dans une première approximation, supposer que les choses se passent sensiblement comme si la tige du piston

---

([1]) Consulter, pour la détermination des volants des divers systèmes de machines à vapeur, à l'aide de procédés graphiques, les *Leçons de Mécanique pratique* (3e Partie), par M. Morin. (K.)

était immédiatement appliquée à la manivelle et agissait dans une direction constante, ainsi qu'on l'a supposé dans les calculs qui précèdent. Néanmoins les frottements et les forces d'inertie qui naissent de la pression et du changement de mouvement de ces pièces oscillantes ne peuvent être complétement négligés, non plus que les variations mêmes de la force appliquée aux machines dites *à détente*. On y aura suffisamment égard, sous le point de vue pratique qui nous occupe en supposant, d'une part, ces frottements compris (76) dans l'action ou le travail de la puissance et de la résistance appliquées à la manivelle et à la roue motrice du système; de l'autre, en négligeant la force vive des bras du volant et des autres parties de son arbre, si l'on n'a pas à craindre que ces forces d'inertie exercent une certaine influence; enfin en remplaçant la puissance variable par la valeur moyenne produisant le même travail à chaque oscillation.

92. *Signification à attribuer au nombre n.* — Il est aisé de voir, d'après les principes qui ont été exposés précédemment et aux n$^{os}$ 38 et suivants de la Section I, sur la théorie des volants, que l'équation relative à leur établissement demeurant, dès qu'on néglige l'inertie des pièces oscillantes, de la forme $PV^2 = ngS = ngKQ.2\pi r$, K étant une fonction purement numérique, qui dépend uniquement de la nature du système et de la loi qui suit la force F, par rapport à l'espace ou à l'angle décrit, on aura généralement

$$PV^2 = \frac{nK'}{m} N,$$

dans les conditions précédemment indiquées, et K′ représentant une longueur constante ou proportionnelle à $g$, pour toutes les machines d'une même espèce ou dans lesquelles le mode d'action des forces reste le même, les intensités seules étant changées.

Ces observations peuvent servir à justifier les applications qu'on prétend faire des formules dont il s'agit, et à montrer que, sauf les cas où la machine rentre sensiblement dans les hypothèses adoptées, le facteur $n$, déduit de données fournies par des observations directes, peut avoir une signification dans le fond très-distincte de celle qu'on serait tenté de lui attribuer, de sorte qu'il conviendrait, dans chaque cas, de lui substituer la considération du produit $nK'$ dont la valeur, conclue de l'expérience, n'en servira pas moins utilement à faire l'établissement du volant dans les machines à vapeur de chaque espèce, en se rappelant d'ailleurs qu'il ne s'agit ici, en réalité, que du cas où ce volant est destiné à régulariser l'action de la machine à vapeur elle-même et non celle des autres parties du mécanisme interposées entre elle et l'opérateur.

Venons-en maintenant aux règles pratiques des auteurs anglais.

93. *Comparaison de ces formules avec les règles pratiques des auteurs anglais.* — Oliver-Evans (*Manuel de l'Ingénieur mécanicien*, traduction française, page 183) adopte en principe que, ***pour obtenir en quintaux le poids du volant d'une machine à vapeur, il faut multiplier par*** 2000 ***le nombre de ses chevaux de force, et diviser le produit par le carré du nombre des pieds parcourus en une seconde par l'anneau du volant.***

Cette règle, donnée par Murray et Wood, rentre dans l'équation

$$PV^2 = 9436\,N,$$

quand on la traduit en mesures françaises. Elle est, comme on voit, indépendante du nombre $m$ des révolutions de la manivelle en une minute, et, sous ce rapport, elle ne peut généralement être adoptée en pratique. Celle qui lui a été substituée par Tredgold, page 436 du *Traité des machines à vapeur*, a le même défaut et n'en diffère d'ailleurs que par le changement des données qu'elle concerne. D'après la théorie adoptée par cet auteur, la limite des variations de la vitesse y serait supposée le $\frac{1}{10}$ de la vitesse moyenne, résultat qui n'est point admissible.

L'équation ci-dessus, déduite de la règle adoptée par Evans et comparée à l'équation

$$PV^2 = \frac{4645}{m}\,N,$$

du n° 89, relative aux manivelles à double effet, conduirait, en supposant qu'elle s'applique à des machines de Watt, pour lesquelles le nombre des révolutions de la manivelle serait moyennement 15 à la valeur $n = 30,2$. Enfin des observations faites avec soin par M. Morin, sur des machines à basse pression sans détente, établies par les meilleurs constructeurs anglais, dans le département du Haut-Rhin, lui ont donné une valeur de $n$ comprise entre 37 et 45; ce qui s'écarte peu du résultat qu'on déduit d'une autre règle pratique que Farey, auteur anglais d'un *Traité sur la machine à vapeur*, non encore traduit, dit avoir été généralement suivie par Watt. D'après cette règle, *la moitié de la force vive du volant doit être prise égale à 3,75 fois le travail développé dans une course du piston;* de sorte qu'on a, suivant nos notations,

$$\frac{1}{2}\frac{P}{g}V^2 = \pi Q r \times 3,75 = \frac{8437}{m} N;$$

ce qui donne, par la comparaison avec l'équation,

$$PV^2 = \frac{4645}{m}.nN, \quad n = 35,8,$$

ou la variation de vitesse égale à $\frac{1}{36}$ environ de la vitesse de régime. Mais il est évident que ce nombre, de même que les précédents, ne s'applique qu'aux machines qui exigent une très-grande régularité dans le mouvement, comme le sont notamment celles employées aux filatures de laine ou de coton; il serait évidemment exagéré pour les moulins à blé, etc., dont les meules remplissent naturellement la fonction de volant, et cela, d'autant plus que cette valeur de $n$ a été obtenue en négligeant la force vive des bras du volant, qui ne laisse pas que d'être considérable, comme on l'a vu (78).

94. *Valeur de n ou nK' dans les machines de Woolf à détente et à deux cylindres.* — Pour deux machines de Woolf, à détente et à deux pistons, également établies dans le département du Haut-Rhin, et qui ont été construites en Angleterre par Hall, M. Morin a trouvé dans l'une, de la force de 45 chevaux, $n = 32$, et dans l'autre, de 20 chevaux, $n = 26$; mais,

quoiqu'on eût déjà rechargé l'anneau du volant de cette dernière machine, sa marche ne paraissait pas encore suffisamment régulière pour l'objet auquel elle était destinée, la filature du coton; l'autre, au contraire, employée à filer des numéros très-élevés ou très-fins, donnait des produits excellents.

La différence de ces nombres avec ceux qui précèdent ne permet pas de conclure que la règle suivie par les constructeurs anglais, pour les volants des machines de Woolf, soit autre que celle qu'ils ont adoptée dans le cas des machines de Watt; car il règne dans le résultat d'observations directes du genre de celles dont il s'agit, notamment dans l'appréciation du nombre N, de trop grandes incertitudes pour en conclure d'une manière exacte la valeur de $n$ ou plutôt du facteur $nK'$ (1).

En supposant donc qu'on prenne, d'après Watt, pour le cas des machines qui exigent une très-grande uniformité de mouvement,

$$nK' = 4645 \times 36 = 167220,$$

(1) *Volant des machines couplées.* — Les auteurs admettent généralement que, dans le calcul des volants, lorsque l'ouvrage à exécuter est le même, on doit adopter pour $n$ la même valeur, qu'il s'agisse d'une machine simple ou de deux machines semblables couplées à angle droit. Les poids des volants, déterminés conformément à la théorie exposée dans le texte, sont donnés par les formules

$$PV^2 = 4645 \frac{n}{m} N, \quad \text{pour une machine à double effet,}$$

$$P_1V^2 = 468 \frac{n}{m} N, \quad \text{pour deux machines couplées.}$$

Les accélérations maxima sont

$$\frac{d\omega}{dt} = g \frac{Qr}{PR^2}\left(\frac{\pi}{2} - 1\right), \quad \text{pour la première,}$$

et

$$\frac{d\omega}{dt} = g \frac{Qr}{P_1R^2}\left(\frac{\pi}{4}\sqrt{2} - 1\right), \quad \text{pour la seconde.}$$

Si les deux systèmes de machines fournissent le même travail N, et font le même nombre de tours $m$, le rapport des poids des volants déterminés comme il vient d'être dit est

$$\frac{P_1}{P} = \frac{468}{4645} = 0,1007;$$

et observant d'ailleurs que K' ne saurait, en effet, être très-différent dans les deux systèmes moteurs que nous avons en vue, on adoptera généralement pour règle de pratique, dans ces cas, l'équation

$$PV^2 = \frac{167220}{m} N,$$

*m* représentant toujours le nombre de tours de la manivelle par minute, lequel, redisons-le, peut être très-distinct de celui du volant.

### Calcul du volant en tenant compte du poids et de l'inertie des pièces oscillantes.

95. *Cas d'une machine sans balancier. — Équation des forces vives.* — Dans la solution des nos 85 et suivants, relative à l'établissement des volants destinés à régulariser le mouvement des manivelles, on a négligé entièrement l'influence de

---

les accélérations maxima obtenues avec ces volants sont dans le rapport

$$\frac{P}{P_1} \frac{\frac{\pi}{4}\sqrt{2}-1}{\frac{\pi}{2}-1} = 1,856,$$

d'où il résulte que les variations de vitesse se font bien plus brusquement, dans ces conditions, pour les machines couplées que pour la machine simple. Or les accélérations de la machine motrice se transmettent d'un côté à la transmission et par suite aux outils, de l'autre aux organes ordinairement délicats de la machine même qui prennent le mouvement sur l'arbre du volant, aux tiroirs, pompes, régulateurs, et occasionnent des variations de tension, des secousses, des chocs dans les articulations. Il est indispensable d'assurer aux machines couplées un fonctionnement au moins aussi régulier qu'aux machines simples, puisque, étant construites sensiblement d'après le même tracé, les premières ont, en général, des dimensions plus faibles qu'une seule machine pouvant les remplacer; d'après ces considérations, il paraît convenable d'adopter, pour la limite des accélérations des machines couplées, au plus la même valeur que pour la machine simple, ce qui conduit à munir les premières d'un volant qui soit à celui qui convient à la machine simple dans le rapport

$$\frac{P_1}{P} = \frac{\frac{\pi}{4}\sqrt{2}-1}{\frac{\pi}{2}-1} = 0,187;$$

l'inertie et du poids des pièces qui servent à leur transmettre l'action de la puissance ou de la résistance, ce qui a conduit naturellement à des règles fort simples et analogues à celles des auteurs anglais; mais quoique la question, lorsqu'on prétend tenir compte de cette influence et du véritable état du mouvement, se complique au point de rendre les résultats presque inapplicables à la pratique, nous n'en croyons pas moins devoir indiquer ici la marche à suivre dans ces hypothèses générales, et donner une idée de la manière dont on peut surmonter les difficultés que présente alors la solution effective du problème.

Considérons, en premier lieu, l'appareil du n° 61 sollicité par une puissance verticale F, constante ou variable, positive ou négative, c'est-à-dire agissant dans le même sens que la pesanteur ou en sens contraire, sens qui restera d'ailleurs invariable pour une même demi-révolution EBL (*fig.* 31). De plus, la force Q appliquée tangentiellement à la circonférence d'une roue, de rayon $r$, montée sur l'arbre de la manivelle AB, sera supposée sensiblement constante; ce qui arrive toujours dans les hypothèses du n° 39 de la Section I, où l'on admet

---

on a vu plus haut que ce rapport est seulement 0,1007, si l'on calcule les volants de manière à assurer aux deux systèmes le même écart proportionnel. (Mémoire sur les machines en mouvement, par M. Kretz, *Comptes rendus de l'Académie des Sciences*, 24 juillet 1865.)

Les constructeurs ont, du reste, depuis longtemps reconnu cette nécessité; tandis que, dans le cas des machines simples, ils adoptent pour $n$ la valeur 32, ils vont souvent au delà de 80 pour les machines couplées. D'autres raisons les ont probablement guidés à cet égard : il est utile, quand on couple deux machines, de se réserver la possibilité de n'en faire fonctionner qu'une, en cas de réparation de l'autre. Or, en supposant même que l'une des machines ne doive faire, quand elle marche seule, que la moitié du travail total, son bon fonctionnement exige un volant bien plus énergique que celui des deux machines couplées; de plus, le régulateur peut agir efficacement quatre fois par tour, dans le cas des machines couplées, deux fois lorsque la machine est simple; il faut donc, dans l'hypothèse la plus favorable, que, avec le même régulateur, le volant puisse compenser les effets d'une même variation de travail se continuant pendant un temps qui, pour les machines couplées, est au moins la moitié de ce qu'il est pour une seule machine. On comprend, d'après ces observations, que le volant pour les machines couplées, calculé d'après les règles ordinaires, ait été reconnu tout à fait insuffisant. (K.)

pour quelques cas un double volant; mais son action sera constamment opposée à celle de la force F, et, pour fixer les idées, nous admettrons que c'est une résistance agissant dans le sens contraire de celui qui est indiqué par la flèche; ce qui se rapporte au cas des machines à vapeur de Mauds-lay, e

Fig. 31.

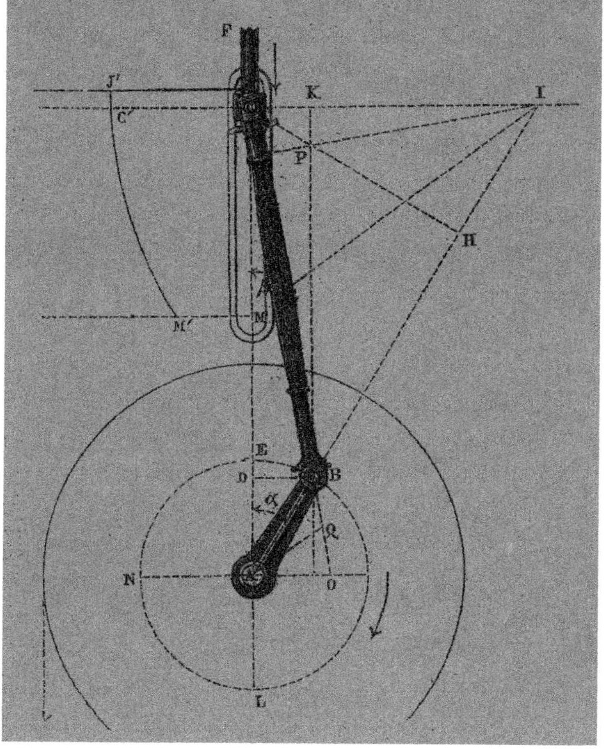


Cela posé, nommant : $p$ le poids de l'équipage agissant en C (*fig.* 31), $q$ celui de la bielle agissant au milieu G de cette bielle; $\omega_0$ la vitesse angulaire de la manivelle AB, quand elle prend la position verticale AE et qui, par hypothèse, diffère très-peu de la vitesse moyenne $\Omega$, de sorte qu'on pourra, sans erreur sensible, substituer $\Omega$ à $\omega_0$, et supposer, dans tous les cas, que $\omega_0$ est une quantité donnée, qui redevient la même à chaque révolution. Conservant d'ailleurs toutes les autres hypothèses admises dans les nos 61 et suivants, et supposant le poids $q$ décomposé en deux autres $\frac{1}{2}q$ agissant, l'un en C, qui s'ajoute avec $p$, dont la vitesse virtuelle est $df$, l'autre en B ayant pour moment virtuel $\frac{1}{2}qb\sin\alpha\,d\alpha$, et qui s'ajoute à la composante du poids du bras AB de la manivelle, pour donner une somme que nous représenterons par $q'$, on aura, dans le premier demi-tour, EBL, d'après le principe des forces vives, et ce qui a été établi aux nos 65 et suivants,

$$A(\omega^2-\omega_0^2)+\frac{b^2}{\overline{BI}^2}\left(\frac{q}{g}G^2+I\right)\omega^2-\frac{b^2}{l^2}\left(\frac{q}{4g}l^2+I\right)\omega_0^2+\frac{p}{g}\overline{AO}^2\omega^2$$
$$=2\int_0^\alpha\left(p+\frac{1}{2}q+F\right)df+2q'b(1-\cos\alpha)-2Qr\alpha,$$

puisque la valeur de G, qui entre dans le moment d'inertie $\frac{q}{g}G^2+I$ de la bielle, devient $\frac{1}{2}l$ pour $\alpha=0$ ou $\omega=\omega_0$, et que la vitesse de la masse $\frac{P}{g}$ est

$$\frac{df}{dt}=\frac{AO}{b}\frac{bd\alpha}{dt}=AO\omega\ (63),$$

vitesse qui est nulle en même temps que $\alpha$.

96. *Valeur de la vitesse angulaire de la manivelle pour une position quelconque.* — On simplifiera un peu la forme de cette équation en posant, d'après les résultats donnés dans l'addition à cette Section,

$$I=K\frac{q}{g}l^2,$$

K étant un nombre qui dépend uniquement des dimensions de la bielle, puis en menant par le point A la parallèle AQ à IG, qui divise BO en deux parties égales en Q, comme IG le fait de BC, ce qui donnera, par les triangles semblables ABQ,

BGI, et en vertu de ce que Q est le milieu de BO,

$$G \text{ ou } IG = AQ\,\frac{BI}{AB} = \frac{BI}{b}AQ, \quad \frac{b}{BI} = \frac{BO}{l},$$

$$\overline{AQ}^2 = \frac{1}{2}\,\overline{AB}^2 + \frac{1}{2}\,\overline{AO}^2 - \frac{1}{4}\,\overline{BO}^2.$$

Faisant, en effet, ces substitutions dans l'équation dont il s'agit, on en tirera sans difficulté

$$^2 = \frac{Ag\omega_0^2 + b^2 q\left(K + \frac{1}{4}\right)\omega_0^2 + 2q'bg(1-\cos\alpha) - 2Qrg\alpha + 2g\int_0^\alpha F\,df + 2g\left(p + \frac{1}{2}q\right)f}{Ag + \frac{1}{2}qb^2 + q\left(K - \frac{1}{4}\right)\overline{BO}^2 + \left(p + \frac{1}{2}q\right)\overline{AO}^2},$$

expression dans laquelle $\omega_0$ peut être pris égal à $\Omega$, et $df$ à $AO\,d\alpha$ ou, approximativement (63), à $b\sin\alpha\,\dfrac{l + b\cos\alpha}{l}\,d\alpha$. Mais comme ordinairement F est immédiatement donné en fonction du chemin $f$, décrit par le point C, nous laisserons sous sa forme actuelle l'intégrale $\int_0^\alpha F\,df$, qui représente le travail effectivement développé par la force F, pendant que AB décrit l'angle $\alpha$, travail qui ne deviendra négatif d'ailleurs que quand Q changera lui-même de signe ou deviendra puissance.

Pour obtenir la valeur de $\omega$ relative à la seconde demi-révolution LNE de la manivelle, il ne s'agira que de supposer que l'angle $\alpha$ croisse de 0 à $2\pi$, l'intégrale $\int_0^\alpha F\,df$ croissant elle-même indéfiniment, si elle ne devient nulle, puisque F est une force motrice, et $\left(p + \frac{1}{2}q\right)f$ conservant la valeur qui correspond à la grandeur de $f = b + l - h$, qui est essentiellement positive.

97. *Complication de la solution analytique de la question des volants dans les hypothèses actuelles.* — Cette valeur est, comme on voit, calculable pour chacune des positions de la machine, au moyen des lignes de la figure, puisque, par hypo-

thèse, $\int_0^\alpha \mathrm{F}\,df$ est elle-même donnée ou calculable par les méthodes de quadrature connues, et qu'on a pour la condition de la permanence du mouvement, ou de $\omega_0$ constant,

$$2\pi r\mathrm{Q} = \int_0^{2\pi} \mathrm{F}\,df,$$

relation qui fait également connaître la force constante ou moyenne Q ; mais cela suppose que le moment d'inertie A de l'arbre de la manivelle et du volant soit donné *a priori*, et ne peut en conséquence s'appliquer à la question actuelle où il s'agit de l'établissement même de ce volant. A plus forte raison sera-t-il impossible de conclure de cette expression de $\omega^2$ les valeurs explicites de la plus petite et de la plus grande des vitesses angulaires de la machine ou des angles $\alpha$, dont la connaissance est, comme on l'a vu, indispensable pour opérer cet établissement, et qui dépend d'ailleurs d'une équation transcendante d'un degré très-élevé, même quand on suppose F constant et qu'on prend approximativement (62 et 63)

$$\overline{\mathrm{AO}}^2 = b^2\,\frac{\sin^2\alpha\,(l + b\cos\alpha)^2}{l^2}, \qquad h = b\cos\alpha + l - \frac{1}{2}\,\frac{b^2}{l}\sin^2\alpha,$$

$$f = b\,(1 - \cos\alpha) + \frac{1}{2}\,\frac{b^2}{l}\sin^2\alpha, \qquad df = b\sin\alpha\left(1 + \frac{b}{l}\cos\alpha\right)d\alpha,$$

$$\mathrm{BO} = \frac{l\mathrm{AO}}{h\,\mathrm{tang}\,\alpha} = \frac{b\,(l + b\cos\alpha)\cos\alpha}{l + b\cos\alpha - \frac{1}{2}\,\frac{b^2}{l}\sin^2\alpha},$$

expressions dont la dernière se déduit immédiatement de la comparaison du rapport des sinus aux côtés des triangles ABO et ABC.

98. *Méthode des tâtonnements géométriques.* — Ainsi l'analyse ne peut ici être d'aucun secours pour traiter directement la question de l'établissement des volants, et il faut né-

cessairement faire usage de la méthode des tâtonnements géométriques, fondée sur les données mêmes de la figure [1].

A cet effet, on se donnera arbitrairement le moment d'inertie A du volant et de son arbre, ou plutôt on déterminera une première valeur approchée, d'après la règle pratique du n° 93, en se bornant ici à prendre $n = \frac{1}{20}$, si une très-grande régularité n'est pas nécessaire, et attendu d'ailleurs qu'on tient compte du poids de l'inertie des pièces oscillantes du système. Observant ensuite que $\omega_0$ est sensiblement égal à $\Omega$ ou à $\frac{2m\pi}{60} = 0,10472\,m$, $m$ représentant le nombre des révolutions de la machine par minute, on se proposera de rechercher, à l'inverse, quel est le degré de régularité effectif qui résulte de l'adoption de cette valeur particulière de A, ou quel est le plus grand des écarts de la vitesse angulaire $\omega$ sur la vitesse de régime $\Omega$, lequel sera donné (n° 38, Section I) par l'expression

$$d = \frac{\omega_1^2 - \omega_2^2}{2\Omega},$$

$\omega_1^2$ et $\omega_2^2$ étant la plus grande et la plus petite des valeurs fournies par l'expression ci-dessus de $\omega_2$, dans une révolution de la manivelle.

Si cet écart surpasse sensiblement la limite qu'on veut adopter pour $d$, ou en est surpassé, on recommencera les opérations en choisissant une valeur plus faible ou plus forte de A, et ainsi de suite, jusqu'à ce qu'on arrive à un résultat suffisamment approché, ce qui ne pourra être fort long, d'après les données particulières qu'on possède sur les limites de la solution, et si l'on a soin de se servir de la règle de fausse position ou de courbes d'erreurs.

---

(1) M. Resal a résolu la question, en tenant compte de la première puissance des termes relatifs aux pièces oscillantes; dans la plupart des cas de la pratique, l'inertie des pièces à mouvement alternatif n'a aucune influence. (Mémoire sur les volants des machines à vapeur à détente et à condensation, par M. H. Resal, *Annales des Mines*, t. I, 1872.) (K.)

99. *Construction des valeurs de la vitesse angulaire du système et de la courbe qui en donne le maximum et le minimum.* — Pour obtenir la plus grande et la plus petite des valeurs de $\omega^2$ dont il s'agit, on construira la courbe qui a pour abscisses $x$ les valeurs successives de l'arc $b\alpha$ depuis $\alpha = 0$ jusqu'à $\alpha = 2\pi$, et pour ordonnées $y$ celles de $\omega^2$, qui leur correspondent dans les diverses positions de la manivelle. Tous les termes du numérateur et du dénominateur de cette fraction, y compris ceux où entre A, qui est de la forme $\frac{P}{g}R_1^2$, étant le produit d'un nombre par un poids, et le carré ou le rectangle de longueurs fournies immédiatement par la *fig.* 31, on les ramènera à ne plus exprimer que de simples distances en divisant, haut et bas, la fraction par le produit de $g$ et d'un certain poids $\Pi'$, tel que 100 kilogrammes, par exemple, afin d'éviter, dans quelques cas, d'opérer sur de trop grandes lignes.

Quant à l'intégrale $\int_0^\alpha F\,df$, en particulier, qui représente l'aire du trapèze mixtiligne JJ'CC', appartenant à la courbe J'C'M', ayant pour abscisses les valeurs CJ de $f$ et pour ordonnées celles CC' de F, on l'obtiendra facilement par les méthodes de quadrature connues ([1]).

De cette manière on n'aura plus à construire que des quantités de la forme

$$\frac{q}{\Pi'}(K - \tfrac{1}{4})\frac{\overline{BO}^2}{g}, \quad \frac{q}{\Pi'}(K + \tfrac{1}{4})\frac{b^2}{g}, \quad \frac{2q'}{\Pi'}b(1 - \cos\alpha), \ldots,$$

ce qui se fait très-simplement par des troisièmes ou des quatrièmes proportionnelles, en prenant une fois pour toutes à l'échelle des longueurs

$$\frac{\Pi'}{(K - \frac{1}{4})q}g, \quad \frac{\Pi'}{(K + \frac{1}{4})q}g, \ldots,$$

---

([1]) *Voir*, pour les diverses méthodes de quadrature, l'Introduction à la *Mécanique industrielle* (3e édition).

qui serviront à construire, en unités de pareille espèce ou de toute autre, la valeur de $y = \omega^2$, par une dernière quatrième proportionnelle. Mais, afin d'éviter la confusion des lignes et de mettre une sorte de continuité dans les opérations, on fera bien de construire séparément les courbes qui ont pour ordonnées les numérateurs et les dénominateurs de $\omega^2$, afin d'en conclure, par des tracés symétriques, celles qui appartiennent à la courbe cherchée. La même symétrie et la même continuité devront également être observées dans les constructions relatives à chacun des termes isolés de ce numérateur et de ce dénominateur, de manière à pouvoir opérer sur les données propres de la *fig.* 31, supposée construite à une échelle convenable. Il est d'ailleurs inutile d'insister sur ces observations dont le but et l'esprit sont faciles à saisir.

100. *Solution plus directe de la question au moyen de deux seules courbes extérieures.* — On diminuera beaucoup le nombre des tâtonnements ou des courbes auxiliaires qu'entraîne avec elle la recherche du moment d'inertie A, en procédant ainsi qu'il suit.

Représentons par $\varphi$ et $\psi$ les parties variables ou fonctions de $x = b\alpha$ du numérateur et du dénominateur de $\omega^2$; par $C\Omega^2$ et $e$ leurs parties constantes respectives, ou, plus spécialement, posant

$$\frac{2q^2b}{\Pi'}(1-\cos\alpha) - \frac{2Qr\alpha}{\Pi'} + \frac{2}{\Pi'}\int_0^\alpha \mathrm{F}\,df + 2\left(\frac{p+\frac{1}{2}q}{\Pi'}\right)f = \varphi,$$

$$(\mathrm{K}-\tfrac{1}{4})\frac{q}{\Pi'}\frac{\overline{\mathrm{BO}}^2}{g} + \frac{(p+\frac{1}{2}q)}{\Pi'}\frac{\overline{\mathrm{AO}}^2}{g} = \psi,$$

$$\frac{\mathrm{A}}{\Pi'}\Omega^2 + (\mathrm{K}+\tfrac{1}{4})\frac{q}{\Pi'}\frac{b^2}{g}\Omega^2 = \mathrm{C}\Omega^2, \quad \frac{\mathrm{A}}{\Pi'} + \frac{1}{2}\frac{q}{\Pi'}\frac{b^2}{g} = e,$$

de sorte qu'on ait simplement

$$\omega^2 = \frac{\mathrm{C}\Omega^2 + \varphi}{e + \psi},$$

on obtiendra, en différentiant, par rapport à $\alpha$ ou $x$, pour exprimer la condition du maximum et du minimum de $\omega^2$, l'équation

$$(e+\psi)\varphi' - (C\Omega^2 + \varphi)\psi' = 0, \quad \text{ou} \quad \frac{C\Omega^2+\varphi}{e+\psi} = \frac{\varphi'}{\psi'}.$$

dans laquelle

$$\varphi' = \frac{d\varphi}{d\alpha} = \frac{2q'b}{\Pi'}\sin\alpha - \frac{2Q}{\Pi'}r + 2\frac{F}{\Pi'}\frac{df}{d\alpha} + \frac{2(p+\frac{1}{2}q)}{\Pi'}\frac{df}{d\alpha},$$

$$\psi' = \frac{d\psi}{d\alpha} = 2(K-\tfrac{1}{4})\frac{q}{\Pi'}\frac{BO}{g}\frac{d\overline{BO}}{d\alpha} + 2\frac{(p+\frac{1}{2}q)}{\Pi'}\frac{AO}{g}\frac{d\overline{AO}}{d\alpha},$$

quantités linéaires, qu'il sera facile de construire, comme on le montrera plus tard.

Cette équation devant être satisfaite à la fois par toutes les valeurs de l'abscisse $x = b\alpha$, qui correspondent à un maximum ou minimum quelconque de $\omega^2$, relatif à des valeurs particulières attribuées aux constantes C, $e$ ou A, on voit que, si, pour l'une de ces dernières valeurs, les abscisses dont il s'agit étaient connues, il suffirait simplement de les substituer dans la fonction $\frac{\varphi'}{\psi'}$ indépendante de A, pour obtenir le maximum ou minimum correspondant, et, par conséquent, si l'on construit la courbe représentée par l'équation

$$y = \frac{\varphi'}{\psi'},$$

ses ordonnées représenteront l'ensemble des maxima ou minima relatifs aux différentes valeurs particulières, qu'il est possible d'attribuer à A, et auxquelles correspondent autant de groupes distincts d'abscisses de cette courbe, qui, s'ils pouvaient être déterminés au moyen de chacune de ces valeurs, conduiraient immédiatement à la solution du problème proposé. Or c'est à quoi l'on parviendra, comme on va le voir, par la construction d'une nouvelle courbe auxiliaire également indépendante de A.

En effet, l'expression générale de $\omega^2$ peut être mise sous la forme

$$\omega^2 = \Omega^2 + \frac{(C-e)\Omega^2 + \varphi - \psi\Omega^2}{e+\psi} = \Omega^2 + \frac{i + \varphi - \psi\Omega^2}{e+\psi},$$

pour laquelle

$$i = (C-e)\Omega^2 = \left[\frac{(K+\frac{1}{4})qb^2}{\Pi' g} - \frac{1}{2}\frac{q}{\Pi'}\frac{b^2}{g}\right]\Omega^2 = (K-\tfrac{1}{4})\frac{q}{\Pi'}\frac{b^2}{g}\Omega^2.$$

Égalant à zéro le coefficient différentiel de cette expression, et tirant de la nouvelle équation de condition, ainsi obtenue, la valeur de la constante $e$, qui dépend seule de A, on aura la relation

$$e = \frac{(i+\varphi)\psi' - \psi\varphi'}{\varphi' - \psi'\Omega^2},$$

qui lie cette valeur à celles des abscisses $x$ relatives aux maxima ou minima de la fonction $\omega^2$.

Construisant la courbe qui a pour équation

$$y = \frac{(i+\varphi)\psi' - \psi\varphi'}{\varphi' - \psi'\Omega^2},$$

et cherchant les abscisses qui correspondent à ses intersections avec une parallèle quelconque à l'axe des $x$ représentée par l'équation

$$y = e = \frac{A}{\Pi'} + \frac{1}{2}\frac{q}{\Pi'}\frac{b^2}{g},$$

elles seront précisément celles qui appartiennent à la valeur de $e$ ou de A, qu'on aura choisie en particulier, et dont la grandeur fixe, dans la première courbe $y = \frac{\varphi'}{\psi'}$, les valeurs des ordonnées qui représentent le maximum ou minimum correspondant de $\omega^2$. Prenant enfin la différence entre la plus grande et la plus petite de ces ordonnées, relative à cette même valeur de A, elle représentera la valeur de $\omega_1^2 - \omega_2^2$, d'où l'on conclura de suite celle de $d$ ou de $n$.

101. *Construction des courbes auxiliaires.* — Ainsi toute la question est ramenée à construire une fois pour toutes deux

courbes auxiliaires sur les mêmes abscisses, et dont les ordonnées respectives $y_1$ et $y_2$, je suppose, sont liées entre elles par les relations

$$y_1 = \frac{\varphi'}{\psi'}, \quad y_2 = \frac{\dfrac{1+\varphi}{y_1} - \psi}{1 - \dfrac{\Omega^2}{y_1}},$$

qui serviront à conclure directement la deuxième de la première par des procédés graphiques très-simples, et sur lesquels il est inutile d'insister autrement qu'en faisant voir comment on peut obtenir linéairement les valeurs des coefficients différentiels ou des termes qui entrent dans les expressions de $\varphi'$ et $\psi$.

Or nous savons déjà (63) que $\dfrac{df}{d\alpha} = \text{AO}$. Quant à $\dfrac{d\overline{\text{AO}}}{d\alpha}$, $\dfrac{d\overline{\text{BO}}}{d\alpha}$, on se rappellera (65) que le point I (*fig.* 31 et 32) est le centre de rotation instantané de la bielle ou de la droite BO, de sorte

Fig. 32.

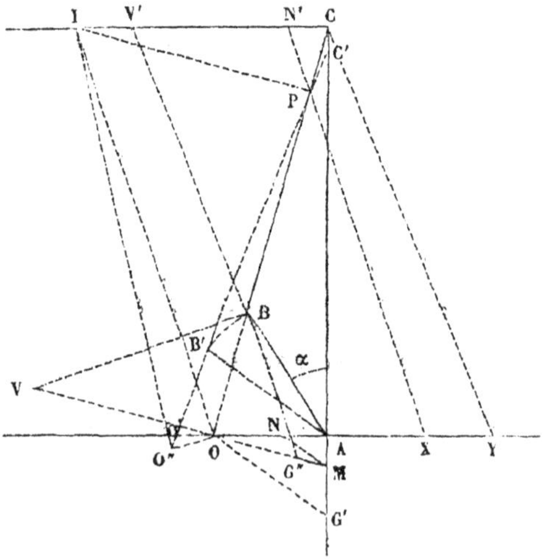


que le pied P de la perpendiculaire abaissée de ce centre sur cette droite doit être considéré comme l'intersection de celle-ci dans ses positions consécutives ou infiniment voisines; ce qui donnera sans difficulté (¹), par la comparaison des lignes de la figure relatives à ces deux positions et en se fondant sur les relations déjà établies aux nᵒˢ 61 et suivants,

$$\frac{d\overline{AO}}{d\alpha} = \frac{\overline{AO}^2}{AC}\frac{PO}{PC}, \quad \frac{d\overline{BO}}{d\alpha} = -BO\frac{CO}{CB}.$$

Au moyen de ces données, rien ne sera plus facile ensuite que de construire la valeur de $\psi'$ et de $\varphi'$. Prenant, par exemple, sur le prolongement de CA, une distance

$$AG' = \frac{\Pi'}{2(p+\frac{1}{2}q)}g$$

mesurée à l'échelle du dessin, et élevant au point O la perpendiculaire indéfinie VOM à l'extrémité OC, qui rencontre AG' en M, on mènera, par ce dernier point, la parallèle MN à G'O; ce qui donnera, sur AO, le segment AN, qu'on portera sur CI de C en N', par lequel on mènera de nouveau la droite N'P rencontrant le prolongement de OA en un point X, tel qu'on aura

$$OX = \frac{OP}{CP}CN' = \frac{OP}{CP}\frac{AO.AM}{AG'} = 2\frac{(p+\frac{1}{2}q)}{\Pi'}\frac{\overline{AO}^2}{g}\frac{AO}{AC}\frac{PO}{PC}$$
$$= 2\frac{(p+\frac{1}{2}q)}{\Pi'}\frac{AO}{g}\frac{d\overline{AO}}{d\alpha},$$

valeur du second terme de $\psi'$.

---

(¹) Il nous suffira ici de remarquer que C'PB'O' étant la position infiniment voisine de CBO et de OO'', l'arc infiniment petit décrit du point I, comme centre, avec OI pour rayon, de sorte que B'O'' = BO, on a

$$d\overline{AO} = OO', \quad d\overline{BO} = -O'O'', \quad b\,d\alpha = BB', \quad df = CC' - AO\,d\alpha,$$
$$\frac{OO''}{OI} = \frac{BB'}{BI} = \frac{CC'}{CI},$$

et, par la considération des triangles infiniment petits PCC', POO', OO'O'',

$$\frac{CC'}{CP} = \frac{\sin CPC'}{\sin ACO}, \quad \frac{OO'}{OP} = \frac{\sin OPO'}{\sin AOC} = \frac{\sin CPC'}{\sin AOC},$$
$$\frac{O'O''}{OO''} = \frac{\sin O'OO''}{\sin OO'O''} = \frac{\cos OIC}{\sin AOC},$$

relations dont on déduira immédiatement les expressions rapportées dans le texte, en observant d'ailleurs que OI cos OIC = AC, etc.

Pour construire le premier, il ne s'agira que de prendre sur OM

$$OG'' = \frac{\Pi'}{2(K - \frac{1}{4})q} g;$$

d'élever, à l'extrémité de G″B, la perpendiculaire BV, qui donnera, sur le prolongement de MO, la distance OV qu'on portera de C en V′ sur CI; menant ensuite CY parallèle à BV′, AY sera la valeur demandée, et, par suite, on aura

$$\psi' = OX - OY = -XY.$$

On trouvera sans doute superflu de remarquer que, afin d'éviter la confusion, on devra s'abstenir de tracer d'une manière effective les lignes de construction, qui sont simplement ponctuées sur la figure et dont les extrémités sont seules nécessaires pour arriver aux résultats. Quant à $\varphi'$, sa construction offre encore moins de difficulté que celle de $\varphi$ et $\psi$, puisque $\frac{df}{d\alpha} = AO$ et que $b \sin\alpha$ est le sinus de l'arc $BE = b\alpha = X$.

**102.** *Maximum de l'effort de torsion supporté par l'arbre du volant et par ses bras.* — S'il s'agissait de traiter la question relative à la solidité qu'il est nécessaire de donner aux bras du volant, pour qu'ils puissent résister aux efforts de torsion qui tendent à les rompre, on aurait, comme on l'a vu (79), à trouver le plus grand des maxima de la fonction

$$\frac{d\omega}{dt} = \frac{1}{2}\frac{d\omega^2}{d\alpha} = \frac{1}{2}\frac{d\left(\frac{C\Omega^2 + \varphi}{e + \psi}\right)}{d\alpha} = \frac{1}{2}\frac{(e + \psi)\varphi' - (C\Omega^2 + \varphi)\psi'}{(e + \psi)^2},$$

question que l'on résoudra d'une manière analogue à celle qui concerne l'établissement même du volant, mais qui n'exigera que le tracé d'une seule courbe, ayant pour ordonnées les valeurs de la fonction dont il s'agit, puisque C, $e$ ou A sont ici censés donnés *a priori* ou connus, d'après les précédentes recherches; or il n'est peut-être pas inutile de remarquer, relativement à ce dernier cas, que le maximum de $\frac{d\omega}{dt}$ sera immédiatement donné par la moitié de la tangente trigonométrique de l'angle que forme, avec l'axe des abscisses, la tangente la moins inclinée de la courbe, qui a pour ordonnées les valeurs de la fonction

$$\omega^2 = \frac{C\Omega^2 + \varphi}{e + \psi},$$

que nous avons enseigné à construire (99), et dont les tangentes les moins inclinées sur l'axe des abscisses $x$ correspondent évidemment à ses différents points d'inflexion.

Ayant d'ailleurs obtenu ainsi l'effort maximum de torsion qui agit à l'extrémité des bras du volant, ou la somme des moments des efforts semblables, qui agissent sur chacune des parties matérielles de son arbre ou de la manivelle, il sera facile d'en conclure l'effort maximum supporté par un autre point quelconque de cet arbre, par exemple à l'extrémité du bras de la manivelle, sur les dents d'engrenage de la roue motrice de Q, etc., ce qui est nécessaire pour régler les dimensions de ces parties.

103. *Cas d'une machine à balancier.* — Si l'on se proposait de résoudre les mêmes problèmes pour l'appareil à balancier (*fig.* 24), qui a été décrit au nº 66, les observations présentées dans les articles suivants permettraient de le faire, sans aucune hésitation et par une marche absolument semblable à celle qui a été suivie précédemment. Conservant, en effet, toutes les dénominations admises dans les nºˢ 67, 70, 97, nommant de plus P′ le poids du balancier, $\frac{K'P'l^2}{g}$ son moment d'inertie par rapport à l'axe de rotation D (*fig.* 33), qui en contient toujours le centre de gravité, moment qu'on trouvera au moyen des règles exposées à la fin de cette Section; supposant d'ailleurs que $p$ représente le poids de l'équipage agissant en F; $\frac{1}{2}q$ la composante du poids de la bielle BC, qui agit en C, pour contre-balancer le précédent, et auquel on peut d'ailleurs attribuer, sans erreur sensible, la même vitesse virtuelle $df$; enfin F la force motrice, déduction faite des résistances qui l'accompagnent, Q la résistance active appliquée à la roue de rayon $r$, et augmentée

de la force qui ferait équilibre aux frottements inhérents à l'arbre de la manivelle, etc., on trouvera sans difficulté

$$\omega^2 = \frac{\mathrm{A}g\Omega^2 + (\mathrm{K}+\frac{1}{4})qb^2\Omega^2 + 2gq'(1-\cos\alpha)b - 2\mathrm{Q}rg\alpha + 2g\int_0^\alpha \mathrm{F}\,df + 2g(\frac{1}{2}q-p)f}{\mathrm{A}g + \frac{1}{2}qb^2 + (\mathrm{K}-\frac{1}{4})q\overline{\mathrm{BO}}^2 + (\mathrm{K'P'}+\frac{1}{2}q)\overline{\mathrm{AO}}^2 + p\overline{\mathrm{DV}}^2},$$

Fig. 33.

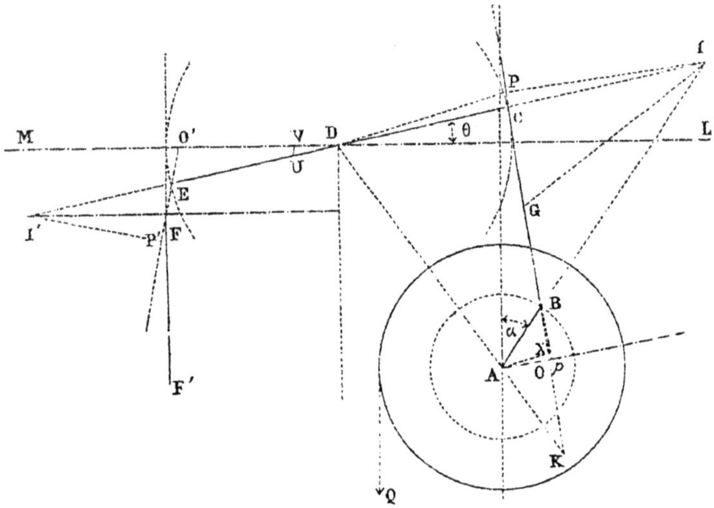


expression dans laquelle on a également

$$2\pi r\mathrm{Q} = \int_0^{2\pi} \mathrm{F}\,df,$$

pour déterminer Q, dans le cas où F agit à la fois en descendant et en montant (1).

(1) Si l'on voulait tenir compte du frottement exercé sur le tourillon du balancier, qui dans certains cas peut avoir une influence appréciable, on remarquerait que $\mathrm{P'}+p+\frac{1}{2}q-2\mathrm{F}$ est approximativement la pression qu'il supporte pendant la course ascendante du point F, et $\mathrm{P'}+p+\frac{1}{2}q+2\mathrm{F}$ celle qu'il supporte pendant la course descendante, de sorte que l'on aura à retrancher du

**104.** *Recherche des quantités dont dépend principalement la solution du problème.* — On voit que la valeur de $\omega^2$, relative à chacune des positions du système, se construira par les mêmes procédés que celle du n° 95; mais la recherche de la fonction

$$\psi' = \frac{(K-\frac{1}{4})}{g\Pi'} q \frac{d\overline{BO}^2}{d\alpha} + \frac{(K'P'+\frac{1}{2}q)}{g\Pi'} \frac{d\overline{AO}^2}{d\alpha} + \frac{P}{g\Pi'} \frac{d\overline{DV}^2}{d\alpha}$$

entraînera ici à un peu plus de difficultés.

Par la comparaison des triangles semblables AOK et DCK, formés par les prolongements des côtés AD et BC du quadrilatère ABCD, on obtiendra d'abord

$$AO = CD\frac{AK}{DK} = l - l\frac{AD}{DK}, \quad \frac{d\overline{AO}}{d\alpha} = l\frac{AD}{\overline{DK}^2}\frac{d\overline{DK}}{d\alpha};$$

---

numérateur de $\omega^2$ une expression de la forme

$$2g\mu(P'+p+\tfrac{1}{2}q)s - 4g\mu\rho\int_0^\alpha F\left(d\theta = \frac{df}{DO'}\right)$$

dans le premier cas, et de la forme

$$2g\mu(P'+p+\tfrac{1}{2}q)s - 4g\mu\rho\left(\int_0^\pi \frac{F\,df}{DO'} - \int_\pi^\alpha \frac{F\,df}{DO'}\right)$$

dans le second, $\mu$ étant le coefficient du frottement du tourillon (Section III), $\rho$ son rayon, $s$ la grandeur absolue ou totale de l'arc du frottement relatif à la première ou à la seconde période et qui correspond à l'angle $\alpha$ décrit par la manivelle.

La quantité $2\mu(P'+p+\frac{1}{2}q)s$ étant très-facile à calculer ou à construire pour chacune des positions du système, on voit que la seule complication amenée par la nouvelle hypothèse, dans la solution du problème, consiste à remplacer l'intégrale primitive $\int_0^\alpha F\,df$ par $\int_0^\alpha \left(1 \pm \frac{2\mu\rho}{DO'}\right) F\,df$, ou la force F par $F\left(1 \pm \frac{2\mu\rho}{DO'}\right)$, expression également très-facile à construire, pour chacune des positions du système, et dans laquelle le signe + répond à la première période du mouvement, et le signe — à la seconde. Mais on remarquera que ces résultats supposent $P'+p+\frac{1}{2}q$ constamment supérieur à $2F$ et que, dans le cas contraire, il conviendrait de changer le signe de $\mu$ et de prendre $s$ algébriquement, c'est-à-dire de supposer négatifs les arcs décrits dans la deuxième période, qui devront ainsi être retranchés de ceux de la première pour obtenir la valeur absolue de $s$.

puis, en considérant que le point I est le centre instantané de rotation du triangle BCI, et que le pied P de la perpendiculaire abaissée de ce point sur le prolongement de BC est l'intersection consécutive de cette dernière, dans le déplacement infiniment petit du système

$$\frac{d\overline{\mathrm{DK}}}{d\alpha} = \frac{\mathrm{PK}}{\mathrm{PC}} \frac{\cos \mathrm{KCD}}{\sin \mathrm{CKD}} \mathrm{AO};$$

d'où il sera aisé de tirer, par la comparaison des lignes de la figure,

$$\frac{d\overline{\mathrm{AO}}}{d\alpha} = \mathrm{AO} \frac{\mathrm{AD}}{\mathrm{DK}} \frac{\mathrm{PK}}{\mathrm{PC}} \cot \mathrm{KCD} = \mathrm{AO} \frac{\mathrm{AD}}{\mathrm{DK}} \frac{\mathrm{PK}}{\mathrm{PI}} = \mathrm{AO} \frac{\mathrm{PX}}{\mathrm{PI}},$$

AX étant une parallèle à PD, limitée à BK : on aura donc finalement

$$\frac{d\overline{\mathrm{AO}}^2}{d\alpha} = 2\,\overline{\mathrm{AO}}^2 \frac{\mathrm{PX}}{\mathrm{PI}}.$$

Les triangles ADI et ABO donnant

$$d\widehat{\mathrm{AID}} + d\theta + d\alpha = 0, \quad \overline{\mathrm{BO}}^2 = \overline{\mathrm{AO}}^2 + \overline{\mathrm{AB}}^2 - 2\mathrm{AB}.\mathrm{AO} \cos \widehat{\mathrm{AID}},$$

on aura pareillement

$$\frac{d\overline{\mathrm{BO}}^2}{d\alpha} = \frac{d\overline{\mathrm{AO}}^2}{d\alpha} - 2b\cos \widehat{\mathrm{AID}} \frac{d\overline{\mathrm{AO}}}{d\alpha} - 2b\sin \widehat{\mathrm{AID}} \left(\mathrm{AO} + \frac{\overline{\mathrm{AO}}^2}{\mathrm{B}}\right);$$

ce qui donne, en abaissant la perpendiculaire B$p$ sur AO prolongée et observant que DU a été pris égal à AO,

$$\frac{d\overline{\mathrm{BO}}^2}{d\alpha} = -2\mathrm{AO}\left(p\mathrm{O}\frac{\mathrm{PX}}{\mathrm{PI}} + p\mathrm{B}\frac{\mathrm{CU}}{\mathrm{CD}}\right);$$

enfin, puisque

$$\mathrm{DV} = \frac{uu'}{l} = \frac{\mathrm{DO'}.\mathrm{AO}}{l} \ (71),$$

il viendra

$$\frac{d\overline{\mathrm{DV}}}{d\alpha} = \frac{\mathrm{DO'}}{l} \frac{d\overline{\mathrm{AO}}}{d\alpha} + \frac{\mathrm{AO}}{l} \frac{d\overline{\mathrm{DO'}}}{d\alpha};$$

or, le point I′ étant le centre de rotation instantané du triangle I′FE, et le pied P′ de la perpendiculaire abaissée de ce point sur le prolongement de EF devant être considéré encore comme l'intersection de cette dernière droite avec sa position infiniment voisine, on trouvera sans difficulté

$$\frac{d\overline{DO'}}{d\alpha} = \frac{DO'.AO}{l}\,\frac{P'O'}{P'I'} = DV\,\frac{P'O'}{P'I'}$$

et, par suite,

$$\begin{aligned}\frac{d\overline{DV}^2}{d\alpha} &= 2DV\,\frac{DO'}{l}\left(\frac{d\overline{AO}}{d\alpha} + \frac{AO^2}{l}\,\frac{P'O'}{P'I'}\right)\\ &= 2\overline{DV}^2\left(\frac{PX}{PI} + \frac{DV}{DO'}\,\frac{P'O'}{P'I'}\right),\end{aligned}$$

expression dans laquelle on pourra presque toujours négliger le second terme, vis-à-vis du premier, à cause de sa petitesse

105. *Observations générales.* — Toutes ces valeurs qui, dans l'expression de $\psi'$, doivent être divisées par de certaines fractions numériques de $g$, sont, comme on voit, susceptibles d'une construction fort simple, et qu'on pourra abréger de beaucoup en profitant habilement des données directement offertes par la figure; mais il doit nous suffire ici d'avoir mis sur la voie de la solution graphique du problème ordinaire, où le système de la manivelle du balancier, etc. d'une machine à vapeur, se trouvant établi à l'avance, il s'agit seulement de déterminer le moment d'inertie du volant qui est capable de maintenir la vitesse de rotation de l'arbre de la manivelle entre des limites déterminées. Quant à la question qui consiste à régler les dimensions mêmes du balancier, de manière à corriger, le plus qu'il est possible, et cela indépendamment du volant, les écarts de la vitesse variable, par rapport à la vitesse de régime, nous renverrons au savant *Mémoire* que M. Coriolis a inséré dans le XXIe Cahier du *Journal de l'École Polytechnique* (*Sur l'influence du moment d'inertie du balancier des machines à vapeur, etc.*), en faisant remarquer que les considérations analytiques et géométriques qui

précèdent pourront servir à simplifier et à compléter, en quelques points, les solutions qu'il a indiquées, et dans lesquelles il a négligé, à cause de la complication, l'influence de l'inertie de la bielle, qui néanmoins offre presque toujours un poids très-grand, capable de faire équilibre à la fois à celui des pistons et de leurs tiges.

## V. — Moyens géométriques de transmettre les vitesses des pièces dans un rapport donné.

**106.** *Il existe trois moyens principaux de transmettre les vitesses dans un rapport constant.* — Dans les considérations générales sur les machines (nos 22 et 29, Section I), nous avons vu l'importance qu'il y a à disposer certaines pièces, notamment les roues, de façon qu'elles se tranmettent la vitesse géométrique dans un rapport invariable pour toutes les positions du système. Il est essentiel de se rappeler les conditions principales du tracé de ces pièces, afin d'être en état de déterminer les quantités d'action dues aux résistances passives qu'elles introduisent dans les machines où on les emploie : c'est principalement dans cette vue que nous allons exposer succinctement quelques notions sur ce sujet.

On connaît trois moyens principaux de résoudre la question dans le cas de deux roues à axes *parallèles* ou *concourants* : 1° par le *contact naturel* et le *roulement* des couronnes ou tambours de ces roues; 2° par l'emploi de *chaînes* ou de *courroies sans fin* enveloppées sur ces couronnes; 3° par l'*engrenage* de *dents* ou de courbes en saillie fixées aux couronnes.

### Communication du mouvement par le simple contact ou roulement des roues.

**107.** Les couronnes, ou plutôt les cylindres ou cônes extérieurs des roues (*fig.* 34) se développant exactement l'un sur l'autre, il est évident que, s'il n'y a pas de glissement, les arcs élémentaires décrits à chaque instant par ces cercles en contact seront égaux et les vitesses angulaires des roues seront entre elles dans le rapport inverse et constant de leurs rayons respectifs.

Fig. 34.

Toute la difficulté consiste, comme on voit, à empêcher le glissement[1] : il est donc nécessaire, lorsque les efforts tan-

---

(1) *Transmissions par simple contact.* — Les transmissions par simple contact sont fréquemment employées aujourd'hui pour communiquer le mouvement à certains appareils marchant à grande vitesse. La *fig.* 35 représente la transmission d'une essoreuse; un arbre horizontal qui reçoit le mouvement par une courroie le transmet à un arbre vertical placé au centre de l'appareil; le premier arbre porte un cône en fonte *ba* parfaitement dressé; sur le second est fixé un cône *cad* formé d'une série de rondelles en cuir ou en papier, fortement serrées les unes contre les autres entre deux pièces en fonte *c*, *ad* et taillées en cône sur le tour; le contact des deux cônes est assuré par une pression exercée en *g* sur l'extrémité de l'axe horizontal qui peut se déplacer légèrement dans le sens de sa longueur; la pression est obtenue par la manœuvre d'un petit volant *vv'* monté sur une vis. Cette disposition permet de faire progressivement les embrayages et les débrayages et d'éviter ainsi les chocs violents qui se produiraient à de grandes vitesses, et qui seraient destructeurs si le mouvement était transmis par engrenages. (K.)

Fig. 35.

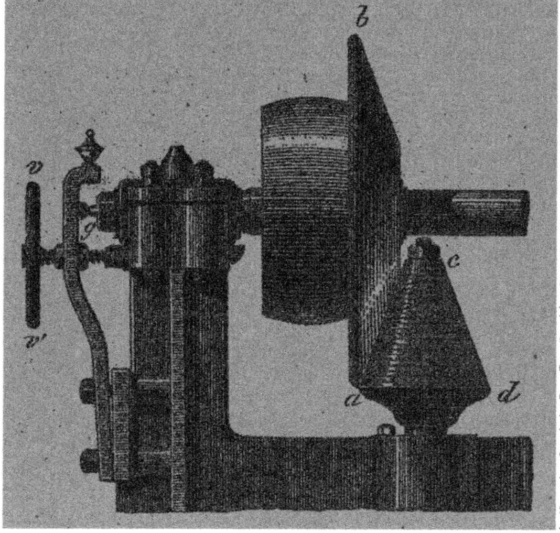

gentiels des roues doivent être considérables, de faire presser convenablement les circonférences des couronnes. Cet effet s'obtient par des ressorts, des coins, des vis de pression, des leviers agissant sur les axes ou sur les coussinets qui supportent les tourillons. On peut imaginer une foule de dispositions propres à atteindre le but. Dans certaines usines d'Angleterre, on revêt extérieurement les roues de bandes de *cuir de buffle* qui, par leurs aspérités, offrent une sorte d'engrènement, et qui s'usent fort peu par l'action du roulement.

Ce système paraît pouvoir être employé sans inconvénient dans les cas où les forces agissent d'une manière uniforme et régulière sur les machines, la vitesse des roues et la pression qui a lieu sur elles étant exactement constantes; il a été employé pour donner le mouvement aux *tire-sacs* de certains moulins qui présentent beaucoup de douceur; mais lorsque, comme il arrive dans le plus grand nombre des machines, la puissance ou la résistance exerce des efforts variables sur les roues, lorsqu'il y a des secousses, des changements brusques de vitesse, on conçoit qu'il serait fort difficile de s'opposer au glissement, à moins de comprimer fortement les roues et d'augmenter les résistances passives, ce qui serait manquer le but qu'on cherche à atteindre dans l'emploi de ce système.

### Communication du mouvement par courroies ou par chaînes.

**108.** La disposition par laquelle on fait mouvoir les roues uniformément au moyen de cordes ou courroies sans fin donne lieu aux mêmes réflexions que celles que nous avons déjà faites pour les roues qui se conduisent par le simple attachement, et elle offre de pareils inconvénients; cette disposition est principalement utile dans le cas où il s'agit de transmettre le mouvement à une certaine distance, et c'est ce qui fait que l'usage en est assez généralement répandu [1].

La transmission par courroie permet de suspendre ou de communiquer à volonté le mouvement; sur l'arbre mené C

---

[1] *Voir* les notes relatives aux transmissions par courroies dans la Section III. (K.)

(*fig.* 36) sont placées deux poulies égales, l'une fixe A, l'autre folle A′, en regard du tambour T monté sur l'arbre menant C′;

Fig. 36.

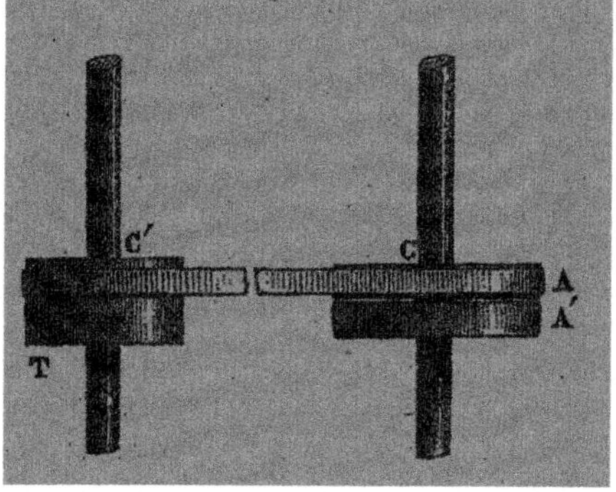


la courroie est amenée sur l'une ou l'autre des poulies à l'aide d'un levier, terminé par une fourche qui embrasse la courroie, et dont la disposition varie suivant les besoins.

Les moyens de maintenir la tension des courroies sont analogues à ceux dont il a été question pour les roues mues par le simple contact, c'est-à-dire qu'ils consistent à rendre mobile l'un des axes de roue; mais, comme cette mobilité présente des difficultés, ou est impossible dans certains cas, on emploie (*fig.* 37) des *poulies* ou *rouleaux de tension* A,

Fig. 37.

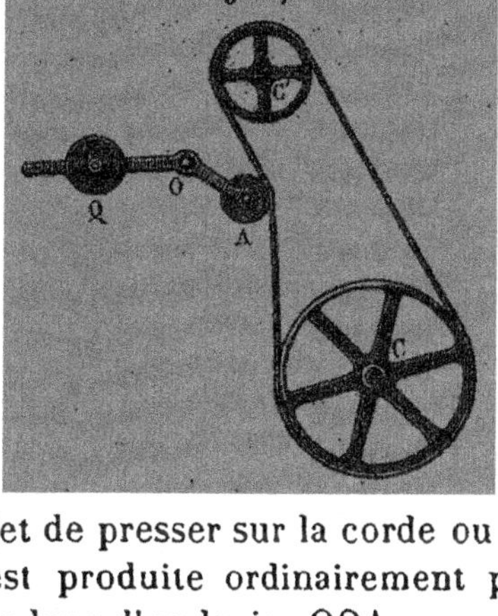


qui ont pour objet de presser sur la corde ou sur la courroie; cette pression est produite ordinairement par un poids Q placé sur l'un des bras d'un levier QOA.

**109.** *Forme à donner à la jante des roues.* — On sait qu'en faisant usage des cordes sans fin ([1]), on doit creuser une gorge à la circonférence des roues, et que lorsqu'on emploie des courroies on doit au contraire (*fig.* 40) donner une certaine convexité au profil extérieur de la jante AB de la roue pour empêcher la courroie de glisser, ce qui arriverait infailli-

---

([1]) *Transmissions par câbles en fil de fer.* — Ce mode de transmission a été employé pour la première fois en 1850 par MM. Hirn frères, au Logelbach, près Colmar; la théorie ne présente aucune différence essentielle avec celle des transmissions par courroies; au point de vue pratique, les câbles permettent de transmettre, à des distances qui dépassent souvent 1 kilomètre, des travaux considérables, dans des cas où les frais d'installation et les résistances passives rendraient tout autre système inapplicable.

Fig. 38.

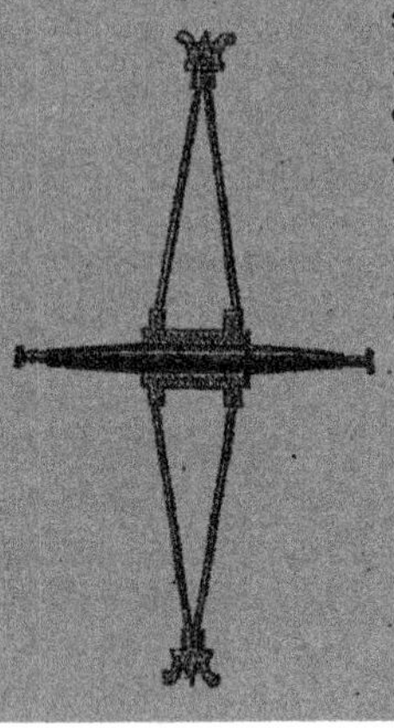

Les câbles se composent ordinairement de plusieurs torons formés chacun de fils de fer enroulés autour d'une âme en chanvre; ces torons, généralement au nombre de six, sont groupés autour d'un toron central, ou autour d'une âme en chanvre de bonne qualité. Dans le but de réduire la tension des câbles pendant la marche, et par suite la section et le poids qu'il est nécessaire de leur donner, on se sert de poulies de fort diamètre, marchant à grande vitesse (*fig.* 38). On fixe à 30 mètres environ la vitesse à la circonférence qu'il est prudent de ne pas dépasser.

Dans la jante en fonte de la poulie (*fig.* 39) est pratiquée une gorge *bab'* au fond de laquelle est ménagée une rainure en queue d'hironde dans laquelle on mate une bande de gutta-percha; quelquefois on emploie le cuir, le bois ou la ficelle; c'est cette bande qui porte le câble *a* et donne naissance à une adhérence suffisante pour éviter le glissement.

Fig. 39.

Souvent on pratique, sur une même jante, deux gorges parallèles (*fig.* 38), qui permettent d'effectuer la transmission par deux câbles.

Lorsque la transmission a une grande longueur, on soutient le câble par un certain nombre de galets intermédiaires établis sur des supports solides dont la distance varie avec le diamètre du câble et l'altitude des poulies extrêmes. Ce système de transmission présente des avantages sérieux dans les usines où il est nécessaire d'éloigner les ateliers des machines motrices, et surtout des foyers; l'administration des Manufactures de l'État vient d'en faire une application importante à la poudrerie récemment construite à Sevran. (K.)

blement dans le cas où l'on y pratiquerait une gorge; quelquefois cependant on termine le profil de la jante par une droite.

Fig. 40.

Lorsqu'on se sert de chaînes, la forme de la jante varie avec la nature de la chaîne employée (*fig.* 41 et 42); on ne peut du

Fig. 41. Fig. 42.

reste en faire usage que lorsque le mouvement n'est pas trop irrégulier ou qu'on l'a rendu à peu près uniforme par l'emploi du volant; il existe effectivement des scieries à mouvement alternatif et même des martinets, où l'on fait usage de ces moyens pour communiquer la vitesse, mais alors on place des volants sur l'arbre de la manivelle et sur celui des cames.

Lorsqu'on se voit obligé d'employer des chaînes pour communiquer le mouvement à des roues sollicitées par de grands efforts irréguliers, et que l'on a des raisons de craindre que les chaînes ne glissent, on arme les circonférences des roues de *pointes* ou *dents* qui entrent dans les vides des maillons. Comme il est essentiel d'éviter la tension sur les deux branches de la chaîne, on fait l'une d'elles un peu plus longue que l'autre, et l'on a soin de régler convenablement l'espacement des dents et des maillons. Lorsqu'on supprime les dents, on doit tout au moins faire la couronne de la roue en fer ou en fonte de fer pour s'opposer au glissement. Dans tous les cas, on ne peut trop recommander de centrer exactement les gorges ou cylindres extérieurs des poulies et des roues, en les repassant au tour, montées sur leurs axes propres.

## Communication du mouvement par engrenages.

**110.** *Noms des diverses parties dont se compose un engrenage.* — Le moyen le plus généralement adopté pour communiquer le mouvement de rotation d'un arbre à un autre consiste dans l'emploi de roues dont les jantes sont garnies de saillies, qui s'engagent réciproquement les unes entre les autres et rendent ainsi le mouvement de l'une des pièces solidaire de celui de l'autre. Ce dispositif est ce qu'on nomme un *engrenage*.

Les diverses parties dont il se compose prennent, selon leurs formes, leurs dimensions et leur usage, des noms qu'il est nécessaire de connaître.

De deux roues qui engrènent l'une avec l'autre, la plus grande se nomme *roue* ou *rouet*, et la plus petite *pignon*. Les saillies au moyen desquelles elles se conduisent s'appellent *dents;* lorsqu'elles ne font pas corps avec la roue, comme cela arrive pour les roues en fonte garnies de dents en bois, on les désigne quelquefois sous le nom d'*alluchons*.

Au lieu de pignons, on emploie souvent un système composé de deux plateaux circulaires qu'on nomme *tourteaux*, placés parallèlement l'un à l'autre sur un arbre tournant et réunis par des cylindres en bois ou en métal nommés *fuseaux;* l'appareil entier s'appelle *lanterne.*

Lorsque l'engrenage doit produire un mouvement alternatif ou intermittent, les dents ont des dimensions particulières, ordinairement beaucoup plus grandes que dans l'engrenage continu, et elles prennent alors le nom de *cames.*

Les dents des deux roues s'engageant les unes entre les autres, il doit exister entre celles d'une même roue un intervalle suffisant pour le passage de celles de l'autre roue; cet intervalle s'appelle le *creux.*

Quand les axes des deux roues à faire conduire l'une par l'autre sont parallèles et que, par suite, les faces de ces deux roues sont comprises entre deux plans perpendiculaires à leurs axes, on dit que l'engrenage est *plan.* Lorsqu'au contraire ces axes se coupent, on a ce que l'on nomme un *engrenage d'angle* ou *engrenage conique,* par suite de la forme qu'on lui donne.

**111.** *Conditions auxquelles doivent satisfaire les engrenages.* — Le tracé et les dimensions des dents d'engrenage doivent satisfaire aux trois conditions suivantes : 1° que le mouvement soit transmis d'une roue à l'autre suivant une loi donnée; 2° que les dents aient la solidité nécessaire pour résister aux efforts connus qu'elles doivent transmettre; 3° que la quantité de travail consommée par le frottement des dents les unes sur les autres soit un minimum.

Nous ne nous occuperons, dans cette Section, que de la première condition, et nous allons rappeler succinctement les règles que l'on suit pour la remplir.

**112.** *Conditions du tracé des engrenages.* — De la condition que les vitesses restent dans des rapports constants il résulte, pour les engrenages, une conséquence qui sert de base à leur tracé. En effet, si nous considérons les centres des deux roues C, C′ (*fig.* 43), et que nous partagions la ligne qui les réunit en deux parties C$t$ et C′$t$, qui soient dans un rapport donné, les cercles de rayons C$t$ et C′$t$ se toucheront en $t$, et, si les roues sont poussées l'une contre l'autre par un effort suffisant, il en résultera que, quand l'une des deux tournera autour de son centre, elle entraînera l'autre dans

Fig. 43.

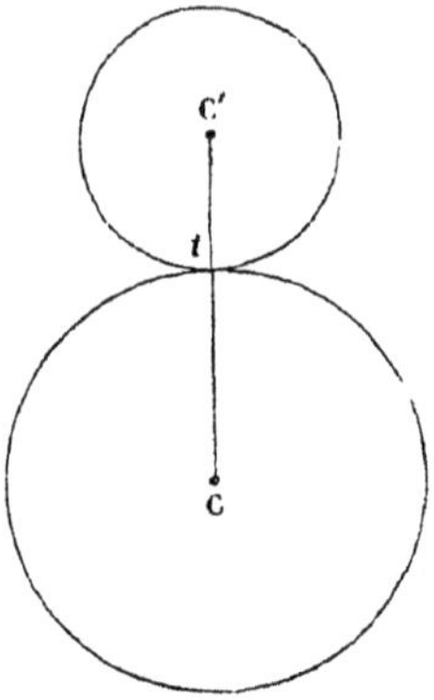


son mouvement et qu'elles rouleront l'une sur l'autre sans glisser; c'est ce qui a lieu dans le mouvement des tambours décrits au n° **107**.

Si donc on nomme $\omega$ et $\omega'$ les vitesses angulaires respectives des cercles $Ct$ et $C't$, les arcs développés dans le roulement de l'une des circonférences sur l'autre seront égaux de part et d'autre, et l'on aura

$$\omega \times Ct = \omega' \times C't,$$

d'où

$$\frac{\omega}{\omega'} = \frac{C't}{Ct};$$

c'est-à-dire que les vitesses angulaires seront dans un rapport constant et inverse des rayons.

Réciproquement, pour que les vitesses angulaires restent dans un rapport constant, il faut que le point $t$ partage la ligne des centres en deux parties inversement proportionnelles à ces vitesses. Ainsi toute forme de dent d'engrenage doit être telle, que le mouvement se transmette d'une roue à l'autre, comme si les deux cercles $Ct$ et $C't$ roulaient l'un sur l'autre sans glisser, et réciproquement.

Ces cercles $Ct$ et $C't$, dont les rayons sont en raison inverse des vitesses angulaires, se nomment par cette raison *cercles proportionnels*, mais le plus souvent on les appelle *cercles primitifs*, parce qu'ils servent de point de départ au tracé.

113. *Conséquence qui sert de base au tracé.* — Il suit de ce qui précède que si *amb* et *a′mb′* (*Pl. I, fig.* 1) sont les courbes de deux dents montées sur les roues, dont C*t* et C′*t* sont les rayons primitifs et que ces courbes satisfassent par hypothèse à la condition de l'uniformité du mouvement, la normale commune en *m* aux deux courbes devra passer par le point *t*. En effet, puisque le mouvement doit être transmis de la même manière que si les deux cercles C*t* et C′*t* roulaient l'un sur l'autre, il s'ensuit que, quand la dent *amb* poussera la dent *a′mb′*, le point *m* tendra, dans le premier instant, à décrire un petit arc de cercle tangent à l'une et à l'autre courbe, et que par conséquent la normale en *m*, qui est à la fois commune à ce petit arc et aux deux courbes, passera par le point *t*.

On parvient encore à la même conséquence en remarquant que, la résistance opposée par la roue conduite à l'effort N exercé par la roue conductrice lui étant égal et contraire, les quantités de travail élémentaires que développent ces deux efforts, dirigés suivant la normale commune *mt*, doivent être égales, ce qui donne

$$\mathrm{N}\times \mathrm{CK}\,d\theta = \mathrm{N}\mathrm{C}'\mathrm{K}'\,d\theta',$$

d'où

$$\frac{\mathrm{CK}}{\mathrm{C}'\mathrm{K}} = \frac{d\theta'}{d\theta} = \frac{\omega'}{\omega},$$

$\omega$ et $\omega'$ étant les vitesses angulaires des roues, qui doivent, par hypothèse, rester dans un rapport constant.

Or on a de plus, par les triangles CK*t* et C′K′*t*,

$$\frac{\mathrm{CK}}{\mathrm{C}'\mathrm{K}'} = \frac{\mathrm{C}t}{\mathrm{C}'t} = \frac{\omega'}{\omega};$$

donc le point *t* de rencontre de la normale commune *mt* doit partager la ligne CC′ en deux parties réciproquement proportionnelles aux vitesses angulaires et rester le même pour toutes les positions.

**114.** *Première méthode du tracé.* — Ceci conduit immédiatement à une solution graphique très-simple du problème des engrenages; car l'une des courbes, *amb* par exemple, étant donnée à volonté, puisque l'autre courbe à déterminer doit être telle que le mouvement ait lieu comme si les cercles roulaient l'un sur l'autre, il suffira de faire rouler le cercle C*t* sur la circonférence du cercle C′ *t* et de tracer sur le plan de celui-ci les positions successives de la courbe *amb*. La suite des intersections de ces courbes ou leur enveloppe sera la courbe cherchée *a′ mb′*, puisque, à chaque instant, elle doit être tangente à *amb* ; mais cette méthode, très-simple en démonstration, conduirait, dans la pratique, à des difficultés d'exécution dont la suivante est exempte.

**115.** *Méthode générale pour le tracé des engrenages.* — Étant donnée une courbe *amb* (*Pl. I, fig.* 2), formant le profil des dents montées sur le cercle C*m*, cherchons la forme à donner à la courbe *a′ mb′*, ou le profil à donner aux dents de la roue C′*m*, pour que ces deux courbes, en se poussant l'une l'autre, satisfassent à la condition que les deux cercles primitifs tournent autour de leurs axes, comme s'ils roulaient l'un sur l'autre. Pour cela, portons de part et d'autre du point *m*, correspondant à la ligne des centres CC′, des arcs *m*1, *m*2,..., égaux en longueur sur chacun des cercles primitifs. Il est clair, d'après la condition à laquelle les courbes sont, par hypothèse, assujetties, que les points de division correspondants, 1.1, 2.2,..., viendront successivement en contact les uns avec les autres. Traçons les courbes de dents correspondant à ces divisions, ce qui revient à considérer leurs positions successives. Soient $mn_2$, $mn_1$ avant la ligne des centres, $mn'$, $mn''$ après cette ligne, les normales aux points de contact, et observons que ces lignes seront les rayons de cercles tangents aux deux courbes, au point de contact et que, la courbe *amb* étant donnée, il sera toujours facile d'obtenir leurs longueurs à l'aide du compas.

Or, si nous supposons, pour ne pas compliquer la figure, que la courbe cherchée *a′ mb′* soit construite en $a'_1 m_1 b'_1$, puis, qu'à partir du point $m_1$, où elle coupe le cercle primitif C′ $m_1$, nous portions de part et d'autre des arcs $m_1 1$, $m_1 2$,... égaux aux divisions précédentes; que des points 1, 2,..., avec des rayons égaux aux longueurs $mn_1$, $mn_2$,... des normales obtenues, comme nous venons de le dire, nous décrivions des arcs de cercle, il est évident que ces arcs seront tangents à la courbe cherchée. En opérant ainsi de part et d'autre du point $m_1$ et avec les longueurs des normales qui conviennent à chaque point de division, nous aurons ainsi une suite d'arcs de cercle dont la courbe cherchée formera l'enveloppe, ce qui la déterminera.

**116.** Pour obtenir les longueurs des normales correspondant aux diverses positions de la dent *amb*, il n'est pas nécessaire de tracer la figure comme nous l'avons indiqué. Il suffit de la considérer dans une position quelconque et de porter, à partir du point où elle coupe le cercle primitif, des arcs égaux aux divisions adoptées pour l'autre cercle et, de tous les points 1, 2,... comme centres, de tracer des arcs de cercle tangents à la courbe et dont les rayons seront les longueurs cherchées des normales, puis d'achever le reste de la construction, comme il vient d'être dit.

**117.** *Observations sur la manière dont les dents se conduisent.* — On remarquera dans la *fig.* 2 que les centres des cercles tangents, menés à la partie *am* ou *a'm* de la courbe intérieure au cercle primitif, sont situés d'un autre côté du point *m* que ceux qui correspondent à la partie extérieure *mb* ou *mb'*, et que la portion de la courbe donnée *amb*, qui conduira *mb'*, est la partie *am* intérieure au cercle C*t*, depuis le premier moment de la prise des dents jusqu'à l'instant où les points *m* et *m'* sont parvenus en *t*, et qu'au delà de cette position c'est la partie *mb* de la courbe *amb* qui conduira la portion intérieure *a' m*.

La portion *mb*, *mb'* des courbes des dents, extérieure aux cercles primitifs, se nomme la *face* des dents, et la portion intérieure *ma*, *ma'* s'appelle le *flanc;* le résultat que nous venons de remarquer s'énonce en disant que *la face d'une dent conduit le flanc de l'autre, et réciproquement.*

118. *Application de cette solution générale à des courbes quelconques.* — Le tracé que nous venons d'indiquer s'applique à toutes les formes de dents que l'on peut se donner; mais, si la solution du problème est géométriquement possible pour une courbe quelconque, il n'en est pas de même de la solution pratique. Il suit, en effet, de l'observation précédente que, si la courbe donnée $amb$ était telle que les centres des cercles tangents à ses deux portions extérieures et intérieures se trouvassent d'un même côté du point $m'$, les deux parties correspondantes de la courbe $a'mb'$ se trouveraient aussi du même côté du point $m$, et que, bien qu'on pût les tracer sur le papier, on ne pourrait les exécuter matériellement, parce qu'elles se pénétreraient. Il faudrait donc opter, dans ce cas, entre l'une ou l'autre des deux parties, c'est-à-dire renoncer à faire conduire les roues avant et après la ligne des centres, et comme il est toujours plus convenable, comme on le verra par la suite, de faire engrener les dents après la ligne des centres qu'avant, il faudra supprimer la portion de courbe qui conduirait avant, ou le flanc de la roue conductrice et la face de la roue conduite. Les circonstances que nous venons d'indiquer se présentent notamment dans le cas où l'on emploie des lanternes et dans celui des engrenages intérieurs.

Il peut aussi arriver une autre circonstance de nature à faire rejeter les courbes trouvées, quoique géométriquement elles satisfassent à la question, c'est quand l'une des courbes est concave en tout ou en partie; cette forme offre en effet les inconvénients d'exposer à des arc-boutements, de conserver davantage les corps étrangers qui pourraient s'introduire entre les dents, enfin elle présente des difficultés d'exécution.

C'est par ces divers motifs que les géomètres se sont attachés à des solutions particulières de la question, en choisissant celles qui offrent le plus de facilité pour l'exécution; nous allons les rappeler successivement.

119. *Engrenage à épicycloïdes.* — L'engrenage le plus généralement adopté est celui dont les dents ont la forme de courbes épicycloïdales; le tracé s'opère de la manière suivante :

Soient CC′ (*Pl. I, fig.* 3) la ligne des centres, C*t* et C′*t* le rayon des cercles proportionnels ou primitifs. Si l'on fait rouler intérieurement aux cercles des rayons C*t* et C′*t* d'autres cercles ayant ces rayons pour diamètres, un point quelconque *m* du cercle mobile parcourra le rayon correspondant à la position où ce point *m* était celui du contact des deux cercles. En effet, *t* étant le point de contact, les arcs *tm* et *tt′* développés par le roulement des deux cercles l'un sur l'autre sont égaux en longueur et, par suite, le premier est d'un nombre de degrés double du second. Les angles *t*C′*t′* et *t*C′*m*, qui ont respectivement pour mesure, l'un, dans le cercle de rayon C′*t*, le nombre de degrés contenus dans *tt′*, l'autre, dans le cercle de diamètre C′*t*, la moitié du nombre de degrés de *tm*, sont égaux et les lignes C′*t′* et C′*m* se confondent.

Cela posé, les mêmes cercles qui ont pour diamètre C*t* et C′*t*, en roulant respectivement sur les cercles primitifs de rayons C′*t* et C*t*, engendreront, par l'un quelconque de leurs points, une épicycloïde dont le tracé s'obtiendra (*Pl. I, fig.* 4), d'après la méthode générale, par l'enveloppe des arcs de cercle successivement décrits des points équidistants 1, 2, 3,... des cercles C′*t* et C*t* comme centres, et avec les rayons *t*1, *t*2, *t*3,... égaux aux cordes des arcs de mêmes longueurs *t*1, *t*2, *t*3,... des cercles de diamètre C*t* et C′*t*.

Or, dans ces deux mouvements des cercles de diamètre C*t* et C′*t*, un point décrivant quelconque *m* engendre, à partir d'un même point de contact *t*, extérieurement à l'un des cercles, une épicycloïde, et intérieurement à l'autre un rayon tangent à cette épicycloïde, de sorte que la courbe est la face d'une dent et le rayon le flanc correspondant de celle de l'autre roue, et reciproquement. Il est évident, en effet, que, dans une position quelconque, le rayon C′*m* est tangent en *m* à la courbe *t′m*, puisque, dans le roulement autour de *t*, le point décrivant *m* tend à parcourir un petit cercle élémentaire, à la fois tangent à l'une et à l'autre en *m*, et qui a pour normale la ligne *tm*.

Ce tracé, satisfaisant donc à la condition que la normale passe sans cesse par le point *t*, la vitesse sera transmise dans un rapport constant, comme l'exige la question.

On voit d'ailleurs que le point décrivant se trouve toujours à l'intersection de l'arc $tm$ et du rayon $Ct'$, mené à l'extrémité de l'arc $tt' = tm$, et que, par conséquent, en décrivant de C comme centre avec $Cm$ comme rayon un arc de cercle, il fixera, pour chaque contact des cercles, la position absolue du point décrivant sur le petit cercle tangent. La courbe se trouve donc ainsi décrite par enveloppe et par points, et comme les distances des points de contact aux centres C et C' des roues sont données par les longueurs $Cm = C2$,..., on voit qu'avant ou après la ligne des centres les points de contact se rapprochent respectivement des centres C et C' à mesure que le contact a lieu plus loin de cette ligne et que, par conséquent, l'inclinaison de la normale $m$ sur la ligne CC' varie et augmente de plus en plus, à mesure que le contact a lieu plus loin de CC'. La direction de cette normale étant celle des efforts exercés par les dents l'une sur l'autre, il s'ensuit que ces efforts, déterminés, par exemple, pour une force ou résistance donnée agissant à la circonférence des cercles primitifs, avec une intensité constante, doivent augmenter à mesure que le point de contact se rapproche davantage des centres C et C', ou que le contact a lieu plus loin de la ligne des centres, ce qui montre que, dans l'engrenage à épicycloïdes, les efforts exercés par les dents sont nécessairement variables et plus grands vers les extrémités des dents.

**120.** *Nombre de dents qui doivent être en prise à la fois.* — Il est nécessaire et il suffit, pour la continuité du mouvement, qu'il y ait toujours deux dents en prise à la fois, et l'on satisfait ordinairement à cette condition en disposant l'engrenage de manière que chaque dent cesse d'agir lorsque celle qui la suit arrive à la ligne des centres, et la longueur des dents se trouve alors limitée; car l'arc $tt'$ étant égal au pas, et $m$ étant le point de contact correspondant déterminé, ainsi que nous venons de le dire, il suffira de couper la dent en ce point, pour être sûr qu'elle n'agira pas au delà de l'étendue prescrite; c'est ce que l'on fait en décrivant du centre C un cercle de rayon $Cm$, qui limite toutes les dents de la roue C. La partie utile du flanc serait aussi limitée par le cercle décrit du centre C' avec le rayon C′$m$; mais, pour que les dents puissent passer librement dans les creux, il faut prolonger le flanc un peu plus loin : nous indiquerons tout à l'heure sa limite inférieure, après avoir déterminé la forme de l'autre face de la dent.

121. *Les dents doivent être d'une forme symétrique pour pouvoir agir dans les deux sens.* — Dans presque toutes les machines, les roues d'engrenage sont exposées à être contremenées, soit accidentellement, soit périodiquement. Il est donc indispensable que les dents soient construites de manière à pouvoir conduire ou être conduites alternativement dans un sens ou dans l'autre : c'est pourquoi on leur donne la même forme dans les deux sens. Si l'exécution était parfaite, il suffirait évidemment que le creux fût égal à l'épaisseur de la dent; mais, attendu qu'il est impossible d'obtenir cette perfection, on a soin de donner au creux un peu plus de largeur que l'épaisseur de la dent. Il suffit que cet excès soit au plus de $\frac{1}{10}$ à $\frac{1}{12}$ de l'épaisseur, et, dans les engrenages taillés ou ajustés, soit à la lime, soit par des procédés mécaniques, on peut le réduire à $\frac{1}{20}$. D'après cela, le pas, qui est la somme de l'épaisseur et du creux, sera égal à 2,10, 2,084 ou 2,05 de l'épaisseur de la dent.

La division des cercles primitifs et la subdivision du pas étant exécutées, on terminera la dent des deux côtés par deux courbes de face et par deux flancs symétriques, et la longueur des courbes ou la *saillie* des dents sur le cercle primitif sera, comme nous l'avons dit, limitée aux cercles de rayon C$m$ et C′$m$. Pour avoir la profondeur du creux, on déterminera la rencontre de ces cercles avec la ligne des centres en $n$ et $n'$, et en prenant respectivement en deçà de ces points $ni = n'h = 0^{m},005$ environ, on aura les rayons intérieurs C$h$ et C′$i$ du creux de chaque dent; on sera sûr, par cette disposition, qu'il y aura toujours un jeu suffisant pour le passage des dents.

122. *Arc-boutements, leurs inconvénients.* — On remarquera que, quand la roue conduit le pignon, avant la ligne des centres, la somme des lignes C$m$ et C′$m$ étant plus grande que CC′, s'il arrivait que quelque aspérité des dents s'opposât à leur

mouvement, il pourrait y avoir arc-boutement et par suite rupture, tandis qu'après la ligne des centres, les points de contact s'éloignant toujours, les distances $Cm$ et $C'm$ tendent à augmenter, et rien ne s'oppose à la séparation des dents. Ce danger des arc-boutements est d'autant plus grand que les dents engrènent plus loin avant la ligne des centres.

C'est pour l'éviter que les anciens constructeurs avaient adopté l'usage de faire conduire les roues l'une par l'autre, exclusivement après la ligne des centres; mais diverses considérations ayant conduit à diminuer beaucoup l'épaisseur des dents, et par suite leur saillie, en augmentant au contraire leur longueur parallèlement à l'axe, les engrenages actuels ne prennent plus qu'à une petite distance avant et après la ligne des centres, et cette circonstance, jointe à la perfection que l'on apporte aujourd'hui à leur exécution, fait disparaître toute crainte d'accidents; aussi est-on actuellement dans l'usage de faire conduire les roues autant avant qu'après la ligne des centres.

**123.** *Inconvénients de l'engrenage à épicycloïdes.* — Les inconvénients de l'engrenage à épicycloïdes sont :

1° Que l'intensité des pressions exercées sur les dents augmente à mesure que le point de contact s'éloigne davantage de la ligne des centres, ce qui tend à les faire user inégalement;

2° Que le tracé des dents de l'une des roues dépendant du rayon du cercle primitif de l'autre roue, on ne peut faire conduire par une même roue des pignons de différents diamètres;

3° Que si les axes des roues éprouvent le moindre déplacement, tout en restant parallèles, l'engrenage n'est plus exact.

**124.** *Engrenage à développantes de cercle.* — Une autre solution du problème des engrenages, exempte de ces inconvénients, est celle où l'on donne aux dents la forme de développantes de cercle. Elle est fondée sur la construction suivante :

Par le point $t$ (*Pl. I, fig.* 5), qui partage la ligne des centres

CC′ en deux parties réciproquement proportionnelles aux vitesses dont les roues doivent être animées, menez une ligne K*t*K′ inclinée sur CC′; puis des points C et C′ abaissez des perpendiculaires CK et C′K′ sur cette ligne, et décrivez des cercles dont ces perpendiculaires soient les rayons. La ligne KK′ sera évidemment une tangente commune à ces deux circonférences, et si l'on enroule respectivement les parties *t*K et *t*K′ sur les cercles CK et C′K′, le point *t* décrira les développantes de l'un et de l'autre de ces cercles.

Si l'on conçoit maintenant que l'une des courbes pousse l'autre, cette action aura toujours lieu suivant la normale commune, et, comme les normales à chacune des deux courbes doivent être tangentes au cercle développé, il est évident que celle qui est commune aux deux courbes sera la tangente KK′. Ainsi, dans cet engrenage, le point de contact restera toujours sur la même ligne, qui sera la normale, et par conséquent l'effort exercé sur l'une des dents sera constant pendant toute la durée du contact.

Les roues devant se conduire dans les deux sens, avant et après la ligne des centres, les dents auront la même forme des deux côtés, et afin d'éviter que, par le rapprochement des courbes, leur extrémité se trouve trop affaiblie, il faut donner à leur tangente commune KK′ la plus faible inclinaison possible. On y parviendra par la construction suivante, en s'imposant, par exemple, la condition que les dents agissent de part et d'autre de la ligne des centres et à une distance égale au pas que l'on suppose connu. A partir du point *t* de contact des cercles primitifs, prenez sur celui du pignon l'arc *tt*′ égal au pas, menez le rayon C′*t*′ et du point *t* abaissez sur C′*t*′ une perpendiculaire, qui sera la tangente commune cherchée. Il est clair, en effet, que la dent du pignon, parvenue à une distance égale au pas, sera poussée par son premier élément et ne pourra plus l'être au delà. Il conviendra d'ailleurs de prendre l'inclinaison de la tangente un peu au-dessus de cette limite, quand on le pourra faire sans que les dents deviennent trop faibles au bout, afin de parer à de légers défauts de pose.

Quant à la longueur totale des dents, on la déterminera facilement en les traçant dans la position extrême où elles doivent agir avant et après la ligne des centres et les coupant à cette distance par des arcs de cercle concentriques aux roues. Quoique les dents n'aient pas de flanc rectiligne, il est nécessaire de leur mener deux rayons tangents à leur naissance, qui limitent le creux, en donnant à celui-ci la profondeur convenable pour le jeu de l'engrenage.

125. *Observation sur le cas où la distance des axes varie.* — On remarquera que si, par un défaut de pose de la machine ou par l'usé des coussinets, la distance des deux centres C et C′ venait à varier, les dents agiraient néanmoins suivant une normale commune, dont l'inclinaison seulement serait différente de celle qui aurait été fixée et que les efforts transmis resteraient encore dans un rapport constant, de sorte que l'engrenage à développantes conserverait, même dans ce cas, la propriété de produire toujours des efforts constants sur les dents, qui, par conséquent, s'usent plus uniformément dans cet engrenage que dans tous les autres.

Le tracé de la courbe du pignon ne dépend que de son rayon et de l'inclinaison de la tangente; on voit donc que, celle-ci étant déterminée, par exemple, pour le plus petit des pignons qu'une roue devra conduire, il sera facile de déterminer les arcs à développer et par suite les courbes de dents pour autant de pignons de rayons différents que l'on voudra.

Ces avantages doivent faire préférer, dans beaucoup de cas, l'engrenage à développantes à celui dont les courbes sont des épicycloïdes; mais, si l'on exécute le tracé, on reconnaît que dans le premier mode, quand les rayons des roues sont très-petits, l'extrémité des dents s'affaiblit beaucoup par la convergence des courbes; ce qui est, dans certains cas, un grave inconvénient qui doit le faire rejeter et que présente beaucoup moins le tracé par les épicycloïdes.

126. *Tracé adopté par les constructeurs.* — Nous venons d'indiquer les deux solutions géométriques le plus en usage pour le tracé des engrenages; mais, quoique leur exécution soit fort simple, les praticiens ont adopté une méthode en-

core plus expéditive, qu'il importe de connaître et qui s'applique spécialement à l'engrenage à épicycloïdes. Nous avons vu que ces courbes pouvaient être considérées comme les enveloppes d'une suite d'arcs de cercle, décrits des divers points de leur circonférence comme centres, avec des rayons égaux aux cordes correspondantes du cercle générateur. Il suit de là que, sur une certaine étendue, la courbe se confond sensiblement avec les cercles correspondants, et, comme on limite nécessairement les arcs de contact à une petite portion de la courbe, on pourra dans la plupart des cas ordinaires de la pratique lui substituer un des arcs de cercle tangents. On reconnaît, en effet, par le tracé exact, qu'en choisissant convenablement le centre du cercle, que l'on veut substituer à la courbe, il se confond dans toute la partie utile avec cette courbe, à moins de l'épaisseur d'un trait fin de tire-ligne. Cette exactitude est certes bien suffisante pour la pratique et justifie l'emploi de cette méthode expéditive.

Dans les cas les plus ordinaires, où les cercles ne sont pas trop petits par rapport aux dimensions des dents et où par conséquent la courbure est un peu rapide, on prend ordinairement pour centre de la courbe la naissance de la dent suivante sur le cercle primitif, et pour rayon le pas de l'engrenage mesuré sur ce même cercle. Lorsque des pignons très-petits, destinés à transmettre des efforts considérables, devront avoir des dents très-épaisses, et que la courbure devra être très-sensible, on pourra déterminer le centre et, par suite, le rayon du cercle destiné à remplacer la courbe par la condition qu'il passe par la naissance et l'extrémité ou le dernier point de contact, qui est toujours facile à déduire de l'amplitude adoptée pour le contact de part et d'autre de la ligne des centres. En effet, en élevant une perpendiculaire au milieu de la ligne qui joint ces deux points, elle rencontrera la circonférence du cercle primitif en un point qui sera le centre cherché, et le rayon sera donné immédiatement.

Cette méthode pratique n'est d'ailleurs évidemment applicable qu'au cas où les dents ont peu de longueur.

Nous avons passé sous silence le tracé des dents des roues qui doivent conduire des lanternes, parce qu'il rentre immédiatement dans la solution générale en regardant le cercle de base des fuseaux comme la courbe donnée. On reconnaîtra d'ailleurs, en l'exécutant, que les dents ne peuvent se conduire qu'après ou avant la ligne des centres, et qu'il conviendra toujours d'adopter la première disposition, afin d'éviter les arc-boutements, qui s'opposent aussi, par conséquent, à l'emploi des lanternes comme roues conductrices. Cet inconvénient, ainsi que les dimensions considérables que l'on est obligé de donner aux fuseaux et aux dents de ce genre d'engrenage, doit le faire proscrire de toute construction soignée.

127. *Engrenages coniques ou sphériques.* — Passons aux *engrenages coniques* ou des *roues d'angle*, pour lesquels toute la difficulté consiste à transporter dans l'espace ce que nous avons dit pour le cas du plan.

La position des axes CS, C′S étant fixée, on divisera l'angle CSC′, compris entre eux, en deux autres CST, C′ST, dont les sinus soient réciproquement comme les vitesses de rotation à imprimer à ces axes; en faisant tourner ces angles autour des axes respectifs qui leur correspondent, on aura ainsi les cônes primitifs, se touchant suivant l'arête commune TS. C'est sur les bases circulaires de ces cônes, prises au milieu de la largeur de la couronne qui porte les dents, qu'on fait ordinairement la division de l'engrenage. Cela posé, tout ce que nous avons pu dire pour le cas des roues comprises dans un plan sera applicable à l'espace, pourvu qu'on remplace les lignes droites, dont il a été question, par des plans passant par le sommet S des cônes, et les lignes courbes par des cônes ayant ce même point pour sommet. Ainsi, par exemple, pour que les surfaces coniques des dents en se poussant puissent imprimer des vitesses uniformes aux roues, il sera nécessaire que le plan normal de l'arête commune de contact de ces surfaces passe par l'arête de contact ST des cônes primitifs; les courbes épicycloïdes des dents, relatives au cas du plan, seront remplacées par des cônes épicycloïdes produits par le mouvement d'une arête de l'un des cônes primitifs roulant sur l'autre cône primitif; et, si l'on considère simplement les cercles de base CT, C′T, que l'on peut appeler les cercles primitifs, les choses se passeront encore d'une manière analogue sur la sphère qui renferme ces cercles et dont S est le centre; seulement les droites seront remplacées par des arcs de grands cercles, et les épicycloïdes, les développantes planes, etc., deviendront des épicycloïdes, des développantes sphériques, etc.

D'après cette analogie, qui règne entre les deux cas du plan et de l'espace, il devient inutile d'entrer dans de nouveaux détails sur la manière de disposer les engrenages, selon les diverses circonstances; il est évident que toute la difficulté réside dans les opérations graphiques nécessaires pour tracer les différentes courbes ou surfaces de dents, d'après les principes de la Géométrie descriptive. Or je ferai remarquer que la rigueur qu'on apporterait ici dans le tracé, en suivant, par exemple, les méthodes indiquées dans l'ouvrage de M. Hachette, que cette rigueur, dis-je, ne conduirait pourtant qu'à des résultats fort incertains, vu la multiplicité des opérations nécessaires pour obtenir le tracé d'une surface de dents, ou même d'un seul point de sa courbe de base; il me semble que le procédé qui suit est suffisamment exact pour la pratique, et n'offre pas ces inconvénients.

128. *Solution simplifiée et suffisamment exacte du problème des engrenages coniques.* — On remarquera que les couronnes ou jantes qui portent les dents ou fuseaux, etc., sont et doivent être, en général, terminées, du côté opposé au sommet S des cônes (*fig.* 44), par d'autres surfaces coniques $mnp$T, $m'n'p'$T, dont les sommets $S_1$, $S'_1$ sont sur les axes SC et SC′ des roues, et dont les arêtes $S_1T$, $S'_1T$, comprises dans le plan de ces axes, sont perpendiculaires à l'arête de contact ST des cônes primitifs, en sorte qu'elles forment le prolongement l'une de l'autre, et sont comprises dans le plan perpendiculaire à ST et tangent à la fois aux cônes $(S_1)$, $(S'_1)$ : c'est sur la surface de ces cônes que l'on applique les panneaux des dents, et qu'on vérifie le tracé général de l'engrenage; or je remarque que, vu le peu d'étendue qu'occupe, sur ce cône, le profil de la courbe d'une dent et de celle qui la conduit, on peut, sans erreur sensible pour la pratique, regarder la petite portion des surfaces coniques $(S_1)$, $(S'_1)$ correspondant à ces dents,

comme se confondant avec le plan tangent $S_1TS'_1$, lorsqu'elles se poussent en T, où a lieu leur contact mutuel.

Fig. 44.

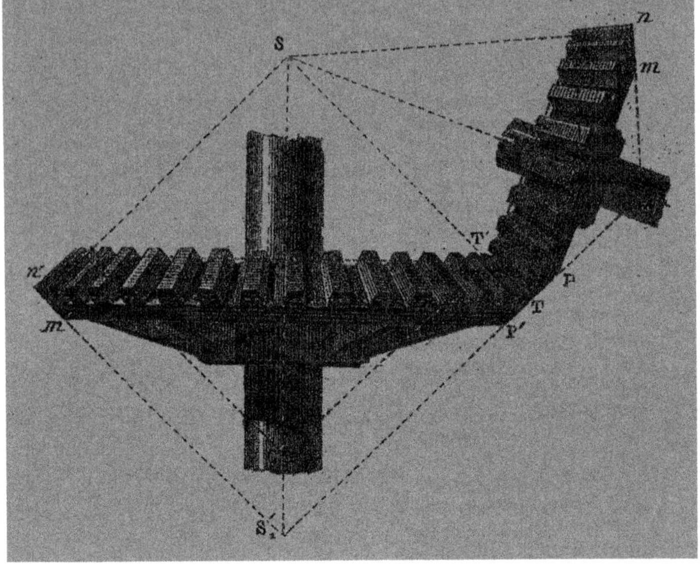


Cela posé, développant donc les deux surfaces de cônes ($S_1$) et ($S'_1$) sur le plan tangent commun dont il s'agit (*Pl. II, fig.* 6), ce qui n'offre aucune difficulté, puisqu'on a la longueur des arêtes et le périmètre des bases, et observant que, dans ce développement, les longueurs dans le sens des arêtes et les largeurs dans le sens des cercles méridiens concentriques aux sommets ne sont nullement altérées, on ramènera de suite le problème des engrenages coniques à celui des engrenages cylindriques; car les cercles primitifs des dents sur la surface des cônes seront devenus, sur le développement, des arcs de cercle tangents entre eux, et qu'on pourra regarder comme les cercles primitifs des deux roues planes à tracer par les méthodes ci-dessus, selon le genre d'engrenage que l'on désire adopter. On aura ainsi obtenu tous les panneaux nécessaires pour tracer les dents sur la surface des cônes limites ($S_1$) et ($S'_1$); d'après quoi, on exécutera facilement les dents tout entières.

On pourra d'ailleurs préparer un nouveau panneau développé pour la surface conique qui termine intérieurement la couronne du côté de $S_1$, laquelle a ses arêtes parallèles à celles des premiers cônes limites, et donne pour les dents des profils ou figures exactement semblables, en sorte qu'il suffira de réduire les premiers panneaux dans un rapport convenable, qui est celui des arêtes ST et ST'.

129. *Dimensions des diverses parties des engrenages.* — A ces détails sur le tracé des engrenages nous nous bornerons à ajouter quelques mots relatifs à la manière de déterminer les proportions des dents.

La largeur des dents (*fig.* 45), parallèlement à l'axe de ro-

Fig. 45.

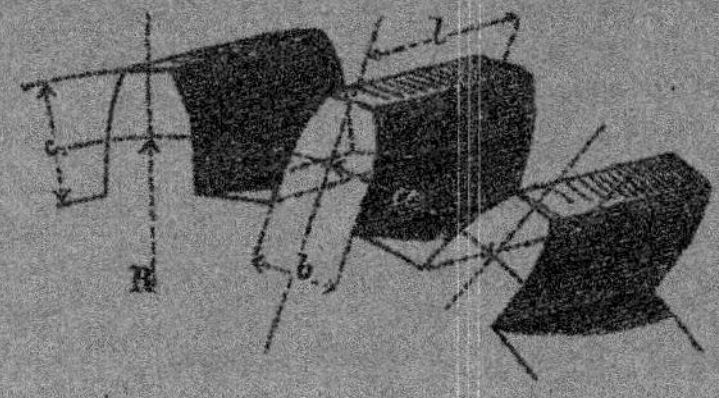


tation ou dans le sens des génératrices des cônes, est ordinairement égale à quatre fois leur épaisseur, mesurée sur la circonférence primitive, quand la vitesse à cette circonférence n'excède pas $1^m,50$. On la porte à cinq fois cette épaisseur quand la vitesse est plus grande, pour compenser les effets plus grands de l'usure. Enfin, quand les dents d'engrenage sont exposées à être mouillées, et par conséquent à être souillées de sable, qui en augmente l'usure, on leur donne en largeur jusqu'à six fois l'épaisseur.

La saillie des dents sur l'anneau qui les porte est déterminée par le tracé, lorsqu'on se donne l'angle suivant lequel elles doivent agir avant ou après la ligne des centres. Toutefois, la résistance à la rupture étant en raison inverse de cette longueur, elle doit être renfermée entre certaines limites. Il convient qu'elle n'excède pas 1,50 fois l'épaisseur à la circonférence primitive, ou, si le tracé donne une plus grande saillie, il faudra d'abord rechercher si, en augmentant un peu la largeur, on ne pourrait pas diminuer l'épaisseur ou le pas, et par suite la saillie; puis, si ce moyen ne suffit pas, il faudrait se borner à ne faire agir les dents, avant et après la ligne des centres, que jusqu'à une distance où elles atteindraient la saillie limitée. Il est rare, du reste, que l'on éprouve quelque difficulté à ce sujet.

Ces proportions entre la largeur, la saillie et l'épaisseur une fois établies, il ne restera plus à déterminer que l'épaisseur, et, d'après l'observation des dimensions adoptées par les meilleurs constructeurs, elle peut être déduite des formules suivantes, dans lesquelles on exprime par

$b$ l'épaisseur en centimètres, mesurée à la circonférence primitive;

P l'effort en kilogrammes exercé par l'une des roues sur l'autre :

Pour les dents en fonte............... $b = 0,105\sqrt{P}$;

Pour les dents en bronze ou en cuivre.. $b = 0,131\sqrt{P}$;

Pour les dents de charme, de racine, de poirier et de sorbier [1]............. $b = 0,183\sqrt{P}$.

---

[1] *Des roues à dents de bois.* — On garnit souvent l'une des deux roues de dents de bois, surtout quand la transmission marche vite; le bois est beaucoup plus élastique que la fonte, et l'on obtient ainsi des transmissions moins saccadées et qui font moins de bruit pendant la marche. Un autre avantage consiste en ce que, en cas de rupture d'une dent de bois, les chances de détérioration de tout l'engrenage sont moindres que lorsque les dents sont en fonte, et le remplacement de la dent cassée se fait plus rapidement et à moins de frais. Il faut avoir soin, dans une semblable réparation, de donner à la dent neuve le profil qu'ont en ce moment les autres dents de la roue qui ont été plus ou moins amincies par le fonctionnement, sans quoi le jeu, en cet endroit, ne serait pas le même que sur le reste de la roue, et il pourrait se produire des arc-boutements; le plus souvent la rupture d'une dent est un indice que l'ensemble devient trop faible par suite de l'usure, en sorte qu'il y a alors avantage à remplacer toutes les dents à la fois, avec leur profil primitif.

Dans ce genre d'engrenage, il est indispensable de tailler les dents en fonte, ou du moins d'enlever à la lime toutes les aspérités; il faut également dresser avec soin l'intérieur des mortaises de l'autre roue, afin que, lors de l'enfoncement, les fibres du bois ne soient pas déchirées. (K.)

En nommant, de plus,

$l$ la largeur en centimètres,
$s$ la saillie,

on aura, selon les cas désignés ci-dessus,

$$l = 4b, \quad l = 5b \quad \text{ou} \quad l = 6b \quad \text{et} \quad s = 1{,}50\,b \quad \text{au plus};$$

et si l'on nomme $a$ le pas de l'engrenage et que le jeu dans le creux soit fixé à $\frac{1}{10}$ de l'épaisseur $b$ de la dent, on aura

$$a = 2{,}1\,b.$$

Ces relations suffiront donc pour déterminer toutes les proportions d'un engrenage, quand les dents des deux roues seront de même matière. Si les substances étaient différentes, et que les dents de l'une des roues fussent en fonte et celles de l'autre en bois, ainsi que cela arrive souvent, on aurait de même, pour l'épaisseur $b'$ des dents en bois,

$$b' = 0{,}183\sqrt{P}$$

et, pour celle des dents en fonte,

$$b' = 0{,}105\sqrt{P}.$$

La largeur $l$ des dents devant être la même, on la prendrait pour les deux roues égale à

$$l = 4b',$$

et le pas, qui doit aussi être le même, serait

$$a = b + 1{,}1\,b' = 2{,}84\,b.$$

Lorsque les dents sont en métal, on les coule ordinairement d'une seule pièce avec l'anneau qui les porte, et l'on donne alors à cet anneau la même largeur parallèle à l'axe qu'aux dents, et pour épaisseur, dans le sens du rayon, l'épaisseur des dents mesurée sur le cercle primitif.

Si les dents sont en bois et enchâssées dans un anneau en fonte, percé de mortaises, cet anneau a une largeur égale à celle des dents, augmentée d'une fois leur épaisseur de part et d'autre de la mortaise, et dans le sens du rayon son épaisseur est celle des dents.

D'après ces règles pratiques, qui ne s'appliquent qu'aux engrenages qui ne sont pas exposés à des chocs, les dimensions des dents sont faciles à déterminer dans chaque cas, ainsi que le pas $a$ ou l'intervalle des dents consécutives de milieu en milieu.

Lorsque les rayons $R = Ct$ et $R' = C't$ seront donnés, on devra avoir, en appelant respectivement $m$ et $m'$ les nombres de dents des roues C et C',

$$ma = 2\pi R \quad \text{et} \quad m'a = 2\pi R',$$

d'où l'on tirera $m$ et $m'$.

Mais comme ces nombres doivent être entiers, et qu'il convient même, dans beaucoup de cas, pour la facilité des assemblages, qu'ils soient divisibles par le nombre de bras de chaque roue, on devra prendre pour $m$ le nombre entier inférieur et à la fois divisible par le nombre de bras de la roue et par le rapport de R à R', et l'on déduira de la relation

$$ma = 2\pi R$$

une nouvelle valeur du pas un peu supérieure à celle que l'on avait d'abord trouvée, ce qui n'a pas d'inconvénients. On aura ensuite

$$m' = \frac{mR'}{R}$$

pour le nombre de dents du pignon, qui sera ainsi nécessairement un nombre entier, puisque le rapport $\frac{R}{R'}$ est contenu un nombre exact de fois dans $m$ (¹).

(¹) *Observation sur le nombre de dents.* — Il arrive souvent que toutes les dents d'une roue ne présentent pas la même dureté, que même elles diffèrent légèrement du tracé, surtout quand elles sont neuves et qu'elles n'ont pas été retaillées. Pour atténuer les inconvénients de ces imperfections, il convient de faire en sorte que chacune des dents de l'une vienne engrener successivement avec toutes celles de l'autre, et pour cela de choisir des nombres $m$ et $m'$ premiers entre eux, ce qui est toujours possible quand on dispose de quelque latitude dans le choix du rapport des vitesses des deux arbres. (K.)

## Des cames.

130. *Cames des marteaux.* — Les considérations que nous avons exposées sur les formes les plus ordinaires des engrenages s'appliquent facilement aux divers cas particuliers qui peuvent se présenter, et notamment aux cames destinées à transmettre des mouvements intermittents.

Ainsi les cames, animées d'un mouvement de rotation continu (*fig.* 46), qui doivent communiquer à un levier C′*t* un

Fig. 46.

mouvement de rotation alternatif intermittent, autour du centre C′, auront la forme d'une épicycloïde engendrée par le roulement du cercle de diamètre C′*t* sur le cercle C*t*, correspondant à la pièce animée du mouvement continu, le point *t*, partageant toujours la ligne CC′ en deux parties réciproquement proportionnelles aux vitesses angulaires à transmettre. Cette courbe agira sur un flanc rectiligne dirigé suivant le rayon passant par C′ et poussera à partir de la ligne des centres.

131. *Cames des pilons.* — Si la came devait soulever un pilon ou produire un mouvement rectiligne (*Pl. II, fig.* 7), le diamètre C′*t* devenant infini, la courbe de la dent serait une développante de cercle. Connaissant, dans ce cas, la quantité dont la tige doit marcher pendant la durée du contact, et la portion de la circonférence correspondant à ce contact, on en déduira facilement le rayon du cercle à développer pour produire le mouvement donné. Il faudra d'ailleurs donner à la

courbe une espèce de flanc, pour livrer passage à la tige et servir en quelque sorte de creux.

Nous n'insisterons pas davantage sur l'examen des cas particuliers qui peuvent se présenter, et dont la solution rentrera toujours facilement dans la méthode générale que nous avons exposée.

# ADDITIONS

## RELATIVES AUX VALEURS DE DIVERS MOMENTS D'INERTIE ([1]).

### Principes généraux.

132. *Moment d'inertie par rapport à un axe quelconque.* — Nommant, en général, $\pi$ le rapport de la circonférence au diamètre, M le volume total d'un corps, I son moment d'inertie par rapport à un axe quelconque, $i = MK^2$ son moment d'inertie par rapport à un axe parallèle passant par son centre de gravité, dont la distance au précédent sera représentée par $d$, on aura, d'après un principe connu,

$$I = Md^2 + i = M(d^2 + K^2),$$

ce qui indique que *le moment d'inertie d'un corps, par rapport à un axe quelconque, est égal à son moment par rapport à un axe parallèle passant par son centre de gravité, augmenté du produit de son volume par le carré de la distance entre les deux axes.*

Il résulte en particulier de ce principe que, si la distance dont il s'agit est très-grande, par rapport aux distances des molécules du corps à l'axe passant par son centre de gravité, le moment d'inertie relatif à l'axe quelconque sera sensiblement mesuré par le produit du volume M et du carré de la distance $d$ du centre de gravité à cet axe.

133. *Considérations relatives aux corps décomposables en tranches minces parallèles et symétriques.* — Considérant un corps décomposé en tranches planes parallèles, infiniment minces, dont l'une quelconque a $\omega$

([1]) Nous ne considérons dans ce qui suit que des corps homogènes, ce qui nous permet de prendre l'élément de volume pour l'élément de masse, de sorte que, $g = 9^m,809$ représentant l'accélération de la pesanteur et $\Pi$ le poids de l'unité de volume ou la densité, on devra multiplier par $\frac{\Pi}{g}$ tous les résultats, c'est-à-dire la valeur de la somme $\Sigma mr^2$, dans laquelle $m$ serait l'élément de volume placé à la distance $r$ de l'axe.

pour aire et $de$ pour épaisseur, mesurée sur une droite perpendiculaire à ces tranches; soient $\rho$ la distance du centre de gravité de cette tranche particulière à un axe de rotation quelconque, et $i$ le moment d'inertie de l'aire $\omega$ par rapport à un axe parallèle, mené par ce centre, on aura, d'après ce qui précède, en observant que $\omega de$ est son volume et $i de$ son moment d'inertie, par rapport à la parallèle dont il s'agit,

$$I = \int \rho^2 \omega\, de + \int i\, de;$$

quantité qu'on obtiendra par une seule intégration, entre les valeurs de $e$ qui appartiennent aux limites du corps, quand $\omega$ et $i$ seront connus en fonction de cette même distance $e$ pour une position quelconque de la tranche.

Cette considération sera principalement applicable aux corps décomposables par des sections parallèles égales ou semblables et semblablement placées.

Lorsqu'un corps est engendré par un profil constant, qui se meut perpendiculairement à une courbe, en même temps que le centre de gravité de l'aire $\omega$ de ce profil décrit les éléments $ds$ de cette courbe, on peut de même décomposer le moment d'inertie du volume infiniment petit $\omega ds$, compris entre deux profils consécutifs : 1° dans le moment d'inertie $\rho^2 \omega\, ds$ relatif à l'axe de rotation donné; 2° dans le moment d'inertie qui se rapporte à une parallèle passant par le centre de gravité de $\omega$. Or, si la distance de ce centre au point qui en est le plus éloigné demeure toujours fort petite, par rapport à sa distance $\rho$ de l'axe de rotation, et si d'ailleurs les longueurs totales des courbes décrites par ce point et par ce centre sont très-peu différentes, on pourra négliger le dernier de ces moments d'inertie par rapport au premier, de sorte qu'on aura simplement

$$I = \omega \int \rho^2 ds;$$

c'est-à-dire que le moment d'inertie du corps sera mesuré, à très-peu près, par le produit de l'aire constante de son profil par le moment d'inertie de sa directrice.

Ces considérations sont principalement applicables aux verges droites ou courbes, prismatiques ou cylindriques, dont les profils constant offrent des dimensions très-petites, par rapport à leur étendue et à leur distance de l'axe de rotation.

134. *Solides de révolution.* — Soient $y$ le rayon et $\pi y^2$ l'aire d'une section quelconque faite dans une surface de révolution, perpendiculairement à son axe de figure; $dx$ l'épaisseur de la tranche infiniment mince qui lui correspond, mesurée sur l'axe dont il s'agit, on aura, en prenant

cet axe pour axe de rotation et intégrant entre les limites qui correspondent à ses extrémités

$$I = \frac{\pi}{2}\int y^4 dx,$$

et, si l'on prend pour axe de rotation une droite quelconque située, dans un plan perpendiculaire à l'axe de figure, à une distance $d$ de cet axe, on aura, en supposant que l'abscisse $x$ de la section $\pi y^2$ soit mesurée à partir du plan dont il s'agit,

$$I = \frac{\pi}{4}\int y^4 dx + \pi\int x^2 y^2 dx + M d^2,$$

quantités qu'on obtient par de simples intégrations, en observant que $y$ est l'ordonnée correspondant à l'abscisse $x$ dans le profil générateur de la surface proposée.

On se rappellera d'ailleurs qu'on a ici, pour calculer le volume M du corps et l'abscisse $x_1$ de son centre de gravité à un plan quelconque perpendiculaire à l'axe de figure,

$$M = \pi\int y^2 dx, \quad x_1 = \frac{\pi}{M}\int x y^2 dx.$$

135. *Corps pour lesquels il existe un axe de symétrie.* — On arrive à des résultats analogues pour les corps qui ont un axe de symétrie et dont les sections perpendiculaires à cet axe sont semblables entre elles; mais, dans le cas des surfaces de révolution, il arrive de plus que l'axe de figure et toute droite perpendiculaire à cet axe en l'un quelconque de ses points sont des *axes principaux* d'inertie, ayant pour moments respectifs les valeurs

$$\frac{\pi}{2}\int y^4 dx, \quad \pi\int y^4 dx + \pi\int x^2 y^2 dx.$$

Or il résulte d'un autre principe connu que, en prenant précisément le centre de gravité pour le point dont il s'agit, il devient possible de calculer le moment d'inertie des surfaces de révolution par rapport à un axe entièrement arbitraire.

136. *Observation relative aux axes et plans principaux.* — En général, tout plan qui divise un corps en deux parties symétriques est, comme on sait, un *plan principal,* c'est-à-dire qu'il contient au moins deux des *axes principaux* de ce corps; deux plans de symétrie pareils s'entrecoupent donc suivant un axe principal, et trois plans pareils suivant trois axes principaux, qui sont à angles droits, lorsque le corps n'a pas une infinité d'axes principaux, et contiennent nécessairement le centre de gravité du corps, dans le cas de symétrie dont il s'agit.

137. *Expression générale du moment d'inertie, par rapport à une droite quelconque passant par l'intersection de trois axes principaux.* — Nommant A, B et C les moments d'inertie par rapport à ces trois axes principaux rectangulaires, $\alpha$, $\beta$, $\gamma$ les angles qu'ils forment respectivement avec une droite quelconque passant par leur intersection commune, on aura (*Mécanique* de Poisson, t. II, p. 56), en prenant cette droite pour axe de rotation,

$$I = A\cos^2\alpha + B\cos^2\beta + C\cos^2\gamma.$$

Après avoir ainsi rappelé les principales propositions à l'aide desquelles on peut simplifier la recherche des moments d'inertie dans chaque cas, nous passerons à l'exposition des résultats concernant divers corps, et que nous nous contenterons simplement d'énoncer, en commençant par ceux qui concernent les lignes ou verges à sections constantes très-petites et les aires ou disques minces.

## Moments d'inertie des lignes ou verges à section très-petite.

138. *Ligne droite.* — Nommant L la longueur de la ligne droite ou courbe considérée, et $i$ son moment d'inertie par rapport à un axe quelconque, on a :

Pour le moment d'inertie d'une droite, de longueur L, par rapport à un axe passant par son milieu et formant avec elle l'angle $\alpha$,

$$i = \tfrac{1}{12}\sin^2\alpha\, L^3;$$

Pour celui de la même droite, par rapport à un axe quelconque parallèle au précédent, et qui est situé à la distance $d$ de son centre,

$$i = d^2 L + \tfrac{1}{12}\sin^2\alpha\, L^2.$$

139. *Arc de cercle.* — Pour le moment d'inertie d'un arc de cercle de longueur $s$ et de rayon $r$, par rapport au diamètre passant par l'une de ses extrémités,

$$i = \frac{r^2}{2}\left(s - \frac{r}{2}\sin 2s\right),$$

ce qui donne pour la circonférence entière

$$i = \pi r^3.$$

Pour celui du même arc, par rapport à un axe parallèle au diamètre dont il s'agit, et qui est situé à une distance $a$ en dessous,

$$i = \left(a^2 + \frac{r^2}{2}\right)s - \frac{r^3}{4}\sin 2s + 2ar^2(1 - \cos s).$$

Lorsque l'axe se trouvera situé du côté de l'arc $s$, par rapport au diamètre, il faudra changer le signe de $a$. Ces mêmes formules conduiront d'ailleurs, par de simples additions ou soustractions, à l'expression du moment d'inertie d'un arc de cercle quelconque.

140. *Arcs doubles de parabole.* — Pour le moment d'inertie d'un arc de parabole $s$, divisé symétriquement par l'axe et ayant la longueur $b$ pour corde ou double ordonnée, et la longueur $a$ pour abscisse, comptée du sommet de la courbe, ce moment étant pris :

1° Par rapport à l'axe $a$,

$$i = -\frac{1}{4 \times 64}\frac{b^4}{a^4}a^2 s + \frac{1}{4}\frac{b^2}{a^2}\frac{(b^2+16a^2)^{\frac{3}{2}}}{64};$$

2° Par rapport à une droite quelconque, perpendiculaire à $a$ et située à la distance C du sommet de la courbe, vers son intérieur,

$$i = \left(1 + \frac{1}{32}\frac{a}{c}\frac{b^2}{a^2} + \frac{1}{32.64}\frac{a^2}{c^2}\frac{b^4}{a^4}\right)c^2 s - \left(2\frac{c}{a} + \frac{1}{32}\frac{b^2}{a^2} - \frac{2}{3}\right)\frac{(b^2+16a^2)^{\frac{3}{2}}}{64},$$

expressions dans lesquelles

$$s = \frac{1}{2}\sqrt{b^2+16a^2} + \frac{1}{8}\frac{b^2}{a}\log\left(4\frac{a}{b} + \frac{1}{b}\sqrt{b^2+16a^2}\right),$$

le signe log étant celui des logarithmes népériens.

Lorsque $b$ sera plus petit que $\frac{1}{3}a$ et $c > \frac{1}{2}a$, on pourra se contenter de prendre

Pour la première.............. $i = \frac{1}{4}ab^2$,

Pour la deuxième............. $i \doteq c^2 s - \frac{2}{3}\left(\frac{3c}{a} - 1\right)a^3$,

et........................... $s = 2a + \dfrac{b^2}{8a}\log 8\dfrac{a}{b}$.

141. *Arcs simples de parabole.* — Prenant la moitié de ces mêmes valeurs de $i$, on aura les moments d'inertie de chacun des demi-arcs de parabole limités au sommet, d'où il sera facile ensuite de conclure le moment d'inertie d'un arc quelconque, par rapport à l'arc de la courbe et à l'ordonnée passant par l'une de ses extrémités, etc.; ajoutant enfin entre eux les moments pris par rapport à deux droites, qui se coupent ainsi à angle droit, on aura le moment d'inertie de l'arc proposé, par rapport à la perpendiculaire à leur plan, passant par leur intersection commune, ce qui est évident.

Par exemple, dans le cas ci-dessus d'un arc de parabole $s$ symétriquement divisé par l'axe de figure, le moment d'inertie relatif à la perpendiculaire au plan de cette parabole, et passant à la distance $c$ de son sommet, est

$$c^2s\left(1+\frac{1}{32}\frac{ab^2}{ca^2}-\frac{7}{32.64}\frac{a^2}{c^2}\frac{b^4}{a^4}\right)-a^3\left(1+\frac{1}{16}\frac{b^2}{a^2}\right)^{\frac{3}{2}}\left(\frac{2c}{a}-\frac{7}{32}\frac{b^2}{a^2}-\frac{2}{3}\right),$$

ou plus simplement

$$c^2s-a^3\left(\frac{2c}{a}-\frac{7}{32}\frac{b^2}{a^2}-\frac{2}{3}\right),\quad \text{si}\quad b<\tfrac{1}{2}a.$$

Les mêmes remarques s'appliquent également au cas des lignes droites, des arcs de cercle, etc., et partant, si l'on prend ces différentes courbes pour les directrices d'un profil constant, qui cheminerait le long de ces mêmes courbes, en leur demeurant perpendiculaire en son centre de gravité, puis que, supposant l'aire du profil très-petite par rapport aux dimensions des courbes et à leur distance à l'axe de rotation, on les multiplie par les moments d'inertie trouvés par les méthodes qui précèdent, on obtiendra le moment même d'inertie du volume engendré par rapport à l'axe dont il s'agit.

## Moments d'inertie des aires planes ou disques minces.

**142.** *Cercle.* — En nommant, en général, A l'aire considérée et $i$ son moment d'inertie, on a pour le moment d'inertie d'un cercle de rayon $r$, par rapport à l'un quelconque de ses diamètres,

$$i=\frac{\pi r^4}{4}=\tfrac{1}{4}\mathrm{A}r^2;$$

pour celui d'une couronne circulaire, dont $r'$ et $r''$ sont le plus grand et le plus petit rayon, $r_1$ le rayon moyen, $l=r'-r''$ la largeur, ce moment étant pris également par rapport à un diamètre,

$$i=\pi\frac{(r'^4-r''^4)}{4}=\frac{2\pi lr_1}{2}\left(1+\frac{1}{4}\frac{l^2}{r_1^2}\right)r_1^2=\frac{1}{2}\left(1+\frac{1}{4}\frac{l^2}{r_1^2}\right)\mathrm{A}r_1^2;$$

si l'on peut négliger la fraction $\frac{1}{4}\frac{l^2}{r_1^2}$ vis-à-vis de l'unité, cette expression se réduit à

$$i=\tfrac{1}{2}\mathrm{A}r_1^2;$$

pour celui d'un quart de cercle de rayon $r$, par rapport à un axe parallèle à l'un de ses rayons extrêmes, et qui en est situé à la distance $c$,

$$i=\frac{\pi r^2}{4}\left(c^2+\tfrac{1}{4}r^2\pm\frac{8}{3}\frac{cr}{\pi}\right)=\mathrm{A}[(c\pm\tfrac{1}{2}r)^2\mp 0{,}15cr];$$

les signes supérieurs appartiennent au cas où l'axe est situé du côté de la concavité du quart de cercle, et les lignes inférieures à celui où il l'est du côté de la convexité.

**143.** *Ellipse.* — Pour le moment d'inertie d'une ellipse dont $a$ et $b$ sont des demi-axes principaux, on a :

1° Par rapport au diamètre $2a$,

$$i = \tfrac{1}{4}\pi b^4 \frac{a}{b} = \tfrac{1}{4} A b^2;$$

2° Par rapport au diamètre $2b$,

$$i - \tfrac{1}{4}\pi a^4 \frac{b}{a} = \tfrac{1}{4} A a^2;$$

3° Par rapport à un diamètre quelconque formant l'angle $\alpha$ avec $2a$,

$$i = \tfrac{1}{4} A (a^2 \sin^2\alpha + b^2 \cos^2\alpha).$$

**144.** *Segment de parabole.* — Pour le moment d'inertie d'un segment de parabole limité par une corde de longueur $b$, perpendiculaire à son axe de symétrie de longueur $a$, ce moment étant pris par rapport à l'axe $a$,

$$i = \tfrac{1}{30} a b^3 = \tfrac{1}{20} A b^2.$$

**145.** *Rectangle.* — Pour le moment d'inertie d'un rectangle dont les côtés sont $a$ et $b$, on a :

1° Par rapport à l'axe principal, passant par son centre et les milieux des côtés $a$,

$$i = \tfrac{1}{12} a b^3 = \tfrac{1}{12} A b^2;$$

2° Par rapport à l'axe perpendiculaire sur le milieu des côtés $b$,

$$i = \tfrac{1}{12} b a^3 = \tfrac{1}{12} A a^2;$$

3° Par rapport à un axe quelconque, formant l'angle $\alpha$ avec le côté $a$,

$$i = \tfrac{1}{12} A (a^2 \sin^2\alpha + b^2 \cos^2\alpha).$$

**146.** *Trapèze.* — Pour le moment d'inertie d'un trapèze ayant un axe de symétrie de longueur $a$, perpendiculaire aux côtés parallèles $b$ et $b'$ :

1° Par rapport à l'axe $a$,

$$i = a\left(\frac{b + b'}{48}\right)(b^2 + b'^2) = \tfrac{1}{24} A (b^2 + b'^2);$$

2° Par rapport au côté $b$,

$$i = \frac{a^3}{12}(b + 3b') = \frac{A a^2}{6}\left(1 + \frac{2b'}{b + b'}\right).$$

## Observations générales.

147. *Moment d'inertie polaire.* — Si l'on ajoute entre eux les moments d'inertie d'une même aire, relatifs à deux axes qui se coupent à angle droit dans son plan, on obtiendra le moment d'inertie de cette aire par rapport à la perpendiculaire élevée à ce plan, au point de la rencontre commune des axes, moment que M. Persy, dans son *Cours sur la stabilité des constructions,* nomme *polaire,* attendu qu'il se rapporte aussi à un point du plan pris pour pôle.

Multipliant le moment ainsi obtenu par l'épaisseur du prisme droit, qui aurait pour base l'aire A considérée, on aura l'expression rigoureuse du moment d'inertie du volume de ce prisme.

148. *Prismes.* — En général, si l'on multiplie les différents moments d'inertie, qui viennent d'être trouvés, par l'épaisseur du prisme ou disque, qui a l'aire proposée pour base, on obtiendra le moment d'inertie même de ce disque, avec un degré d'approximation d'autant plus grand que cette épaisseur sera plus petite par rapport aux dimensions moyennes de l'aire correspondante.

Dans le cas des figures compliquées, il faudra les partager en d'autres plus simples, en observant que les moments d'inertie s'ajoutent et se retranchent comme les aires elles-mêmes.

Enfin, si l'on combine les données de cet article avec celles de l'article qui précède, relatif aux simples lignes, on obtiendra, en vertu du principe du n° 133, les moments d'inertie des volumes de surfaces engendrées par des profils constants, etc.

## Moments d'inertie des corps ou volumes à dimensions quelconques.

149. *Cylindre à base circulaire.* — Pour un cylindre droit à base circulaire dont $r$ est le rayon et $a$ la longueur parallèle à l'axe de figure :

1° Par rapport à cet axe

$$I = \tfrac{1}{2}\pi a r^4 = \tfrac{1}{2} M r^2;$$

2° Par rapport à une droite située dans le plan de l'une des bases, à la distance $d$ de l'axe de figure,

$$I = \frac{\pi}{4} r^4 a + \frac{\pi}{3} r^2 a^3 + \pi r^2 a d^2 = \frac{M}{12}(3r^2 + 4a^2 + 12d^2).$$

150. *Jante ou anneau de révolution.* — Pour une jante ou anneau de révolution à section rectangulaire dont $l$ est la largeur parallèle à l'axe, $e$ l'épaisseur dans le sens du rayon, enfin $r_1$ le rayon moyen, on a :

1° Par rapport à cet axe

$$M = 2\pi r_1 le, \quad I = 2\pi r_1 le(r_1^2 + \tfrac{1}{4}e^2) = M\left(1 + \frac{1}{4}\frac{e^2}{r_1^2}\right) r_1^2;$$

2° Par rapport à une droite quelconque située dans le plan de l'une des bases, à la distance $d$ de l'axe de figure,

$$I = M(d^2 + \tfrac{1}{3}l^2 + \tfrac{1}{2}r_1^2 + \tfrac{1}{8}e^2).$$

Dans le cas de $e < \frac{1}{4}r_1$, on peut négliger le terme en $e$ de ces dernières expressions, qui, sous cette forme simplifiée, deviennent en même temps applicables à des anneaux dont la section par l'axe a un profil quelconque, et dont la plus forte épaisseur est également moindre que le $\frac{1}{4}$ du rayon moyen, c'est-à-dire de la distance du centre de gravité de cette section à l'axe.

151. *Tronc de cône plein.* — Pour un tronc de cône plein à bases circulaires dont $r$ et $r'$ sont les rayons, $a$ étant la hauteur ou l'intervalle entre ces bases, $r_1 = \frac{1}{2}(r + r')$ le rayon moyen et $l = r - r'$ la différence des rayons, on a :

1° Par rapport à l'axe de figure

$$M = \tfrac{1}{3}\pi a \frac{(r^3 - r'^3)}{r - r'} = \pi a r_1^2 \left(1 + \frac{1}{12}\frac{l^2}{r_1^2}\right),$$

$$I = \tfrac{1}{10}\pi a \frac{r^5 - r'^5}{r - r'} = \tfrac{1}{2}\pi a r_1^2 \left(1 + \frac{1}{2}\frac{l^2}{r_2^1} + \frac{1}{80}\frac{l^4}{r_1^4}\right) r_1^2,$$

ou approximativement, quand $l$ est $< \frac{1}{2}r$,

$$M = \pi a r_1^2, \quad I = \tfrac{1}{2}M\left(1 + \frac{1}{2}\frac{l^2}{r_1^2}\right) r_1^2;$$

2° Par rapport à une droite quelconque, située dans le plan de l'une des bases à la distance $d$ de l'axe de figure,

$$I = \tfrac{1}{20}\pi a\left(\frac{r^5 - r'^5}{r - r'}\right) + \tfrac{1}{10}\pi a^3(\tfrac{1}{3}r'^2 + rr' + 2r^2) + \frac{d^2 M}{3}$$

$$= \tfrac{1}{4}\pi a r_1^2\left(1 + \frac{1}{2}\frac{l^2}{r^2} + \frac{1}{80}\frac{l^4}{r_1^4}\right) r_1^2 + \tfrac{1}{3}\pi a r_1^2\left(1 + \frac{1}{2}\frac{l}{r_1} + \frac{1}{10}\frac{l^2}{r_1^2}\right) a^2 + \frac{Md^2}{3},$$

ou avec une approximation suffisante quand $l$ est $< \frac{1}{2}r_1$,

$$I = \frac{M}{3}\left[d^2 + \frac{1}{3}\left(1 + \frac{1}{2}\frac{l}{r_1}\right) a^2 + \frac{3}{4}\left(1 + \frac{1}{2}\frac{l^2}{r_1^2}\right) r_1^2\right].$$

A l'aide de ces formules, on trouvera, par de simples soustractions, celles qui concernent les troncs de cônes évidés, les anneaux tronconiques, etc.;

à l'égard de ces derniers, on peut d'ailleurs remarquer que le rapport $\frac{l_1}{r}$ sera le même pour le cône intérieur et le cône extérieur, si ces cônes ont même sommet; ce qui simplifie beaucoup les calculs dans ce cas.

152. *Segment de paraboloïde de révolution.* — Pour un segment de paraboloïde de révolution compris entre le sommet et une section circulaire quelconque, de rayon $r$, située à la distance $a$ de ce sommet:

1° Par rapport à l'axe de figure,

$$I = \tfrac{1}{6}\pi a r^4 = \tfrac{1}{3} M r^2, \quad M = \tfrac{1}{2}\pi a r^2;$$

2° Par rapport à une perpendiculaire quelconque à cet axe, élevée en son centre de gravité situé à la distance $\frac{2}{3}a$ du sommet,

$$I = \tfrac{1}{6} M \left(r^2 + \tfrac{1}{3} a^2\right).$$

A l'aide de ces formules on trouvera facilement (135, 136 et 137) le moment d'inertie d'un segment de paraboloïde compris entre deux sections quelconques et par rapport à un axe arbitraire donné.

153. *Ellipsoïde et sphère.* — Pour un ellipsoïde quelconque dont $a$, $b$, $c$ sont les trois axes principaux, par rapport à l'axe $a$,

$$I = \tfrac{1}{5} M (b^2 + c^2), \quad M = \tfrac{4}{3}\pi abc.$$

Pour la sphère entière dont $r$ est le rayon, par rapport à un diamètre quelconque,

$$I = \tfrac{2}{5} M r^2, \quad M = \tfrac{4}{3}\pi r^3.$$

154. *Parallélépipède rectangle.* — Pour un parallélépipède rectangle dont $a$, $b$, $c$ sont des longueurs d'arêtes:

1° Par rapport à un axe passant par son centre et parallèle aux arêtes $c$,

$$I = \tfrac{1}{12} abc (b^2 + a^2) = \tfrac{1}{12} M (a^2 + b^2);$$

2° Par rapport à un axe parallèle à l'arête $c$, passant par le milieu de la face qui a $b$ et $c$ pour côtés,

$$I = \tfrac{1}{12} M (b^2 + 4a^2);$$

3° Par rapport à l'arête $c$ elle-même,

$$I = \tfrac{1}{3} M (a^2 + b^2).$$

155. *Cylindres ou prismes droits à base quelconque.* — Pour un cylindre ou prisme droit à base quelconque, dont A est l'aire des sections constantes et $l$ la longueur:

1° Par rapport à l'axe $a$, qui contient tous les centres de gravité de ses sections, et en nommant $i$ le moment d'inertie polaire (147) de ces sections,

$$I = il;$$

2° Par rapport à un axe $b$ perpendiculaire au précédent, en son milieu, c'est-à-dire passant par le centre de gravité du corps, $i$ représentant alors le moment d'inertie des sections constantes A du prisme, par rapport à un axe parallèle à $b$, passant par leur centre de gravité,

$$I = \tfrac{1}{12} A l^3 + il.$$

156. *Prisme droit à base de trapèze.* — Pour un prisme droit à bases de trapèze dont $b$, $b'$ sont les côtés parallèles, $a$ la hauteur perpendiculaire à la fois sur les milieux de ces côtés, enfin $c$ la distance entre les bases :

1° Par rapport à la droite qui contient les milieux des arêtes ou côtés $b$ des bases,

$$I = ac\,\frac{(b+b')}{2}\left[\frac{b^2+b'^2}{24} + \tfrac{1}{6}a^2\,\frac{(b+3b')}{b+b'}\right]$$
$$= \tfrac{1}{6} M a^2 \left(\frac{b+3b'}{b+b'} + \frac{1}{4}\,\frac{b^2+b'^2}{a^2}\right);$$

2° Par rapport à la droite parallèle à $b$ et perpendiculaire à la précédente, en son milieu,

$$I = \tfrac{1}{6} M a^2 \left(\frac{b+3b'}{b+b'} + \frac{1}{2}\,\frac{c^2}{a^2}\right).$$

3° Par rapport à l'axe de symétrie du prisme perpendiculaire aux droites précédentes, en leur intersection commune,

$$I = \tfrac{1}{24} M (2c^2 + b^2 + b'^2).$$

157. *Prisme droit à base parabolique.* — Pour un prisme droit de hauteur $c$, dont les bases sont des segments de parabole, limités par une corde de longueur $b$, perpendiculaire à l'axe de figure et distante de la quantité $a$ du sommet :

1° Par rapport à la droite qui contient les milieux des arêtes ou cordes $b$ des bases,

$$I = M\left(\tfrac{16}{70}a^2 + \tfrac{1}{20}b^2\right), \quad M = \tfrac{2}{3}abc;$$

2° Par rapport à la droite perpendiculaire à la précédente, en son milieu, dans le plan de la corde $b$,

$$I = abc\left(\tfrac{16}{105}a^2 + \tfrac{1}{18}c^2\right) = M\left(\tfrac{16}{70}a^2 + \tfrac{1}{12}c^2\right).$$

3° Par rapport à l'axe de symétrie du corps perpendiculaire aux deux droites précédentes,

$$I = \frac{2}{3.4} abc\left(\tfrac{1}{5}b^2 + \tfrac{1}{3}c^2\right) = \frac{M}{4}\left(\tfrac{1}{5}b^2 + \tfrac{1}{3}c^2\right).$$

158. *Observation relative au cas où les axes de rotation ne seraient pas perpendiculaires à l'axe de figure.* — Ces derniers articles sont principalement relatifs aux bras des balanciers et des roues, aux côtes ou nervures saillantes qui servent à renforcer ces bras, les arbres tournants, etc.

Or il est à remarquer que bien qu'on ait supposé les axes de rotation perpendiculaires à l'axe de figure, dans le plan même de l'une des bases, néanmoins rien ne sera plus facile que d'obtenir par une simple soustraction ou addition de moments d'inertie ce qui concerne des perpendiculaires situées à une distance quelconque de cette base.

Cette remarque s'applique d'ailleurs à l'article qui suit ainsi qu'à plusieurs de ceux qui précèdent.

159. *Prisme trapézoïde.* — Pour le prisme trapézoïde tronqué symétriquement aux deux bouts, représenté en projection verticale et horizontale par les trapèzes ABB'A', CDD'C' (*fig.* 47) coupés symétriquement

Fig. 47.

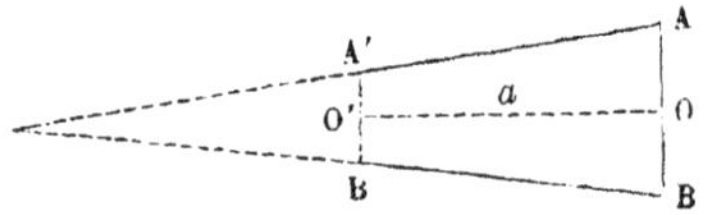


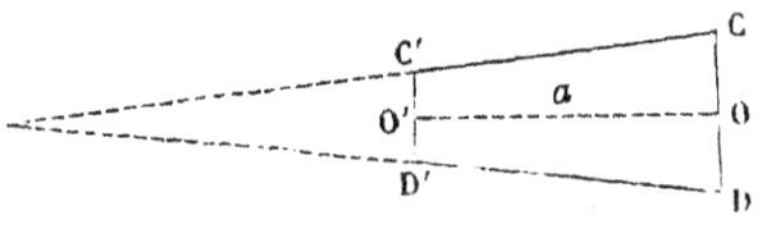


par l'axe OO' et dont les plans respectifs sont censés se confondre avec ceux qui divisent ce prisme même en parties symétriques [1], on aura, en désignant respectivement par $b$ et $b'$, $c$ et $c'$ les arêtes parallèles AB et A'B', CD et C'D', et nommant de plus $a$ la longueur de l'axe de symétrie OO', mesurant l'intervalle entre les deux faces parallèles du prisme :

---

[1] Ce corps peut être considéré comme une sorte de pyramide à base rectangulaire tronquée, mais dont les faces non parallèles et opposées, au lieu de converger à un sommet, se couperaient à des distances quelconques de la base.

1° Par rapport à l'horizontale menée par le point O, parallèlement aux arêtes C et C′ et perpendiculaire sur l'axe OO′,

$$\begin{aligned} \mathrm{I} = {} & \tfrac{1}{5}a^3(c'b' + \tfrac{1}{6}cb) + \tfrac{1}{20}a^3(cb' + bc') \\ & + \tfrac{1}{240}ac(b'^3 + 2bb'^2 + 3b'b^2 + 4b^3) + \tfrac{1}{240}ac'(b^3 + 2b'b^2 + 3bb'^2 + 4b'^3); \end{aligned}$$

2° Par rapport à la verticale menée par le point O, parallèlement aux arêtes $b$ et $b'$ et perpendiculaire sur l'axe OO′,

$$\begin{aligned} \mathrm{I} = {} & \tfrac{1}{5}a^3(c'b' + \tfrac{1}{6}cb) + \tfrac{1}{20}a^3(cb' + bc') \\ & + \tfrac{1}{240}ab(c'^3 + 2cc'^2 + 3c'c^2 + 4c^3) + \tfrac{1}{240}ab'(c^3 + 2c^2c' + 3cc'^2 + 4c'^3), \end{aligned}$$

résultat qui se déduit sur-le-champ du précédent, à cause de la symétrie.

On a de même, pour calculer le volume du corps,

$$\mathrm{M} = \tfrac{1}{6}a[b(2c + c') + b'(2c' + c)].$$

**160.** *Simplification des formules précédentes pour les cas ordinaires.* — Ces formules, qui se rapportent spécialement à certains bras de roue et aux manches des gros marteaux, peuvent être simplifiées, attendu que, dans le cas d'application, les différences $b - b'$, $c - c'$ sont ordinairement d'assez petites fractions des dimensions moyennes $\frac{1}{2}(b + b')$, $\frac{1}{2}(c + c)$. Posant en effet

$$\tfrac{1}{2}(b + b') = b_1, \quad b - b' = nb_1, \quad \tfrac{1}{2}(c + c') = c_1, \quad c - c' = mc_1,$$

$$n = 2 . \frac{b - b'}{b + b'}, \quad m = 2 . \frac{c - c'}{c + c'},$$

il viendra, pour les deux cas traités plus haut,

1°

$$\begin{aligned} \mathrm{I} = {} & \tfrac{1}{60}b_1c_1a^3(20 - 5m - 5n + 2mn) \\ & + \tfrac{1}{240}c_1b_1^3a[20(1 + \tfrac{1}{4}n^2) + 5mn + \tfrac{1}{4}mn^3], \end{aligned}$$

et

$$\mathrm{M} = ab_1c_1(1 + \tfrac{1}{12}mn);$$

2°

$$\begin{aligned} \mathrm{I} = {} & \tfrac{1}{60}b_1c_1a^3(20 - 5m - 5n + 2mn) \\ & + \tfrac{1}{240}b_1c_1^3a[20(1 + \tfrac{1}{4}m^2) + 5mn + \tfrac{1}{4}nm^3]. \end{aligned}$$

On reconnaît que $n$ et $m$ étant plus petits que l'unité, si $c_1$ est une petite fraction de $a$, la valeur des seconds termes des expressions de I devient complétement négligeable devant celle des premiers.

## Applications.

**161.** *Marteaux de forge.* — Lorsqu'on aura à calculer les moments d'inertie des pièces qui entrent dans la composition des machines, il ne s'agira que de rapporter les formes de chacune de leurs parties distinctes à quelqu'une de celles qui viennent de nous occuper, ce qui se fera, soit en décomposant le corps proposé en divers éléments, soit en y ajoutant ou en en retranchant certaines parties dont les moments d'inertie soient faciles à calculer, etc.

Soit, par exemple, le marteau de forge B (*fig.* 48), fixé à l'extrémité

Fig. 48.

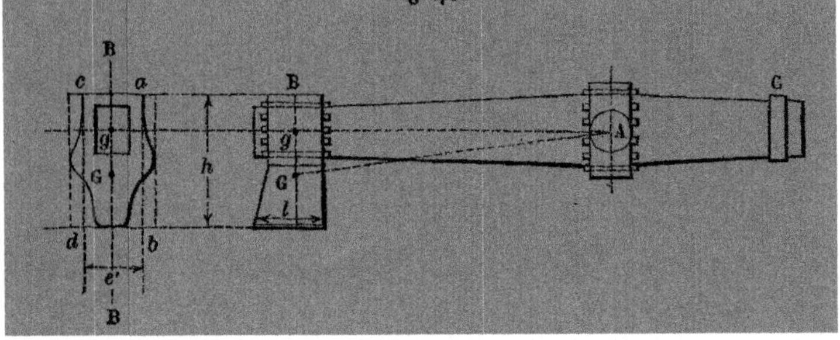


du manche en bois CB, qui tourne sur les pivots coniques du collier de hurasse A; on calculera d'abord le volume M et le moment d'inertie I des deux parties du manche, par rapport à l'axe A, au moyen des formules

$$M = ab_1c_1(1 + \tfrac{1}{12}mn), \quad I = \tfrac{1}{60}b_1c_1a^3(20 - 5m - 5n + 2mn)$$

du numéro précédent, dont les résultats devront être multipliés respectivement par le poids $\Pi$ et la masse $\frac{\Pi}{g}$ de l'unité de volume du bois, pour obtenir le poids et le moment d'inertie véritables des parties du manche dont il s'agit.

On calculera pareillement les valeurs de M et I relatives au collier en fonte A et aux deux cônes de ses pivots par les formules des n$^{os}$ 150 et 151, qui donnent ici, en nommant $r_1$, $e$, $l$ le rayon moyen, l'épaisseur et la largeur totales du collier, $r$ le rayon commun des bases des deux cônes, $a$, $a'$ leurs hauteurs ou saillies sur ce collier :

Pour le collier, en négligeant $\frac{1}{8}e^2$,

$$M = 2\pi r_1 el, \quad I = \tfrac{1}{6}M(2l^2 + 3r_1^2);$$

Pour les cônes réunis,

$$M = \tfrac{1}{4}\pi(a + a')r_1^2, \quad I = \tfrac{1}{8}Mr^2.$$

Quant au marteau en fonte B, on peut l'assimiler à un parallélépipède rectangle dont $h$ serait la hauteur, $l$ la largeur et $e'$ l'épaisseur réduites, qu'on obtiendra approximativement par le tracé de la figure ou sur place même, en menant à vue, sur le plan de sa tête, les parallèles $ab$, $cd$ symétriques par rapport à l'axe vertical BB', et qui retranchent vers la partie supérieure un peu plus qu'elles n'ajoutent vers la partie inférieure du profil; nommant d'ailleurs $h'$ et $e''$ la hauteur et la largeur du vide, $d$ et $d'$ les distances à l'axe A de son centre de gravité $g$ et de celui G de la partie pleine ramenée à la forme parallélépipédique; posant enfin $l'e'h = M'$, $l'e''h' = M''$, on aura, en vertu des nos 132 et 154,

$$M = M' - M'',$$
$$I = M'd^2 - M''d'^2 + \tfrac{1}{12}M'(l'^2 + h^2) - \tfrac{1}{12}M''(l'^2 + h'^2)$$
$$= M'(d^2 + \tfrac{1}{12}h^2 + \tfrac{1}{12}l'^2) - M''(d'^2 + \tfrac{1}{12}h'^2 + \tfrac{1}{12}l'^2).$$

Si l'on veut se contenter d'une simple approximation, on pourra négliger entièrement les termes en $h^2$, $h'^2$ et $l'^2$ de cette dernière formule, lesquels ont des valeurs toujours fort petites, par rapport à $d^2$ et $d'^2$; prendre pour valeur commune de $d^2$ et $d'^2$ celle de $d^2$ qui est la plus forte et répond au milieu de la hauteur $h$ du marteau; enfin négliger la faible influence des tourillons de la hurasse, ce qui conduira à des formules d'un calcul très-facile, surtout si l'on connaît *a priori* le poids des diverses parties.

162. *Roues d'engrenages.* — Considérant encore la roue en fonte B, dont les bras sont formés de croisillons trapézoïdes parallèles et perpendiculaires à l'axe AA', on supposera, pour la simplicité, ces bras prolongés, d'une part, jusqu'à cet axe, de l'autre, jusqu'à la circonférence moyenne (150) de la couronne, et l'on négligera, en conséquence, la portion du noyau comprise entre ces bras, dont l'influence est d'ailleurs peu sensible; cela posé, nommant

R le rayon moyen de la couronne, allant de l'axe au centre de gravité de son profil;

E son épaisseur réduite et $l$ sa largeur;

B et B' les largeurs à la base et au sommet des nervures dirigées suivant l'axe AA';

$b$ et $b'$ celles des nervures perpendiculaires (ces diverses dimensions doivent être comptées de manière à ne comprendre qu'une fois, dans le calcul, la partie commune aux deux systèmes de nervures);

$e$ leur épaisseur commune;

$\Pi = 7200$ kilogrammes le poids du mètre cube de fonte;

$i$ le nombre des bras;

$U = eR\left(\frac{B + B'}{2}\right)$, $u = eR\left(\frac{b + b'}{2}\right)$, $W = 2\pi REl$ les volumes respectifs des nervures qui composent un même bras et celui de la couronne, on aura, d'après les nos 150 et 155, et en négligeant les termes qui contiennent les carrés des rapports des épaisseurs $e$ et E à R, pour le moment d'inertie total et approché de la roue,

$$I = \frac{\Pi}{g}\left[\frac{1}{6}U\left(\frac{B+3B'}{B+B'}\right) + \frac{1}{6}u\left(\frac{b+3b'}{b+b'} + \frac{1}{4}\frac{b^2+b'^2}{R^2}\right) + W\right]R^2.$$

Si, comme il arrive pour les volants des machines, R est très-grand par rapport à $b$, $b'$, tandis que B et $b$ surpassent B' et $b'$ au plus de $\frac{1}{5}$, on pourra prendre, approximativement ou à $\frac{1}{40}$ près,

$$\frac{B+3B'}{B+B'} = 1,95, \quad \frac{b+3b'}{b+b'} = 1,95.$$

Enfin on négligera $b^2 + b'^2$ vis-à-vis de $R^2$, ce qui donnera, sans erreur appréciable,

$$I = \frac{\Pi}{g}(W + 0,325U_1)R^2,$$

$U_1$ représentant le volume total et $\Pi U_1$ le poids correspondant des bras et de leurs nervures.

**163.** Considérant, pour dernier exemple, le balancier représenté *fig.* 24, p. 143, dont les bras sont composés de deux segments de parabole, égaux et symétriques par rapport à l'axe de rotation $D_1$, et qui sont renforcés, à leur pourtour et le long de l'axe de figure, par des côtés ou nervures saillantes, désignons par

R la longueur commune des bras ou segments paraboliques;
B leur corde commune passant par le centre;
E l'épaisseur de leurs parties planes;
$a$ l'aire constante du profil des nervures paraboliques extérieures;
$a'$ l'aire du profil des nervures de l'axe horizontal du balancier;
P le poids total du balancier;
I le moment d'inertie totale de la masse;
$u$, $u'$, $u''$,... les volumes approximatifs des bourrelets et nervures qui soutiennent les tourillons d'articulation du parallélogramme et de la bielle;
D, D', D'',... les distances respectives de ces tourillons à l'axe de rotation;
$\Pi = 7200$ kilogrammes le poids du mètre cube de fonte;
S le demi-contour du profil extérieur.

D'après cela, on aura approximativement, en vertu des nos **140**, **152**, **154**, et en observant que B est ici plus petit que $\frac{1}{3}$R et que les dimensions des profils transversaux des nervures peuvent être généralement négligées vis-à-vis de leurs distances à l'axe de rotation (141),

$$P = 2\Pi(aS + a'R + \tfrac{2}{3}BER + u + u' + \ldots, \quad S = 2R + \frac{1}{8}\frac{B^2}{R}\log 8\frac{R}{B},$$

$$I = 2\frac{\Pi}{g}\Big[aS - aR\left(\frac{4}{3} - \frac{7}{32}\frac{B^2}{R^2}\right) + \tfrac{1}{3}a'R$$

$$+ \tfrac{2}{3}BER\left(\frac{16}{70} + \frac{1}{20}\frac{B^2}{R^2}\right) + u\frac{D^2}{R^2} + \tfrac{1}{2}u'\frac{D'^2}{R^2}\Big]R^2.$$

On remarquera que les longueurs R, S et B se rapportent au centre de gravité du profil des nervures extérieures, et que les aires $a$ et $a'$ ne comportent pas les parties qui appartiennent au disque plan du balancier. D'ailleurs, si, au lieu d'être constantes, comme cela se fait d'ordinaire pour la simplicité des constructions, ces aires allaient en augmentant de l'extrémité des bras vers l'axe de rotation, suivant la forme parabolique réclamée par la théorie des solides d'égale résistance, le calcul du moment d'inertie du balancier se ferait d'une manière tout aussi facile en considérant sa masse comme décomposée en ses différents prismes de vide ou de plein, ayant tous pour bases des segments paraboliques de même axe et de même sommet.

# TROISIÈME SECTION.

## CALCUL DES RÉSISTANCES PASSIVES DANS LES PIÈCES A MOUVEMENT UNIFORME ET SOUMISES A DES ACTIONS SENSIBLEMENT INVARIABLES.

### I. — Considérations préliminaires.

1. *Décomposition des machines complexes en machines simples.* — En parlant de l'établissement des machines en général (44, Section I), nous avons donné une idée succincte de la manière dont on procède au calcul de la force motrice qui doit vaincre toutes les résistances réunies : on considère séparément chaque pièce distincte et mobile du système comme une machine simple, soumise elle-même à une puissance et à des résistances qui se font équilibre à tous les instants, ou dont la somme des travaux élémentaires est constamment égale à zéro. La force motrice et la résistance utile appliquées à chacune d'elles n'étant autre chose, en effet, que les efforts de réaction que cette pièce éprouve de la part de celle qui la précède immédiatement, du côté du moteur, ou de celle qui la suit immédiatement du côté de l'opérateur, on conçoit comment, à l'aide des règles ordinaires de la Statique, on peut parvenir à calculer, de proche en proche, en partant de l'une quelconque des pièces extrêmes de la machine, la valeur des différentes forces, passives ou actives, qui la sollicitent à un instant donné, en fonction, soit de la pression motrice du récepteur, soit de la résistance utile de l'opérateur; et, par suite, comment on peut aussi calculer, pour chacune de ces forces, la quantité de travail, positive ou négative, qu'elle livre à la machine dans chaque élément du temps, ou entre deux positions quelconques données.

2. *Objet spécial de cette Section.* — Ces calculs présentent généralement de très-grandes difficultés, toutes les fois que

les vitesses et les forces varient, en intensité et en direction, suivant des lois quelconques dans les diverses positions des pièces ou machines simples à considérer; et c'est ce qui arrive notamment pour les pièces douées d'un mouvement d'oscillation plus ou moins compliqué et excentrique; mais nous avons vu que, dans la plupart des cas que présentent les machines, les choses sont disposées de façon que les vitesses virtuelles ou géométriques des différents points et celles des forces tant actives que passives demeurent dans des rapports sensiblement invariables, aussi bien que les intensités propres de ces forces et leurs quantités de travail élémentaires ou totales; ce qui permet alors d'établir, entre ces forces et ces quantités de travail, des relations indépendantes de la position du système, et qui fournissent sur-le-champ les moyens de calculer les valeurs de celles qui sont inconnues en fonction de toutes les autres. Or ce sont principalement les machines, ou éléments de machines organisés ainsi que nous nous proposons d'examiner dans la présente Section, en renvoyant à la suivante pour tout ce qui concerne les cas où les vitesses virtuelles et effectives, la direction et l'intensité des forces, seraient susceptibles de varier, suivant des lois plus ou moins compliquées.

3. *Nature des machines simples qui seront considérées dans cette Section, et hypothèses d'après lesquelles on les soumettra au calcul.* — Les *poulies*, les différents *tours* ou *treuils*, le *plan incliné*, la *vis*, etc., qui constituent ce qu'on nomme proprement les *machines simples*, appartiennent évidemment à la classe des organes dont nous avons ici à nous occuper, et qu'on pourrait définir simplement en disant que le mouvement uniforme y est rigoureusement possible sous l'action des forces considérées. C'est, en effet, dans la supposition d'un tel mouvement, et même dans celle du repos absolu ou statique, qu'on envisage ordinairement leur théorie dans les traités de Mécanique, en faisant totalement abstraction des forces d'inertie qui peuvent être appliquées à leurs divers éléments matériels, et c'est aussi dans cette hypothèse que nous nous proposons d'abord de les soumettre au calcul; mais

il ne faudra pas pour cela oublier, dans les applications, que les forces d'inertie, et notamment les forces centrifuges, peuvent jouer un rôle dans certains cas (14, Section I), en faisant varier les pressions et les tensions, d'où naissent en général les résistances passives des machines.

Du reste, tout en renvoyant, pour ce qui concerne les effets de l'inertie et de la variabilité de l'action des forces, aux principes qui seront exposés dans la Section suivante, nous ferons, dès à présent, remarquer, dans la vue de faciliter les applications, que ces effets sont absolument négligeables dans les cas suivants : 1° quand le mouvement s'opère avec lenteur, ainsi qu'il arrive, par exemple, dans les machines employées à soulever ou à traîner de très-lourds fardeaux; 2° quand le mouvement, quoique très-rapide, n'éprouve que des variations insensibles et que les masses des parties matérielles sont distribuées uniformément autour des axes de rotation, ce qui est également le cas d'un grand nombre de machines de l'industrie; 3° enfin quand les puissances et les résistances actives, appliquées à chaque pièce simple de la machine, agissent d'une manière sensiblement constante ou telle qu'on puisse, sans inconvénient, remplacer dans les calculs leurs actions variables par celles des forces (9, Section I) qui auraient pour intensité constante ce que nous avons nommé leur *valeur moyenne*.

4. *Idée générale de la manière dont on procède au calcul des résistances passives et de leurs quantités de travail.* — Maintenant, pour concevoir comment peut s'effectuer, en général, le calcul des résistances passives ou nuisibles, pour les pièces soumises ainsi à des actions constantes et à un mouvement uniforme, on remarquera que toute la difficulté est réduite à déterminer, pour une position assignée du système, les efforts de pression ou de tension qui s'exercent aux points de contact des parties en mouvement et donnent naissance aux résistances passives; nous verrons en effet, dans le Chapitre suivant, que les expériences ont appris à calculer ces résistances au moyen des efforts qui les occasionnent. La méthode générale consiste, comme on sait, à supposer le sys-

tème entièrement libre et à introduire les efforts dont il s'agit ainsi que les résistances qui en résultent, comme des indéterminées parmi les autres forces du système; mais cette méthode générale conduit souvent à des complications de calculs très-grandes, et elle peut alors être avantageusement remplacée par d'autres plus directes dans chaque cas particulier.

Par exemple, si l'on veut se borner à une première approximation, on pourra calculer les effets dont il est question dans l'hypothèse où il n'y aurait aucune résistance passive; cela sera souvent facile par les règles ordinaires de la composition et de la décomposition des forces, et en supposant qu'on ait préalablement déterminé la valeur de la puissance P qui met en équilibre la résistance active Q, seules forces qui, avec le poids des pièces, sont censées agir sur la machine. On obtiendra ainsi une valeur approchée, mais un peu faible, des efforts qui produisent les résistances passives et par suite de ces résistances elles-mêmes; multipliant ces dernières par les chemins élémentaires que parcourent leurs points d'application dans leur direction propre, qui est censée invariable, aussi bien que leur intensité; faisant ensuite la somme de tous les produits semblables, on aura une première valeur approchée de la quantité de travail absorbée par les résistances passives, dans l'intervalle dont il s'agit; ajoutant enfin cette somme à la quantité de travail que développe, dans le même intervalle, la résistance active Q qui est censée connue, on aura celle que doit dépenser P. Quant à la valeur même de P, qui est censée constante en grandeur et en direction, on l'obtiendra, soit en divisant le résultat trouvé par le chemin que parcourt son point d'application, dans l'intervalle de temps que l'on considère et dans la direction de P, soit, ce qui est plus général, en cherchant directement la force qui fait à la fois équilibre à Q et aux diverses résistances passives déjà calculées. Si cette première approximation apprenait, d'ailleurs, que les résistances passives exercent une influence assez grande, il serait à propos de recommencer les calculs, en substituant la nouvelle valeur de P à l'ancienne; mais, comme les résistances passives sont en général très-faibles, on obtiendra souvent, dès la première opération, une approximation suffisante pour les besoins de la pratique.

5. *Cas où l'action des forces est variable avec la position du système.* — On voit, par cet aperçu, que, si la puissance et les diverses résistances, au lieu d'être constantes en direction et en intensité, comme on vient de le supposer, étaient susceptibles de varier d'une manière sensible, selon les positions successives du système, on se trouverait obligé de calculer leur valeur et celle de leur quantité de travail élémentaire, pour chacune de ces positions, afin de pouvoir en déduire ensuite les quantités de travail totales qu'elles développent entre deux instants donnés, ce qui réclamerait le secours du Calcul intégral ou des méthodes d'approximation dont il a été question au n° 9 de la Section I, méthodes qui ont l'avantage particulier de ne pas exiger que l'on connaisse la loi ou l'expression analytique de chaque force en fonction du chemin décrit par son point d'application. Mais on évite, dans beaucoup de cas, ces difficultés, en remplaçant les résistances variables par leurs valeurs moyennes, calculées une fois pour toutes, ainsi que nous en verrons des exemples dans la Section suivante, spécialement consacrée à l'examen des systèmes soumis à des mouvements et à des actions variables.

Je pense que, d'après ces développements, on n'éprouvera aucune difficulté à saisir le but des applications qui suivent, et qu'on sera parfaitement en état d'en mettre à profit les résultats lorsqu'il s'agira de calculer, dans chaque cas particulier, les quantités de travail utile transmises à l'opérateur d'une machine par une force motrice donnée, ou celles qu'il est nécessaire de dépenser, sur son récepteur, pour produire un effet utile déterminé. Du reste, nous ferons observer que les seules résistances passives dont nous ayons ici à nous occuper sont les frottements de diverses espèces, l'adhérence et la roideur des cordages, attendu que la résistance des milieux peut être négligée quand le fluide est l'air et que les surfaces et les vitesses ne sont pas très-considérables, ce qui est le cas de presque toutes les applications.

## II. — Des diverses sortes de résistances.

### De la résistance directe du frottement et de l'adhérence des corps en contact.

6. *Lois du frottement.* — Lorsqu'on fait glisser deux corps l'un sur l'autre, tangentiellement à leur surface, c'est-à-dire sans qu'ils roulent, il se développe, en leurs différents points de contact, une résistance dirigée dans le sens opposé au mouvement relatif de ces points et dont l'intensité dépend à la fois de la pression normale qu'ils éprouvent, de la nature et de l'état des surfaces. Il résulte des expériences faites sur le frottement des bois, des pierres, des métaux, avec ou sans enduit, pour les surfaces planes ainsi que pour les tourillons, que le frottement est :

1° Proportionnel à la pression, dans un rapport constant qui ne dépend que de la nature des corps en contact et de celle de l'enduit ;

2° Indépendant de l'étendue de la surface en contact ;

3° Indépendant de la vitesse du mouvement.

On peut tirer, de l'ensemble des résultats obtenus par les expérimentateurs [1], une conséquence facile à graver dans la mémoire et relative à presque toutes les applications ordinaires aux machines industrielles : c'est que pour les surfaces planes, ainsi que pour les tourillons en bois, en fer, en fonte ou en bronze, enduites d'huile, de suif ou de saindoux, le rapport du frottement à la pression est sensiblement le même et égal à

$$0,07 \quad \text{ou} \quad 0,08,$$

et que, quand ces surfaces sont simplement onctueuses, il a pour valeur moyenne

$$0,15.$$

---

[1] On trouve dans l'*Introduction à la Mécanique industrielle* (3e édition) l'exposé des lois générales du frottement, des restrictions qu'on doit y apporter, ainsi que les résultats des diverses expériences faites à ce sujet. (K.)

Enfin ces résultats démontrent avec évidence l'utilité des appareils destinés à renouveler et à répandre sans cesse l'enduit sur les surfaces frottantes; dans ces conditions, le rapport du frottement à la pression, avec les mêmes enduits que ci-dessus, s'abaisse jusqu'à

$$0,05.$$

A l'aide de ces résultats il nous sera facile, dans chaque cas, de déterminer l'intensité des frottements, lorsque nous connaîtrons la pression supportée par les surfaces en contact.

Quant au frottement qui provient du roulement des corps et qu'on nomme *frottement de la seconde espèce*, on sait qu'il est ordinairement négligeable vis-à-vis du premier, et qu'on peut en faire entièrement abstraction dans la plupart des calculs relatifs aux corps solides et durs qui entrent dans la composition des machines; cependant, comme il peut jouer un rôle essentiel dans certaines circonstances, nous allons relater le petit nombre de données d'expériences que l'on possède sur ce sujet.

**Résistance due au roulement des corps.**

7. *Notions et résultats d'expériences sur le frottement de roulement.* — Soit C (*fig.* 49) un rouleau cylindrique posé sur

Fig. 49.

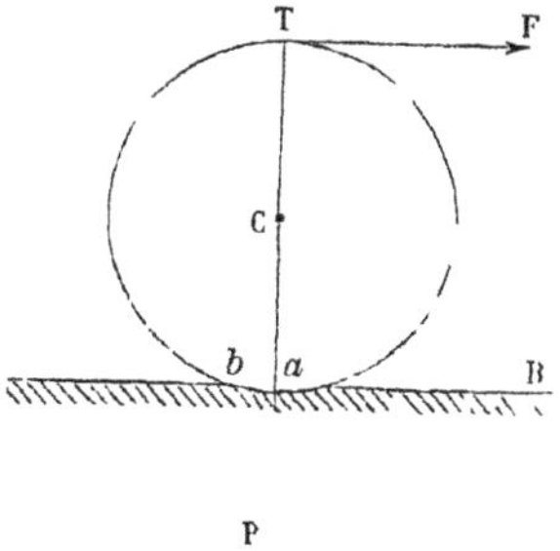


un plan de niveau AB et soumis à une pression verticale P provenant tant du poids du rouleau que d'une force étrangère quelconque; en vertu de cette pression, de la contexture et de la compressibilité plus ou moins grande des substances en contact, le rouleau et le plan s'imprimeront, s'engageront l'un dans l'autre; et, si l'on suppose une puissance horizontale F, appliquée tangentiellement à la partie supérieure T de la circonférence du rouleau, elle aura à vaincre la résistance opposée par les aspérités ou saillies quelconques situées en *ab*, du côté où s'opère le mouvement de roulement sur le plan AB, et dont l'effet consiste à repousser le rouleau normalement à la surface de contact *ab*, c'est-à-dire suivant des directions passant par le centre C. La rotation instantanée du cylindre tendant d'ailleurs à se faire autour du point de contact *a*, on conçoit comment l'équilibre s'établit à chaque instant, entre la force F et les différentes forces de répulsion dont il s'agit, en ayant égard à leurs bras de levier respectifs, par rapport à ce point.

On possède très-peu d'expériences sur la résistance des corps au roulement; elles sont principalement dues à Coulomb, qui les a faites incidentellement à l'occasion de ses belles recherches sur la roideur des cordes, dont les résultats seront rapportés plus loin. Ayant fait mouvoir, sur une surface plane en chêne, des rouleaux de bois de gaïac de 2 et de 6 pouces de diamètre, sous des pressions de 100 à 1000 livres, il a été conduit à admettre que la valeur de la puissance F était sensiblement proportionnelle à la pression P et inverse du diamètre des rouleaux; de sorte qu'on a

$$F = A\frac{P}{D},$$

D étant ce diamètre et A un coefficient constant qui ne varie qu'avec la nature des substances en contact [1].

Quant à la valeur de cette constante, Coulomb l'a trouvée égale à

0,036 pour le rouleau de bois de gaïac,
0,06 pour le rouleau de bois d'orme,

---

(1) *Théorie du frottement de roulement, d'après les expériences de Dupuit.* — La théorie du roulement reproduite dans le texte a été donnée par l'auteur, dans l'édition de 1832. Plus tard, en 1837, Dupuit fut conduit (*Essais et expériences sur le tirage des voitures*) à modifier en partie la loi indiquée par Coulomb. Nous croyons devoir reproduire ici les principes qui permettront d'ap-

les pressions P étant exprimées en livres et le diamètre en pouces. Si donc P est mesuré en kilogrammes et D en mètres, on aura, pour le rouleau de bois de gaïac,

$$F = 0,00097 \frac{P^{kg}}{D};$$

pour le rouleau de bois d'orme,

$$F = 0,00162 \frac{P^{kg}}{D}.$$

Ces valeurs n'assignent à F des valeurs un peu fortes que lorsque le diamètre du rouleau est lui-même très-petit. Supposant, par exemple, $D = 0^m,02$, dans la dernière, elle donnera $F = 0,081\,P$, qui serait le cinquième environ du frottement direct du bois d'orme glissant à sec sur du chêne; on voit par là que, dans certains cas, il est nécessaire de tenir compte du frottement de roulement.

8. *Manière dont on doit mesurer la résistance absolue du frottement de roulement.* — On remarquera que les formules ci-dessus ne donnent pas, en elles-mêmes, la valeur absolue de ce frottement, mais seulement la valeur relative au bras

---

pliquer aux diverses questions traitées dans la suite de ce Cours les résultats des expériences, tels qu'ils ont été interprétés par Dupuit.

Fig. 50.

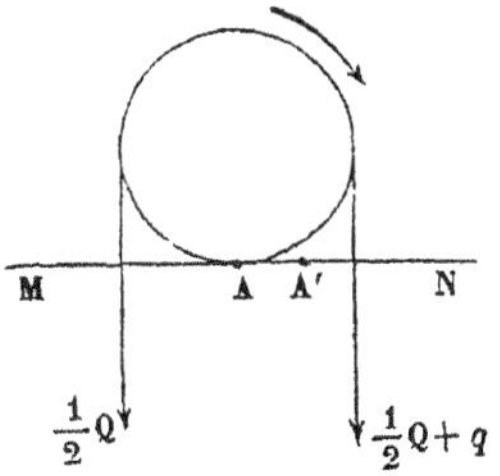


D'après cet observateur, le frottement de roulement consiste généralement en ce que, lorsqu'un corps roule sur un autre, les composantes normales des réactions de ce dernier ont une résultante qui passe à une petite distance $\delta$ en avant de la normale au point de contact supposé géométrique, du côté du mouvement. Si donc, sur un cylindre de rayon $r$ (*fig.* 50), pouvant rouler sur un plan horizontal MN, passe un fil sollicité à chaque extrémité verticale par un effort $\frac{1}{2}Q$, pour que le roulement une fois commencé se maintienne, il faudra ajouter du côté du mouvement un effort $q$, de grandeur telle que l'on ait $\delta(Q + q) = qr$ ou $\frac{q}{Q+q} = \frac{\delta}{r}$.

D'après les expériences de Dupuit, quand les substances en contact restent les mêmes, $\delta$ varie proportionnellement à la racine carrée du rayon, tandis que de levier de la puissance F, par rapport au contact $a$ du rouleau et du plan AB, bras de levier qui peut être quelconque; si l'on suppose que cette puissance agisse tangentiellement à la circonférence d'un cylindre concentrique ou connaxique au proposé, et ayant lui-même un diamètre quelconque, la résistance agit réellement au point $a$, en sens contraire du chemin décrit par ce point, le long de AB, de sorte que, sa vitesse virtuelle n'étant que la moitié de celle de F, son intensité doit aussi être censée le double de ce que donnent les formules dont il s'agit.

Pour mettre ces circonstances dans tout leur jour, il suffit d'observer que la puissance F (*fig.* 51), appliquée tangentiellement à la circonférence du rouleau, décrit un chemin qui se compose à la fois de celui $TT'_1 = aa_1$, qui a été parcouru par les points de contact T et $a$, et de l'arc $TT' = aa'$, qui s'est en quelque sorte déroulé en ces points, arc égal au chemin dont il s'agit; cela paraîtra complétement évident d'ailleurs, si l'on suppose que F agisse par l'intermédiaire d'un fil très-délié, enroulé sur le cylindre de F vers T'. Or il en résulte que, si l'on nomme $f$ la valeur absolue de l'effort tangentiel, quel qu'il soit, qui s'exerce en $a$ pour s'opposer au

---

d'après Coulomb $\delta$ resterait constant quel que fût le rayon, ce qui ne paraît pas possible *a priori*, puisque $\delta$ doit toujours être plus petit que $r$.

Voici quelques chiffres résultant des expériences de Dupuit:

| | |
|---|---|
| Bois roulant sur bois................ | $\delta = 0{,}0011\sqrt{r}$, |
| Fer roulant sur bois humide..... ... | $\delta = 0{,}0010\sqrt{r}$, |
| Fer roulant sur fer.................. | $\delta = 0{,}0007\sqrt{r}$, |
| Roues sur chaussées empierrées....... | $\delta = 0{,}03\sqrt{r}$. |

Les expériences de M. Morin ne confirment pas ces résultats, et tendent à démontrer que la loi de Coulomb est plus approchée de la vérité, dans les cas ordinaires de la pratique; d'après M. Morin, $\delta$ devrait en outre augmenter quand la longueur de contact géométrique diminue.

On admet généralement que, lorsque le cylindre est sollicité en même temps par des forces verticales dont la résultante passe par l'axe, et par des forces horizontales, la résultante, qui est alors oblique, passe aussi par le point A' situé à la distance $\delta$ en avant de A, $\delta$ ayant la même valeur que dans le cas examiné plus haut. (K.)

mouvement de translation du rouleau, *de* l'élément de chemin que décrit uniformément son point d'application, dans le sens

Fig. 51.

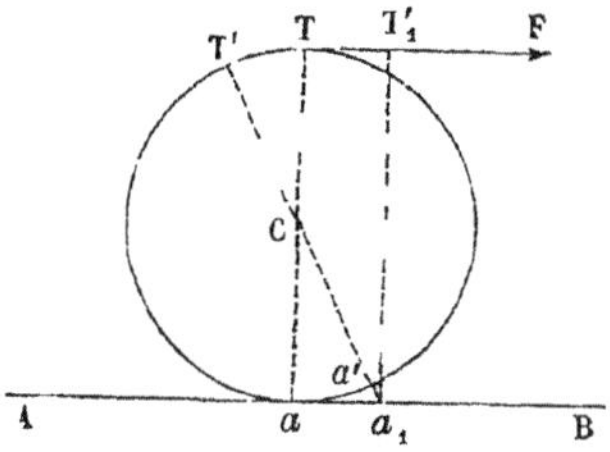


de AB, sa quantité de travail élémentaire étant mesurée par $fde$, celle de F le sera par $\mathrm{F}.2\,de$, de sorte qu'on aura (15)

$$fde = 2\mathrm{F}de \quad \text{ou} \quad f = 2\mathrm{F} = 2\mathrm{A}\frac{\mathrm{P}}{\mathrm{D}}.$$

Telle est donc la valeur absolue qu'on doit attribuer à la résistance, abstraction faite du point auquel est appliquée la puissance F, qui doit la vaincre dans l'hypothèse du mouvement uniforme. Si F, par exemple, agit tangentiellement au point T, on aura

$$\mathrm{F} = \tfrac{1}{2}f;$$

si elle agit tangentiellement à une circonférence concentrique à celle du rouleau et de diamètre $d$, on aura, en observant que son chemin élémentaire est à celui de $f$ dans le rapport de $d + \mathrm{D}$ à D,

$$\mathrm{F} = f\frac{\mathrm{D}}{\mathrm{D}+d} = \frac{2\,\mathrm{AP}}{\mathrm{D}+d},$$

valeur qui devient, quand $d = 0$ ou que la puissance agit directement en C,

$$\mathrm{F} = \frac{2\,\mathrm{AP}}{\mathrm{D}} = f,$$

ce qui est évident *a priori*.

Enfin si F, au lieu d'agir tangentiellement à un certain cercle concentrique au rouleau, en des points variables de la circonférence de ce cercle, était constamment appliquée en un même point, dans une direction d'ailleurs arbitraire, son expression serait très-différente de celle que nous venons de lui assigner, et uniquement relative au rapport de sa vitesse virtuelle à celle de $f$ ou du point $a$.

Quant au cas où le rouleau aurait une forme cylindrique distincte de la forme circulaire, il est évident que la résistance absolue au roulement serait encore exprimée par la formule

$$f = 2A\frac{P}{D},$$

pourvu qu'on prît pour P la pression normale résultant de toutes les forces appliquées à ce cylindre, dans la position qu'on lui attribue à un certain instant, et que D fût pris égal au diamètre du cercle osculateur relatif au point de contact correspondant à cette même position. On trouverait évidemment, d'une manière analogue, l'expression du frottement de roulement dans le cas des surfaces convexes de forme continue quelconque; mais nous ne pousserons pas plus loin ces considérations purement théoriques, et qui seraient sans utilité réelle dans l'état actuel de nos connaissances expérimentales.

9. *Usage du roulement pour faciliter le transport des fardeaux.* — M. Régnier, ancien conservateur du Dépôt central de l'Artillerie, a fait, avec son dynamomètre [1], une expérience sur l'emploi des rouleaux circulaires pour traîner des charges sur un pavé horizontal. Ayant d'abord fait glisser directement sur ce pavé une caisse en bois chargée d'un poids de 240 kilogrammes, il a trouvé que l'effort à exercer, dans le sens du chemin décrit, était de 140 kilogrammes. Ayant ensuite placé cette même caisse sur des rouleaux de $0^m,086$ de diamètre, il a trouvé que, sous la même charge, l'effort à exercer n'était plus que de 25 kilogrammes, ou environ $\frac{1}{6}$ seulement du précédent; mais comme il y avait à la fois roulement sur la

---

[1] *Journal de l'Ecole Polytechnique*, Ve Cahier, p. 171.

caisse et sur le pavé, on n'en peut rien conclure relativement à la valeur qui doit être attribuée séparément à chacune des résistances qui naissent de ce roulement.

Ces expériences servent donc uniquement à prouver les avantages que peut offrir l'emploi des rouleaux dans les constructions publiques, avantages qui doivent se reproduire quand on substitue des sphères, par exemple des boulets de fonte, aux rouleaux, comme on l'a fait lors du transport à Saint-Pétersbourg de l'énorme rocher de granit qui sert de piédestal à la statue de Pierre le Grand (1). On sait que, pour effectuer ce transport, on fut obligé de construire, sous les galets, des chemins à ornières en fonte, établis sur des massifs de maçonnerie, et de revêtir d'ornières parallèles le dessous des brancards du traîneau qui supportait le rocher; mais, comme ces moyens n'auraient pas suffi en eux-mêmes pour rendre le transport possible à l'aide du tirage direct des hommes et des animaux, on se servit, pour augmenter leur action, d'un certain nombre de cabestans amarrés à des pieux fichés en terre de distance en distance, cabestans dont nous donnerons un peu plus loin la théorie, d'après Coulomb, en ayant égard au frottement et à la roideur des cordes.

10. *Observations sur la manière d'évaluer la résistance de ce transport.* — Lorsqu'un fardeau est ainsi transporté sur des rouleaux, il parcourt nécessairement un chemin double de celui que décrit leur centre, et c'est ce qui oblige de reporter fréquemment les rouleaux de l'arrière à l'avant du traîneau qui supporte la charge. Cette opération occasionne une certaine perte de temps et de travail, qui n'a pas lieu dans le transport par voiture, où la puissance est immédiatement appliquée à l'axe ou essieu de chaque roue; mais alors cette perte est remplacée par celle qui provient du frottement des essieux, et que nous enseignerons bientôt à calculer. Quant à la manière d'évaluer la résistance totale, dans le cas qui nous occupe, elle se conclut immédiatement des observations qui précèdent.

---

(1) *Art de bâtir*, par Rondelet : *Transport des fardeaux.*

Il est clair, en effet, que, si un corps P (*fig.* 52) est supporté sur un ou deux rouleaux par une face plane et horizontale DE,

Fig. 52.

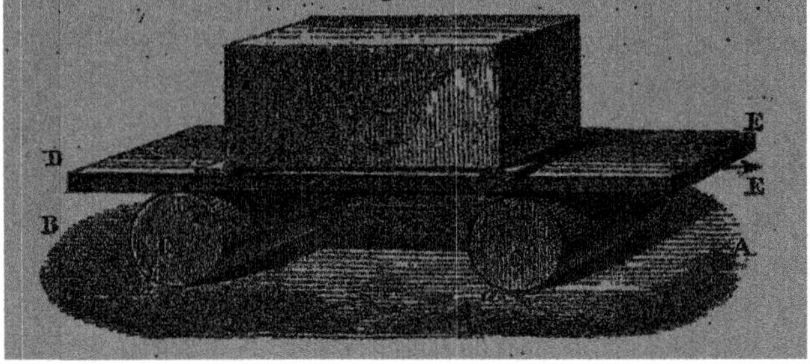


la force F qu'il est nécessaire d'appliquer dans le sens de cette face, pour vaincre à la fois sa résistance au roulement et celle du plan horizontal inférieur AB, devra être exprimée par

$$\frac{1}{2}(f+f')=\frac{1}{2}\left(2\,A\,\frac{P}{D}+2\,A'\,\frac{P}{D}\right)=\frac{P}{D}(A+A')=F,$$

$f'$ étant la valeur absolue de la résistance tangentielle qui se développe en T et T',
A' le coefficient relatif aux substances en contact en ces points.

Pour s'en convaincre directement, il suffit d'observer que, $e$ étant l'élément du chemin décrit, dans un certain instant, par les centres des rouleaux, on devra nécessairement avoir, dans la supposition du mouvement uniforme,

$$2Fe=fe+f'e,$$

attendu que l'arc développé en T est simplement égal à celui qui l'est en $a$, tandis que le chemin décrit simultanément par le point d'application de F est le double de cet arc. Supposant, par exemple, que, dans l'expérience citée de M. Régnier (9), les rouleaux fussent de bois d'orme et la caisse de chêne, on aurait, d'après Coulomb (7),

$$A'=0{,}00162;$$

d'ailleurs

$$P=240^{kg},\quad D=0^{m},036,\quad F=25^{kg};$$

substituant ces valeurs dans la première des équations ci-dessus, on en déduira

$$A = 0,00738,$$

valeur cinq fois plus forte que celle de A'; ce qui n'a rien d'étonnant, puisque A se rapporte à la résistance d'un pavé qui pouvait contenir des inégalités ou obstacles considérables.

### De la roideur des cordes et des courroies.

11. *Notions et formules sur la résistance provenant de la roideur des cordes.* — Lorsqu'une corde PABQ (*fig.* 53) est

Fig. 53.

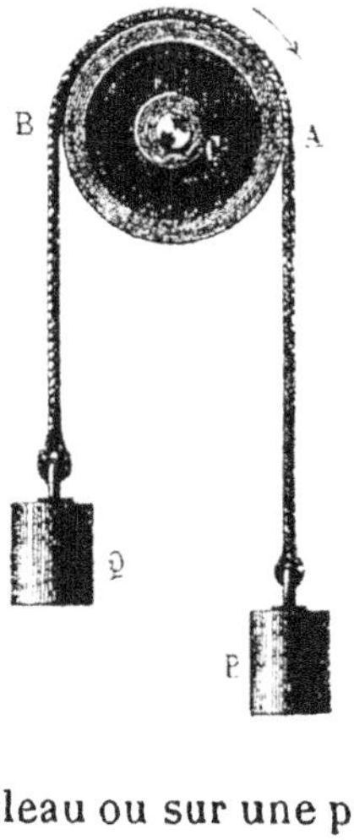


développée sur un rouleau ou sur une poulie mobile autour de l'axe C, et qu'elle se trouve tendue, à l'une de ses extrémités, par un poids Q, que doit mettre en équilibre ou faire mouvoir une puissance P agissant à l'autre, on observe que la partie BQ, du côté de la résistance, sollicitée par la roideur, s'écarte de la direction propre de l'effort Q, de sorte que le bras de levier de cet effort est augmenté. La partie AP de la corde qui répond à la puissance P paraît, au contraire, conserver une direction qui se confond avec celle de cette puissance, attendu que le ressort de la corde tend plutôt à favoriser le déroulement qu'à l'empêcher, et il en résulte que l'enroulement en B produit seul l'excès de résistance qu'a à vaincre la puissance P.

S'il n'y avait pas de roideur, le poids P serait égal à Q; mais, à cause de la roideur, P doit être augmenté d'une certaine quantité, que Coulomb, d'après le résultat de ses expériences, a trouvée être sensiblement indépendante de la vitesse du mouvement, et dont, pour les cordes ordinaires, il représente la valeur par la formule suivante :

$$R = \frac{d^{\mu}}{D}(a + bQ)^{\text{kg}},$$

dans laquelle $d$ et D sont les diamètres respectifs de la corde et de la poulie, exprimés en mètres; Q la tension de la partie de cette corde qui subit l'enroulement en B, tension qui est censée donnée en kilogrammes; $a$ un poids constant qui se rapporte à la roideur naturelle de la corde, et qui provient du degré plus ou moins grand de tension ou de torsion des fils simples dont elle se compose (1); $b$ un nombre également constant et uniquement relatif à l'augmentation de roideur due à la tension étrangère Q; enfin $\mu$ un autre nombre qui varie essentiellement avec l'état de la corde.

*Pour les cordes blanches ordinaires,* $\mu$ se trouve compris entre 1 et 2, selon le degré plus ou moins grand d'user ou de flexibilité naturelle : on a $\mu = 2$ pour les grosses cordes neuves, $\mu = 1, 5 = \frac{3}{2}$ pour les cordes plus qu'à demi usées, enfin $\mu = 1$ pour les ficelles très-petites et très-flexibles.

*Pour les cordes goudronnées,* il est plus exact de remplacer $d^{\mu}$ par le nombre $n$ des fils de caret dont elles se composent; la formule devient ainsi simplement

$$R = \frac{n}{D}(a + bQ)^{\text{kg}},$$

(1) Les cordes se composent de trois torons ou cordes moins grosses, entrelacées et tordues; les torons sont formés d'un certain nombre de ficelles ou brins qu'on nomme *fils de caret.*

et la résistance ne varie plus sensiblement avec le degré d'user des cordes.

12. *Résultat des expériences de Coulomb.* — Les résultats des expériences que Coulomb a faites pour déterminer les valeurs des quantités $d^{\mu}a$ ou $na$, $d^{\mu}b$ ou $nb$, dont la première exprime la roideur constante d'une corde d'espèce et de diamètre donnés, et la seconde sa roideur par kilogramme de la charge ou tension Q, se trouvent consignés dans le tableau ci-après, que nous empruntons à Navier, *Architecture hydraulique de Bélidor*, nouvelle édition, page 178, Note ($bb'$).

*Tableau des poids nécessaires pour plier différentes cordes autour d'un arbre de 1 mètre de diamètre* (¹).

| INDICATION DES CORDES. | DIAMÈTRE des cordes $= d$. | POIDS des cordes par mètre de longueur. | ROIDEUR constante $= d^{\mu}a$. | ROIDEUR par kilogramme de charge $= d^{\mu}b$. |
|---|---|---|---|---|
| | k | k | k | k |
| Cordes blanches de 30 fils de caret. | 0,0200 | 0,2834 | 0,222460 | 0,0097382 |
| Cordes blanches de 15 fils de caret. | 0,0144 | 0,1448 | 0,063514 | 0,0055182 |
| Cordes blanches de 6 fils de caret. | 0,0088 | 0,0522 | 0,010604 | 0,0023804 |
| Cordes goudronnées de 30 fils..... | 0,0236 | 0,3326 | 0,349600 | 0,0125514 |
| Cordes goudronnées de 15 fils..... | 0,0168 | 0,1632 | 0,105928 | 0,0060592 |
| Cordes goudronnées de 6 fils...... | 0,0096 | 0.0693 | 0,212080 | 0,0025968 |

*Nota.* — Pour les cordes blanches mouillées, de $0^{m},02$ et au-dessus, il faut prendre pour $d^{\mu}a$ le double des nombres portés au tableau. La valeur de $d^{\mu}a$ augmente un peu aussi pour les cordes goudronnées, quand la température est au-dessous de zéro; enfin elle est un peu moindre pour les cordes qui viennent d'être récemment pliées sur une poulie, ce qui prouve qu'il faut un certain temps pour que la roideur atteigne sa limite et que, si les cordes passent sur des poulies consécutives, leur résistance est au-dessous de celle que leur assigne le tableau ci-dessus. On diminue d'ailleurs beaucoup la roideur des cordages en les imprégnant d'un corps gras ou en les frottant avec du savon.

---

(¹) Les cordes employées par Coulomb étaient neuves, composées de 3 torons dont les fils, par suite de la torsion, avaient été réduits dans la fabrication au tiers de leur longueur primitive; les expériences ont donné, pour ces cordes,

13. *Manière d'appliquer ces résultats au calcul de la roideur des cordes.* — Lorsqu'il s'agit d'évaluer la roideur d'une corde donnée au moyen du tableau, on y choisit une corde qui, par sa constitution et sa grosseur, s'éloigne le moins possible de celle-là; on substitue les valeurs de $d^\mu a$, $d^\mu b$ qui lui correspondent, dans la formule $\frac{1}{D}(d^\mu a + d^\mu b Q)$, en y remplaçant D et Q par les valeurs qui conviennent au cas actuel; ce qui revient, comme on voit, à calculer la roideur de la corde du tableau, supposée enroulée sur le même tambour, et sollicitée par le même poids Q.

Cela posé, $d'$ étant le diamètre de la corde à calculer, $\frac{d'^\mu}{D}(a + bQ)$ sera sa roideur, puisque $a$, $b$, Q et D ont les mêmes valeurs que ci-dessus; donc il suffira de multiplier le résultat obtenu pour la corde du tableau par le rapport $\frac{d'^\mu}{d^\mu} = \left(\frac{d'}{d}\right)^\mu$, en prenant pour $\mu$ un nombre relatif au degré d'user de la corde (¹), conformément à ce qui a été prescrit ci-dessus.

Pour les cordes goudronnées, il faudra multiplier le même résultat par le rapport $\frac{n'}{n}$ du nombre des fils de caret des deux cordes.

14. *De la force absolue et du poids des cordages* (²). — Afin de ne rien omettre d'essentiel de ce qui concerne les cordes,

---

$\mu = 1{,}75$ moyennement; pour des cordes presque hors d'état de servir, Coulomb a trouvé $\mu = 1{,}40$. Les nombres adoptés ci-dessus sont un peu plus forts, ce qui tend à augmenter l'estimation de la roideur et n'a aucun inconvénient pour l'usage qu'il s'agit d'en faire dans la pratique (*voir* la Théorie des machines simples de Coulomb, *Mémoires des Savants étrangers*, t. X).

(¹) D'après la Note qui précède, il faudrait, pour une plus grande exactitude, multiplier le résultat obtenu par le rapport $\frac{d'^\mu}{d^{1,75}}$; mais, comme l'exposant 1,75 diffère très-peu des limites 2 et 1,50 adoptées pour les cordes d'une certaine grosseur, on peut, sans inconvénient, supposer avec Navier, l'exposant de $d'$ égal à $\mu$.

(²) Consulter, à ce sujet, l'*Introduction à la Mécanique industrielle* (3ᵉ édition.)

nous ajouterons, d'après Coulomb, qu'on ne doit jamais les charger au delà de 40 kilogrammes par fil de caret, quoique, en général, elles puissent soutenir, sans se rompre, de 50 à 60 kilogrammes. Les cordes mouillées perdent près du $\frac{1}{3}$ de leur force, et la résistance, à diamètre égal, n'est pour les cordes goudronnées guère que les $\frac{2}{3}$ ou les $\frac{3}{4}$ de celle des cordes blanches.

D'après les expériences de Duhamel, la résistance des cordes blanches à la rupture serait proportionnelle au carré du diamètre; mais elle augmente dans un rapport un peu plus grand que leur poids sous l'unité de longueur et que le nombre des fils de caret dont elles se composent : $d$ étant le diamètre d'une telle corde exprimé en centimètres, on pourra, d'après Navier (*voir* l'Ouvrage cité, page 182, Note *bc*), représenter la force nécessaire pour la rompre par $400\,d^2$ kilogrammes; cette valeur peut d'ailleurs différer, en plus ou en moins, de $\frac{1}{5}$ de la véritable, selon la qualité du chanvre et les circonstances de la fabrication.

Ces différents résultats ne s'appliquent d'ailleurs qu'aux cordages fabriqués d'après l'ancienne méthode; ceux qui le sont d'après les procédés de fabrication introduits par M. Hubert, à l'arsenal de la Marine de Rochefort, outre qu'ils ont plus de souplesse, offrent encore un surcroît de résistance qui augmente proportionnellement au nombre des fils de caret.

Il est quelquefois utile de connaître le poids des cordages dont le diamètre est donné; on le trouvera d'après cette règle, qui nous a été communiquée par le célèbre ingénieur dont il vient d'être parlé : *Prenez le $\frac{1}{5}$ du carré de la circonférence du cordage exprimé en pouces : le résultat sera, en livres, le poids d'une brasse de 5 pieds de longueur de ce cordage.* Nommant $c$ le nombre des centimètres contenus dans cette circonférence, le poids du mètre courant du cordage sera ainsi exprimé par la formule

$$0,00826\,c^2 \text{ kilogrammes.}$$

15. *De la roideur des lanières et courroies.* — Nous avons vu, dans la Section II, qu'au lieu de cordes on se servait souvent,

dans les machines, de courroies et lanières en cuir de Hongrie, larges et d'une petite épaisseur, qu'on renforce quelquefois sur les bords extérieurs. Comme ces courroies ont ordinairement une flexibilité très-grande, leur roideur donne lieu à une résistance assez faible et qu'on pourrait, à la rigueur, négliger dans les calculs. Néanmoins, si l'on veut en tenir compte, on pourra, en attendant des expériences spéciales à ce sujet, supposer que leur résistance est sensiblement la même que celle d'un assemblage de petites cordes superposées et ayant un diamètre égal à leur épaisseur aux divers points; c'est-à-dire qu'on se servira encore, pour évaluer cette résistance, de la formule du n° 11 ci-dessus; il faudra multiplier ensuite le résultat par un coefficient numérique représentant le nombre des cordelles qui sont censées entrer dans la composition de la courroie (1); on choisira d'ailleurs, pour l'exposant $\mu$ qui entre dans cette formule, des valeurs en rapport

---

(1) *Ralentissement dans les transmissions par courroies.* — La transmission des vitesses par poulies et courroies ne peut jamais se faire rigoureusement dans le rapport inverse des rayons des poulies; il se produit toujours un ralentissement pour l'arbre mené, ralentissement qui, dans beaucoup de circonstances, peut avoir une valeur relative assez considérable pour qu'il soit nécessaire d'y avoir égard dans le calcul des diamètres des poulies.

Considérons une poulie A transmettant le mouvement, à l'aide d'une courroie, à une poulie B montée sur un arbre parallèle à celui de la poulie A; soient R et $\omega$ le rayon et la vitesse angulaire de la poulie A, R' et $\omega'$ le rayon et la vitesse angulaire de la poulie B; supposons de plus qu'une force F agisse tangentiellement à la poulie B, en sens contraire du mouvement.

Si le mouvement uniforme est établi, le brin conduisant de la courroie se trouve à une tension T, le brin mené à une tension T', et la différence de ces tensions T — T' est égale à F. Or la courroie, étant composée d'une matière élastique, ne peut pas passer d'une tension à une autre sans changer de longueur, en sorte que, si nous prenons deux points quelconques sur la courroie en mouvement, la distance de ces deux points variera avec la tension à laquelle est soumise la portion considérée. Quelle que soit la loi de la variation de la tension de la courroie en ses différents points, il est évident que son mouvement a tous les caractères d'un mouvement permanent, et que par suite la quantité de matière qui passe aux différents points dans le même temps est la même; il faut pour cela que la *longueur naturelle* de courroie qui passe aux différents points dans le même temps soit constante, en entendant par *longueur naturelle* d'une portion de courroie soumise à une certaine tension la longueur qu'elle aurait si cette tension était nulle. Si donc $l'$ est la longueur de courroie à la avec le degré plus ou moins grand de flexibilité qu'on suppose à la courroie, d'après la durée de son emploi et la nature du cuir qui la compose.

Des expériences qui ont été faites à Anzin, puis répétées à Metz, prouvent que, lorsque les courroies, convenablement tendues, servent à communiquer le mouvement à des tambours différents, la vitesse est transmise d'un axe à un autre sans une perte appréciable; et il en est ainsi probablement encore des cordes sans fin employées au même usage. Cette circonstance tient au frottement qui s'exerce aux différents points de contact avec les tambours, et dont l'intensité, croissant très-rapidement avec la tension et l'arc embrassé, empêche la courroie de glisser sous la différence des efforts qui la sollicitent à ses extrémités. Comme cette propriété est une qualité précieuse dans beaucoup de cas, nous allons ici en rappeler la théorie.

---

tension $T'$ qui s'enroule dans un temps $\theta$ sur la poulie B, il se déroulera de cette poulie, pendant le même temps, une longueur $l$ de courroie à la tension T, qui sera telle que sa longueur naturelle soit la même que celle qui correspond à la portion enroulée $l'$. Il est clair, d'après cela, que, contrairement à ce que l'on admet ordinairement, la longueur géométrique de courroie qui s'enroule sur la poulie dans le temps $\theta$ est plus faible que la longueur géométrique qui se déroule dans le même temps, et que, par suite, il se produit forcément sur la poulie B un glissement dans le sens du mouvement.

On reconnaîtra de même que la longueur de courroie enroulée dans le temps $\theta$ par la poulie A est plus grande que la longueur géométrique qui se déroule dans le même temps, et que, par suite, il se produit un glissement de la courroie en sens inverse du mouvement.

On démontre facilement que, sur chacune des deux poulies, il y a contact sans glissement suivant les génératrices sur lesquelles commence l'enroulement, en sorte que les longueurs de courroies enroulées dans un temps $\theta$ par les poulies A et B sont $R\omega\theta$ à la tension T et $R'\omega'\theta$ à la tension $T'$.

Si nous exprimons l'égalité des longueurs naturelles qui correspondent à ces longueurs, nous aurons, en représentant par $\alpha$ l'allongement de l'unité de longueur de courroie sous l'unité de tension,

$$\frac{R\omega\theta}{1+\alpha T} = \frac{R'\omega'\theta}{1+\alpha T'},$$

d'où l'on tire

$$\frac{\omega'}{\omega} = \frac{1+\alpha T'}{1+\alpha T}\,\frac{R}{R'}.$$

Le rapport des vitesses est donc égal au rapport inverse des rayons, multiplié

**Frottement des cordes et courroies autour des cylindres immobiles.**

16. *Relation générale entre la puissance et la résistance.* — Soit P une puissance sollicitant la résistance Q par l'intermédiaire de la corde ou courroie MAN (*fig.* 54) enroulée sur un

Fig. 54.

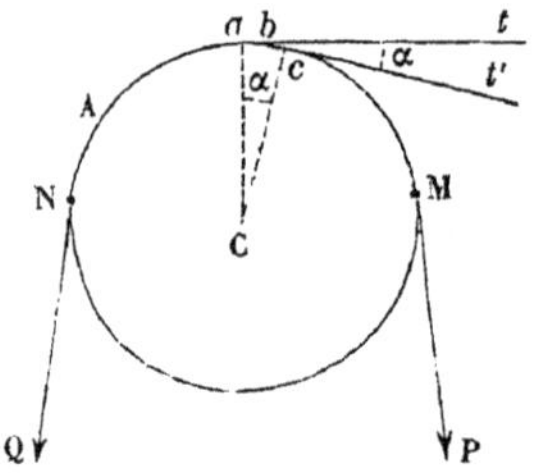


cylindre immobile dont C est le centre; il est évident qu'à l'instant où P commencera à vaincre Q, en faisant glisser la corde sur le cylindre, son intensité devra être égale à celle de Q, augmentée du frottement développé le long de l'arc MAN, par les pressions normales résultant des tensions qui ont lieu aux différents points de la corde.

Nommant $r$ le rayon du cylindre, $t$ la tension d'un élément quelconque $ab = ds$ de la corde, $t' = t + dt$ la tension de l'élément suivant $bc$ du côté de P, $\alpha$ l'angle en $b$ formé extérieurement au cylindre par ces éléments ou tensions, $f$ le coefficient

---

par un coefficient qui ne peut devenir égal à l'unité que quand les deux tensions sont égales, c'est-à-dire dans le cas où il n'y a aucun travail à transmettre. Il se produit donc toujours un ralentissement, contre lequel le moyen ordinairement employé, c'est-à-dire l'augmentation de la tension initiale, est un remède insuffisant plus nuisible qu'utile, en ce sens qu'il augmente les résistances passives de la transmission. On peut déterminer les limites de ce coefficient de ralentissement dans les conditions ordinaires d'installation : on trouve qu'il est compris entre 1 et 0,98; la perte de vitesse peut donc, dans certains cas, s'élever à près de 2 tours pour 100; cet effet n'a ordinairement rien de bien fâcheux pour un seul renvoi; mais, dans les usines, on est fort souvent obligé de recourir à un grand nombre de transmissions intermédiaires, et l'on obtient alors des différences très-notables entre les vitesses réelles et les vitesses sur lesquelles on comptait. (Note sur les transmissions de mouvement à l'aide de courroies, par M. Kretz, *Annales des Mines*, t. I, 6e série; 1862.) (K.)

du frottement relatif aux substances en contact; l'accroissement de tension $dt$ sera évidemment égal au frottement qui s'exerce sur l'élément $ab$, en vertu de la pression normale qu'il supporte, pression qui n'est autre chose que la composante $t' \sin\alpha$ de $t'$, perpendiculaire à la direction de ce même élément, et qu'on peut considérer comme égale simplement à

$$t\alpha,$$

en négligeant les infiniment petits des ordres supérieurs au premier.

Mais l'angle $\alpha$, formé par les éléments consécutifs $ab$ et $bc$ de la courbe, étant lui-même égal à l'angle des normales ou rayons correspondants du cylindre, lesquels embrassent entre eux un arc mesuré par $ds$, on a $ds = \alpha r$, et partant

$$dt = ft\alpha = \frac{ft\,ds}{r} \quad \text{ou} \quad \frac{dt}{t} = \frac{f\,ds}{r}.$$

Intégrant cette dernière équation depuis le point N, pour lequel $s=0$ et $t=Q$, jusqu'au point M, pour lequel $s=\text{arc MAN}=s$ et $t=P$, il viendra

$$\log P - \log Q = \log\frac{P}{Q} = f\frac{s}{r} \quad (^1),$$

---

(1) Nommant $\theta$ l'arc qui, sur la circonférence dont le rayon est l'unité, mesure l'angle embrassé par les normales extrêmes de l'arc $s$, on aura

$$s = \theta r, \quad P = Qe^{f\theta},$$

relation qui devient applicable à un cylindre ou à une courbe NAM quelconque, $\theta$ étant toujours l'arc qui mesure l'angle compris entre les normales des points extrêmes N et M de cette courbe.

Pour s'en convaincre, il suffit de remarquer qu'on a, dans les mêmes hypothèses, les relations

$$\alpha = d\theta, \quad \frac{dt}{t} = f\,d\theta,$$

dont la dernière s'intègre immédiatement, quelle que soit la manière dont varient $\theta$ et le rayon de courbure en chaque point. On voit donc que le frottement des cordes sur les cylindres dépend bien moins de la forme et de l'étendue de l'arc embrassé que de l'ouverture de l'angle compris entre les normales des extrémités de cet arc.

que l'on peut mettre sous cette autre forme, en nommant $e = 2,718282$ la base des logarithmes hyperboliques ou népériens,

$$P = Qe^{\frac{fs}{r}}, \quad l.P = l.Q + 6,4342945\frac{fs}{r},$$

la caractéristique $l$ désignant les logarithmes des Tables ordinaires.

Si P, au lieu d'entraîner Q, était sur le point d'en être entraîné, on aurait évidemment

$$P = Qe^{-\frac{fs}{r}} = \frac{Q}{e^{\frac{fs}{r}}}, \quad l.P = l.Q - 0,4342945\frac{fs}{r}.$$

Les valeurs de $f$ se trouveront dans les tableaux des coefficients de frottement; pour les cordes de chanvre, on peut, en attendant des expériences plus étendues à ce sujet, supposer $f$ seulement égal à 0,33 quand ces cordes sont usées et que les cylindres sont eux-mêmes polis par le frottement ([1]).

**17.** *Usage du frottement des cordes dans les arts et application particulière.* — On utilise souvent, dans les arts, ce frottement des cordes dans la vue de diminuer l'effort néces-

---

([1]) *Loi des tensions d'une courroie sur une poulie en mouvement.* — Si nous considérons une poulie menée (*fig.* 55), il s'enroule, en chaque élément de temps (Note du n° 15) une longueur $l'$ de courroie à la tension T', il s'en déroule une autre $l$ à la tension T, $l$ et $l'$ correspondant à une même longueur primitive. En négligeant l'influence de l'inertie de la courroie, les tensions aux différents points du parcours, à un instant quelconque, sont les mêmes que si, la courroie tout entière étant supposée primitivement à la tension T', on avait augmenté progressivement la tension du brin menant depuis la valeur T' jusqu'à la valeur T, la poulie restant immobile, car, lorsque les poulies sont en mouvement, il n'y a pas glissement au point d'enroulement B, à moins qu'il n'y ait glissement total, en sorte que la tension en ce point reste toujours égale à T'.

Fig. 55.

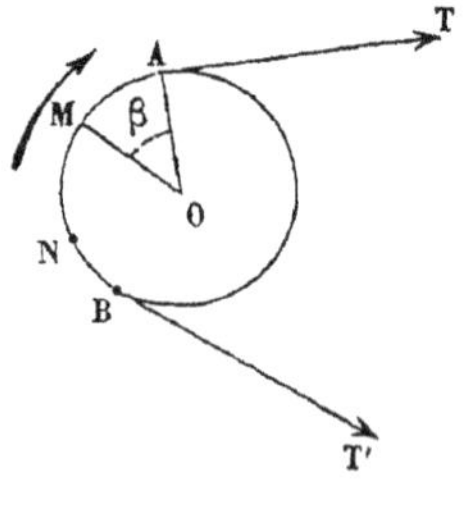


Si $t$ désigne la tension en un point quelconque M, et $\beta$ l'angle formé par le saire pour soutenir un fardeau ou pour mettre en équilibre une résistance quelconque très-grande. Par exemple, lorsque les tonneliers veulent descendre une pièce de vin dans une cave, le long d'un escalier rapide, ils la posent sur un petit traîneau ou sur deux pièces de bois, formant un plan incliné, dont la résistance retarde déjà le mouvement jusqu'à un certain point; mais, comme cela ne suffirait pas pour qu'un ou deux hommes pussent, sans risque, soutenir la pièce contre l'action de la gravité, ils enroulent les deux bouts du cordage autour de deux pièces de bois cylindriques inclinées et appuyées, par le bas, sur le sol de la rue, et, vers le haut, contre le mur de la porte de cave; la résistance produite par l'enroulement diminue considérablement l'effort qu'ils auraient à exercer en agissant directement sur les cordages qui soutiennent la pièce.

Supposons que la tension de ces cordages, qu'il sera facile de calculer au moyen de la théorie du plan incliné qui sera exposée un peu plus loin, soit de 500 kilogrammes; que le rayon des cylindres soit de $0^m,08$; qu'enfin la corde fasse trois révolutions autour de ces cylindres; on aura ici, en supposant la corde usée et les cylindres polis par le frottement,

$$Q = 500^{kg}, \quad r = 0^m,08,$$

$$\frac{fs}{r} = 6,220, \quad f = 0,33, \quad 0,43429\frac{fs}{r} = 2,78832,$$

---

rayon passant par ce point M avec le rayon passant par le point A de tangence de l'élément qui se déroule à la tension T, on a la relation $T = te^{f\beta}$, qui donne la loi de variation des tensions. Si $\beta_1$ est la valeur de $\beta$, pour laquelle $t$ devient égal à T', il y a glissement total de la courroie dans le cas où $\beta_1$ est plus grand que l'angle embrassé $\alpha$; si $\beta_1$ est plus petit que $\alpha$, il existe un point N tel, que la portion de courroie comprise entre N et B conserve sa tension première T', et que la tension varie entre N et A, de T' à T, d'après la loi $T = te^{f\beta}$.

Si nous considérons la poulie menante, la répartition des tensions est la même que si, la courroie étant d'abord à la tension T, on avait diminué progressivement la tension du brin mené depuis la valeur T jusqu'à la valeur T'; la tension augmentera donc, d'après la loi indiquée, de T' à T, depuis le point de déroulement à la tension T' jusqu'en un certain point $N_1$, et conservera la valeur T depuis ce point jusqu'au point d'enroulement du brin menant. (*Comptes rendus de l'Académie des Sciences*, 3 mars 1873.) (K.)

et enfin

$$l.\mathrm{P} = l.\mathrm{Q} - 0,43429\frac{fs}{r} \quad \text{et} \quad \mathrm{P} = 0^{\mathrm{kg}},81405$$

pour l'effort à exercer sur chacun des deux cordages de retraite.

C'est que, à l'aide du frottement des cordes sur les rouleaux, un seul homme peut faire descendre un canon de 24, suspendu à une chèvre, sans exercer un très-grand effort, et c'est encore ainsi que, dans la marine, on modère le mouvement des vaisseaux qu'il s'agit de lancer à la mer, en les plaçant sur des chantiers ou pièces de bois inclinées sous un certain angle à l'horizon et les retenant par des cordages enroulés sur des cylindres fixes.

## III. — Applications aux machines simples.

### Frottement d'un corps sur un plan incliné.

**18.** *Cas où la puissance est inclinée d'une manière quelconque.* — Soit Q (*fig.* 56) le poids d'un corps posé sur un plan AB incliné à l'horizon, suivant un angle ABC $= \alpha$; on suppose ce corps sollicité, de bas en haut, par une puissance P formant, avec la direction du plan AB, l'angle $\beta$, et

Fig. 56.

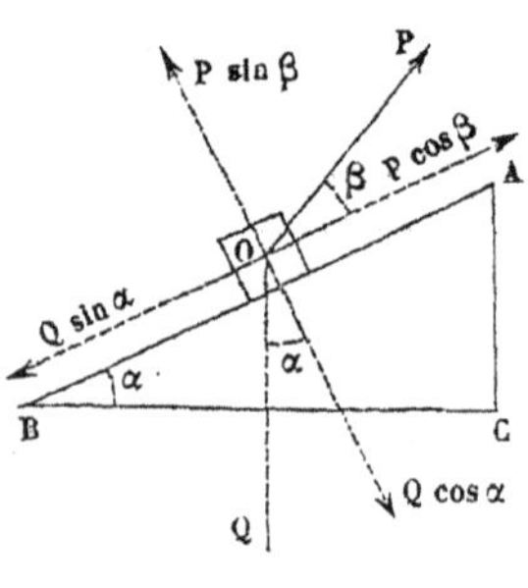


qui est comprise dans un plan vertical perpendiculaire à l'horizontale B du premier. La pression normale résultant de P et de Q sur AB sera ici $Q\cos\alpha - P\sin\beta$, donnant lieu au frottement

$$f(Q\cos\alpha - P\sin\beta).$$

Quant aux composantes des forces suivant le plan, elles seront $Q\sin\alpha$ et $P\cos\beta$; on aura donc, pour calculer la force P, qui serait sur le point de faire monter le corps le long de AB,

$$P\cos\beta - Q\sin\alpha = f(Q\cos\alpha - P\sin\beta),$$

d'où

$$P = \frac{\sin\alpha + f\cos\alpha}{\cos\beta + f\sin\beta} Q.$$

En changeant le signe de $f$ dans cette expression, on aura évidemment l'effort nécessaire seulement pour empêcher le corps d'être entraîné par son propre poids; et, pour que cet effort soit nul, il faudra évidemment qu'on ait

$$\sin\alpha - f\cos\alpha = 0 \quad \text{ou} \quad \tang\alpha = f,$$

c'est-à-dire que le plan AB devra faire avec l'horizon un angle, nommé *angle du frottement*, dont la tangente trigonométrique soit égale au coefficient $f$; l'observation directe de l'angle sous lequel un corps est sur le point de glisser le long d'un plan donnerait donc la valeur du rapport du frottement à la pression; mais il faut remarquer que cette valeur est presque toujours supérieure à celle qui a lieu pendant le mouvement même du corps.

19. *Cas particuliers.* — Quand P est parallèle à AB (*fig.* 57),

Fig. 57.

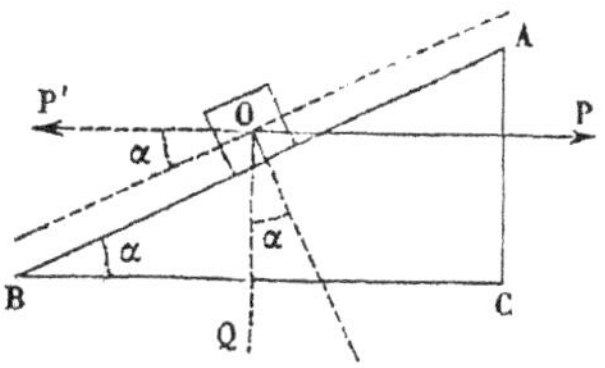


$\beta = 0$; quand P agit au-dessous du plan, $\beta$ est négatif; enfin, quand P est horizontal, $\beta = -\alpha$, de sorte qu'on a

$$P = Q \frac{\sin\alpha + f\cos\alpha}{\cos\alpha - f\sin\alpha} = Q \frac{\tang\alpha + f}{1 - f\tang\alpha},$$

valeur qui devient infinie lorsque $\tang\alpha = \frac{1}{f}$; ce qui indique que, quelle que soit la grandeur qu'on attribue à P, elle ne saurait alors faire remonter le corps le long du plan AB. La même circonstance se reproduit d'ailleurs dans le cas général, pour une valeur de $\beta$, telle que $\tang\beta = -\frac{1}{f}$.

Quant à la mesure de la pression normale supportée par le plan incliné dans le cas où P est horizontal, elle sera évidemment donnée par la formule

$$N = Q\cos\alpha + P\sin\alpha = Q\left(\cos\alpha + \sin\alpha\frac{\sin\alpha + f\cos\alpha}{\cos\alpha - f\sin\alpha}\right)$$
$$= \frac{Q}{\cos\alpha - f\sin\alpha}.$$

**20.** *Angle le plus avantageux du tirage.* — En différentiant l'expression générale de P par rapport à $\beta$ et égalant le résultat à zéro, on trouve que le minimum de l'effort nécessaire pour faire monter Q le long du plan AB a lieu quand $\tang\beta = f$, cette force agissant d'ailleurs au-dessus du plan AB et de bas en haut, comme l'exprime la *fig.* 56; mais il n'en faut pas conclure, pour cela, que la valeur du travail que développera alors cette puissance soit elle-même un minimum par rapport à celle du travail utile que suppose l'élévation du poids Q. En effet, le rapport de ces quantités de travail est évidemment

$$\frac{P\cos\beta}{Q\sin\alpha} = \frac{1 + f\cot\alpha}{1 + f\tang\beta},$$

quantité qui décroît indéfiniment à mesure que $\tang\beta$ augmente.

Pour compléter cette discussion, qui est entièrement applicable au frottement de la vis, dont il sera question plus loin, on remarquera que, lorsque l'angle d'inclinaison $\alpha$ du plan est plus petit que l'angle du frottement, ou que $\tang\alpha < f$, non-seulement il n'est plus nécessaire d'appliquer au corps une force pour l'empêcher de descendre sur ce plan, mais encore qu'il en faut une pour l'y contraindre. Par exemple, dans le cas de la *fig.* 57, et en supposant une force horizontale P′ tirant de O vers P′, à l'opposé de P, il faudrait, pour faire descendre le corps, que l'on eût

$$P' = Q\frac{f\cos\alpha - \sin\alpha}{\cos\alpha + f\sin\alpha} = Q\frac{f - \operatorname{tang}\alpha}{1 + f\operatorname{tang}\alpha},$$

valeur qu'on obtient en changeant le signe de $f$ et posant $\beta = 180 - \alpha$ dans l'équation ci-dessus (**19**).

### Frottement du coin.

**21.** *Notions préliminaires.* — On peut, en général, nommer *coin* tout corps solide posé entre deux ou plusieurs autres et sollicité par des forces quelconques, qui sont mises en équilibre par les efforts de réaction que le corps éprouve de la part de ceux-ci, normalement à sa surface de contact avec eux. Remplaçant, en effet, cette surface par le plan tangent correspondant, ce plan et tous ses semblables formeront, par leur rencontre mutuelle, un angle solide ou espèce de coin, qu'on pourra substituer à la considération du premier corps, et qui se trouvera placé absolument dans les mêmes circonstances, quant aux effets physiques. Dans ce qui suit, nous nous bornerons à exposer la théorie du coin ordinaire, tel qu'on le définit dans les éléments de Statique, en faisant observer que cette théorie s'applique, d'une manière analogue, aux divers cas qui peuvent se présenter.

Soit donc ABC (*fig.* 58) un coin triangulaire dont les faces latérales ou côtés AC et BC s'appuient en T et T′, contre deux autres corps, ou contre deux parties d'un même solide dont il s'agit de produire l'écartement au moyen de la puissance P appliquée extérieurement et perpendiculairement contre la tête AB du coin. Soient N et N′ les efforts de réaction qu'il supporte en T et T' et du dehors en dedans, normalement à ses côtés AC et BC; ces efforts produiront les frottements

Fig. 58.

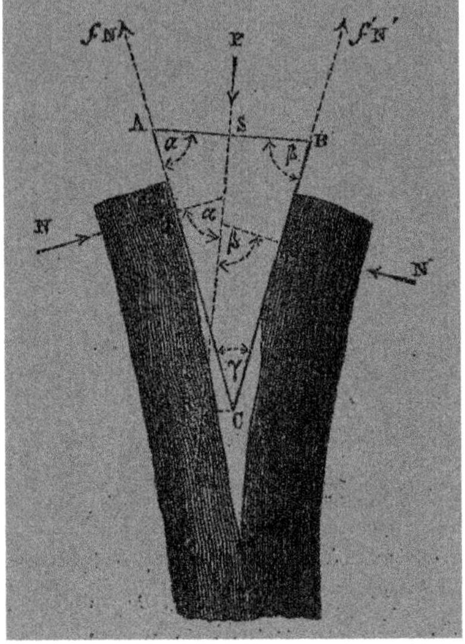


$fN$, $f'N'$ agissant le long de ces mêmes côtés, de bas en haut, c'est-à-dire en sens contraire du mouvement que tend à faire naître la puissance P. Dans l'état général de la question, où le coin serait sollicité par des puissances quelconques, ou même par une puissance unique agissant perpendiculairement à sa tête, mais en un point arbitraire, il est clair qu'il pourrait tendre à tourner ou à glisser, soit latéralement, soit transversalement, ce qui donnerait lieu à de nouvelles résistances dont il faudrait tenir compte dans les calculs; mais, comme ces effets sont étrangers à celui qu'il s'agit de produire, et qu'ils tendent à consommer inutilement du travail moteur, on a toujours soin, dans les arts, de les éviter; ce qui suppose que l'action de la puissance P soit comprise dans le plan des forces de réaction N, N', $fN$, $f'N'$, et que ces dernières aient une résultante commune, égale et précisément contraire à P. D'ailleurs on peut ici négliger entièrement l'action de la gravité ou du poids du coin, vis-à-vis des forces de réaction qui se développent dans les cas les plus ordinaires.

Enfin il paraît évident encore que, lorsque le coin ABC repose, par plusieurs points ou même par une infinité de points, sur les corps entre lesquels il est interposé, ce qui arrive toujours, les forces N et N', $f$N et $f'$N ne sont autre chose alors que les résultantes générales des forces parallèles de chaque espèce, appliquées en ces différents points et dont il n'est pas indispensable de connaître la valeur particulière.

22. *Équilibre du coin dans l'hypothèse où il ne tourne pas.* — Pour établir, dans ces hypothèses, la théorie du coin en ayant égard au frottement, nous supposerons qu'on décompose chaque force en deux, l'une parallèle et l'autre perpendiculaire à la direction de la tête AB. Nommant $\alpha$, $\beta$ et $\gamma$ les angles en A, B, C du triangle ABC qui représente le profil transversal du coin, et faisant attention au sens de l'action de chaque force, on écrira séparément que la somme des forces parallèles de chaque groupe est égale à zéro; ce qui donnera les deux équations

$$P - N\cos\alpha - N'\cos\beta - fN\sin\alpha - f'N'\sin\beta = 0,$$
$$N\sin\alpha - N'\sin\beta - fN\cos\alpha + f'N'\cos\beta = 0 \text{ (1)},$$

desquelles on tire

$$N' = N\,\frac{\sin\alpha - f\cos\alpha}{\sin\beta - f'\cos\beta},$$
$$N = \frac{P(\sin\beta - f'\cos\beta)}{(1 - ff')\sin\gamma + (f + f')\cos\gamma},$$
$$N' = \frac{P(\sin\alpha - f\cos\alpha}{(1 - ff')\sin\gamma + (f + f')\cos\gamma},$$

(1) Pour exprimer la condition que le coin ne tend pas à tourner dans le plan ABC, il suffira d'écrire que la somme des moments des forces, prise par rapport à un point quelconque de ce plan, est égale à zéro : en choisissant, par exemple, le sommet C pour ce point, abaissant la perpendiculaire CK sur la direction de P, on aura (*fig.* 58), en faisant attention au sens de l'action des forces et attendu que les bras de levier de $f$N et $f'$N' sont nuls,

$$P.CK + N'.CT' - N.CT = 0,$$

de laquelle on déduira CK et, par suite, AS, quand CT et CT' seront données *à priori*.

en observant qu'on a ici

$$\sin(\alpha+\beta)=\sin\gamma \quad \text{et} \quad \cos(\alpha+\beta)=-\cos\gamma.$$

Ces diverses relations montrent que les efforts de réaction N et N' sont déterminés quand P est donné *a priori*, ainsi que les autres quantités dont ils dépendent; en y supposant d'ailleurs $f$ et $f'$ égaux à zéro, on retombera sur les équations d'équilibre ordinaire du coin.

23. *Cas où le coin tend à être repoussé par la réaction des deux corps; caractère auquel on reconnaît cette circonstance.* — Lorsque, par suite de l'action plus ou moins prolongée de la puissance P, le coin s'est enfoncé jusqu'à un certain point entre les deux corps que l'on considère, il arrive ordinairement que, en vertu de l'élasticité des matières qui les composent, ou des résistances actives auxquelles ils sont soumis, les efforts de réaction N et N' continuent à subsister, bien que la puissance P cesse entièrement son action; alors il peut arriver de deux choses l'une, ou que le coin soit repoussé en arrière de la position qu'il occupe, ou qu'il soit maintenu, dans cette position, par les frottements qui se développent en T et T'. Dans le premier cas, il serait nécessaire d'appliquer, perpendiculairement à la tête du coin, une certaine force P, agissant de haut en bas, pour le maintenir au degré d'enfoncement où il est parvenu. Afin de reconnaître et de discuter chacune de ces circonstances, il suffit d'observer que, dans le mouvement d'ascension du coin, les frottements $fN$, $f'N'$ s'exercent précisément dans une direction contraire à celle que nous leur avons supposée en premier lieu; changeant donc leurs signes dans les équations ci-dessus, la valeur $P_1$, qu'on en déduira, exprimera la force qu'il est nécessaire d'appliquer au coin, pour faire équilibre à N et N'; on trouvera ainsi

$$P_1=\frac{N[(1-ff'\sin\gamma-(f+f')\cos\gamma]}{\sin\beta+f'\cos\beta}$$
$$=N'\frac{[(1-ff')\sin\gamma-(f+f')\cos\gamma]}{\sin\alpha+f\cos\alpha}.$$

Quant à la relation entre N et N', elle exprime simplement une condition à laquelle ces forces doivent satisfaire pour que l'équilibre soit possible et que le coin ne soit pas entraîné dans le sens parallèle à sa tête.

Cela posé, on voit que, si la valeur de $P_1$, déduite de l'équation ci-dessus, est positive, ce sera un signe que le coin tend à se relever par suite des efforts de réaction qu'il éprouve ; que, si cette valeur est négative, non-seulement le coin ne se relèvera pas de lui-même, mais encore qu'il faudra un certain effort, dirigé de bas en haut, pour vaincre les frottements auxquels il est soumis; qu'enfin si $P_1 = 0$, ce qui suppose la relation

$$(1 - ff')\sin\gamma - (f + f')\cos\gamma = 0 \quad \text{ou} \quad \tang\gamma = \frac{f + f'}{1 - ff'}$$

naturellement satisfaite, ce sera un signe que les forces N et N' sont sur le point de vaincre, par elles-mêmes, les frottements $f$N et $f'$N', ou leur font strictement équilibre, de sorte que le moindre effort, appliqué sur la tête du coin, suffirait pour le faire enfoncer ou détacher.

Il résulte de là que, selon qu'on aura $(1 - ff')\sin\gamma$ plus grand ou plus petit que $(f + f')\cos\gamma$, c'est-à-dire selon que

$$\tang\gamma > \text{ou} < \frac{f + f'}{1 - ff'},$$

le coin sera repoussé ou retenu plus ou moins fortement entre les deux corps.

24. *Cas où le mouvement du coin devient impossible.* — Revenant à nos premières suppositions, où le coin est censé céder à l'action de la puissance P, appliquée perpendiculairement à sa tête AB (*fig.* 59), du dehors en dedans, nous ferons remarquer que le rapport de P à N' (22) ira sans cesse en croissant, à mesure que $\tang\alpha$ s'approchera d'être égal à $f$, et deviendra même infini quand $\tang\alpha$ aura précisément pour valeur $f$; or cette circonstance est analogue à celle que nous avons remarquée (20) pour le cas d'un corps glissant sur un plan incliné, et elle prouve que le frottement ne peut être vaincu sur la face AC du coin, quelle que soit l'intensité de P;

ce qui est évident, puisque, en supposant P assigné *à priori*, la pression N′, sur la face BC, doit être nulle d'après les équations

Fig. 59.

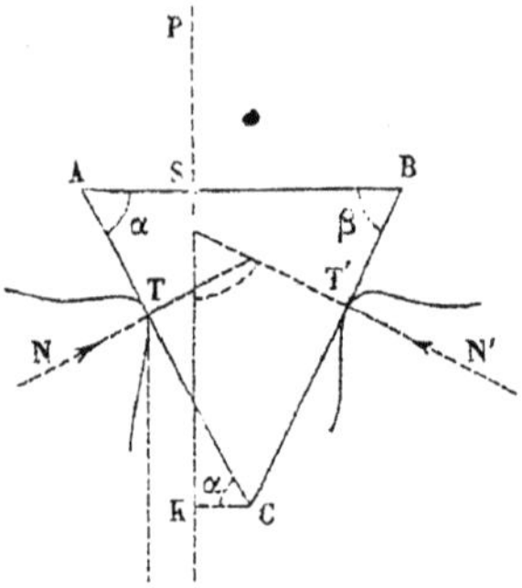


posées au (n° 22), qui donnent alors simplement

$$N' = 0, \quad N = \frac{P}{\cos\alpha + f\sin\alpha} = P\cos\alpha = \frac{P}{\sqrt{1+f^2}},$$

attendu qu'on a $\tang\alpha = f$.

Dans le fait, la solution du n° 22 suppose implicitement que le coin ne tourne pas, ce qui, dans le cas actuel, exige (*voir* la Note annexée à ce numéro) que l'on ait

$$P.CK = N.CT = P.\cos\alpha C.T \quad \text{ou} \quad CK = CT\cos\alpha,$$

relation qui indique que la direction de P doit passer par le point T. S'il en était autrement, les conditions de la question seraient totalement changées, et, la rotation tendant à se faire autour du point T sans glissement en ce point, il conviendrait d'établir simplement l'équilibre entre les forces N′, $f'$N′ et P, dans l'hypothèse d'un tel mouvement et sans égard à $f$N, ce qui serait facile.

25. *Des coins combinés.* — Il arrive souvent, dans les arts, qu'on se sert à la fois de plusieurs coins appuyés les uns contre les autres, pour comprimer fortement certains corps capables de résister ou de céder plus ou moins à leur action : c'est ce

qui arrive, par exemple, dans les presses dites *presses à coin* et dans tous les assemblages de corps qu'il s'agit de lier par leur compression réciproque; or la puissance unique, ou les diverses puissances appliquées simultanément et extérieurement à ces coins étant données, il sera toujours possible et même facile, au moyen de ce qui précède, de calculer en valeur de ces puissances les forces de compression ou de réaction qui sollicitent chaque coin, et, finalement, les efforts que produisent les coins extrêmes contre les obstacles considérés; comme aussi, ces mêmes efforts étant connus, on pourra trouver les valeurs des puissances qu'ils seraient capables de vaincre en forçant les coins à se relâcher. Mais, en procédant à ce calcul, il faudra faire attention que, pour chaque point de contact ou chaque face commune à deux coins contigus, les forces de compression réciproque, telles que N et N', et les résistances $f$N et $f'$N' qui en résultent, sont nécessairement égales et de signes contraires, c'est-à-dire qu'elles ont la même valeur absolue pour les deux corps, la même direction, mais sont respectivement opposées entre elles. Enfin, s'il s'agit de calculer les quantités de travail même des différentes puissances ou résistances appliquées à ces coins, dans l'hypothèse d'un mouvement rectiligne très-lent ou uniforme, on n'aura qu'à multiplier l'intensité de chacune d'elles par le chemin que décrit, entre deux positions données du système, son point d'application dans sa direction propre, ce qui sera facile, comme on va le voir.

26. *Mesure du travail utile dans le coin.* — Supposons qu'il s'agisse du coin ABC, considéré au n° 22, et dont tous les points sont censés animés d'un mouvement commun parallèle à la direction de P. Soit *de* (*fig.* 60) le chemin infiniment petit décrit, à un certain instant, par le point d'application de P, dans sa direction propre, ou, ce qui revient au même, la distance entre les parallèles AB et *ab*, qui sont censées représenter les deux positions successives de la tête du coin;

$$\mathrm{P}\,de = \mathrm{N}\,de\,\frac{(1-ff')\sin\gamma + (f+f')\cos\gamma}{\sin\beta - f'\cos\beta}$$

sera évidemment la quantité de travail élémentaire développée, par P, entre les deux positions dont il s'agit.

Fig. 60.

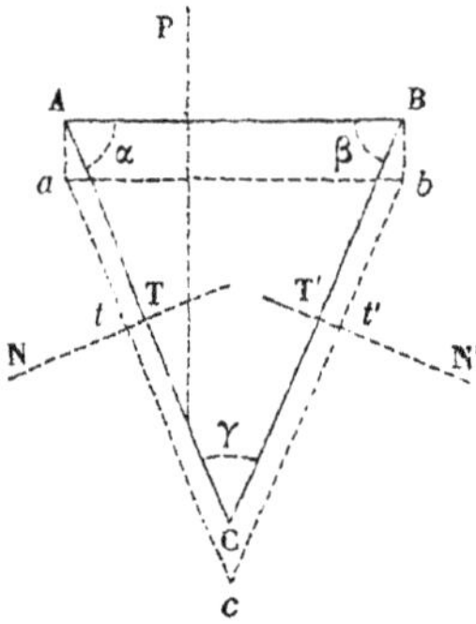


Si l'on veut comparer cette quantité de travail à celles que développent réellement et en sens contraire les pressions normales N et N', il ne s'agira que de remarquer que la vitesse virtuelle T$t$ de la première est $de\cos\alpha$, et celle T'$t'$ de la seconde $de\cos\beta$, de sorte que (22)

$$N\,de\cos\alpha + N'de\cos\beta$$

sera la quantité de travail dont il s'agit, quantité qu'on obtiendrait immédiatement en observant que, si l'on suppose $f$ et $f'$ nuls dans la première des équations du n° 22, qu'on multiplie ensuite tous ses termes par $de$, elle devra donner pour P$de$ précisément la valeur de la quantité de travail cherchée. L'expression de ce travail peut se mettre sous la forme

$$N\,de\left(\cos\alpha + \frac{N'}{N}\cos\beta\right) = N\,de\,\frac{\sin\gamma - (f+f')\cos\alpha\cos\beta}{\sin\beta - f'\cos\beta}.$$

Le rapport de cette quantité de travail à celle que développe réellement la puissance P, en vertu des résistances étrangères qui sollicitent le coin, simultanément avec les pressions normales N et N', aura ainsi pour valeur

$$\frac{\sin\gamma - (f+f')\cos\alpha\cos\beta}{(1-ff')\sin\gamma + (f+f')\cos\gamma}.$$

27. *Influence de la forme et des dimensions du coin sur l'effet utile.* — Cette expression montre que, si l'angle $\gamma$ du tranchant du coin est donné, le travail des pressions N et N', qui, abstraction faite des circonstances accessoires [1], doit être considéré comme l'effet utile, a son minimum relatif quand

$$\cos\alpha\cos\beta = 0,$$

ce qui suppose que l'un des angles en A et B soit droit.

Par exemple, si $\beta$ est cet angle, le rapport ci-dessus deviendra

$$\frac{\tang\gamma}{(1-ff')\tang\gamma+f+f'} = \frac{1}{1-ff'+(f+f')\tang\alpha},$$

fraction qui, elle-même, croît indéfiniment à mesure que $\alpha$ diminue ou que $\gamma$ augmente.

Au contraire, l'expression générale du rapport de l'effet utile à la quantité de travail dépensé sera un minimum quand $\cos\alpha\cos\beta$ obtiendra sa plus grande valeur, c'est-à-dire quand on aura

$$\cos\alpha = \cos\beta;$$

d'où

$$\alpha = \beta, \quad \gamma = 200^\circ - 2\alpha, \quad \tang\gamma = -\frac{2\tang\alpha}{1-\tang^2\alpha},$$

ce qui répond au coin isoscèle qu'on emploie fort souvent dans les arts. La valeur que prend alors le rapport dont il s'agit est

$$\frac{\sin\gamma-(f+f')\cos^2\alpha}{\sin\gamma(1-ff')+(f+f')\cos\gamma} = \frac{2\tang\alpha-f-f'}{2\tang\alpha(1-ff')-(f+f')(1-\tang^2\alpha)}.$$

---

(1) On remarquera, en effet, que les pressions normales N et N' ne produisent pas seulement l'écartement des deux corps entre lesquels le coin est interposé, mais encore la compression, le refoulement sur elles-mêmes des molécules qui avoisinent les points de contact T et T' de ces corps, refoulement qui peut être étranger à l'effet qu'il s'agit réellement de produire, et qui augmente à mesure que l'angle $\gamma$ du tranchant devient plus obtus, de sorte qu'il faut concevoir le travail P.$de$ partagé en deux autres, dont l'un réponde au refoulement de la matière et l'autre à l'écartement général subi par les deux corps.

Pour discuter cette expression, nous supposerons $f=f'$, ce qui est le cas le plus ordinaire des applications; elle deviendra alors divisible par $2(\operatorname{tang}\alpha - f)$, ce qui la réduira à celle-ci

$$\frac{1}{1+f\operatorname{tang}\alpha},$$

dont la valeur croît encore indéfiniment à mesure que $\alpha$ diminue.

28. *Conclusion.* — Il résulte clairement, tant de cette dernière discussion que de la précédente, qu'il y a, toutes choses égales d'ailleurs, de l'avantage à prendre $\gamma$ le plus grand possible; mais, comme cet angle est susceptible (23) d'une limite supérieure, au delà de laquelle le coin serait repoussé si l'action de la puissance P avait des intermittences, comme les différents usages auxquels on applique le coin exigent que ce même angle ait une certaine acuité, afin de hâter la séparation des corps entre lesquels il est interposé, on voit qu'il arrivera toujours que les résistances nuisibles absorberont, en pure perte, une portion notable du travail dépensé par la puissance P.

Supposant, par exemple, le coin isoscèle et ayant pour base la moitié de sa hauteur, ce qui donne

$$\operatorname{tang}\alpha = 4;$$

faisant en outre $f = 0{,}62$, ce qui, d'après les expériences de M. Morin, revient au cas du fer glissant à sec sur du chêne, on trouvera que l'effet utile n'est que les $\frac{2}{7}$ environ de la quantité du travail dépensé.

29. *Application aux presses à coin.* — Considérons le système de la *fig.* 61, qui sert à comprimer de la matière placée en Q; la puissance P agit sur la tête d'un coin ABC qui peut glisser entre des pièces soutenues verticalement et mobiles dans le sens horizontal. On a, d'après ce qui précède, pour

exprimer les pressions N et N′ en fonction de P, les relations (22)

$$N = \frac{P(\sin\beta - f'\cos\beta)}{(1 - ff')\sin\gamma + (f + f')\cos\gamma},$$

$$N' = \frac{P(\sin\alpha - f\cos\alpha)}{(1 - ff')\sin\gamma + (f + f')\cos\gamma};$$

d'une autre part, on a, pour la condition d'équilibre entre les

Fig. 61.

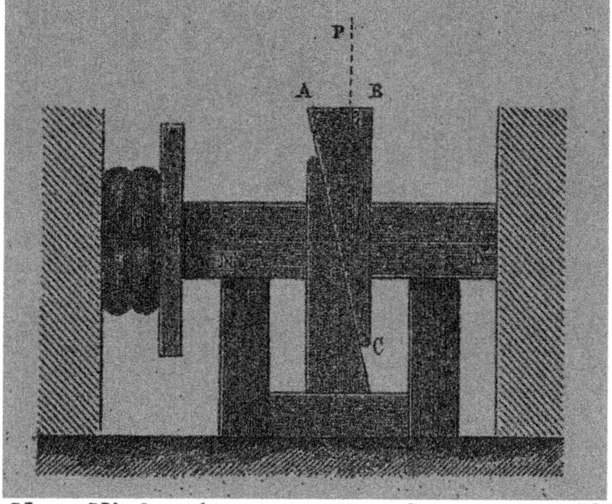


pressions N et N′, la résistance Q et la pression N″ exercée verticalement sur le support de la presse,

$$N\cos\alpha + fN\sin\alpha - N'' = 0,$$

$$N\sin\alpha - fN\cos\alpha - Q - f''N'' = 0,$$

d'où

$$N'' = N(\cos\alpha + f\sin\alpha),$$

$$N(\sin\alpha - f\cos\alpha) = Q + f''N(\cos\alpha + f\sin\alpha).$$

On en tire, en la combinant avec la valeur de N en P,

$$Q = \frac{P(\sin\beta - f'\cos\beta)}{(1 - ff')\sin\gamma + (f + f')\cos\gamma}\left[\sin\alpha(1 - ff'') - (f + f'')\cos\alpha\right].$$

Si $f = f' = f''$, ainsi que cela a ordinairement lieu, cette valeur de Q se réduit à

$$Q = \frac{P(\sin\beta - f\cos\beta)}{(1-f^2)\sin\gamma + 2f\cos\gamma}[\sin\alpha(1-f^2) - 2f\cos\alpha];$$

de plus, si $\beta = 100^\circ$, $\alpha = 100^\circ - \gamma$, elle devient

$$Q = \frac{P[\cos\gamma(1-f^2) - 2f\sin\gamma]}{(1-f^2)\sin\gamma + 2f\cos\gamma} = P\,\frac{1-f^2-2f\,\text{tang}\gamma}{(1-f^2)\,\text{tang}\gamma + 2f}.$$

Quant au travail utile de la résistance Q, il a pour expression, en appelant $de'$ le chemin élémentaire parcouru par son point d'application pendant que P parcourt $de$,

$$Q\,de' = Q\,de\,\text{tang}\gamma,$$

attendu que

$$\frac{de'}{de} = \text{tang}\gamma;$$

par suite, le rapport de l'effet utile au travail dépensé $P\,de$ est

$$E = \frac{Q\,de'}{P\,de} = \frac{Q\,\text{tang}\gamma}{P} = \frac{1-f^2-2f\,\text{tang}\gamma}{(1-f^2)\,\text{tang}\gamma + 2f}\,\text{tang}\gamma.$$

Dans les hypothèses de $f = 0,08$, ce qui correspond à des surfaces de bois bien graissées et de $\text{tang}\gamma = \frac{1}{4}$, ce rapport devient

$$0,583,$$

c'est-à-dire que le travail utile est les 0,583 du travail moteur; mais si, au lieu de bois bien graissés, on emploie, comme cela a souvent lieu, des bois mouillés d'eau, du chêne, par exemple, pour lequel $f = 0,25$, et qu'on ait toujours $\text{tang}\gamma = \frac{1}{4} = 0,25$, on trouve

$$E = 0,276,$$

ce qui montre l'avantage d'employer des corps bien graissés.

Le coin étant d'un usage universel dans les arts et formant la base de tous les outils ou instruments tranchants, nous avons cru utile d'insister quelques instants sur la théorie, dont nous verrons d'ailleurs plusieurs applications dans ce Cours.

**Frottement des pièces maintenues dans une direction invariable, par des guides, des coulisses, etc.**

30. *Cas où les forces sont comprises dans le plan des guides.* — Soit (*fig.* 62) une pièce quelconque d'une machine, dirigée dans son mouvement par une tige prismatique AB, glissant entre les guides ou prisons $a$ et $a'$, qui l'obligent à se mouvoir

Fig. 62.

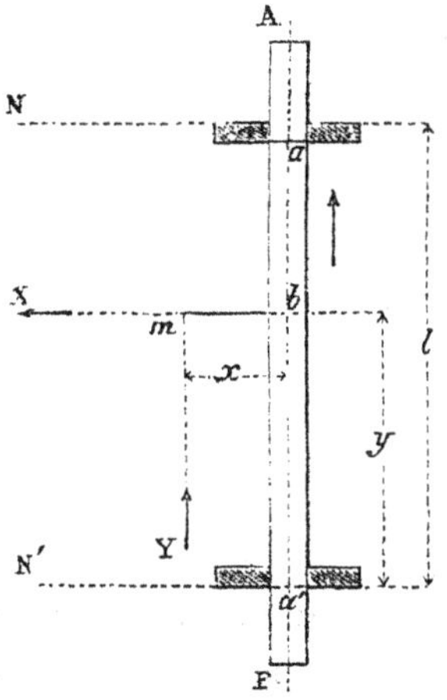


dans le sens de son axe. Supposons d'abord que les forces qui sollicitent activement cette pièce soient comprises dans un même plan passant par cet axe et par les points d'appui $a$ et $a'$ appartenant aux surfaces de contact de la tige et des guides, surfaces qui elles-mêmes sont ici censées d'une petite étendue et perpendiculaires au plan dont il s'agit. Concevons, pour la simplicité, chacune des forces proposées décomposée en deux autres, en son point d'application, l'une parallèle et l'autre perpendiculaire à la direction de l'axe AB de la tige; il naîtra, de la réaction de toutes ces forces, des pressions N et N' normales aux points d'appui $a$ et $a'$, et donnant lieu aux frottements $f$N et $f'$N', qu'on devra comprendre au nombre des résistances qui s'opposent au mouvement de la tige.

Pour montrer généralement comment on peut évaluer N

et N′, nous considérerons, en particulier, l'un quelconque $m$ des points d'application des forces, et nous nommerons :

X et Y les sommes des composantes, perpendiculaires et parallèles à AB, qui sollicitent ce point;
$y$ la distance de X à $a'$;
$x$ celle de Y à AB, c'est-à-dire $mb$;
$l$ celle de $a$ à $a'$, mesurée sur la direction de l'axe AB.

Enfin nous conviendrons de regarder comme positive toute composante qui tendra à faire cheminer la tige B vers A, ou de $b$ vers $m$, en l'obligeant ainsi, dans ce dernier cas, à s'appuyer contre les prisons de gauche; et, par suite, nous regarderons comme négatives celles qui tendraient à faire mouvoir en sens contraire cette même tige, le sens des composantes étant d'ailleurs indiqué par les flèches de la figure.

La force $+X$ pourra donc être décomposée en deux autres parallèles et donnant lieu aux pressions

$$+\frac{Xy}{l} \text{ en } a, \quad +\frac{X(l-y)}{l} \text{ en } a'.$$

Quant à la force $+Y$, on sait, d'après la théorie des couples, qu'elle peut être remplacée par une force $+Y$ agissant dans le sens de l'axe AB, et par un couple perpendiculaire à AB, donnant lieu aux pressions normales

$$-\frac{Yx}{l} \text{ en } a, \quad +\frac{Yx}{l} \text{ en } a'.$$

Donc les pressions totales résultant de l'action de X et de Y seront (¹)

$$\frac{Xy}{l}-\frac{Yx}{l} \text{ en } a, \quad \frac{X(l-y)}{l}+\frac{Yx}{l} \text{ en } a'.$$

(¹) *Influence de l'épaisseur des tiges guidées.* — Les formules du texte sont indépendantes des dimensions transversales des pièces guidées, ce qui tient à ce que les points de contact sont supposés implicitement se trouver sur l'axe AB. Ordinairement il n'en est pas ainsi dans la pratique, et, quoique l'influence de la largeur de la tige soit généralement très-peu considérable, il peut quelquefois être utile de ne pas la négliger. Pour en tenir compte, il suffit, en

Opérant de la même manière pour toutes les autres composantes parallèles ou perpendiculaires à AB, et observant d'ailleurs que celles qui agissent dans le sens propre de cet axe ne donnent pas lieu à des couples, la pression totale pourra être représentée par

$$N = \sum\left(X\frac{y}{l} - Y\frac{x}{l}\right) \text{ en } a, \quad N' = \sum\left(X\frac{l-y}{l} + Y\frac{x}{l}\right) \text{ en } a',$$

pressions dont chacune tendra d'ailleurs à faire appuyer la tige contre le guide de gauche ou de droite, selon qu'elle sera positive ou négative.

La résultante ou la somme des forces qui agissent dans la direction propre de l'axe AB pouvant, en outre, être représentée par

$$\Sigma Y,$$

on aura, pour l'équation d'équilibre de toutes les forces, dans

---

conservant le mode de raisonnement adopté par l'auteur, d'ajouter aux pressions normales calculées dans le texte celles qui proviennent des frottements $fN$, $fN'$ le long des faces latérales de la tige. Conservons les conventions faites dans le texte au sujet des signes; supposons le mouvement ascendant et désignons par $2e$ la largeur de la tige; les frottements latéraux peuvent être remplacés par des forces $fN$, $fN'$ agissant suivant l'axe, et par des couples dont le sens varie suivant que le contact a lieu à droite ou à gauche et qui donnent lieu à des pressions normales toujours représentées par $\frac{ef}{l}(N+N')$ en $a$ et par $-\frac{ef}{l}(N+N')$ en $a'$. On trouve ainsi

$$N = X\frac{y}{l} - Y\frac{x}{l} + \frac{ef}{l}(N+N'), \quad N' = X\frac{l-y}{l} + Y\frac{x}{l} - \frac{ef}{l}(N+N'),$$

il en résulte

$$N + N' = X$$

et

$$N = X\frac{y}{l} - Y\frac{x}{l} + \frac{ef}{l}X, \tag{1}$$

$$N' = X\frac{l-y}{l} + Y\frac{x}{l} - \frac{ef}{l}X. \tag{2}$$

Les formules du texte sont donc rigoureusement applicables quand l'une des trois quantités $e$, $f$, X est nulle.

On peut établir plus simplement ces relations sous la même forme, en écrila supposition où le mouvement se ferait de B vers A,

$$\sum(Y) = f(N + N')$$
$$= f\sum\left(X\frac{y}{l} - Y\frac{x}{l}\right) + f\sum\left(X\frac{(l-y)}{l} + Y\frac{x}{l}\right),$$

qui donnera la puissance en fonction des résistances et dans laquelle il ne faudra prendre que les valeurs absolues de N et de N′ ou des quantités comprises entre parenthèses, puisque le frottement agit toujours dans le sens contraire du mouvement, quelle que soit la direction des pressions qui le font naître.

S'il arrive, en particulier, que ces quantités soient toutes deux de même signe, on aura simplement, en les additionnant,

$$\Sigma(Y) = f\Sigma(X);$$

mais cette circonstance n'est qu'accidentelle, et il conviendra toujours de commencer par traiter la question dans l'hypothèse la plus générale, ainsi que cela sera expliqué dans le n° 32 ci-dessous.

31. *Exemple relatif au frottement des tiges de pilons.* — Supposons, par exemple, que AB (*fig.* 63) soit la tige verticale d'un pilon, dont Q soit le poids, y compris celui de cette tige, et qui soit sollicité verticalement, de bas en haut, par la pression P d'une came tangente en *m*, à la surface inférieure, et

---

vant les équations des moments des forces qui sollicitent la tige par rapport à chacun des deux points de rencontre de l'axe avec les horizontales passant par les points de contact.

Les équations (1) et (2) permettent, suivant la nature des données et d'après le signe de leur second membre, soit de reconnaître où se trouvent les contacts, soit d'établir les conditions nécessaires pour que ceux-ci se fassent en deux points désignés.

Pour compléter les conditions d'équilibre, il faudra, conformément au texte, joindre aux équations (1) et (2) celle qui exprime que la somme des forces de frottement des guides est égale en valeur absolue à la somme des projections sur l'axe des *y* des forces agissant en *m* et des forces extérieures dirigées suivant l'axe; cette équation est de la forme $\Sigma Y = f(N + N')$, et il faudra avoir soin d'y affecter N et N′ du signe + ou du signe —, suivant que le contact correspondant est à gauche ou à droite de l'axe. (K.)

horizontale $mb$ d'un mentonnet. Cette pression donnant lieu à un frottement qui s'exerce suivant $mb$ de droite à gauche,

Fig. 63.

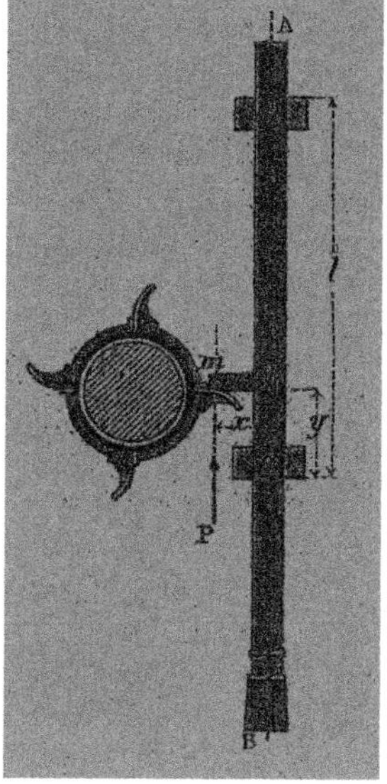


et qui est mesuré par $f'P$, si l'on désigne par $f'$ le coefficient relatif aux substances en contact, on aura ici

$$X = f'P, \quad Y = P,$$

$$N = f'P\frac{y}{l} - \frac{Px}{l}, \quad N' = f'P\frac{(l-y)}{l} + \frac{Px}{l}, \quad (^1)$$

---

(1) Dans cet exemple, l'influence de la largeur de la tige est négligeable; on a, en effet (Note du n° 30),

$$N = f'P\frac{y}{l} - P\frac{x}{l} + ff'P\frac{e}{l}, \quad N' = f'P\frac{l-y}{l} + P\frac{x}{l} - ff'P\frac{e}{l},$$

expressions dans lesquelles le terme $ff'\frac{e}{l}P$ a une valeur très-petite par rapport à celle des autres termes.

Lorsque la disposition est celle de la *fig.* 63, où la came agit en dehors de la face latérale de la tige, entre les plans horizontaux des deux guides, ce qui suppose $l > y$ et $x > e$, la tige porte toujours à gauche sur le guide inférieur, attendu que la condition $N' > 0$ ou $x > ff'e - f'(l-y)$ est toujours remplie. Le contact supérieur sera à gauche ou à droite, suivant que l'on aura et, par suite,

$$P - Q = f\left(P\frac{x}{l} - f'P\frac{y}{l}\right) + f\left(P\frac{x}{l} + f'P\frac{(l-y)}{l}\right)$$
$$= 2fP\frac{x}{l} - 2ff'\frac{Py}{l} + ff'\frac{Pl}{l},$$

en observant que $f'P\frac{y}{l}$ doit généralement être inférieur ici à $\frac{Px}{l}$, et par conséquent N négatif. De là on tire

$$P = \frac{Ql}{l - 2fx - ff'(l-2y)} = Q + fQ\frac{2x + f'(l-2y)}{l - 2fx - ff'(l-2y)},$$

expression qui montre qu'il y a de l'avantage, pour la puissance P, à diminuer $x$ et à augmenter la distance $l$ qui sépare les points d'appui $a$ et $a'$.

Si, au contraire, $f'P\frac{y}{l}$ l'emportait sur $P\frac{x}{l}$, ou si $x$ était moindre que $f'y$, on aurait simplement

$$P = \frac{Q}{1 - ff'} = Q + fQ\frac{f'}{1 - ff'},$$

valeur bien différente de celle qui précède.

---

$x <$ ou $> f'y + ff'e$; il résulte de là que, lorsque la tige est menée par la came sur une certaine longueur, elle peut porter en diagonale jusqu'à une hauteur donnée par $y = \frac{x}{f'} - fe$ et s'appliquer ensuite sur les deux guides de gauche; de telles circonstances doivent être évitées, attendu que le déplacement des portées, pendant le mouvement, peut occasionner des chocs fâcheux.

Lorsque les deux contacts ont lieu du même côté, la troisième équation (Note du n° 30) devient

$$P - Q = f(N + N') = ff'P,$$

qui donne pour P la valeur du texte; quand les contacts sont sur la diagonale, on a

$$P - Q = f(N' - N),$$

d'où l'on tire

$$P = \frac{Ql}{l - 2f(x - ff'e) + ff'(2y - l)}.$$

On reconnaît par là que, lorsque la distance de la came à l'axe de la tige dépasse une certaine limite, le mouvement ascendant devient impossible. (K.)

32. *Observations relatives au cas où les surfaces frottantes des guides ont une certaine étendue.* — Lorsque les surfaces frottantes des guides ont une grande étendue, par exemple si les guides distincts $a$ et $a'$ se trouvent remplacés par des rainures ou coulisseaux continus, les valeurs des pressions N et N′ semblent être entièrement indéterminées, attendu qu'elles se répartissent sur un nombre infini de points; mais en observant que les surfaces antérieures et postérieures des guides ou rainures sont parallèles et laissent entre elles et la tige un jeu indispensable, il est aisé de se convaincre que cette indétermination n'a pas lieu; car, de deux choses l'une, ou la tige s'appuiera tout entière sur une même face de la rainure, ou elle s'appuiera, par un bout, sur l'une des faces et, par l'autre, sur la face opposée. Dans le premier cas, les pressions N et N′ seront de même signe, et leur somme, représentant la pression totale, sera indépendante de la considération des pressions élémentaires en chaque point et se réduira simplement à la somme $\Sigma(X)$ des composantes des forces perpendiculaires à l'axe AB de la tige; dans le second, cette tige s'appuiera, par ses faces opposées, sur les arêtes qui limitent, vers le haut et vers le bas, les faces des rainures, de sorte que les pressions N et N′ agiront en des points déterminés, comme dans le cas ci-dessus, où ces surfaces étaient censées très-petites; mais, attendu qu'on ignore à l'avance lequel des deux cas a lieu, on devra d'abord résoudre la question dans la seconde hypothèse, qui est la plus générale, et s'assurer, d'après les résultats du calcul, si les valeurs qui en résultent pour N et N′ n'auraient pas le même signe, auquel cas il conviendrait de prendre simplement

$$f(N + N') = \Sigma(X),$$

abstraction faite de ce signe, ainsi qu'il a été dit ci-dessus (30).

Ces observations sont principalement applicables aux châssis porte-outils des machines, qui sont guidés dans leur mouvement par des languettes en forme de tenons ou de couteaux, glissant dans des rainures ou feuillures d'un profil analogue; mais, comme alors on a deux systèmes distincts de guides à considérer, il est bon de remarquer que le mode de solution reste le même que s'il n'y en avait qu'un seul, pourvu que les forces agissent d'une manière symétrique, par rapport au plan perpendiculaire au châssis et qui divise en deux parties égales l'intervalle compris entre les guides; or cela arrive, en effet, presque toujours dans les machines bien établies. Dans le cas contraire, il faudrait décomposer chaque force dans son propre plan, comme cela a été indiqué au n° 30, puis décomposer de nouveau les pressions perpendiculaires qui en résultent sur les deux extrémités du châssis en d'autres agissant en chaque point réel d'appui, ce qui conduirait à des difficultés particulières dans certains cas, et dont on ne se tirerait qu'en ayant égard à la force de ressort plus ou moins grande de l'assemblage du châssis.

33. *Cas où le châssis est sollicité par une force parallèle à son plan et perpendiculaire à la direction des guides.* — Quant au cas où le châssis serait pressé latéralement par des forces parallèles à son plan et perpendiculaires à l'axe du mouvement, non-seulement elles donneront lieu à une pression et à un frottement sur la tête des languettes, mais encore à des pressions sur leurs faces parallèles au châssis, lesquelles modifieront celles qui proviennent des autres composantes des forces.

Fig. 64.

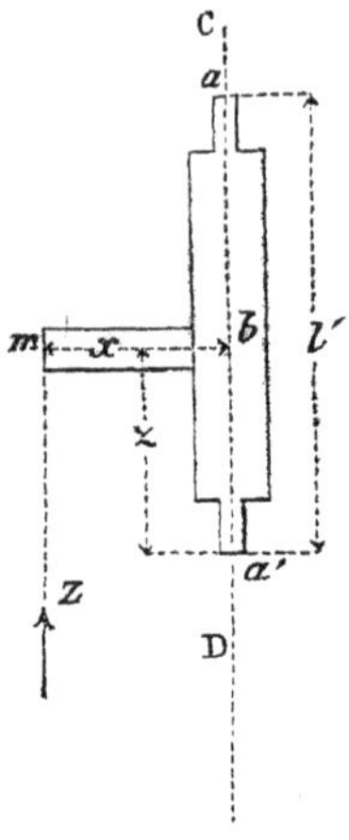


Soit *fig.* 64 la coupe transversale du châssis, par un plan perpendiculaire à la direction des guides $a$ et $a'$,

Z une force agissant dans ce plan, parallèlement à l'axe CD du profil de ce châssis;

$x$ la distance $mb$ de cette force ou de son point d'application à l'axe CD;

$z$ celle de la projection $b$ de ce point au point d'appui de l'une des coulisses;

$l'$ enfin la distance entre les points d'appui $a$ et $a'$ mesurée suivant CD.

On remplacera la force Z par une autre égale, agissant dans la direction de l'axe CD, et produisant sur la tête de la languette, en $a$, un frottement qui pourra être représenté par $fZ$, et par un couple agissant en $a$ et $a'$ perpendiculairement aux faces des coulisses dont la valeur sera

$$Z\frac{x}{l},$$

abstraction faite du signe qu'on pourra déterminer, dans chaque cas, suivant ce qui a été expliqué ci-dessus, et qu'il faudra d'ailleurs combiner avec les pressions provenant des autres composantes des forces proposées, qui agissent aux extrémités supérieures et inférieures du châssis.

### Frottement des tourillons des pièces de rotation.

34. *Frottement dans les coussinets cylindriques.* — Les pièces à mouvement de rotation sont montées sur des arbres qui sont soutenus en des points convenablement espacés par des *paliers* (*fig.* 65 et 66); ceux-ci sont munis de *coussinets* $dd'$

Fig. 65.

Vue de face.

Fig. 66.

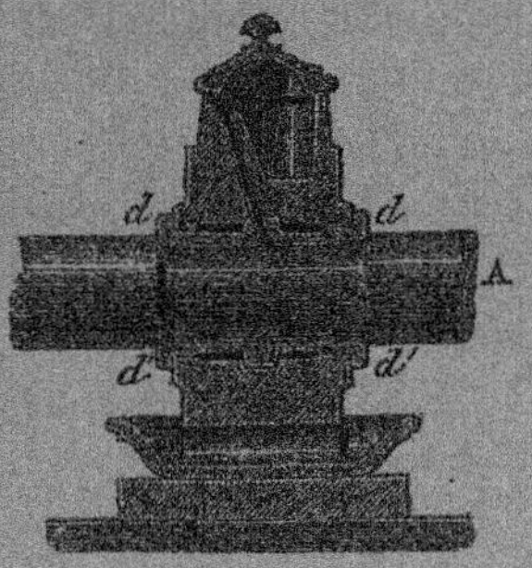


Coupe du palier par l'axe de l'arbre.

qui embrassent l'arbre le long d'une partie que l'on nomme *tourillon* et guident la rotation de celui-ci autour de son axe.

Soit A (*fig.* 67) un tourillon d'un arbre quelconque tournant sur lui-même dans l'œil cylindrique *amb* d'un coussinet, dont C est le centre; soit B$m$ la direction indéfinie de la résultante N de toutes les forces qui agissent sur ce tourillon. En considérant le mouvement de la roue à partir du repos, où le point de contact du tourillon et du coussinet se trouve en $m'$ et la résultante N dirigée suivant le rayon $m'C$, on verra que l'effet des forces appliquées à cette roue sera d'abord de faire rouler

Fig. 67.

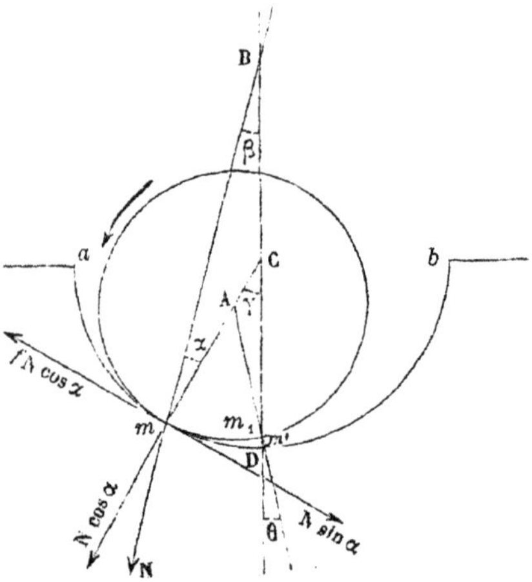


le tourillon A sur le cercle *amb*, de $m'$ vers $m$, je suppose, et ce roulement aura lieu tant que la résultante N passera au dehors du point de contact $m$ du tourillon sur le coussinet, et que sa composante tangentielle, en ce point, ne sera pas capable de vaincre le frottement provenant de la pression due à sa composante normale.

Nommons donc

$f$ le rapport du frottement à la pression pour les substances en contact;

$\alpha$ l'angle de N avec la normale $mC$;

$N \cos \alpha$ la pression soufferte par $m$;

$f N \cos \alpha$ le frottement qui en résulte;

$N \sin \alpha$ la composante tangentielle de N.

On aura donc, pour déterminer $\alpha$,

$$fN \cos \alpha = N \sin \alpha; \text{ d'où } \operatorname{tang} \alpha = f.$$

Par suite, l'intensité du frottement aura pour valeur

$$fN \cos \alpha = \frac{fN}{\sqrt{1+f^2}} = f' N, \quad \text{en posant} \quad \frac{f}{\sqrt{1+f^2}} = f';$$

et son moment, par rapport à l'axe A de la roue, qui reste fixe tant que N est invariable, sera égal à

Fig. 68.

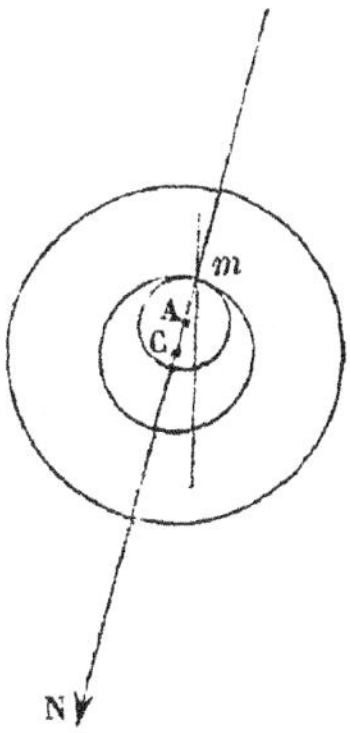


$$\frac{fN}{\sqrt{1+f^2}}\rho = f' N\rho,$$

ρ étant le rayon $mA$ du tourillon.

Lorsque (*fig.* 68) le tourillon A est absolument fixe et ne fait plus corps avec la roue, celle-ci étant percée en son axe d'un œillet cylindrique pour le recevoir, l'expression du frottement est le même que dans le cas précédent, seulement le point autour duquel tourne la roue n'est pas le centre du tourillon, mais celui du vide; dans l'expression du moment on devra donc prendre pour ρ le rayon $mC$ de l'œillet et non le rayon $mA$ du tourillon.

35. *Frottement des coussinets à œil prismatique.* — Quelquefois le coussinet, au lieu d'être cylindrique, a un profil polygonal quelconque (*fig.* 69 et 70). Il faut alors décomposer

Fig. 69.

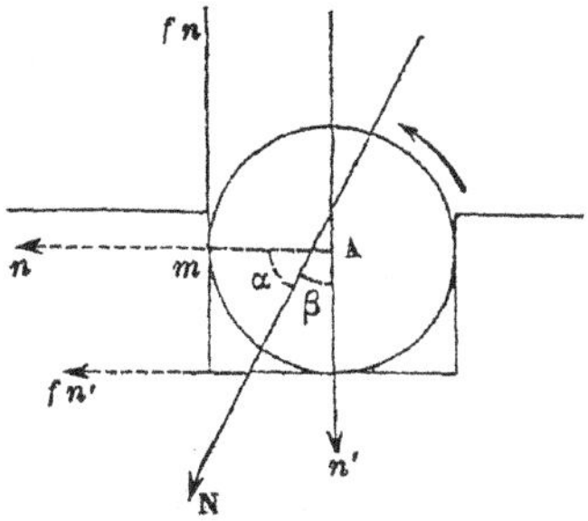


Fig. 70.

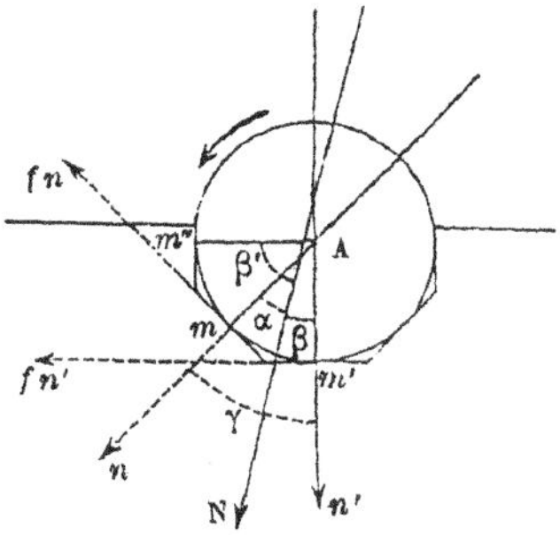


la résultante N en deux autres forces, $n$ et $n'$, agissant aux points d'appui $m$ et $m'$ des deux faces qui supportent directement le tourillon, et produisant en ces points les frottements $fn$ et $f'n$, ou plutôt il faut considérer le tourillon comme une sorte de coin mis en équilibre par les forces de réaction $n$ et $n'$ et les frottements $fn$, $fn'$. Nommant, en effet,

$\gamma$ l'angle des faces d'appui, $\alpha$ et $\beta$ ceux que leurs perpendiculaires $Am$, $Am'$ forment respectivement avec la direction de N et de part et d'autre de cette direction, on trouverait, en raisonnant comme au n° 22, et observant qu'ici $f'$ doit être remplacé par $-f$,

$$n = N\frac{(\sin\beta + f\cos\beta)}{(1 + f^2)\sin\gamma},$$

$$n' = N\frac{(\sin\alpha - f\cos\alpha)}{(1 + f^2)\sin\gamma}, \quad \sin\gamma = \sin(\alpha + \beta).$$

Ces pressions produisent en $m$ et $m'$ le frottement total

$$f(n + n') = fN\frac{\sin\alpha + \sin\beta - f\cos\alpha + f\cos\beta}{(1 + f^2)\sin\gamma},$$

dont la valeur surpasse généralement celle qui a été trouvée ci-dessus. On voit aisément, en effet, par les règles connues, que cette valeur comporte un minimum relatif au cas où l'on aurait

$$\tang\alpha = f,$$

et, par suite (24),

$$n' = 0, \quad n = \frac{N}{(1 + f^2)\cos\alpha} = \frac{N}{\sqrt{1 + f^2}}, \quad f(n + n') = \frac{fN}{\sqrt{1 + f^2}},$$

valeurs qui montrent que les choses se passent ici absolument de la même manière que dans le cas des coussinets cylindriques : dans ce cas, le tourillon se trouve naturellement en équilibre sur la face $m$, et N passe par $m$ (24); le contact ne tend à se faire ni sur la partie inférieure $m'$ du coussinet ni sur la partie supérieure en $m''$ (*fig.* 70). Si, au contraire, on avait $\sin\alpha > f\cos\alpha$, la valeur ci-dessus de $n'$ étant positive, il y aurait à la fois pression en $m$ et $m'$. Enfin, si l'on avait $\sin\alpha < f\cos\alpha$, $n'$ serait négatif et le tourillon tendrait à s'appuyer sur la face supérieure en $m''$, de sorte qu'il faudrait changer, en conséquence, la valeur de $\beta$ qui entre dans l'expression générale ci-dessus du frottement, en y substituant notamment $\alpha$ à $\beta$ et $\beta'$ à $\alpha$, $\beta'$ étant l'angle de $Am''$ avec N, dont la direction se trouve évidemment comprise alors entre $m$ et $m''$.

36. *Limite de l'angle de roulement des tourillons.* — Revenant au cas de la *fig.* 67, nous remarquerons que la relation $\tang \alpha = f$ fixe entièrement la position du point $m$ sur le coussinet et, par suite, la longueur de l'arc $mm'$. Nommant, en effet,

$r$ le rayon $m$C du vide de ce coussinet;

$\gamma$ l'angle inconnu $m$C$m'$ que forment les deux rayons C$m$ et C$m'$;

$\beta$ l'angle $m$B$m'$ que forme la direction de N avec celle de $m'$C prolongé;

$\alpha = CmB$, $\rho = Am$ conservant toujours les mêmes significations que dans le n° 34, on aura, pour déterminer $\gamma$ et $mm'$,

$$\gamma = \alpha + \beta, \quad mm' = (\alpha + \beta)r,$$

relations dans lesquelles il faudrait changer le signe de $\beta$, s'il arrivait que l'intersection B de N$m$ et $m'$C se trouvât située de l'autre côté de $m'$.

Quant à l'angle qu'a décrit le système autour de l'axe A, pendant le roulement du tourillon de $m'$ vers $m$, on remarquera que, si l'on prend sur la circonférence de ce tourillon l'arc $mm_1 = mm'$, l'angle dont il s'agit ne sera autre chose que celui que forme la direction prolongée du rayon A$m_1$ avec la droite $m'$C, qui représente sa position primitive. Nommant donc $\theta$ cet angle, on aura

$$\theta = mAm_1 - mCm' = \frac{mm_1}{\rho} - \frac{mm'}{r}$$
$$= mm'\left(\frac{1}{\rho} - \frac{1}{r}\right) = (\alpha + \beta)\left(\frac{r}{\rho} - 1\right),$$

formule dans laquelle tout est connu, puisque $\alpha = \operatorname{arc}(\tang f)$.

La limite de l'angle décrit par un système de rotation, en vertu du simple roulement de ses tourillons sur les coussinets, est principalement utile à connaître dans le cas où l'amplitude totale du mouvement du système est elle-même susceptible d'une limite, comme cela a lieu dans les suspensions à couteau, dans les balanciers et certains systèmes articulés; car les relations qui précèdent mettront à même de réduire le frottement du tourillon à un frottement de roulement, ou de la seconde espèce, dont l'intensité est beaucoup moindre que celle de la première (7), surtout pour les corps métalliques et très-durs qu'on emploie dans ces sortes de systèmes. Il ne s'agira, en effet, que d'établir une relation convenable entre les rayons $\rho$ et $r$, pour que l'angle $\theta$ soit supérieur ou tout au plus égal à celui qui répond à l'amplitude des oscillations.

Quant au cas où le mouvement de rotation est continu, il n'y a évidemment aucun avantage sensible à diminuer l'angle $\theta$; aussi donne-t-on alors au rayon $r$ des coussinets une valeur qui ne surpasse celle du rayon des tourillons que de la quantité strictement nécessaire pour le jeu, disposition qui a l'avantage d'augmenter la stabilité du mouvement et d'éviter des secousses nuisibles dans les instants où il y a intermittence d'action des forces.

### Frottement des pivots, des épaulements des axes.

37. *Moment et bras de levier moyen du frottement des cercles et des couronnes circulaires.* — Soit NC (*fig.* 71) l'axe d'un pivot cylindrique terminé par une base circulaire *ab*, qui

Fig. 71.

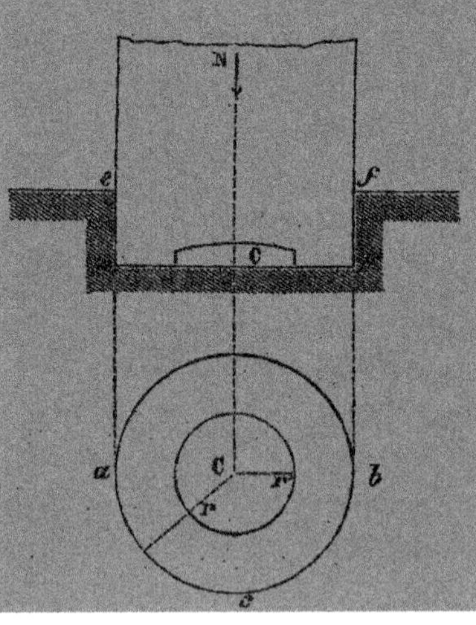


s'appuie sur le fond plan de l'encastrement *abef* d'une *crapaudine*, contre les bords duquel il est épaulé latéralement;

supposons que la résultante générale des forces qui agissent sur cet axe soit décomposée en deux autres dirigées, l'une suivant ce même axe, l'autre perpendiculairement à sa surface : celle-ci donnera lieu à un frottement dont l'intensité et le moment pourront se calculer comme on l'a expliqué (34) pour les tourillons. Quant à la première, que nous nommerons N, et qui est censée agir de N vers C, elle produira, sur la tête $ab$, une résistance qui aura pour valeur absolue $f\text{N}$, $f$ étant le coefficient du frottement pour les substances en contact, mais dont le bras du levier n'est pas connu *a priori*.

Pour le déterminer, on suppose la pression N distribuée uniformément sur tous les points de la base $ab$, c'est-à-dire proportionnellement à l'étendue de chacun de ses éléments; ainsi, $n$ étant la pression sur l'unité de surface, celle qui se rapporte à une couronne ou zone annulaire, limitée par les rayons $\rho$ et $\rho + d\rho$, sera représentée par $2n\pi\rho d\rho$, le frottement de cette couronne par $2fn\pi\rho d\rho$ et le moment de ce frottement par

$$2fn\pi\rho^2 d\rho,$$

$\pi$ étant le rapport de la circonférence au diamètre.

Intégrant ce moment depuis une valeur quelconque $r'$ de $\rho$ jusqu'à une autre valeur égale à $r$, on aura, pour le moment total du frottement de la couronne comprise entre les cercles du rayon $r$ et $r'$,

$$2fn\pi \int_{r'}^{r} \rho^2 d\rho = \tfrac{2}{3} fn\pi\,(r^3 - r'^3).$$

Mais la surface de cette couronne est mesurée par $\pi\,(r^2 - r'^2)$, et son frottement total par

$$f\text{N} = fn\pi\,(r^2 - r'^2)\,;$$

nommant donc $x$ le *bras de levier* moyen de ce dernier frottement, on aura

$$f\text{N}x = fn\pi(r^2 - r'^2)x = \tfrac{2}{3} fn\pi\,(r^3 - r'^3),$$

d'où

$$x = \frac{2}{3}\,\frac{r^3 - r'^3}{r^2 - r'^2} = \frac{2}{3}\,\frac{r^2 + rr' + r'^2}{r + r'}.$$

En représentant, de plus, par $l$ la largeur de la couronne, et par $r_1$ le rayon de son *cercle milieu*, il viendra

$$r = r_1 + \tfrac{1}{2}l, \quad r' = r_1 - \tfrac{1}{2}l \quad \text{et} \quad x = r_1 + \frac{l}{12 r_1};$$

ce qui montre qu'on pourra, sans erreur sensible, prendre $r_1$ pour $x$ toutes les fois que $l$ sera petit par rapport à $r_1$.

**38.** *Frottement des pivots de différents genres.* — Dans le cas particulier où la base du pivot est un cercle entier de rayon $\rho$, $r'$ étant nul et $r = \rho$, on a simplement

$$x = \tfrac{2}{3}\rho.$$

Ayant ainsi la valeur du bras de levier moyen du frottement, il ne s'agira plus que de le multiplier par $f$N pour avoir le moment même de ce frottement; et si l'on veut apprécier directement la quantité de travail qu'il détruit pendant une révolution entière de l'axe, il ne restera évidemment qu'à multiplier ce moment par $2\pi$. Enfin, si l'on veut remplacer la considération directe du frottement par celle d'une force X tangente au cylindre extérieur du pivot, dont $r$ est le rayon et qui serait capable de développer le même travail, il suffit, dans le cas général d'une couronne circulaire, de poser

$$2\pi r \mathrm{X} = 2\pi \tfrac{2}{3} f\mathrm{N} \frac{r^2 + rr' + r'^2}{r + r'},$$

d'où

$$\mathrm{X} = \tfrac{2}{3} f\mathrm{N}\left(1 + \frac{r'^2}{r(r + r')}\right),$$

pour l'expression de la valeur moyenne de ce frottement, censé agir à l'extrémité du rayon $r$.

Il arrive quelquefois que, dans la vue de diminuer le travail du frottement ou son bras de levier moyen, on termine (*fig.* 72) sa base par une calotte sphérique, qui elle-même repose sur une partie convexe du fond de la crapaudine. Dans d'autres cas (*fig.* 73), les rebords de cette crapaudine sont supprimés et le pivot se trouve terminé par une portion conique raccordée par une calotte sphérique plus ou moins grande, et qui s'engage dans une cavité pratiquée sur la pièce servant de crapaudine. Enfin souvent aussi c'est la crapau-

Fig. 72.

dine qui forme le pivot, tandis que l'axe lui-même porte l'encastrement de la tête de ce pivot, disposition qui offre

Fig. 73.

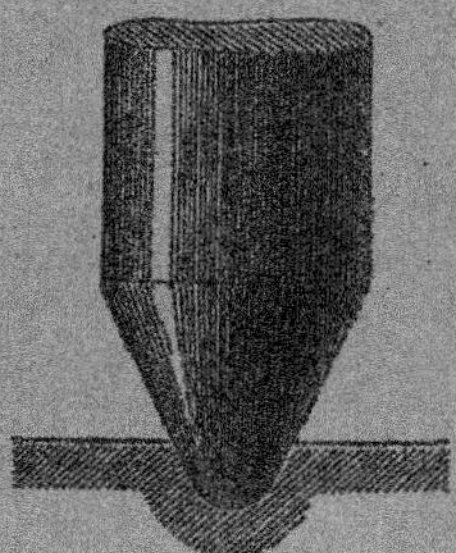

l'avantage de préserver la surface frottante des poussières qui pourraient s'y déposer lorsque l'axe est vertical, et l'inconvénient de laisser expulser facilement l'enduit (1). Dans tous ces

(1) Souvent on interpose, entre le fond de la crapaudine et le pivot, une lentille isolée en acier qui diminue les chances de grippement. Diverses dispositions, connues sous le nom de *crapaudines hydrauliques*, de *crapaudines atmosphériques*, sont employées aujourd'hui pour soulager le *grain*, en diminuant la charge verticale de l'arbre. Ce résultat est obtenu soit en faisant arriver, entre le grain et le pivot, de l'eau à forte pression, soit en emprisonnant de l'air entre une cloche fixée à l'arbre et le fond de la crapaudine. (K.)

cas, il sera suffisamment exact, vu la faible étendue de cette surface, de prendre pour bras de levier moyen de la résistance $f$N les $\frac{2}{3}$ du plus grand rayon au bout duquel elle agit [1]. Quant au bras de levier moyen du frottement qui provient des pressions transversales ou perpendiculaires à l'axe, on le supposera égal à la distance de cet axe au centre de gravité de la partie frottante du pivot, comprise entre deux génératrices très-rapprochées, ce qui revient à admettre que ces pressions se

---

[1] En supposant que chaque couronne, élémentaire et concentrique à l'axe de la surface frottante, soit chargée, suivant la direction de cet axe, d'une fraction de N proportionnelle à l'étendue de sa projection sur un plan perpendiculaire à ce même axe (*voir* à la fin de cette Section, la Note II, relative au frottement de la vis), supposition qui, ici, doit être sensiblement conforme aux effets naturels, puisque la pression normale est évidemment nulle sur les éléments verticaux; nommant d'ailleurs $r$ et $r'$ les rayons extrêmes de la partie conique et frottante du pivot, R le rayon de la calotte sphérique qui la termine et se raccorde tangentiellement avec elle; observant enfin que $r'$ est le rayon de la base de cette calotte, on trouve, pour le moment du frottement de la partie tronconique,

$$\frac{\frac{2}{3}fNr\left(1-\frac{r'^3}{r^3}\right)}{\sqrt{1-\frac{r'^2}{R^2}}}=\frac{2}{3}fNr\left(1-\frac{r'^3}{r^3}\right)\left(1+\frac{1}{2}\frac{r'^2}{R^2}-\frac{1.3}{8}\frac{r'^4}{R^4}+\frac{1.3.5}{2.4.6}\frac{r'^6}{R^6}-\ldots\right)$$

et pour celui de la calotte sphérique

$$\frac{2fN}{r^2}\int_0^{r'}\frac{\rho^2 d\rho}{\sqrt{1-\frac{\rho^2}{R^2}}}$$
$$=\frac{2}{3}fNr\frac{r'^3}{r^3}\left(1+\frac{3}{2.5}\frac{r'^2}{R^2}-\frac{3.3}{8.7}\frac{r'^4}{R^4}+\frac{3.5}{16.9}\frac{r'^6}{R^6}-\ldots\right);$$

ajoutant entre eux ces moments et négligeant les puissances de $\frac{r'}{R}$ supérieures à la deuxième, il viendra, pour le moment total, dans le cas où R surpasse de beaucoup $r'$,

$$\frac{2}{3}fN.r\left(1+\frac{1}{2}\frac{r'^2}{R^2}-\frac{1}{5}\frac{r'^3}{r^3}\frac{r'^2}{R^2}\right).$$

Ces résultats ne seraient plus applicables évidemment au frottement des robinets, des cônes de friction, dont la plus petite base n'est pas soutenue, et il conviendrait alors de recourir à la théorie du coin, pour obtenir les pressions normales et les frottements sur chaque zone élémentaire.

trouvent distribuées uniformément sur tous les points d'appui de cet élément superficiel.

39. *Frottement des épaulements des arbres, des anneaux, rondelles, etc.* — Ordinairement les arbres des roues, surtout lorsqu'ils sont en bois (*fig.* 74), sont beaucoup plus gros que

Fig. 74.

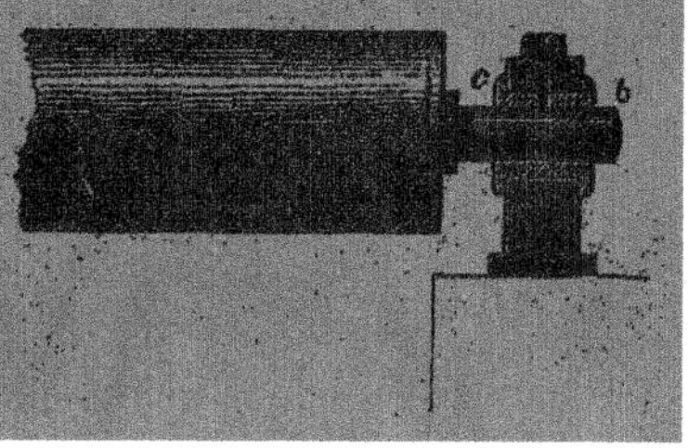


leurs tourillons, dont le diamètre et la saillie sont réduits autant que le permet la solidité, afin de diminuer le bras de levier du frottement, qui joue un rôle essentiel, comme on l'a vu; il arrive ainsi que, quand les arbres sont sollicités par des forces agissant dans le sens de leur axe, l'une des faces qui les terminent vient s'appuyer latéralement contre les coussinets *cb*, et y produit un frottement dont le bras de levier moyen devra être calculé par la formule (37)

$$x = r_1 + \frac{l^2}{12 r_1},$$

$l$ étant la largeur moyenne de la couronne frottante sur l'épaulement de l'arbre et $r_1$ le rayon du milieu de cette couronne; on voit combien il importe de diminuer chacune de ces grandeurs.

Dans les machines bien construites, on réduit (*fig.* 75 et 76) les épaulements ou parties frottantes de l'arbre à des bourrelets ou anneaux *cc'*, *bb'*, dont le diamètre excède de très-peu celui des tourillons *cb'* ou *dd'*, soit que d'ailleurs ces anneaux fassent corps avec l'arbre, soit que, détachés, ils forment ce qu'on nomme des *rondelles*, dont on superpose souvent plusieurs, quand on veut éviter l'influence des résistances accidentelles qui pourraient s'opposer au mouvement de l'une d'entre elles. Quelquefois aussi on maintient un jeu invariable entre les épaulements des arbres et des coussinets, au moyen de renforts coniques ou annulaires pratiqués sur le pourtour des

Fig. 75. Fig. 76.

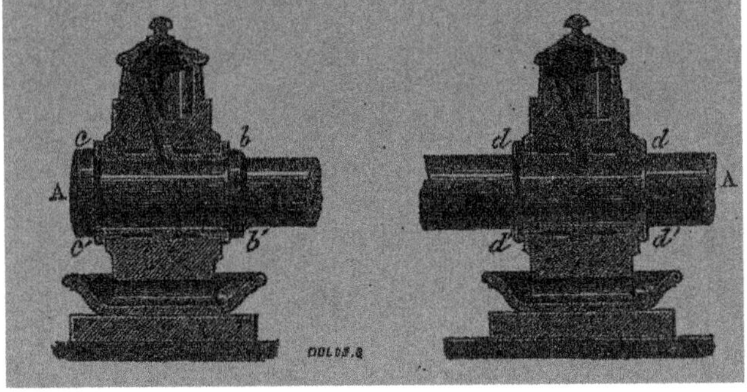


tourillons, et qui offrent un vide en dessous, afin que le bras de levier du frottement tangentiel de ceux-ci ne soit pas inutilement accru.

Lorsque l'arbre est soumis à des efforts considérables dans le sens de son axe, il vaut mieux terminer les tourillons par une partie arrondie, formant pivot et s'appuyant contre un épaulement extérieur; il en résulte, en effet, qu'on peut diminuer, pour ainsi dire à volonté, le bras de levier du frottement. Enfin, dans les tours à tourner, les martinets, etc., il arrive ordinairement qu'on supprime entièrement les coussinets des tourillons en faisant porter l'arbre uniquement sur les pointes des pivots, qui, s'usant très-vite alors, demandent que les épaulements, poupées ou supports, soient fréquemment resserrés au moyen de coins ou de vis de pression.

Lorsque de grandes pièces planes telles que les écrous des grosses vis, certains plateaux ou ponts tournants, etc., doivent porter sur des épaulements en des points situés à une certaine distance de l'axe de rotation, on diminue le bras de levier du frottement et son intensité en interposant, entre ces plateaux et ces épaulements (*fig.* 77), une bande annulaire en fer *ab*, concentrique à cet axe, glissant dans une crapaudine à rebords en cuivre, qu'on maintient pleine de graisse. Quelquefois aussi on substitue l'emploi des galets ou roulettes à celui de la bande annulaire, ainsi qu'on en a des exemples dans les ponts tournants nouvellement établis sur le canal Saint-Martin, à

Fig. 77.

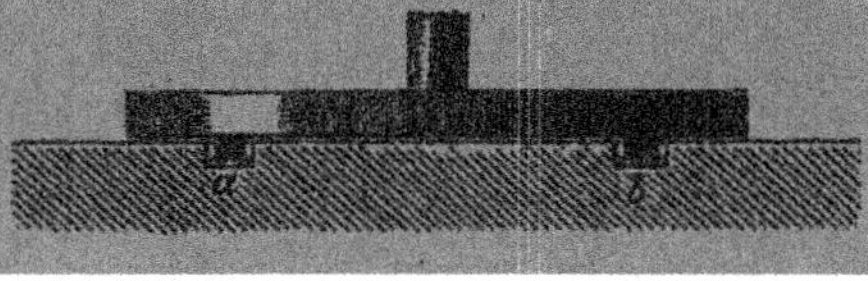


Paris, et dans plusieurs autres systèmes employés dans les constructions publiques et les machines; c'est pourquoi nous entrerons dans quelques détails sur la théorie de la résistance de ces roulettes, qui sont sujettes à des inconvénients fort graves lorsqu'on leur donne de petites dimensions, inconvénients auxquels on n'accorde pas assez d'attention, et dont le principal consiste en ce que, s'usant inégalement, elles finissent bientôt par ne plus tourner.

### Résistance des roues et roulettes (¹).

**40.** *Résistance des roulettes à axe fixe.* — Soit une roulette à axe fixe C (*fig.* 78), portant une charge P posée sur un plateau AB que fait mouvoir horizontalement la puissance F; il est évident que cette puissance n'aura autre chose à vaincre que le frottement de glissement en C et de roulement en T, dont le dernier provient de la charge P et l'autre de la résultante de cette charge, du poids de la roue, que nous nommerons $p$, et de la puissance F, résultante qui a ici pour valeur $\sqrt{(P+p)^2+F^2}$. Si la roulette n'avait pas la liberté de tourner autour de son axe C, le frottement développerait en T une

---

(¹) *Voir*, au sujet de ce chapitre, la Note du nº 7 qui donne des indications suffisantes pour permettre d'appliquer à ces questions la théorie du frottement de roulement d'après les résultats de Dupuit.

Pour plus de détails, consulter le *Cours lithographié de Mécanique appliquée professé à l'École des Ponts et Chaussées* par M. Belanger, et le *Traité de la Dynamique des systèmes matériels*, du même auteur. (Paris, 1866.) (K.)

20

résistance $fP$, produisant, pour un chemin $e$ parcouru par le point d'application de F, la quantité de travail

$$Fe = fPe,$$

$f$ étant toujours le coefficient du frottement direct, relatif aux substances en contact (6).

Fig. 78.

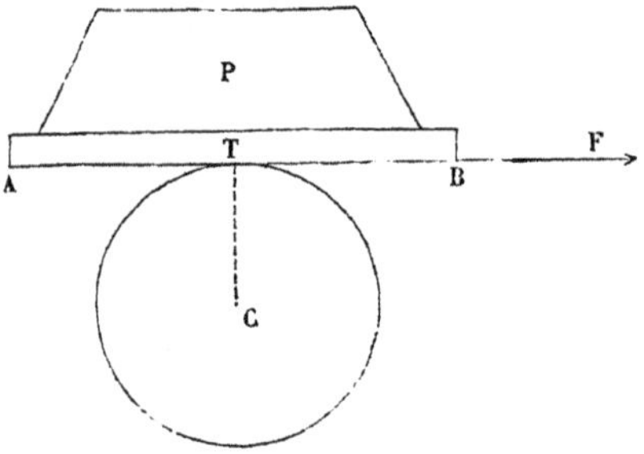


Si, au contraire, la roulette tourne sur son axe, il se développera sur cet axe un frottement mesuré (34) par

$$\frac{f}{\sqrt{1+f^2}}\sqrt{(P+p)^2+F^2} = f'(P+p),$$

si $F^2$ peut être négligé vis-à-vis de $(P+p)^2$, et il se développera, en outre, au point de contact T de la roulette et du plateau qu'elle supporte, un frottement de seconde espèce, mesuré par

$$2A\frac{P}{D},$$

en conservant les dénominations et conventions des n$^{os}$ 7 et 8 ci-dessus.

Nommant de plus $R = \frac{1}{2}D$ le rayon de la roulette, $r$ celui de son axe, il est clair que, le chemin décrit par F en T étant $e$, celui que décrit le point d'application du frottement $f'(P+p)$ de cet axe sera $\frac{re}{R}$, de sorte qu'on aura, dans les suppositions actuelles, pour le travail de la puissance F le long de $e$,

$$Fe = A\frac{P}{R}e + f'\frac{(P+p)r}{R}e,$$

et par suite

$$F = A\frac{P}{R} + f'\frac{(P+p)}{R}r;$$

ce qui montre que l'effort de la puissance décroît indéfiniment à mesure que le rayon de la roulette augmente, soit d'une manière absolue, soit par rapport à celui de l'essieu.

Toutefois la relation ci-dessus suppose que la roulette soit, ainsi que le plateau AB, convenablement dressée et qu'elle tourne en effet, ce qui exige notamment que le frottement direct $fP$ en T, par l'intermédiaire duquel la puissance F transmet son action à cette roulette, et qui agirait seul dans le cas où celle-ci serait immobile, n'ait pas une valeur au-dessous de la quantité

$$A\frac{P}{R} + f\frac{(P+p)r}{R}.$$

Or le mouvement de rotation serait infailliblement empêché si le plateau ou la roulette contenait, par suite de l'user ou d'accidents quelconques, des aspérités ou inégalités assez fortes pour que le moment de P, par rapport à C, l'emportât sur celui du frottement $fP$.

41. *Influence des inégalités du sol sur le mouvement des roulettes.* — Considérant, par exemple (*fig.* 79), un obstacle solide placé en $a$, en arrière de T par rapport à F, dont $h$ soit la saillie $ab$ sur la circonférence de la roulette, et $l$ la distance $a$T au point T, on remarquera que le roulement, au lieu de se faire autour de ce dernier point, tend à s'effectuer autour de $a$, de sorte que la puissance F, qui agit, au premier instant, avec le bras de levier $CT = Cb = R$, doit, par l'intermédiaire du frottement $fP$, qui se développe au point $a$, vaincre ou soulever la charge P, qui, elle-même, agit en ce point, avec le bras de levier $CD = aT = l$ par rapport à l'axe C; ce qui augmente, à ce premier instant, la résistance $f'(P+p)\frac{r}{R}$ due à

l'axe C, de la quantité

$$Pl = P\sqrt{\frac{ab\,(2R+ab)}{R^2}} = P\sqrt{\frac{h(2R+h)}{R^2}} = P\sqrt{\frac{2h}{R}},$$

$h$ étant censé très-petit par rapport à R. On aura donc alors

$$F = \frac{Pl}{R} + f'\frac{(P+p)r}{R} = P\sqrt{\frac{2h}{R}} + f'\frac{(P+p)r}{R},$$

en négligeant la considération du frottement de seconde espèce, qui se développe en $a$, par suite du mouvement relatif du plateau et de la roulette, et dont la vitesse virtuelle est nulle ou infiniment petite par rapport à celle de ce plateau.

Fig. 79.

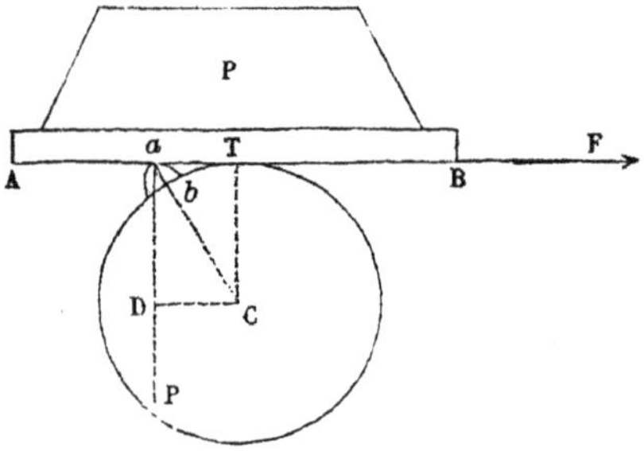


Si cette valeur de F était supérieure au frottement direct $fP$, qui se produit en $a$, dans le cas où la roulette demeure immobile, il arriverait effectivement qu'elle ne tournerait pas, et que la résistance se trouverait mesurée simplement par $fP$, comme dans le glissement ordinaire des corps solides.

Quant à la quantité de travail que doit dépenser F, pour vaincre l'obstacle, ou pour amener $b$ en T, elle est évidemment mesurée par

$$Ph + f'(P+p)\frac{r}{R}\,\text{arc}\,bT = Ph + f'(P+p)\,r\,\text{arc tang}\,\frac{l}{R};$$

le chemin qu'a décrit son point d'application $a$ dans sa direction propre étant égal à $aT = l$, on voit que cela suppose, de sa part, un effort moyen mesuré par

$$\frac{\text{P}h}{l} + f'(\text{P}+p)\frac{r}{l}\,\text{arc tang}\,\frac{l}{\text{R}}$$
$$= \text{P}\sqrt{\frac{h}{2\text{R}}} + f'(\text{P}+p)\frac{r}{\sqrt{2\text{R}h}}\,\text{arc tang}\sqrt{\frac{2h}{\text{R}}},$$

$h$ étant toujours négligeable vis-à-vis de $2\text{R}$.

D'ailleurs la quantité de travail ci-dessus n'est pas tout entière perdue pour la roulette, et il est même aisé de voir que, lorsque l'obstacle aura franchi le point T, une partie de ce travail, mesurée par $\text{P}h$, sera restituée pendant la descente de P; mais, comme l'obstacle ne peut atteindre ou quitter le plateau sans qu'il y ait un choc, on voit que l'irrégularité du mouvement produira nécessairement une perte de force vive appréciable et que nous enseignerons, par la suite, à calculer, sans compter qu'il arrive bien des cas où, le mouvement d'ascension du plateau étant gêné par des obstacles invincibles, il se produit des arc-boutements donnant lieu à des résistances qui peuvent n'avoir aucune limite, ou qui, tout au moins, rendent impossible la rotation de la roulette.

**42.** *Résistance des roues et roulettes à axe mobile.* — La plupart de ces remarques sont applicables au cas d'une roue

Fig. 80.

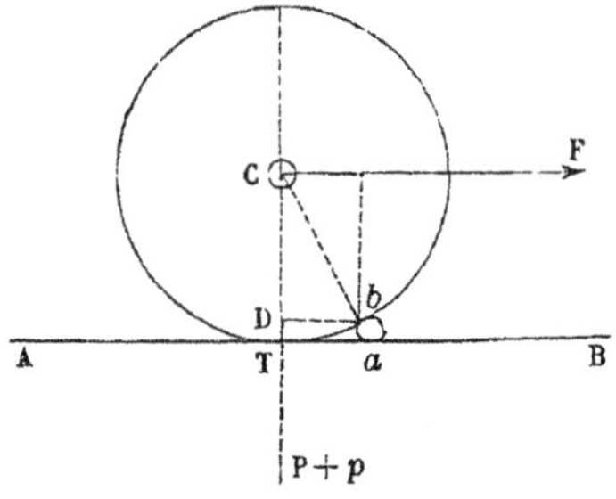


(*fig.* 80), sollicitée par une puissance F appliquée directement à son essieu C, qui alors ne tourne pas, mais est transporté parallèlement au sol de niveau AB en même temps que cette roue.

Nommant toujours P la charge, qui ici repose directement sur l'essieu, et $p$ le poids propre de la roue, on aura évidemment

$$\mathrm{F}e = \frac{\mathrm{A}(\mathrm{P}+p)e}{\mathrm{R}} + f'\frac{r}{\mathrm{R}}e\sqrt{\mathrm{P}^2+\mathrm{F}^2}, \quad \mathrm{F} = \frac{\mathrm{A}(\mathrm{P}+p)}{\mathrm{R}} + f'\mathrm{P}\frac{r}{\mathrm{R}},$$

si $\mathrm{F}^2$ peut être négligé vis-à-vis de $\mathrm{P}^2$ sous le radical.

Dans le cas d'un obstacle solide quelconque $ab$, interposé entre le sol et la circonférence de la roue, il faudrait, comme ci-dessus, remplacer le terme $\mathrm{A}\frac{(\mathrm{P}+p)}{\mathrm{R}}$ par

$$(\mathrm{P}+p)\frac{b\mathrm{D}}{\mathrm{CD}} = (\mathrm{P}+p)\sqrt{\frac{h(2\mathrm{R}-h)}{(\mathrm{R}-h)^2}} = (\mathrm{P}+p)\sqrt{\frac{2h}{\mathrm{R}}},$$

ou par

$$(\mathrm{P}+p)\frac{a\mathrm{T}}{\mathrm{CT}} = (\mathrm{P}+p)\sqrt{\frac{h(2\mathrm{R}+h)}{\mathrm{R}^2}} = (\mathrm{P}+p)\sqrt{\frac{2h}{\mathrm{R}}}.$$

Dans ces expressions $h$ est toujours négligeable vis-à-vis de R, et mesure la saillie de $b$ sur AB, si l'obstacle fait partie du sol, la rotation tendant alors à s'opérer autour de $b$, ou la saillie de $a$ sur la circonférence de la roue, si l'obstacle fait partie de cette roue et que la rotation tende à s'opérer autour du point $a$.

Ces expressions apprennent d'ailleurs que l'effort à employer pour surmonter l'obstacle décroît en raison directe de $\sqrt{\mathrm{R}}$; cela fait dire quelquefois que la *puissance des roues est proportionnelle à la racine carrée de leur rayon* [1].

**43.** *Limite à laquelle le roulement cesse d'avoir lieu et le glissement commence.* — La condition pour que les roues à

---

[1] On trouve dans l'*Introduction à la Mécanique industrielle* (3e édition) un Tableau donnant la résistance des roues sur des surfaces planes de diverse nature. (K.)

essieu cheminant le long d'un plan AB (*fig.* 80) glissent, sans tourner, sur ce plan, est toujours exprimée par l'inégalité

$$f(P+p) < F = \frac{A(P+p)}{R} + f'\frac{Pr}{R},$$

ou

$$f < \frac{A}{R} + f'\frac{r}{R}\frac{P}{(P+p)}.$$

Or cette circonstance arrive quelquefois, même pour les roues de voitures ordinaires, quand ces roues sont basses, mal graissées, et cheminent sur un sol parfaitement uni, notamment sur un sol recouvert de glace ou de neige battue, pour lequel la valeur de $f$ peut se réduire à 0,0140. Supposant par exemple

$$\frac{P}{(P+p)} = \frac{22}{25}, \quad f' = 0,12, \quad \frac{r}{R} = \frac{1}{24}, \quad R = 0,6,$$

on aura

$$\frac{F}{P+p} = 1,67\,A + 0,0044,$$

et il faudra que cette quantité surpasse 0,014 pour qu'il y ait glissement sans roulement, ce qui exige que A soit supérieur à

$$0,6(0,014 - 0,0044) = 0,0058,$$

résultat qui ne présente rien qu'on ne puisse admettre. C'est d'ailleurs à cette prépondérance de la résistance au roulement, qui est encore augmentée par l'épaississement des enduits de l'essieu dans les temps froids, qu'il faut attribuer l'usage exclusif des traîneaux dans les pays soumis à des hivers d'une longue durée.

44. Pour se rendre compte *a priori* comment la condition ci-dessus du glissement a encore lieu dans le cas actuel (1), bien

---

(1) Lorsque la roue porte une saillie *ab* (*fig.* 80, n° 42), telle qu'un clou de bande, etc., et que cette saillie vient à rencontrer le sol de niveau AB, la condi-

que la puissance F ne soit pas appliquée immédiatement au point de contact de la roue et du sol, il suffit de considérer que, si celle-ci ne tournait pas, l'effort F serait précisément égal à $f(\mathrm{P}+p)$, et que, si cet effort surpasse celui

$$\mathrm{A}\frac{(\mathrm{P}+p)}{\mathrm{R}}+f'\frac{r}{\mathrm{R}}\sqrt{\mathrm{P}^2+\mathrm{F}^2},$$

qui est nécessaire pour faire tourner et cheminer à la fois la roue, il faut bien qu'en augmentant graduellement l'énergie de la puissance F à partir de zéro elle détermine le mouvement de roulement, à l'instant même où cette énergie est mesurée par

$$\mathrm{A}\frac{(\mathrm{P}+p)}{\mathrm{R}}+f'\frac{r}{\mathrm{R}}\sqrt{\mathrm{P}^2+\mathrm{F}^2},$$

c'est-à-dire avant celui où elle serait capable de vaincre le frottement direct $f(\mathrm{P}+p)$, qu'on peut lui-même considérer comme composé de deux autres, dont le premier serait dû à la résistance que le sol oppose au refoulement de ses parties, en avant de la roue, et le second au simple glissement tangentiel de la jante sur le fond de l'ornière, glissement ana-

---

tion pour qu'il n'y ait pas glissement en $a$ est évidemment

$$f(\mathrm{P}+p)>\mathrm{F}=\frac{(\mathrm{P}+p)}{\mathrm{R}}l+f'\frac{r}{\mathrm{R}}\sqrt{\mathrm{P}^2+\mathrm{F}^2},$$

$l$ étant égal à $a$T.

**Mais si l'obstacle solide $ab$ faisait partie du sol, il faudrait, pour que la roue pût, au premier instant, tourner autour du point d'appui $b$ sans glisser le long du plan tangent en ce point, qu'on eût (19), $\alpha$ mesurant d'ailleurs l'angle d'inclinaison du même plan avec l'horizon,**

$$\mathrm{F}<(\mathrm{P}+p)\frac{f+\operatorname{tang}\alpha}{1-f\operatorname{tang}\alpha},\quad \text{d'où}\quad f>\frac{\mathrm{F}-(\mathrm{P}+p)\operatorname{tang}\alpha}{\mathrm{P}+p+\mathrm{F}\operatorname{tang}\alpha},$$

pour que la roue ne tende pas à glisser en remontant, et

$$\mathrm{F}>(\mathrm{P}+p)\frac{\operatorname{tang}\alpha-f}{1+f\operatorname{tang}\alpha},\quad \text{d'où}\quad f>\frac{(\mathrm{P}+p)\operatorname{tang}\alpha-\mathrm{F}}{\mathrm{P}+p+\mathrm{F}\operatorname{tang}\alpha},$$

pour qu'elle ne tende pas à glisser en descendant, la valeur de F étant ici évidemment

$$\mathrm{F}=(\mathrm{P}+p)\operatorname{tang}\alpha+f'\frac{r}{\mathrm{R}}\sqrt{\mathrm{F}^2+\mathrm{P}^2}.$$

logue à celui qui aurait lieu, si la roue ne faisait simplement que tourner, autour de son axe et au même point du sol, sous la pression $P + p$.

La dépense de travail que suppose le refoulement des parties situées en avant de la roue étant, en elle-même, indépendante du mode par lequel ce refoulement s'opère, on voit que, à circonstances semblables d'ailleurs, la résistance qui lui correspond doit être aussi mesurée de la même manière, soit qu'il y ait ou non roulement, c'est-à-dire par la formule $A' \frac{(P + p)}{R}$, dans laquelle, sans doute, il conviendra d'attribuer à $A'$, pour beaucoup de cas, une valeur un peu plus forte que celle qui se rapporte à l'hypothèse du roulement. Quant à l'autre partie de $f(P + p)$ qui se rapporte au simple glissement tangentiel de la roue censée tourner sur elle-même sans cheminer, on peut continuer à la représenter, d'après ce que l'on connaît de la résistance des tourillons, par une expression de la forme $f_1 (P + p)$, dans laquelle $f_1$ a une valeur moindre que $f$; on aura donc, pour la résistance totale de la roue traînée directement sur le sol,

$$f(P + p) = A' \frac{(P + p)}{R} + f_1 (P + p).$$

On doit concevoir parfaitement, d'après cette discussion, comment la condition ci-dessus

$$f(P + p) = \text{ou} > \frac{A (P + p)}{R} + f' \frac{r}{R} \sqrt{F^2 + P^2}$$

suffit, et au delà, pour assurer à la fois le mouvement de rotation et de roulement le long du chemin; car, la constante $A'$ étant tout au moins égale à $A$, on voit que la condition se réduit simplement à celle-ci :

$$f_1 (P + p) = \text{ou} > f' \frac{r}{R} \sqrt{F^2 + P^2},$$

sur laquelle on retombe directement quand on soumet généralement au calcul la question du mouvement des roues, en tenant compte des différentes forces de compression ou de réaction qui se font équilibre, tant sur ces roues elles-mêmes que sur leurs essieux. Il nous suffit ici d'avoir présenté, sur la théorie de la résistance des roues et roulettes, quelques notions préliminaires qui peuvent recevoir des applications utiles dans le calcul des machines.

45. *Usage des galets ou roulettes pour diminuer la résistance des pièces frottantes des machines.* — En se servant des données qui précèdent, on sera en état de calculer approximativement la résistance que présentent les galets et roulettes employés pour diminuer le frottement direct des corps en mouvement les uns sur les autres, roulettes qui fort souvent portent une gorge angulaire destinée à embrasser les languettes saillantes qui constituent alors le chemin, et dont les rebords empêchent le système de dévier latéralement. On voit, par exemple, que s'il s'agit de pièces douées d'un mouvement rectiligne, telles que celles dont il a été question aux nos 30 et suivants, et qui seraient dirigées, dans ce mouvement, par des roulettes adaptées, soit à ces pièces elles-mêmes, soit aux guides, on n'aura autre chose à faire qu'à calculer, comme on l'a indiqué dans ces numéros, la pression que supporte tant l'axe que le point d'appui de chaque roulette, puis à rechercher, d'après les considérations précédentes, les résistances auxquelles elles donnent lieu respectivement, pour les substituer, dans l'équation d'équilibre du n° 30, aux résistances $fN, fN'$ qui résulteraient du frottement direct.

Quant au cas où les roulettes se trouveraient interposées entre deux plates-formes, dont l'une fixe et l'autre mobile autour d'un axe donné, il ne présentera pas de difficultés plus grandes, si les chapes des roulettes font corps avec l'une ou l'autre de ces plates-formes; car, quelle que soit la manière dont se distribue la pression sur le système de ces roulettes, on sera en état d'évaluer la résistance absolue ou totale dans le sens propre du chemin décrit par le point de la plate-forme mobile qui répond au milieu de leur axe, et il ne s'agira plus que de multiplier cette résistance par ce chemin ou par sa distance à l'axe de rotation général du système pour obtenir le travail ou le moment par rapport à ce même axe.

En effet, conservant les dénominations des nos 41 et 42, on aura approximativement, pour chaque roulette en particulier,

$$F = \frac{A(P+p)}{R} + f' \frac{r}{R} P,$$

si la chape fait partie de la plate-forme mobile, ou

$$F = A \frac{P}{R} + f' \frac{r}{R} (P+p),$$

si elle est liée à la plate-forme fixe. P étant ici la pression indéterminée supportée par la roulette de la part de cette dernière, il sera impossible de calculer sa résistance individuelle F; mais, si l'on fait, pour chaque cas, la somme de toutes les résistances semblables, on aura, dans le premier,

$$\Sigma F = \frac{A}{R} \Sigma(P+p) + f' \frac{r}{R} \Sigma P$$

et, dans le second,

$$\Sigma F = \frac{A}{R} \Sigma(P) + f' \frac{r}{R} \Sigma(P+p),$$

relations dans lesquelles l'indétermination n'existe plus, puisque $\Sigma(P)$ indique la somme des pressions supportées par les roulettes.

46. *Galets de plates-formes tournantes.* — Il arrive souvent et il convient même, pour éviter la résistance sur les essieux de roulettes, que ceux-ci soient rendus indépendants des deux plates-formes, et alors le roulement s'opère, sur chacune d'elles, comme dans le cas du n° 10, si ce n'est que les essieux donnent ici lieu à un excès de résistance, dont l'intensité est en quelque sorte indéterminée et dépend bien moins de la pression réciproque des plates-formes que des accidents particuliers ou des imperfections que présentent la surface des roulettes et les surfaces d'appui, qu'on a soin d'ailleurs de revêtir de bandes ou ornières de fer saillantes.

En effet, les galets ne peuvent point ici être entièrement

libres ou privés d'essieux qui les dirigent dans leur course, attendu que le moindre obstacle, les faisant cheminer inégalement et dévier de leur route, ils s'embarrasseraient mutuellement et seraient plus nuisibles qu'utiles. Afin donc d'assurer la direction de leur mouvement, on les relie entre eux par deux grands anneaux en fer, concentriques à l'axe général et auxquels s'adaptent transversalement les boulons ou essieux; ces anneaux sont d'ailleurs eux-mêmes reliés à l'axe dont il s'agit par des bras qui ont la liberté de jouer à frottement doux sur son contour. Quelquefois même ces anneaux ou chapes générales sont articulés au droit de chaque essieu de roulette, afin d'éviter toute espèce de gêne dans le mouvement; mais, à moins d'une exécution parfaite et de soins minutieux qu'on n'apporte guère à l'entretien des roulettes et des bandes frottantes, on ne doit pas s'attendre à la suppression complète du frottement des axes, qui d'ailleurs ont à supporter le poids des systèmes de chapes et de la moitié environ des bras qui les relient à l'axe de rotation général. Nommant $q$ ce poids, $q'$ celui qui charge la couronne frottante par laquelle les bras sont réunis à l'axe en question, on aura évidemment, pour la résistance totale X d'un pareil système, rapportée au cercle milieu des axes de roulettes d'un rayon $\rho$,

$$X = \Sigma F = \frac{A}{2R}\Sigma(P+p) + \frac{A'}{2R}\Sigma(P) + f'\frac{r}{R}p + f\frac{q'}{\rho}\left(r_1 + \frac{l^2}{12 r_1}\right);$$

en conservant les conventions et dénominations précédentes, et supposant d'ailleurs la puissance appliquée au plateau tournant, ce qui est convenable si l'on tient à diminuer l'intensité absolue de la résistance en augmentant le chemin décrit par le point d'application de la force motrice, et si l'on veut éviter en même temps les efforts de traction, assez grands et variables, que supporteraient, dans le sens du chemin qu'ils décrivent, les axes de roulettes, si cette force était immédiatement appliquée aux anneaux des chapes.

Telles sont, au surplus, les dispositions fort ingénieuses adoptées pour la manœuvre des ponts tournants du canal Saint-Martin, à Paris, dont nous donnerons une idée plus étendue dans la partie de ce Cours consacrée spécialement à l'étude des machines existantes.

47. *Usage des roulettes pour diminuer la résistance des tourillons des roues.* — On emploie aussi quelquefois, dans la vue de déterminer le frottement des tourillons des arbres de machines, des galets sur le contour desquels on les fait reposer directement : on en a un exemple remarquable dans la machine d'Atwood; mais, outre qu'il n'a point été fait encore d'expériences directes pour apprécier, dans ce cas, la résistance tangentielle au roulement, on doit aussi remarquer que les chances de déformation des surfaces doivent être ici bien plus grandes que dans ceux qui précèdent, attendu que, à consistance égale des matières, les impressions qu'elles supportent doivent être plus profondes, et par suite plus durables. Quant à cette résistance en elle-même, on pourra, faute de mieux, en attendant des expériences concluantes, la supposer égale à la quantité

$$A\frac{P}{R}+A'\frac{R'}{P}\ (^1);$$

A et A' étant des constantes censées dépendre uniquement de la nature des substances en contact, R, R' les rayons des roues, P leur force de compression commune et réciproque.

Cette expression se réduisant d'ailleurs à $\frac{AP}{R}$ quand le rayon

---

(1) Dans le cas d'un obstacle très-petit interposé entre les deux roues, et dont $l$ serait la distance au point de contact commun, la résistance tangentielle et totale, en supposant, du reste, l'une de ces roues libre de se soulever comme celle qui a été considérée aux n$^{os}$ 41 et 42, aurait évidemment pour valeur l'expression

$$Pl\left(\frac{1}{R}+\frac{1}{R'}\right),$$

qui ne comprend pas d'ailleurs la partie de la résistance provenant du frottement des axes, s'il en existe, et à laquelle on arrive également en supposant l'obstacle matériel remplacé par une facette plane, commune aux deux roues, de largeur $l$ et qui serait produite par leur compression réciproque sous la charge P. Nous verrons, dans la Section suivante, que la même formule se présente quand il s'agit de mesurer la résistance des engrenages de roues.

R′ est infini, ou que la surface correspondante se change en un plan, on se trouve conduit naturellement à attribuer à chacune des constantes A et A′ les mêmes valeurs que si le cylindre auquel elle correspond roulait simplement sur un plan formé de la même substance que l'autre cylindre; mais il y a tout lieu de croire que, dans la réalité, elles doivent être un peu moindres, à cause de la plus grande facilité qu'ont les surfaces à se dégager du fond de l'impression qu'elles subissent par suite de leur compression réciproque.

Dans le fait, ces suppositions ne doivent être considérées que comme des aperçus qui ont besoin d'être vérifiés par l'expérience, et qui, en attendant, peuvent fournir des indications utiles dans certains cas de pratique.

48. *Calcul de la résistance des tourillons à roulettes.* — Pour montrer maintenant le rôle que joueraient les galets des tourillons, s'il était permis de négliger leur résistance au roulement et de faire abstraction du défaut qu'ils ont de s'user inégalement, et d'autant plus rapidement que les rayons et les arêtes de contact des couronnes roulantes sont plus petits, nous supposerons que $a$ (*fig.* 81) soit le centre d'un tourillon,

Fig. 81.

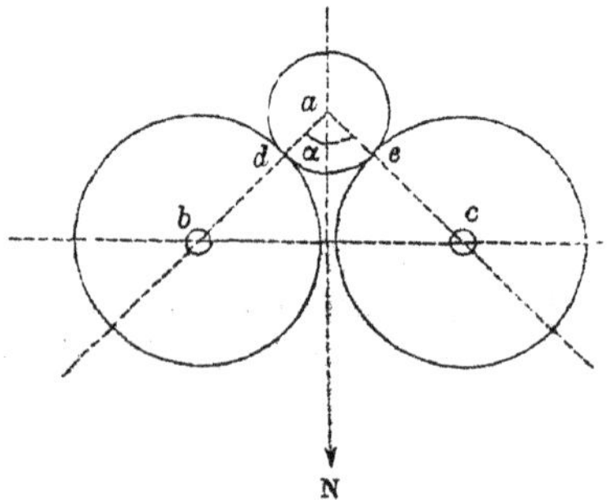


de rayon $r$, sollicité par des forces dont la résultante générale soit N : s'il tournait dans un coussinet ordinaire, son frottement serait mesuré par $f'N$, développant une quantité de travail égale à $f'N 2\pi r$, pour une révolution entière de l'arbre.

Mais, si l'on suppose ce tourillon porté sur deux roulettes

égales $b$ et $c$, dont R soit le rayon commun et $\rho$ celui de leur essieu, la pression N se trouvera décomposée en deux autres passant par les axes $b$, $c$, et qui, en supposant N symétriquement située par rapport à ces mêmes axes, auront évidemment pour valeur commune la quantité

$$\frac{N}{2\cos\frac{1}{2}\alpha},$$

dans laquelle $\alpha$ représente l'angle $bac$.

Ces pressions produisant, sur les axes $b$ et $c$, des frottements mesurés par

$$\frac{f'N}{2\cos\frac{1}{2}\alpha},$$

on voit que, en négligeant la résistance au roulement, qui a lieu en $d$ et $e$, la perte de travail qui leur correspond, toujours pour une révolution entière du tourillon $a$, sera mesurée par

$$\frac{f'N}{\cos\frac{1}{2}\alpha}2\pi r\frac{\rho}{R},$$

puisque l'arc développé aux points de contact $d$ et $e$, par les roulettes, est égal à $2\pi r$, et, par conséquent, celui que décrivent les surfaces des axes $b$ et $c$, à $2\pi r\frac{\rho}{R}$; donc aussi la résistance tangentielle qu'éprouve à se mouvoir le tourillon $a$, et qui était $f'N$ dans le premier cas, se trouvera réduite à

$$\frac{f'N}{\cos\frac{1}{2}\alpha}\frac{\rho}{R}$$

dans le second; ce qui est d'ailleurs évident *a priori*, puisque cette résistance est la somme des efforts tangentiels à appliquer, en $d$ et $e$, pour vaincre les frottements en $b$ et $c$.

49. *Disposition la plus avantageuse des roulettes.* — La résistance dont il s'agit et sa quantité de travail croissant d'ailleurs à mesure que $\cos\frac{1}{2}\alpha$ diminue, ou que l'angle $bac$ augmente (¹),

(¹) On remarquera que le rayon $\rho$ des essieux de roulettes a une relation nécessaire avec celui $r$ du tourillon de l'arbre; ce dernier supportant une preson voit qu'il importe de rapprocher l'un de l'autre les axes $b$, $c$ des roulettes; et c'est pourquoi, dans certains cas, on fait immédiatement porter (*fig.* 82) le tourillon $a$ sur la

Fig. 82.

sommité d'une roulette $c$, de façon que la direction de $ac$ soit sensiblement celle de la résultante N des forces qui agissent sur $a$; mais alors on contient latéralement ce tourillon par deux autres roulettes $b$ et $b'$ dont la ligne des centres est perpendiculaire à $ac$. La résistance tangentielle du tourillon $a$ se réduit ainsi à la quantité $f'\mathrm{N}\frac{\rho}{\mathrm{R}}$, ou la perte de travail, par

---

sion normale mesurée (38) par $\frac{\mathrm{N}}{\sqrt{1+f^2}}$, et les deux autres une pression mesurée par $\frac{\mathrm{N}}{4\cos\frac{1}{2}\alpha}$, attendu que chaque roulette repose sur deux axes égaux et symétriquement placés, on devra, d'après les règles de stabilité, déterminer la grandeur de $\rho$ selon la proportion

$$\frac{\mathrm{N}}{\sqrt{1+f^2}} : \frac{\mathrm{N}}{4\cos\frac{1}{2}\alpha} :: r^3 : \rho^3;\quad \text{d'où}\quad \rho = \frac{r\sqrt[6]{1+f^2}}{\sqrt[3]{4\cos\frac{1}{2}\alpha}} = \frac{r}{\sqrt[3]{4\cos\frac{1}{2}\alpha}}$$

environ; ce qui donne, pour la résistance réunie des deux roulettes au mouvement,

$$\frac{f'\mathrm{N}}{\cos\frac{1}{2}\alpha}\frac{\rho}{\mathrm{R}} = \frac{f'\mathrm{N}r}{\mathrm{R}\sqrt[3]{4(\cos\frac{1}{2})^4}} = 0,630\,\frac{f'\mathrm{N}r}{\mathrm{R}(\cos\frac{1}{2})^4},$$

au lieu de la résistance $f'\mathrm{N}$ qui se rapporte au cas d'un seul tourillon supporté par un coussinet ordinaire.

révolution, à $f'N2\pi r\frac{\rho}{R}$, en conservant les mêmes dénominations qui ci-dessus, et supposant d'ailleurs que l'arbre de *a* ne soit pas sollicité par d'autres forces que N.

Les tourillons de la cloche de *Mute* de la cathédrale de Metz présentent un moyen de suspension analogue, et qui se trouve indiqué par la *fig.* 82; mais, comme ici la cloche ne fait que de courtes oscillations de part et d'autre de la verticale, les roulettes se trouvent simplement remplacées par des secteurs circulaires, dont ceux de droite et de gauche sont dirigés, dans leur mouvement de va-et-vient, par le moyen d'un système articulé.

### Équilibre du treuil en ayant égard au frottement et à la roideur des cordes.

50. *Solution générale dans le cas où les forces sont comprises dans des plans perpendiculaires à l'axe.* — Soit (*fig.* 83) un treuil dont l'arbre horizontal AA′ est supporté, vers ses

Fig. 83.

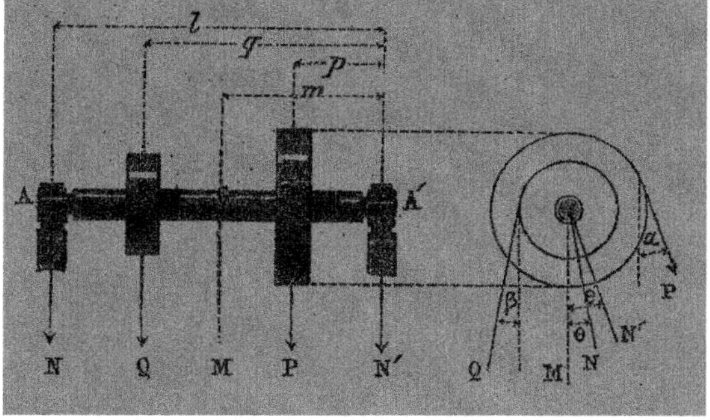


extrémités, par deux tourillons reposant sur les coussinets fixes A et A′, et sollicité à se mouvoir par la puissance P et la résistance Q, qui agissent par l'intermédiaire de cordes ou de courroies que nous supposerons situées dans des plans perpendiculaires à l'axe AA′; nommons

M le poids total du treuil, dont le centre de gravité G est censé sur l'axe AA′;

R et $r$ les rayons des roues, à l'extrémité desquels agissent P et Q;

$\rho$ et $\rho'$ les rayons des tourillons A et A';

$d$ le diamètre de la corde sollicitée par Q;

$p$, $q$, $m$ et $l$ les distances respectives de P, de Q, de M et du point d'appui A à celui A';

$\alpha$ et $\beta$ les angles de P et de Q avec la verticale;

N et N' les résultantes des efforts exercés respectivement sur les points d'appui A et A';

$\theta$ et $\theta'$ les angles que forment ces résultantes avec la verticale;

$f_1$ et $f'_1$ les valeurs de $\frac{f}{\sqrt{1+f^2}}$ pour les tourillons A et A'...;

$\frac{ad^\mu + bd^\mu\varphi}{2r}$ la résistance occasionnée par la roideur de la corde qui s'enroule du côté de Q.

On commencera par décomposer chacune des forces P et Q en deux autres, suivant la verticale et l'horizontale, puis on décomposera, à leur tour, ces dernières, ainsi que le poids M du treuil, en deux autres qui leur soient parallèles et situées dans les plans perpendiculaires, en A et A', à l'axe du treuil et à des distances égales à la longueur de cet axe; on trouvera de cette manière :

Pour le point A :

somme des composantes verticales,

$$\frac{Mm}{l} + Q\frac{q}{l}\cos\beta + P\frac{p}{l}\cos\alpha = Y;$$

somme des composantes horizontales,

$$Q\frac{q}{l}\sin\beta - P\frac{p}{l}\sin\alpha = X;$$

Pour le point A' :

somme des composantes verticales,

$$M\frac{(l-m)}{l} + Q\frac{(l-q)}{l}\cos\beta + P\frac{(l-p)}{l}\cos\alpha = Y';$$

somme des composantes horizontales,

$$Q\frac{(l-q)}{l}\sin\beta - P\frac{(l-p)}{l}\sin\alpha = X'.$$

On aura donc, en observant que les résultantes des forces contenues dans chaque plan doivent passer respectivement par les points d'appui correspondants des tourillons, lorsque le treuil est arrivé à sa position d'équilibre ou de stabilité,

$$N = \sqrt{X^2 + Y^2} = \frac{1}{l}\sqrt{(Mm + Qq\cos\beta + Pp\cos\alpha)^2 + (Qq\sin\beta - Pp\sin\alpha)^2},$$

$$N' = \sqrt{X'^2 + Y'^2}$$

$$= \frac{1}{l}\sqrt{[M(l-m) + Q(l-q)\cos\beta + P(l-p)\cos\alpha]^2 + [Q(l-q)\sin\beta - P(l-p)\sin\alpha]^2},$$

$$\operatorname{tang}\theta = \frac{X}{Y}, \quad \operatorname{tang}\theta' = \frac{X'}{Y'},$$

valeurs dont les dernières serviront, conjointement avec les signes de X et Y, de X′ et Y′, à faire connaître la direction et le sens de l'action des résultantes N et N′.

L'équilibre devant avoir lieu autour de l'axe C du treuil, entre la puissance P, la résistance active Q, la roideur de la corde qui s'enroule du côté de Q et enfin les frottements $f_1 N$, $f'_1 N'$, on aura, par la théorie ordinaire des moments,

$$PR = Qr + \frac{d^\mu(a + bQ)r}{2r} + f_1 N\rho + f'_1 N'\rho',$$

équation dans laquelle il ne faudra introduire que les valeurs absolues de N et N′, et qui sera, en général, du quatrième degré en P.

51. *Cas où les forces ont des directions quelconques.* — Dans le cas où le système serait sollicité par une ou plusieurs forces non comprises dans des plans perpendiculaires à l'axe AA′, il faudrait remplacer chacune d'elles par deux autres agissant au même point, et dont l'une, comprise dans un tel plan, devra être traitée comme les forces P et Q, et dont l'autre, parallèle à AA′, pourra, à son tour, être remplacée par une force égale dirigée suivant cet axe et par un couple donnant lieu à des pressions en A et A′ qu'il faudra comprendre au nombre des autres forces qui sollicitent ces tourillons, pour obtenir les nouvelles valeurs des résultantes N et N′.

Quant aux composantes qui agissent suivant l'axe AA′, on les composera en une seule, égale à leur somme, et dont l'intensité absolue, étant mesurée par $N_1$, produira, sur l'épaulement contre lequel elle force l'arbre ou la tête du tourillon à s'appuyer latéralement, un frottement $fN_1$, dont le bras de levier moyen devra être calculé comme il a été expliqué au nº **37**, et dont on ajoutera le moment à ceux des autres résistances dans l'équation d'équilibre ci-dessus.

**52.** *Méthodes abrégées pour résoudre l'équation d'équilibre.* — Afin de simplifier la résolution numérique de cette même équation, on se sert ordinairement de la méthode des substitutions successives; on néglige d'abord les termes en $f_1$ et $f_1'$, ce qui donne

$$P = Q\frac{r}{R} + \frac{d^{\mu}(a+bQ)}{2r}\,\frac{r}{R};$$

on met cette première valeur, un peu faible, au lieu de P, sous les deux radicaux, ce qui fournit une nouvelle valeur de P beaucoup plus exacte, et qu'on peut substituer à son tour, sous ces mêmes radicaux, pour en obtenir une troisième et ainsi de suite; mais, à cause de la faible influence du frottement des tourillons, il arrive presque toujours, dans les cas de pratique, qu'on peut se borner à la première substitution.

Les résultats de la Note I, placée à la fin de cette Section III, mettent d'ailleurs en état de résoudre, dans chaque cas, d'une manière générale et avec un degré d'approximation très-suffisant, l'équation dont il s'agit, qui se trouve ainsi ramenée à une autre du premier degré, entre P et Q.

Considérant, par exemple, $\sqrt{X^2+Y^2}$, qui exprime la valeur de N, si l'on ne connaît nullement le rapport de grandeur des composantes X et Y, dont on ne doit ici d'ailleurs retenir que la valeur numérique et absolue, on remplacera le radical par la quantité linéaire et rationnelle

$$0,828(X+Y), \quad \text{exacte à } \tfrac{1}{6} \text{ près};$$

si l'on sait à l'avance que Y surpasse X, on le remplacera par celle-ci :

$$0,96Y + 0,4X, \quad \text{exacte à } \tfrac{1}{25} \text{ près}.$$

Substituant donc cette valeur approchée de N et la valeur analogue de N′ dans l'équation d'équilibre ci-dessus, on en déduira immédiatement P, en fonction de Q, avec un degré d'approximation très-suffisant, même dans la première supposition, à cause de la faible influence du frottement des tourillons.

53. *Simplification relative au cas le plus ordinaire des applications.* — Dans le cas le plus ordinaire, on aura

$$\rho = \rho', \quad f_1 = f'_1 \quad \text{et} \quad f_1 N\rho + f'_1 N'\rho' = f_1\rho(N + N');$$

de plus, les forces P et Q agissant dans le même sens que M pour presser les tourillons, les valeurs de Y et Y′, de X et X′, telles qu'elles ont été écrites ci-dessus, sont toutes positives, de sorte que si, comme il arrive fort souvent, on a en même temps $Y > X$, $Y' > X'$, on pourra prendre, à $\frac{1}{25}$ près,

$$\begin{aligned} N + N' &= 0{,}96(Y + Y') + 0{,}4(X + X') \\ &= 0{,}96(M + Q\cos\beta + P\cos\alpha) + 0{,}4(Q\sin\beta - P\sin\alpha), \end{aligned}$$

ou, à $\frac{1}{6}$ près seulement, si l'on ignore absolument l'ordre de grandeur de X et X′, de Y et Y′,

$$\begin{aligned} N + N' &= 0{,}83(Y + Y' + X + X') \\ &= 0{,}83(M + Q\cos\beta + P\cos\alpha + Q\sin\beta - P\sin\alpha). \end{aligned}$$

L'une et l'autre de ces expressions sont, comme on le voit, celles qu'on obtiendrait directement si, au lieu de décomposer chacune des forces proposées dans les plans perpendiculaires à chaque tourillon, pour en chercher séparément les résultantes N et N′, on les avait supposées, tout d'abord, comprises dans un plan unique, et appliquées au même point, ce qui eût donné, pour la résultante générale, l'expression

$$\begin{aligned} &\sqrt{(M + Q\cos\beta + P\cos\alpha)^2 + (Q\sin\beta - P\sin\alpha)^2} \\ &= \sqrt{M^2 + Q^2 + P^2 + 2M(Q\cos\beta + P\cos\alpha) + 2PQ\cos(\alpha + \beta)}, \end{aligned}$$

qu'on prend ordinairement, en effet, pour la valeur de la force totale qui sollicite les tourillons et produit leurs frottements censés concentrés en un seul ; mais cette supposition ne conduit véritablement qu'à des résultats plus ou moins approchés, et qui peuvent devenir fautifs toutes les fois que les composantes Y et Y', X et X' tendent à faire presser les tourillons contre des points opposés des coussinets.

Dans ce dernier cas, en effet, et attendu qu'on ne doit prendre que les valeurs absolues des forces dont il s'agit, pour les substituer dans les sommes $X + X'$ et $Y + Y'$, on se trouvera obligé de changer le signe algébrique et naturel de la force qui est négative, ce qui empêchera la réduction ci-dessus d'avoir lieu. Par exemple, il se pourrait que, dans un certain cas, on eût en même temps

$$Q\frac{q}{l}\sin\beta > P\frac{p}{l}\sin\alpha, \qquad Q\frac{(l-q)}{l}\sin\beta < P\frac{(l-p)}{l}\sin\alpha,$$

et alors, au lieu de

$$X + X' = Q\sin\beta - P\sin\alpha,$$

on aurait

$$X + X' = Q\sin\beta\left(\frac{2q}{l} - 1\right) - P\sin\alpha\left(1 - \frac{2p}{l}\right);$$

ce qui est bien différent.

Ces observations sont entièrement semblables à celles que nous avons présentées à l'occasion du frottement des pièces rectilignes contre leurs guides (30) ; elles montrent qu'il faut soigneusement distinguer, dans chaque cas, le sens de l'action des forces et les relations entre leurs intensités, pour être en état de prononcer sur le signe des composantes Y, Y', X et X', et, par suite, s'il peut être permis de substituer la considération d'une résultante unique à celle des résultantes distinctes N et N'; or c'est ce qui sera toujours possible quand les données et les conditions du système se trouveront numériquement et complétement établies (*voir* le n° 56 ci-après).

54. *Exemple relatif au treuil destiné à soulever des fardeaux.* — Dans le treuil destiné à soulever des fardeaux, il n'y a pas d'incertitude : Q est vertical, $\beta = 0$, et les compo-

santes X et X' de N et N' se réduisent (50) aux forces

$$P\frac{p}{l}\sin\alpha,\quad P\frac{(l-p)}{l}\sin\alpha,$$

qui agissent dans le même sens pour presser les tourillons [1]. L'équation d'équilibre peut être ainsi remplacée par la suivante, en observant que les composantes dont il s'agit sont respectivement moindres que les composantes verticales Y et Y' :

$$PR = Qr + \frac{d^{\mu}(a+bQ)}{2r}r + f_1\rho[0{,}96(M+Q+P\cos\alpha)+0{,}4P\sin\alpha],$$

de laquelle on tire

$$P = \frac{Qr+\frac{1}{2}d^{\mu}(a+bQ)+0{,}96f_1\rho(M+Q)}{R-f_1\rho(0{,}96\cos\alpha+0{,}4\sin\alpha)},$$

---

(1) Si P agissait au delà du tourillon A' par rapport à A, $p$ deviendrait négatif, et l'on prendrait

$$N = 0{,}96\left(M\frac{m}{l}+Q\frac{q}{l}-P\frac{p}{l}\cos\alpha\right)+0{,}4P\frac{p}{l}\sin\alpha,$$

$$N' = 0{,}96\left[M\frac{(l-m)}{l}+Q\frac{(l-q)}{l}+P\frac{(l+p)}{l}\cos\alpha\right]+0{,}4P\frac{(l+p)}{l}\sin\alpha,$$

et par suite,

$$N+N' = 0{,}96(M+Q+P\cos\alpha)+0{,}4P\frac{(l+2p)}{l}\sin\alpha,$$

$$P = \frac{Qr+\frac{1}{2}d^{\mu}(a+bQ)+0{,}96f_1\rho(M+Q)}{R-f_1\rho\left[0{,}96\cos\alpha+0{,}4\frac{(l+2p)}{l}\sin\alpha\right]},$$

valeur qui ne diffère de celle donnée dans le texte qu'en ce que $\sin\alpha$ y est remplacé par $\frac{(l+2p)}{l}\sin\alpha$ au dénominateur; mais, comme la solidité de l'arbre exige, dans les suppositions actuelles, que la saillie $p$ soit très-petite par rapport à $l$, on pourra presque toujours se borner à la valeur du texte, dont le dénominateur peut être simplifié toutes les fois que, l'angle $\alpha$ étant aigu, on aura $\cos\alpha > \sin\alpha$; car alors le facteur

$$0{,}96\cos\alpha+0{,}4\sin\alpha$$

sera à $\frac{1}{25}$ près égal à l'unité.

avec un degré d'approximation très-suffisant pour les applications ordinaires.

Les valeurs générales (50) de N et N′ devenant par elles-mêmes rationnelles dans le cas particulier où P serait vertical ou $\alpha$ nul en même temps que $\beta$, il sera plus exact de prendre

$$P = \frac{Qr + \frac{1}{2}d^{\mu}(a + bQ) + f_1\rho(M + Q)}{R - f_1\rho};$$

en remplaçant ainsi les coefficients numériques 0,96 et 0,4 par 1 et zéro, attendu qu'ici (*voir* la Note I à la fin de cette Section) les rapports de Y à X et de Y′ à X′ deviennent infinis.

En général, et pour la précision, il convient de ne pas oublier que ces coefficients sont susceptibles de changer de valeurs avec les rapports dont il s'agit.

**55.** *Cas où la puissance est parallèle et de signe contraire à la résistance.* — Si $\alpha$, au lieu d'être nul, était de 180 degrés, c'est-à-dire si P agissait verticalement, mais en sens contraire de M et de Q, la même solution serait applicable en changeant simplement le signe de $f_1\rho$ au dénominateur de la fraction ci-dessus; car les composantes de P, qui agissent sur les tourillons, auraient généralement une valeur moindre que la somme de celles qui proviennent de M et de Q. Mais si, $\alpha$ étant nul et par conséquent P cos $\alpha$ positif, $\beta$ égalait 180 degrés, Q cos $\beta$ devenant — Q, il y aurait lieu de considérer les expressions distinctes de N et N′, qui se réduisent alors (50) aux suivantes :

$$N = \frac{Mm}{l} + \frac{Pp}{l} - \frac{Qq}{l},$$

$$N' = \frac{M(l - m)}{l} + \frac{P(l - p)}{l} - \frac{Q(l - q)}{l},$$

dont il faudrait toujours ne prendre que les valeurs absolues pour les substituer dans l'équation générale d'équilibre.

Supposant, par exemple, que l'examen *a priori* des données de la question apprenne de suite que N et N′ sont essentiellement positifs, ce qui d'ailleurs, à cause de $P > Q\frac{r}{R}$, arrivera nécessairement quand on aura à la fois

$$Mm + Q\frac{r}{R}p > Qq,\quad M(l-m) + Q\frac{r}{R}(l-p) > Q(l-q),$$

ou

$$\frac{M}{Q} > \frac{q}{m} - \frac{r}{R}\frac{p}{m} > \frac{l-q}{l-m} - \frac{r}{R}\frac{(l-p)}{l-m},$$

il viendra

$$N + N' = M + P - Q,\quad P = \frac{Qr + \frac{1}{2}d^\mu(a+bQ) + f_1\rho(M-Q)}{R - f_1\rho};$$

ce qui suppose encore $M + P > Q$, condition naturellement comportée par les deux précédentes.

Si, au contraire, la discussion avait appris que N et N' sont essentiellement négatifs, il suffirait évidemment de changer la ligne de $f_1$ dans la valeur générale de P.

Enfin, si N et N' étaient de signes différents, on aurait

$$N + N' = \pm\left[M\left(\frac{2m}{l} - 1\right) - Q\left(\frac{2q}{l} - 1\right) + P\left(\frac{2p}{l} - 1\right)\right];$$

d'où

$$P = \frac{Qr + \frac{1}{2}d^\mu(a+bQ) \pm f_1\rho\left[M\left(\frac{2m}{l} - 1\right) - Q\left(\frac{2q}{l} - 1\right)\right]}{Rl \mp f_1\rho\left(\frac{2p}{l} - 1\right)},$$

le signe supérieur de $f_1$ correspondant au cas où la quantité

$$M\left(\frac{2m}{l} - 1\right) - Q\left(\frac{2q}{l} - 1\right) + P\left(\frac{2p}{l} - 1\right)$$

serait positive, et le signe inférieur à celui où, au contraire, elle serait négative.

56. *Discussion relative au genre particulier de solution qui convient à chaque cas.* — Cette discussion montre la nature des difficultés qu'on pourra, en général, rencontrer dans les calculs relatifs à l'équilibre du treuil soumis à des résistances passives; car, les quantités N et N' étant fonctions implicites de la quantité P qu'il s'agit de déterminer, il ne sera pas tou-

jours possible de distinguer *a priori* quel est leur véritable signe; mais, outre que les cas d'indécision seront fort rares, on peut encore remarquer que ces cas ne se présenteront que lorsque la somme des termes tous connus, dans N et N′, différera assez peu du terme qui contient P et lui sera d'ailleurs opposé de signe; ce n'est qu'alors, en effet, que les signes de N et N′ pourront être douteux. Or, dans ce cas même, les valeurs absolues des pressions dont il s'agit seront fort petites, et celles des frottements qu'elles produisent pourront, à la rigueur, être négligées vis-à-vis des autres résistances, à moins que, pour plus d'exactitude, on ne préfère les calculer en y supposant P simplement égal à sa valeur approchée

$$Q\frac{r}{R} \quad \text{ou} \quad \frac{Qr}{R} + \tfrac{1}{2}d\mu(a + bQ);$$

ce qui permettra alors de tirer directement, et avec un degré d'approximation plus que suffisant pour le plus grand nombre des cas de pratique, la valeur correspondante de P, de l'équation générale qui exprime les conditions de l'équilibre autour de l'axe du treuil.

Du reste, les mêmes remarques étant applicables au cas général examiné dans les nos 50 et 51, quant à l'indétermination des signes des quantités partielles X et Y, X′ et Y′, il n'y a pas lieu de craindre qu'avec un peu d'attention on puisse jamais faire de fausses applications des méthodes de calcul qui y sont indiquées; car, les cas d'indécision relatifs au signe de ces quantités répondant encore ici à ceux où leurs valeurs absolues et individuelles seraient naturellement fort petites, on en facilitera beaucoup la discussion, en égalant séparément à zéro les expressions de X, X′, Y, Y′, puis comparant les valeurs qui en résultent pour P, soit entre elles, soit avec la véritable valeur de P, qu'on doit considérer comme essentiellement positive. En effet, celles de ces valeurs qui seront trouvées au-dessous de zéro indiqueront tout d'abord que l'expression d'où elles proviennent est positive, et les autres seulement que cette expression peut être négative, si la valeur effective de P, telle qu'elle résulte des données du problème, se trouvait notoirement surpasser celle qu'on a déduite de l'équation hypothétique $X = 0$, $Y = 0$,..., que l'on considère en particulier.

Faisant, par exemple, $Y = 0$ dans les suppositions générales du n° 50, on en déduira, pour P, une certaine valeur

$$P_1 = -\frac{Mm + Qq\cos\beta}{p\cos\alpha},$$

distincte de la véritable; et, si cette valeur toute connue était négative, ce serait un signe certain que Y lui-même serait positif; la même chose aurait lieu évidemment encore si cette valeur, étant positive, se trouvait inférieure à la véritable ou à P, et, *a fortiori*, si elle était au-dessous de $Q\frac{r}{R}$ ou de $Q\frac{r}{R} + \frac{1}{2}d\mu(a + bQ)$; mais Y sera négatif dans le cas contraire, c'est-à-dire quand la valeur censée positive de $P_1$ surpassera P, dont on ne connaît point, en général, de limite supérieure, comme on lui en connaît une inférieure; ce qui fait qu'on ne peut pas non plus indiquer à l'avance une condition générale et explicite, qui permette d'assurer que Y est en effet $< 0$.

Toutefois, si $P_1$ surpasse notablement la valeur approchée de P, c'est-à-dire $Q\frac{r}{R}$, par exemple s'il en était les $\frac{5}{4}$, on pourrait être certain, pour le plus grand nombre des cas, que Y serait aussi négatif; car il n'arrive jamais dans les machines que les résistances nuisibles des arbres tournants excèdent le quart de la valeur qu'aurait la force motrice si ces résistances n'existaient pas. L'indétermination du signe de Y n'aura donc lieu que pour le seul cas où $P_1$ différerait très-peu de P ou $Q\frac{r}{R}$, et par conséquent où Y serait très-voisin de zéro, ce qui confirme la remarque déjà faite plus haut, et prouve qu'alors on peut en effet négliger, sans inconvénient, la considération de Y, ou prendre simplement pour sa valeur celle qui répond à la supposition de $P = Q\frac{r}{R}$.

## Calcul des résistances dans les poulies, le treuil des Chinois et le cabestan.

57. *De la poulie fixe.* — Dans le cas particulier de la poulie, les forces P et Q agissent à la même distance $r$ de l'axe, et sont comprises dans un plan qui partage en deux parties égales l'intervalle des tourillons, de sorte qu'on peut supposer que

Fig. 84.

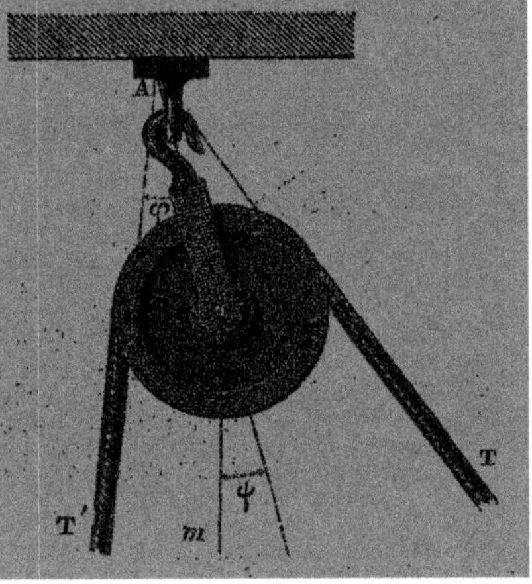


tout se passe dans ce plan milieu. Examinons d'abord la poulie fixe (*fig.* 84) : nommant

T la tension du cordon sur lequel agit la puissance ;
T' celle qui répond à la résistance ;
$\varphi$ l'angle formé par ces tensions, de part et d'autre de la droite qui joint leur point de concours A avec le centre C de la poulie ;
$m$ le poids de cette poulie, qui est toujours fort petit par rapport à T et T' ;
$\psi$ l'angle que forme la direction de ce poids avec celle de la droite AC prolongée ;

conservant, du reste, les mêmes dénominations et conventions qu'aux n$^{os}$ 50 et 52, on aura, après avoir décomposé les forces $m$, T et T' parallèlement et perpendiculairement à la direction de AC,

$$Tr = T'r + \frac{d^{\mu}(a+bT)}{2r} r$$
$$+ f'\rho\sqrt{[(T+T')\cos\varphi + m\cos\psi]^2 + [(T-T')\sin\varphi - m\sin\psi]^2},$$

équation dans laquelle $(T+T')\cos\varphi + m\cos\psi$ est évidemment positif et plus grand que $(T-T')\sin\varphi - m\sin\psi$, qui, lui-même, demeure au-dessus de zéro, tant que $\sin\varphi$ n'est pas très-petit; remplaçant donc le radical par sa valeur approchée à $\frac{1}{25}$ près (52), tirant ensuite celle de T en T', il viendra

$$T = \frac{T'r + \frac{1}{2}d^{\mu}(a+bT') + f'\rho[(0,96\cos\varphi - 0,4\sin\varphi)T' + (0,96\cos\psi - 0,4\sin\psi)m]}{r - f'\rho(0,96\cos\varphi + 0,4\sin\varphi)}.$$

Si les cordons étaient parallèles, c'est-à-dire si $\varphi$ était nul, il n'y aurait évidemment autre chose à faire qu'à changer le signe de $\sin\psi$ dans cette formule, attendu que la quantité $(T-T')\sin\varphi - m\sin\psi$ deviendrait négative; enfin, si ces cordons étaient tous deux verticaux, au lieu de la valeur approchée ci-dessus, on prendrait celle-ci,

$$T = \frac{T'r + \frac{1}{2}d^{\mu}(a+bT') + f'\rho(T'+m)}{r - f'\rho},$$

qui est entièrement rigoureuse.

58. *De la poulie mobile.* — Dans le cas de la poulie mobile (*fig.* 85), il sera plus simple de décomposer les tensions **T** et **T'** selon la verticale et l'horizontale; car la différence des composantes qui agissent dans cette dernière direction devra être naturellement nulle, et la somme de celles qui agissent suivant la verticale diminuée du poids $m$ de la poulie devra être précisément égale à la charge Q, supportée par cette poulie, et dans laquelle se trouve compris le poids de la chape et des garnitures; $\alpha$ et $\beta$ étant d'ailleurs les angles formés respectivement par **T** et **T'** avec la verticale, on aura ainsi les équations

$$T\sin\alpha - T'\sin\beta = 0, \quad T\cos\alpha + T'\cos\beta - m = Q,$$

qui serviront à déterminer les angles $\alpha$ et $\beta$, ainsi que les valeurs de T et T′, conjointement avec les conditions géométriques du système et l'équation d'équilibre de la poulie au-

Fig. 85.

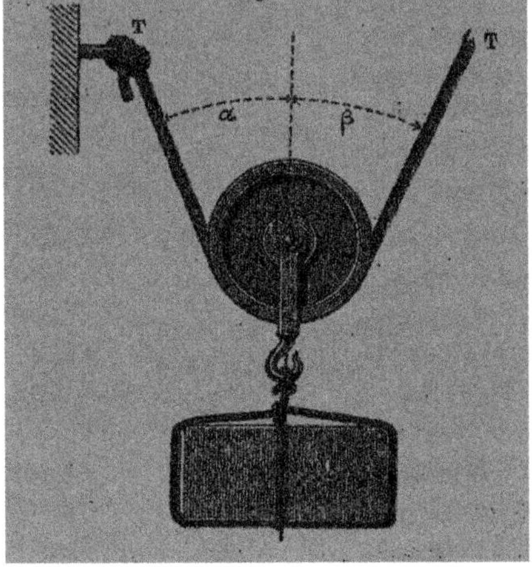


tour de son centre C, équation qui devient ici simplement

$$\mathrm{T}r = \mathrm{T}' + \tfrac{1}{2} d^{\mu} (a + b\mathrm{T}') + f'\rho\mathrm{Q},$$

attendu que Q représente la résultante des forces qui agissent sur l'axe C.

Pour tirer la valeur de T et de T′ de ces équations, on substituera d'abord celles que donnent les deux premières en fonction de $\alpha$ et de $\beta$, dans la troisième, qui servira ainsi à calculer ces angles au moyen des conditions géométriques qui fixent la position du système ; ayant de cette manière les valeurs de $\alpha$ et de $\beta$, on calculera T et T′ par les équations

$$\mathrm{T}' = \frac{\mathrm{T}\sin\alpha}{\sin\beta} = (\mathrm{Q} + m)\frac{\sin\alpha}{\sin(\alpha+\beta)},$$

$$\mathrm{T} = (\mathrm{Q} + m)\frac{\sin\beta}{\sin(\alpha+\beta)}$$

$$= \frac{(r + \frac{1}{2} d^{\mu} b)(\mathrm{Q} + m) + (\frac{1}{2} d^{\mu} a + f'\rho\mathrm{Q})\cos\beta}{r(\cos\beta + \cos\alpha) + \frac{1}{2} d^{\mu} b\cos\alpha}.$$

Quant à la relation entre $\alpha$ et $\beta$, elle se réduit à la suivante :

$$\frac{\sin\beta}{\sin(\alpha+\beta)} = \frac{\sin\alpha}{\sin(\alpha+\beta)}\left(1 + \frac{1}{2}\frac{d^{\mu} b}{r}\right) + \frac{\frac{1}{2} d^{\mu} a + f'\rho\mathrm{Q}}{r(\mathrm{Q} + m)},$$

qui montre que $\sin\beta$ surpasse $\sin\alpha$ d'une fraction en elle-même toujours fort petite.

Dans le cas où les cordons seraient sensiblement verticaux, on pourra, sans inconvénient pour l'exactitude, remplacer les trois équations ci-dessus par les suivantes, en négligeant les puissances de $\alpha$ et $\beta$ supérieures à la première :

$$T\alpha - T'\beta = 0, \quad T + T' = Q + m,$$
$$Tr = T'r + \tfrac{1}{2} d^{\mu}(a + bT') + f'\rho(T + T' - m),$$

qui donnent

$$T = \frac{(r + \frac{1}{2} d^{\mu} b)(Q + m) + \frac{1}{2} d^{\mu} a + f'\rho Q}{2r + \frac{1}{2} d^{\mu} b},$$

$$T' = \frac{r(Q + m) - \frac{1}{2} d^{\mu} a - f'\rho Q}{2r + \frac{1}{2} d^{\mu} b}.$$

59. *Treuil ou chèvre de Lombard.* — Les calculs qui précèdent sont immédiatement applicables à la chèvre de Lom-

Fig. 86.

bard (*fig.* 86), que les Anglais attribuent aux Chinois, et qui a été décrite, par Navier, dans le tome I de l'*Architecture hydraulique de Bélidor*, nouvelle édition, Note *bi*, page 200. En conservant ici les mêmes dénominations que dans l'article précédent, quant à ce qui concerne la poulie mobile, et supposant que la puissance P agisse pour élever la charge Q tangentiellement à la circonférence d'une roue de rayon R, sous un angle avec la verticale, mesuré par $\alpha$; nommant, de plus,

M le poids du treuil, y compris celui de la roue et des cordages, dont le centre de gravité général sera censé sur l'axe de ce treuil;
$\rho'$ les rayons égaux des tourillons A et A';
R' le rayon du tambour sur lequel s'enroule le cordon dont la tension est T;
$r'$ celui du tambour qui correspond à la tension T';
$\dfrac{d^\mu(a+bT)}{2R'}$ la roideur produite par l'enroulement du premier de ces cordons;
$f_1$ la valeur de $\dfrac{f}{\sqrt{1+f^2}}$ pour les tourillons A et A';

observant d'ailleurs que Q est la résultante des tensions T et T' qui agissent pour presser verticalement les tourillons; qu'enfin ces tensions elles-mêmes peuvent être ici considérées comme sensiblement verticales, en supposant que la poulie C ait reçu des dimensions convenables, on aura d'abord, pour calculer T et T' (58),

$$T = \frac{(r+\frac{1}{2}d^\mu b)(Q+m)+\frac{1}{2}d^\mu a+f'\rho Q}{2r+\frac{1}{2}d^\mu b},$$

$$T' = \frac{r(Q+m)-\frac{1}{2}d^\mu a-f'\rho Q}{2r+\frac{1}{2}d^\mu b};$$

puis, observant qu'ici toutes les forces agissent pour presser les tourillons dans le même sens, et que la composante horizontale P sin$\alpha$ est nécessairement une quantité fort petite par rapport à $M+Q+m+P\cos\alpha$, et dont il est permis de négliger le carré, sous le radical qui exprime la pression totale des tourillons (53), on aura également, pour calculer P,

$$PR = TR' + \frac{d^{\mu}(a+bT)}{2R'}R' - T'r' + f_1\rho(M+Q+m+P\cos\alpha),$$

d'où l'on tirera immédiatement la valeur de P, après y avoir substitué celles ci-dessus de T et de T'.

Dans le cas où le système serait sans résistances passives, on aurait évidemment

$$T = T' = \frac{Q+m}{2}, \quad P = (Q+m)\frac{(R'-r')}{2R},$$

ce qui montre qu'on peut diminuer à volonté l'effort de P, en diminuant convenablement la différence $R'-r'$ des rayons des tambours sur lesquels s'enroulent les cordages qui soutiennent la poulie mobile.

Si d'ailleurs il s'agissait de calculer, pour une révolution entière de l'arbre du treuil, la quantité de travail qu'aurait à développer la puissance P, il ne resterait qu'à multiplier sa valeur par la circonférence $2\pi R$ que décrit son point d'application dans sa direction propre, ce qui donnerait pour ce travail, dans le cas où il n'existerait point de résistances passives, c'est-à-dire pour l'effet utile;

$$(Q+m)\pi(R'-r'),$$

expression dans laquelle $\pi(R'-r')$ représente évidemment la hauteur dont s'est élevée la charge $Q+m$ pendant cette même révolution de l'arbre.

60. *Cabestans, manéges ou treuils à axes verticaux.* — Les solutions et équations relatives au treuil à axe horizontal conviennent également aux treuils et aux systèmes de rotation quelconques à axes verticaux; il ne s'agit que de faire $M=0$ dans ces équations, et d'ajouter à leur second membre un terme de la forme (38) $\frac{2}{3}fM\rho$, pour tenir compte du frottement sur la tête du tourillon ou pivot inférieur qui supporte la charge M.

Supposant, par exemple, qu'il s'agisse du cabestan ordinaire (*fig.* 87) sollicité par une puissance P, agissant perpendiculairement à l'extrémité d'un levier d'une longueur R, pour vaincre la résistance Q appliquée à la corde horizontale qui s'enroule autour de l'arbre vertical du treuil; nommant d'ailleurs $\alpha$ l'angle formé, pour une certaine position du système,

Fig. 87.

par la puissance P avec la direction invariable de Q, et conservant, du reste, toutes les autres dénominations et conventions du n° 50, on observera qu'ici le tourillon supérieur est généralement plus fort que le tourillon inférieur, en A; qu'en outre $p$ doit être changé de signe; qu'enfin les composantes de Q qui agissent sur ces tourillons l'emportent sur celles qui proviennent de la décomposition de P; on aura donc, pour résoudre la question dans le cas du cabestan ordinaire,

$$\mathrm{PR} = \mathrm{Q}r + \frac{d^{\nu}(a + b\mathrm{Q})}{2r} r + f_1\rho\mathrm{N} + f'_1\rho'\mathrm{N}' + \tfrac{2}{3} f\mathrm{M}\rho,$$

$$\mathrm{N} = \frac{1}{l}\sqrt{(\mathrm{Q}q + \mathrm{P}p\sin\alpha)^2 + \mathrm{P}^2p^2\cos^2\alpha}$$

$$= 0{,}96\,\mathrm{Q}\frac{q}{l} + \frac{\mathrm{P}p}{l}(0{,}96\sin\alpha + 0{,}4\cos\alpha),$$

$$\mathrm{N}' = \frac{1}{l}\sqrt{[\mathrm{Q}(l-q) - \mathrm{P}(l+p)\sin\alpha]^2 + \mathrm{P}^2(l+p)^2\cos^2\alpha}$$

$$= 0{,}96\,\mathrm{Q}\frac{(l-q)}{l} - \frac{\mathrm{P}(l+p)}{l}(0{,}96\sin\alpha - 0{,}4\cos\alpha),$$

valeurs dans lesquelles $\cos\alpha$ devra toujours être pris abstraction faite du signe, mais non pas $\sin\alpha$.

Lorsque P représente la somme de plusieurs puissances égales et symétriquement distribuées autour de l'axe AA', ce qui arrive dans le cabestan manœuvré par des hommes, les composantes de ces puissances qui agissent sur les tourillons s'entre-détruisent réciproquement, et l'on a simplement alors

$$PR = Qr + \frac{d^\mu(a+bQ)}{2r}r + f_1\rho Q\frac{q}{l} + f'_1\rho' Q\frac{(l-q)}{l} + \tfrac{2}{3}fM\rho,$$

d'où l'on tire immédiatement la valeur de Q.

Enfin, dans le cas où P serait quelconque, mais $f'_1 = f_1$, $\rho' = \rho$, l'équation d'équilibre deviendrait

$$PR = Qr + \frac{d^\mu(a+bQ)}{2r}r + f_1\rho\left[0{,}96Q - 0{,}96P\sin\alpha + 0{,}4\frac{(l+2p)}{l}P\cos\alpha\right] + \tfrac{2}{3}fM\rho$$

et donnerait, pour la valeur de P,

$$P = \frac{Qr + \tfrac{1}{2}d^\mu(a+bQ) + 0{,}96f_1\rho Q + \tfrac{2}{3}fM\rho}{R + f_1\rho\left[0{,}96\sin\alpha - 0{,}4\dfrac{(l+2p)}{l}\cos\alpha\right]},$$

formule applicable à toutes les situations des barres du manége, pourvu qu'en attribuant à $\sin\alpha$ le signe qui lui convient on ne prenne que les valeurs absolues de $\cos\alpha$.

### Des treuils ou arbres tournants conduits par des cordes et courroies sans fin.

61. *Équations et données fondamentales de la question.* — Pour offrir un exemple de la manière de calculer les résistances qui proviennent de la tension et de la roideur des cordes dans un pareil système, nous considérerons les deux arbres de roues A et A' (*fig.* 88) horizontaux, parallèles et qui se communiquent le mouvement au moyen d'une corde sans fin BB'D'D, passant sur deux tambours de rayons différents R et R'. Nous supposerons que le treuil A soit sollicité par une résistance verticale Q, agissant à la circonférence d'une roue de rayon $r$, et qui doit être ici censée comprendre toutes les

résistances passives, telles que roideur de cordes, etc., qui se développent en son point d'application. La difficulté se réduit évidemment à déterminer les tensions séparées des deux

Fig. 88.

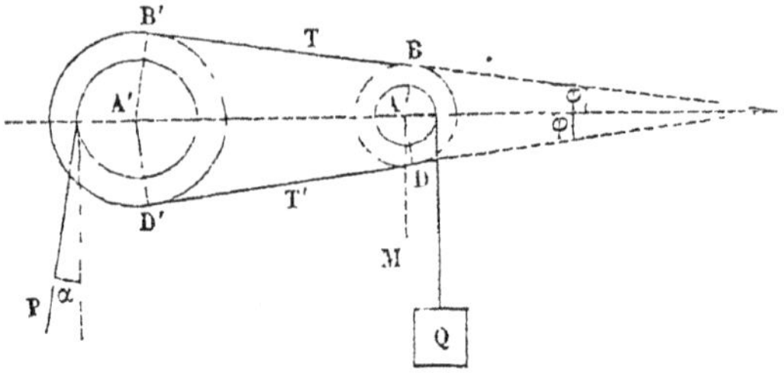


branches BB', DD' de la corde sans fin, tensions dont la différence exprime la valeur de la puissance qui doit vaincre à la fois la résistance active Q, la roideur de la corde en son point d'enroulement D, et les frottements sur les tourillons A, qui naissent tant du poids et de la charge Q du treuil que de la résultante des tensions dont il s'agit. Nommant

T la tension qui agit, du côté de la puissance, avec le rayon R;
T' celle qui agit, du côté de la résistance, avec le même rayon;
$\varphi$ l'angle formé par ces tensions avec l'horizontale AA';
$\rho$ le rayon des tourillons de l'arbre A;
$f_1$ la valeur de $\frac{f}{\sqrt{1+f^2}}$ qui leur correspond;
M le poids du treuil et de son équipage, censé agir sur l'axe;
$\frac{d^\mu(a+bT')}{2R}$ la roideur due à la tension T';

observant d'ailleurs qu'ici les composantes horizontales et verticales des forces sur les tourillons agissent pour les presser tous deux dans le même sens, on pourra (53) les supposer toutes transportées en un même point de l'axe, de sorte qu'on aura, pour calculer T et T',

$$(T-T')R = Qr + \frac{d^\mu(a+bT')}{2R}R + f_1\rho N,$$

équation dans laquelle on prendra

$$N = \sqrt{[M + Q - (T - T')\sin\varphi]^2 + (T + T')^2\cos^2\varphi}$$
$$= 0,96\,[M + Q - (T - T')\sin\varphi] + 0,4\,(T + T')\cos\varphi,$$

si la somme des composantes verticales surpasse celle des composantes horizontales, ainsi qu'il arrive dans presque toutes les applications, et si, du reste, les forces Q, T et T′ agissent dans l'intervalle même qui sépare les tourillons; lorsque cette dernière circonstance n'a pas lieu, il faut décomposer séparément chacune de ces forces sur les appuis, et opérer comme on l'a fait (60) à l'occasion du cabestan, ou dans la Note du nº 54.

L'équation ci-dessus ne suffisant pas pour déterminer T et T′, on remarquera que la corde ou courroie sans fin, qui conduit les tambours, possède une tension naturelle ou propre, indépendante de l'action des forces appliquées aux deux roues, et dont l'intensité dépend uniquement de la volonté du constructeur; c'est celle qui a lieu dans l'instant où le système est au repos et avant que la puissance et les résistances soient mises en action. Si cette tension primitive, égale pour les deux branches et que nous désignerons par $T_1$, était connue, il serait facile de déterminer les valeurs de T et de T′, au moyen de l'équation ci-dessus; car, dès que la puissance commence à agir pour entraîner la résistance Q, la tension augmente, dans la branche supérieure BB′, précisément de quantités égales à celles dont elle diminue dans l'autre branche DD′, et cela parce que les allongements et les raccourcissements de ces deux branches, supposées déjà fortement tendues en vertu de $T_1$, doivent eux-mêmes être égaux, les distances BB′ et DD′ conservant des grandeurs invariables. On a donc, pour une position quelconque du système, dans laquelle la tension de BB′ serait devenue T et celle de DD′, T′,

$$T + T' = 2T_1 \text{ [1]},$$

---

(1) *Relation entre les tensions des deux brins d'une courroie.* — La relation $T + T' = 2T_1$ est due à Poncelet; elle est d'une exactitude très-suffisante pour les applications et se recommande par sa simplicité.

Si l'on veut établir la relation rigoureuse, il faut exprimer que, quel que soit relation qui, combinée avec l'équation d'équilibre ci-dessus, donnera immédiatement T et T' en fonction de $T_1$ et de Q.

62. *Tension propre de la courroie.* — La tension $T_1$, primitivement donnée à la corde, est nécessaire pour empêcher cette corde de glisser (16), sous l'action de la résistance Q, dans les positions les plus défavorables des tambours, c'est-à-dire dans celles où T — T' doit avoir le *maximum* de sa valeur. En effet, considérant le système dans cette position, qui est à déterminer pour chaque cas où l'intensité des forces serait susceptible de varier, on aura, entre T, T' et $T_1$, les mêmes relations que ci-dessus, et de plus, pour que le glissement n'ait pas lieu,

$$T < T' e^{\frac{fS}{R}},$$

relation dans laquelle $e, f$, S et R ont les significations indi-

---

l'état des tensions aux divers points, la longueur naturelle de la courroie qui répond à la longueur effective résultant du tracé reste constante. En partant de la loi de répartition des tensions sur les poulies indiquée dans la Note du n° 16, et désignant par D la distance des deux axes, par R et R' les rayons des deux poulies, par $m$ et $m' = 2\pi - m$ les angles qui correspondent aux arcs embrassés par la courroie, si l'on exprime que la somme des diverses longueurs primitives qui répondent aux brins rectilignes, aux parties enroulées sans changement de tension et aux parties qui glissent sur les poulies est constante et égale à la longueur naturelle du parcours supposé à la tension uniforme $T_1$, on trouve

$$\frac{D + R\left(m - \frac{1}{f}\log\frac{T}{T'}\right)}{1 + \alpha T} + \frac{D + R'\left(m' - \frac{1}{f}\log\frac{T}{T'}\right)}{1 + \alpha T'} + \frac{R + R'}{f}\log\left(\frac{T}{T'}\,\frac{1 + \alpha T'}{1 + \alpha T}\right)$$
$$= \frac{2D + mR + m'R'}{1 + \alpha T_1}.$$

Dans le cas où la distance des deux arbres est très-grande par rapport aux arcs embrassés, cette relation peut être réduite à

$$\frac{1}{1 + \alpha T} + \frac{1}{1 + \alpha T'} = \frac{2}{1 + \alpha T_1},$$

d'où l'on tire

$$\frac{1 + \alpha T'}{1 + \alpha T} = \frac{T' - T_1}{T_1 - T}.$$

Le premier membre est le coefficient de ralentissement; il est égal à une quées dans le n° 16, et qui servira, conjointement avec les deux premières, à déterminer la plus petite valeur qu'il est nécessaire de donner à $T_1$, pour empêcher le glissement d'avoir lieu, valeur qu'il faudra augmenter de quelque chose, par exemple de $\frac{1}{10}$ ou $\frac{1}{5}$, selon les cas, pour parer à l'inconvénient des secousses et accidents quelconques qui peuvent augmenter momentanément les résistances ou détendre la courroie, la corde conductrice.

Cette dernière circonstance se présente ordinairement pour les lanières en cuir lors des temps humides, et pour les cordes de chanvre, lors des sécheresses, mais elle arrive surtout dans les premiers jours qui suivent leur installation sur les poulies et tambours (¹); aussi les personnes chargées de la direction des machines de cette espèce se voient-elles obligées de retendre fréquemment ces cordes ou courroies, par les moyens

---

fraction $k$ dont la valeur reste comprise, dans les conditions pratiques d'installation, entre 0,98 et 1 (Note du n° 15); l'équation précédente devient donc

$$T' + kT = T_1(k+1), \tag{1}$$

dans laquelle il faut donner à $k$ la valeur spéciale à chaque cas. Pour $k = 1$, on retrouve la formule de Poncelet; on voit que celle-ci est d'autant plus exacte que la différence des tensions est plus faible.

La courroie peut être censée divisée en deux parties, l'une à la tension moyenne $T'$, l'autre à la tension moyenne $T$ et telles que la somme de leurs longueurs naturelles $l$ et $l'$ soit égale à la longueur naturelle totale; on a ainsi la relation

$$l(1+\alpha T) + l'(1+\alpha T') = (l+l')(1+\alpha T_1),$$

qui, combinée avec l'équation (1) donne $l = l'k$; si donc les circonstances sont telles que $k$ puisse être considéré comme constant, $l$ et $l'$ le seront également, pendant tout le mouvement.

Cette propriété permet d'établir les équations du mouvement des deux poulies, en tenant compte des déformations élastiques de la courroie; ces équations sont celles de la Note du n° 46, Section II, dans lesquelles $k$ doit être remplacé par $l\alpha$ (*Comptes rendus de l'Académie des Sciences*, 3 mars 1873). (K.)

(¹) Pour éviter ces inconvénients qui sont forts gênant, lors de la première mise en marche d'une usine, le mieux est de tendre les courroies, avant de les mettre en place, à une charge supérieure à celles qu'elles auront à supporter pendant le fonctionnement, et de les maintenir sous cette tension pendant plusieurs jours. *Voir*, à ce sujet, l'*Introduction à la Mécanique industrielle*, 3e édition, qui contient des renseignements détaillés sur la résistance et les allongements des diverses espèces de courroies en usage dans l'industrie. (K.)

qui ont été indiqués dans la précédente Section, et dont les meilleurs, sans contredit, consistent dans les poulies ou rouleaux de pression, qui permettent de graduer à volonté la tension jusqu'au point où il n'y a plus de glissement. Mais le plus souvent, et pour parer aux accidents de toute espèce, on donne aux courroies un excès de tension tel, que les frottements qui en résultent sur les tourillons des arbres enlèvent à ce mode de communiquer le mouvement une partie des avantages qui peuvent y être attachés; d'ailleurs ce cas est surtout celui des machines à actions ou à mouvements alternatifs, et qui sont dépourvues d'un volant capable de maintenir la constance de la vitesse des tambours qui portent les courroies.

63. *Manière de calculer la tension primitive, dans les différents cas* [1]. — Dans le cas d'une machine toute construite et marchant uniformément avec courroies et poulies de tension, on pourra se servir des relations du n° 57, pour calculer directement les efforts éprouvés par les courroies, toutes les fois que la pression de la poulie sera donnée ou déterminable *a priori*, car cet effort est, dans tous les cas, égal et directement contraire à la résultante des tensions correspondantes. Mais, s'il n'existe pas de poulie de tension, il faudra recourir

---

[1] *Détermination des dimensions des courroies et des câbles.* — Lorsqu'il s'agit d'établir une transmission de mouvement, on détermine par une étude préalable le nombre de chevaux que chaque arbre doit transmettre en moyenne, en tenant compte des résistances passives, suivant les règles exposées dans le texte.

Soit N le travail en chevaux qui doit être transmis par une courroie, ou par un câble, monté sur deux poulies de rayons R et R′ faisant respectivement $m$ et $m'$ tours par minute; on a $Rm = R'm'$.

L'effort moyen P est donné par la relation

$$P = \frac{N}{2\pi R m} 60 \times 75.$$

Pour qu'il n'y ait glissement total sur aucune des deux poulies, il faut que l'on ait

$$T < T' e^{\frac{fs}{R}} \quad \text{et} \quad T < T' e^{\frac{f's'}{R'}}.$$

On déterminera, dans chaque cas, la plus petite des deux valeurs $e^{\frac{fs}{R}}$ et $e^{\frac{f's'}{R'}}$, à l'expérience pour déterminer $T_1$ : par exemple, ayant ôté au treuil A' (*fig.* 88) toute liberté de se mouvoir, supprimé Q ainsi que l'équipage par lequel cette force agit, on appliquera à l'extrémité d'un levier horizontal, suffisamment long et solidement lié à la roue A, un contre-poids justement capable de faire glisser le tambour sous la courroie, dans le sens contraire à son mouvement naturel; nommant $Q_1$ ce contre-poids, $r_1$ son bras de levier et toujours T, T' les tensions correspondantes des branches BB' et DD', on aura évidemment (61 et 62)

$$Q_1 r_1 = (T - T')R + f_1 \rho\, 0{,}96\,[M + Q_1 - (T - T')\sin\varphi] + f_1 \rho\, 0{,}4\,(T + T')\cos\varphi,$$

$$T = e^{\frac{fs}{R}} T', \quad T + T' = 2T_1.$$

Pour tirer de ces équations la valeur de $T_1$, on posera

$$T + T' = \left(1 + e^{\frac{fs}{R}}\right) T' = KT', \quad T - T' = \left(e^{\frac{fs}{R}} - 1\right) T' = K'T';$$

substituant dans la première des équations dont il s'agit, elle

---

que nous désignerons par $\gamma$. On se servira à cet effet des tables de coefficients de frottement déterminés par M. Morin; en voici quelques chiffres :

| | | | |
|---|---|---|---|
| Courroies | ordinaires sur poulies en fonte | ...... | $f = 0{,}28$ |
| » | humides » | ...... | $f = 0{,}38$ |
| » | ordinaires sur tambours en bois | ..... | $f = 0{,}47$ |
| » | neuves » | ... | $f = 0{,}52$ |
| Cordes de chanvre | » | ..... | $f = 0{,}50$ |

On posera

$$T = nT'\gamma,$$

$n$ étant une fraction d'autant plus petite que le travail à transmettre est plus irrégulier, et que l'on doit supposer égale au plus à 0,90. D'un autre côté, on a la relation

$$T - T' = P.$$

On trouve ainsi, pour la plus forte des deux tensions de la courroie,

$$T = P\,\frac{n\gamma}{n\gamma - 1}.$$

La section à donner à la courroie ou au câble pour supporter cette tension donnera immédiatement T′ et, par suite,

$$T_1 = \tfrac{1}{2}(T+T') = \tfrac{1}{2}KT' = \tfrac{1}{2}K\,\frac{Q_1 r_1 - 0{,}96 f_1 \rho (M + Q_1)}{K'R - f_1 \rho\,(0{,}96 K' \sin\varphi - 0{,}4 K \cos\varphi)}.$$

Généralement on n'aura aucun moyen direct d'apprécier la tension propre $T_1$ des courroies sans fin, et alors il conviendra d'opérer comme il a été prescrit ci-dessus (**61** et **62**), pour en calculer au moins approximativement la valeur. Posant encore ici

$$(T + T') = \left(1 + e^{\frac{fs}{R}}\right) T' = KT', \quad T - T' = \left(e^{\frac{fs}{R}} - 1\right) T' = K'T',$$

mettant ces valeurs de $T + T'$ et de $T - T'$ dans les équations du n° **61**, on en déduira d'abord T′, puis

$$T_1 = \tfrac{1}{2}K\,\frac{Qr + \frac{1}{2}ad^{\mu} + 0{,}96 f_1 \rho (M + Q)}{K'R - \frac{1}{2}d^{\mu}b + f_1\rho(0{,}96 K' \sin\varphi - 0{,}4 K \cos\varphi)},$$

dont, conformément à ce qui a été exposé au n° **62**, la valeur devra être prise pour la position la plus défavorable du sys-

---

se déterminera à l'aide des coefficients de résistance dont on trouvera des tables dans l'*Introduction à la Mécanique industrielle;* ordinairement on fait porter aux courroies en cuir $\frac{1}{4}$ de kilogramme par millimètre carré de section; mais, quand le travail est bien régulier, on peut aller au double de cette charge. L'épaisseur ordinaire des courroies en cuir est de $4^{mm},5$; il est rare qu'elle atteigne 6 millimètres; d'un autre côté, leur largeur ne peut guère dépasser $0^{m},30$. On est donc souvent conduit, soit à augmenter les vitesses des courroies afin de diminuer la tension, soit à se servir de plusieurs courroies parallèles, ce qui, dans certains cas, nuit à la régularité de la transmission, soit enfin à doubler les courroies; ce dernier procédé n'est pas sans inconvénient à cause de l'inégale répartition des tensions dans une même section et de la roideur que présente une courroie de grande épaisseur.

*Influence de la longueur des courroies sur le fonctionnement.* — On a établi certaines règles pratiques pour déterminer les limites entre lesquelles il convient de maintenir l'écartement des poulies, et par suite les longueurs de courroies. L'expérience démontre en effet que, lorsqu'un outil est trop éloigné de la transmission qui lui donne le mouvement à l'aide d'une courroie, son fonctionnement devient irrégulier, par suite des grandes oscillations de la vitesse; lorsque, au contraire, il est trop rapproché, le mouvement est dur, saccadé, la courroie glisse et souvent tombe ou se rompt. Ces derniers faits, dont il n'a pas été tenu compte dans l'étude générale de la régularisation du mouvement, dépendent surtout du degré de brusquerie avec lequel se font les variations de tension de la tème, répondant ici au *maximum* de $Qr + 0,96 f_1 \rho Q$, et, de plus, être augmentée de $\frac{1}{10}$ ou $\frac{1}{5}$, selon que le mouvement de la machine sera plus ou moins régulier.

64. *Solution définitive de la question.* — Ayant obtenu, par l'un ou l'autre des procédés qui viennent d'être exposés, la valeur vraie ou approchée de $T_1$, on procédera au calcul des tensions T et T', relatives à une position quelconque et donnée du système, en éliminant successivement ces tensions, entre l'équation d'équilibre du n° 61 et la relation

$$T + T' = 2T_1.$$

Substituant, par exemple, la valeur $2T_1 - T'$ de T dans l'équation dont il s'agit, on en tirera

$$T' = \frac{T_1[R - f_1\rho(0,96\sin\varphi - 0,4\cos\varphi)] - \frac{d^2 a}{4} - \frac{0,96 f_1\rho(M+Q)}{2} - \frac{Qr}{2}}{R + 0,96 f_1\rho\sin\varphi + \frac{d^2 b}{4}},$$

---

courroie, degré qui est mesuré par la valeur de $\frac{dT}{dt}$ (Note du n° 46, Section II). Il existe donc, pour chaque cas, une limite $d$ de l'amplitude des oscillations de la vitesse et une limite $\tau$ du maximum de $\frac{dT}{dt}$ qu'il convient de ne pas dépasser.

En général, la transmission principale d'une usine fait marcher un grand nombre de machines-outils dont chacune ne consomme qu'une petite partie du travail total transmis; dans ce cas, les variations de la résistance d'un outil en particulier ne peuvent avoir une influence immédiate sensible sur la vitesse de l'arbre moteur, en sorte que, si le mouvement de celui-ci est convenablement régularisé, on peut supposer qu'il reste uniforme pendant toute la période considérée de perturbation de l'outil. Dans cette hypothèse, en désignant par

$\Omega$ la vitesse angulaire constante de l'arbre moteur;
$\omega$ la vitesse angulaire variable de l'arbre de l'outil;
Q la tension normale du brin menant;
T cette tension à un instant quelconque, sous l'action d'une variation $q$ de la résistance,

on trouve, d'après les Notes du n° 46, Section II, et du n° 61, Section III, dont les autres notations sont conservées,

$$T = Q + q\left(1 - \cos\frac{t}{\sqrt{l\alpha m}}\right), \quad r\omega = R\Omega - q\sqrt{\frac{l\alpha}{m}}\sin\frac{t}{\sqrt{l\alpha m}}.$$

Ces équations rendent compte des divers faits observés dans la pratique et et, par suite,

$$T = \frac{T_1 [R + f_1 \rho(0,96 \sin\varphi + 0,4 \cos\varphi) + \frac{1}{2} d^\mu b] + \frac{d^\mu a}{4} + 0,96 f_1 \rho \frac{M + Q}{2} + \frac{Q}{2}}{R + 0,96 f_1 \rho \sin\varphi + \frac{d^\mu b}{4}}$$

Comme le terme $(T - T')\sin\varphi$, qui entre dans l'expression de N (**61**), est généralement fort petit à l'égard des autres, on pourra, sans inconvénient pour l'exactitude et pour la simplification des calculs, le remplacer par sa valeur approchée $\frac{Qr}{R}\sin\varphi$, relative à l'hypothèse où il n'existe pas de résistances passives, ce qui donnera sur-le-champ

$$N = 0,96\left(M + Q - \frac{r}{R} Q \sin\varphi\right) + 0,8 T_1 \cos\varphi$$

et permettra ainsi de calculer, *a priori*, la valeur du terme $fN\rho$ qui, dans l'équation de l'équilibre, représente le moment

---

montrent l'influence de la longueur et de l'allongement de la courroie sur les variations de la vitesse et de la tension. D'après ce qui a été dit ci-dessus, pour que la transmission s'effectue convenablement, on doit avoir

$$\frac{q}{\sqrt{l\alpha m}} < \tau \quad \text{et} \quad q\sqrt{\frac{l\alpha}{m}} < d.$$

Ces conditions peuvent toujours être remplies, quel que soit $l\alpha$, si $m$ a une valeur suffisante; on voit de plus que, si l'on fait $l\alpha = \frac{d}{\tau}$, la valeur qu'il est nécessaire de donner à $m$ pour satisfaire à la fois aux deux conditions est un minimum. Il suit de là que, quand la section de la courroie est donnée, il existe une valeur particulière de $l$ qui, pour assurer un mode de fonctionnement défini, exige un minimum d'énergie du volant. Il en résulte encore que, lorsque la régularité voulue a été assurée à une machine-outil, à l'aide d'un volant convenable, pour une longueur de courroie déterminée, cette régularité n'existe plus au même degré, si l'on change la valeur de l'allongement total de la courroie par unité de charge; il faut donc, pour rester dans les mêmes conditions, si l'on augmente la distance de la machine à la transmission, augmenter en même temps la section ou la roideur de la courroie de telle manière que $l\alpha$ reste le même; il faudrait la diminuer si l'on voulait rapprocher les arbres; mais, comme on est limité par la nécessité de conserver à la courroie une résistance suffisante, on sera toujours exposé aux inconvénients d'un mouvement saccadé, dès que la distance des arbres sera trop faible. (K.)

du frottement développé sur les tourillons de l'arbre A, que l'on considère.

Une fois ces calculs terminés, tout ce qui concerne le treuil A', auquel est appliquée directement la puissance P, ne présentera absolument aucune difficulté; car on aura, pour évaluer P, une équation de la forme

$$PR' = (T - T')R' + \frac{d^\mu(a + bT)R'}{2R}$$
$$+ f'_1 \rho\sqrt{[M' + (T - T')\sin\varphi + P\cos\alpha]^2 + [(T + T')\cos\varphi - P\sin\alpha]^2},$$

dans laquelle tout sera connu, sauf P, que l'on en déduira par les méthodes déjà souvent rappelées.

Dans les applications de ces différentes solutions à chaque cas particulier, on pourra d'ailleurs remarquer : 1° que, si les cordons BB' et DD' (*fig.* 88) sont parallèles, ou que $R = R'$, il n'y aura aucun changement à opérer dans les résultats à l'égard des coefficients numériques 0,96 et 0,4, de sorte qu'il suffira d'y supposer simplement $\sin\varphi = 0$ et $\cos\varphi = 1$; et 2° que, si ces cordons forment entre eux un angle quelconque, on aura, pour calculer directement $\sin\varphi$ et $\cos\varphi$, les relations

$$BB' = AA'\cos\varphi, \quad A'B' - AB = R' - R = AA'\sin\varphi,$$

dans lesquelles BB' et AA' sont donnés *a priori*.

### Des palans ou poulies mouflées.

65. *Palans à poulies égales et à cordons sensiblement parallèles.* — Les considérations qui précèdent mettent en état de tenir compte du frottement et de la roideur des cordes dans toutes les machines composées, telles que les *moufles*, les *chèvres*, les *grues*, etc., où il entre des poulies et tambours mis en actions par ces cordes; nous allons en présenter quelques exemples particuliers.

Considérons d'abord le palan (*fig.* 89), composé de deux moufles ou systèmes de poulies égales, montées sur deux axes séparés, soutenus par des chapes, dont l'une est attachée à un point fixe et l'autre supporte une charge ou effort quelconque. Nous supposerons parallèles les différents *cordons* ou *brins*, et nous négligerons leur poids aussi bien que celui de ces poulies, qui, dans les cas les plus ordinaires, exercent assez peu d'influence.

Fig. 89.

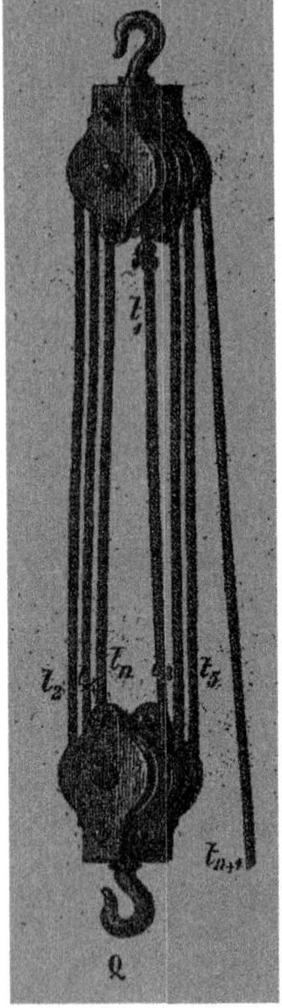


D'après ces hypothèses et en conservant les mêmes dénominations qu'aux n$^{os}$ 57 et 58, on aura, pour exprimer les conditions de l'équilibre d'une poulie quelconque, appartenant à l'une ou à l'autre chape, l'équation

$$Tr = T'r + \tfrac{1}{2}d^{\mu}(a + bT') + f'\rho(T + T'),$$

d'où

$$T = T' \frac{(r + f'\rho + \frac{1}{2}d^{\mu}b)}{r - f'\rho} + \frac{\frac{1}{2}d^{\mu}a}{r - f'\rho},$$

formule dans laquelle on fera, pour abréger,

$$\frac{r + f'\rho + \frac{1}{2}d^{\mu}b}{r - f'\rho} = \beta, \quad \frac{\frac{1}{2}d^{\mu}a}{r - f'\rho} = \alpha,$$

ce qui donne, pour une poulie quelconque, l'équation

$$T = \alpha + \beta T',$$

dans laquelle $\alpha$ et $\beta$ sont des constantes.

Cela posé, nommons

Q la charge que supporte la chape inférieure du palan, y compris son équipage;

$t_1, t_2, t_3, \ldots, t_n, t_{n+1}$ les tensions des cordons successifs, dont le premier est supposé attaché à la chape supérieure ou fixe, et dont le dernier est censé sollicité directement par la puissance et appartenir à la dernière des poulies supérieures;

on aura, en observant que la charge Q se trouve à la fois soutenue par tous les cordons, celui-ci excepté,

$$t_1 + t_2 + t_3 + \ldots + t_n = Q.$$

L'équation précédente donne d'ailleurs, pour les poulies successives,

$$t_2 = \alpha + \beta t_1 + \ldots\ldots\ldots\ldots\ldots\ldots\ldots\ldots = \alpha\frac{(1-\beta)}{1-\beta} + \beta t_1,$$

$$t_3 = \alpha + \beta t_2 = \alpha + \alpha\beta + \beta^2 t_1 = \alpha(1+\beta) + \beta^2 t_1 + \ldots\ldots\ldots = \alpha\frac{(1-\beta^2)}{1-\beta} + \beta^2 t_1,$$

$$t_4 = \alpha + \beta t_3 = \alpha + \alpha\beta + \alpha\beta^2 + \beta^3 t_1 = \alpha(1+\beta+\beta^2) + \beta^3 t_1 + \ldots = \alpha\frac{(1-\beta^3)}{1-\beta} + \beta^3 t_1,$$

$$\ldots\ldots\ldots\ldots\ldots\ldots\ldots\ldots\ldots\ldots\ldots\ldots\ldots\ldots,$$

$$t_n = \alpha + \beta t_{n-1} = \alpha(1+\beta+\beta^2+\ldots+\beta^{n-2}) + \beta^{n-1} t_1 + \ldots\ldots = \alpha\frac{(1-\beta^{n-1})}{1-\beta} + \beta^{n-1} t_1$$

et par suite

$$Q = t_1 + t_2 + t_3 + \ldots + t_n$$
$$= \alpha\left(\frac{n-1-\beta-\beta^2-\ldots-\beta^{n-1}}{1-\beta}\right) + (1+\beta+\beta^2+\ldots+\beta^{n-1})t_1,$$

ou

$$Q = \alpha\left[\frac{n}{1-\beta} - \frac{(1-\beta^n)}{(1-\beta)^2}\right] + \frac{(1-\beta^n)}{1-\beta}\,t_1,$$

d'où

$$t_1 = Q\frac{(1-\beta)}{1-\beta^n} - \alpha\left(\frac{n}{1-\beta^n} - \frac{1}{1-\beta}\right).$$

Donc enfin on aura, pour calculer $t_n$ et $t_{n+1}$, les formules

$$t_n = \alpha\frac{(1-\beta^{n-1})}{1-\beta} + \beta^{n-1} t_1 = \alpha\left(\frac{n\beta^{n-1}}{\beta^n-1} - \frac{1}{\beta-1}\right) + \frac{(\beta-1)\beta^{n-1}}{\beta^n-1}Q,$$

$$t_{n+1} = \alpha + \beta t_n = \alpha\left(\frac{n\beta^n}{\beta^n-1} - \frac{1}{\beta-1}\right) + \frac{(\beta-1)\beta^n}{\beta^n-1}Q,$$

dont la première servira dans le cas où le cordon sur lequel agit la puissance aboutira directement à une poulie de la chape mobile.

La même analyse serait évidemment applicable à toute combinaison de poulies égales, dont les cordons ou brins formeraient consécutivement les mêmes angles, soit entre eux, soit avec la verticale, ce qui se présente quelquefois dans les machines destinées à soulever des fardeaux. Il est évident, en effet, d'après les nos 57 et 58, que l'on aura sensiblement, pour les poulies mobiles comme pour les poulies fixes, et en conservant les notations du premier de ces numéros,

$$Tr = T'r + \tfrac{1}{2}d^{\mu}(a + bT') + f'\rho\sqrt{(T+T')^2\cos^2\varphi + (T-T')^2\sin^2\varphi},$$

d'où l'on tire, avec un degré d'approximation très-suffisant,

$$T = \frac{[r + \tfrac{1}{2}d^{\mu}b + f'\rho(0,96\cos\varphi - 0,4\sin\varphi)]T' + \tfrac{1}{2}d^{\mu}a}{r - f'\rho(0,96\cos\varphi + 0,4\sin\varphi)},$$

expression linéaire et où il n'y a de variables, par hypothèse, que T et T'.

66. *Application numérique au palan des pontonniers.* — Le palan employé au service des équipages de ponts (*fig.* 90) est composé de deux systèmes de quatre poulies égales en cuivre, dont le rayon commun $r$ est égal à $0^m,0593$, mesuré à partir du milieu de la corde qui, elle-même, a pour diamètre $d = 0^m,018$. Ces poulies sont percées d'un œil dont le rayon $\rho = 0^m,0105$; elles tournent sans enduit autour d'un boulon en fer, de sorte qu'on a ici, d'après les expériences de Coulomb,

Fig. 90.

$$f = 0,155,$$

et par suite

$$f' = \frac{f}{\sqrt{1+f^2}} = 0,153;$$

d'où l'on tire

$$r + f'\rho = 0^m,0609, \quad r - f'\rho = 0^m,0577.$$

Le tableau du n° 12 donne, pour une corde de diamètre $d' = 0^m,02$, enroulée sur un tambour de 1 mètre de diamètre,

$$d'^{\mu}a = 0^{kg},22246, \quad d'^{\mu}b = 0^{kg},00974,$$

l'exposant $\mu$ étant ici égal à $1^m,75$ environ, ce qui convient aux cordes presque neuves. Supposant donc que celle de notre palan soit dans le même état, on aura, d'après le n° 12,

$$d^\mu a = d'^\mu a \left(\frac{d}{d'}\right)^\mu = 0,22246 \left(\frac{9}{10}\right)^{1,75} = 0,18993 = 0,19,$$

$$d^\mu b = d'^\mu b \left(\frac{d}{d'}\right)^\mu = 0,00974 \left(\frac{9}{10}\right)^{1,75} = 0,008316 = 0,0083,$$

ce qui donne

$$\alpha = \frac{\frac{1}{2} d^\mu a}{r - f'\rho} = 1,646, \quad \beta = \frac{r + f'\rho + \frac{1}{2} d^\mu b}{r - f'\rho} = 1,1267.$$

Substituant ces valeurs dans la formule

$$t_{n+1} = \alpha\left(\frac{n\beta^n}{\beta^n - 1} - \frac{1}{\beta - 1}\right) + \frac{(\beta - 1)\beta^n}{\beta^n - 1} Q,$$

en observant qu'ici $n = 8$ et, par suite,

$$\beta^n = 2,596, \quad \frac{\beta^n}{\beta^n - 1} = 1,6265,$$

il viendra

$$t_{n+1} = 8,43 + 0,206Q;$$

s'il n'y avait pas de résistances passives, on aurait évidemment

$$t_{n+1} = P = 0,125Q.$$

Ces résistances exigent donc, de la part de la puissance, un surcroît d'effort mesuré par

$$8,43 + 0,081\,Q,$$

et dont le rapport à la charge Q augmente indéfiniment à mesure que cette charge diminue, circonstance qui tient à la partie constante $d^\mu a$ de la roideur des cordages.

Supposant, par exemple, que le fardeau à soulever soit une pièce de 24 du poids de 2800 kilogrammes, la puissance devra développer un effort d'environ $585^{kg},29$, au lieu de

$$0,125Q = 350 \text{ kilogrammes}$$

seulement qu'elle aurait à exercer s'il n'y avait pas de résistances nuisibles : ces résistances absorbent donc à elles seules

les $\frac{235,29}{585,29} = 0,402$ de l'effort ou du travail moteur, ou, ce qui revient au même, l'effet utile est réduit aux $\frac{350}{585,29} = 0,598$ de la quantité de travail dépensé, l'un et l'autre étant ici évidemment proportionnels aux efforts qui leur correspondent et rapportés au même point d'application, au même chemin parcouru.

67. *Mouflettes à poulies inégales et à cordons parallèles.* — La *fig.* 91 représente un système de moufles souvent employé, dans les constructions, pour élever les matériaux au sommet des édifices, et dans lequel les cordons sont encore sensiblement parallèles, mais dont les poulies sont inégales pour chaque moufle et montées sur des axes différents, unis par la même chape; les valeurs de $\alpha$ et de $\beta$ changeant ainsi d'une poulie à la suivante, il devient indispensable de calculer de proche en proche les tensions $t_2$, $t_3, \ldots, t_n$, $t_{n+1}$ qui appartiennent aux poulies consécutives, en fonction de la tension $t_1$ du premier cordon, de sorte que l'on a la suite d'équations

Fig. 91.

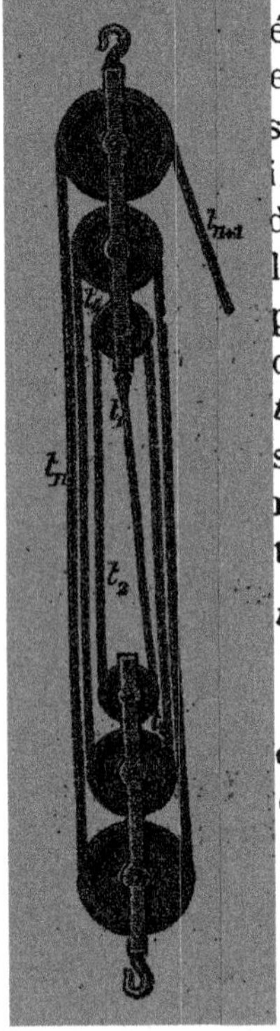

$$t_2 = \alpha + \beta t_1, \quad t_3 = \alpha_1 + \beta_1 t_1, \quad t_4 = \alpha_2 + \beta_2 t_1, \ldots,$$
$$t_n = \alpha_{n-2} + \beta_{n-2} t_1, \quad t_{n+1} + \alpha_{n-1} + \beta_{n-1} t_1,$$

desquelles on tirera la valeur de $t_1$, puis ensuite celle de $t_n$ et de $t_{n+1}$, en posant encore l'équation

$$\begin{aligned} Q &= t_1 + t_2 + t_3 + \ldots + t_n \\ &= \alpha + \alpha_1 + \alpha_2 + \ldots + \alpha_{n-2} \\ &\quad + (1 + \beta + \beta_1 + \beta_2 + \ldots + \beta_{n-2}) t_1. \end{aligned}$$

Ces calculs se simplifient dans la plupart des cas, attendu que les poulies, symétriquement placées dans les deux chapes, recoivent ordinairement des rayons égaux aussi bien que leurs tourillons.

68. *Calcul de la chèvre d'artillerie.* — Prenant pour exemple la chèvre d'artillerie (*fig.* 92) et conservant pour les pou-

Fig. 92.

lies mouflées les dénominations du n° 65, on observera que le cordon de la puissance, dont la tension est $t_{n+1}$, n'est point ici parallèle aux autres, attendu qu'il s'enroule sur le treuil de la chèvre, de sorte qu'il faudra considérer à part l'équilibre qui, sur la dernière poulie supérieure, existe entre $t_{n+1}$ et $t_n$.

Cela posé, on aura d'abord, pour calculer la tension $t_n$ (65),

$$t_n = \alpha\left(\frac{n\beta^{n-1}}{\beta^n - 1} - \frac{1}{\beta - 1}\right) + \frac{(\beta - 1)\beta^{n-1}}{\beta^n - 1}\,Q,$$

puis (57), pour calculer celle $t_{n+1}$ du dernier cordon qui fait l'angle $\varphi$ avec la verticale,

$$t_{n+1}\,r = t_n\,r + \frac{d^\mu(a + bt_n)\,r}{2r} + f'\rho\sqrt{(t_n + t_{n+1}\cos\varphi)^2 + t^2_{n+1}\sin^2\varphi},$$

équation qui, en posant (*voir* la Note I à la fin de cette Section)

$$\sqrt{(t_n + t_{n+1}\cos\varphi)^2 + t^2\sin^2\varphi}$$
$$= 0{,}986\,(t_n + t_{n+1}\cos\varphi) + 0{,}233\,t_{n+1}\sin\varphi,$$

valeur exacte à $\frac{1}{71}$ près, attendu que $t_n + t_{n+1}\cos\varphi$ surpasse au moins le double de $t_{n+1}\sin\varphi$, donne

$$t_{n+1} = \frac{t_n(r + \frac{1}{2}d^\mu b + 0,986 f'\rho) + \frac{1}{2}d^\mu a}{r - f'\rho(0,986\cos\varphi + 0,233\sin\varphi)}$$
$$= \frac{t_n(r + \frac{1}{2}d^\mu b + 0,986 f'\rho) + \frac{1}{2}d^\mu a}{r - f'\rho},$$

attendu encore que, $2\sin\varphi$ étant ici toujours plus petit que $\cos\varphi$, la quantité $0,986\cos\varphi + 0,233\sin\varphi$, qui entre au dénominateur, est à $\frac{1}{71}$ près la valeur exacte de

$$\sqrt{\cos^2\varphi + \sin^2\varphi} = 1.$$

La tension $t_{n+1}$ du cordon qui sollicite le treuil de la chèvre étant ainsi connue, on procédera comme à l'ordinaire au calcul de la puissance nécessaire à appliquer à ce treuil, pour vaincre toutes les résistances réunies; mais il se présente ici une difficulté résultant de ce que les hommes qui opèrent la manœuvre de la chèvre n'agissent ni avec le même effort, ni sous le même angle, ni au même point des leviers, dont l'inclinaison varie d'ailleurs à chaque instant. C'est nécessairement le cas de se borner à calculer, d'une manière approximative, la valeur moyenne de l'effort ou du travail qu'ils doivent développer sur les leviers, à chaque révolution ou dans un temps donné, pour vaincre toutes les résistances réunies, et de s'assurer s'ils sont réellement capables de cet effort ou de ce travail.

A cet effet, on remarquera que l'action des hommes sur la machine peut toujours être censée décomposée en deux autres, dont l'une, perpendiculaire aux leviers, produit seule le mouvement, et dont l'autre, dirigée suivant ces mêmes leviers, sert uniquement à presser les tourillons du treuil sur les coussinets, et peut, sans erreur sensible, être négligée, puisqu'elle n'influe que sur le frottement assez petit de ce treuil. Nommant donc

P l'effort perpendiculaire au levier;
$\alpha$ l'angle que sa direction forme avec la verticale;
R sa distance moyenne à l'axe, qu'on peut supposer égale aux $\frac{3}{4}$ ou aux $\frac{2}{3}$ environ de la longueur des leviers;

on aura, pour déterminer P, en faisant attention qu'ici les composantes de $t_{n+1}$, qui agissent sur les tourillons, l'emportent nécessairement sur celles qui proviennent de M et de P,

$$PR = t_{n+1} r + \tfrac{1}{2} d^{\mu} (a + b t_{n+1}) + f'_1 \rho' \sqrt{(t_{n+1}\cos\varphi - M - P\cos\alpha)^2 + (t_{n+1}\sin\varphi - P\sin\alpha)^2},$$

équation dans laquelle $r'$, $f'_1$, $\rho'$ et M ont les significations déjà souvent indiquées, et qu'on résoudra d'ailleurs, à la manière ordinaire, en y remplaçant, par exemple, le radical par sa valeur approchée

$$(0{,}96\cos\varphi + 0{,}4\sin\varphi)\, t_{n+1} - 0{,}96M - (0{,}96\cos\alpha + 0{,}4\sin\alpha)P$$
$$= t_{n+1} - 0{,}96M - (0{,}96\cos\alpha + 0{,}4\sin\alpha)P,$$

puisqu'ici, l'angle $\varphi$ étant au-dessous de 45 degrés, on a encore, à $\frac{1}{25}$ près,

$$0{,}96\cos\varphi + 0{,}4\sin\varphi = 1.$$

Mais comme l'angle $\alpha$ est susceptible de varier de zéro à 90 degrés environ, et que nous avons négligé le poids des leviers et les composantes de l'effort qu'exercent les hommes dans le sens de leur direction, on pourra également substituer, à l'expression $0{,}96\cos\alpha + 0{,}4\sin\alpha$, sa plus grande valeur 1, qui répond à l'angle pour lequel $0{,}4\cos\alpha = 0{,}96\sin\alpha$. On trouvera d'après cela, pour l'effort moyen,

$$P = \frac{t_{n+1}(r' + \frac{1}{2} d^{\mu} b + f'_1 \rho') + \frac{1}{2} d^{\mu} a - 0{,}96 f'_1 \rho' M}{R + f'_1 \rho'}.$$

### De la résistance des chaînes (¹).

69. *Calcul du frottement des chaînes plates.* — Nous avons vu qu'au lieu de cordes ou de courroies on emploie quelquefois des chaînes pour communiquer le mouvement. Malheureusement on n'a point encore fait d'expériences spéciales pour déterminer leur résistance absolue. Celle qui provient

(¹) Ce Chapitre ne figure que dans l'édition de 1826. (K.)

des courroies ne paraît pas toutefois être considérable, ainsi que nous l'avons expliqué (15), attendu leur peu d'épaisseur et leur flexibilité naturelle.

Quant aux chaînes, elles occasionnent des résistances qu'il n'est pas toujours permis de négliger : celles qu'on regarde ordinairement comme les plus avantageuses sont les chaînes plates à articulations, dont chaque chaînon est lié par deux boulonnets au chaînon qui précède ou qui suit (*voir*, pour la forme de la chaîne, la *fig.* 42, page 203).

Considérant une telle chaîne passant sur une poulie ou un tambour mobile sur son axe A, et sollicitée à l'une de ses extrémités par une résistance Q et à l'autre par une puissance P destinée à mettre le système en équilibre, on remarquera qu'en imprimant un mouvement infiniment petit à la poulie, dans le sens de P, l'angle décrit par les branches extérieures des chaînes autour des boulons des chaînons déjà appuyés sur la poulie est égal à l'angle décrit par la poulie elle-même autour de son centre; mais, en nommant $ds$ le petit arc parcouru par le point des boulonnets où s'exerce le frottement, $ds$ sera la vitesse virtuelle de ce frottement mesuré par $\frac{f}{\sqrt{1+f^2}}$ Q ou $f'$Q pour le tourillon du chaînon qui vient sur la poulie, et par $f'$P pour le tourillon de celui qui la quitte, en sorte que $f'Q\,ds$, $f'P\,ds$ seront les moments virtuels respectifs de ces frottements. Ceux des forces P et Q elles-mêmes étant $P\,dS$, $Q\,dS$, en nommant $dS$ l'arc élémentaire décrit par le centre des boulonnets autour de A, on aura l'équation

$$P\,dS = Q\,dS + f'(P+Q)\,ds,$$

mais les arcs $ds$, $dS$, qui mesurent des angles au centre égaux d'après ce qui précède, sont proportionnels à leurs rayons, que nous nommerons respectivement $r$ et R, et qui sont évidemment ici le rayon du trou du boulon et la distance du centre A de la poulie au *point milieu* $\varphi$ de la chaîne; donc l'équation deviendra

$$PR = QR + f'(P+Q)\,r;$$

d'où

$$P = Q\frac{R + f'r}{R - f'r} \quad \text{et} \quad P = Q + \frac{2f'r}{R - f'r}Q,$$

c'est-à-dire que, pour tenir compte de la résistance de la chaîne dans l'équation d'équilibre de la machine où entre la poulie, il faudra augmenter la tension Q de $\frac{2f'r}{R' - f'r}Q$, absolument de la même manière qu'on l'a fait pour la roideur des cordes. En négligeant d'ailleurs le terme $f'r$ vis-à-vis de R, on retombera sur l'expression

$$\frac{2f'rQ}{R} = \frac{2f}{\sqrt{1+f^2}}\frac{rQ}{R},$$

donnée par Coulomb dans sa *Théorie des machines simples.*

On remarquera que les chaînes plates et à articulations dont il s'agit ici peuvent, lorsqu'elles ne sont pas rigoureusement exécutées, donner lieu à un autre frottement résultant de la pression de chaque chaînon sur la gorge de la poulie à l'instant où l'arrondissement de l'extrémité (voir *fig.* 42, p. 203, pour la forme de la chaîne), venant à poser sur cette gorge, le chaînon continue à tourner autour de son boulon antérieur jusqu'à ce qu'il se trouve appliqué en entier sur la poulie; ce frottement aurait évidemment lieu pour tous les chaînons dont l'épaisseur serait un peu plus forte que celle des chaînons qui les précèdent ou les suivent immédiatement, et il aurait pour bras de levier la demi-épaisseur de la chaîne. Il serait possible de tenir compte de ce nouveau frottement, mais il vaudra mieux chercher à l'éviter par une exécution exacte et régulière des chaînons. Nous ne parlerons pas des chaînes à anneaux tors qui, outre ces inconvénients, ont encore celui d'occasionner des ressauts et secousses provenant du renversement des anneaux tantôt dans un sens, tantôt dans l'autre; on doit les rejeter entièrement. On diminuera d'ailleurs ces inconvénients, ainsi que celui du frottement des boulons et de la variation du bras de levier de la puissance, provenant de ce que les chaînons forment un polygone autour de la poulie, en augmentant convenablement le rayon de cette poulie et diminuant au contraire, le plus possible, la longueur des chaînons.

La disposition suivante des chaînes nous paraît être celle qui est la plus avantageuse possible.

**70.** *Disposition de la plus avantageuse des chaînes sur les poulies ou tambours.* — Concevons une chaîne ordinaire (*fig.* 93) formée d'anneaux oblongs, plans, d'une petite longueur et perpendiculaires les uns aux autres; on creusera,

Fig. 93.

dans le milieu de la gorge de la poulie ou du tambour, une rainure destinée à recevoir les maillons qui se présentent perpendiculairement à cette gorge; les longues branches des autres s'appliqueront à plat sur la gorge de la poulie, sans frotter. On peut voir cette disposition appliquée au modèle du pont-levis à la Dobenheim, qui se trouve au cabinet de l'École d'application; elle est également employée dans des machines en grand, notamment à certains ponts-levis et à la grue de MM. Wilson et Manby à Charenton; la chaîne s'enroule à plusieurs reprises sur l'arbre en fonte du treuil, qui porte des rainures hélicoïdes pour recevoir les maillons qui se présentent d'équerre : cet arbre forme ainsi une véritable vis à filets carrés.

Il est à remarquer que dans ce système, qui réunit les avantages de la solidité et de la simplicité, le frottement, au point de contact de deux maillons consécutifs, peut, dans certains cas, être réduit à un simple roulement.

Pour le démontrer, nous remarquerons qu'il se passe ici exactement la même chose que lorsqu'un tourillon roule dans un palier, ou lorsque l'œil d'une roue roule sur un tourillon, c'est-à-dire que le point de contact *m* (*fig.* 94) des deux chaî-

Fig. 94.

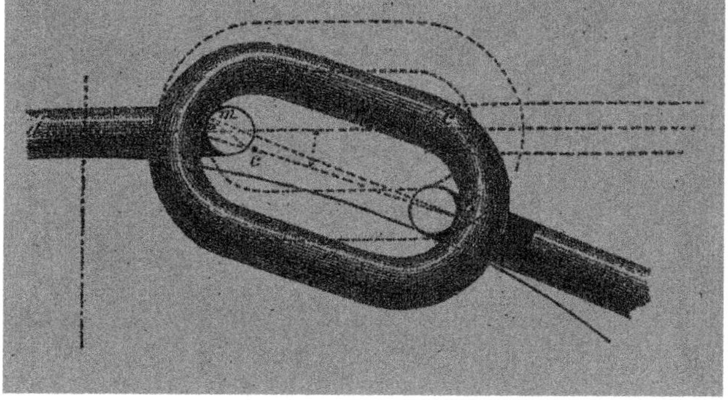


nons, qui d'abord est en *a* dans l'axe de l'anneau mobile, se déplace quand cet anneau vient à rouler sur la branche transversale de l'anneau précédent *ad*, supposé fixe et déjà placé sur la poulie : or la quantité de ce déplacement est relative à l'angle formé par les axes *ab* et *ad* de ces chaînons; si donc cet angle, parvenu à sa plus grande valeur, est tel que, pour la position correspondante du point de contact *m*, le frottement en ce point suffise encore pour empêcher le glissement, ou que la tangente de l'angle *bmc*, formé par le rayon *cm* de l'anneau et la direction *bm* du chaînon suivant, soit plus petite que *f*, il n'y aura eu que simple roulement ou frottement de la seconde espèce, dont la valeur est tout à fait négligeable à l'égard de l'autre.

On pourrait, d'après cela, rechercher quels sont les rapports à établir entre les dimensions des anneaux et celles de la poulie pour que le frottement devînt nul; il nous suffira de remarquer ici que l'arc *am*, décrit par le point de contact *m* sur le chaînon, sera d'autant plus petit que l'angle extérieur formé par deux chaînons successifs placés sur la poulie le sera lui-même davantage et qu'il y aura plus de différence entre la grosseur du tourillon ou du fer rond qui forme les anneaux et le rayon *cm* du cercle qui termine ces mêmes anneaux.

## Manière de tenir compte du poids des cordes et courroies dans les équations d'équilibre.

71. *Loi générale des tensions en chaque point d'une corde pesante, soutenue par des rouleaux ou surfaces quelconques.* — Soit $abcd...g$ (*fig.* 95) une corde sollicitée, à ses extrémités, par des forces quelconques et passant sur des poulies

Fig. 95.

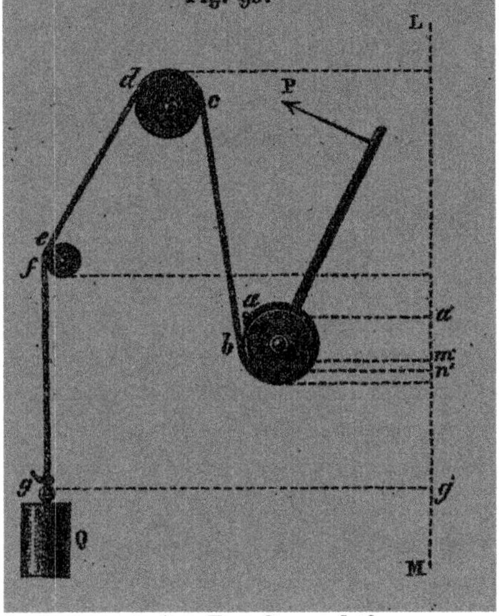


ou rouleaux de renvoi A, B, C mobiles autour de leurs centres. On conçoit que le poids de cette corde influera sur les conditions de l'équilibre : 1° en ce qu'il chargera les points d'appui A, B, C qui la supportent; 2° en ce qu'il modifiera la tension naturelle en chaque point. Cela posé, nous admettrons que les forces étrangères qui sollicitent la corde soient assez grandes pour que l'on puisse la considérer comme exactement appliquée sur chaque rouleau et comme à peu près tendue en ligne droite d'un rouleau à l'autre, c'est-à-dire de $b$ en $c$, de $d$ en $e$, ce qui a presque toujours lieu dans les applications : par exemple, nous supposerons que l'extrémité inférieure $g$ de la corde supporte un poids Q, et que son extrémité supérieure $a$ soit liée à l'arbre d'un treuil sollicité par une puissance P, qui met tout le système en équilibre, y compris les résistances passives.

Nommant $p$ le poids du mètre courant de la corde, celui d'un élément quelconque $mn = ds$, appartenant ou non à la surface des rouleaux, sera $pds$, et si $\alpha$ désigne l'angle formé par cet élément avec la verticale, on pourra concevoir $pds$ décomposé en deux forces : l'une $pds \cos\alpha$, qui agira dans le sens de la corde pour l'entraîner vers l'extrémité la plus basse de $mn$; l'autre $pds \sin\alpha$, qui agira perpendiculairement à sa direction et servira simplement à modifier la pression sur les appuis A, B, C, de sorte qu'elle sera détruite, soit directement par la résistance qu'ils lui opposent en chaque point des rouleaux, soit indirectement par la rigidité propre de la corde (1), dans les parties libres ou interposées entre chaque couple de rouleaux.

Considérant d'abord l'ensemble des premières composantes, on remarquera que chacune d'elles $pds \cos\alpha$ exprime le poids d'une portion de corde pareille, égale à la projection $m'n'$ de l'élément $mn$ sur la verticale quelconque LM, c'est-à-dire à la *hauteur* $dh$ de cet élément, et sollicitant la corde dans le sens de la pesanteur; la tension croît donc progressivement, depuis le point le plus bas de chaque rouleau jusqu'au point le plus élevé de la corde sur ce rouleau ou sur les rouleaux adjacents, et cela de quantités $ph$ proportionnelles à la hauteur $h$ de chaque point au-dessus du point le plus bas dont il s'agit, quantités qui sont ainsi indépendantes de la nature de la courbe formée par la corde ou celle des surfaces qui la supportent. En général, si nous nommons $t_1$ la tension, en un point quelconque, dont $h_1$ est la hauteur au-dessus d'un plan horizontal et inférieur donné, $t$ celle qui a lieu à un autre point également quelconque et dont l'élévation, au-dessus de

(1) Pour les parties qui forment chaînettes, le poids $pds$ de chaque élément est, comme on sait, égal et de signe contraire à la résultante des tensions consécutives, et la composante $yds \sin\alpha$ est détruite par la somme des composantes de ces tensions suivant la normale, ou par la force $td\theta = td\alpha$, $t$ désignant, comme dans la Note du n° 16, la valeur de la tension au point considére, et $d\theta$ la variation de l'angle de contingence, évidemment égale à celle de l'angle $\alpha$.

ce plan, soit $h$, on aura, eu égard seulement au poids de la corde,

$$t = t_1 + \int_h^{h_1} p\,dh = t_1 + p(h - h_1),$$

quantité dont le second terme sera positif ou négatif selon que $h$ sera plus grand ou plus petit que $h_1$.

Ainsi, par exemple, la tension au point le plus élevé du rouleau B, ou le plus bas du rouleau A, ou enfin au point d'attache $a$ de la corde sur ce dernier rouleau, peut être censée composée de deux autres, dont l'une, égale à celle qui aurait lieu en ce même point si la corde était sans pesanteur, et l'autre égale au poids d'une corde pareille ayant pour longueur la différence positive ou négative entre la hauteur de ce même point et celui $g$ qui sert d'attache à Q; ce qui revient à dire notamment que *la tension qui, en $a$, ferait équilibre au poids seul de la corde, est équivalente au poids en question, et agit pour favoriser la puissance* P *ou la résistance* Q, *selon que ce point se trouve situé au-dessous ou au-dessus du point d'attache $g$.*

72. *Indication de la marche à suivre dans les divers cas, pour calculer l'influence du poids des cordes.* — En particulier, si les deux bouts de la corde se rejoignent exactement, ou si cette corde était sans fin, son poids ne ferait que presser les appuis et n'augmenterait ni ne diminuerait en rien l'action de la puissance, principe évident et dont on pourrait se servir pour établir celui qui précède : le principe des vitesses virtuelles en fournirait une autre démonstration très-simple.

Lorsque l'extrémité $g$ de la corde, au lieu d'être libre ou simplement sollicitée par un poids Q, est solidement attachée à un point fixe, le poids du cordon qui lui correspond se trouve ordinairement détruit par la résistance de ce point, et alors il faut considérer l'équilibre de la corde à partir du point le plus bas de ce cordon. Ce cas est notamment celui des palans et de la chèvre d'artillerie. Prenant donc, pour chacune des positions du système, la hauteur comprise entre le point inférieur des poulies mobiles et l'extrémité de la corde qui répond à la puissance, multipliant cette hauteur par le poids de l'unité de longueur de cette corde, on aura la quantité dont il faut augmenter ou diminuer la tension $t_{n+1}$ du dernier brin, selon que la moufle mobile se trouvera au-dessous ou au-dessus de l'horizontale du point dont il s'agit.

Quant aux composantes normales $p\,ds \sin\alpha$, qui contribuent à augmenter les frottements sur les appuis ou tourillons des poulies, on peut presque toujours les négliger vis-à-vis des pressions qui résultent, sur ces mêmes appuis, des tensions que font naître, aux différents points, les forces P et Q appliquées au système. Si d'ailleurs on voulait opérer rigoureusement, il faudrait considérer ce qui se passe d'un cordon au cordon suivant, à partir de celui qui soutient immédiatement le poids Q ou qui est attaché au point fixe, et déterminer ainsi, de proche en proche, la tension de la corde en ses points de contact sur les diverses poulies et les pressions qui en résultent sur chaque tourillon, ce qui tend à compliquer un peu les calculs et n'offre, du reste, rien de bien difficile, quand les cordons sont à peu près tendus en ligne droite.

Si les cordons des palans sont verticaux, il sera suffisamment exact de supposer les tourillons de chacune des poulies supérieures chargés du poids entier des deux cordons qui aboutissent à cette poulie, ou, ce qui revient au même, on supposera, dans les équations d'équilibre, les tensions, aux points de contact de chacun des cordons avec les poulies supérieures, augmentées du poids de ces mêmes cordons.

Si les cordons, au lieu d'être verticaux, étaient inclinés d'une manière quelconque, les tensions en leurs extrémités supérieures seraient encore déterminées, au moyen de celles de leurs extrémités les plus basses, d'après le principe du n° **71**, c'est-à-dire que les premières surpasseraient respectivement les secondes de quantités égales au poids de portions de corde ayant pour longueur la hauteur comprise entre les extrémités de chaque brin; mais on aurait de plus à tenir compte des composantes normales $p\,ds \sin\alpha$ (**71**), qui produisent un surcroît de pression sur les appuis ou tourillons des poulies; cela ne présentera aucune difficulté si les cordons peuvent être censés tendus sensiblement en ligne droite, entre leurs points de contact respectifs sur ces poulies, ce qui est le cas le plus ordinaire des applications.

A l'égard des portions de cordons embrassant les gorges de poulies, on pourrait, sans inconvénient, négliger totalement leur poids; mais, si l'on veut en tenir compte, on le supposera réuni à celui de ces poulies, dans le terme qui concerne le frottement des tourillons, et l'on ajoutera son moment à celui des autres forces, en observant, d'après le principe du n° **71**, qu'il a pour valeur le produit du rayon des poulies par le poids d'une portion de corde pareille, égale à la projection de l'arc embrassé et agissant à l'extrémité la plus basse de cet arc.

### Frottement de la vis à filets carrés.

73. *Expression du moment des résistances par rapport à l'axe de la vis.* — Soit (*fig.* 96) AB l'axe, supposé vertical,

Fig. 96.

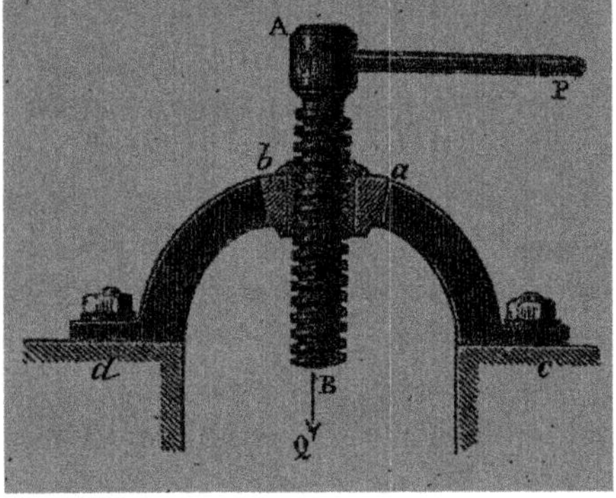


d'une vis à filets carrés, destinée à soulever un poids Q par l'intermédiaire d'une puissance horizontale P appliquée à l'extrémité du bras de levier R, de sorte que l'écrou *ab* est ici censé fixe. On peut toujours supposer que la charge Q soit distribuée uniformément sur un certain filet hélicoïde de la vis ou de l'écrou, que nous nommerons *filet moyen*, et s'y trouve posée comme sur un plan incliné formant, avec l'horizon, un angle égal à celui des plans tangents à ce filet.

Nommant donc

$r$ le rayon du cylindre qui contient l'hélice ou le filet moyen dont il s'agit;

$p$ la force horizontale, tangente à ce cylindre, qui serait capable de vaincre le poids Q et les frottements qui en résultent sur la surface du filet moyen;

$h$ la hauteur du pas de la vis ou de l'écrou;

$\pi = 3,1415926$ le rapport de la circonférence au diamètre;

$\alpha$ l'angle d'inclinaison constante du filet moyen à l'horizon;

$f$ le coefficient du frottement pour les substances en contact,

on aura, d'après le n° **18**,

$$p = Q\frac{\text{tang}\,\alpha + f}{1 - f\,\text{tang}\,\alpha} \quad Q\frac{h + 2\pi fr}{2\pi r - fh},$$

dont le moment, par rapport à l'axe de la vis, est

$$pr = Qr\frac{\text{tang}\,\alpha + f}{1 - f\,\text{tang}\,\alpha} = Qr\frac{h + 2\pi fr}{2\pi r - fh}.$$

C'est ce moment qu'il faudra introduire dans l'équation d'équilibre (nos **50** et suivants) des forces qui sollicitent la vis ou l'écrou dans son mouvement de rotation autour de l'axe fixe AB.

La valeur ci-dessus de $p$ peut se mettre sous la forme

$$p = Q\,\text{tang}\,\alpha + fQ\frac{1 + \text{tang}^2\alpha}{1 - f\,\text{tang}\,\alpha} = Q\frac{h}{2\pi r} + fQ\frac{h^2 + 4\pi^2 r^2}{2\pi r(2\pi r - fh)};$$

on voit que la portion de $p$, employée seule à vaincre le frottement, a pour expression

$$fQ\frac{1 + \text{tang}^2\alpha}{1 - f\,\text{tang}\,\alpha},$$

dont la valeur croît progressivement avec tang $\alpha$, jusqu'à devenir infinie quand $\text{tang}\,\alpha = \frac{1}{f}$, limite passé laquelle la puissance horizontale $p$ et, par suite, la force P appliquée à l'extrémité du bras de levier ne pourraient plus faire mouvoir la vis en l'élevant le long des filets de l'écrou (**19**).

Il semblerait, d'après cela, qu'il dût y avoir, en général, de l'avantage à diminuer l'angle d'inclinaison $\alpha$ des hélices; mais on arrivera à une conséquence tout opposée si l'on considère que le rapport

$$\frac{f(1+\tang^2\alpha)}{\tang\alpha(1-f\tang\alpha)}=\frac{2f}{\sin 2\alpha-f(1-\cos 2\alpha)}$$

du terme $p$ relatif au frottement à celui qui représente la portion utilisée de la puissance décroît constamment, depuis la valeur $\theta$ de $\alpha$, qui le rend infini, jusqu'à la valeur de $\alpha$ répondant à $\tang 2\alpha=\frac{1}{f}$, qui le rend un minimum : la même chose se conclut aussi directement de la comparaison de la quantité de travail utilisée à celle dépensée par $p$, et dont le rapport est ici évidemment

$$\frac{\tang\alpha(1-f\tang\alpha)}{\tang\alpha+f}=\frac{\sin 2\alpha-f(1-\cos 2\alpha)}{\sin 2\alpha+f(1+\cos 2\alpha)}$$
$$=1-\frac{2f}{\sin 2\alpha+f(1+\cos 2\alpha)}.$$

Ce rapport, dont le maximum répond à $\tang 2\alpha=\frac{1}{f}$, devient nul pour la valeur de $\alpha$ qui répond à $\tang\alpha=\frac{1}{f}$, c'est-à-dire pour la même valeur qui rend infinie l'expression du frottement.

Supposant, par exemple, $f=0,12$, ce qui convient au cas où l'écrou serait en cuivre et la vis en fer, les surfaces étant onctueuses; puis $\tang\alpha=\frac{1}{25}$, ce qui se présente souvent, notamment dans les pressoirs à vis, le rapport ci-dessus deviendra 0,249; ainsi le travail dépensé par la puissance pour élever la charge Q serait presque quadruple de celui qui répond à l'effet utile. Si $\tang\alpha$ était égal à $\frac{1}{4}$, le même rapport deviendrait 0,655 : ces résultats mettent d'ailleurs en évidence l'énorme influence exercée par le frottement des vis et des écrous.

74. *Propriétés et emplois divers des vis.* — On conclut aussi de ce qui a été dit (18 et 19), pour le cas du plan incliné, que si $\tan\alpha$ est au-dessus de $f$, la vis non-seulement ne tendra pas à descendre d'elle-même ou à se desserrer sous l'effort qu'elle supporte, mais encore exigera, pour être entraînée par la puissance $p$ supposée agir dans le sens contraire de celui qu'elle avait précédemment, un effort mesuré par

$$p = Q\,\frac{f - \tan\alpha}{1 + f\tan\alpha} - fQ\,\frac{(1 + \tan^2\alpha)}{1 + f\tan\alpha} - Q\tan\alpha.$$

Ce cas est précisément celui des boulons d'assemblage, qui doivent maintenir l'état de compression réciproque de certains corps, après que la puissance a exercé son action sur la vis ou l'écrou. On sait qu'il en est tout autrement des vis de balanciers à découper, à étamper ou à battre la monnaie, et qui portent des filets doubles ou triples afin de pouvoir donner à leurs hélices moyennes une grande inclinaison sur l'axe. Quelquefois d'ailleurs il arrive, même pour les vis où la relation $\tan\alpha < f$ est satisfaite, que les secousses ou vibrations éprouvées par les boulons d'assemblage font desserrer les écrous; ce qui exige qu'on s'oppose à cet effet en plaçant deux écrous l'un sur l'autre, ou mettant directement obstacle au mouvement de l'écrou simple, par un moyen facile à imaginer.

75. *Frottement latéral de la vis dans le cas où elle est uniquement guidée par l'écrou.* — Les résultats exposés dans le nº 73 resteraient évidemment les mêmes si la puissance P était immédiatement appliquée à l'écrou; mais, en général, la valeur de cette puissance variera suivant son bras de levier R, et la manière dont la vis et l'écrou seront supportés ou guidés dans leur mouvement. Il se présente, en effet, divers cas à examiner.

Supposant, par exemple, l'écrou *ab* (*fig.* 96) complétement fixe, il se peut que la vis, n'ayant pour objet que de soulever un poids qui a la faculté de tourner avec elle, soit uniquement guidée, dans sa course, par l'écrou; alors la puissance P, agissant à une certaine distance de l'axe AB, tendra à faire appuyer la surface extérieure et cylindrique des filets de la vis contre la surface correspondante de l'écrou; il faudra donc décomposer la puissance P en deux autres parallèles, agissant dans les plans qui limitent cet écrou vers le haut et vers le bas, et qui contiennent les filets de vis soumis à la pression latérale.

Nommant $a$ et $b$ les distances du plan dans lequel agit P aux plans perpendiculaires à l'axe de la vis qui limitent l'écrou, $l$ la distance de ces deux plans ou l'épaisseur de l'écrou, on aura : pour la composante agissant dans le plan supérieur dans le sens de P,

$$\frac{Pb}{l};$$

pour la composante agissant dans le plan inférieur dans le sens contraire de P,

$$\frac{Pa}{l}.$$

Ces pressions donnant lieu aux frottements $fP\frac{b}{l}$, $fP\frac{a}{l}$ qui s'exercent sur la surface cylindrique extérieure des filets auront pour bras de levier le rayon $r'$ de cette surface, un peu supérieur à $r$; on aura donc, en observant que les pressions normales et les frottements tangentiels à la surface hélicoïde des filets de la vis sont distribués symétriquement tout autour de son axe, de sorte qu'ils ne tendent nullement à en changer la direction, on aura, dis-je, l'équation d'équilibre

$$PR = Qr\frac{\tang \alpha + f}{1 - f\tang \alpha} + f\left(\frac{Pb}{l} + \frac{Pa}{l}\right)r'.$$

Si, d'ailleurs, la puissance P se composait de deux ou plusieurs forces égales agissant symétriquement autour de l'axe de la vis, le dernier terme de l'équation ci-dessus serait évidemment nul.

76. *Frottement des guides ou collets de la vis.* — Quand la vis est guidée par des collets particuliers, ce qui arrive souvent pour éviter que les pressions $\frac{Pb}{l}$, $\frac{Pa}{l}$ et les frottements

qui en résultent n'acquièrent une trop grande influence, on doit remplacer ces frottements par ceux qui ont lieu sur les arêtes extérieures de ces collets; $a$, $b$, $l$ expriment alors les distances qui les séparent, soit du plan de la puissance P, soit entre elles.

77. *Frottement du collier et des guides de la charge.* — Lorsque le poids Q ne doit pas tourner librement avec la vis, et qu'il est contraint à se mouvoir parallèlement à lui-même, il ne se trouve lié à elle que par un *collier* ou *anneau*, qui donne lieu à un frottement dont le bras de levier s'évaluera d'après ce qui a été dit au nº 37 et dont le moment sera représenté par une expression de la forme

$$\frac{2}{3} f' Q \frac{\rho^2 + \rho\rho' + \rho'^2}{\rho + \rho'},$$

qu'on ajoutera au second membre de l'équation ci-dessus; mais, comme ce frottement peut donner lieu à une pression sur les guides du poids Q, il sera nécessaire, dans certains cas, de tenir compte de la résistance qui en résulte.

Nommant (32) L la distance de l'axe de la vis à laquelle il agit; $f''$ le coefficient qui lui est relatif, son intensité absolue sera mesurée par l'expression

$$f'' \frac{2}{3} f' Q \frac{(\rho^2 + \rho\rho' + \rho'^2)}{(\rho + \rho')L} = \frac{2}{3} \frac{(\rho^2 + \rho\rho' + \rho'^2)}{(\rho + \rho')L} f' f'' Q;$$

car le moment de la pression qui y donne lieu doit être évidemment égal à celui du frottement sur le collier de la charge; l'expression ci-dessus devra d'ailleurs être ajoutée à Q dans l'équation d'équilibre de la vis, c'est-à-dire qu'on devra y remplacer Q par

$$Q\left(1 + \frac{1}{2} \frac{\rho^2 + \rho\rho' + \rho'^2}{(\rho + \rho')L} f' f''\right),$$

quantité à laquelle il faudra en outre ajouter le poids propre de cette vis et de son équipage, pour obtenir la charge totale de l'écrou.

78. *Frottement du pivot des vis de compression.* — Il arrive quelquefois que, l'écrou restant fixe, l'objet de la vis est de presser, comprimer ou refouler certains corps vers son extrémité inférieure B (*fig.* 96); cette extrémité formant alors pivot donne lieu à un frottement dont on tiendra compte en ajoutant (38) un terme de la forme

$$\tfrac{2}{3} f_1 Q \rho$$

au second membre de l'équation d'équilibre, $\rho$ étant le plus grand rayon de la partie frottante, Q la force de compression, et par conséquent $Q - q$ la charge agissant réellement pour refouler l'écrou de bas en haut, $q$ désignant le poids de la vis.

79. *Frottement des guides de l'écrou mobile suivant l'axe.* — Dans d'autres cas (*fig.* 97), la vis est seulement susceptible

Fig. 97.

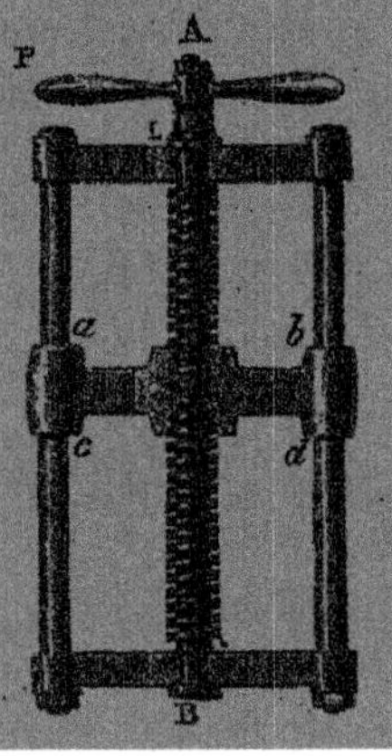


de tourner autour de son axe AB, sans que celui-ci se déplace, l'écrou *abcd* étant seul mobile le long de cet axe, sans pouvoir tourner; alors la vis frotte sur un pivot inférieur ou sur des épaulements B placés aux extrémités, tandis que l'écrou est maintenu dans une direction parallèle, au moyen de guides à oreilles, de coulisses, etc.; on ne sera donc point embarrassé d'établir l'équation d'équilibre pour ce cas, en observant que la charge de la vis se compose du poids Q de l'écrou et de son équipage, ainsi que du frottement des guides, dont la valeur sera ici évidemment

$$f'' \frac{pr}{L},$$

$r$ et $p$ ayant les significations indiquées au n° 73, et L étant la distance du point d'appui des guides à l'axe de la vis, de sorte qu'on aura, dans le cas actuel, pour déterminer la valeur de $p$,

$$p = \left(Q + f'' \frac{pr}{L}\right) \frac{\operatorname{tang}\alpha + f}{1 - f \operatorname{tang}\alpha};$$

d'où

$$p = Q \frac{\operatorname{tang}\alpha + f}{1 - f \operatorname{tang}\alpha - \frac{f'' r}{L}(\operatorname{tang}\alpha + f)},$$

valeur qu'il faudra introduire à la place de

$$Q \frac{\operatorname{tang}\alpha + f}{1 - f \operatorname{tang}\alpha},$$

dans l'équation d'équilibre du n° 75 ci-dessus.

Quant à la pression verticale supportée par l'épaulement supérieur ou inférieur de la vis, elle sera, $q$ étant le poids de cette vis et de son équipage, en supposant que la vis ait à soulever la charge Q,

$$Q + f'' \frac{pr}{L} + q = Q \frac{(1 - f \operatorname{tang}\alpha)}{1 - f \operatorname{tang}\alpha - f'' \frac{r}{L}(\operatorname{tang}\alpha + f)} + q;$$

d'où il est facile de conclure le moment du frottement de l'épaulement.

80. *Cas où la puissance est directement appliquée à l'écrou.* — Enfin il peut arriver que la puissance soit directement appliquée à l'écrou, qui alors tourne sur lui-même en frottant sur une rondelle *ab* (*fig.* 98) ou sur une bande annulaire, comme dans les vis des portières d'écluses, des grilles de fermetures ou dans les boulons d'assemblage; il est évident que l'équation d'équilibre du système pourra s'établir d'une ma-

nière absolument semblable, en ayant égard aux diverses circonstances dans lesquelles se trouvent placées les parties frottantes du système.

Fig. 98.

En général, les formules qui précèdent mettront à même de calculer les différentes résistances et d'en diminuer l'influence, le plus possible, par des dispositions bien entendues : en diminuant leur moment par rapport à l'axe de la vis, et en substituant notamment le frottement des pivots à celui des épaulements ou bandes annulaires dont le bras de levier moyen ne peut jamais être très-petit et doit toujours être comparable au rayon moyen de la vis et de l'écrou. On voit d'ailleurs combien il importe d'amoindrir, dans chaque cas, autant que faire se peut, ce rayon sans nuire à la solidité de la vis et de l'écrou, et de se conformer, en conséquence, aux règles d'économie que prescrit la théorie de la résistance des matériaux.

81. *Dimensions à adopter pour les vis à filets carrés* (¹). — Soient $R_1$ le rayon de l'hélice intérieure ou du noyau, $R_2$ celui de l'hélice extérieure; on donne ordinairement à la saillie $s$ des filets une longueur égale à leur épaisseur $e$ mesurée dans le sens de l'axe, et, pour la facilité de l'exécution, on fait les vides égaux aux pleins. D'après cela, s'il n'y a qu'un filet de vis, le pas $h$ sera égal à $2s = 2e$; s'il y avait deux filets distincts, le pas serait double ou $4e$. On emploie ainsi plusieurs filets de vis, afin de pouvoir faire varier le pas sans changer la grosseur du noyau, qui a des dimensions déterminées, comme on va le voir.

Les vis à filets carrés étant souvent en fer et les écrous en

---

(¹) Extrait de l'édition de 1826. (K.)

cuivre, le noyau et les filets doivent avoir une solidité suffisante pour ne pas rompre sous le poids Q de la charge qui les sollicite parallèlement à l'axe; or la surface de rupture du noyau étant $\pi R_1^2$ et chaque millimètre carré de cette surface pouvant porter moyennement, sans se rompre, 45 kilogrammes, que, pour la sécurité, on doit réduire à 6 kilogrammes, on aura $6\pi R_1^2 = Q$, d'où l'on tirera la valeur de $R_1$ en millimètres. Admettant ensuite que l'écrou ne doit pas embrasser moins de trois filets successifs, afin que l'engrènement soit convenable et qu'il s'use moins vite, son épaisseur sera égale à $6e$ ou $6s$, et la surface de rupture des filets, le long du noyau, sera $\frac{6e}{2} 2\pi R_1$, parce qu'il y a autant de plein que de vide; comme la charge pourrait agir tout entière sur les extrémités des filets, et qu'elle aurait ainsi un bras de levier $s$ double de celui de la surface de rupture des filets, on ne devra prendre que la moitié de la quantité ci-dessus, c'est-à-dire $3e\pi R_1$; la résistance de la matière qui compose l'écrou, différant généralement peu de celle du fer, on devra égaler la quantité ci-dessus à la surface $\pi R_1^2$ de rupture du noyau, d'où l'on tirera la saillie

$$s = e = \tfrac{1}{3} R_1 \text{ environ.}$$

Il est évident que ces dimensions ne sont pas tellement absolues qu'on ne puisse aucunement s'en écarter; très-certainement l'usure et le frottement seraient moindres en augmentant la hauteur de l'écrou et en faisant la saillie $s$ plus petite que l'épaisseur $e$.

Quant à la valeur qu'on devra attribuer, dans les calculs, au rayon $r$ de l'hélice moyenne du filet, il est évident que, dans la plupart des cas, il sera suffisamment exact de le prendre égal à la demi-somme des rayons extrêmes du filet; mais comme il peut arriver que la différence de ces rayons, ou l'épaisseur des filets, soit très-comparable à la grosseur du noyau, notamment dans les vis qui agissent par traction, il paraît évident aussi qu'on risquerait de se tromper d'une manière notable, si l'on continuait à attribuer une telle valeur au bras de levier moyen $r$; c'est pourquoi nous avons cru utile d'examiner à part ce cas dans la Note II, qu'on trouvera annexée à cette Section.

### Frottement dans la vis à filets triangulaires.

82. *Conventions et exposé de la question.* — Soient MM'Q (*fig.* 99) l'axe d'une telle vis supposée verticale; AH l'élément hélicoïde qui correspond au filet moyen de cette vis,

Fig. 99.

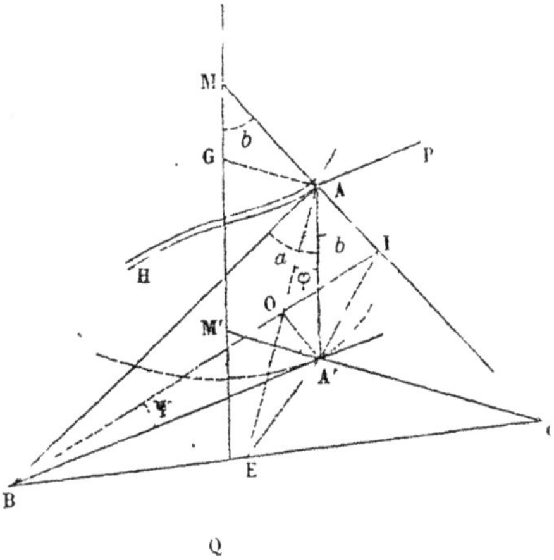


élément qui, vu la petitesse du filet par rapport au noyau, sera encore ici censé supporter toute la charge de la vis. Soient AB la tangente en un point quelconque A de l'hélice qui appartient à cet élément; MAC la génératrice correspondante rencontrant l'axe de la vis en M; enfin AA' une verticale, parallèle à l'axe MM', passant par A. Nommons B, C, A' les points de rencontre de ces droites respectives avec un plan horizontal quelconque; A'B, A'C, projections de AB et AC sur ce plan, seront les directions respectives de la tangente et du rayon au point A' du cercle de base du cylindre qui contient l'hélice AH, et le plan ABC sera tangent en A à la surface hélicoïde du filet de vis. Si, de plus, on abaisse du point A' la perpendiculaire A'O en O sur ce plan, et des points B et A les perpendiculaires BI, AE sur les droites AC et BC, ces dernières passeront évidemment par le point O, et les angles A′AE et A′BI seront ceux que forment respectivement le plan tangent ABC avec la verticale AA′ et l'horizontale A′B ou A*p*.

Cela posé, nommons

$\varphi$ et $\psi$ respectivement ces deux derniers angles A′AE, A′BI;

*a* et *b* ceux que forme la verticale AA′ avec la tangente AB et la génératrice AC relatives au point A;

*r* le rayon AG = A′M′ du filet moyen de la vis;

*h* le pas commun à tous les filets;

Q la charge totale supportée par ces filets ou le filet moyen AH, parallèlement à l'axe de la vis;

*p* la puissance horizontale qui, appliquée à l'extrémité du bras de levier AG ou *r*, serait capable de faire remonter la charge Q le long de AH.

La vis pouvant être considérée comme un corps libre assujetti seulement à tourner en glissant le long de l'axe fixe MM′, pourvu qu'on ait égard aux pressions normales qu'elle supporte de la part de l'écrou, en sens contraire de la charge Q, ainsi qu'aux frottements qui en résultent, il est clair que l'équilibre entre toutes ces forces, la force *p* et la charge Q, sera complétement assuré si, après avoir décomposé chacune d'elles en deux, l'une verticale ou parallèle à l'axe, l'autre horizontale ou située dans un plan perpendiculaire à cet axe, on exprime : 1° que la somme de toutes les composantes parallèles à l'axe est égale à zéro; 2° que la somme des moments des composantes horizontales qui tendent à faire tourner le système autour de l'axe, dans un certain sens, est égale à celles des moments des composantes horizontales qui tendent à le faire tourner dans un sens contraire. Mais comme cette dernière équation est assez difficile à établir, nous lui substituerons celle que donne le principe des vitesses virtuelles, appliqué au mouvement effectif de la vis ou de l'écrou, en faisant ainsi abstraction des pressions normales qui rendent ce mouvement obligatoire.

83. *Calcul de la puissance horizontale capable de maintenir la charge en équilibre.* — Nommant *d*N la pression nor-

male qui sollicite l'un quelconque A des éléments du filet hélicoïde AH, elle fera naître le frottement $fdN$ agissant le long de la tangente AB, au point correspondant de l'hélice; ces deux forces ayant pour composantes verticales $dN \sin\varphi$, $fdN \cos a$, on aura pour première équation d'équilibre, en observant que la composante $dN \sin\varphi$ et toutes ses semblables agissent en sens contraire de Q,

$$Q = \int \sin\varphi \, dN - f \int \cos a \, dN = N(\sin\varphi - f \cos a),$$

dans laquelle N représente la somme $\int dN$ de toutes les pressions normales qu'on peut supposer concentrées en une seule, suivant la normale en A au filet moyen de la vis.

Le principe des vitesses virtuelles donne pareillement pour les conditions de l'équilibre relatives au mouvement effectif de la vis, considéré pour un tour entier, ce qui est ici permis,

$$p \, 2\pi r = Qh + \int \frac{h}{\cos a} f dN = Qh + fN \frac{h}{\cos a};$$

d'où l'on tire, en mettant pour N sa valeur déduite de la précédente équation,

$$p = Q \frac{h}{2\pi r} + fQ \frac{h}{2\pi r} \frac{1}{\cos a (\sin\varphi - f \cos a)}$$

$$= Q \cot a + fQ \frac{1}{\sin a (\sin\varphi - f \cos a)} = Q \frac{(\sin\varphi \cot a + f \sin a)}{\sin\varphi - f \cos a}.$$

En observant qu'on a

$$\cot a = \frac{h}{2\pi r},$$

et par conséquent

$$\cos a = \frac{h}{\sqrt{h^2 + 4\pi^2 r^2}}, \quad \sin a = \frac{2\pi r}{\sqrt{h^2 + 4\pi^2 r^2}},$$

il ne restera plus qu'à trouver la valeur de $\sin\varphi$ en fonction des quantités connues, pour être en état de calculer celle de $p$.

Or les triangles OIA', OAA' rectangles en O et le triangle

AA'I rectangle en I nous donnent

$$\sin\varphi = \sin \mathrm{OAA'} = \frac{\mathrm{OA'}}{\mathrm{AA'}} = \frac{\mathrm{A'I}\sin \mathrm{OIA'}}{\mathrm{AA'}} = \sin b \cos\psi.$$

A cause des triangles A'BI, A'BA rectangles en A', nous avons aussi

$$\mathrm{tang}\,\psi = \frac{\mathrm{A'I}}{\mathrm{A'B}} = \frac{\mathrm{AA'}\sin b}{\mathrm{AA'}\,\mathrm{tang}\,a} = \frac{\sin b}{\mathrm{tang}\,a};$$

donc

$$\sin\psi = \frac{\sin b}{\sqrt{\sin^2 b + \mathrm{tang}^2 a}} = \frac{h\sin b}{\sqrt{h^2\sin^2 b + 4\pi^2 r^2}},$$

$$\cos\psi = \frac{\mathrm{tang}\,a}{\sqrt{\sin^2 b + \mathrm{tang}^2 a}} = \frac{2\pi r}{\sqrt{h^2\sin^2 b + 4\pi^2 r^2}},$$

et partant

$$\sin\varphi = \frac{\mathrm{tang}\,a\sin b}{\sqrt{\sin^2 b + \mathrm{tang}^2 a}} = \frac{2\pi r\sin b}{\sqrt{h^2\sin^2 b + 4\pi^2 r^2}}.$$

On arrivera aux mêmes résultats par les principes connus, si, prenant pour axes positifs des $x, y, z$ les droites A'B, A'C, A'A, qui se coupent rectangulairement en A', on observe que les projections, sur les plans des $xz$ et des $yz$, de la perpendiculaire A'O au plan tangent ABC, sont elles-mêmes perpendiculaires aux traces BC et AC de ce plan, de sorte qu'elles ont pour équations

sur $xz$.................... $x = z\cot a$,
sur $yz$.................... $y = z\cot b$;

il en résulte, en effet, qu'on obtiendra les angles de la perpendiculaire A'O avec les axes des $x$ et des $z$ par les relations

$$\cos \mathrm{OA'B} = \sin\psi = \frac{\cot a}{\sqrt{1 + \cot^2 b + \cot^2 a}}$$

$$= \frac{\sin b}{\sqrt{\sin^2 b + \mathrm{tang}^2 a}} = \frac{h\sin b}{\sqrt{h^2\sin^2 b + 4\pi^2 r^2}},$$

$$\cos \mathrm{OA'A} = \sin\varphi = \frac{1}{\sqrt{1 + \cot^2 b + \cot^2 a}}$$

$$= \frac{\mathrm{tang}\,a\sin b}{\sqrt{\sin^2 b + \mathrm{tang}^2 a}} = \frac{2\pi r\sin b}{\sqrt{h^2\sin^2 b + 4\pi^2 r^2}},$$

qui sont les mêmes que celles trouvées ci-dessus. Substituant donc la valeur de $\sin\varphi$, celles de $\sin a$ et de $\cos a$ dans l'expression de $p$, il viendra finalement

$$p = Q\,\frac{\cot a + f\sin a\sqrt{1+\cot^2 a+\cot^2 b}}{1 - f\cos a\sqrt{1+\cot^2 a+\cot^2 b}}$$

$$= Q\,\frac{h\sin b\sqrt{h^2+4\pi^2 r^2} + 2\pi r f\sqrt{h^2\sin^2 b+4\pi^2 r^2}}{2\pi r\sin b\sqrt{h^2+4\pi^2 r^2} - hf\sqrt{h^2\sin^2 b+4\pi^2 r^2}}.$$

84. *Nouvelle méthode.* — Cette formule, qui est due à M. le professeur Persy, ne s'accorde point avec celles qu'ont obtenues d'autres auteurs; mais il est aisé de faire voir qu'elle est la seule rigoureuse, et que l'inexactitude des formules dont il s'agit provient de fausses décompositions des forces.

Il est bien permis, en effet, de supposer la charge Q tout entière appliquée au point A de l'hélice moyenne et reposant sur le plan tangent en ce point comme sur un plan incliné le long duquel elle serait élevée en vertu de l'action de la force horizontale $p$; mais il ne faut pas oublier que le point d'application A est contraint de demeurer, dans son mouvement sur ce plan, à une distance invariable $r = AG$ de l'axe MM′ de la vis; ce qui suppose l'intervention de certaines forces agissant suivant les rayons horizontaux AG de l'hélice moyenne, et qui sont détruites par la rigidité de la vis ou de l'écrou.

D'après cela, il est évident que, pour exprimer les conditions de l'équilibre entre les forces N, $f$N, Q et $p$ qui sont censées solliciter la vis au point A, il sera nécessaire de décomposer la force N en trois autres, agissant parallèlement aux axes A′A, A′B et A′C, et dont la dernière sera censée détruite par la rigidité de la vis, tandis que les deux premières maintiendront à elles seules en équilibre la force horizontale $p$ et le frottement tangentiel $f$N. Nommant donc, comme ci-dessus, $\varphi$ et $\psi$ les angles formés par le plan tangent en A, avec la verticale AA′ et l'horizontale A′B ou A$p$, on aura évidemment

$$Q = N\sin\varphi - fN\cos a,\quad p = N\sin\psi + fN\sin a;$$

d'où l'on tire

$$N = \frac{Q}{\sin\varphi - f\cos a}, \quad p = \frac{\sin\psi + f\sin a}{\sin\varphi - f\cos a},$$

ou, en remplaçant $\sin\varphi$, $\sin\psi$, $\sin a$ et $\cos a$ par leurs valeurs (92),

$$N = Q\,\frac{\sqrt{1 + \cot^2 b + \cot^2 a}}{1 - f\cos a\sqrt{1 + \cot^2 b + \cot^2 a}},$$

$$p = Q\,\frac{\cot a + f\sin a\sqrt{1 + \cot^2 b + \cot^2 a}}{1 - f\cos a\sqrt{1 + \cot^2 b + \cot^2 a}},$$

formules dont la dernière est précisément celle à laquelle nous sommes arrivé, par une autre voie, dans le numéro précédent.

85. *Comparaison de cette solution avec celle qu'on obtient par un mode différent de décomposition des forces.* — Si, au lieu d'opérer comme nous venons de le faire, on eût décomposé la force horizontale $p$ et le poids Q suivant la normale à la surface du filet, et qu'on eût pris la somme $p\sin\psi + Q\sin\varphi$ des composantes ainsi obtenues, pour la pression normale, et, par suite,..., $f(p\sin\psi + Q\sin\varphi)$ pour la valeur du frottement le long de l'hélice moyenne, puis qu'on eût égalé cette valeur à la différence $p\sin a - Q\cos a$ des composantes de $p$ et de Q suivant cette hélice, on serait parvenu à la formule

$$p = Q\,\frac{\cos a + f\sin\varphi}{\sin a - f\sin\psi} = Q\,\frac{\cos a\sqrt{1 + \cot^2 a + \cot^2 b} + f}{\sin a\sqrt{1 + \cot^2 a + \cot^2 b} - f\cot a},$$

qui diffère essentiellement de la précédente, bien qu'elle fasse retomber sur celle trouvée au n° 73, quand on y suppose $b = 90°$ ou $\cot b = 0$; or rien ne justifie le mode de décomposition des forces $p$ et Q, admis en dernier lieu.

Pour découvrir en quoi consiste la différence de ces solutions, il n'y a qu'à supposer $h$ ou $\cot a$ nul dans les deux formules, hypothèse qui réduit les surfaces hélicoïdes de la vis et de l'écrou à des surfaces coniques circulaires dont $b$ est l'angle formé par la génératrice avec l'axe; la dernière devient ainsi

$$p = Qf \sin b,$$

et la précédente

$$p = Qf \frac{1}{\sin b},$$

de sorte que celle-ci donnerait $p = \infty$ précisément quand l'autre conduirait à la valeur $p = 0$, résultats dont le premier paraît plus conforme d'ailleurs à la manière dont on envisage ordinairement les choses dans la théorie du coin, à laquelle se rapporte évidemment le cas particulier qui nous occupe (21 et suiv.).

En effet, l'écrou emboîte ici la vis, comme le ferait un robinet conique dans son enveloppe, de sorte que, pour déterminer la pression sur cette enveloppe, il ne s'agit pas simplement de prendre la composante $Q \sin b$ de la charge Q suivant la normale du cône, mais bien de décomposer Q suivant une infinité de forces normales aux surfaces de contact et dont la somme est évidemment $\frac{Q}{\sin b}$, si l'on néglige la considération du frottement qui agit le long des génératrices pour s'opposer à l'action du poids Q, c'est-à-dire à sa descente produite par la compressibilité plus ou moins grande de la substance de l'enveloppe.

86. *Nécessité d'avoir égard à l'élasticité des matières de la vis et de l'écrou, démontrée par l'exemple des cônes frottants.* — Cette dernière observation prouve, au surplus, que la formule de M. Persy n'est point entièrement exempte de reproches, et qu'il devient nécessaire, pour les applications pratiques, de la modifier conformément aux théories exposées dans les numéros 21 et suivants.

En effet, considérant (*fig.* 100) un cône à base circulaire, ABC, dont l'axe est vertical, et qui tourne exactement dans une boîte pareillement conique *abcd*, contre laquelle il est pressé en vertu de la charge verticale Q, il est évident, d'après les résultats du n° 22, que la somme des pressions normales souffertes par la surface de contact sera mesurée par l'expression

$$N = 2Q \frac{\cos b - f \sin b}{(1 - f^2)\sin 2b + 2f \cos 2b} = \frac{Q}{\sin b + f \cos b},$$

qui ne devient plus infinie quand on y suppose $\sin b = 0$, mais bien égale à $\frac{Q}{f}$; ce qui donne, pour le frottement qu'aurait à vaincre la force horizontale $p$, agissant tangentiellement à la circonférence moyenne de la surface de contact, supposée ici d'une étendue très-petite, l'expression

Fig. 100.

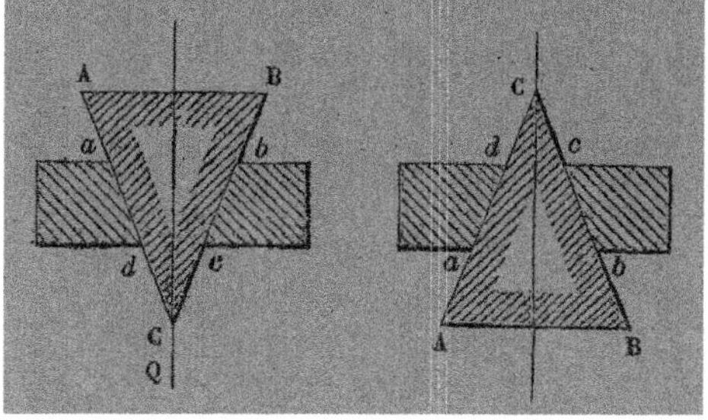


$$\frac{fQ}{\sin b + f \cos b},$$

dont la valeur se réduit simplement à Q pour $b = 0$.

Le cas particulier qui nous occupe comprend évidemment aussi celui de deux surfaces de révolution quelconques qui s'emboîteraient l'une dans l'autre, en se touchant suivant un cercle dont le rayon devra être pris pour le bras de levier de la puissance $p$ ou du frottement. Quant *aux bouchons coniques*, en général, aux *robinets tournants* ou aux *cônes de friction* employés dans les machines comme moyen d'*embrayage* ou de suspension du mouvement, et dont les surfaces de contact ont une certaine étendue, on devra adopter, conformément au contenu de la Note II de cette Section, pour bras de levier moyen du frottement, l'expression

$$\frac{2}{3} \frac{r'^2 + r'r'' + r''^2}{r' + r''},$$

analogue à celle qu'on obtient pour les couronnes circulaires frottantes (37), et dans laquelle $r'$ et $r''$ sont les rayons extrêmes des surfaces en contact.

On remarquera, au surplus, que ce qui précède suppose que l'état de compression réciproque des cônes provient uniquement de l'action de la charge Q, et n'est point dû à une cause étrangère, qui aurait primitivement agi pour refouler l'un des corps dans l'autre et mettre en jeu leurs actions moléculaires ou de ressort; car l'état de tension de ces ressorts pouvant, d'après ce qui a été dit au n° 23, se maintenir même lorsque la cause a cessé d'agir et pourvu que l'angle $2b$, au sommet des cônes, satisfasse à la condition

$$\text{tang}\, 2b < \frac{2f}{1-f^2}, \quad \text{ou} \quad b < \text{arc}(\text{tang} = f),$$

il paraît évident que la résistance à vaincre par la puissance $p$, du moins dans les premiers instants et jusqu'à ce que les corps fussent convenablement dégagés, pourrait avoir aussi une valeur quelconque indépendante de P et uniquement relative à l'énergie de la compression primitive.

87. *Solution générale du problème de la vis à filets triangulaires, en ayant égard à l'influence de l'élasticité des matières.* — D'après ces diverses considérations, relatives aux surfaces coniques frottantes, il sera facile, en reprenant l'analyse du n° 84, d'avoir égard au frottement qui, dans le sens des génératrices de la vis à filets triangulaires, s'oppose à la compression réciproque de cette vis et de l'écrou, ou, si l'on veut, à ce que cette même vis puisse descendre, sans tourner autour de son axe, par l'effet du refoulement dont il s'agit; l'intensité absolue de cette force étant mesurée par $f$N et l'angle qu'elle forme avec la verticale ou l'axe $b$, elle donnera la composante $f\text{N}\cos b$ suivant cet axe, qui s'opposera à l'action de Q ou s'ajoutera à celle de N, et la composante horizontale $f\text{N}\sin b$, qui tendra à modifier la pression soufferte par l'axe de la vis. On aura donc, pour déterminer N et $p$, en raisonnant, du reste, comme au numéro cité,

$$\text{Q} = \text{N}\sin\varphi + f\text{N}\cos b - f\text{N}\cos a, \quad p = \text{N}\sin\psi + f\text{N}\sin a;$$

d'où résulte

$$N = \frac{Q}{\sin\varphi + f(\cos b - \cos a)}, \quad p = Q\frac{\sin\psi + f\sin a}{\sin\varphi + f(\cos b - \cos a)},$$

et, en remplaçant $\sin\varphi$, $\sin\psi$, $\sin a$, $\cos a$ par leurs valeurs respectives (83),

$$p = Q\frac{\cot a + f\sin a\sqrt{1 + \cot^2 a + \cot^2 b}}{1 - f(\cos a - \cos b)\sqrt{1 + \cot^2 a + \cot^2 b}}$$

$$= Q\frac{h\sin b\sqrt{h^2 + 4\pi^2 r^2} + 2\pi r f\sqrt{h^2\sin^2 b + 4\pi^2 r^2}}{2\pi r\sin b\sqrt{h^2 + 4\pi^2 r^2} - f\left(h - \cos b\sqrt{h^2 + 4\pi^2 r^2}\right)\sqrt{h^2\sin^2 b + 4\pi^2 r^2}},$$

formule qui, en y faisant $a = 90°$, redonne celle ci-dessus, relative aux cônes de friction, ce qui doit être, et coïncide exactement avec celle du n° 73, concernant la vis à filets carrés, lorsqu'on y suppose, à son tour, $b = 90°$; ce qui démontre, chose d'ailleurs évidente en soi, que, pour cette sorte de vis, l'élasticité des matières n'exerce aucune influence directe sur l'intensité du frottement.

88. *Comparaison des résultats donnés par la nouvelle formule et les précédentes* — Si maintenant on veut se former une idée de la limite des écarts que peuvent présenter les résultats des formules obtenues dans les trois hypothèses examinées, on devra remarquer que, dans la pratique, l'angle $b$ n'est jamais au-dessous d'un demi-angle droit, et ne lui devient même égal que pour les vis et écrous en bois peu résistants, tels que le chêne, tandis que, le plus ordinairement, l'angle aigu des filets étant au plus les $\frac{2}{3}$ de 90 degrés, $b$ surpasse 60 degrés. Quant à l'angle $a$, sa cotangente $\frac{h}{2\pi r}$ est rarement au-dessus de $\frac{1}{2}$; mais elle peut décroître indéfiniment, et il arrive même, dans beaucoup de cas, qu'elle est au-dessous de 0,04. Faisant donc, en premier lieu, dans les formules dont il s'agit,

$$\cot b = 1, \quad \sin b = \cos b = 0,7071, \quad \cot a = 0,5,$$
$$\sin a = 0,8944, \quad \cos a = 0,4472;$$

supposant d'ailleurs $f = 0,1$, nombre qui, d'après les expériences de Coulomb et les nouvelles expériences de M. Morin, exécutées à Metz, en 1832, représente assez exactement la valeur moyenne du rapport du frottement à la pression pour les divers bois ou métaux glissant l'un sur l'autre avec interposition d'enduit gras, en faisant, dis-je, ces suppositions dans les formules ci-dessus, on trouvera

par la première... $p = 0,5Q + 0,18\ Q = 0,68\ Q$,
par la deuxième.. $p = 0,5Q + 0,097Q = 0,597Q$,
par la troisième... $p = 0,5Q + 0,115Q = 0,615Q$.

Quant à la formule du n° **73** relative aux vis à filets carrés, elle donne, dans les mêmes suppositions de $f = 0,1$, $\cot \alpha = \operatorname{tang} \alpha = 0,5$,

$$p = 0,5Q + 0,13Q = 0,63Q.$$

Faisant, en second lieu, $\cot \alpha = 0,04$ seulement, afin d'acquérir une idée des écarts que présentent les formules pour les très-faibles inclinaisons des filets de vis, et supposant d'ailleurs que les autres données restent les mêmes, on trouvera également

par la première.... $p = 0,04Q + 0,1424Q = 0,1824Q$,
par la deuxième... $p = 0,04Q + 0,0707Q = 0,1117Q$,
par la troisième... $p = 0,04Q + 0,1258Q = 0,1658Q$;

enfin par celle qui se rapporte à la vis à filets carrés

$$p = 0,04Q + 0,1006Q = 0,1406.$$

**89.** *Conséquences qui résultent de cette comparaison.* — Le rapprochement de ces divers résultats conduit aux conséquences suivantes :

1° Les formules des n^os^ **83** et **87** donnent des résultats qui diffèrent d'autant moins entre eux que l'angle d'inclinaison $\alpha$ de l'hélice moyenne des filets de la vis, sur l'axe, est plus petit, de sorte que, pour ces petits angles, on peut sans inconvénient, dans les applications pratiques, se servir de la première de ces formules, qui est un peu plus simple.

2° La formule du n° **85** conduit à des résultats qui, en général, diffèrent trop, en moins, de ceux que fournit la formule obtenue en dernier lieu, pour qu'il soit permis, en aucun cas, d'en faire usage dans les calculs, d'autant plus qu'elle conduit, pour les vis à filets triangulaires, à des valeurs de $p$ plus faibles que celles qui se rapportent aux vis à filets carrés, ce qui visiblement est inadmissible.

3° Enfin toutes ces formules s'accordent à prouver que le frottement joue un rôle considérable dans les différentes espèces de vis; mais celle du n° 87, qui mérite une entière confiance, montrant, comme celle du n° 83, que ce rôle est moindre pour les vis à filets carrés, à circonstances semblables d'ailleurs, il en résulte que l'on doit accorder à ces dernières la préférence dans l'établissement des machines qui ont pour objet l'économie du travail moteur.

90. *Dimensions à adopter pour les vis à filets triangulaires* [1]. — Dans la vis à filets triangulaires en bois dont la dureté n'est pas très-grande, comme le chêne, l'orme, etc., on prend ordinairement pour triangle générateur un triangle isoscèle rectangle. Lorsque la vis est en bois dur, tels que le buis, le cormier, le sorbier, le charme, on prend pour le profil un triangle équilatéral (*fig.* 101); on agit de même quand la vis est

Fig. 101

en fer et l'écrou en cuivre : dans tous ces cas, le pas est mesuré par la base du triangle s'il n'y a qu'un filet, par deux fois cette base s'il y en a deux, etc.

Il convient encore, dans le cas actuel, de prendre l'épaisseur

(1) Extrait de l'édition de 1826.

de l'écrou égale au moins à trois fois le pas; mais, comme la surface de rupture le long du noyau est ici double de ce qu'elle est dans la vis à filets carrés, il semblerait qu'on dût prendre seulement la saillie des filets égale à $\frac{1}{6}$ du rayon du noyau, ce qui ne serait point exact, attendu que la base des filets n'est pas la surface qui présente la moindre résistance par rapport à une puissance qui serait censée agir au sommet parallèlement à l'axe de la vis; c'est pourquoi on doit encore prendre, pour la résistance proportionnelle des filets à la rupture, une surface tout au plus moitié de celle occupée par ces filets sur le noyau, en sorte que la saillie est toujours $\frac{1}{3}$ du rayon du noyau. Quant à la grosseur du noyau, on la déterminera de la manière déjà indiquée, en observant que, pour le cas du bois, on ne doit pas supposer la résistance supérieure à $0^{kg},80$ par millimètre carré.

Ces remarques ne concernent que les vis destinées à supporter de grands efforts. Dans les instruments de précision, dont les vis sont en fer ou en acier, on donne à la saillie ou hauteur du triangle générateur jusqu'à deux et même trois fois la base, afin de rendre la surface frottante plus grande et l'usure moindre. Les *vis à bois* ou *clous à vis* offrent également des filets très-aigus, dans la vue de les faire mordre facilement et d'augmenter le frottement et la force nécessaire pour les arracher.

### Du frottement dans les engrenages.

91. *Considérations préliminaires.* — Avant d'indiquer la marche à suivre pour calculer la quantité de travail consommée par le frottement des engrenages, nous allons exposer quelques considérations préliminaires sur lesquelles elle est fondée.

Considérons deux rouleaux cylindriques C et C′ (*Pl. II, fig.* 8), qui se touchent en *m* et sont pressés l'un sur l'autre

---

(1) La théorie du frottement des engrenages est exposée dans les feuilles lithographiées de 1825-1826; elle a été reproduite, en 1835, avec quelques modifications, dans un cahier spécial; c'est cette dernière rédaction qui, sauf indication contraire, est suivie dans le texte. (K.)

par une force N. Si le rouleau C roule sur le rouleau C′, supposé immobile sur son axe, ou s'ils roulent simultanément l'un sur l'autre, en développant à leur contour des arcs égaux, il ne se produira qu'un frottement de roulement que l'on pourra négliger dans la plupart des cas et surtout dans celui des engrenages ordinairement formés de corps peu compressibles ; mais si, au lieu de rouler, le cylindre C glissait sur C′, supposé immobile, il se produirait au point de contact un frottement de glissement $f$N, et si l'on désigne par $ds$ le chemin élémentaire $mm'$ parcouru dans $dt$, ce frottement développerait une quantité de travail élémentaire mesurée par $f\mathrm{N}\,ds$.

Si le rouleau C′, au lieu d'être immobile, tournait autour de son axe dans le même sens que C, et que l'arc $mm'' = ds$ fût parcouru dans l'élément du temps $dt$ à sa circonférence par le point $m$, il est clair que les deux cylindres auraient roulé l'un sur l'autre, tout en glissant, d'une quantité

$$mm' - mm'' = ds - ds'.$$

Ainsi le chemin parcouru par le point d'application de la résistance au roulement serait, pour les deux rouleaux, égal au plus petit des deux arcs $mm'$ et $mm''$, et le chemin parcouru par le point où s'exerce le frottement de glissement serait la différence de ces deux arcs ; par conséquent, la quantité de travail élémentaire développée par ce second frottement serait mesurée par

$$f\mathrm{N}(ds - ds'),$$

celui du frottement de roulement étant considéré comme négligeable par rapport à l'autre.

Enfin, si le rouleau C′, au lieu de tourner dans le même sens que C, marchait en sens contraire, il est clair qu'il n'y aurait plus de roulement et que, s'il avait décrit dans ce sens un arc élémentaire $mm_1 = ds'$, le chemin parcouru par le point d'application du frottement de glissement, dans ce déplacement simultané de deux rouleaux, serait

$$mm' + mm_1 = ds + ds',$$

et que, par conséquent, le travail développé par cette résistance, en sens contraire du mouvement, serait mesuré par

$$fN\,(ds + ds').$$

Concluons de là que, selon que, dans le mouvement des courbes de ces rouleaux l'une sur l'autre, le point de contact primitif se trouvera sur chacune d'elles d'un même côté du nouveau point de contact ou d'un côté opposé, le travail développé par le frottement de glissement devra être exprimé par

$$fN\,(ds - ds') \quad \text{ou par} \quad fN\,(ds + ds').$$

92. *Glissement relatif des dents.* — Cela posé (*Pl. II, fig.* 9), soient *amb*, *a'mb'* deux courbes de dents, satisfaisant à la condition géométrique du tracé que leur normale commune passe par le point de contact $t$ des cercles primitifs, et supposons que, par suite d'un déplacement infiniment petit, elles viennent à se toucher en un nouveau point $m_1$. Soient aussi

$Ct = R$ le rayon du cercle primitif dont le centre est C;
$C't = R'$ le rayon du cercle primitif dont le centre est C';
$tCm = \theta$, $tC'm = \theta'$ les angles décrits à l'instant que nous considérons à partir de la ligne des centres CC';
N la pression normale de l'une des dents sur l'autre.

$a_1m_1b_1$ et $a'_1m_1b'_1$ étant les nouvelles positions des courbes données, rapportons par des arcs de cercle $mm'$ et $mm''$ décrits des centres C et C' le point de contact précédent sur ces courbes. Il est clair, d'après l'inspection de la figure, que si le point $m$ de contact se trouve, pour la position que l'on considère, plus près du point $t$ que le milieu de la corde formée par le prolongement de la ligne $tm$, les deux points $m'$ et $m''$ se trouveront d'un même côté de $m_1$, et qu'au contraire, si ce point est au delà du milieu de cette corde, le point $m'$ se trouvera d'un côté et le point $m''$ de l'autre côté de $m_1$; par conséquent, dans le premier cas, le chemin élémentaire parcouru dans le sens du frottement de glissement ou de la tangente commune aux deux courbes sera $m_1m' - m_1m''$ et dans le second $m_1m' + m_1m''$; mais on remarquera en même temps que, dans le premier cas, cette tangente commune passera entre les deux centres C et C′, et que, dans le second, elle les laissera tous les deux d'un même côté. Cette observation est importante à cause des changements de signe qui en résultent pour certaines quantités.

Nous allons d'abord examiner le premier cas et nous ferons voir ensuite que le second conduit aux mêmes résultats. Projetons les arcs élémentaires $m_1m'$ et $m_1m''$ sur la tangente commune en $m$ aux deux courbes, ces projections $mm'_1$ et $mm''_1$ seront égales aux arcs, attendu que le déplacement est supposé infiniment petit. Or on a, dans les triangles $mm'm'_1$ et $mm''m''_1$ rectangles en $m'_1$ et $m''_1$,

$$mm'_1 = mm' \cos m'mm'_1 \quad \text{et} \quad mm''_1 = mm'' \cos m''mm''_1,$$

et comme $tm$ est perpendiculaire à la tangente commune ou à $mm'_1$ et $mm''_1$ et que $Cm$ et $C'm$ le sont respectivement à $mm'$ et $mm''$, on a

$$\cos m'mm'_1 = \cos Cmt \quad \text{et} \quad \cos m''mm''_1 = \cos C'mt.$$

De plus,

$$mm' = Cm\,d\theta \quad \text{et} \quad mm'' = C'md\theta';$$

par conséquent, le chemin parcouru par le point d'application du frottement a pour expression

$$mm'_1 - mm''_1 = Cm \cos Cmt\,d\theta - C'm \cos C'mt\,d\theta.$$

Prolongeons la tangente commune de part et d'autre, et des centres C et C′ abaissons sur cette ligne les perpendiculaires CP et C′P′, nous aurons, pour les triangles $CmP$ et $C'mP'$,

$$CP = Cm \cos m\,CP = Cm \cos t\,mC,$$
$$C'P' = C'm \cos mC'P' = C'm \cos t\,mC',$$

et par suite

$$mm'_1 - mm''_1 = CP\,d\theta - C'P'\,d\theta.$$

Mais on a, d'autre part, au moyen des triangles $Cpt$ et $C'p't$, et appelant $n$ la longueur de la normale $tm$,

$$CP = n + Ct \cos t\,CP = n + R \cos t\,CP,$$
$$C'P' = C't \cos t\,C'P' - n = R' \cos t\,CP - n$$

et, par conséquent,

$$mm'_1 - mm''_1 = n(d\theta + d\theta') + \cos t\,\mathrm{CP}(\mathrm{R}\,d\theta - \mathrm{R}'d\theta');$$

mais, puisque les vitesses sont transmises comme si les cercles primitifs roulaient l'un sur l'autre, on a

$$\mathrm{R}\,\theta = \mathrm{R}'\theta' \quad \text{ou} \quad \mathrm{R}\,d\theta = \mathrm{R}'\,d\theta',$$

et par suite

$$mm'_1 - mm''_1 = n(d\theta + d\theta').$$

Nous venons de raisonner en supposant que le point $m$ se trouvait plus près de $t$ que le milieu de la corde formée par $tm$ prolongé; nous avons vu que, dans le cas contraire, le chemin parcouru par le point d'application du frottement eût été

$$mm' + mm'';$$

mais, attendu qu'alors la tangente commune en $m$ laisse les deux centres du même côté, on a

$$\mathrm{CP} = n + \mathrm{R}\cos t\,\mathrm{CP} \quad \text{et} \quad \mathrm{C'P'} = n - \mathrm{R}'\cos t\,\mathrm{C'P'},$$

et il s'ensuit qu'on trouve encore

$$mm' + mm'' = mm'_1 + mm''_1 = \mathrm{CP}\,d\theta + \mathrm{C'P'}\,d\theta' = n(d\theta + d\theta')\ (^1).$$

Ainsi, dans l'un ou dans l'autre cas, on arrive à la même expression du chemin élémentaire parcouru par le point d'application du frottement.

La relation

$$\mathrm{R}\,d\theta = \mathrm{R}'\,d\theta'$$

donne

$$d\theta' = \frac{\mathrm{R}\,d\theta}{\mathrm{R}'},$$

---

(1) *Note de l'édition de* 1826. — Il serait facile de démontrer ces résultats d'une manière directe, en remarquant que, si l'on suppose le cercle (C) immobile, et que l'on fasse rouler infiniment peu le cercle (C′) sur lui, le point de contact $m$ décrira, dans ce mouvement, l'arc élémentaire $mm''$ ayant pour centre le point de contact $t$ des deux cercles, et correspondant à un angle $mtm''$ égal à celui que tend à décrire la normale $mt$. Or on voit aisément que cette droite et toutes celles qui sont liées invariablement au cercle C′ décrivent, dans ce mouvement, un angle egal à $d\theta + d\theta'$.

ce qui conduit à

$$mm' - mm'' = n\,\frac{R + R'}{R'}\,d\theta$$

dans le premier cas, et à

$$mm' + mm'' = n\,\frac{R + R'}{R'}\,d\theta$$

dans le second.

93. *Travail élémentaire consommé par le frottement des engrenages dans un déplacement infiniment petit.* — Le frottement dû à la pression N étant $fN$, si l'on désigne par $f$ le rapport du frottement à la pression, il s'ensuit que la quantité de travail élémentaire développée dans $dt$ par le frottement de l'engrenage aura, dans tous les cas, pour expression

$$fN\,n\,\frac{R + R'}{R'}\,d\theta.$$

Si nous appelons Q l'effort qu'il faut exercer tangentiellement aux cercles primitifs, pour vaincre la résistance qui s'oppose au mouvement de la roue conduite, et $\varphi$ l'angle de la normale avec la perpendiculaire à la ligne des centres, nous aurons évidemment

$$N \times CK = QR \quad (^1),$$

ou

$$N\cos\varphi = Q, \quad \text{d'où} \quad N = \frac{Q}{\cos\varphi},$$

ce qui donne, pour le travail élémentaire du frottement,

$$fQ\,n\,\frac{R + R'}{R'}\,\frac{d\theta}{\cos\varphi}.$$

Dans cette expression, la force Q est ordinairement connue : c'est l'effort moyen qu'il faut exercer à la circonférence primitive de la roue conduite, pour vaincre toutes les résistances

(1) Dans cette relation on néglige le frottement sur les dents, ce qui revient à négliger le carré de $f$ dans le travail du frottement. (K.)

autres que le frottement de l'engrenage, mais les quantités $n$ et $\varphi$ varient avec l'angle $\theta$, et il faut, dans chaque cas, connaître leur valeur exacte ou approximative en fonction de cet angle pour pouvoir intégrer cette expression du travail élémentaire et en déduire la quantité totale de travail consommée par le frottement de l'engrenage pendant toute la durée du contact des deux dents; c'est ce que nous allons chercher à obtenir en appliquant cette formule aux diverses formes d'engrenage employées.

94. *Application à l'engrenage à épicycloïdes.* — Commençons par l'engrenage à épicycloïdes d'une roue conductrice et d'un pignon (*Pl. I, fig.* 4), on a, dans ce cas, $\varphi = \theta'$, puisque la normale $tm$ est perpendiculaire au flanc $C'm$, et, de plus,

$$n = R' \sin\theta';$$

par conséquent, l'expression du travail élémentaire du frottement de l'engrenage est

$$fQ\,\frac{(R + R')}{R'}\,R'\,\frac{\sin\theta'\,d\theta}{\cos\theta'} = fQR'\,\frac{R + R'}{R}\,\operatorname{tang}\theta'\,d\theta',$$

à cause de $R\,d\theta = R'\,d\theta'$. On sait d'ailleurs que

$$\operatorname{tang}\theta' = \theta' + \frac{\theta'^3}{3} + \dots,$$

et, par conséquent, toutes les fois que l'angle $\theta'$ sera assez petit pour que l'on puisse se borner au premier terme de la série, on prendra

$$fQR'\left(\frac{R + R'}{R}\right)\operatorname{tang}\theta'\,d\theta' = fQ\,\frac{R + R'}{R}\,R'\,\theta'\,d\theta'.$$

En intégrant alors depuis $\theta' = 0$ jusqu'à la valeur de $\theta'$, qui correspond au plus grand écartement du point $m$ à partir de la ligne des centres, on a, pour le travail total développé pendant cet intervalle par le frottement,

$$fQ\,\frac{R + R'}{R}\,R'\,\frac{\theta'^2}{2}.$$

Si les dents se prenaient avant la ligne des centres, pendant un intervalle correspondant à un angle $\theta''$, on aurait de même, pour le travail consommé dans cette période,

$$fQ\frac{R+R'}{R}R'\frac{\theta''^2}{2}$$

et, par conséquent, pour l'amplitude totale $\theta'+\theta''$, parcourue pendant le contact,

$$fQ\frac{R+R'}{R}R'\left(\frac{\theta'^2+\theta''^2}{2}\right)=fQ\left(\frac{R+R'}{R}\right)R'\left[\frac{(\theta'+\theta'')^2}{2}-\theta'\theta''\right].$$

95. *Avantage que l'on trouve à faire conduire les dents autant avant qu'après la ligne des centres.* — Cette dernière expression montre que, pour une amplitude égale de contact, ou pour un déplacement angulaire donné $\theta'+\theta''$, il est avantageux, sous le rapport de l'économie du travail consommé par le frottement, que les dents se prennent avant et après la ligne des centres, puisque, si la conduite n'avait lieu qu'avant ou après cette ligne, le travail développé par cette résistance aurait eu pour expression

$$fQ\frac{R-R'}{R}R'\frac{(\theta'-\theta'')^2}{2},$$

comme nous l'avons vu plus haut.

La quantité $fQ\frac{R+R'}{R}R'\theta'\theta''$, soustractive de la précédente, indique l'économie produite par l'engrènement avant et après la ligne des centres, et comme elle est évidemment un maximum pour $\theta'=\theta''=\frac{\theta'+\theta''}{2}$, $\theta'+\theta''$ étant l'angle total donné, il s'ensuit qu'il convient, sous le rapport que nous considérons actuellement, de faire conduire les roues d'engrenage autant avant qu'après la ligne CC'.

96. *Effort moyen à exercer tangentiellement à la circonférence primitive pour vaincre le frottement des engrenages.* — Il importe souvent, pour la facilité des calculs, de trouver la valeur de l'effort moyen tangentiel aux deux cercles primitifs

en $t$, qui développerait une quantité de travail suffisante pour compenser celle que consomme le frottement de l'engrenage. Or le chemin parcouru depuis la ligne des centres jusqu'à la distance angulaire $\theta'$ est $R'\theta'$, dans le sens de l'effort moyen cherché ; nous aurons donc, en appelant $a$ le pas de l'engrenage, supposé égal à $R'\theta' = R\theta$, pour la valeur de cet effet moyen,

$$fQ\frac{R+R'}{R}\frac{\theta'}{2} = fQ\frac{R+R'}{RR'}\frac{a}{2}.$$

Si les dents se conduisent, avant la ligne des centres, d'une quantité angulaire $\theta''$ et, après cette ligne, d'une quantité $\theta'$, le cheminu parcour par l'effort moyen cherché, dans sa direction propre, étant $R'(\theta'+\theta'')$, on aurait, pour la valeur de cet effort,

$$\frac{fQ\frac{R+R'}{R}R'\left(\frac{\theta'^2}{2}+\frac{\theta''^2}{2}\right)}{R'(\theta'+\theta'')} = fQ\frac{R+R'}{RR'}\frac{\left[\frac{R'^2(\theta'+\theta'')^2}{2} - R'^2\theta'\theta''\right]}{R'(\theta'+\theta'')}$$
$$= fQ\frac{R+R'}{RR'}\left[\frac{R'(\theta'+\theta'')}{2} - \frac{R'\theta'\theta''}{\theta'+\theta''}\right].$$

Cet effort moyen est évidemment plus faible que l'effort moyen nécessaire pour vaincre le frottement dans le cas où l'angle $\theta'+\theta''$ serait décrit d'un même côté de la ligne des centres, puisque celui-ci aurait alors pour valeur

$$fQ\frac{R+R'}{R}\frac{\theta'+\theta''}{2}.$$

Dans le cas où $\theta' = \theta''$, ce qui correspond à la différence maximum, on voit que l'effort moyen à exercer, quand les deux roues se conduisent avant et après la ligne des centres, est

$$fQ\frac{R+R'}{RR'}\frac{R'\theta'}{2}$$

ou, si $R'\theta' = a$,

$$fQ\frac{R+R'}{RR'}\frac{a}{2},$$

et que, dans celui où la conduite aurait lieu entièrement après la ligne des centres, à une distance

$$R'(\theta' + \theta'') = 2R'\theta' = 2a,$$

il serait

$$fQ\,\frac{R - R'}{RR'}\,a,$$

c'est-à-dire double du précédent.

Dans la plupart des cas, l'engrenage ayant lieu avant et après la ligne des centres, nous adopterons, pour la valeur de l'effort moyen nécessaire pour vaincre le frottement et qu'il faut exercer tangentiellement aux deux cercles primitifs en $t$,

$$fQ\,\frac{R + R'}{RR'}\,\frac{a}{2} = fQ\left(\frac{1}{R'} + \frac{1}{R}\right)\frac{a}{2},$$

sauf, dans les autres cas, à recourir à la formule qui leur convient.

Le nombre des dents étant $m$ pour la roue du rayon R et $m'$ pour la roue de rayon R', on a

$$ma = 2\pi R, \quad m'a = 2\pi R',$$

d'où

$$\frac{a}{2R} = \frac{\pi}{m}, \quad \frac{a}{2R'} = \frac{\pi}{m'},$$

et par suite

$$fQ\,\frac{R + R'}{RR'}\,\frac{a}{2} - fQ\pi\left(\frac{1}{m} + \frac{1}{m'}\right) = fQ\pi\,\frac{m + m'}{mm'}.$$

C'est sous cette forme que nous emploierons le plus fréquemment l'expression de cet effort moyen, parce que les nombres de dents sont toujours donnés immédiatement par l'observation dans les machines établies. Elle nous montre que cet effort sera d'autant plus faible que le nombre des dents sera plus grand et que, par conséquent, il y a, sous ce rapport, avantage à augmenter ce nombre.

97. *Engrenage d'une roue et d'une lanterne.* — Les expressions précédentes s'appliquent immédiatement au cas où une lanterne à fuseaux cylindriques est conduite par une roue en

supposant que l'arc décrit à la circonférence primitive soit égal au pas, ou à l'intervalle entre l'axe de deux fuseaux consécutifs.

98. *Engrenage d'un pignon placé dans l'intérieur d'une roue.* — Dans le cas d'un pignon intérieur à une roue, il est facile de voir, par l'examen de la *fig.* 10, *Pl. II*, dans laquelle C et C′ sont respectivement les centres de la roue et du pignon, que, quand le point de contact *m* des deux courbes se trouve sur la normale commune *tm*, considérée comme corde du cercle primitif intérieur, en deçà de son milieu vers *t*, la tangente commune doit passer en dehors des deux centres, et que, au contraire, quand ce point *m* est au delà du milieu de la corde, cette tangente passe entre les deux centres, ce qui est tout à fait l'inverse des engrenages extérieurs.

On voit alors, en conservant les mêmes désignations, qu'on a dans le premier cas, pour les expressions successives du chemin parcouru par le point d'application du frottement,

$$m_1 m' - m_1 m'' = m'_1 m - m''_1 m = mm' \cos \mathrm{C} mt - mm'' \cos \mathrm{C}' mt$$
$$= \mathrm{C} m d\theta \cos \mathrm{C} mt - \mathrm{C}' m d\theta' \cos \mathrm{C}' mt,$$
$$\mathrm{C} m \cos \mathrm{C} mt = \mathrm{CP} = \mathrm{R} \cos t\mathrm{CP} - n,$$
$$\mathrm{C}' m \cos \mathrm{C}' mt = \mathrm{C'P'} = \mathrm{R}' \cos t\mathrm{CP} - n,$$

et par suite

$$m_1 m' - m_1 m'' = (\mathrm{R}\, d\theta - \mathrm{R}' d\theta') \cos t\mathrm{CP} + n(d\theta' - d\theta) - n \frac{\mathrm{R} - \mathrm{R}'}{\mathrm{R}'} d\theta,$$

puisque

$$\mathrm{R}\, d\theta = \mathrm{R}' d\theta'.$$

Dans le second cas, au contraire, on a

$$m_1 m' - m_1 m'' = m'_1 m + m''_1 m = mm' \cos \mathrm{C} mt + mm'' \cos \mathrm{C}' mt$$
$$= \mathrm{C} m d\theta \cos \mathrm{C} mt + \mathrm{C}' m d\theta' \cos \mathrm{C}' mt,$$
$$\mathrm{C} m \cos \mathrm{C} mt = \mathrm{CP} = \mathrm{R} \cos t\,\mathrm{CP} - n,$$
$$\mathrm{C}' m \cos \mathrm{C}' mt = \mathrm{C'P'} = n - \mathrm{R}' \cos t\,\mathrm{CP},$$

et par suite

$$m_1 m' - m_1 m'' = (\mathrm{R}\, d\theta - \mathrm{R}' d\theta') \cos t\mathrm{CP} + n(d\theta' - d\theta) = n \frac{\mathrm{R} - \mathrm{R}'}{\mathrm{R}'} d\theta.$$

Ainsi, dans les deux cas, le chemin élémentaire parcouru par le point d'application du frottement a la même expression, et le travail consommé par cette résistance, pendant l'instant $dt$, est

$$fNn\frac{R-R'}{R'}d\theta.$$

Cet engrenage ne s'exécute que par des courbes épicycloïdales, et l'on retrouve, de même que précédemment, pour la valeur approximative du travail consommé par le frottement pendant que les roues décrivent un arc $R'\theta'$ à leur circonférence primitive,

$$fQ\frac{R-R'}{R}\frac{R'\theta'^2}{2},$$

quantité évidemment beaucoup plus faible que celle qui correspondrait, dans les mêmes circonstances, à des engrenages extérieurs de mêmes dimensions.

Les conditions du tracé montrent que, si la roue doit conduire le pignon, celui-ci ne doit avoir que des flancs en ligne droite et que l'engrenage ne peut avoir lieu qu'après la ligne des centres. Si l'arc $R'\theta'$ parcouru pendant le contact est égal au pas $a$, ce qui convient pour qu'il y ait toujours au moins une dent en prise, on a, pour l'effort moyen que la roue doit exercer afin de vaincre le frottement de l'engrenage,

$$fQ\frac{R-R'}{RR'}\frac{R'\theta'}{2}=fQ\left(\frac{1}{R'}-\frac{1}{R}\right)\frac{a}{2}=fQ\pi\frac{m-m'}{mm'},$$

en appelant toujours $m$ et $m'$ les nombres de dents respectifs de la roue et du pignon.

99. *Engrenage à développantes.* — Lorsque les courbes des dents sont formées par des développantes (*Pl. I, fig.* 5) dont les rayons sont les perpendiculaires CK et C′K′ abaissées des centres C et C′ sur la direction constante et donnée de la normale commune $tm$, l'expression générale de la quantité de travail élémentaire consommée par le frottement de l'engrenage devient susceptible de s'intégrer rigoureusement. En

effet, dans cette expression

$$fNn\,\frac{R + R'}{R'}\,d\theta,$$

la longueur $n$ de la normale $tm$ étant égale à l'arc développé, on a

$$n = tm = CK\theta \quad \text{et de plus} \quad N < CK = QR,$$

ce qui donne

$$fNn\,\frac{R - R'}{R'}\,d\theta = fQ\,\frac{R + R'}{R'}\,R\theta\,d\theta,$$

dont l'intégrale

$$fQ\,\frac{R - R'}{R'}\,R\,\frac{\theta^2}{2}$$

exprime le travail total consommé par le frottement, pendant que les roues ont décrit à leur circonférence primitive un arc $R\theta$.

L'effort moyen à exercer tangentiellement à ces circonférences primitives en $t$, pour vaincre cette résistance, a donc pour expression

$$fQ\,\frac{R + R'}{RR'}\,\frac{R\theta}{2} = fQ\,\frac{R + R'}{RR'}\,\frac{a}{2} \text{ [1]},$$

si $R\theta = a$.

---

[1] *Expression générale du frottement dans les engrenages.* — M. Resal a bien voulu me communiquer à ce sujet la Note suivante :

« Poncelet, en restreignant la question au cas d'un contact peu étendu de part et d'autre de la ligne des centres, est conduit aux mêmes formules pour les trois principaux types d'engrenages employés dans l'industrie. En se plaçant à un point de vue général, on arrive facilement à ce résultat.

» Soient (*Pl. I, fig.* 1)

$C'$ la roue menante;
$P$ l'effort moteur tangent à la circonférence primitive de $C$;
$Q$ la force tangente à cette même circonférence, équivalente à la résistance
$K$ et $K'$ les projections des centres $C$ et $C'$ sur la normale commune;
$\varphi$ l'angle de cette normale avec la ligne des centres.

» On a

$$C'K' = R'\sin\varphi, \quad mK' = R'\cos\varphi + n,$$
$$CK = R\sin\varphi, \quad mK = R\cos\varphi - n,$$

Il y aurait lieu d'examiner le cas où l'engrenage se fait, partie avant et partie après la ligne des centres, et d'en comparer les résultats à ceux du cas où il n'a lieu que d'un seul côté, et l'on arriverait encore exactement à la même conclusion, qu'il y a avantage à ce que les dents se conduisent autant avant qu'après cette ligne.

En introduisant aussi dans l'expression ci-dessus de l'effort moyen les nombres de dents $m$ et $m'$ de la roue et du pignon, on obtient, pour l'expression de l'effort moyen cherché,

$$fQ\left(\frac{1}{R}+\frac{1}{R'}\right)\frac{a}{2}=fQ\pi\,\frac{m+m'}{mm'},$$

qui, dans ce cas, est tout à fait rigoureuse.

100. *Engrenage d'un pignon et d'une crémaillère.* — Lorsqu'un pignon doit conduire une crémaillère, il suffit de faire $R=\infty$, dans l'expression précédente de l'effort moyen qui doit vaincre le frottement, et l'on trouve pour sa valeur

$$fQ\,\frac{a}{2R}.$$

---

et, en prenant les moments par rapport aux centres C′ et C,

$$PR' = N.C'K' + fN.mK', \quad QR = N.CK + fN.mK,$$

d'où

$$P = N\left[\sin\varphi + f\left(\cos\varphi + \frac{n}{R'}\right)\right], \quad Q = N\left[\sin\varphi + f\left(\cos\varphi - \frac{n}{R}\right)\right]$$

et

$$\frac{P}{Q} = \frac{\sin\varphi + f\left(\cos\varphi + \frac{n}{R'}\right)}{\sin\varphi + f\left(\cos\varphi - \frac{n}{R}\right)}.$$

» Si $f$ était nul, on aurait $P = Q$; la force tangentielle équivalente au frottement est donc

$$F = P - Q = Q\,\frac{nf\left(\frac{1}{R}+\frac{1}{R'}\right)}{\sin\varphi + f\left(\cos\varphi - \frac{p}{R}\right)}.$$

» Soient

$tt' = ds$ le chemin élémentaire décrit par l'une ou l'autre des circonférences primitives;

**101.** *Frottement d'une came et du mentonnet d'un pilon.* — Quand une came en développante de cercle pousse le mentonnet d'une tige guidée dans des coulisses ou rainures (*fig.* 7, *Pl. II*), si l'on désigne toujours par $\theta$ l'angle décrit, ou plutôt par $a$ le chemin parcouru dans la direction de la tige, on a encore, pour l'effort moyen qui doit vaincre le frottement, l'expression rigoureuse.

$$fQ\frac{a}{2R'},$$

R' étant le rayon du cercle développé ou tangent à la ligne droite parcourue par le point de contact.

**102.** *Cames en épicycloïdes.* — Pour transmettre à un levier mobile autour d'un axe un mouvement continu, de manière que les vitesses transmises restent dans un rapport constant, on donne, comme nous l'avons dit, à la came la forme d'une épicycloïde, qui conduit à partir de la ligne des centres. Dans ce cas, le grand développement de la courbe

---

$t'm'$ la normale commune dans leur nouvelle position;
I la projection de $t$ sur $t'm'$.

On a

$$t'I = dn = ds\sin\varphi.$$

Le travail du frottement est, par suite,

$$T_f = \int F\,ds = Qf\left(\frac{1}{R}+\frac{1}{R'}\right)\int\frac{n\,dn}{\sin\varphi\left[\sin\varphi + f\left(\cos\varphi - \frac{\mu}{R}\right)\right]}.$$

» En négligeant le carré de $f$, on a simplement

$$T_f = Qf\left(\frac{1}{R}+\frac{1}{R'}\right)\int\frac{n\,dn}{\sin^2\varphi}.$$

Si le contact est peu étendu de part et d'autre de la ligne des centres, $\varphi$ diffère peu de sa valeur $\varphi_0$ lorsque le contact commence, et l'on a à très-peu près

$$dn = ds\sin\varphi_0,\quad n = s\sin\varphi_0,$$

d'où

$$T_f = Qf\left(\frac{1}{R}+\frac{1}{R'}\right)\frac{n^2}{2\sin^2\varphi_0} = Qf\left(\frac{1}{R}+\frac{1}{R'}\right)\frac{s^2}{2},$$

expression qui revient à celle du texte. » (K.)

ne permet pas de se borner à remplacer, dans l'expression du travail élémentaire

$$fQR'\frac{R+R'}{R}\tang\theta' d\theta',$$

la tangente de $\theta'$ par la valeur approchée, réduite au premier terme de la série,

$$\tang\theta' = \theta' + \frac{\theta'^3}{3} + \ldots,$$

et il faudra prendre au moins deux termes de cette série, ce qui donne, pour la quantité de travail consommé pendant que le cercle primitif de la came parcourt un arc $R'\theta'$,

$$fQR'\frac{R+R'}{R}\left(\frac{\theta'^2}{2}+\frac{\theta'^4}{3.4}\right)$$

et, pour l'effort moyen nécessaire pour vaincre ce frottement,

$$fQ\frac{R+R'}{RR'}\frac{a}{2}\left(1+\frac{\theta'^3}{2.3}\right).$$

Si l'angle $\theta'$ est de 45 degrés, on a

$$\theta' = \frac{45}{180}\pi = 0^m,785, \quad \frac{\theta'^2}{2.3} = 0^m,103,$$

quantité qui n'est pas négligeable, par rapport à l'unité.

**103.** *Cas où la forme des cames ne satisfait pas à la condition de l'uniformité.* — On rencontre souvent, dans les machines soufflantes (*fig.* 102), des cames dont la courbure, déterminée par des considérations spéciales, ne satisfait pas à la condition de transmettre aux tiges qu'elles conduisent une vitesse qui soit dans un rapport constant avec celle de l'arbre de la came. Il faut, dans ce cas, recourir à des méthodes approximatives, et voici la manière d'opérer :

Soient

*amb* une courbe quelconque qui pousse la tige d'un piston de machine soufflante, dans une direction constante;

Q le poids de cette tige ou l'effort qu'il faut exercer, dans le sens de sa longueur, pour la faire marcher;

$\alpha$ l'angle que fait sa direction avec la normale au point de contact actuel.

Fig. 102.

La pression normale sera $Q\cos\alpha$, et le frottement $fQ\cos\alpha$ consommera, pour un petit arc élémentaire $ds$ parcouru par la came dans l'instant $dt$, la quantité d'action élémentaire

$$fQ\cos\alpha\,ds$$

qu'il faut intégrer depuis $a$ jusqu'en $b$ ou par l'arc total $s$, afin d'obtenir le travail total consommé par le frottement dans une levée de la tige. Cette intégrale pourra, dans tous les cas, être obtenue approximativement par les méthodes indiquées (n° 9, Section I).

**104.** *Engrenages coniques.* — Dans les engrenages coniques exécutés avec soin, on a toujours l'attention de faire les dents et, par suite, le pas aussi petits que possible, de sorte que le mouvement et le glissement des dents l'une sur l'autre ont sensiblement lieu, comme s'ils se passaient dans le plan tangent aux surfaces coniques moyennes et normales à la longueur des dents (1).

(1) M. Resal (*Journal de l'École Polytechnique*, XXXIII^e Cahier) a donné les intégrales qui représentent le travail absorbé par le frottement dans les engre-

Il suit de là qu'en conservant les mêmes dénominations, mais en les appliquant au développement de ces surfaces moyennes, on aura encore pour l'effort moyen qui, exercé dans le plan tangent que l'on considère et perpendiculairement à la ligne des centres des cercles développés, produirait la même quantité de travail que le frottement de l'engrenage,

$$fQ\,\frac{R + R'}{RR'}\,\frac{a}{2}.$$

R et R' sont, dans cette expression, les rayons des cercles primitifs moyens développés, Q l'effort ou la résistance qui s'oppose, dans le plan tangent, au mouvement de la roue conduite et *a* le pas mesuré sur les circonférences primitives des cercles moyens.

105. *Frottement de la vis sans fin* [1]. — Soit ($c'$) (*fig.* 103)

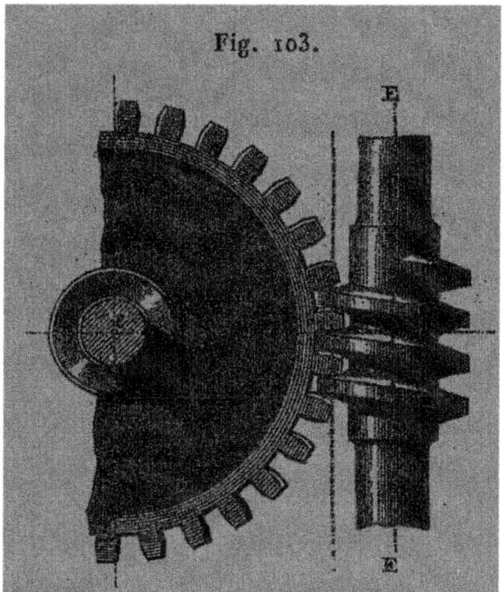


Fig. 103.

une roue dentée conduite par une vis à filets carrés; le plan

nages coniques, quelle que soit l'étendue du contact; il en a déduit, comme cas particulier, ce qui se rapporte aux engrenages cylindriques. En s'en tenant au premier terme d'un développement en série, il est retombé sur la formule de Poncelet. (K.)

[1] Extrait de l'édition de 1826.

milieu de la roue comprend l'axe EF de la vis, que nous supposerons verticale, et les dents ont, sur le cylindre de cette roue, une inclinaison telle qu'elles se présentent à la vis parallèlement à la tangente du filet qui répond au point de contact; les arêtes de ces dents sont donc obliques par rapport à l'axe de la roue.

Cela posé, ne considérons (*fig.* 104) que ce qui se passe

Fig. 104.

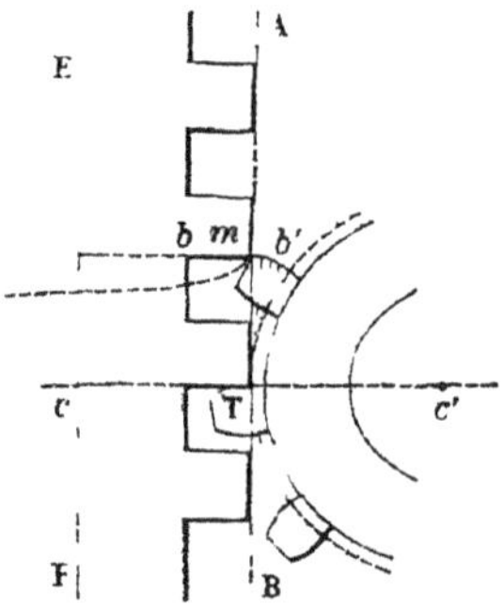


dans le plan milieu de la roue qui comprend l'axe EF de la vis; le profil de la surface frottante des filets sera une perpendiculaire *mb* à cet axe, en sorte que l'engrenage devra remplir les mêmes conditions que celui des crémaillères à dents droites [1]; la courbe *mb'* de la dent sera donc la développante de la circonférence primitive de (*c'*), tangente à la droite AB, qui contient les points de contact *m* avec le filet correspondant et qui est parallèle à l'axe EF de la vis.

Soit Q la puissance à appliquer à la circonférence primitive

---

(1) Le point de contact entre le filet et la dent ne peut être rigoureusement dans le plan de la figure que sur la ligne *cc'*. C'est par approximation, et en admettant implicitement que l'étendue du contact est très-petite, que l'auteur suppose qu'au delà de *cc'* le point de contact *m* se trouve dans le plan ci-dessus et que l'inclinaison de l'hélice correspondante de la surface hélicoïdale est encore égale à $\alpha$.

*Voir* à ce sujet, pour le cas où le contact a une étendue quelconque, le Mémoire de M. Resal inséré au XXXIIIe Cahier du *Journal de l'École Polytechnique*. (K.)

de $(c')$ pour vaincre toutes les résistances qui agissent autour de son axe; la vis pourra être censée chargée d'un poids constant Q agissant sur l'hélice dont le rayon est $c$T ou $r$, dans une direction parallèle à l'axe EF, c'est-à-dire que la pression Q produira sur cette hélice un effet absolument analogue à celui d'un écrou sur une vis pareille, qui aurait même pas et l'hélice $m$ pour hélice moyenne. Or on remarquera que le point $m$, où s'exerce le frottement de la dent $mb'$, est animé d'un double mouvement relatif, l'un tangentiel à l'hélice, l'autre tangentiel à la courbe $mb'$ de cette dent, en sorte que le moment virtuel total de ce frottement est la somme des moments virtuels dus séparément à ces deux mouvements et au frottement $f$N résultant de la pression normale N exercée, sur la surface du filet, par l'action de la puissance P qui, appliquée à l'une des extrémités de la vis, agirait avec un bras de levier R pour faire mouvoir la roue $(c')$ ou vaincre la résistance Q. Nommons donc $\alpha$ l'angle formé par l'hélice $m$ avec l'horizon, ou un plan perpendiculaire à l'axe EF de la vis, on trouvera sans peine, pour la pression normale,

$$N = \frac{Q}{\cos\alpha - f\sin\alpha}, \quad \text{d'où} \quad fN = \frac{fQ}{\cos\alpha - f\sin\alpha};$$

reste à trouver les vitesses virtuelles de $m$ sur l'hélice et sur la courbe $mb'$.

En nommant $h$ le pas de cette hélice, R le bras de levier de la puissance P, $dz$ la vitesse virtuelle de Q ou la hauteur dont s'élève $m$ parallèlement à EF, par suite d'un mouvement infiniment petit imprimé à la vis, la vitesse virtuelle de P sera évidemment $\frac{2\pi R}{h}dz$; celle de $m$ suivant l'hélice sera $\frac{dz}{\sin\alpha}$; enfin celle de $m$ suivant la courbe $mb'$ sera, d'après la propriété des développantes, le petit arc de cercle décrit par la tangente $m$T autour de T, tandis que la circonférence primitive $(R')$ de la roue décrit un autre petit arc égal à $dz$ et sous-tendant, au centre $c'$, le même angle que le premier à son centre T; cette vitesse virtuelle de $m$ sur $mb'$ sera donc

$\frac{m\mathrm{T}}{\mathrm{R}'}dz = \frac{z\,dz}{\mathrm{R}'}$, en prenant $m$T pour $z$; donc on aura, pour exprimer les conditions de l'équilibre, en divisant par $dz$ et multipliant par $h$,

$$2\pi \mathrm{RP} = \mathrm{Q}h + \frac{f\mathrm{Q}h}{\sin\alpha(\cos\alpha - f\sin\alpha)} + \frac{f\mathrm{Q}zh}{\mathrm{R}'(\cos\alpha - f\sin\alpha)}.$$

La hauteur $z$ est ici variable; mais, en observant que chaque dent pousse à partir de l'horizontale $cc'$ et en supposant qu'elle quitte le filet $bm$ quand le point de contact T de la précédente est arrivé sur $cc'$, on pourra remplacer $z$ par sa valeur moyenne $\frac{1}{2}m\mathrm{T} = \frac{1}{2}h$, en supposant que la vis n'ait qu'un filet; ce qui donnera, en réunissant les deux premiers termes et en se rappelant que $\tang\alpha = \frac{h}{2\pi r}$,

$$2\pi \mathrm{RP} = 2\pi r\mathrm{Q}\left(\frac{\sin\alpha + f\cos\alpha}{\cos\alpha - f\sin\alpha}\right) + \frac{1}{2}\,\frac{f\mathrm{Q}h^2}{\mathrm{R}'(\cos\alpha - f\sin\alpha)}.$$

En négligeant le dernier terme en $h$, on retombe sur l'équation d'équilibre de la vis à filets carrés, en ayant égard au frottement, ce à quoi l'on devait bien s'attendre. D'ailleurs, ce terme est toujours fort petit à l'égard de celui qui le précède, et, comme $\alpha$ s'éloigne ici fort peu de zéro, on pourra, sans erreur sensible, y supposer $\sin\alpha = 0$, $\cos\alpha = 1$, de sorte que l'équation pourra prendre cette forme, qui se prête facilement au calcul,

$$2\pi \mathrm{RP} = 2\pi r\,\frac{h + 2\pi r f}{2\pi r - fh}\,\mathrm{Q} + f\mathrm{Q}\,\frac{h^2}{2\mathrm{R}'}.$$

# NOTES.

## I. — Sur la valeur approchée linéaire et rationnelle des radicaux de la forme $\sqrt{a^2 - b^2}$, $\sqrt{a^2 - b^2}$, ....

106. *Expression linéaire de* $\sqrt{a^2 + b^2}$; *limite de l'erreur.* — La valeur approchée du radical $\sqrt{a^2 + b^2}$ devant être rationnelle et linéaire en $a$ et $b$, nous ferons

$$\sqrt{a^2 + b^2} = \alpha a + \beta b,$$

$a$ et $b$ étant des nombres absolus et positifs, $\alpha$ et $\beta$ des nombres indéterminés qui doivent satisfaire à la condition que, dans une étendue donnée, l'erreur commise, en prenant $\alpha a + \beta b$ au lieu de $\sqrt{a^2 + b^2}$, soit la moindre possible par rapport à la véritable valeur du radical. L'erreur absolue étant $\alpha a + \beta b - \sqrt{a^2 + b^2}$, l'erreur *proportionnelle* ou *relative*, que nous nommerons $z$, sera, en faisant $\frac{a}{b} - n$ ou $a = nb$,

$$z = \frac{\alpha a + \beta b}{\sqrt{a^2 b^2}} - 1 = \frac{\alpha n + \beta}{\sqrt{1 + n^2}} - 1,$$

et il s'agira de la rendre un *minimum* pour toutes les grandeurs de $a$ et de $b$ ou de $n$ comprises dans l'intervalle considéré, en disposant convenablement des indéterminées $\alpha$ et $\beta$, ce qui revient, au fond, à choisir ces quantités numériques de manière que le cours de la courbe qui aurait $n$ pour abscisses et $z$ pour ordonnées respectives s'approche le plus qu'il est possible de l'axe des $n$ dans l'étendue comprise entre deux valeurs données de $n$, que nous supposerons être $n = k$ et $n = \infty$.

Pour cela, il est nécessaire d'étudier la marche de la fonction $z$ entre les deux limites où l'on doit calculer les valeurs de $\sqrt{a^2 + b^2}$. Or il est aisé de s'assurer que, de $n = 0$ à $n = \infty$, $z$ est susceptible d'un maximum absolu à partir duquel l'erreur décroît constamment et indéfiniment sous le point de vue algébrique, c'est-à-dire en passant par zéro et devenant négative; ou, ce qui revient au même, l'erreur, à partir de ce maximum, décroît continuellement jusqu'à devenir nulle, pour croître ensuite en dessous de l'axe des abscisses, en prenant des valeurs de signe contraire.

En effet, si l'on considère les nombres $\alpha$ et $\beta$ comme donnés, et que l'on différentie deux fois de suite la valeur ci-dessus de $z$ par rapport à $n$; que l'on égale enfin à zéro le coefficient différentiel du premier ordre pour avoir la valeur de $n$ qui répond au *maximum* de l'erreur, on trouvera que les conditions de ce *maximum* sont satisfaites pour

$$n = \frac{\alpha}{\beta}, \quad z = \sqrt{\alpha^2 + \beta^2} - 1.$$

Recherchant, en outre, les expressions de l'erreur $z$ qui répondent aux deux limites considérées, on trouve

$$\text{pour } n = k \ldots\ldots\ \ldots \quad z = \frac{\alpha k + \beta}{\sqrt{1+k}} - 1;$$

$$\text{pour } n = \infty \ldots\ldots\ldots \quad z = \alpha - 1.$$

Si donc on était certain, *a priori*, que le maximum ci-dessus se trouve situé entre ces limites, pour les valeurs cherchées de $\alpha$ et de $\beta$, c'est-à-dire que le rapport $\frac{\alpha}{\beta}$ est essentiellement positif et plus grand que $k$, il ne resterait qu'à déterminer ces valeurs de manière à rapprocher le plus qu'il est possible de zéro les expressions algébriques des trois erreurs dont il s'agit, c'est-à-dire de manière que la plus grande d'entre elles, prise abstraction faite du signe, fût la moindre possible, ce qui serait facile, puisqu'il ne s'agirait, comme on va le voir, que d'exprimer que les valeurs absolues de ces premières erreurs sont précisément égales; mais, comme la limite du rapport $\frac{\alpha}{\beta}$ nous est absolument inconnue, il devient indispensable de faire des suppositions particulières sur les valeurs des indéterminées $\alpha$ et $\beta$. Supposant, par exemple, qu'elles doivent rendre nulles les erreurs relatives aux limites $n = \infty$, $n = k$, on aura

$$\alpha - 1 = 0, \quad \text{d'où} \quad \alpha = 1;$$

$$\frac{\alpha k + \beta}{\sqrt{1+k^2}} - 1 = 0, \quad \text{d'où} \quad \beta = \sqrt{1+k^2} - \alpha k = \sqrt{1+k^2} - k.$$

Or on s'assure aisément que le rapport

$$\frac{\alpha}{\beta} = \frac{1}{\sqrt{1+k^2} - k} = \sqrt{1+k^2} + k$$

est ici, en effet, plus grand que $k$, de sorte que l'erreur *maximum*

$$\sqrt{\alpha^2+\beta^2}-1$$

est réellement située dans l'intervalle compris entre $n=k$ et $n=\infty$, ce qui ne peut être, à moins que les erreurs relatives aux valeurs particulières $\alpha=1$, $\beta=\sqrt{1+k^2}-k$, qui sont positives et que nous nommerons $\alpha'$ et $\beta'$, n'aillent sans cesse en croissant à partir soit de la limite inférieure $n=k$, soit de la limite supérieure $n=\infty$, jusqu'à la valeur *maximum* $\sqrt{\alpha'^2+\beta'^2}-1$, qui est également positive.

D'ailleurs, la fonction $\sqrt{\alpha^2+\beta^2}-1$ tendant à diminuer à mesure que l'on y substitue des valeurs de $\alpha$ et de $\beta$ de plus en plus petites, par rapport à $\alpha'$ et à $\beta'$, il est clair que, bien qu'elles fassent croître, dans le sens négatif, les erreurs $\alpha-1$ et $\dfrac{\alpha k+\beta}{\sqrt{1+k^2}}-1$ relatives aux limites $n=\infty$, $n=\alpha$, elles seront plus avantageuses que celles $\alpha'$ et $\beta'$, tant que ces dernières erreurs, prises avec un signe contraire, demeureront au-dessous de l'erreur *maximum* $\sqrt{\alpha^2+\beta^2}-1$ correspondante; mais comme, au contraire, elles cesseraient de l'être dès l'instant où cette dernière viendrait à être surpassée par l'une ou l'autre d'entre elles, on voit que les valeurs de $\alpha$ et de $\beta$, qui répondent aux plus petites erreurs possibles pour tout l'intervalle compris depuis $n=k$ jusqu'à $n=\infty$, doivent satisfaire à la double condition

$$\sqrt{\alpha^2+\beta^2}-1=1-\alpha=1-\frac{\alpha k+\beta}{\sqrt{1+k^2}},$$

de laquelle on tire d'abord

$$\beta=\alpha(\sqrt{1+k^2}-k),$$

expression qui montre que, en effet, le rapport

$$\frac{\alpha}{\beta}=\frac{1}{\sqrt{1+k^2}-k}=\sqrt{1+k^2}+k$$

est plus grand que $k$, de sorte que le *maximum* $\sqrt{\alpha^2+\beta^2}-1$ de l'erreur se trouve réellement situé dans l'intervalle compris entre les limites $n=k$ et $n=\infty$, comme le supposent les raisonnements qui précèdent.

On tirera ensuite des mêmes équations de condition

$$\alpha=\frac{2}{1+\sqrt{2(1+k^2)-2k\sqrt{1+k^2}}},\quad \beta=\frac{2(\sqrt{1+k^2}-k)}{1+\sqrt{2(1+k^2)-2k\sqrt{1+k^2}}};$$

et partant, pour l'expression de la limite $\varepsilon$ des erreurs que l'on risque de commettre en prenant $\sqrt{a^2+b^2} = \alpha a + \beta b$,

$$1-\alpha = 1 - \frac{\alpha k+\beta}{\sqrt{1+k^2}} = \sqrt{\alpha^2+\beta^2}-1 = \frac{\sqrt{2(1+k^2)-2k\sqrt{1+k^2}}-1}{\sqrt{2(1+k^2)-2k\sqrt{1+k^2}}+1} = \varepsilon.$$

107. *Exemples particuliers.* — Supposons, par exemple, que l'on ne connaisse nullement l'ordre de grandeur de $a$ et de $b$, c'est-à-dire si $a$ surpasse $b$ ou en est surpassé, les limites entre lesquelles il faudra prendre les valeurs de $\sqrt{a^2+b^2}$ seront ainsi $n=0$ et $n=\infty$, de sorte que l'on devra faire $k=0$ dans les expressions ci-dessus de $\alpha$, $\beta$ et $\varepsilon$, qui deviendront respectivement

$$\alpha = \beta = 0,8284, \quad \varepsilon = 0,1716.$$

On aura donc, à moins de $0,1716$, ou environ $\frac{1}{6}$ près,

$$\sqrt{a^2+b^2} = 0,83\,(a+b),$$

quelles que soient les valeurs positives de $a$ et de $b$, le maximum $0,1716$ des erreurs proportionnelles et positives ayant lieu pour $n$ ou $\frac{a}{b} = \frac{\alpha}{\beta} = 1$, et celui des erreurs négatives pour $n=0$ et $n=\infty$, ou $a=0$ et $b=0$.

Supposant pareillement que l'on sache que $a$ doive surpasser $b$, ou $n$ l'unité, on aura $k=1$ et $\alpha = 0,96046$, $\beta = 0,39783$, $\varepsilon = 0,03954 < \frac{1}{25}$, cette limite $\varepsilon$ des erreurs positives et négatives étant précisément atteinte pour les valeurs $n=1$, $n=\infty$ et $n=\frac{\alpha}{\beta}=2,42$, ou $a=b$, $a=\frac{b}{0}$ et $a=2,42b$.

On voit, d'après cela, que les valeurs rationnelles $\alpha a+\beta b$ de $\sqrt{a^2+b^2}$ sont d'autant plus approchées que $a$ devient plus grand par rapport à $b$; c'est ce que confirme le tableau suivant, dont le calcul est dû à M. le capitaine du Génie Gosselin.

*Tableau des valeurs numériques des coefficients de la fonction linéaire $\alpha a + \beta b$ et des limites de l'erreur.*

| RELATIONS de $a$ et de $b$. | VALEURS de $k$. | VALEURS de $\alpha$. | VALEURS de $\beta$. | LIMITES de l'erreur ou valeurs de $1-\alpha$. | VALEURS APPROCHÉES de $\sqrt{a^2+b^2}$. |
|---|---|---|---|---|---|
| $a$ et $b$ quelconques. | 0 | 0,82840 | 0,82840 | 0,17160 ou $\frac{1}{6}$ | $0,8284\,(a+b)$ |
| $a>b$ | 1 | 0,96046 | 0,39783 | 0,03954 ou $\frac{1}{25}$ | $0,96046.a+0,39783.b$ |
| $a>2.b$ | 2 | 0,98592 | 0,23270 | 0,01498 ou $\frac{1}{71}$ | $0,98592.a+0,23270.b$ |
| $a>3.b$ | 3 | 0,99350 | 0,16123 | 0,00650 ou $\frac{1}{154}$ | $0,99350.a+0,16123.b$ |
| $a>4.b$ | 4 | 0,99625 | 0,12260 | 0,00375 ou $\frac{1}{266}$ | $0,99625.a+0,12260.b$ |
| $a>5.b$ | 5 | 0,99757 | 0,09878 | 0,00243 ou $\frac{1}{417}$ | $0,99757.a+0,09878.b$ |
| $a>6.b$ | 6 | 0,99826 | 0,08261 | 0,00174 ou $\frac{1}{589}$ | $0,99826.a+0,08261.b$ |
| $a>7.b$ | 7 | 0,99875 | 0,07098 | 0,00125 ou $\frac{1}{800}$ | $0,99875.a+0,07098.b$ |
| $a>8.b$ | 8 | 0,99905 | 0,06220 | 0,00095 ou $\frac{1}{1049}$ | $0,99905.a+0,06220.b$ |
| $a>9.b$ | 9 | 0,99930 | 0,05535 | 0,00070 ou $\frac{1}{1428}$ | $0,99930.a+0,05535.b$ |
| $a>10.b$ | 10 | 0,99935 | 0,04984 | 0,00065 ou $\frac{1}{1538}$ | $0,99935.a+0,04984.b$ |

108. *Simplification des calculs numériques des coefficients $\alpha$ et $\beta$ et de l'erreur limite $\varepsilon$, au moyen des Tables de logarithmes.* — On facilitera beaucoup le calcul numérique des valeurs de $\alpha$, $\beta$ et $\varepsilon$ en posant

$$k = \cot 4\varphi \quad \text{ou} \quad \varphi = \tfrac{1}{4}\,\text{arc}\,(\cot = k) = \tfrac{1}{4}\,\text{arc}\left(\text{tang} = \frac{1}{k}\right);$$

il viendra, en effet,

$$\alpha = 1 - \text{tang}^2\varphi, \quad \beta = 2\,\text{tang}\,\varphi, \quad \varepsilon = \text{tang}^2\varphi,$$

expressions que l'on calculera sur-le-champ au moyen des Tables trigonométriques, en déterminant d'abord l'angle $4\varphi$ dont le logarithme de la tangente doit être égal à

$$10 - \log k,$$

puis, successivement, les valeurs de $\varphi$, $\operatorname{tang}\varphi$ et $\operatorname{tang}^2\varphi$.

Supposant, par exemple, $k = 3$, on aura, d'après ces Tables,

$$\log\operatorname{tang} 4\varphi = 10 - \log 3 = 9,52287875 = \log\operatorname{tang}(18^\circ - 26' - 7'',065):$$

d'où

$$\varphi = 4^\circ - 36' - 31'',766, \quad \log\operatorname{tang}\varphi = 8,9064056, \quad \operatorname{tang}\varphi - 0,0806131,$$

en ayant soin de retrancher 10 de la caractéristique de $\log\operatorname{tang}\varphi$, qui représente le logarithme du rayon supposé divisé en dix billons de parties égales, dans les Tables.

On aura donc aussi, en ayant cette attention,

$$\log\operatorname{tang}^2\varphi = 2\log\operatorname{tang}\varphi = \overline{3},8128112 = \log 0,00649847,$$

et finalement

$$\varepsilon = 0,0064985, \quad \beta = 2\operatorname{tang}\varphi = 0,1612262, \quad \alpha = 1 - \operatorname{tang}^2\varphi = 0,993502,$$

valeurs qui sont précisément celles qu'indique la Table ci-dessus pour $k = 3$.

**109.** *Extension dont est susceptible la méthode précédente pour des fonctions complexes quelconques.* — La marche par laquelle nous sommes arrivé aux expressions générales de $\alpha$, $\beta$ et $\varepsilon$ en $k$ ou $\varphi$ peut évidemment s'appliquer à toute espèce de fonction complexe des deux variables $a$ et $b$, qu'il s'agirait de remplacer par sa valeur linéaire et approchée de la forme $\alpha a + \beta b + \gamma$, pourvu que l'expression analytique de l'erreur proportionnelle qui résulte de cette substitution fût susceptible d'un maximum ou d'un minimum dans l'intervalle où l'on veut considérer les valeurs des variables $a$ et $b$. Cette méthode s'étendrait même aisément, pour certains cas, à une fonction d'un nombre quelconque de variables $a$, $b$, $c$, $d$,..., en se basant sur des considérations analogues à celles par lesquelles Laplace et Fourier sont parvenus à découvrir les valeurs des inconnues d'une suite d'équations de condition, de manière que la plus grande des erreurs auxquelles elles conduisent, quand on y substitue, à la place des inconnues, les valeurs données par l'expérience, soit, abstraction faite du signe, la moindre possible ([1]). En effet, toute la difficulté consistera à découvrir, dans chaque cas, l'expression analytique des limites de l'erreur qu'on risque de commettre, à les égaler ensuite entre

---

([1]) *Mécanique céleste*, 2e édition, t. II, p. 126 et suiv.; *Analyse des équations*, par Fourier, Ire Partie, p. 81, n° 21.

elles, abstraction faite du signe ; ce qui, lorsque le nombre des équations ainsi obtenues sera égal au nombre des indéterminées $\alpha$, $\beta$, $\gamma,\ldots$, permettra de calculer les valeurs de celles-ci qui satisfont aux conditions du problème.

Ces observations montrent suffisamment que la méthode peut s'appliquer à une infinité de circonstances et offre ainsi les moyens de remplacer, quand la chose est en soi possible, toute fonction complexe de variables quelconques par une autre fonction plus simple et qui se prête plus facilement au calcul ou à certaines transformations analytiques. L'exemple qui précède pourra d'ailleurs servir à faire pressentir la nature des moyens qui doivent être mis en œuvre dans chaque cas particulier, et les avantages que ce procédé peut avoir, dans certaines questions, sur ceux ordinairement mis en usage et qui consistent dans le développement des fonctions en série ou en fractions continues.

110. *Considérations géométriques propres à conduire au même but.* — Maintenant nous ferons remarquer qu'il se présente divers moyens, essentiellement fondés sur des considérations géométriques, et qui sont propres à conduire au but désiré par une voie pour ainsi dire purement intuitive.

En effet, reprenant la question ci-dessus, nommant $c$ la valeur exacte du radical $\sqrt{a^2+b^2}$, et considérant les quantités variables $a$, $b$ et $c$ comme les coordonnées d'un certain point dans l'espace, pris par rapport

Fig. 105.

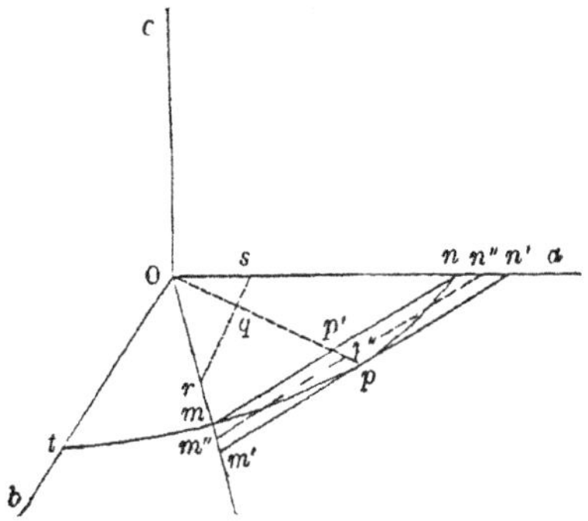


aux axes rectangulaires $Oa$, $Ob$, $Oc$ (*fig.* 105), il est clair que l'équation

$$\sqrt{a^2+b^2}=c, \quad \text{ou} \quad a^2+b^2=c^2,$$

représentera une surface conique à base circulaire, ayant son sommet à l'origine O, pour axe l'axe $Oc$, que nous supposerons vertical, et pour angle générateur un demi-droit ou 45 degrés. De même l'équation

$$c = \alpha a + \beta b$$

représentera, dans les coordonnées $c$, $a$, $b$, un plan passant par l'origine O, qui sert de sommet au cône, de sorte que la question proposée revient précisément à déterminer les constantes arbitraires $\alpha$ et $\beta$ qui entrent dans l'équation du plan, de manière que les ordonnées verticales $c$ de ce plan diffèrent le moins possible, pour une étendue donnée, de celles qui leur correspondent sur le cône et appartiennent à une même verticale, c'est-à-dire aux mêmes valeurs de $a$ et de $b$ prises dans l'intervalle pour lequel la plus petite valeur de $\frac{a}{b} = k$ et la plus grande $= \infty$, ce qui se rapporte à l'espace compris depuis l'axe des $a$ jusqu'à la droite O$m$, formant avec cet axe l'angle $n$O$m$ dont $k$ est la cotangente.

Nommant donc $\psi$ cet angle, ou faisant

$$m\text{O}n = \psi = \text{arc}(\cot = k) = \text{arc}\left(\text{tang} = \frac{1}{k}\right),$$

tous les points de la surface conique et du plan à considérer seront compris entre les génératrices et les droites respectives qui ont O$a$ et O$m$ pour projections sur le plan de $ab$.

Supposons que l'on fasse, dans le premier plan et dans cette surface, un profil quelconque passant par l'axe O$c$. Soient (*fig.* 106) O$p''$ la trace du

Fig. 106.

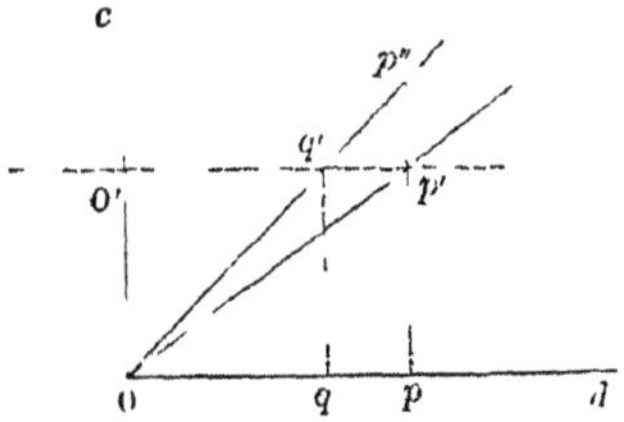


premier, O$p'$ celle de la seconde sur ce profil, O$d$ celle du plan des $ab$; considérons la verticale qui répond au point quelconque $p$ de O$d$, elle rencontrera la trace O$p''$ du plan en un point $p''$, et celle de la surface en un point $p'$; l'erreur absolue commise en prenant $pp''$ pour $pp'$ sera $p'p''$, et l'erreur relative ou proportionnelle $\frac{p'p''}{pp'}$: c'est cette erreur qui doit être rendue la plus petite possible dans toutes les positions du profil autour de l'axe O$c$.

On voit que le rapport $\frac{p'p''}{pp'}$ est indépendant de la position de $p$ sur l'horizontale O$d$, de sorte que, par exemple, il suffit de considérer tous les points $p'$ de la surface conique qui appartiennent à un même plan de niveau O$'p'$, coupant cette surface suivant un cercle dont la projection sur le plan des $ab$ (*fig.* 105) est représentée par l'arc $mpn$ comprenant tous les points $p$ à considérer, et dont l'intersection avec le plan qui a pour équation $c = \alpha a + \beta b$ est représentée, dans cette même projection, par la droite $rs$, je suppose, limitée également aux côtés de l'angle $m$O$n$ qui comprend tous les points $p$. Mais $q'$ étant, dans le profil ci-dessus (*fig.* 106), le point du plan $c = \alpha a + \beta b$ qui se trouve situé à la même hauteur que le point $p'$ de la surface conique par rapport à O$d$ ou au plan des $ab$; de plus $q$ étant, sur ce dernier, la projection de $q'$ comme $p$ l'est de $p'$, on a évidemment

$$\frac{p'p''}{pp'} = \frac{pq}{Oq};$$

donc la droite $rs$ (*fig.* 105), qui appartient au plan cherché et dont l'équation est

$$c = \alpha a + \beta b,$$

doit être choisie de façon que, dans l'étendue comprise depuis O$n$ jusqu'à O$m$, elle se rapproche le plus possible de l'arc de cercle $npm$, en ce sens que la plus grande valeur du rapport des intervalles $pq$ à O$p$, mesurés sur les différents rayons vecteurs O$p$ compris dans l'angle $m$O$n$, soit la plus petite possible sans égard aux signes de position de $pq$ et de O$q$.

D'ailleurs il est à remarquer que ces raisonnements sont indépendants de la nature particulière de la courbe $mpn$, ou de la fonction en $a$ et $b$ considérée, pourvu seulement qu'en égalant cette dernière à $c$ l'équation qui en résulte soit celle d'un cône ayant l'origine des coordonnées $a$, $b$, $c$ pour sommet, ou, ce qui revient au même, soit homogène en ces coordonnées.

Cela posé, il paraît évident, *a priori*, que, si la portion de courbe $mpn$ est susceptible d'être renfermée entre deux droites parallèles suffisamment rapprochées, le problème proposé pourra être résolu, sans difficulté et d'une manière satisfaisante, en déterminant le système de ces parallèles qui offre le plus petit écartement possible, et prenant, pour la droite $rs$ représentée par l'équation $c = \alpha a + \beta b$, celle qui partage en deux parties égales l'intervalle dont il s'agit. Notamment, si la courbe $mpn$ est partout convexe depuis $n$ jusqu'à $m$, la position la plus avantageuse de $rs$ sera évidemment comprise entre celle de la corde $mn$ et de la tangente parallèle $m'n'$, et elle correspondra nécessairement à la droite $n''m''$ qui divise en deux parties égales l'intervalle de $nm$ à $n'm'$, de sorte que les trois limites

$$\frac{nn''}{n''O},\quad \frac{pp''}{p''O},\quad \frac{mm''}{m''O}$$

des erreurs positives ou négatives qu'on risque de commettre en remplaçant la courbe par la droite sont, abstraction faite du signe, égales entre elles ([1]).

Appliquant ces résultats au cas particulier du cercle ou de la fonction $\sqrt{a^2+b^2}$ et remarquant que l'angle de $n''m''$ ou, ce qui revient au même, celui de la corde $mn$ avec l'axe $Oa$, est égal à $90^\circ - \frac{1}{2}\psi$, on aura, l'équation de cette première droite devant être identique avec $c = \alpha a + \beta b$,

$$\frac{\alpha}{\beta} = \cot\tfrac{1}{2}\psi,\quad On'' = \frac{On + On'}{2} = \frac{1}{2}\left(c + \frac{c}{\cos\frac{1}{2}\psi}\right) = \frac{c(1+\cos\frac{1}{2}\psi)}{2\cos\frac{1}{2}\psi} = \frac{c}{\alpha},$$

d'où

$$\alpha = \frac{2\cos\frac{1}{2}\psi}{1+\cos\frac{1}{2}\psi} = 1 - \operatorname{tang}^2\tfrac{1}{4}\psi,\quad \beta = \frac{2\sin\frac{1}{2}\psi}{1+\cos\frac{1}{2}\psi} = 2\operatorname{tang}\tfrac{1}{4}\psi,$$

---

([1]) Plus généralement, s'il s'agit d'une fonction quelconque $F(a, b)$ ou d'une surface représentée par l'équation $c = F(a, b)$, et qu'on se propose de déterminer le plan dont l'équation est $c = \alpha a + \beta b + \gamma$, de façon que les ordonnees $c$ de l'un et de l'autre, correspondant aux mêmes abscisses ou valeurs de $a$ et $b$, diffèrent le moins possible entre elles, pour toute l'étendue d'un segment convexe de la surface $c = F(a, b)$, limité au plan dont $c = ma + nb + p$ serait l'équation donnée, on mènera, par l'intersection de ce dernier avec celui des $ab$, intersection représentée par $ma + nb + p = 0$, un plan tangent au segment proposé, ou, plus généralement, un plan qui serve de limite extérieure à ce segment; puis on conduira, entre ce plan et le plan $c = ma + nb$, un nouveau plan passant par la droite $ma + nb + p = 0$, de manière que ses ordonnées soient *moyennes harmoniques* entre les ordonnées correspondantes des deux autres, c'est-à-dire telles, qu'en nommant respectivement $c'$, $c''$ les ordonnées des deux derniers, $c$ celle du plan dont il s'agit, prise pour les mêmes valeurs de $a$ et de $b$, on ait

$$\frac{1}{c} = \frac{1}{2}\left(\frac{1}{c'} + \frac{1}{c''}\right)\quad \text{ou}\quad \frac{c'-c}{c'} = \frac{c-c''}{c''};$$

l'équation de ce plan sera celle du plan cherché, et, en l'identifiant avec l'équation $c = \alpha a + \beta b + \gamma$, on en déduira les valeurs des indéterminées $\alpha$, $\beta$, $\gamma$. Quant à la limite de l'erreur, elle aura évidemment pour expression le rapport

$$\frac{c'-c}{c'} = \frac{c-c''}{c''}.$$

et enfin, pour l'expression de la limite de l'erreur proportionnelle,

$$\varepsilon = \frac{\frac{1}{2}nn'}{On''} = \frac{\frac{1}{2}\left(\frac{c}{\cos\frac{1}{2}\psi} - c\right)}{\frac{1}{2}\left(\frac{c}{\cos\frac{1}{2}\psi} + c\right)} = \frac{1 - \cos\frac{1}{2}\psi}{1 + \cos\frac{1}{2}\psi} = \operatorname{tang}^2\tfrac{1}{4}\psi,$$

valeurs qui coïncident respectivement avec celles qui ont été données en premier lieu, quand on prend

$$\varphi = \tfrac{1}{4}\psi = \tfrac{1}{4}(\text{arc}\cot = k).$$

**111.** *Formules relatives au cas où le rapport de a à b est compris entre des limites quelconques* (¹). — Nous avons supposé, dans ce qui précède, que la valeur de la fonction $\sqrt{a^2+b^2}$ devait être prise dans l'intervalle compris depuis $\frac{a}{b} = k$ jusqu'à $\frac{a}{b} = \infty$ ou depuis $\cot\psi = 0$ jusqu'à $\cot\psi = k$; mais les raisonnements resteraient absolument les mêmes s'il s'agissait de considérer les valeurs de cette fonction entre des limites quelconques, par exemple, depuis la droite $On$ (*fig.* 107), pour laquelle

Fig. 107.

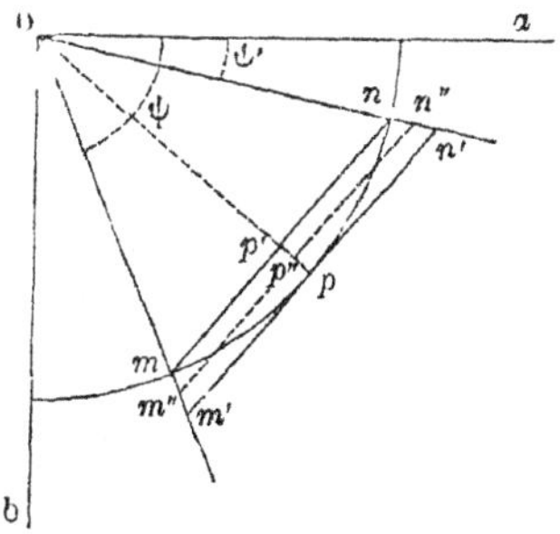


l'angle $aOn = \psi'$, $\frac{a}{b} = \cot\psi' = k'$, jusqu'à la droite $Om$, pour laquelle

(¹) *Solution de la question à l'aide de deux cercles.* — Nous reproduisons ici une solution due à M. Resal et basée sur une interprétation géométrique qui se distingue par sa simplicité.

En considérant $a$ et $b$ comme l'abscisse et l'ordonnée d'un point, l'erreur relative

$$z = \frac{\alpha a + \beta b}{\sqrt{a^2+b^2}} - 1$$

n'est autre chose que la différence entre les rayons vecteurs des deux points corl'angle $aOm = \psi$, $\frac{a}{b} = \cot\psi = k$. La droite $m''n''$, qui partage en deux par égales l'intervalle compris entre la corde $mn$ de la portion de courbe à considérer et la tangente $m'n'$ à cette courbe, qui lui est parallèle, devant toujours être prise pour celle dont l'équation est $c = \alpha a + \beta b$, on trouvera sans difficulté

$$\frac{\alpha}{\beta} = \cot\tfrac{1}{2}(\psi + \psi'), \qquad \frac{c}{\alpha} = \frac{c[1 + \cos\frac{1}{2}(\psi - \psi')]}{2\cos\frac{1}{2}(\psi + \psi)},$$

d'où

$$\alpha = \frac{2\cos\frac{1}{2}(\psi + \psi')}{1 + \cos\frac{1}{2}(\psi - \psi')} = \frac{\cos\frac{1}{2}(\psi + \psi')}{\cos^2\frac{1}{4}(\psi - \psi')},$$

$$\beta = \frac{2\sin\frac{1}{2}(\psi + \psi')}{1 + \cos\frac{1}{2}(\psi - \psi')} = \frac{\sin\frac{1}{2}(\psi + \psi')}{\cos^2\frac{1}{4}(\psi - \psi)}.$$

---

respondants de deux cercles dont l'un (B) a pour équation $a^2 + b^2 = a\alpha + b\beta$ et passe par l'origine O, et l'autre (A) a l'origine pour centre et l'unité pour rayon.

Soient $n$, $n'$ les points de (A), $m$ et $m'$ les points de (B) correspondant aux angles $\psi$ et $\psi'$ et posons $\psi = \psi' + \varphi$; désignons en outre par $p$ et $q$ les intersections de la bissectrice de l'angle $nOn'$, avec (A) et (B). On reconnait, en traçant la figure, que les erreurs seront le mieux partagées si l'on fait en sorte que les cercles se coupent entre $On$ et $On'$ et que le maximum $pq$ de $z$ soit égal aux valeurs absolues des minimum égaux $nm$, $n'm'$, ce qui, en désignant par $r$ le rayon de (B), s'exprime par la relation

$$2r - 1 = 1 - 2r\cos\frac{\varphi}{2}, \quad \text{d'où} \quad r = \frac{1}{2\cos^2\frac{\varphi}{4}};$$

l'erreur maxima relative est, par suite,

$$\varepsilon = \operatorname{tang}^2\frac{\varphi}{4}.$$

Soient $OM = \rho$ un rayon vecteur quelconque de (B); $\theta$ l'angle qu'il forme avec $On$; on a

$$\rho = 2r\cos\left[\theta - \left(\psi' + \frac{\varphi}{2}\right)\right] = \frac{1}{\cos^2\frac{\varphi}{4}}\left[\cos\theta\cos\left(\psi' + \frac{\varphi}{2}\right) + \sin\theta\sin\left(\psi' + \frac{\varphi}{2}\right)\right],$$

d'où

$$\alpha = \frac{\cos\left(\psi' + \frac{\varphi}{2}\right)}{\cos^2\frac{\varphi}{4}}, \quad \beta = \frac{\sin\left(\psi' + \frac{\varphi}{2}\right)}{\cos^2\frac{\varphi}{4}},$$

valeurs conformes à celles qui sont données dans le texte. (K.)

D'ailleurs, on a visiblement, $p$ et $p'$ étant les intersections de la corde et de l'arc $mn$ avec la droite $Op$ qui divise en deux parties égales l'angle $mOn = \psi - \psi'$,

$$\varepsilon = \frac{\frac{1}{2}(Op - Op')}{\frac{1}{2}(Op + Op')} = \frac{1 - \cos\frac{1}{2}(\psi - \psi')}{1 + \cos\frac{1}{2}(\psi - \psi')} = \tang^2\tfrac{1}{4}(\psi - \psi'),$$

de sorte que les trois nombres $\alpha$, $\beta$ et $\varepsilon$ peuvent encore ici être calculés très-facilement au moyen des Tables trigonométriques. Supposant, par exemple,

$$\tang\psi \quad \text{ou} \quad \frac{1}{k} = \tfrac{1}{2}\sqrt{2} = 0,7072, \quad \tang\psi' \quad \text{ou} \quad \frac{1}{k'} = \tfrac{1}{10}\sqrt{10} = 0,316228,$$

on trouvera

$$\alpha = 0,901042, \quad \beta = 0,4474, \quad \varepsilon = 0,0059990 < \tfrac{1}{167}.$$

**112.** *Expression linéaire approchée du radical $\sqrt{a^2 - b^2}$, relative à des limites quelconques de a et de b.* — Pour offrir une seconde application simple du principe posé en dernier lieu, nous nous proposons de trouver la valeur linéaire et approchée du radical $\sqrt{a^2 - b^2}$. Faisant donc

$$\sqrt{a^2 - b^2} = c = \alpha a + \beta b$$

et supposant qu'il s'agisse de déterminer $\alpha$ et $\beta$ pour l'intervalle compris depuis $\frac{a}{b} = k = \cot\psi$ jusqu'à $\frac{a}{b} - k' = \cot\psi'$, nous aurons à considérer (*fig.* 108) l'hyperbole équilatérale $cnm$ représentée par l'équation

$$a^2 - b^2 = c^2,$$

et ayant $Oc = c$ pour demi-axe réel, ou plutôt la portion $mpn$ de cette

Fig. 108.

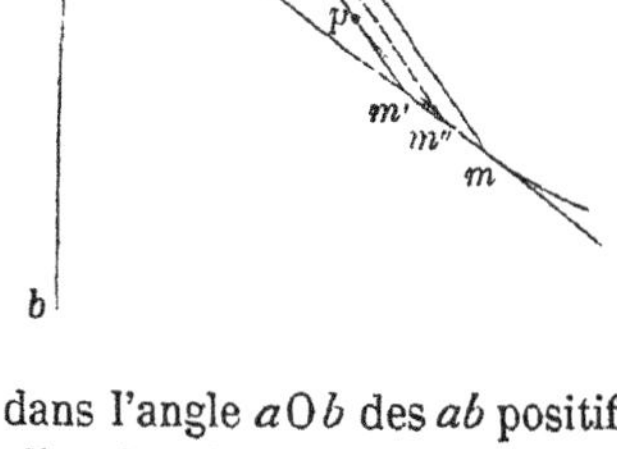


hyperbole, comprise dans l'angle $aOb$ des $ab$ positifs, depuis la droite $On$, formant avec l'axe $Oa$ l'angle $nOc = \psi'$, jusqu'à la droite $Om$, formant avec le même axe l'angle $mOc = \psi$. Or, d'après ce qui précède, toute la difficulté de la question consistera à trouver l'équation de la droite $m''n''$ qui divise en deux parties égales l'intervalle compris entre la corde $mn$ de l'hyperbole et la tangente parallèle la plus voisine $m'n'$; car cette équation devra être identique avec l'équation $c = \alpha a + \beta b$, et la limite de l'erreur aura pour valeur le rapport

$$\frac{nn''}{On''} = \frac{\eta\eta''}{O\eta''} = \frac{O\eta - O\eta'}{O\eta + O\eta'},$$

$\eta$, $\eta'$, $\eta''$ représentant les intersections respectives de l'axe $Oa$ avec les droites $mn$, $m'n'$, $m''n''$ suffisamment prolongées.

Nommons $a'$, $b'$ les coordonnées de $m$ et $a''$, $b''$ celles de $n$, l'équation de la droite indéfinie $mn$ sera

$$b - b' = \frac{b' - b''}{a - a'}(a - a'), \quad \text{ou} \quad b = \frac{b' - b''}{a' - a''}a + b' - a'\frac{b' - b''}{a' - a''};$$

de plus on aura, pour déterminer $a'$, $b'$, $a''$, $b''$ en fonction de $\Psi$, $\Psi'$ et $c$, les relations

$$\frac{a'}{b'} = \cot\psi, \quad \frac{a''}{b''} = \cot\psi', \quad a'^2 - b'^2 = c^2, \quad a''^2 - b''^2 = c^2,$$

desquelles on tire

$$\frac{b' - b''}{a' - a'} = \frac{a' + a''}{b' + b''} = \frac{\sqrt{1 - \operatorname{tang}^2\psi} + \sqrt{1 - \operatorname{tang}^2\psi'}}{\operatorname{tang}\psi\sqrt{1 - \operatorname{tang}^2\psi'} + \operatorname{tang}\psi'\sqrt{1 - \operatorname{tang}^2\psi}}.$$

Observant que, dans cette expression, $\operatorname{tang}\psi$ et $\operatorname{tang}\psi'$ ne sauraient surpasser l'unité, on posera, pour la simplicité,

$$\operatorname{tang}\psi = \cos\omega, \quad \operatorname{tang}\psi' = \cos\omega', \quad \text{d'où} \quad \frac{b' - b''}{a' - a''} = \frac{\sin\omega + \sin\omega'}{\sin(\omega + \omega')}.$$

On trouvera pareillement, et dans les mêmes hypothèses,

$$b' - a'\frac{b' - b''}{a' - a''} = -c\frac{1 - \cos(\omega + \omega')}{\sin(\omega + \omega')}.$$

Ces expressions sont susceptibles d'être ramenées à une forme plus simple encore, en posant de nouveau

$$\omega + \omega' = 2\sigma, \quad \omega' - \omega = 2\delta;$$

on obtient, en effet, par les transformations trigonométriques,

$$\frac{b' - b''}{a' - a''} = \frac{\sin\omega + \sin\omega'}{\sin(\omega + \omega')} = \frac{\cos\delta}{\cos\sigma},$$

$$b' - a'\frac{b' - b''}{a' - a'} = -c\frac{1 - \cos(\omega + \omega')}{\sin(\omega + \omega')} = -c\operatorname{tang}\sigma,$$

au moyen de quoi l'équation de la corde $mn$ devient

$$b = \frac{\cos\delta}{\cos\sigma} a - c \operatorname{tang}\sigma.$$

Reste à trouver celle de la tangente $m'n'$ qui lui est parallèle. Or il est évident que, pour l'obtenir, il ne s'agira que d'écrire, dans la précédente, que $m$ coïncide avec $n$ ou que $\psi' = \psi$, $\omega' = \omega$, et partant $\delta = 0$, $\sigma$ acquérant ainsi une valeur inconnue $\omega$ que nous représenterons par $\sigma'$. On obtient, d'après cette considération, pour l'équation de la tangente $m'n'$,

$$b = \frac{1}{\cos\sigma'} a - c \operatorname{tang}\sigma',$$

dans laquelle on a, pour déterminer $\sigma'$,

$$\frac{1}{\cos\sigma'} = \frac{\cos\delta}{\cos\sigma} \quad \text{ou} \quad \cos\sigma' = \frac{\cos\delta}{\cos\sigma},$$

puisque la tangente doit être parallèle à $mn$.

D'après cela, on aura évidemment aussi, pour l'équation de la parallèle équidistante $m''n''$,

$$b = \frac{\cos\delta}{\cos\sigma} a - \frac{c}{2}(\operatorname{tang}\sigma + \operatorname{tang}\sigma').$$

Cette équation devant être identique à celle $c = \alpha a + \beta b$, on en déduit finalement

$$\alpha = \frac{2\cos\delta}{\cos\sigma(\operatorname{tang}\sigma + \operatorname{tang}\sigma')} = \frac{2\cos\delta\cos\sigma'}{\sin(\sigma + \sigma')} = \frac{2\cos\sigma}{\sin(\sigma + \sigma')},$$

$$\beta = -\frac{2}{\operatorname{tang}\sigma + \operatorname{tang}\sigma'} = -\frac{2\cos\sigma\cos\sigma'}{\sin(\sigma + \sigma')} = -\frac{2\cos^2\sigma}{\cos\delta\sin(\sigma + \sigma')}.$$

Quant à la limite $\varepsilon$ des erreurs proportionnelles qu'on risque de commettre, on la trouvera en observant que les équations ci-dessus des droites $mn$ et $m'n'$ donnent, en y faisant $b = 0$,

$$On = c\,\frac{\operatorname{tang}\sigma\cos\sigma}{\cos\delta} = c\,\frac{\sin\sigma}{\cos\delta}, \quad On' = c\sin\sigma',$$

et partant

$$\varepsilon = \frac{On - On'}{On + On'} = \frac{\sin\sigma - \sin\sigma'\cos\delta}{\sin\sigma + \sin\sigma'\cos\delta} = \frac{\sin\sigma - \operatorname{tang}\sigma'\cos\sigma}{\sin\sigma + \operatorname{tang}\sigma'\cos\sigma} = \frac{\sin(\sigma - \sigma')}{\sin(\sigma + \sigma')}.$$

**113.** *Marche à suivre dans les calculs numériques.* — Toutes ces quantités, comme on voit, se calculeront aisément au moyen des Tables trigonométriques.

A cet effet, $k'$ et $k$ étant les limites supérieure et inférieure du rapport $\frac{a}{b}$ de sorte qu'on ait $k' > k > 1$, ou $k$ tout au moins égal à 1, on calculera les angles $\omega$ et $\omega'$ au moyen des relations

$$\omega = \operatorname{arc}\left(\cos = \frac{1}{k}\right), \quad \omega' = \operatorname{arc}\left(\cos = \frac{1}{k'}\right),$$

ou

$$\log\cos\omega = 10 - \log k, \quad \log\cos\omega' = 10 - \log k';$$

après quoi on déterminera facilement les angles

$$\sigma = \frac{\omega' + \omega}{2}, \quad \delta = \frac{\omega' - \omega}{2},$$

et par suite l'angle $\sigma'$, donné par la relation

$$\cos\sigma' = \frac{\cos\sigma}{\cos\delta}, \quad \text{ou} \quad \log\cos\sigma' = 10 + \log\cos\sigma - \log\cos\delta.$$

Connaissant $\sigma$, $\sigma'$ et $\delta$ ainsi que les logarithmes de $\cos\sigma$ et de $\cos\delta$, on n'aura plus qu'à chercher dans les Tables les logarithmes de $\sin(\sigma + \sigma')$, $\sin(\sigma - \sigma')$, pour obtenir, par de simples additions ou soustractions, ceux de $\alpha$, $\beta$ et $\varepsilon$.

**114.** *Exemples particuliers et idée des limites d'approximation.* — Afin d'acquérir une idée des limites entre lesquelles il est avantageux de substituer la fonction $\alpha a + \beta b$ au radical $\sqrt{a^2 - b^2}$, nous supposerons d'abord que l'on ait $k = 1$, $k'$ égal à un nombre quelconque plus grand que l'unité, ce qui revient à admettre qu'on doive prendre les valeurs du radical depuis $a = b$, où il est nul, jusqu'à $a = \infty b$, où il se réduit à $a$. Or, cette supposition donnant

$$\omega = 0, \quad \sigma = \tfrac{1}{2}\omega', \quad \delta = \tfrac{1}{2}\omega', \quad \cos\sigma' = 1, \quad \sigma' = 0, \quad \varepsilon = 1,$$

on voit que les erreurs commises pourraient devenir égales à la valeur même du radical quand $a$ serait égal à $b$ ou que $b$ serait nul, etc., ce qui n'est pas admissible; mais, quelque près que $k$ soit de l'unité, pourvu qu'il soit plus voisin encore de $k'$, on pourra toujours trouver une expression linéaire suffisamment approchée de $\sqrt{a^2 - b^2}$.

Supposant, par exemple, $k = 1,01$, $k' = 1,02$ ou, ce qui revient au même, supposant qu'il s'agisse de prendre la valeur de $\sqrt{a^2 - b^2}$ depuis $a = 1,01\,b$ jusqu'à $a = 1,02\,b$, on trouvera

$$\delta = \frac{\omega' - \omega}{2} = 1^\circ 33' 52'',15, \quad \sigma = 9^\circ 43' 1'',45,$$

$$\sigma' = 9^\circ 35' 28'',85 \quad \text{et} \quad \varepsilon = 0,006636,$$

de sorte que l'erreur commise serait au plus $\frac{1}{150}$ de $\sqrt{a^2 - b^2}$.

Quant aux valeurs de $\alpha$ et de $\beta$, elles seraient, dans les mêmes hypothèses,

$$\alpha = 5{,}9619, \quad \beta = 5{,}8786.$$

On a donc, à moins de $\frac{1}{150}$ près, pour l'intervalle compris depuis $a = 1{,}01\,b$, jusqu'à $a = 1{,}02\,b$,

$$\sqrt{a^2 - b^2} = 5{,}9619\,a - 5{,}8786\,b.$$

A mesure ensuite que la limite supérieure $k$ du rapport de $a$ à $b$ s'éloignera de 1, la limite inférieure $k'$ pourra elle-même s'en éloigner de plus en plus en s'approchant de l'infini, sans qu'on ait à craindre des erreurs graves sur l'approximation linéaire du radical. Supposant, par exemple, $k' = \infty$ ou $\cos\omega' = 0$ et $k = 1{,}1$, on aura

$$\omega' = 90^\circ, \quad \omega = 24^\circ - 37' - 28'',$$
$$\sigma = 57^\circ - 18' - 44'', \quad \cos\sigma' = \cot\sigma, \quad \sigma' = 50^\circ - 5',$$

partant

$$\varepsilon = 0{,}1319, \quad \alpha = 1{,}1319 = 1 - \varepsilon, \quad \beta = 0{,}72636.$$

On a donc

$$\sqrt{a^2 - b^2} = 1{,}1319\,a - 0{,}72636\,b,$$

à moins de $\frac{1}{7}$ près, pour toute l'étendue comprise depuis $b = 0$ jusqu'à $b = 0{,}91\,a$ environ.

On trouvera de même que, depuis $b = 0$ jusqu'à $b = \frac{1}{2}a$, ou de $a$ infini jusqu'à $a = 2b$, on a, à moins de 0,0186 ou $\frac{1}{50}$,

$$\sqrt{a^2 - b^2} = 1{,}018623\,a - 0{,}272944\,b.$$

Il serait inutile de pousser plus loin cet examen, attendu que, dans les applications de la Mécanique aux machines, les radicaux de la forme $\sqrt{a^2 - b^2}$ sont rarement à considérer.

115. *Approximation linéaire des radicaux de la forme* $\sqrt{a^2 + b^2 + c^2}$ (1). — Nous en dirons autant de ceux de la forme $\sqrt{a^2 + b^2 + c^2}$ qui représentent

---

(1) *Méthodes nouvelles de transformation linéaire de* $\sqrt{a^2 + b^2 + c^2}$. — M. Horvath (*Bulletin de la Société Philomathique de Paris*, t. IV, décembre 1867) a substitué à $\sqrt{a^2 + b^2 + c^2}$ le trinôme $\lambda a + \mu b + \nu c$ dans des conditions telles, qu'en considérant $a$, $b$, $c$ comme les composantes suivant trois axes rectangulaires d'une force F, l'erreur relative commise soit aussi petite que possible, lorsque la direction de cette force reste comprise dans l'angle trièdre formé par trois droites $OF_1$, $OF_2$, $OF_3$, données par la nature même de la question. M. Horvath arrive à une solution simple par la considération d'une sphère et

la résultante de trois forces rectangulaires entre elles et situées dans l'espace. D'ailleurs, si l'on connaît les limites entre lesquelles demeurent compris les rapports des composantes $a$, $b$, $c$ ou de leurs résultantes partielles $\sqrt{a^2+b^2}\ldots$, on pourra toujours ramener ce cas au premier de ceux que nous avons examinés dans cette Note. Connaissant, par exemple, les limites entre lesquelles se trouvent compris les rapports de $a$ à $\sqrt{b^2+c^2}$ et de $b$ à $c$, on aura successivement

$$\sqrt{a^2+b^2+c^2}=\alpha a+\beta\sqrt{b^2+c^2}=\alpha a+\beta(\alpha' b+\beta' c)=\alpha a+\beta\alpha' b+\beta\beta' c,$$

$\alpha$, $\beta$, $\alpha'$, $\beta'$ étant des nombres obtenus comme cela a été expliqué précédemment; mais ici les erreurs partielles relatives à chaque opération pourront bien s'ajouter, et, si l'on représente par $\delta$ et $\delta'$ les limites des erreurs respectivement commises dans la première et la seconde de ces opérations, la plus grande erreur absolue qu'on risque de commettre sera évidemment exprimée par

$$\delta\sqrt{a^2+b^2+c^2}+\beta\delta'\sqrt{b^2+c^2}=\sqrt{a^2+b^2+c^2}\left(\delta+\beta\delta'\sqrt{\frac{b^2+c^2}{a^2+b^2+c^2}}\right),$$

quantité plus petite que $(\delta+\beta\delta'\sqrt{a^2+b^2+c^2})$.

---

d'un plan; M. Resal (*Bulletin de la Société Mathématique de France*, t. I, n° 4) a repris la question par une méthode basée sur la considération de deux sphères; cette méthode, tout en permettant de mettre les valeurs $\lambda$, $\mu$, $\nu$ sous une forme élégante, fait reconnaître que la somme géométrique F peut sortir de l'angle trièdre admis comme limite par M. Horvath, pourvu qu'elle reste comprise dans le cône droit à base circulaire, circonscrit au trièdre. En désignant par $\varphi$ l'angle au sommet de ce cône, par $\alpha$, $\beta$, $\gamma$ les angles formés par l'axe du cône avec les trois axes O$a$, O$b$, O$c$, on trouve

$$\lambda=\frac{\cos\alpha}{\cos^2\frac{\varphi}{4}},\quad \mu=\frac{\cos\beta}{\cos^2\frac{\varphi}{4}},\quad \nu=\frac{\cos\gamma}{\cos^2\frac{\varphi}{4}}\quad \text{et}\quad \varepsilon=\operatorname{tang}^2\frac{\varphi}{4},$$

relations dont on peut déduire celles qui correspondent à deux variables en faisant $\gamma=90^\circ$.

Si F peut occuper une position quelconque dans l'angle trièdre rectangle, c'est-à-dire si l'on ne connaît rien sur la grandeur relative de $a$, $b$, $c$, on trouve

$$\sqrt{a^2+b^2+c^2}=0{,}732(a+b+c)\quad \text{et}\quad \varepsilon=0{,}268.$$

Si l'on sait que $a>b>c$, on a

$$\sqrt{a^2+b^2+c^2}=0{,}939a+0{,}389b+0{,}297c\quad \text{et}\quad \varepsilon=0{,}060.\ \text{(K.)}$$

En particulier, si l'on sait seulement que $a^2 > b^2 + c^2$ et $b^2 > c^2$, on aura

$$\alpha = \alpha' = 0,96, \quad \beta = \beta' = 0,4, \quad \delta = \delta' \quad 0,03954,$$

et la limite de l'erreur qu'on risque de commettre sera, en observant qu'ici $a^2 + b^2 + c^2 > 2(b^2 + c^2)$, au-dessous de la quantité

$$\sqrt{a^2 + b^2 + c^2}\left(\delta + \tfrac{1}{2}\sqrt{2}\,\beta\delta'\right) = 0,0507\sqrt{a^2 + b^2 + c^2}.$$

## II. — Sur le moment total et le bras de levier moyen des résistances dans la vis à filets carrés ou triangulaires et les cônes de friction.

116. *Recherche du moment total des résistances dans l'hypothèse où la charge se trouverait répartie proportionnellement à l'étendue de la projection des éléments hélicoïdes, sur un plan perpendiculaire à l'axe.* — La question à traiter dans cette Note consiste à rechercher la somme des moments du frottement sur les différents éléments hélicoïdes dont se compose la surface du filet de la vis. Nous commencerons par rappeler succinctement la solution que nous en avons donnée dans la lithographie de l'année 1826, en prenant pour base les considérations du n° 83 et en admettant, comme on le fait ordinairement, que la charge Q, qui agit parallèlement à l'axe de la vis soit distribuée sur les éléments hélicoïdes de cette vis, proportionnellement à l'étendue de leurs projections sur un plan perpendiculaire à cet axe; ensuite nous essayerons d'en donner une solution fondée sur des hypothèses qui nous paraissent plus conformes à la nature physique des corps.

Considérons, pour plus de généralité, la vis à filets triangulaires, qui nous a occupé aux nos 82 et suivants; conservons d'ailleurs toutes les conventions et dénominations du premier de ces numéros; nommons de plus

$r'$ le plus grand rayon des filets;
$r''$ le plus petit de ces rayons ou celui du noyau;
$dQ$ la portion de la charge totale Q, qui agit sur l'élément hélicoïde ayant pour projection horizontale la couronne circulaire dont $r$ est le rayon moyen, $dr$ la largeur et $2\pi r\,dr$ la surface;
$dp$ la portion de la puissance horizontale $p$, qui fait directement équilibre à la charge $dQ$ et au frottement qu'elle fait naître sur l'élément hélicoïde considéré.

Il est clair, d'une part, et d'après la supposition ci-dessus, que la charge élémentaire $dQ$ aura pour expression

$$dQ = \frac{2\pi r\,dr}{\pi(r'^2 - r''^2)}\,Q = \frac{2r\,dr}{r'^2 - r''^2}\,Q;$$

d'autre part, que la puissance $dp$ qui lui correspond sera donnée par la dernière des relations du n° 83, en y remplaçant Q et $p$ par $dQ$ et $dp$. On aura donc

$$dp = dQ\,\frac{h\sin b\sqrt{h^2+4\pi^2r^2}+2\pi rf\sqrt{h^2\sin^2 b+4\pi^2r^2}}{2\pi r\sin b\sqrt{h^2+4\pi^2r^2}-fh\sqrt{h^2\sin^2 b+4\pi^2r^2}};$$

et, par suite, pour le moment total des puissances $dp$, dont $\rho$ serait le bras de levier moyen;

$$p\rho = \int_{r''}^{r'} r\,dp = \frac{2Q}{r'^2-r''^2}\int_{r''}^{r'}\frac{h\sin b\sqrt{h^2+4\pi^2r^2}+2\pi rf\sqrt{h^2\sin^2 b+4\pi^2r^2}}{2\pi r\sin b\sqrt{h^2+4\pi^2r^2}-fh\sqrt{h^2\sin^2 b+4\pi^2r^2}}\,r^2dr.$$

Cette formule, due à M. Persy, se ramène aisément aux transcendantes elliptiques, et elle n'est, en conséquence, point intégrable en quantités finies; mais, le fût-elle, on aurait peu à gagner à en rechercher l'expression générale, à cause de sa complication. On doit ici se borner à une simple approximation; or, si l'on met la fraction comprise sous le signe d'intégration sous cette forme

$$\frac{\cot a\sqrt{1+\cot^2 a}+\dfrac{f}{\sin b}\sqrt{1+\sin^2 b\cot^2 a}}{\sqrt{1+\cot^2 a}-\dfrac{f}{\sin b}\cot a\sqrt{1+\sin^2 b\cot^2 a}},$$

puis que, ayant posé

$$\frac{f}{\sin b}=f',\quad \cot a=\frac{h}{2\pi r}=z,\quad \sin b=b',\quad \cos b=b'',$$

on la développe en série suivant les puissances ascendantes de $z$, qui est toujours moindre que l'unité, elle deviendra

$$\frac{z\sqrt{1+z^2}+f'\sqrt{1+b'^2z^2}}{\sqrt{1+z^2}-f'z\sqrt{1+b'^2z^2}} = A_0+A_1z+A_2z^2+A_3z^3+A_4z^4+A_5z^5+\ldots,$$

série dans laquelle on a

$$A_0=f',\qquad A_3=f'^2(1-f'^2)-f'^2b'',$$
$$A_1=1+f'^2,\qquad A_4=f'^3(1+f'^2)-\tfrac{1}{8}f'b''^4-\tfrac{3}{2}f'^3b''^2,$$
$$A_2=f'(1-f'^2)-\tfrac{1}{2}f'b''^2,\qquad A_5=f'^4(1+f'^2)-2f'^4b''^2\ldots,$$

et qui est tellement convergente pour tous les cas d'application, qu'il sera suffisamment exact d'en retenir seulement les trois premiers termes. Substituant donc cette série à la fraction qu'elle représente dans l'intégrale ci-dessus, et intégrant ensuite de $r''$ à $r'$, après avoir remplacé également $z$ par sa valeur $\frac{h}{2\pi r}$, on obtiendra finalement

$$p\rho = \int_{r''}^{r'} r\,dp = \frac{2}{3}\,\frac{r'^2 + r'r'' + r''^2}{r' + r''}\,QA_0 + \frac{h}{2\pi}\,QA_1 + \frac{h}{2\pi}\,\frac{h}{\pi(r' - r'')}\,QA_2$$
$$+ \frac{1}{2}\,\frac{h}{2\pi}\,\frac{h^2}{\pi^2(r'^2 - r''^2)}\,Q\log\frac{r'}{r''}\,A_3,$$

nouvelle série dont il suffira également de retenir les trois premiers termes seulement et qui fournit des valeurs de $p\rho$ qui diffèrent, en général, très-peu de celles qui se concluent directement de la formule du n° 82 du texte.

117. *Cas particulier de la vis à filets carrés.* — Supposons, par exemple, $b'$ ou $\sin b = 1$, ce qui se rapporte au cas de la vis à filets carrés, il viendra

$$f' = f,\quad A_0 = f,\quad A_1 = 1 + f^2,\quad A_2 = f(1 + f^2),$$
$$A_3 = f^2(1 + f^2),\quad A_4 = f^3(1 + f^2),\ldots,$$

valeurs rapidement décroissantes et dont la loi est manifeste; on aura donc

$$p\rho = \int_{r''}^{r'} r\,dp = \frac{2}{3}\,\frac{(r'^2 + r'r'' + r''^2)}{r' + r''}\,fQ$$
$$+ (1 + f^2)\,\frac{h}{2\pi}\,Q + f(1 + f^2)\,\frac{h^2}{2\pi^2(r' + r'')}$$
$$+ f^2(1 + f^2)\,\frac{h^3}{4\pi^3(r'^2 - r''^2)}\,\log\frac{r'}{r''} + \ldots;$$

mais il est aisé de reconnaître que, dans le cas particulier qui nous occupe, l'intégrale est susceptible d'une expression finie; car on obtient, soit par la sommation des derniers termes de la série ci-dessus, soit directement par la considération de la forme rationnelle que prend alors cette intégrale,

$$\int_{r''}^{r'} r\,dp = \frac{2}{3}\,\frac{r'^2 + r'r'' + r''^2}{r' + r''}\,fQ + (1 + f^2)\,\frac{h}{2\pi}\,Q + f(1 + f^2)\,\frac{h^2}{2\pi^2(r' + r'')}$$
$$+ f^2(1 + f^2)\,\frac{h^3}{4\pi^3(r'^2 - r''^2)}\,\log\left(\frac{2\pi r' - fh}{2\pi r'' - fh}\right)Q.$$

On a en effet ici, à cause de $\sin b = 1$ (82),

$$\int r\,dp = \frac{2Q}{r'^2 - r''^2}\int \frac{hr^2 + 2\pi f r^3}{2\pi r - fh}\,dr$$
$$= \frac{2Q}{r'^2 - r''^2}\int\left[fr^2 + (1 + f^2)\,\frac{h}{2\pi}\,r + f\,\frac{(1 + f^2)h^2}{4\pi^2} + \frac{f^2(1 + f^2)h^3}{4\pi^2(2\pi r - fh)}\right]dr$$

intégrale qui, prise depuis $r = r''$ jusqu'à $r = r'$, redonne évidemment le résultat qui précède.

118. *Cas particulier des cônes de friction.* — Considérant encore le cas de $h = 0$, qui se rapporte aux cônes de friction ou aux surfaces coniques frottantes, il viendra sur-le-champ

$$p\rho = \frac{2}{3}\,\frac{r'^2 + r'r'' + r''^2}{r' + r''}\,f'Q = \frac{2}{3}\,\frac{r'^2 + r'r'' + r''^2}{r' + r''}\,\frac{fQ}{\sin b};$$

et comme on a aussi, dans les hypothèses actuelles, au moyen des valeurs ci-dessus de $dp$ et de $dQ$,

$$p = \frac{2fQ}{r'^2 - r''^2}\int \frac{r\,dr}{\sin b} = \frac{fQ}{\sin b},$$

il en résulte, pour la valeur du bras de levier moyen du frottement,

$$\rho = \frac{2}{3}\,\frac{(r'^2 + r'r'' + r''^2)}{r' + r''},$$

expression qui est la même que celle du bras de levier moyen des couronnes circulaires frottantes (37).

Quant à la valeur du bras de levier moyen $\rho$ du frottement dans le cas général des vis à filets triangulaires ou carrés, on l'obtiendrait pareillement en calculant d'abord la valeur de $p$ pour la relation

$$p = \frac{2Q}{r'^2 - r''^2}\int_{r''}^{r'}\left(A_0 - A_1\,\frac{h}{2\pi r} - A_2\,\frac{h^2}{4\pi^2 r^2} - A_3\,\frac{h}{8\pi^3 r^3} + \ldots\right) r\,dr,$$

puis divisant par cette valeur celle de $p\rho$ obtenue ci-dessus; mais ces calculs seraient absolument sans intérêt.

119. *Réflexions critiques sur l'hypothèse qui sert de base à la solution précédente.* — En effet, l'hypothèse sur laquelle ils se fondent et qui consiste à supposer que la charge Q se distribue uniformément sur la surface de la projection horizontale, cette hypothèse est trop précaire pour qu'elle puisse conduire à des résultats rigoureux dans les applications, et elle ne paraît pas même appuyée de considérations physiques plausibles. A la vérité, il semble assez naturel, au premier aperçu, de l'admettre pour le cas des couronnes circulaires frottantes (37); néanmoins, on remarquera que la supposition d'une répartition uniforme de la pression sur les éléments des surfaces en contact entraîne forcément avec elle la conséquence d'une intensité de frottement proportionnelle à l'étendue de ces éléments et, par conséquent, d'une altération, d'un usé d'autant plus rapides que ces mêmes éléments sont plus éloignés du centre de

rotation ou parcourent de plus longs chemins. Or cette irrégularité de l'usé ne peut se concilier avec l'hypothèse de la répartition uniforme de la pression, à moins de supposer que les parties voisines de l'axe ne s'affaissent progressivement ou ne se refoulent réciproquement, de manière à rétablir sans cesse l'égalité du contact ou de la compression du centre à la circonférence; ce qui n'est pas admissible, en général, pour toute espèce de corps, ou pour tous les modes d'action de la force qui produit la compression dans le sens parallèle à l'axe : il y a tout lieu de croire que, dans la plupart des cas, la pression et le degré de rapprochement des surfaces frottantes seront plus grands vers le centre qu'à la circonférence, de sorte que le bras de levier moyen du frottement et, par conséquent, son moment seront aussi plus petits que ne le comportent les formules (37) déduites de l'hypothèse dont il s'agit; mais comme, en définitive, on est obligé de négliger dans les calculs une foule de circonstances qui tendent à augmenter, d'une manière plus ou moins sensible, l'influence des résistances passives, il ne saurait y avoir aucun inconvénient, pour le cas des surfaces planes, à admettre la supposition qui donne la plus grande valeur au moment de ces résistances.

On voit, d'ailleurs, que la loi de la distribution des pressions dépend essentiellement de la constitution physique, de la forme des corps et du mode d'action des forces, de sorte qu'on ne peut rien préjuger à l'avance sur la nature de cette loi, ni même sur celle de la proportionnalité du frottement à la pression pour les différents éléments des surfaces en contact, loi qui n'a été jusqu'ici constatée que relativement aux corps qui glissent l'un sur l'autre dans une direction invariable : c'est évidemment par des expériences du genre de celles entreprises par l'illustre Coulomb, sur le frottement des pointes de pivot ([1]), qu'on pourra arriver à la découverte de ces lois, dont l'importance et l'utilité pratique ne sauraient être mises en doute.

120. *Hypothèse sujette à contestation.* — Quoi qu'il en soit, et en admettant même comme vraie l'égalité des pressions sur les éléments égaux des surfaces frottantes, ce qui revient à supposer constante la pression sur l'unité de ces surfaces, on n'en est pas pour cela autorisé à admettre, dans le cas de la vis à filets triangulaires, que la charge se distribue proportionnellement à l'étendue de la projection horizontale de chaque élément, comme nous l'avons fait précédemment; car l'inclinaison de ces éléments variant avec leur position par rapport à l'axe, cela revient dans le fond à supposer une inégalité effective de la pression nor-

---

([1]) *Voir* le recueil de divers Mémoires de cet auteur, publié par M. Bachelier, libraire, sous le titre de *Théorie des machines simples.*

male sur l'unité de surface de ces mêmes éléments, et notamment une pression d'autant plus petite que chaque élément se trouve moins incliné ou se rapproche davantage de la direction verticale qui est celle de l'axe de la vis. Or il y a d'autant plus lieu de ne point admettre cette supposition que, d'après les réflexions ci-dessus, il semble naturel, au contraire, de penser que les pressions des parties voisines de l'axe, et qui tendent à s'user le moins rapidement, devraient être supérieures à celles des parties qui en sont éloignées.

**121.** *Solution générale dans cette nouvelle hypothèse.* — Pour trouver, d'après la considération d'une pression constante sur l'unité de surface, la valeur de la puissance $p$ qui fait équilibre au frottement et à la charge Q de la vis, dans la supposition la plus générale, nous reprendrons l'analyse du n° 87 et, appelant $n$ cette pression constante pour les différents éléments hélicoïdes de la vis et de l'écrou, nous remarquerons que l'aire de l'élément qui a pour projection horizontale la couronne circulaire $2\pi r dr$, de rayon $r$ et de largeur $dr$, est mesurée par l'expression

$$\frac{2\pi r dr}{\sin\varphi},$$

attendu que $\varphi$ est l'angle d'inclinaison constante de cet élément sur l'axe de la vis; par suite, la pression normale et totale $d\mathrm{N}$, supportée par ce même élément aura, de son côté, pour expression,

$$d\mathrm{N} = \frac{2\pi r dr}{\sin\varphi} n.$$

Substituant cette valeur et $dp$, $d\mathrm{Q}$ à la place de N, $p$ et Q dans les équations du numéro cité, on aura

$$d\mathrm{Q} = n\left(2\pi r dr + \frac{2f\pi\cos b}{\sin\varphi} r dr - \frac{2f\pi\cos a}{\sin\varphi} r dr\right),$$

$$dp = n\left(2\pi\frac{\sin\psi}{\sin\varphi} r dr + 2f\pi\frac{\sin a}{\sin\varphi} r dr\right),$$

ou, en mettant pour $\sin a$, $\cos a$, $\sin\varphi$ leurs valeurs en fonctions de $r$ (83),

$$r dp = n\left(hr dr - \frac{2f\pi}{\sin b}\frac{\sqrt{h^2\sin^2 b + 4\pi^2 r^2}}{\sqrt{h^2 + 4\pi^2 r^2}} r^2 dr\right).$$

Intégrant ces différentes expressions depuis $r = r''$ jusqu'à $r = r'$, en considérant $n$ comme constante, la première donnera la valeur de $n$; substituant ensuite cette valeur dans les deux autres, elles donneront celles de $p$ et du moment total $p\rho\int r dp$ des puissances horizontales $p$.

**122.** *Cas particulier des cônes de friction.* — Considérant d'abord le cas particulier des surfaces coniques frottantes, on fera $h = 0$ dans les équations ci-dessus, qui donneront, par l'intégration,

$$n = \frac{Q}{\pi(r'^2 - r''^2)(1 + f\cot b)}, \quad p = \frac{fQ}{\sin b + f\cos b},$$

$$\int_{r'}^{r''} r\,dp = p\rho = \frac{2}{3}\,\frac{r'^2 + r'r'' + r''^2}{r' + r''}\,\frac{fQ}{\sin b + f\cos b}.$$

La valeur de $p$ s'accorde, comme on voit, avec celle qui a été proposée, pour le même cas, dans le n° 86; de plus, le rapprochement de cette valeur et de celle de $p\rho$ montre que le bras de levier moyen du frottement doit être ici calculé par la formule

$$\rho = \frac{2}{3}\,\frac{r'^2 + r'r'' + r''^2}{r' + r''},$$

qui appartient aux couronnes planes circulaires (37); enfin cette expression de $\rho$ est aussi celle qui a été trouvée précédemment dans l'hypothèse où la charge Q se trouverait répartie uniformément sur la projection horizontale de la surface frottante des cônes, ce qu'on devait prévoir *a priori*, puisque, l'inclinaison des génératrices de ces cônes étant constante, les pressions, pour l'unité de surface des parties frottantes et de leurs projections sur un plan perpendiculaire à l'axe, doivent aussi être entre elles dans un rapport invariable.

**123.** *Cas particulier de la vis à filets carrés.* — Considérons encore le cas simple de la vis à filets carrés pour lequel $b = 90°$ ou $\cot b = 0$, $\sin b = 1$, on aura, après avoir intégré les valeurs de $dQ$, $dp$, $r\,dp$ de $r' = r''$ à $r = r'$,

$$n = \frac{Q}{\pi(r'^2 - r''^2) - fh(r' - r'')}, \quad p = Q\,\frac{h + f\pi(r' + r'')}{\pi(r' + r'') - fh},$$

$$\int_{r'}^{r''} r\,dp = p\rho = Q\,\frac{\frac{1}{2}h(r' + r'') + \frac{2}{3}f\pi(r'^2 + r'r'' + r''^2)}{\pi(r' + r'') - fh}.$$

Faisant

$$\tfrac{1}{2}(r' + r'') = r_1, \quad \frac{2}{3}\,\frac{(r'^2 + r'r'' + r''^2)}{r' + r''} = \rho_1,$$

les expressions de $p$ et de $p\rho$ prendront la forme très-simple

$$p = Q\,\frac{h + 2f\pi r_1}{2\pi r_1 - fh}, \quad p\rho = Q\,\frac{h + 2f\pi\rho_1}{2\pi r_1 - fh}\,r_1;$$

d'où l'on déduit, pour l'expression du bras de levier moyen $\rho$ des puissances $dp$,

$$\rho = \frac{h + 2f\pi\rho_1}{h + 2f\pi r_1} r_1,$$

valeur qui se confond sensiblement avec celle de $r_1$ quand $r_1$ diffère lui-même très-peu de $\rho_1$.

Supposant, par exemple, $r' - r''$ au-dessous de $\frac{1}{3} r_1$ ou $r' < \frac{7}{5} r''$, on aura $\rho_1 = r_1$ à moins de $\frac{1}{100}$ près (37), ce qui justifie la méthode de calcul proposée dans le texte pour la vis à filets carrés, puisqu'ici d'ailleurs la valeur de $p$ est précisément celle qui correspond au filet moyen dont $r_1 = \frac{1}{2}(r' + r'')$ est le rayon.

124. *Recherche des intégrales relatives au cas général de la vis à filets triangulaires par les considérations de la Note I.* — Revenons maintenant au cas général de la vis à filets triangulaires ; on aura d'abord, pour calculer la valeur de la pression $n$ sur l'unité de surface de ces filets,

$$Q = n\left[\pi(r'^2 - r''^2) + f\cot b \int_{r'}^{r''} \sqrt{h^2\sin^2 b + 4\pi^2 r^2}\,dr - \frac{fh}{\sin b}\int_{r'}^{r''} \frac{\sqrt{h^2\sin^2 b + 4\pi^2 r^2}}{\sqrt{h^2 + 4\pi^2 r^2}}\,dr\right].$$

et ensuite, pour déterminer $p$ et $p\rho$,

$$p = n\left[h(r' - r'') + \frac{2f\pi}{\sin b}\int_{r'}^{r''} \frac{\sqrt{h^2\sin^2 b + 4\pi^2 r^2}}{\sqrt{h^2 + 4\pi^2 r^2}}\,r\,dr\right],$$

$$p\rho = \int_{r'}^{r''} r\,dp = n\left[\frac{1}{2}h(r'^2 - r''^2) + \frac{2f\pi}{\sin b}\int_{r'}^{r''} \frac{\sqrt{h^2\sin^2 b + 4\pi^2 r^2}}{\sqrt{h^2 + 4\pi^2 r^2}}\,r^2\,dr\right].$$

Reste à trouver la valeur des intégrales qui entrent dans ces diverses expressions ; or on a immédiatement

$$\int \sqrt{h^2\sin^2 b + 4\pi^2 r^2}\,dr$$
$$= \frac{1}{2} r\sqrt{h^2\sin^2 b + 4\pi^2 r^2} + \frac{h^2\sin^2 b}{4\pi}\log\left(2\pi r + \sqrt{h^2\sin^2 b + 4\pi^2 r^2}\right).$$

Posant ensuite

$$h^2 + 4\pi^2 r^2 = h^2\cos^2 b\,x^2,$$

il viendra

$$\int \frac{\sqrt{h^2\sin^2 b + 4\pi^2 r^2}}{\sqrt{h^2 + 4\pi^2 r^2}}\, r\,dr = \frac{h^2\cos^2 b}{4\pi^2}\int dx\sqrt{x^2-1} = \frac{h^2\cos^2 b}{8\pi^2}\left[x\sqrt{x^2-1} - \log\left(x+\sqrt{x^2-1}\right)\right]$$

et, par conséquent,

$$\int \frac{\sqrt{h^2\sin^2 b + 4\pi^2 r^2}}{\sqrt{h^2 + 4\pi^2 r^2}}\, r\,dr = \frac{1}{8\pi^2}\sqrt{h^2 + 4\pi^2 r^2}\,\sqrt{h^2\sin^2 b + 4\pi^2 r^2} - \frac{h^2\cos^2 b}{8\pi^2}\log\left(\sqrt{h^2 + 4\pi^2 r^2} + \sqrt{h^2\sin^2 b + 4\pi^2 r^2}\right),$$

cette intégrale et la précédente devant toujours être prises depuis $r = r''$ jusqu'à $r = r'$, et le logarithme qui entre dans la dernière étant hyperbolique.

Quant aux deux autres intégrales

$$\int \frac{\sqrt{h^2\sin^2 b + 4\pi^2 r^2}}{\sqrt{h^2 + 4\pi^2 r^2}}\, dr, \qquad \int \frac{\sqrt{h^2\sin^2 b + 4\pi^2 r^2}}{\sqrt{h^2 + 4\pi^2 r^2}}\, r^2\,dr,$$

on se convainc aisément qu'elles dépendent des transcendantes elliptiques et ne peuvent s'obtenir en quantités finies ordinaires, de sorte qu'on doit se contenter de les évaluer par approximation.

A cet effet, on remarquera qu'à cause de $\frac{h}{2\pi r} = \cot a$ on a

$$dr = \frac{h}{2\pi}\,\frac{da}{\cos^2 a}, \qquad \frac{\sqrt{h^2\sin^2 b + 4\pi^2 r^2}}{\sqrt{h^2 + 4\pi^2 r^2}} = \sin b\sqrt{1 + \cot^2 b\sin^2 a}.$$

Posant, d'après la Note I,

$$\sqrt{1 + \cot^2 b\sin^2 a} = \alpha + \beta\cot b\sin a,$$

il viendra

$$\int \frac{\sqrt{h^2\sin^2 b + 4\pi^2 r^2}}{\sqrt{h^2 + 4\pi^2 r^2}}\, dr = \alpha\frac{h}{2\pi}\sin b\int\frac{da}{\cos^2 a} + \beta\frac{h}{2\pi}\cos b\int\frac{\sin a\,da}{\cos^2 a}$$
$$= \frac{h}{2\pi}\left(\alpha\sin b\,\mathrm{tang}\,a + \beta\frac{\cos b}{\cos a}\right),$$

$$\int \frac{\sqrt{h^2\sin^2 b + 4\pi^2 r^2}}{\sqrt{h^2 + 4\pi^2 r^2}}\, r\,dr = \frac{h^3}{8\pi^3}\left(\alpha\sin b\int\frac{\sin^2 a\,da}{\cos^4 a} + \beta\cos b\int\frac{\sin^3 a\,da}{\cos^4 a}\right)$$
$$= \frac{h^3}{24\pi^3}\left[\alpha\sin b\,\mathrm{tang}^3 a + \frac{\beta\cos b}{\cos a}(\mathrm{tang}^2 a - 2)\right],$$

intégrales qu'il faudra prendre, à leur tour, depuis $\cot a = \cot a'' = \frac{h}{2\pi r''}$ jusqu'à $\cot a = \cot a' = \frac{h}{2\pi r'}$.

125. *Limites de l'approximation.* — Quant au degré d'approximation ainsi obtenu, on remarquera que la limite supérieure de l'erreur qu'on risque de commettre, en remplaçant $\sqrt{1+\cot^2 b \sin^2 a}$ par $\alpha + \beta \cot b \sin a$, répond (Note I), aux plus grandes valeurs que puisse recevoir $\cot b \sin a$ dans les applications, c'est-à-dire (88) à $\cot b = 1$; mais la valeur des intégrales ne devant être prise que de $\cot a'' = \frac{h}{2\pi r''}$ à $\cot a' = \frac{h}{2\pi r'}$, et la première de ces limites demeurant toujours au-dessous de l'unité et la seconde au-dessus de $\frac{1}{3}\frac{h}{2\pi r''}$, on voit que les plus grandes valeurs de la quantité $\cot b \sin a$, qui entre au carré sous le radical ci-dessus, demeureront comprises entre

$$\sin a = \tfrac{1}{2}\sqrt{2} \quad \text{et} \quad \sin a = \frac{1}{\sqrt{1+\cot^2 a}} = \frac{3}{\sqrt{1+9}} = 0,3\sqrt{10}$$

ou entre

$$0,70711 \quad \text{et} \quad 94865.$$

Posant donc, d'après la Note I,

$$\psi = \text{arc tang}\, 0,94865 = 43° - 29' - 25'',85,$$
$$\psi' = \text{arc tang}\, 0,70711 = 35° - 15' - 52'',26,$$

on trouvera

$$\alpha = \frac{\cos\frac{1}{2}(\psi+\psi')}{\cos^2\frac{1}{4}(\psi-\psi')} = 0,7740, \quad \beta = \frac{\sin\frac{1}{2}(\psi+\psi')}{\cos^2\frac{1}{4}(\psi-\psi')} = 0,7997.$$

En calculant de même la limite $\varepsilon$ de l'erreur proportionnelle qu'on risque de commettre en substituant $\alpha + \beta \cot b \sin a$ à $\sqrt{1+\cot b^2 \sin^2 a}$, on trouvera

$$\varepsilon = \text{tang}^2 \tfrac{1}{4}(\psi - \psi') = 0,00129 < \tfrac{1}{775}.$$

Cette erreur, comme on le voit, restera toujours très-faible, et elle pourra, sans inconvénient, être négligée dans le cas qui nous occupe.

Néanmoins, comme les intégrales ci-dessus, de même que celles trouvées en premier lieu, ne laissent pas que d'être pénibles à calculer, nous pourrons, avec avantage pour certain cas, nous servir de la méthode du développement en série.

126. *Développement de ces mêmes intégrales en séries.* — Faisant, pour abréger,

$$\frac{h}{2\pi r} \quad \text{ou} \quad \cot a = z, \quad \sin b = b',$$

on aura d'abord

$$\frac{\sqrt{h^2 \sin^2 b + 4\pi^2 r^2}}{2\pi r} = (1 + b'^2 z^2)^{\frac{1}{2}} = 1 + \tfrac{1}{2} b'^2 z^2 - \frac{1.1}{2.4} b'^4 z^4 + \frac{1.1.3}{2.4.6} b'^6 z^6 - \frac{1.1.3.5}{2.4.6.8} b'^8 z^8 - \dots,$$

$$\frac{\sqrt{h^2 + 4\pi^2 r^2}}{2\pi r} = (1 + z^2)^{\frac{1}{2}} = 1 + \tfrac{1}{2} z^2 - \frac{1.1}{2.4} z^4 + \frac{1.1.3}{2.4.6} z^6 - \frac{1.1.3.5}{2.4.6.8} z^8 + \dots,$$

séries essentiellement convergentes tant que $z$ ne surpassera pas l'unité.

Posant ensuite

$$\frac{\sqrt{h^2 \sin^2 b + 4\pi^2 r^2}}{\sqrt{h^2 + 4\pi^2 r^2}} = \frac{(1 + b'^2 z^2)^{\frac{1}{2}}}{(1 + z^2)^{\frac{1}{2}}} = a_0 + a_2 z^2 + a_4 z^4 + a_6 z^6 + a_8 z^8 + \dots,$$

on trouvera, en représentant par $p$ l'exposant $\frac{1}{2}$ des quantités radicales, afin de généraliser les résultats et de mieux mettre en évidence la loi des coefficients $a_0$, $a_2$, $a_3, \dots,$

$$a_0 = 1,$$

$$a_2 = -p(1 - b'^2),$$

$$a_4 = -\frac{p(p-1)}{1.2}(1 - b'^4) + \frac{p}{1}\frac{p}{1}(1 - b'^2),$$

$$a_6 = -\frac{p(p-1)(p-2)}{1.2.3}(1 - b'^6) + \frac{p(p-1)}{1.2}\frac{p}{1}(1 - b'^4) - \frac{p}{1}\frac{p(p+1)}{1.2}(1 - b'^2),$$

$$a_8 = -\frac{p(p-1)(p-2)(p-3)}{1.2.3.4}(1 - b'^8) + \frac{p(p-1)(p-2)}{1.2.3}\frac{p}{1}(1 - b'^6) - \frac{p(p-1)}{1.2}\frac{p(p+1)}{1.2}(1 - b'^4) + \frac{p}{1}\frac{p(p+1)(p+2)}{1.2.3}(1 - b'^2),$$

. . . . . . . . . . . . . . . . . . . . . . . . . . ,

$$a_{2n} = \pm \frac{p(p-1)\ldots(p-n+1)}{1.2\ldots n}(1-b'^{2n})$$

$$\mp \frac{p(p-1)\ldots(p-n+2)}{1.2\ldots(n-1)}\frac{p}{1}(1-b'^{2n-2})$$

$$\pm \frac{p(p-1)\ldots(p-n+3)}{1.2\ldots(n-2)}\frac{p(p+1)}{1.2}(1-b'^{2n-4})\ldots$$

$$\mp \frac{p(p-1)}{1.2}\frac{p(p+1)\ldots(p+n-3)}{1.2\ldots(n-2)}(1-b'^{4})$$

$$\pm \frac{p}{1}\frac{p(p+1)\ldots(p+n-2)}{1.2\ldots(n-1)}(1-b'^{2}),$$

ou, en remplaçant $p$ par sa valeur $\frac{1}{2}$ relative au cas actuel,

$$a_0 = 1,$$

$$a_2 = -\frac{1}{2}(1-b'^2),$$

$$a_4 = \frac{1.1}{2.4}(1-b'^4) + \frac{1}{2}\frac{1}{2}(1-b'^2),$$

$$a_6 = -\frac{1.1.3}{2.4.6}(1-b'^6) - \frac{1.1}{2.4}\frac{1}{2}(1-b'^4) - \frac{1}{2}\frac{1.3}{2.4}(1-b'^2),$$

$$a_8 = \frac{1.1.3.5}{2.4.6.8}(1-b'^8) + \frac{1.1.3}{2.4.6}\frac{1}{2}(1-b'^6)$$

$$+ \frac{1.1}{2.4}\frac{1.3}{2.4}(1-b'^4) + \frac{1}{2}\frac{1.3.5}{2.4.6}(1-b'^2),$$

$$a_{10} = -\frac{1.1.3.5.7}{2.4.6.8.10}(1-b'^{10}) - \frac{1.1.3.5}{2.4.6.8}\frac{1}{2}(1-b'^8)$$

$$-\frac{1.1.3}{2.4.6}\frac{1.3}{2.4}(1-b'^6) - \frac{1.1}{2.4}\frac{1.3.5}{2.4.6}(1-b'^4) - \frac{1}{2}\frac{1.3.5.7}{2.4.6.8}(1-b'^2),$$

.................................................................

La loi de ces coefficients est manifeste : ils sont alternativement positifs et négatifs, et ils vont en décroissant à mesure que le rang des termes auquel ils appartiennent augmente ; ce qu'on peut constater aisément, même pour une valeur quelconque de $p$, pourvu seulement qu'elle soit plus petite que l'unité ; car si l'on prend la différence de la valeur absolue d'un coefficient quelconque au suivant, ou, ce qui est la même chose, si on les ajoute avec leurs signes, on verra, $b'$ étant au-dessous de 1, que le signe du résultat dépendra uniquement de celui de la somme de ses termes qui sont indépendants de $b'$, c'est-à-dire qu'il sera précisément le même qu'on obtiendrait en faisant $b'$ nul dans l'expression des coefficients dont il s'agit. Or cette supposition rend le développement ci-dessus identique à celui de la fonction

$$\frac{1}{(1-z^2)^p} \quad (1+z^2)^{-p} = 1 - pz^2 + \frac{p}{1}\,\frac{(p+1)}{2}\,z^4 - \frac{p(p+1)(p+2)}{1.2.3}\,z^6$$
$$+ \frac{p(p+1)(p+2)(p+3)}{1.2.3.4}\,z^8 - ,\ldots,$$

dont les coefficients jouissent, en effet, de la propriété énoncée, et doivent d'ailleurs être identiques avec les proposés quand on fait $b' = 0$, ce qui donne, en général, la relation

$$\frac{p(p-1)\ldots(p-n+1)}{1.2\ldots n} - \frac{p(p-1)\ldots(p-n+2)}{1.2\ldots(n-1)}\,\frac{p}{1}$$
$$+ \frac{p(p-1)\ldots(p-n+3)}{1.2\ldots(n-2)}\,\frac{p(p+1)}{1.2}$$
$$- \frac{p(p-1)\ldots(p-n+4)}{1.2\ldots(n-3)}\,\frac{p(p+1)(p+2)}{1.2.3} + \ldots$$
$$\pm \frac{p(p-1)}{1.2}\,\frac{p(p+1)\ldots(p+n-3)}{1.2\ldots(n-2)}$$
$$\mp \frac{p}{1}\,\frac{p(p+1)\ldots(p+n-2)}{1.2\ldots(n-1)} \pm \frac{p(p+1)(p+2)\ldots(p+n-1)}{1.2.3\ldots n} = 0,$$

dont la loi est facile à saisir, et qui mérite d'être remarquée en passant.

Revenant à la série proposée, nous observerons qu'elle sera constamment convergente tant que $z$ ou $\frac{h}{2\pi r}$ ne surpassera pas l'unité, ce qui comprend tous les cas de pratique; substituant donc cette série à la place de la fonction qu'elle représente dans nos intégrales et remplaçant de même le radical $\sqrt{h^2 \sin^2 b + 4\pi^2 r^2}$ par son développement trouvé en premier lieu, observant d'ailleurs qu'on a

$$b' = \sin b, \quad r = \frac{h}{2\pi z}, \quad dr = -\frac{h}{2\pi}\,\frac{dz}{z^2}, \quad r\,dr = -\frac{h^2}{4\pi^2}\,\frac{dz}{z^3},$$
$$r^2\,dr = -\frac{h^3}{8\pi^3}\,\frac{dz}{z^4},$$

et posant, pour abréger,

$$\frac{z'}{z''} = \frac{r''}{r'} = \omega,$$

$$\int_{r'}^{r''} \sqrt{h^2 \sin^2 b + 4\pi^2 r^2}\, dr = -\frac{h^2}{2\pi} \int_{z'}^{z''} \sqrt{1 + b'^2 z^2}\, \frac{dz}{z^3} = \mathrm{R} = 2\pi r''^2 \mathrm{R}',$$

$$\int_{r'}^{r''} \frac{\sqrt{h^2 \sin^2 b + 4\pi^2 r^2}}{\sqrt{h^2 + 4\pi^2 r^2}}\, r\,dr = -\frac{h^2}{4\pi^2} \int_{z'}^{z''} \frac{\sqrt{1 + b'^2 z^2}}{\sqrt{1 + z^2}}\, \frac{dz}{z^3} = \mathrm{S} = r''^2 \mathrm{S}',$$

$$\int_{r'}^{r''} \frac{\sqrt{h^2 \sin^2 b + 4\pi^2 r^2}}{\sqrt{h^2 + 4\pi^2 r^2}}\, dr = -\frac{h}{2\pi} \int_{z'}^{z''} \frac{\sqrt{1 + b'^2 z^2}}{\sqrt{1 + z^2}}\, \frac{dz}{z^2} = \mathrm{T} = r'\mathrm{T}',$$

$$\int_{r'}^{r''} \frac{\sqrt{h^2 \sin^2 b + 4\pi^2 r^2}}{\sqrt{h^2 + 4\pi^2 r^2}}\, r^2\,dr = -\frac{h^3}{8\pi^3} \int_{z'}^{z''} \frac{\sqrt{1 + b'^2 z^2}}{\sqrt{1 + z^2}}\, \frac{dz}{z^4} = \mathrm{U} = r''^3 \mathrm{U}',$$

on trouvera sans difficulté

$$\mathrm{R}' = \frac{1}{2}\,\frac{(1-\omega^2)}{\omega^2} + \frac{1}{2}\log\frac{1}{\omega}\, b'^2 z''^2 - \frac{1.1}{2.4}\,\frac{(1-\omega^2)}{2}\, b'^4 z''^4 + \frac{1.1.3}{2.4.6}\,\frac{(1-\omega^4)}{4}\, b'^6 z''^6 - \frac{1.1.3.5}{2.4.6.8}\,\frac{(1-\omega^6)}{6}\, b'^8 z''^8 + \ldots$$

$$\mathrm{S}' = \frac{1}{2}\,\frac{(1-\omega^2)}{\omega^2}\, a_0 + \log\frac{1}{\omega}\, a_2 z''^2 + \frac{(1-\omega^2)}{2}\, a_4 z''^4 + \frac{(1-\omega^4)}{4}\, a_6 z''^6 + \frac{(1-\omega^6)}{6}\, a_8 z''^8 + \ldots,$$

$$\mathrm{T}' = \frac{(1-\omega)}{\omega}\, a_0 + \frac{(1-\omega)}{1}\, a_2 z''^2 + \frac{(1-\omega^3)}{3}\, a_4 z''^4 + \frac{(1-\omega^5)}{5}\, a_6 z''^6 + \frac{(1-\omega^7)}{7}\, a_8 z''^8 + \ldots,$$

$$\mathrm{U}' = \frac{1}{3}\,\frac{(1-\omega^3)}{\omega^3}\, a_0 + \frac{(1-\omega)}{\omega}\, a_2 z''^2 + \frac{(1-\omega)}{1}\, a_4 z''^4 + \frac{(1-\omega^3)}{3}\, a_6 z''^6 + \frac{(1-\omega^5)}{5}\, a_8 z''^8 + \ldots$$

séries dans lesquelles on prendra

$$\log\frac{1}{\omega} = 2\left[\frac{1-\omega}{1+\omega} + \frac{1}{3}\left(\frac{1-\omega}{1+\omega}\right)^3 + \frac{1}{5}\left(\frac{1-\omega}{1+\omega}\right)^5 + \frac{1}{7}\left(\frac{1-\omega}{1+\omega}\right)^7 + \ldots\right],$$

si mieux on ne préfère calculer directement ce logarithme, qui est hyperbolique.

Les séries dont il s'agit seront rapidement convergentes dans les cas ordinaires de pratique, attendu que $\omega$ sera toujours fort près de l'unité et $z''$ au-dessous de $\frac{1}{2}$ ou de $\frac{1}{3}$, et comme les quantités $a_2$, $a_4$, $a_6, \ldots$, qui donnent des signes alternativement positifs et négatifs aux termes des séries où elles entrent, seront nécessairement des fractions assez petites de $a_0 = 1$, il arrivera, dans la plupart des cas, qu'on pourra borner l'approximation aux deux premiers termes des valeurs de R', S', T' et U'; substituant alors ces valeurs ou celles de R, S, T, U à la place des intégrales qu'elles représentent dans les équations

$$Q = n\left[\pi(r'^2 - r''^2) + f\cot b\,\mathrm{R} - \frac{fh}{\sin b}\,\mathrm{T}\right]$$

$$= n\pi r''^2\left[\frac{1}{\omega^2} - 1 + \frac{2f}{\sin b}(\mathrm{R}'\cos b - \mathrm{T}'z'')\right],$$

$$p = n\left[h(r' - r'') + \frac{2f\pi}{\sin b}\,\mathrm{S}\right] = n.2\pi r''^2\left[\left(\frac{1}{\omega} - 1\right)z'' - \frac{f}{\sin b}\,\mathrm{S}'\right],$$

$$p\rho = n\left[\tfrac{1}{2}h(r'^2 - r''^2) + \frac{2f\pi}{\sin b}\,\mathrm{U}\right] = n.\pi r''^3\left[\left(\frac{1}{\omega^2} - 1\right)z'' - \frac{2f}{\sin b}\,\mathrm{U}'\right],$$

obtenues plus haut, on en conclura sur-le-champ la valeur de $n$ et, par suite, celles de $p$, $p\rho$ et $\rho$, dont la dernière est d'ailleurs indépendante de $n$.

127. *Comparaison des résultats que fournissent les nouvelles formules et celles du n° 87 du texte : 1° pour les inclinaisons très-grandes des filets.* — Pour apprécier maintenant jusqu'à quel point les résultats déduits de ces formules peuvent différer de ceux qui se rapportent à la formule du n° 87 du texte, où l'on prend pour bras de levier de $p$ le rayon $\frac{1}{2}(r' + r'')$ de l'hélice moyenne des filets de la vis, nous admettrons les données du premier des exemples traités au n° 88, d'après lequel on a

$$f = 0,1, \quad b'^2 = \sin^2 b = \cos^2 b = \frac{1}{2},$$

$$\cot a = \frac{h}{\pi(r' + r'')} = \frac{1}{2} \quad \text{ou} \quad h = \frac{1}{2}\pi(r' + r''),$$

et, par conséquent, $z'' = \dfrac{h}{2\pi r''} > \dfrac{1}{2}$, circonstance qui est la plus défavorable possible sous le rapport de la convergence des séries ci-dessus, mais qui ne se présente jamais dans les applications relatives à la vis à filets triangulaires, et qu'on doit seulement considérer comme propre à donner une idée de la limite des écarts que peuvent présenter les résultats des diverses méthodes de calcul qui nous ont occupé. D'ailleurs on voit, pour la valeur ci-dessus de $h$, que celle de $z''$ s'approchera d'autant plus de l'unité que $r'$ différera davantage de $r''$ et qu'elle l'atteindrait précisément si l'on avait $r' = 3r''$, supposition inadmissible dans le cas qui nous occupe de $b = 45°$, mais que nous adopterons avec les précédentes, afin d'obtenir la limite des écarts relatifs à l'hypothèse qui consiste à prendre pour bras de levier moyen des résistances le rayon $\frac{1}{2}(r' + r'')$ ici égal à $2r''$.

Faisant $b'^2 = \frac{1}{2}$ dans les expressions de $a_0, a_2, a_4, a_6, \ldots$, on trouvera d'abord

$$a_0 = 1,\quad a_2 = -0,25,\quad a_4 = 0,21875,\quad a_6 = -0,19531,$$
$$a_8 = 0,17725,\quad a_{10} = -0,162964,\quad a_{12} = 0,151565,$$

valeurs qui décroissent continuellement, mais d'une manière excessivement lente. Observant ensuite que $z'' = 1$, $\omega = \frac{1}{2}$, on trouvera

$$\log\frac{1}{\omega} = \log 3 = 1,098612,$$

$$R = 4,26137,\quad S' = 3,7923,\quad T' = 1,8802,\quad U' = 8,2709,$$

pourvu que l'on pousse très-loin le calcul des termes qui entrent dans les trois dernières séries, dont les valeurs, exactes à moins d'une unité de la troisième décimale, ont d'ailleurs été obtenues par un procédé d'approximation moins laborieux, mais dont l'exposé général ne serait point ici à sa place.

Substituant enfin ces valeurs de R′, S′, T′ et U′ dans les équations en Q, $z$, $p$, $\rho$ ci-dessus, elles donneront

$$p = 0,6703Q,\quad \rho = 2,0383r'',\quad p\rho = 1,3663Qr''.$$

D'après les résultats du n° 88 du texte, qui se rapporte aux suppositions actuelles, on aurait

$$p = 0,66Q,\quad \rho = \tfrac{1}{2}(r' + r'') = 2r'',\quad p\rho = 1,32Qr'';$$

on voit donc que la formule du n° 87 conduit à des valeurs un peu faibles, principalement quant au moment $p\rho$ qu'il est surtout essentiel de considérer; mais, comme la différence relative à ce moment, ne s'élève qu'au $\frac{1}{30}$ environ de la plus forte des deux valeurs ci-dessus, qui doit être censée la plus exacte, on pourra, dans bien des applications pratiques, se contenter d'une pareille approximation et se borner à l'emploi de la formule du n° 87 pour la facilité des calculs.

2° *Pour les faibles inclinaisons des filets sur l'axe de la vis.* — Considérant le cas où les filets de vis seraient très-peu inclinés sur l'axe, on supposera, comme dans le second des exemples du n° 88,

$$\cot a = \frac{h}{\pi(r' + r'')} = 0{,}04,$$

et toujours $\cot b = 1$, ou $\sin b = \frac{1}{2}\sqrt{2} = 0{,}7071$, de sorte que, si la vis est à filets simples, on aura $r' - r'' = \frac{1}{2}h$, et, par suite, en combinant cette relation avec la précédente,

$$r' = 1{,}13409\,r'',\quad \omega = \frac{r''}{r'} = 0{,}88177,\quad \log\frac{1}{\omega} = 0{,}12583,$$

$$z'' = \frac{h}{2\pi r''} = 0{,}02\left(1 + \frac{r'}{r''}\right) = 0{,}04268,$$

ce qui montre qu'on pourra, sans inconvénient pour l'exactitude, négliger tous les termes des séries de R', S', T', U' qui contiennent $z''$ à des puissances supérieures à la deuxième; moyennant quoi on aura simplement

$$R' = \frac{1}{2}\left(\frac{1}{\omega^2} - 1\right) + \log\frac{1}{\omega}\,b'^2 z''^2 = 0{,}14314,$$

$$S' = \frac{1}{2}\left(\frac{1}{\omega^2} - 1\right)a_0 + \log\frac{1}{\omega}\,a_2 z''^2 = 0{,}14302,$$

$$T' = \left(\frac{1}{\omega} - 1\right)a_0 + (1 - \omega)a_2 z''^2 = 0{,}13404,$$

$$U' = \frac{1}{3}\left(\frac{1}{\omega^3} - 1\right)a_0 + \left(\frac{1}{\omega} - 1\right)a_2 z''^2 = 0{,}15286.$$

Substituant ces valeurs et les précédentes dans les équations en Q, $p$ et $\rho$, on en déduira

$$p = 0{,}1657\,Q,\quad \rho = 1{,}0684\,r'',\quad p\rho = 0{,}18117\,Q r'',$$

tandis que, d'après les résultats du n° 88 déduits de la formule du n° 87, on aurait

$$p = 0{,}1649\,Q,\quad \rho = \tfrac{1}{2}(r' + r'') = 1{,}06705\,r'',$$
$$p\rho = 0{,}1649 . 1{,}06705 . Q r'' = 0{,}17596\,Q r''.$$

Ces valeurs, comme on voit, diffèrent encore moins de leurs correspondantes que dans le premier exemple, ce qu'on pouvait prévoir à l'avance, puisque les résultats des deux méthodes doivent rigoureusement se confondre lorsque $r' = r''$ ou $\omega = 1$, et qu'ici $\omega$ diffère, en effet, très-peu de l'unité. On serait même étonné, vu cette faible différence, que les résultats ne se rapprochassent pas davantage pour le cas qui nous occupe, si l'on n'avait égard à l'énorme influence qu'y exerce le frottement en raison de la faible inclinaison des filets. On pourrait s'assurer en effet, par un nouvel exemple, que, pour les valeurs de $\cot a$ intermédiaires entre celles des deux précédents, la différence entre les résultats fournis par la formule du n° 87 et celles de cette Note est plus petite que nous ne venons de le trouver, même quand la saillie des filets est très-comparable au rayon du noyau, en sorte que, dans ces conditions, il sera suffisamment exact de s'en tenir à la formule du n° 87 du texte ou même à celle du n° 83, qui, donnant des valeurs un peu plus fortes pour $p$, corrige, en partie, le défaut d'exactitude de la première.

# QUATRIÈME SECTION.

## INFLUENCE DES VARIATIONS DE LA VITESSE SUR LES RÉSISTANCES.

### I. — Des résistances dans les pièces a mouvement variable périodique ou permanent (¹).

1. *Observations générales relatives au cas où le mouvement, quoique variable, est périodique ou permanent.* — Jusqu'à présent, nous avons supposé les variations de la force vive des différentes pièces nulles ou tout à fait insensibles, en sorte que les puissances et les résistances qui les sollicitent étaient censées se faire constamment équilibre; il s'agit maintenant d'examiner ce qui arrive lorsque les changements de la vitesse, entre deux positions données, sont appréciables, quoique toujours renfermés entre des limites plus ou moins resserrées.

Considérons toujours une machine composée de plusieurs pièces ou machines simples, et remarquons que le principe des forces vives a rigoureusement lieu pour chacune de ces pièces prises séparément, en la considérant comme soumise, d'une part, à la résistance active Q, qu'il faut appliquer à la pièce suivante, du côté de l'opérateur, pour vaincre toutes les résistances réunies en y comprenant l'inertie des masses; de l'autre, à la force motrice P qu'il est nécessaire d'appliquer au point d'action de la pièce précédente, pour vaincre et la résistance active Q et les résistances passives de celle que l'on considère en y comprenant l'inertie des masses qui y entrent. Or si, comme on le suppose expressément dans la théorie des machines en mouvement, la force vive des différentes pièces demeure comprise entre des limites fixes et ne fait simplement qu'osciller entre ces limites, en redevenant constamment la même après un certain temps; si, de plus, on suppose qu'il

(¹) Extrait de l'édition de 1826.

n'y ait point de choc, l'effet de l'inertie se bornera, pour chacune d'elles, à faire varier continuellement les efforts Q et P exercés par la résistance active et par la force motrice, de façon que, au bout d'un certain temps, la force vive étant redevenue la même, il n'y aura eu d'autre consommation d'action, de la part du moteur, que celle qui est nécessaire pour surmonter la résistance qui provient réellement du travail de la machine et les diverses résistances qui naissent des pressions souffertes par les parties mobiles et en contact. Maintenant il est essentiel de remarquer que les forces d'inertie $m\frac{dv}{dt}$, que nous avons désignées, en général, par $\varphi$ au n° 36, Section I, et qui sont dues à la variation de la vitesse dans chaque élément du temps, il faut remarquer, dis-je, que ces forces, combinées avec les forces variables P et Q qui sollicitent la machine simple que l'on considère, modifient la pression et les frottements qui auraient lieu sur les appuis dans la supposition d'un mouvement exactement uniforme; la question est d'examiner si les quantités d'action totale, absorbées par les résistances passives, ont été ou non altérées par suite de la variation de la force vive.

2. *Relation générale entre les travaux des puissances et des résistances des pièces de rotation, en ayant égard à la variation de la vitesse et de l'intensité des forces.* — Considérons donc une machine composée de plusieurs pièces qui se transmettent la vitesse de proche en proche; nous supposerons que ces pièces soient à mouvement continu et disposées de manière que leurs vitesses géométriques demeurent dans des rapports invariables, ce qui est le cas de la plupart des machines employées dans les arts. Nous admettons, toutefois, que la première et la dernière pièce, c'est-à-dire le récepteur et l'opérateur, puissent être des pièces à mouvement alternatif, conduites par des manivelles, des excentriques, etc. Cela posé, voyons l'influence des variations de la vitesse dans les pièces de rotation intermédiaires, qui se composeront ainsi de poulies, de treuils, de chaînes, de vis sans fin, de roues d'engrenages, etc., telles que celles dont nous avons

jusqu'à présent examiné les conditions d'équilibre ; en supposant le mouvement exactement uniforme et les puissances qui y sont appliquées constantes, il résultera de ce qui précède que, la vitesse étant variable, les efforts P et Q qui sollicitent chaque pièce le seront aussi, de même que les résistances passives, et que l'équilibre n'en aura pas moins lieu, à chaque instant, entre ces différentes forces, pourvu que l'on comprenne parmi elles les forces $m\dfrac{dv}{dt}$ qui, appliquées à chacune des masses $m$, en sens contraire du mouvement, seraient capables de détruire l'accélération de vitesse qui a réellement lieu. On aura donc, pour chacune des positions de la machine simple que l'on considère, une équation analogue à celles qui ont été établies précédemment, et dans laquelle chaque terme sera le moment d'une certaine force ou le produit de cette force par son bras de levier. Or on a dû remarquer que toutes les résistances passives des pièces de rotation, excepté celles qui proviennent de la pression sur les tourillons, sont ou constantes ou proportionnelles simplement à Q, et que d'un autre côté leurs bras de levier demeurent constants [1].

Nommons $p$ et $q$ les bras de levier de P et Q à un instant donné, $a$ celui des résistances constantes A, $b$ celui des résistances passives proportionnelles à Q et qu'on peut représenter par BQ, enfin $\rho$ le rayon des tourillons ou le bras de levier de leur frottement $f'$N, et $r$ le bras de levier de la force motrice $\varphi$ appliquée à la masse élémentaire $m$, lequel n'est autre chose, évidemment, que la distance de $m$ à l'axe de rotation ; on aura pour exprimer l'équilibre à chaque instant,

$$Pp = Qq + Aa + BQb + f'N\rho + \Sigma\varphi r,$$

[1] Il n'y a d'exception que pour le seul cas des engrenages, attendu que la pression normale éprouvée par les dents et le bras de levier du frottement sont variables en général d'une position à l'autre des roues ; mais nous avons déjà fait remarquer que, pendant le très-petit instant où une dent est en prise, on peut, sans aucune erreur sensible, supposer la résistance active Q constante, et, calculant en conséquence la valeur moyenne du frottement censé appliqué aux circonférences primitives des roues, substituer à la véritable résistance cette résistance proportionnelle à Q.

équation dans laquelle il faudra attribuer aux forces $\varphi = m\frac{dv}{dt}$ le signe qui leur convient et qui est celui même de $dv$.

Soit, en général, $d\theta$ l'angle élémentaire décrit par un rayon quelconque du treuil, dans l'instant infiniment petit où l'on considère l'équilibre des forces; en multipliant par $d\theta$ tous les termes de l'équation, chacun d'eux exprimera le travail élémentaire de la force correspondante dans l'intervalle dont il s'agit; car $qd\theta$, par exemple, ne sera autre chose que le petit chemin décrit par le point d'application de Q dans sa direction propre, et ainsi des autres. Prenant donc l'intégrale de chaque terme entre deux instants quelconques, l'équation donnera la quantité d'action totale que devra dépenser la puissance P sur la machine; on aura ainsi

$$\int \mathrm{P}p\,d\theta = \int \mathrm{Q}q\,d\theta + \mathrm{A}a\theta + \frac{b\mathrm{B}}{q}\int \mathrm{Q}q\,d\theta + \int f'\rho\mathrm{N}\,d\theta + \Sigma m\int \frac{dv}{dt}r\,d\theta,$$

puisque nous supposons les bras de levier $q, a, b, \rho$ constants.

Cette relation revient au fond à celle qui a été posée et discutée en général, aux n° 21 et suivants (Section I), si ce n'est que le centre de gravité du treuil est ici censé sur l'axe de rotation; en supposant qu'il en fût autrement, il faudrait ajouter au second membre un nouveau terme $\pm$ MH relatif au poids M de la machine; or nous avons fait voir (22, Section I) que ce terme, ainsi que celui qui est relatif aux forces motrices $\varphi$, disparaît de l'équation toutes les fois que l'on prend les intégrales entre deux instants où la position et la vitesse des différentes masses sont redevenues les mêmes, ce qui est précisément l'hypothèse d'où nous sommes parti (1); du moins nous avons supposé que le temps pour lequel on prend les quantités d'action ou les intégrales comprend une série de révolutions de la machine assez considérable pour que la variation de la force vive puisse être regardée comme insensible par rapport à la quantité d'action totale développée par la puissance ou consommée sur l'outil, en sorte que le mouvement est censé devenu permanent, quoique périodique. Maintenant on voit que la difficulté d'avoir la quantité d'action de P se réduit uniquement à avoir celle de $\int N d\theta$, puisque celle de $\int Q q \theta d$ est censée donnée directement par l'expérience ou par le calcul établi sur la pièce précédente.

3. *Circonstances du mouvement variable où l'on pourra calculer les diverses quantités d'action des puissances et des résistances.* — Pour être en état d'exécuter l'intégration, il faudrait, en effet, connaître, en fonction de $\theta$, la valeur des quantités P, Q et $\varphi$ qui entrent sous le radical de N, aussi bien que celle de la force centrifuge qui tend également à presser les tourillons et qui est variable à chaque instant avec la vitesse et la position du système; or c'est ce qui n'est pas, du moins en général. Heureusement il arrive presque toujours, pour les machines bien construites et bien établies, que cette difficulté disparaît entièrement, soit parce que les pièces de rotation sont exactement centrées ou symétriques par rapport à l'axe, soit parce que les puissances P et Q sont elles-mêmes distribuées symétriquement autour de cet axe ou sont parallèles entre elles et au poids M du treuil. D'une part, la somme des pressions dues à la force centrifuge est évidemment nulle à chaque instant et pour chaque position du treuil, aussi bien que toutes les forces élémentaires $\varphi$ ou $m\frac{dv}{dt}$, qui sont distribuées symétriquement autour de l'axe et sont égales deux à deux, quoique de direction contraire; de l'autre, le radical qui ne contient plus que les forces variables P et Q et le poids constant M s'abaisse au premier degré: par exemple, il est rare que l'axe ne soit pas ou horizontal ou vertical; dans le premier cas, les efforts P et Q sont ordinairement parallèles et verticaux, en sorte que N se réduit à la somme de P, Q, M pris avec les signes convenables; dans le second, M disparaît du radical et P, Q sont parallèles et horizontaux, ou bien Q se compose de plusieurs puissances égales et distribuées symétriquement autour de l'axe, en sorte que

l'effort qui en résulte sur cet axe est nul; mais, en admettant même que P et Q forment les angles constants $\alpha$ et $\beta$ avec la verticale ou la direction du poids M, leur résultante N étant de la forme $\sqrt{(M + P\cos\alpha + Q\cos\beta)^2 + (P\sin\alpha + Q\sin\beta)^2}$ ou en général $\sqrt{a^2 + b^2}$, on pourra remplacer sa valeur par l'expression rationnelle $a\alpha + b\beta$, conformément à la Note I, Section III. Ainsi, pour tous les cas qui arrivent ordinairement dans la pratique, non-seulement l'équation posée ci-dessus ne renfermera aucune trace des forces $\varphi$ et de la force centrifuge, mais, en outre, elle sera linéaire dans les deux intégrales $\int Ppd\theta$, $\int Qqd\theta$, dont l'une est le travail de la puissance motrice qu'il s'agit de calculer, et dont l'autre est celui de la résistance active censée donnée ou déjà calculée pour la pièce précédente; il sera donc très-facile d'obtenir la valeur de la première d'une manière suffisamment approchée, par la résolution d'une équation du premier degré.

4. *Dans les pièces à mouvement continu dont il s'agit, il est permis de remplacer les vitesses et les forces variables par leurs valeurs moyennes.* — Maintenant je remarque que, si l'on suppose Q et P remplacés par leurs valeurs moyennes, celle de Q étant déjà donnée ou trouvée, et qu'on procède au calcul du travail que doit développer P, en regardant le mouvement comme exactement uniforme et de la manière qui a été expliquée dans le cours de la Section III, le résultat auquel on parviendra ne différera en aucune manière, ou du moins ne différera que d'une quantité tout à fait négligeable, de celui qu'on obtiendrait en ayant égard à la variation de la vitesse et des forces, comme on vient de le montrer précédemment. Ainsi, dans les circonstances très-étendues dont il s'agit ici, on pourra, pour toutes les pièces à mouvement de rotation continu, établir le calcul de la force motrice comme si elle devait être constante, et réduire la difficulté de la question à celle de déterminer les rapports des quantités d'action $\int Ppd\theta$ $\int Qqd\theta$, pour les pièces extrêmes de la machine qui seraient à mouvement alternatif, ce qui rentre dans la théorie

toute particulière des moteurs et des outils, dont il ne peut être question ici.

Cette conséquence justifie d'ailleurs *a posteriori* et complétement ce qui a été dit ou avancé dans les Sections I et III, relativement à la manière de calculer la force motrice ou les résistances passives d'une machine, quand la vitesse, quoique périodique et permanente, est cependant variable à chaque instant. Nous supposons, il est vrai, que les pièces de rotation que l'on considère sont exactement centrées et symétriques autour de l'axe; effectivement, il est de la plus grande importance qu'elles le soient, pour éviter les causes de l'irrégularité du mouvement et tous les inconvénients qui peuvent naître de l'action de la force centrifuge et des forces motrices $\varphi$ sur les tourillons des pièces. Il n'y a véritablement que des cas très-rares, même dans les mauvaises machines, où ces conditions ne soient pas remplies à très-peu de chose près. Mais en supposant même que les forces $\varphi$ et les efforts sur l'axe provenant des diverses masses $m$ ne s'entre-détruisent pas, comme la vitesse et la force vive ne font qu'osciller entre des limites qu'on suppose resserrées, et que les directions de ces différentes forces changent périodiquement avec la position de la pièce de rotation à laquelle elles sont appliquées, il arrivera que leur résultante agira périodiquement, tantôt pour augmenter, tantôt pour diminuer la pression des tourillons, en sorte qu'il y aura à peu près compensation.

## II. — Influence des changements brusques de la vitesse.

### Principes généraux.

5. *Rappel des lois générales du choc des corps qui se meuvent parallèlement à eux-mêmes.* — Nous avons indiqué, dans la Section I, la manière générale dont on doit tenir compte des pertes de travail qui surviennent lors d'un changement brusque quelconque de la vitesse, mais il est nécessaire de développer davantage ces idées, pour être en état de passer aux applications spéciales.

Nous rappellerons : 1° que la durée des chocs, tels qu'en éprouvent les machines, est généralement négligeable, par rapport à celle du temps pendant lequel on considère leur mouvement, ce qui tient au peu de compressibilité des corps dont elles sont composées; d'où résulte que les quantités de travail développées pendant le choc par les forces autres que celles de compression, ou de réaction, ou d'inertie, sont négligeables par rapport à celles dues à ces dernières forces, et qu'on n'aura à s'occuper que de celles-ci; 2° que les pièces qui subissent ce choc étant constituées de façon que les altérations de formes qu'elles éprouvent sont en elles-mêmes fort petites, le système se trouve, après le choc, sensiblement dans les mêmes conditions de liaisons géométriques qu'auparavant; d'où il suit que les vitesses de chacune des parties en contact seront, à chaque instant du choc et après, dans les mêmes rapports qu'auparavant.

Nous ferons ensuite remarquer que la direction suivant laquelle les corps se compriment et réagissent l'un sur l'autre est celle de la normale commune au point de contact de ces corps, de sorte que les forces de compression développées pendant l'acte du choc sont elles-mêmes dirigées suivant cette normale, ainsi que les vitesses perdues et gagnées par les deux corps à chaque instant, par suite de leur action réciproque. De plus, la durée du choc n'étant jamais nulle, bien que très-courte, la pression et la vitesse varient, pendant cette durée, par degrés insensibles, depuis l'instant où la compression a commencé jusqu'à celui où elle finit.

Il résulte du principe de l'action égale et contraire à la réaction (n° **13**, Section I) que les forces développées pendant le choc doivent faire équilibre à la résultante des forces d'inertie $\varphi = m\frac{dv}{dt}$, dues au changement de vitesse qu'elles ont produit au même instant, pour chaque corps, dans la direction de sa normale commune avec l'autre. Ainsi $m$ et $m'$ étant des éléments de masse de deux corps que, pour la simplicité, nous supposerons sphériques et animés des vitesses parallèles $v$ et $v'$, on aura, en appelant P la pression exercée à un instant quelconque par l'un des corps sur l'autre,

$$P = \Sigma m \frac{dv}{dt} = \Sigma m' \frac{dv}{dt}.$$

La pression et les forces d'inertie $m\frac{dv}{dt}$, qui seront nulles à l'instant où la compression commence, augmentent sans cesse dans les instants suivants, jusqu'à celui qui correspond à la plus grande compression, où ces forces acquièrent leur plus grande valeur et où les vitesses des deux corps sont égales. Passé ce terme, les ressorts moléculaires, en se débandant, tendent à restituer au corps choquant une portion de la vitesse qu'il a perdue et à augmenter encore celle que le corps choqué a gagnée, et, si l'élasticité des corps était parfaite, la somme des forces vives redeviendrait exactement la même qu'avant le choc, tandis que les vitesses $v$ et $v'$, suivant la normale, seraient altérées, de façon que la perte et le gain absolus de la vitesse seraient doublés pour chaque corps. Il est d'ailleurs évident que cette restitution de la force vive, perdue pendant l'acte du choc, n'aura lieu que pour les corps élastiques et en proportion de leur élasticité.

Pour les corps entièrement dénués d'élasticité, le choc finit à l'instant de la plus grande compression, où les vitesses normales sont devenues égales; or, à cet instant, la force vive perdue à la fois par les deux corps est, selon le principe de Carnot, rigoureusement égale à la somme des forces vives dues aux vitesses perdues ou gagnées, en sorte que la moitié de cette force vive exprime la quantité d'action absorbée pendant l'acte de la compression, et qui désormais doit être retranchée de la quantité d'action fournie par le moteur à la machine.

6. *Expressions générales de la vitesse et de la force vive perdues par chaque corps.* — Comme, dans la plupart des circonstances, les chocs ont lieu entre corps peu élastiques et qui restituent à la fin de la plus grande compression une très-faible partie de l'action qui avait d'abord été absorbée par les ressorts moléculaires, ce principe, qui a lieu pour un nombre quelconque de chocs simultanés, sera très-utile toutes les fois que l'on connaîtra *a priori* la vitesse possédée par les corps, avant et après le choc, ainsi que leur direction. Soient en effet V, $v$ ces vitesses respectives pour une

masse quelconque M (*fig.* 109) et $u$ la vitesse perdue; nommons $uV$, $uv$ les angles formés par les directions de V et $v$ avec

Fig. 109.

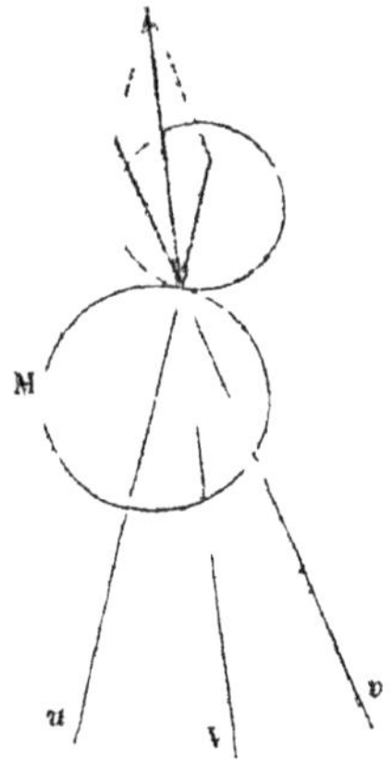


la partie de la normale commune au corps M et à celui qui le choque, qui est du côté de V, en sorte que $\cos uV$ et V seront essentiellement positifs, on aura pour la vitesse et la force vive perdues par M

$$u = V \cos uV - v \cos uv, \quad mu^2 = m(V \cos uV - v \cos uv)^2,$$

ce qui est évident d'après ce qui précède, ou si l'on observe que la vitesse $u$ n'est autre chose que la résultante de la vitesse V avant le choc et de la vitesse $v$ après le choc, prise en sens contraire de sa direction; car cette résultante est la somme des projections des composantes sur sa direction propre.

Lorsque la vitesse après le choc n'est pas immédiatement donnée, le principe de Carnot n'est plus d'un grand secours, attendu qu'on est obligé de rechercher directement cette vitesse au moyen des lois du choc, déduites du principe de d'Alembert, comme on en verra bientôt des exemples particuliers. Le cas le plus général et en même temps le plus ordinaire, où le théorème de Carnot reçoit son application, est celui où l'un des corps conserve une vitesse que l'on peut considérer comme sensiblement constante avant et après le choc, soit parce que sa quantité de mouvement est très-grande par rapport à celle de l'autre corps, soit parce que les quantités de mouvement qui lui ont été communiquées ou enlevées par suite du choc ont été immédiatement consommées ou restituées par des puissances ou des résistances étrangères à ce choc. Ce dernier cas se présente ordinairement lorsque des chocs plus ou moins faibles se succèdent à des intervalles égaux, très-rapidement et pour ainsi dire sans discontinuité; on en trouve des exemples dans le choc des fluides contre leurs propres molécules ou contre des corps étrangers, tels que les roues hydrauliques, dont la vitesse demeure sensiblement uniforme par une cause quelconque. Dans ces diverses circonstances, on pourra se borner à prendre, pour la perte de force vive, celle qui est due à la vitesse perdue par le corps dont le mouvement a changé d'une manière notable, en supposant qu'il conserve après le choc la vitesse constante de l'autre.

7. *Expression de la force vive perdue par le choc de deux corps dont l'un conserve une vitesse sensiblement constante.* — Cette proposition n'étant point évidente *a priori* et étant très-utile pour les applications, nous croyons nécessaire de la démontrer ici.

Soient $m$, $m'$ deux masses non élastiques, qui se choquent avec des vitesses dont les composantes $v$, $v'$, suivant la normale commune au point de contact, soient dirigées dans le même sens; soient $u$, $u'$ les vitesses normales perdues par les deux corps, et enfin $w$ celle qu'ils possèdent en commun suivant la normale, à la fin du choc on aura, comme on sait,

$$w = \frac{mv + m'v'}{m + m'}, \quad u = v - w = \frac{m'(v - v')}{m + m'},$$

$$u' = v' - w = -\frac{m(v - v')}{m + m'};$$

la force vive totale perdue sera donc, d'après le principe de Carnot,

$$mu^2 + m'u'^2 = \frac{mm'}{m + m'}(v - v')^2.$$

Supposons maintenant que, par une cause quelconque, l'accroissement ou la diminution de vitesse éprouvé par la masse $m'$ à la fin du choc soit immédiatement détruit l'instant d'après, en sorte qu'elle reprenne la vitesse $v'$ au commencement d'un nouveau choc semblable au premier, et ainsi de suite; il en résultera que la vitesse de $m'$ suivant la normale commune au point où s'exerce l'action, quoique variable, oscillera entre les limites $v'$ et $w$ très-resserrées, et qu'on pourra considérer cette vitesse comme sensiblement uniforme et ayant une valeur moyenne $\omega$ qui diffère très-peu de la moyenne arithmétique $\frac{v'+w}{2}$ entre les vitesses limites; on pourra donc prendre $\omega = \frac{w+v'}{2}$, surtout si $v$ s'écarte beaucoup de $v'$ dans l'expression de la perte de force vive trouvée ci-dessus. Or, en mettant pour $w$ sa valeur $\frac{mv+m'v'}{m+m'}$ dans la relation $2\omega = w + v'$, on en déduira

$$2(m+m')\omega = mv + (2m'+m)v',$$

ou, en ajoutant de part et d'autre $(2m'+m)v$,

$$v - v' = \frac{2(m+m')(v-\omega)}{2m'+m}$$

et

$$\frac{mm'}{m+m'}(v-v')^2 = \frac{4mm'(m+m')}{(2m'+m)^2}(v-\omega)^2 \quad (^1).$$

Cette dernière expression de la force vive, qui est entiè-

---

(1) On arrive à un résultat exactement semblable pour les corps qui ne sont pas entièrement privés d'élasticité; car en représentant par $n^2$ la fraction de force vive restituée par les ressorts moléculaires après l'instant de la plus grande compression, on trouverait (*Architecture hydraulique de Bélidor*, p. 121, Note *ai* de Navier) pour l'expression de la perte de force vive, $\omega$ étant la vitesse moyenne donnée de $m'$ suivant la normale, laquelle oscille ici entre les limites $v'$ et $w + n(w - v')$,

$$\frac{(1-n^2)mm'(v-v')^2}{m+m'} = (1-n^2)\frac{4mm'(m+m')}{[2m'+m(1-n)]^2}(v-\omega)^2;$$

quand $m'$ est très-grand par rapport à $m$, la valeur approchée devient simplerement rigoureuse en prenant pour $\omega$ la moyenne arithmétique entre $v'$ et $w$, varie extrêmement peu avec $m'$, pourvu seulement que $m'$ ne soit pas au-dessous de $m$; en effet, si l'on y suppose successivement

$$m' = m, \quad m' = 2m, \ldots, \quad m' \quad \infty,$$

elle prend les valeurs

$$\tfrac{8}{9} m(v-\omega)^2, \quad \tfrac{24}{25} m(v-\omega)^2, \ldots, \quad m(v-\omega)^2,$$

dont les extrêmes ne diffèrent entre elles que de $\frac{1}{9}$ de la plus grande d'entre elles, qui est aussi la plus grande de toutes. On pourra donc, sans erreur sensible, prendre $m(v-\omega)^2$ pour la perte de force vive, pourvu seulement que la masse $m'$, qui conserve une vitesse sensiblement uniforme suivant la normale commune aux corps qui se choquent, n'ait pas une valeur plus petite que celle de l'autre corps, ce qui est le cas de presque toutes les applications. D'ailleurs, si les masses $m$ et $m'$ avaient des vitesses contraires, l'expression de la force vive perdue serait $m(v+\omega)^2$ et elle deviendrait simplement $m\omega^2$ ou $mv^2$, si la vitesse $v$ ou $\omega$ était nulle; dans tous les cas, il ne faudra pas oublier que les vitesses $v$ et $\omega$ sont estimées suivant la vitesse normale commune au point où s'exerce le choc.

8. *Moyen général de calculer, dans le cas des machines, la perte de force vive due aux chocs.* — Revenons maintenant à la question générale du choc. Nous avons supposé jusqu'à présent que les corps étaient entièrement libres et se mouvaient parallèlement à eux-mêmes avant et après l'instant du choc, de sorte que les molécules respectives étaient animées

---

ment $(1-n^2)\,m(v-\omega)^2$, laquelle est entièrement rigoureuse lorsqu'on suppose $m'$ infini; mais si $m'$ ne surpasse pas beaucoup $m$, on ne pourra prendre cette dernière expression qu'autant que $n$ serait petit. Par exemple, si $m' = m$ et $n = \frac{1}{4}$, on trouve que la perte de force vive devient

$$1,06\,(1-n)\,m(v-\omega)^2,$$

quantité qui ne diffère que de $\frac{1}{17}$ environ de celle qui répond à $m' = \infty$.

de vitesses égales et parallèles; or il en est rarement ainsi dans les machines, dont les pièces sont assujetties à des mouvements déterminés. Pour calculer, dans ce cas, la perte de force vive survenue dans le système, il faudra considérer la machine comme décomposée en ses différentes pièces simples et ne s'occuper que de ce qui se passe dans chacune d'elles séparément. On remarquera en effet que, quand un choc survient au point de contact de deux pièces quelconques d'une machine composée, la vitesse et la force vive étant altérées en même temps, il se développe sur chacune d'elles (1) et des forces de compression P, P′ agissant normalement en ses points de contact avec celle qui la précède et celle qui la suit immédiatement, et des forces motrices $\varphi$ ou $m\frac{dv}{dt}$ dues au changement de vitesse éprouvé par chaque masse $m$ dans l'élément du temps; d'ailleurs, ces différentes forces, exprimables en des poids, occasionnent, sur les points d'appui fixes ou mobiles, des pressions que nous représenterons, en général, par N et qui donneront lieu à des frottements qu'on peut encore représenter par $f$N, attendu que les lois du frottement s'étendent au cas où les pressions varient d'intensité pendant le mouvement [1]. Cela posé, il y aura, à chaque instant, équilibre, d'après le principe des vitesses virtuelles, entre les différentes forces P, P′, $\varphi$, $f$N prises dans une direction convenable et facile à déterminer dans chaque cas; mais comme le corps ne peut prendre qu'un seul mouvement géométrique, il n'y aura pareillement qu'une seule équation d'équilibre, qu'on obtiendra de la manière déjà souvent indiquée.

En formant, pour les diverses pièces simples de la machine, les équations d'équilibre analogues, qui seront presque toujours linéaires dans les quantités P, P′ et $\varphi$ et ne contiendront aucun terme indépendant de ces quantités, puisqu'il proviendrait de forces étrangères à l'acte de la percussion et serait par conséquent négligeable; en observant en outre que

---

[1] *Nouvelles expériences sur le frottement*, par M. Morin, 3e Mémoire (*Recueil des Mémoires présentés à l'Académie des Sciences par des Savants étrangers*, t. VI, 1835).

les équations d'équilibre, relatives aux pièces extrêmes de la machine, ne contiendront qu'une seule force P ou P', puisque ces pièces ne sont soumises qu'à un seul choc, il serait facile de calculer, de proche en proche, les forces de compression inconnues P, P' en fonction des forces motrices $\varphi$ correspondantes, et même on en déduirait une équation unique entre toutes les forces $\varphi$ ou $m\,\frac{dv}{dt}$ considérées à un instant quelconque du mouvement, et qui, étant linéaire comme les premières, pourrait être intégrée immédiatement, et donnerait ainsi pour chaque instant du choc la relation qui lie entre elles les vitesses et les quantités de mouvement possédées par les différentes molécules matérielles de toute la machine.

Mais comme la question n'est pas de déterminer la valeur des forces P, P' et de la vitesse pour chaque instant du choc, et qu'on ne connaît pas d'ailleurs la loi que suivent les forces motrices $\varphi$, on se contente de considérer ce qui se passe à l'instant de la plus grande compression pour en déduire la vitesse possédée par les différentes masses $m$ et, par suite, la perte de force vive éprouvée par toutes ces masses : or l'équation ci-dessus suffit pour cet objet, en la supposant intégrée depuis l'instant où la compression commence jusqu'à celui où elle finit. En effet, à ce dernier instant, la vitesse, suivant la normale commune au point de contact de deux pièces quelconques est devenue la même pour ces pièces, en sorte qu'on peut immédiatement, d'après la constitution géométrique du système et les conditions de la liaison, exprimer la vitesse d'une masse ou d'un point quelconque par celle de l'un d'entre eux choisi arbitrairement ; l'équation donnera donc, en supposant que l'on connaisse la vitesse avant le choc, la vitesse du point dont il s'agit après le choc, et par suite celle de tous les autres points de la machine. Ainsi, en retranchant de la force vive qui a lieu avant le choc celle qui a lieu à l'instant de la plus grande compression, on aura l'expression de la force vive perdue.

9. *Procédé plus simple pour arriver au même but, les corps étant toujours censés sans élasticité.* — Cette marche n'est

pas celle que l'on suit d'ordinaire; on lui en substitue une autre plus simple, qui dispense de toute intégration et qui conduit aux mêmes résultats, mais qui paraîtra peut-être moins claire et moins facile à saisir dans les conséquences qu'elle offre relativement aux résistances passives développées pendant le choc. La méthode dont il s'agit a été employée par Poisson dans son beau Mémoire relatif aux *Effets du tir d'un canon sur les différentes parties de son affût*, Mémoire qu'on ne peut trop recommander de lire et de méditer à tous ceux qui désirent approfondir la question du choc dans ses applications à la pratique, et dont les réflexions précédentes pourront peut-être servir à faciliter l'étude en quelques points. L'esprit de cette méthode consiste à considérer les forces de percussion exercées aux points de contact des diverses parties, c'est-à-dire les quantités de mouvement totales développées ou détruites en ces points comme une succession ou une somme de pressions donnant lieu à des frottements mesurés par le produit de ces quantités de mouvement et du coefficient ordinaire du frottement relatif aux substances en contact, puis d'exprimer, d'après le principe de d'Alembert, qu'il y a équilibre, dans chaque pièce simple, entre toutes les quantités de mouvement perdues ou gagnées qui y sont relatives. Ainsi, en représentant par P, $P'\varphi$ et $fN$ les quantités de mouvement dont il s'agit pour l'une quelconque des pièces ou machines simples du système, on arrivera à des équations entièrement semblables à celles que nous avons envisagées d'abord entre les forces motrices, et qui pourront en être censées les intégrales. Éliminant donc entre elles les forces de percussion P, $P'$ qui sont inconnues, on arrivera à une équation unique entre les quantités de mouvement perdues par les différentes masses $m$ de la machine; d'où l'on déduira, comme précédemment, mais sans intégration, la vitesse à la fin du choc ou de la plus grande compression, au moyen de celle qui avait lieu auparavant, et, par suite, la perte de force vive.

**10.** *Cas où les corps sont parfaitement ou imparfaitement élastiques.* — On obtiendra donc, comme on voit, la perte de force vive à l'instant où elle est la plus grande possible, ce qui convient aux corps entièrement privés d'élasticité (7); dans le cas des corps plus ou moins élastiques, il faudra rechercher la vitesse conservée par chaque corps, à la fin du choc, au moyen de celle qu'il possède à l'instant de la plus grande compression, vitesse que l'on calculera toujours comme on vient de l'indiquer précédemment; or cette recherche ne souffre point de difficulté lorsque l'on connaît le degré d'élasticité, c'est-à-dire la portion de vitesse perdue qui est restituée, en sens contraire, par les ressorts moléculaires après l'instant de la plus grande compression. Si, en effet,

$u$ est la vitesse d'une masse quelconque $m$ à l'instant dont il s'agit;
$V$ sa vitesse avant le choc;
$n$ la portion de sa vitesse perdue et qui est restituée;
$v$ la vitesse à la fin du choc ou de la compression;

les vitesses $V$, $v$ et $u$ ayant ici nécessairement la même direction ou étant dirigées suivant la même droite, $V - u$, $n(V - u)$ seront l'une la vitesse perdue d'abord, l'autre la vitesse restituée ensuite en sens inverse de $V$; en sorte que l'on aura

$$v = u - n(V - u) = u(1 + n) - nV,$$

expression dans laquelle il faudra mettre pour $u$ sa valeur trouvée ci-dessus. La force vive perdue par la masse $m$ et par toutes ses semblables, à la fin du choc, sera ainsi représentée par

$$\Sigma mV^2 - \Sigma mv^2 = \Sigma mV^2 - \Sigma m[u(1 + n) - nV]^2.$$

Quand les corps seront parfaitement élastiques, on aura

$$n = 1$$

et

$$\Sigma mV^2 - \Sigma mv^2 = \Sigma mV^2 - \Sigma m(2u - V)^2 = 4\Sigma mu(V - u),$$

sur quoi il est essentiel d'observer que la perte de force vive ne sera pas nulle dans le cas actuel, attendu que les corps sont soumis à des résistances passives pendant la durée de l'acte de la percussion (¹).

Après ces considérations générales sur la manière d'évaluer la perte de force vive occasionnée par les chocs dans les machines, considérations qui nous paraissent indispensables pour en bien faire saisir l'esprit dans chaque cas particulier, nous allons donner quelques applications qui se présentent dans toutes les machines où l'outil agit sur la matière du travail par une suite de percussions; tels sont les pilons, les marteaux, etc.; nous en verrons d'autres applications par la suite, à l'occasion de la perte de force vive éprouvée par les fluides, quand la vitesse de leurs molécules reçoit un changement brusque quelconque.

## III. — Applications.

### Du choc des cames et des pilons.

**11.** *Relation entre l'effort exercé par la came sur le mentonnet pendant le choc et les diverses résistances.* — Considérons un pilon (*fig.* 110), qui est choqué par une came à développante de cercle fixée à l'arbre horizontal d'une pièce

(¹) On pourrait croire qu'en estimant ainsi la perte de force vive due aux frottements qui s'exercent pendant le choc on n'aurait tenu compte que de celle qui a lieu avant l'instant de la plus grande compression, mais on se tromperait, car les quantités de mouvement $m(V-u)$, perdues à cet instant, sont altérées en raison du frottement, et, en prenant $n(V-u)$ pour la vitesse restituée en sens contraire, c'est supposer que la quantité de mouvement également restituée après la plus grande compression est altérée par le frottement d'une quantité proportionnelle à celle dont elle l'a été avant cet instant. Il est, en outre, bien évident, d'après cela, que la perte de force vive provenant du frottement sera plus forte pour les corps élastiques que pour les autres, en sorte que, si les corps en partie élastiques diminuent la perte de force vive sous un certain rapport, ils l'augmentent sous un autre; raison de plus pour ne pas tenir compte de la force du ressort des corps peu élastiques, tels que ceux qui sont en usage dans la plupart des cas. Remarquez d'ailleurs que, pour les corps plus ou moins élastiques, le premier choc peut être suivi de plusieurs autres qui absorbent plus ou moins de force vive; cet effet a lieu, par exemple, sur les tourillons d'une roue soumise à un choc, attendu qu'ils peuvent rejaillir et retomber alternativement contre les parois de leurs coussinets.

de rotation; nous supposerons que le point où se fait le choc est sur la perpendiculaire abaissée de l'axe sur la droite primitive ou verticale des points de contact de la came et du

Fig. 110.

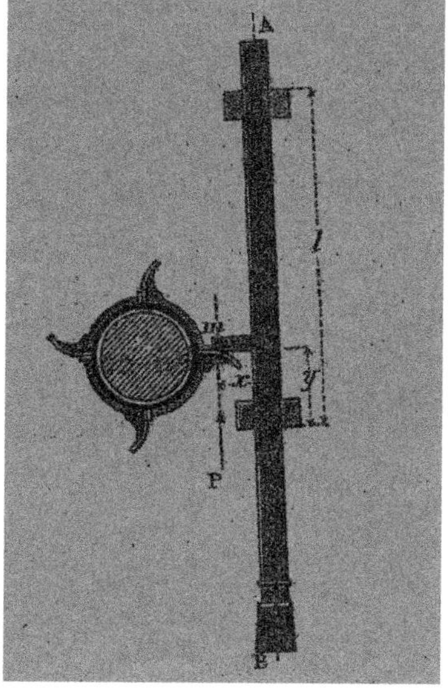


mentonnet. A cet instant et pendant toute la durée du choc, le pilon résiste à l'action ou à l'effort P exercé par la came parallèlement à son axe, en vertu de son inertie et avec une intensité égale à

$$\frac{Q}{g}\frac{dv}{dt} - m\frac{dv}{dt} = \varphi,$$

en désignant toujours, comme au n° 31 (Section III), son poids par Q et appelant $dv$ l'accroissement élémentaire de vitesse qu'il reçoit dans l'élément de temps $dt$.

Cette force $\varphi$ agit dans la direction de la tige du pilon et à une distance $x$ du point de contact $m$ de la came et du mentonnet, et la force P tend à appuyer cette tige contre les prisons et à y produire des frottements tout à fait analogues à ceux que nous avons appris à calculer au n° 31 de la Section III; à chaque instant du choc, il doit y avoir équilibre entre la pression P de la came sur le mentonnet, la résistance $\varphi$ développée par l'inertie du pilon et les diverses résistances passives, forces devant lesquelles le poids Q du pilon est négligeable; nous aurons, en conservant toutes les notations du numéro cité (¹),

$$P = \frac{l}{l - 2fx - ff'(l - 2y)}\varphi = \frac{l}{l - 2fx - ff'(l - 2y)}\frac{Q}{g}\frac{dv}{dt}.$$

Dans cette expression, les quantités $x$ et $y$ sont constantes, attendu qu'il n'y a pas de déplacement sensible pendant toute la durée du choc; on peut donc poser

$$\frac{l}{l - 2fx - ff'(l - 2y)}\frac{Q}{g} = m',$$

en désignant par $m'$ une quantité constante, analogue à une masse, puisqu'elle est le produit de la masse $\frac{Q}{g}$ par un facteur numérique.

La relation ci-dessus donne

$$P\,dt = \frac{l}{l - 2fx - ff'(l - 2y)}\frac{Q}{g}\,dv = m'\,dv,$$

d'où

$$\int P\,dt = \frac{l}{l - 2fx - ff'(l - 2y)}\frac{Q}{g}\,v = m'v,$$

en supposant, ainsi qu'il arrive ordinairement, que le pilon parte du repos.

**12.** *Quantité de travail qui doit être développée sur le mentonnet pendant la durée du choc.* — Nous ne connaissons pas la loi de la variation de $v$ en fonction du temps $t$, et, par conséquent, nous ne pouvons pas obtenir la valeur de P pour chaque instant de la compression; mais il est facile de calculer la quantité de travail total que cet effort P doit développer pendant l'acte du choc. En effet, en désignant par $dy$ le chemin

(¹) La théorie du choc des cames et des pilons ou des marteaux est exposée dans l'édition de 1826; nous reproduisons ici la rédaction de l'édition de 1836 qui est plus détaillée. — *Voir* la Note du n° 31, Sect. III. (K.)

parcouru dans l'élément de temps $dt$ par le point $m$ d'application de la force P, nous aurons

$$P\,dy = \frac{l}{l - 2fx - ff'(l - 2y)}\,\frac{Q}{g}\,\frac{dv}{dt}\,dy,$$

ou, en intégrant, et supposant $l - 2y$ constant, ainsi qu'il a été dit ci-dessus,

$$\int P\,dy = \frac{1}{2}\,\frac{l}{l - 2fx - ff'(l - 2y)}\,\frac{Q}{g}\,v^2 = \frac{1}{2}\,m'v^2,$$

ce que l'on pouvait prévoir *a priori*, puisque nous savons que la quantité de travail qu'une force doit développer sur une masse $m'$ pour lui imprimer une vitesse finie $v$ dans sa direction propre est numériquement égale à la moitié de cette force vive.

**13.** *Relation entre les forces qui agissent autour de l'arbre à cames pendant le choc.* — Si nous examinons maintenant ce qui se passe autour de l'arbre à cames et que nous appelions

$m$ un élément de la masse de cet arbre et des pièces de rotation, concentriques à son axe, ordinairement distribuées symétriquement autour de cet axe;

$r$ la distance de cet élément à l'axe C de rotation;

$\omega$ la vitesse angulaire de l'arbre à un instant quelconque du choc,

la vitesse de l'élément $m$ sera $r\omega$, et la force vive de l'arbre aura pour expression

$$\omega^2 \Sigma mr^2,$$

$\Sigma mr^2$ représentant la somme des moments d'inertie de toutes les pièces qui tournent avec l'axe C. La variation de cette force vive dans l'élément du temps $dt$ de la durée du choc sera

$$-2\omega\,d\omega\,\Sigma mr^2,$$

attendu que la vitesse décroît pendant le choc.

La quantité de travail élémentaire développée pendant le même temps par la force P est

$$Pr'\omega\,dt,$$

en appelant $r'$ le rayon du cercle développé pour tracer la came.

Quant au frottement sur les tourillons, il n'est dû qu'à la force P, attendu que toutes les forces d'inertie $m \frac{r d\omega}{dt}$ des molécules matérielles $m$ se détruisent deux à deux, puisqu'on les a supposées symétriquement réparties autour de l'axe.

On a donc, pour le travail élémentaire de ce frottement, $\rho$ étant le rayon des tourillons et $f_1$ le rapport du frottement à la pression,

$$f_1 \mathrm{P} \rho \omega \, dt,$$

et l'équation du principe des forces vives donne

$$-\omega \, d\omega \Sigma m r^2 = \mathrm{P} r' \omega \, dt + f_1 \mathrm{P} \rho \omega \, dt$$

ou

$$-d\omega \Sigma m r^2 = \mathrm{P} r' dt + f_1 \mathrm{P} \rho \, dt = \mathrm{P} (r' + f_1 \rho) dt,$$

ou, en intégrant depuis le commencement du choc, où l'on a, par hypothèse, $\omega = \Omega$ et $t = 0$, jusqu'à la valeur $\omega$,

$$(\Omega - \omega) \Sigma m r^2 = (r' + f_1 \rho) \int \mathrm{P} \, dt;$$

mais, d'après ce que nous avons vu plus haut, on a, entre les mêmes limites, c'est-à-dire à la fin du choc,

$$\int \mathrm{P} \, dt - m' v = m' \omega r' = \frac{l}{l - 2fx - ff'(l - 2y)} \frac{\mathrm{Q}}{g} \omega r',$$

attendu que, vu le peu d'élasticité de la came et du mentonnet, le pilon marche, après le choc, avec une vitesse sensiblement égale à celle de la came, ainsi que le montre l'observation [1].

---

[1] En réalité le mentonnet et la came ayant éprouvé pendant la durée du choc ou de la compression un mouvement de flexion génerale, ils reviennent sur eux-mêmes vers la fin du choc, et il en résulte que le pilon prend une vitesse un peu plus grande que celle de la came et doit la quitter; mais, d'une part, cet effet est très-peu sensible par suite du peu de flexibilité des parties en contact et de l'altération que la répétition des chocs produit dans leur élasticité, et de l'autre les frottements qui résultent de ces forces de réaction contre les guides, prisons, etc., ont promptement détruit cet excès de vitesse. L'observation montre d'ailleurs que le pilon ne quitte pas visiblement la came, ce qui prouve que l'on s'éloigne fort peu de la vérite en supposant que les deux corps marchent avec la même vitesse après le choc.

L'équation ci-dessus revient donc à

$$(\Omega - \omega)\Sigma m r^2 = m'\omega r'(r' + f_1\rho).$$

14. *Expression des vitesses angulaires, avant et après le choc, en fonction de la vitesse angulaire moyenne.* — Cette relation entre la plus grande vitesse angulaire $\Omega$ de l'arbre à cames et la plus petite $\omega$ ne peut suffire pour les déterminer toutes deux; mais nous observerons que, le mouvement de cet arbre étant continuellement entretenu par le moteur, sa vitesse s'écarte très-peu, dans la réalité, d'une certaine vitesse moyenne $\Omega'$, qui se trouve nécessairement comprise entre $\Omega$ et $\omega$, et qui différera toujours fort peu, dans la pratique, de la moyenne arithmétique entre ces deux vitesses extrêmes; on peut donc poser approximativement

$$\Omega' = \frac{\Omega + \omega}{2},$$

ce qui nous met à même de déterminer les valeurs de $\Omega$ et de $\omega$ en fonction de cette vitesse moyenne $\Omega'$, que nous donnera dans chaque cas l'observation du nombre de tours faits dans un temps donné par l'arbre à cames.

En effet, en posant

$$\Sigma m r^2 = M r'^2,$$

on tire de la première équation

$$\omega = \frac{\Omega M r'^2}{m' r'^2 + f_1 \rho m' r' + M r'^2} = \frac{\Omega M}{m' + f_1 \dfrac{m'\rho}{r'} + M},$$

et, en faisant, pour la simplicité des expressions,

$$m' + f_1 \frac{m'\rho}{r'} + M = M',$$

il vient

$$\omega = \frac{\Omega M}{M'}.$$

Cette expression de la vitesse angulaire après le choc nous montre qu'en effet elle différera très-peu de la vitesse $\Omega$ avant le choc dans tous les cas de la pratique, attendu qu'il arrive toujours que $m'$ est assez petit par rapport à M.

En la combinant avec la relation

$$\Omega' = \frac{\Omega + \omega}{2},$$

on trouve successivement

$$\Omega = \frac{2\Omega' M'}{M + M'} \quad \text{et} \quad \omega = \frac{2\Omega' M}{M + M'}.$$

15. *Perte de force vive produite par le choc.* — Au moyen de ces valeurs, il devient facile de calculer la perte de force vive occasionnée par le choc en fonction de la vitesse moyenne de l'arbre à cames. En effet, la force vive du système avant le choc se réduisait à celle de l'arbre à cames, puisque le pilon était au repos, et elle avait pour expression

$$\Omega^2 \Sigma m r^2 = \Omega^2 M r'^2 = \frac{4\Omega'^2 M M'^2 r'^2}{(M + M')^2};$$

après le choc, la force vive de l'arbre est $\omega^2 M r'^2$; celle du pilon est $\omega^2 m r'^2$, en désignant par $m$ la masse du pilon; la force vive totale est

$$\omega^2 r'^2 (M + m) = \frac{4\Omega'^2 M^2 r'^2 (M + m)}{(M + M')^2}.$$

La perte ou la différence est donc égale à

$$\frac{4\Omega'^2 M r'^2}{(M + M'^2)} [M'^2 - M(M + m)],$$

expression dans laquelle il ne faut pas oublier que

$$M' = m' + \frac{f_1 m' \rho}{r} + M \quad \text{et} \quad m' = \frac{l}{l - 2fx - ff'(l - 2y)} \frac{Q}{g}.$$

Dans les applications numériques, il faudra calculer le moment d'inertie $\Sigma m r^2 = M r'^2$ de toutes les parties qui tournent autour de l'axe de l'arbre à cames, pour en déduire la valeur de M; mais on verra, dans beaucoup de cas, que l'expression de la force vive perdue pendant l'acte du choc varie fort peu entre les suppositions extrêmes de $M = m$ et de $M = \infty$.

C'est ce dont il est facile de s'assurer, par exemple, dans le cas des pilons; car, en faisant les suppositions très-défavorables de

$$l = 1^m,20, \quad x = 0^m,40, \quad f = 0,15, \quad f' = 0,10, \quad y = 0^m,50,$$

on trouve d'abord

$$m' = \frac{l}{l - 2fx - ff'(l - 2y)} m = 1,111 m;$$

puis, si

$$f_1 = 0,10, \quad \frac{\rho}{r'} = 0,1,$$

$$M' = m'\left(1 + \frac{f_1\rho}{r'}\right) + M = 1,01 m' + M = 1,122 m + M.$$

En substituant ces valeurs dans l'expression générale de la perte de force vive, nous aurons

$$\frac{4\Omega'^2 M r'^2}{(M + M')^2}[M'^2 - M(M + m)]$$
$$= \frac{4\Omega'^2 M r'^2}{(2M + 1,112m)^2}[(M + 1,122 m)^2 - M(M + m)].$$

Si maintenant, dans cette expression, nous faisons successivement $M = m$ et $M = \infty$, ce qui correspond aux deux cas extrêmes, savoir, celui où la masse de l'arbre à cames rapportée au point de contact serait égale à celle du pilon et celui où la masse de cet arbre pourrait, au contraire, être regardée comme infinie par rapport à celle du pilon, on trouve, pour les pertes de force vive,

$$1,027\Omega'^2 m r'^2 \quad \text{et} \quad 1,224\Omega'^2 m r'^2,$$

valeurs qui ne diffèrent entre elles que de 0,081 ou $\frac{1}{12}$ de la plus forte des deux, et, comme il arrive toujours que M est très-grand par rapport à $m$, on voit qu'on ne commettra pas d'erreur notable en appréciant la perte de force dans la supposition de $M = \infty$.

**16.** *Consommation totale de force vive pour chaque choc.* — Nous avons vu précédemment que, dans les machines du genre de celles qui nous occupent, la consommation de force vive qui se fait à chaque choc se compose de la force vive perdue pendant l'acte du choc et de celle qui est communiquée à l'outil, et que l'on peut regarder comme l'effet utile. Nous venons de calculer la première, et l'on devra toujours s'attacher à la diminuer dans chaque cas; quant à la seconde, elle est supposée nécessaire au travail de l'outil, et, en ajoutant sa valeur $\omega^2 m r'^2$ à la perte que nous venons de calculer, la somme que l'on pourra exprimer en fonction de la vitesse angulaire moyenne $\Omega'$ de l'arbre à cames nous donnera la consommation totale de la force vive que cet arbre doit faire pour chaque choc; mais on aura plus facilement l'expression de cette quantité en recherchant immédiatement quelle est la variation de la force vive de l'arbre pour chaque choc.

En effet, $\Omega$ et $\omega$ étant, par hypothèse, les vitesses angulaires de l'arbre avant et après le choc, on a, pour la variation de sa force vive pendant toute la durée de la réaction,

$$(\Omega^2 - \omega^2) M r'^2.$$

En substituant dans cette expression pour $\Omega$ et $\omega$ leurs valeurs en fonction de la vitesse angulaire moyenne $\Omega'$

$$\Omega = \frac{2\Omega' M'}{M + M'} \quad \text{et} \quad \omega = \frac{2\Omega' M}{M + M'},$$

d'où

$$\Omega^2 - \omega^2 = 4\Omega'^2 \frac{M' - M}{M + M'},$$

elle devient

$$4\Omega'^2 M r'^2 \frac{M' - M}{M + M'} = 4\Omega'^2 M r'^2 \frac{m'\left(1 + f_1 \frac{\rho}{r'}\right)}{2M + m'\left(1 + f_1 \frac{\rho}{r'}\right)},$$

en se rappelant que

$$M' = M + m'\left(1 + f_1 \frac{\rho}{r'}\right).$$

17. *Travail consommé par l'arbre à cames pour chaque choc.* — Telle est donc la consommation de force vive qui doit être faite pour chaque choc par l'arbre à cames, et, comme toute variation de force vive correspond à une consommation de travail qui en est numériquement la moitié, la quantité de travail qui est dépensée par l'arbre à chaque choc, pour subvenir aux pertes et pour imprimer au pilon la vitesse $\omega r'$, a pour valeur

$$2\Omega'^2 M r'^2 \frac{m'\left(1+f_1\frac{\rho}{r'}\right)}{2M+m'\left(1+f_1\frac{\rho}{r'}\right)}.$$

Cette expression, dans laquelle on a

$$m' = \frac{l}{l-2fx-ff'(l-2y)}\frac{Q}{g},$$

est facile à calculer; mais on peut encore la simplifier, dans certains cas, en observant que, quand M est très-grand par rapport à $m'$, elle diffère très-peu de la valeur qui correspond à la supposition de $M=\infty$.

En effet, elle revient évidemment à

$$2\Omega'^2 r'^2 \frac{m'}{\dfrac{2}{1+f_1\dfrac{\rho}{r'}}+\dfrac{m'}{M}};$$

et si l'on suppose, comme précédemment, $f_1 = 0,10$, $\frac{\rho}{r'} = 0,10$, elle devient

$$\frac{2\Omega'^2 r'^2 m'}{1,980+\dfrac{m'}{M}}.$$

Sous cette forme, elle donne, pour la consommation de travail correspondant à chaque choc, dans la supposition de $M=\infty$,

$$\frac{2\Omega'^2 r'^2 m'}{1,980} = 1,01\,\Omega'^2 r'^2 m',$$

et, dans celle de $M = 10m'$,

$$\frac{2\Omega'^2 r'^2 m'}{2,08} = 0,961\,\Omega'^2 r'^2 m',$$

ces deux valeurs ne différant entre elles que de 0,051 de la plus faible. On voit que, dans les applications où le rapport de $m'$ à M est toujours moindre que $\frac{1}{10}$, on pourrait, sans erreur notable, prendre, pour l'expression de la quantité de travail consommée pour chaque choc, la valeur

$$\Omega'^2 r'^2 m' \left(1 + f_1 \frac{\rho}{r'}\right),$$

qui correspond à la supposition de M infini par rapport à $m'$.

**18.** *Travail consommé par les chocs en une seconde.* — L'expression générale étant facile à calculer, nous continuerons à l'employer; d'après cela, s'il y a $n$ chocs ou levées de pilons par révolution de l'arbre à cames et $\mu$ révolutions par minute, nous aurons, pour la quantité de travail consommée par les chocs dans une seconde,

$$\frac{n\mu}{60}\,2\,\frac{\Omega'^2 r'^2 m'}{\dfrac{2}{1 + f_1 \dfrac{\rho}{r'}} + \dfrac{m'}{M}} = \frac{n\mu}{30}\,\frac{\Omega'^2 r'^2 m'}{\dfrac{2}{1 + f_1 \dfrac{\rho}{r'}} + \dfrac{m'}{M}}.$$

**19.** *Quantité de travail développée pendant la levée des pilons.* — Après avoir ainsi calculé la quantité de travail consommée par seconde pendant le choc des cames contre les pilons, il faut y joindre celle qui doit aussi être développée par l'arbre à cames pour élever ces pilons à la hauteur voulue et vaincre les résistances passives, puis celle qui est consommée par le frottement de l'axe pendant l'intervalle qui s'écoule entre l'instant où une came quitte le mentonnet d'un pilon et celui où une autre came vient le choquer de nouveau.

Pour déterminer la première de ces deux quantités de travail, on se rappellera que nous avons trouvé au n° **31** de la Section III, pour l'expression de l'effort que la came doit exercer dans une position quelconque du pilon,

$$P = \frac{Ql}{l - 2fx - ff'(l - 2y)}\ (^1).$$

Dans cette relation, on désigne par

Q le poids du pilon;
$l$ la distance des guides;
$y$ la hauteur du point de contact $m$ de la came du mentonnet au-dessus du guide inférieur;
$x$ la distance horizontale du même point $m$ à l'axe de la tige;
$f$ et $f'$ les rapports respectifs du frottement à la pression pour la tige et les prisons, et pour la came et le mentonnet.

D'après cela, la quantité de travail élémentaire développée dans l'élément du temps $dt$ par la force P dans sa direction propre sera

$$P\,dy = \frac{Ql\,dy}{l - 2fx - ff'(l - 2y)},$$

et, pour obtenir la quantité de travail total correspondant à une levée du pilon, il faudrait intégrer cette expression entre les limites relatives à cette levée.

Les cames employées dans les moulins à pilons ont quelquefois et devraient toujours avoir la forme d'une développante de cercle, afin que le bras de levier de la résistance fût constant et que, par suite, les vitesses fussent transmises dans un rapport invariable. Dans ce cas, la quantité $x$ est constante, et, en posant

$$x = b \quad \text{et} \quad \frac{2ff'}{l - 2fx - ff'l} = a,$$

l'expression du travail élémentaire développé par l'effort P devient

$$P\,dy = \frac{Ql\,dy}{l - 2fb - ff'l + 2ff'y} = \frac{Ql}{l - 2fb - ff'l}\,\frac{dy}{1 + ay},$$

---

(1) On néglige ici l'influence de l'épaisseur de la tige du pilon; on admet de plus que les conditions soient telles que, pendant toute la montée du pilon, les contacts avec les guides soient en diagonale. *Voir*, à ce sujet, les Notes des nos 30 et 31, Section III. (K.)

ou, en intégrant depuis $y = h'$ correspondant à l'instant où la came commence à pousser le mentonnet jusqu'à $y = h''$ où elle le quitte, on trouve, pour le travail total pendant une levée,

$$\int_{h'}^{h''} P\,dy = \frac{Ql}{2ff'}[\log(1 + ah'') - \log(1 + ah')].$$

Or on a

$$\log(1 + ah) = ah - \frac{a^2h^2}{2} + \frac{a^3h^3}{3} - \frac{a^4h^4}{4} + \ldots,$$

et, par suite, en nous bornant au second terme de la série, ce qui suffira toujours, comme nous le verrons tout à l'heure, on a

$$\int_{h'}^{h''} P\,dy = \frac{Ql}{2ff'}\left[a(h'' - h') - \frac{a^2}{2}(h''^2 - h'^2)\right]$$

pour l'expression du travail développé par P pendant toute une levée.

20. *Valeur moyenne de l'effort exercé par la came sur le mentonnet.* — L'effort P étant variable en même temps que $y$, il est important, pour la suite des calculs, d'avoir sa valeur moyenne, et, puisque le chemin parcouru dans sa direction propre est $h'' - h'$, on aura, pour cette valeur moyenne que nous désignerons par P',

$$P' = \frac{\int P\,dy}{h'' - h'} = \frac{Qla}{2ff'}\left[1 - \frac{a(h'' + h')}{2}\right].$$

Dans les applications, on remarquera que la quantité $\frac{a(h'' + h')}{2}$ est presque toujours négligeable par rapport à l'unité.

En effet, si l'on suppose le cas défavorable où

$$l = 1^m,20, \quad f' = 0,10, \quad f = 0,15, \quad b = 0^m,40, \quad \frac{h'' + h'}{2} = 0^m,50,$$

on trouve

$$a = 0,0283 \quad \text{et} \quad \frac{a(h'' - h')}{2} = 0,015.$$

Dans ce cas, l'effort moyen se réduit à

$$P' = \frac{Qla}{2ff'} = \frac{Ql}{l - 2bf - ff'l},$$

que l'on aurait obtenu directement en négligeant de prime abord, ainsi qu'on le fait souvent, le terme $2ff'y$ du dénominateur de P.

21. *Pilons de poudreries.* — Le cas que nous venons d'examiner n'est pas celui des pilons des moulins à poudre, où les cames en bois ont ordinairement la forme d'un prisme dirigé suivant un rayon et simplement arrondi à son extrémité. La valeur

$$P = \frac{Ql}{l - 2fx - ff'(l - 2y)}$$

contient alors deux quantités variables à la fois, et l'intégrale de la quantité de travail élémentaire développée par l'effort P

$$\int P\,dy = \int \frac{Ql\,dy}{l - 2fx - ff'(l - 2y)}$$

offrirait des difficultés de calcul que l'on évite à l'aide des méthodes connues de quadrature.

22. *Détermination de l'effort moyen à exercer à la circonférence d'une roue de rayon* R *montée sur l'arbre à cames, pendant la levée.* — Après avoir ainsi déterminé, selon le cas, la valeur de l'effort moyen à exercer dans le sens vertical pour faire marcher le pilon, on pourra facilement obtenir celle de la puissance S, qui, agissant à une distance R de l'axe, surmonterait toutes les résistances utiles et passives développées autour de l'arbre à cames. En effet, en supposant que S agisse verticalement, et appelant

$r'$ la distance du point de contact $m$ de la came et du mentonnet à un instant quelconque de la levée;
$\theta$ l'angle formé par le rayon $cm$ avec l'horizontale;
M le poids de l'arbre à cames;
K le nombre de pilons qui sont simultanément en prise, et dont le poids $p'$ s'ajoute constamment à M pour presser sur les tourillons,

on aura, pour une portion quelconque de la levée,

$$SR = Pr'\cos\theta + f'Pr'\sin\theta + f_1\rho(M + S + Kp'),$$

et, pour la quantité de travail développé dans un déplacement angulaire infiniment petit $d\theta$,

$$SR\,d\theta = Pr'\cos\theta\,d\theta + f'Pr'\sin\theta\,d\theta + f_1\rho(M + S + Kp')d\theta.$$

En intégrant cette relation pour toute la durée de la levée, on en déduira la quantité de travail et, par suite, l'effort moyen que doit développer la force motrice S.

Or il est facile de voir, à l'examen de la figure, que, en désignant par $y_0$ la distance du guide inférieur à l'horizontale de l'arbre et par $d$ la distance de cet arbre à l'axe du pilon, on a

$$y = y_0 + r'\sin\theta \quad \text{et} \quad x = d - r'\cos\theta,$$

d'où

$$dy = r'\cos\theta\,d\theta, \quad dx = r'\sin\theta\,d\theta,$$

et, par suite,

$$\int Pr'\cos\theta\,d\theta = \int P\,dy.$$

que nous savons calculer par approximation, et

$$f'\int Pr'\sin\theta\,d\theta = f'\int P\,dx.$$

Cette dernière intégrale représente le travail consommé par le frottement de la came sur le mentonnet, et, par conséquent, on peut, sans erreur notable, y remplacer P par sa valeur moyenne constante P', que nous connaissons; mais il faudra avoir soin d'observer, d'après la disposition de la machine, si le glissement a toujours lieu dans le même sens pendant la levée entière. Ainsi, par exemple, s'il arrivait que les cames poussassent le mentonnet partie en dessous, partie en dessus de la ligne des centres, dans la première période, le point de contact glisserait en s'éloignant du centre vers la tige et, dans la deuxième, en s'éloignant de la tige vers le centre, et, comme dans ces deux mouvements le travail du frottement serait toujours consommé en pure perte, il faudrait ajouter celui qui correspond à chacun d'eux, abstraction faite du signe; mais on aura rarement à établir cette distinction, attendu que, quand les pilons marchent en charge, la came ne les rencontre qu'à hauteur de la ligne des centres.

Appelant donc $x_1$ le chemin parcouru sur le mentonnet par le point de contact et que le tracé donnera immédiatement, on aura, pour le travail total du frottement de la came sur le mentonnet,

$$f'P'x_1.$$

Quant au terme relatif au frottement des tourillons de l'arbre à cames, on obtiendra immédiatement sa valeur en prenant pour $\theta$ l'angle total $\theta'$ décrit pendant la levée, et, en représentant par S' la valeur moyenne de l'effort variable S, elle sera exprimée par

$$f_1\rho(M + S' + Kp')\theta';$$

on aura donc

$$\int SR\,d\theta = \int P\,dy + fP'x_1 + f_1\rho(M + S' + Kp')\theta'.$$

D'une autre part, l'effort moyen S', qui développerait, dans le même intervalle, la même quantité de travail, serait donné par la relation

$$S'R\theta' = \int SR\,d\theta.$$

On tire donc de ces deux relations

$$S' = \frac{\int P\,dy + f'P'x_1 + f_1\rho(M + Kp')\theta'}{(R - f\rho)\theta'}$$

et, par suite, la valeur de $S'R\theta'$ ou de la quantité de travail consommé pendant la levée par l'arbre à cames.

23. *Effort moyen à exercer tangentiellement à la circonférence du rayon* R *pendant la chute du pilon.* — Entre l'instant où une came abandonne le pilon qu'elle conduisait et celui où la came suivante vient le reprendre après sa chute, l'arbre à cames décrit un arc facile à déterminer; car, si l'intervalle

angulaire des deux cames est mesuré par un arc de longueur $a$ à la distance R, l'arc décrit pendant cette marche à vide de la machine sera $a - R\theta'$. Pendant le même intervalle, la seule résistance à vaincre est le frottement des tourillons de l'arbre, qui est dû à la pression $M + Kp'$, et, par conséquent, on a, pour toute cette période, en appelant $S''$ l'effort que la puissance doit exercer pour vaincre le frottement,

$$S''(a - R\theta') = f_1 \frac{\rho}{R}(M + Kp')(a - R\theta').$$

24. *Quantité totale de travail à transmettre à l'arbre à cames par seconde.* — En résumant tout ce que nous venons de dire de l'action des cames sur les pilons, nous voyons que l'on a partagé toute la série des effets d'une même came en trois périodes, dont la première est celle de la durée du choc, pendant laquelle l'arbre à cames consomme par chaque choc une quantité de travail exprimée par

$$\frac{\dfrac{2\Omega'^2 r'^2 m'}{2}}{\dfrac{1}{1 + f_1 \dfrac{\rho}{r'}} + \dfrac{m'}{M}};$$

la deuxième commence quand le choc est terminé et que le pilon marche avec la vitesse de la came, et finit quand la came abandonne le pilon pour le laisser retomber; pendant cette période, l'arbre à cames consomme une quantité de travail exprimée par

$$S'R\theta';$$

la troisième enfin qui s'écoule entre l'instant où le pilon a été abandonné par une came et celui où il est choqué par une autre et pendant laquelle l'arbre à cames dépense une quantité de travail exprimée par

$$S''(a - R\theta').$$

Par conséquent, en récapitulant toutes ces quantités de travail relatives à un seul choc et supposant qu'il y ait $n$ chocs par révolution de l'arbre à cames et $\mu$ révolutions par minute, la quantité de travail qu'il faudra transmettre par seconde à cet arbre sera exprimée par

$$\frac{n\mu}{60}\left[\frac{2\Omega'^2 r'^2 m'}{\dfrac{2}{1+f_1\dfrac{\rho}{r'}}+\dfrac{m'}{M}}+S'R\theta'+S'(a-R\theta')\right]h^{g''}.$$

25. *Cas où l'arbre à cames est conduit par un engrenage monté sur l'arbre de la roue.* — Les moulins à pilons et les brocards présentent ordinairement une disposition qui, sans rendre les calculs plus difficiles, les complique un peu. L'arbre à cames, au lieu de porter immédiatement la roue hydraulique, reçoit le mouvement d'un engrenage monté sur celui de cette roue, de sorte que, à chaque choc ou à chaque ralentissement du premier arbre, il se produit, entre les dents de l'engrenage, un nouveau choc, d'où résulte la consommation d'une certaine portion de la force vive dont il faut tenir compte. C'est ce qui est facile en suivant la marche que nous avons déjà adoptée.

En effet, en appelant

X l'effort exercé, à un instant quelconque du choc, sur la dent du pignon ou de la lanterne de l'arbre à cames que nous supposerons vertical;

$r$ le rayon de cercle primitif de cet engrenage;

et conservant les notations précédentes, il est évident que la quantité de travail

$$X\omega r\,dt,$$

développée pendant un élément $dt$ de la durée du choc par cet effort, s'ajoutera à celle qui est due aux forces d'inertie de l'arbre à cames et qui a pour expression (13)

$$-\omega\, d\omega \Sigma mr^2,$$

et que, pour exprimer qu'à chaque instant la somme de ces quantités de travail est égale à celle qui est développée en sens contraire par la résistance du pilon et par le frottement sur le tourillon de la roue, on aura l'équation

$$-\omega\, d\omega \Sigma mr^2 + X\omega r\, dt = P\omega r'\, dt + f\rho(P + X)\,\omega\, dt,$$

d'où, en divisant par $\omega$ et intégrant depuis $\omega = \Omega$ jusqu'à $\omega = \omega$,

$$(\Omega - \omega)\left[\Sigma mr^2 + (r - f\rho)\int X\, dt\right]$$
$$= (r' + f\rho)\int P\, dt = (r' + f\rho)\, m'\omega r',$$

en se rappelant les résultats du nº **13**.

Nous aurons à établir une équation analogue pour exprimer qu'à chaque instant les forces d'inertie de l'arbre de la roue hydraulique et des masses qui se meuvent avec lui développent des quantités de travail égales à celles qui sont consommées par les résistances.

Pour cela, nous remarquerons que, dans le cas des roues hydrauliques ordinairement employées pour moteurs de ces usines, l'eau contenue dans les augets ou entre les aubes agit comme une masse excentrique qui, pendant le choc ou le ralentissement du mouvement, agit aussi par son inertie pour s'opposer à la diminution de la vitesse. Si donc on nomme

$N_1$ la masse de l'eau contenue à un instant quelconque dans la roue;

$R_1$ la distance de son centre d'inertie à l'axe;

$\omega_1$ la vitesse angulaire de l'arbre de la roue hydraulique à un instant quelconque du choc;

$\Sigma mr_1^2$ le moment d'inertie de cet arbre et des parties symétriquement disposées autour de son axe;

$R'$ le rayon du cercle primitif de l'engrenage conducteur;

$n$ et $n'$ les nombres respectifs de dents de l'engrenage et du pignon;

$f'$ le rapport du frottement à la pression pour les dents en contact;

$f_1$ le rapport du frottement à la pression pour les tourillons de la roue et leurs coussinets;

$\rho'$ le rayon de ces tourillons,

il est facile de voir que, en raisonnant comme on l'a fait précédemment, on aura l'équation d'équilibre

$$- \omega_1 d\omega_1 (\Sigma mr_1^2 + N_1 R_1^2)$$
$$= R' \left(1 + f'\pi \frac{n+n'}{nn'}\right) \omega_1 X dt + f_1 \rho' (X dt + N_1 R_1 d\omega_1) \omega_1,$$

d'où, en divisant par $\omega_1$ et intégrant depuis $\omega_1 = \Omega$, la plus grande vitesse angulaire, jusqu'à $\omega_1 = \omega_1$, la plus petite, on déduit

$$(\Omega_1 - \omega_1)[\Sigma mr_1^2 + (R_1 - f_1\rho')N_1 R_1]$$
$$= \left[R'\left(1 + f'\pi \frac{n+n'}{nn'}\right) + f_1\rho'\right] \int X dt.$$

Entre cette relation et celle que nous avons obtenue précédemment

$$(\Omega - \omega)\left[\Sigma mr_1^2 + (r - f\rho)\int X dt\right] = (r' + f\rho) m' \omega r',$$

il est facile d'éliminer $\int X dt$, et l'on obtiendra, entre les vitesses angulaires $\Omega_1$, $\omega_1$ et $\omega$, une relation du premier degré, à laquelle on devra joindre les rapports

$$\Omega_1 R' = \Omega R, \quad \omega_1 R' = \omega R,$$

attendu que le déplacement ou les chemins parcourus pendant la compression réciproque des corps sont tellement petits qu'ils n'altèrent pas les rapports constants établis entre les vitesses angulaires.

En désignant de plus par $\Omega'_1$ la vitesse angulaire moyenne de l'arbre de la roue hydraulique et admettant, comme relation suffisamment approchée, que

$$\Omega'_1 = \frac{\Omega_1 + \omega_1}{2},$$

on aura un nombre suffisant d'équations pour exprimer les vitesses angulaires $\Omega_1$ et $\omega_1$ avant et après le choc en fonction de la vitesse angulaire moyenne $\Omega'_1$ que l'on déduira de l'observation ou qui sera donnée *a priori*.

Par conséquent, on obtiendra, en fonction de cette vitesse $\Omega'$ et des autres quantités connues, la consommation de force vive faite à chaque choc autour de l'arbre de la roue hydraulique, et la quantité de travail que le moteur doit transmettre à la roue hydraulique aura pour expression

$$\tfrac{1}{2}(\Omega_1^2 - \omega_1^2)\left(\Sigma m r_1^2 + N_1 R_1^2\right)$$

et devra s'ajouter à celles qui sont consommées pendant la levée et la marche à vide; on en déduira la quantité de travail total qui, pour chaque levée de pilon, doit être transmise à la roue hydraulique, et, en la multipliant par $\frac{n\mu}{60}$, nombre de levées dans une seconde, on aura l'effet utile que la roue doit produire à chaque seconde.

### Du choc des cames et des marteaux.

26. *Différentes espèces de marteaux employés dans les forges.*— On emploie, dans les forges et dans les autres usines métallurgiques, trois espèces de marteaux dont la forme et les proportions dépendent de l'usage auquel on les destine, savoir :

1° Les *marteaux à bascule* dits *martinets* (*fig.* 111), employés

Fig. 111.

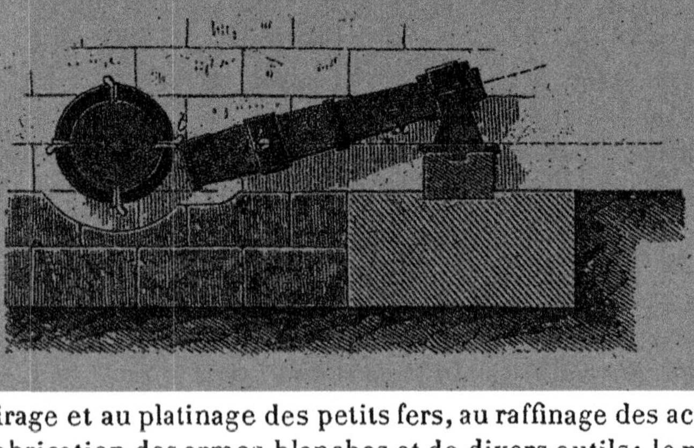

à l'étirage et au platinage des petits fers, au raffinage des aciers, à la fabrication des armes blanches et de divers outils; le poids du marteau proprement dit varie, selon l'usage, de 80 à 40 kilogrammes et au-dessous, et sa vitesse de 200 à 400 coups par minute. La came agit sur l'extrémité du manche opposée à celle où est fixé le marteau, et l'axe de rotation est entre ces deux points.

2° Les *marteaux à soulèvement* (*fig.* 112), dont la came sou-

Fig. 112.

lève le manche entre le marteau et l'axe de rotation. On les nomme aussi *gros marteaux*, *marteaux à l'allemande*. Ils sont particulièrement employés à l'affinage du fer par la méthode allemande. Leur poids varie de 300 à 400 kilogrammes, et leur vitesse entre 70 et 200 coups par minute.

3° Les *marteaux fronteaux* (*fig.* 113), ainsi nommés parce

Fig. 113.

que la came les saisit par l'extrémité du manche au delà du marteau par rapport à l'axe et dans le plan vertical de ce manche. Ils sont en usage dans les forges où l'on fabrique le fer à la méthode anglaise, et pèsent de 2500 à 4000 kilogrammes, y compris le manche qui est en fonte. Leur vitesse varie de 60 à 100 coups par minute.

A cette classe se rattachent aussi la plupart des marteaux ou pilons employés au feutrage des laines ou à la préparation des chiffons pour la fabrication du papier.

La théorie du mouvement de ces trois espèces de marteaux est la même, sauf quelques modifications à apporter aux formules relativement à la position de la came et du manche, que nous indiquerons en temps et lieu. Il arrive ordinairement, dans tous les cas, que le choc de la came contre le manche a lieu dans un plan horizontal passant par l'axe de rotation; nous raisonnerons dans cette supposition et nous distinguerons dans l'action des cames trois périodes : la première correspondant à la durée du choc ou de la compression réciproque de la came et de la partie du manche sur laquelle elle agit; la deuxième, qui commence à l'instant où finit le choc et dure jusqu'à celui où la came quitte le manche ; la troisième, qui s'écoule entre le moment où la came a quitté le manche et celui où une autre vient le choquer. Nous allons examiner successivement chacune de ces trois périodes.

27. *Après le choc, la came et le manche sont animés de la même vitesse.* — A partir de l'instant où la came rencontre le manche, il se développe aux points de contact des efforts de compression réciproques, qui croissent jusqu'au moment où l'impression atteint son maximum. A cette limite, les points de contact marchent avec la même vitesse; mais au delà la réaction des ressorts moléculaires tend à effacer plus ou moins l'impression et à augmenter la vitesse transmise au marteau en diminuant celle de la came, de sorte que, selon leur degré d'élasticité, les corps devraient se séparer avec des vitesses différentes, ainsi qu'on l'a vu au nº 10. Mais, d'une part, la répétition et l'intensité des chocs altèrent l'élasticité des points en contact, et de l'autre les dimensions générales du manche et de la came sont telles, qu'ils fléchissent en réalité fort peu, d'où résulte que, à la fin de la plus grande compres-

sion, le manche et la came marchent sensiblement avec la même vitesse. C'est ce que confirme l'observation; car, dans aucun des cas de la pratique, il n'est possible d'observer entre ces corps la moindre séparation.

28. *Équation d'équilibre autour de l'axe du marteau.* — Recherchons les relations qui s'établissent entre les différentes forces qui agissent sur le marteau à un instant quelconque du choc ou de la compression, en examinant d'abord le cas des *marteaux à bascule* ou *martinets*. Nommons à cet effet

N l'effort de compression exercé par la came sur le manche du marteau;

$\omega$ la vitesse angulaire de l'arbre à cames à l'instant que l'on considère;

$\omega'$ la vitesse angulaire du manche au même instant;

$R = Ct$, $R' = C't$ les distances respectives du point de contact de la came et du mentonnet aux axes C et C' de rotation;

$f'$ le rapport du frottement à la pression pour les tourillons de la hurasse;

$\rho'$ le rayon de ces tourillons.

La force N devra faire à chaque instant équilibre aux forces d'inertie des divers éléments matériels du système et aux résistances passives.

Or, si l'on désigne par

$m'$ la masse d'un élément quelconque du marteau;

$r'$ sa distance à l'axe de la hurasse;

sa vitesse à l'instant que l'on considère sera $r'\omega'$; la force d'inertie qui se développe quand la came lui imprime un accroissement de vitesse $r'd\omega'$ sera

$$m' \frac{r'd\omega'}{dt},$$

et le moment de cette force par rapport à l'axe sera

$$m' \frac{r'^2 d\omega'}{dt},$$

et la vitesse angulaire étant sensiblement la même pour tous les points du manche au même instant, attendu sa rigidité et ses dimensions, on aura, pour la somme des moments pareils,

$$\frac{d\omega'}{dt}\Sigma mr^2 = \frac{d\omega'}{dt}M'R'^2,$$

en désignant par $M'R'^2$ le moment d'inertie $\Sigma mr^2$ du marteau, y compris son manche et toutes les ferrures dont il est garni.

Pour trouver la pression exercée sur les tourillons, désignons par $x'$ et $y'$ les coordonnées rectangulaires de l'élément de masse $m$ par rapport à deux axes, l'un horizontal, l'autre vertical, passant par le point C'; il est évident que chacune des forces d'inertie $m\frac{r'\,d\omega'}{dt}$ pourra se décomposer en deux autres, l'une verticale et égale à

$$mx'\frac{d\omega'}{dt},$$

l'autre horizontale et égale à

$$my'\frac{d\omega'}{dt},$$

et qu'il faudra prendre la somme des composantes de chacun des deux groupes avec les signes convenables pour avoir les pressions totales produites verticalement et horizontalement par les forces d'inertie sur les tourillons; mais en désignant par

$x_1$ et $y_1$ les coordonnées du centre de gravité G du marteau;
$l$ sa distance à l'axe;
$a$ l'angle formé par la ligne C'G avec l'horizontale;
$m'$ la masse du marteau;

on a d'abord

$$\frac{d\omega'}{dt}\Sigma x'm = \frac{d\omega'}{dt}m'x_1, \quad \frac{d\omega'}{dt}\Sigma y'm = \frac{d\omega'}{dt}m'y_1$$

et

$$m'\frac{d\omega'}{dt}\sqrt{x_1^2+y_1^2} = \frac{d\omega'}{dt}m'l.$$

La résultante totale des forces d'inertie est donc $\frac{d\omega'}{dt} m'l$, et, en la décomposant verticalement et horizontalement, on aura finalement, pour la pression exercée sur les tourillons à un instant quelconque du choc, l'expression

$$\sqrt{\left(\mathrm{N} + \frac{d\omega'}{dt} m'l\cos a\right)^2 + \left(\frac{d\omega'}{dt} m'l\sin a\right)^2}$$
$$= 0{,}96\left(\mathrm{N} + \frac{d\omega'}{dt} m'l\cos a\right) + 0{,}4\,\frac{d\omega'}{dt} m'l\sin a,$$

attendu que, dans tous les cas de pratique, on est sûr *a priori* que le premier terme du radical est plus grand que le second par suite de la petitesse de l'angle $a$; mais, en outre, il arrive presque toujours que, le choc ayant lieu suivant la ligne C′C qui est horizontale, on a $a = 0$, et que la pression sur les tourillons se réduit à

$$\mathrm{N} + \frac{d\omega'}{dt} m'l;$$

d'après cela, nous avons, pour les martinets ou marteaux à bascule, la relation d'équilibre à un instant quelconque du choc

$$\mathrm{NR}' = \frac{d\omega'}{dt}\mathrm{M'R'^2} + f'\rho'\left(\mathrm{N} + \frac{d\omega'}{dt} m'l\right),$$

d'où

$$\mathrm{N} = \frac{d\omega'}{dt}\,\frac{\mathrm{M'R'^2} + f'\rho' m'l}{\mathrm{R}' - f'\rho'}.$$

29. *Observation relative aux marteaux à soulèvement et au marteau frontal.* — Pour appliquer ce que nous venons de dire au marteau à soulèvement ou au marteau frontal, il suffira d'observer que, dans ce cas, la pression N exercée par la came tend à soulever le manche, de sorte que la pression totale sur les tourillons a pour expression

$$\mathrm{N} - \frac{d\omega'}{dt} m'l,$$

attendu que le centre de gravité est, par rapport à l'axe, du même côté que le point d'application de N,

Dans ce cas, on voit que la pression sur l'axe, produite par le choc, serait nulle, si l'on avait

$$N = \frac{d\omega'}{dt} m'l.$$

L'équation d'équilibre autour de l'axe du marteau devient alors

$$NR' = \frac{d\omega'}{dt} M'R'^2 + f'\rho'\left(N' - \frac{d\omega'}{dt} m'l\right),$$

et, pour le cas où le deuxième terme du second membre est nul,

$$NR' = \frac{d\omega'}{dt} M'R'^2,$$

d'où l'on déduit

$$R' = \frac{m'l}{M'},$$

ce qui détermine la distance convenable du point de contact à l'axe du marteau, pour qu'il n'y ait pas de choc sur les tourillons. Le point ainsi déterminé est celui que l'on nomme ordinairement le *centre de percussion*, et, dans la pratique, l'observation plutôt que le calcul a conduit les praticiens à faire effectivement agir la came vers ce point. Ainsi, dans un marteau à soulèvement, pesant en tout avec son manche et ses ferrures 696 kilogrammes, dont le centre de gravité était à la distance $l = 1^m,76$ de l'axe de la hurasse, et pour lequel on avait trouvé $M' = 77$, la formule précédente donne

$$R' = 1^m,62,$$

et, d'après l'observation, on a

$$R' = 1^m,80.$$

Cette légère différence en plus est d'ailleurs motivée sur ce que, dans ces machines assez grossières, l'équilibre ne pouvant être établi d'une manière bien exacte, il vaut mieux que la came choque le manche un peu au delà du centre de percussion, afin que le marteau ne tende pas à basculer du côté de la tête.

30. *Conditions d'équilibre autour de l'arbre à cames.* — On vient de voir que la seule différence à établir entre les marteaux à soulèvement et les marteaux à bascule consiste en ce que la pression sur l'axe a, dans le premier cas, pour expression

$$N - \frac{d\omega'}{dt} m'l,$$

et, dans le second cas,

$$N + \frac{d\omega'}{dt} m'l.$$

Il suffira donc de se rappeler cette observation pour appliquer aux autres marteaux ce que nous avons déjà dit sur ceux à bascule, dont nous allons continuer la théorie, en recherchant les conditions de l'équilibre autour de l'arbre à cames.

Chacune des masses élémentaires $m$ située à la distance $r$ de l'axe opposant au changement de vitesse angulaire $d\omega$, qui se produit pendant le choc, une résistance $m\frac{r\,d\omega}{dt}$, dont le moment par rapport à l'axe est $m\frac{r^2\,d\omega}{dt}$, la somme de tous les moments des forces d'inertie des parties matérielles de cet arbre, que nous supposons symétriquement réparties autour de son axe, sera

$$\frac{d\omega}{dt}\int \Sigma m r^2 = \frac{d\omega}{dt} MR^2.$$

La pression sur les tourillons de l'arbre à cames n'est due qu'à la seule force N, et nous aurons, pour l'équation qui exprimera que, à chaque instant du choc, les forces d'inertie de l'arbre à cames font équilibre aux forces de compression développées par la came et au frottement qui en résulte, la relation

$$-\frac{d\omega}{dt} MR^2 = NR + fN\rho = N(R + f\rho);$$

$f$ désignera le rapport du frottement à la pression pour les tourillons et leurs coussinets;

$\rho$ le rayon de ces tourillons.

En éliminant la pression inconnue N entre cette équation

et celle du nº 29, relative à l'équilibre autour de l'axe du marteau, on a l'équation

$$-\mathrm{MR}^2 \frac{d\omega}{dt} = \frac{\mathrm{R}+f\rho}{\mathrm{R}'-f'\rho'}(\mathrm{M}'\mathrm{R}'^2+f'\rho' m' l)\frac{d\omega'}{dt}.$$

Si, pour simplifier les expressions, on observe que

$$\frac{\mathrm{R}+f\rho}{\mathrm{R}'-f'\rho'}(\mathrm{M}'\mathrm{R}'^2+f'\rho' m' l) = \frac{1+\frac{f\rho}{\mathrm{R}}}{1-\frac{f'\rho'}{\mathrm{R}'}}\left(1+\frac{f'\rho' m' l}{\mathrm{M}'\mathrm{R}'^2}\right)\mathrm{M}'\mathrm{R}\mathrm{R}'$$

et qu'on pose

$$\frac{1+\frac{f\rho}{\mathrm{R}}}{1-\frac{f'\rho'}{\mathrm{R}'}}\left(1+\frac{f'\rho' m' l}{\mathrm{M}'\mathrm{R}'^2}\right) = \mathrm{K},$$

en observant que cette quantité K ne provient que de données constantes, la relation précédente prendra la forme

$$-\frac{d\omega}{dt}\mathrm{MR}^2 = \mathrm{KM}'\mathrm{RR}'\frac{d\omega'}{dt}.$$

En l'intégrant depuis $\omega = \Omega$, ou la plus grande vitesse angulaire de l'arbre à cames, jusqu'à $\omega = \omega$ ou la plus petite, et depuis $\omega' = 0$ jusqu'à $\omega' = \frac{\omega \mathrm{R}}{\mathrm{R}'}$, attendu que le marteau part du repos et marche après le choc avec une vitesse qui, pour le point de contact, est la même que celle de la came, elle donne

$$(\Omega - \omega)\mathrm{MR}^2 = \mathrm{KM}'\mathrm{R}^2\omega.$$

On remarquera que, pour les marteaux à soulèvement, on parviendrait à la même équation, dans laquelle on aurait

$$\mathrm{K} = \frac{1+\frac{f\rho}{\mathrm{R}}}{1-\frac{f'\rho'}{\mathrm{R}'}}\left(1-\frac{f'\rho' m' l}{\mathrm{M}'\mathrm{R}'^2}\right).$$

31. *Expression des vitesses angulaires avant et après le choc en fonction de la vitesse angulaire moyenne.* — De l'équation ci-dessus on tire, pour l'expression de la vitesse angulaire de l'arbre à cames après le choc en fonction de celle qu'il possédait avant le choc,

$$\omega = \frac{\Omega M}{M + KM'},$$

formule dans laquelle la quantité K diffère toujours fort peu de l'unité, attendu la petitesse des quantités $\frac{f\rho}{R}$, $\frac{f'\rho'}{R'}$ et $\frac{f'\rho' m' l}{M'R'^2}$ par rapport à l'unité. D'où résulte que $\omega$ diffère d'autant moins de $\Omega$ que M sera plus grand par rapport à M'. Or il arrive toujours, dans les usines à marteaux, que la masse de l'arbre excède de beaucoup celle du marteau, ce qui permet d'admettre, sans crainte d'erreur notable, que la vitesse moyenne $\Omega'$ de l'arbre à cames, déduite de l'observation du nombre de tours faits dans un temps donné, est sensiblement égale à la moyenne arithmétique, entre les vitesses $\Omega$ et $\omega$, ce qui revient à poser

$$\Omega' = \frac{\Omega + \omega}{2};$$

à l'aide de cette relation et de la précédente, il devient facile d'exprimer les vitesses angulaires $\Omega$ et $\omega$ de l'arbre à cames avant et après le choc en fonction de la vitesse moyenne $\Omega'$; on en tire, en effet,

$$\Omega = \frac{2\Omega'(M + KM')}{2M + KM')} \quad \text{et} \quad \omega = \frac{2\Omega' M}{2M + KM'}.$$

32. *Perte de force vive pendant le choc.* — Au moyen de ces valeurs, nous pouvons aisément obtenir celle de la perte de force vive produite par le choc.

En effet, avant le choc, la force vive du système se réduisait à celle de l'arbre et était égale à

$$\Omega^2 MR^2.$$

Après le choc, elle se compose de celle que possède encore

l'arbre et celle que le marteau a acquise et est égale à

$$\omega^2 MR^2 + \omega'^2 M'R'^2 = \omega^2 R^2 (M + M'),$$

attendu que la came ne quitte pas le manche et marche après le choc d'une vitesse commune avec lui.

La perte de force vive produite par le choc est donc

$$\Omega^2 MR^2 - \omega^2 R^2 (M + M') = \Omega^2 R^2 \left[ M - \frac{M^2(M + M')}{(M + KM')^2} \right]$$
$$= \Omega^2 MR^2 \left[ \frac{(2K - 1)MM' + K^2M'^2}{(M + KM')^2} \right];$$

et, en substituant pour $\Omega$ sa valeur en $\Omega'$, cette expression devient

$$4MM'\Omega'^2R^2 \frac{[(2K - 1)M + K^2M']}{(2M + KM')^2}$$
$$= 4M'\Omega'^2R^2 \frac{\left[(2K - 1) + K^2\frac{M'}{M}\right]}{\left(2 + K\frac{M'}{M}\right)^2}.$$

Sous cette dernière forme, on voit facilement qu'elle diminuera avec le rapport $\frac{M'}{M}$. Or nous avons fait voir que, dans tous les cas de pratique, K diffère fort peu de l'unité, et si l'on fait en conséquence, dans cette expression, $K = 1$, on trouve que la perte de force vive a pour valeur $\frac{8}{9}\Omega'^2M'R^2$ quand $M = M'$, et $\Omega'^2M'R^2$ quand $M = \infty$.

Ainsi, entre ces limites extrêmes, l'expression de la perte de force vive ne diffère pas de $\frac{1}{9}$ de sa valeur relative à la supposition de $M = \infty$.

Dans la pratique, il est fort rare que M' ne soit pas au-dessous de $\frac{1}{10}M$ (1). En admettant même cette limite, on trouve

---

(1) Pour les martinets et marteaux à soulèvement employés à la fabrication du fer, on a au plus

$$M' = \frac{1}{12}M.$$

Pour les marteaux frontaux, on a au plus

$$M' = \frac{1}{30}M.$$

que la perte de force vive serait exprimée par

$$0,997\,\Omega'^2 M' R^2.$$

On voit donc que, dans tous les cas de pratique, on pourra, sans crainte notable d'erreur, calculer la perte de force vive dans la supposition de $M = \infty$.

33. *Expression de la perte de force vive en fonction de celle qui est gagnée par le marteau.* — On peut aussi facilement exprimer la perte de force vive produite par le choc en fonction de celle qui a été acquise par le marteau et qui constitue, à proprement parler, l'effet utile du choc. En effet, on a, après ce choc,

$$\omega' R' = \omega R = \frac{2\Omega' M R}{2M + KM'}, \quad \text{d'où} \quad \Omega' = \frac{\omega' R' (2M + KM')}{2MR},$$

et, en substituant cette valeur de $\Omega'$ dans l'expression générale de la perte de force vive, celle-ci devient

$$\omega'^2 M' R'^2 \left[ (2K - 1) + \frac{K^2 M'}{M} \right],$$

d'où l'on voit encore que, la force vive acquise par le marteau demeurant la même, la perte due au choc sera d'autant plus petite que le rapport $\frac{M'}{M}$ sera plus faible, et que, pour $M = \infty$ et $K = 1$, cette perte se réduirait à

$$\omega'^2 M' R'^2$$

ou à la force vive acquise par le marteau, et comme, outre la perte produite par les compressions réciproques, l'arbre à cames transmet au marteau une force vive égale à la même quantité, il s'ensuit que, dans ces suppositions, la consommation totale de force vive faite par cet arbre et pour chaque choc est double de celle qui a été communiquée au marteau.

34. *Consommation de force vive faite par l'arbre à cames pour chaque choc.* — Ce n'est pas sous cette forme que nous pouvons calculer en général la consommation de force vive de

l'arbre à cames, puisque la vitesse angulaire du marteau, après le choc, ne nous est pas donnée *a priori;* mais, à l'aide des expressions précédentes, il est facile de trouver sa valeur. En effet, cette quantité est évidemment égale à

$$(\Omega^2 - \omega^2)\,MR^2,$$

et, d'après les valeurs de $\Omega$ et $\omega$ en fonction de $\Omega'$, elle revient à

$$\frac{4\Omega'^2 MM'R^2K}{2M + KM'},$$

expression dans laquelle tout nous est donné par le calcul ou par l'observation.

35. *Travail consommé par le choc.* — Puisque, à chaque choc, l'arbre à cames consomme cette force vive, il faut que le moteur la lui restitue et lui transmette une quantité de travail qui en soit la moitié et égale, par conséquent, à

$$\frac{2\Omega'^2 MM'R^2K}{2M + KM'},$$

et, s'il y a $n$ cames sur l'arbre et $\mu$ révolutions en 1 minute, la quantité de travail consommée par les chocs en 1 seconde sera

$$\frac{n\mu}{60}\,\frac{2\Omega'^2 MM'R^2K}{2M + KM'}.$$

36. *Effort moyen exercé et travail consommé pendant la levée du marteau.* — Après avoir calculé la quantité de travail consommée par le choc ou pendant la première période du mouvement des cames, passons à la seconde période, qui commence à la fin du choc et se termine quand la came quitte le manche. La vitesse variant très-peu pendant toute la levée, nous n'avons pas à tenir compte de l'inertie, et nous pouvons établir immédiatement l'équation d'équilibre entre l'effort exercé par la came et les diverses résistances pour une position quelconque. A cet effet, nommons

$l = C'G$ (*fig.* 114) la distance du centre de gravité général du marteau et de son manche à l'axe C,

$a$ l'angle formé par C'G avec l'horizontale, quand le marteau est au repos;

$\alpha$ l'angle dont le marteau s'est écarté de sa position initiale à l'instant que l'on considère;

S l'effort normal que la came doit exercer sur le manche pour vaincre toutes les résistances;

Q le poids du marteau, de son manche et de ses ferrures.

Fig. 114

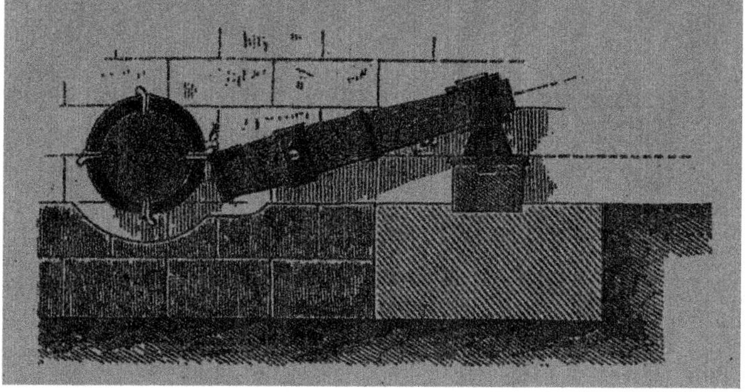

Il est facile de voir que la pression sur les tourillons du marteau sera exprimée :

Pour les marteaux à bascule ou martinets, par

$$\sqrt{(Q + S\cos\alpha)^2 + S^2\sin^2\alpha} = 0{,}96\,(Q + S\cos\alpha) + 0{,}4\,S\sin\alpha;$$

Pour les marteaux à soulèvement et les marteaux frontaux, par

$$\sqrt{(Q - S\cos\alpha)^2 + S^2\sin^2\alpha} = 0{,}96\,(Q - S\cos\alpha) + 0{,}4\,S\sin\alpha,$$

à $\frac{1}{25}$ près, attendu que, dans les deux cas, le premier terme du radical est plus grand que le second.

D'après cela, l'équation d'équilibre autour de l'axe C' sera, par exemple, pour les marteaux à bascule,

$$SR' = Ql\cos(a + \alpha) + f'\rho'[0{,}96\,(Q + S\cos\alpha) + 0{,}4\,S\sin\alpha],$$

en observant que, dans ce cas, comme dans celui des autres marteaux, la partie du manche sur laquelle la came agit étant dirigée vers l'axe C', le moment du frottement de la came contre le manche par rapport à cet axe est nul.

Mais, la force S étant variable avec l'angle $\alpha$, nous ne pouvons obtenir sa valeur moyenne qu'en calculant la quantité de travail qu'elle développe pendant toute la durée du contact. Multipliant pour cela les deux membres de la relation ci-dessus par $d\alpha$, nous aurons, entre les quantités de travail élémentaires ou les moments virtuels, l'équation

$$\int SR'\,d\alpha = Ql\int\cos(a+\alpha)\,d\alpha + f'\rho'\left(0{,}96\int Q\,d\alpha + 0{,}96\int S\cos\alpha\,d\alpha + 0{,}4\int S\sin\alpha\,d\alpha\right).$$

On observera que, dans cette relation, on peut, sans erreur sensible, substituer à S sa valeur moyenne S' dans les termes relatifs au frottement, et que, le chemin parcouru dans la direction de cet effort moyen étant $R'\alpha'$, on a, en intégrant depuis $\alpha = 0$ jusqu'à $\alpha = \alpha'$,

$$S'R'\alpha' - \int_0^{\alpha'} SR'\,d\alpha = Ql[\sin(a+\alpha') - \sin a] + f'\rho'(0{,}96Q\alpha' + 0{,}96S'\sin\alpha' - 0{,}4S'\cos\alpha' + 0{,}4S'),$$

ou, en appelant $h$ l'élévation totale du centre de gravité pendant la levée et observant que

$$h = l[\sin(a+\alpha') - \sin a],$$

$$S'R'\alpha' = \int_0^{\alpha'} SR'\,d\alpha = Qh + f'\rho'(0{,}96Q\alpha' + 0{,}96S'\sin\alpha' - 0{,}4S'\cos\alpha' + 0{,}4S').$$

On tire de cette équation

$$S' = \frac{Qh + 0{,}96f'\rho'Q\alpha'}{R'\alpha' - f'\rho'[0{,}96\sin\alpha' + 0{,}4(1-\cos\alpha')]},$$

d'où l'on déduira facilement la quantité de travail

$$S'R'\alpha' = \frac{Qh + 0{,}96 f'\rho' Q\alpha'}{R'\alpha' - f'\rho'[0{,}96 \sin\alpha' + 0{,}4(1 - \cos\alpha')]} R'\alpha',$$

imprimée par la came pendant la levée.

On trouverait de même, pour les marteaux à soulèvement et les marteaux frontaux,

$$S'R'\alpha' = \frac{Qh + 0{,}96 f'\rho' Q\alpha'}{R'\alpha' + f'\rho'[0{,}96 \sin\alpha' - 0{,}4(1 - \cos\alpha')]} R'\alpha'.$$

37. *Quantité de travail développée par le moteur pendant la levée.* — Le moteur doit à chaque instant développer une quantité de travail égale à celle de toutes les résistances. En désignant donc par

$P$ l'effort qu'il exerce à la distance $R$ de l'axe de rotation,
$\rho$ le rayon des tourillons,
$f$ le rapport du frottement à la pression,
$N_1$ le poids de l'arbre à cames et de son équipage,

la pression sur les tourillons des arbres de martinets, vu la petitesse ordinaire de l'angle $\alpha'$, pourra être exprimée par

$$N_1 + P - S'.$$

En désignant par $\theta$ l'angle décrit par l'arbre à cames à l'instant que l'on considère, nous aurons entre les quantités de travail élémentaires développées autour de cet axe la relation

$$\int PR_1\, d\theta = SR\, d\theta + fS' \frac{R + R'}{R'} R'\alpha\, d\theta + f\rho(N_1 + P' - S')\, d\theta,$$

dans laquelle nous introduisons de suite, dans les termes relatifs aux frottements, les valeurs moyennes $P'$ et $S'$ de $P$ et de $S$. En observant que $R\theta = R'\alpha$ et intégrant cette équation depuis $\theta = 0$ jusqu'à $\theta = \theta' = \frac{R'\alpha'}{R}$, nous aurons

$$P'R_1\theta' = \int_0^{\theta'} PR_1\, d\theta = S'R'\alpha' + fS' \frac{R + R'}{RR'} \frac{(R'\alpha')^2}{2} + f\rho(N_1 + P' - S')\theta',$$

d'où

$$P' = \frac{S'\left(R + f\frac{R+R'}{R'}\frac{R'\alpha'}{2}\right) + f\rho(N_1 - S')}{R_1 - f\rho},$$

d'où l'on déduira la quantité de travail que le moteur doit développer pendant la levée

$$P'R_1\theta' = P'R_1\frac{R'\alpha'}{R},$$

et, s'il y a $\frac{n\mu}{60}$ levées en une seconde, la quantité de travail que le moteur devra développer par seconde, pour vaincre toutes les résistances relatives à cette période, sera

$$\frac{n\mu}{60}P'R_1\theta'.$$

**38.** *Quantité de travail relative à la marche à vide.* — Enfin, lorsque la came a quitté le manche, l'arbre à cames tourne sans éprouver d'autre résistance que le frottement sur ses tourillons, qui est dû au poids de l'arbre et à l'effort moteur, et l'on déduira de suite la valeur de l'effort $P''$ que doit exercer la puissance pour vaincre cette résistance, en faisant $S' = 0$ dans celle de $P'$ relative à la levée. On a ainsi

$$P'' = \frac{f\rho N_1}{R_1 - f\rho}.$$

Quant au chemin décrit par le point d'application de $P''$ pendant cette marche à vide, on observera que, $n$ étant le nombre des cames, l'intervalle qui les sépare à la distance R de l'axe est $\frac{2\pi R}{n}$, et que, par conséquent, l'arc parcouru à vide à cette distance est

$$\frac{2\pi R}{n} - R\theta' = \frac{2\pi R}{n} - R'\alpha',$$

et qu'enfin l'arc décrit à la distance $R_1$ ou par le point d'application de l'effort P″ est

$$\frac{R_1}{R}\left(\frac{2\pi R}{n} - R'\alpha'\right).$$

Le travail développé par cet effort P″ pour chaque levée est donc

$$P''\frac{R_1}{R}\left(\frac{2\pi R}{n} - R'\alpha'\right),$$

ou par seconde

$$\frac{n\mu}{60}P''\frac{R_1}{R}\left(\frac{2\pi R}{n} - R'\alpha'\right).$$

39. *Récapitulation des quantités de travail consommées dans les trois périodes et rapportées à la seconde.* — En récapitulant ce qui précède, on voit donc que la quantité totale de travail que le moteur doit transmettre à l'arbre à cames dans chaque seconde sera représentée par

$$\frac{n\mu}{60}\left[\frac{2\Omega'^2 MM'R^2K}{2M + KM'} + P'R_1\theta' + P''\frac{R_1}{R}\left(\frac{2\pi R}{n} - R'\alpha'\right)\right].$$

On voit donc que, par l'observation des divers éléments qui entrent dans cette expression, on pourra déterminer la quantité de travail transmise au récepteur ou son effet utile. L'application de cette théorie a été faite maintes fois par MM. les élèves de l'École à l'occasion de leur lever d'usine, et les résultats qu'ils ont obtenus ont été pleinement confirmés par leur comparaison à ceux que, dans certains cas, on a pu déduire d'expériences directes.

40. *Effet utile proprement dit.* — Nous venons de calculer la quantité de travail totale qui doit être transmise à l'arbre à cames pour vaincre toutes les résistances développées à chaque instant; mais, une partie de ce travail étant consommée en pure perte par la résistance et par les pertes de force vive, l'effet utile proprement dit lui est inférieur et se réduit, d'une part, à la moitié de la force vive imprimée au marteau et, de l'autre, à la quantité de travail correspondant

à son élévation, et, par conséquent, cet effet utile a pour expression

$$\frac{\omega'^2 M' R'^2}{2} + Qh = \frac{2\Omega'^2 M^2 M' R^2}{(2M + KM')^2} + Qh.$$

On remarquera que, dans ces expressions de l'effet utile et du travail transmis à l'arbre à cames, le terme relatif à la force vive de l'outil croît comme le carré de la vitesse angulaire, et que, par conséquent, ces quantités de travail augmentent plus rapidement que le nombre des coups de marteau.

41. *Quantité de travail nécessaire pour produire une déformation donnée dans le métal.* — On peut calculer le travail nécessaire pour produire sur le métal, à un état donné de chaleur, un changement de forme déterminé. En effet, si nous prenons d'abord pour exemple le marteau frontal, nous connaissons la vitesse angulaire moyenne $\Omega'$ avec laquelle il marche quand la came le quitte, et, en vertu de cette vitesse, il continuera encore à s'élever jusqu'à une hauteur $h'$ déterminée par la relation

$$\omega'^2 M' R'^2 = 2Qh'.$$

Arrivé à cette hauteur, il retombera sur le métal, et la gravité développera sur lui une quantité de travail

$$Q(h + h'),$$

qui sera tout entière employée à produire la déformation du métal que l'on pourra mesurer; et si l'on remarque que, dans cette compression de la matière, les molécules choquées ou celles qui en sont voisines ne reçoivent que des vitesses à peu près nulles, on pourra, d'après les lois connues de la pénétration des solides à travers les divers milieux, regarder la résistance comme indépendante de la vitesse et proportionnelle à l'aire ou à l'amplitude de l'impression. Nommant donc

$a$ et $b$ les côtés de cette amplitude ordinairement rectangulaire,

$e$ la profondeur de l'impression,

K le rapport constant de la résistance à l'amplitude de l'impression ou la résistance par mètre carré,

on aura, pour déterminer K, la relation

$$Q(h+h') = Kabe.$$

En faisant de pareilles observations, on devra tenir compte en même temps de l'état, de la couleur ou de la température du métal, pour ne comparer que des résultats obtenus dans des circonstances analogues (1).

Dans le cas où le marteau est arrêté dans sa course, soit par une pièce de renvoi, comme pour ceux à bascule, soit par un ressort ou rabat, comme pour ceux à l'allemande, il se produit contre ces obstacles une perte de force vive qu'il est assez difficile d'évaluer; on ne peut, pour ce motif, déterminer exactement celle qu'il possède dans son mouvement de retour. On remarquera toutefois que cette perte de force vive est due aux compressions réciproques qui se produisent aux points mêmes de contact, dont l'élasticité, altérée par l'intensité et la répétition des chocs, ne restitue à peu près rien du travail employé à la produire, mais que la portion de la force vive qui a été consommée par la flexion générale du manche ou du ressort est restituée à peu près en totalité, attendu que ces pièces sont faites avec des bois élastiques et fléchissent, en réalité, fort peu. Si donc on mesure, ce qui est facile, la quantité dont le manche ou le ressort est fléchi pendant le choc, on pourra, d'après leurs dimensions et le coefficient connu de leur élasticité, calculer la quantité de travail consommée par cette flexion et restituée ensuite au marteau. En l'ajoutant à celle qui est due à la descente de ce marteau de la hauteur qui correspond à l'instant où il touche le renvoi, revenu à sa position de repos, on aura la quantité de travail totale que le marteau vient développer pour produire une impression déterminée, et l'on pourra ensuite, comme dans

(1) Consulter, au sujet des déformations produites par l'action des marteaux et des balanciers, le Mémoire sur le laminage et le forgeage, par M. H. Tresca, *Mémoire des Savants étrangers*, t. XX. (K.)

le cas du marteau frontal, déterminer la résistance de la matière à la compression.

La théorie précédente des divers genres de marteaux s'applique aux moulins à pilons des papeteries, aux foulons, qui ne sont, à proprement parler, que des marteaux à bascule ou à soulèvement, et, en ayant égard aux dispositions particulières de chaque usine, on n'éprouvera aucune difficulté pour ces applications.

42. *Cas où l'arbre à cames est conduit par un engrenage.* — Nous avons supposé jusqu'ici que le moteur agissait directement sur l'arbre à cames, ainsi qu'il arrive ordinairement dans la plupart des forges où cet arbre porte la roue hydraulique; mais on construit souvent aujourd'hui des marteaux dont l'arbre à cames est conduit par un engrenage monté sur celui de la roue hydraulique.

Par suite de cette disposition, il se produit à chaque coup de marteau un choc entre les dents de l'engrenage et une perte de force vive dont il faut savoir tenir compte. C'est ce qui sera facile en raisonnant comme on l'a fait au n° 25, pour le cas des moulins à pilons ou des bocards à engrenage.

En effet, en conservant toutes les notations précédentes et nommant

N l'effort exercé par le marteau,
$S_1$ l'effort exercé à un instant quelconque sur la dent du pignon de l'arbre à cames,
$r$ le rayon de ce pignon,

on aura, pour l'équation d'équilibre autour de l'arbre à cames,

$$S_1 r - \frac{d\omega}{dt}MR^2 = NR + f\rho(S_1 + N),$$

en supposant, par exemple, que les efforts $s_1$ et N sont parallèles et dirigés dans le même sens; d'où l'on tirera

$$S_1 = \frac{N(R+f\rho) + \frac{d\omega}{dt}MR^2}{r - f\rho} = \frac{\frac{d\omega'}{dt}\frac{R+f\rho}{R'-f'\rho'}(M'R'^2 + f'm'\rho' l) + \frac{d\omega}{dt}MR^2}{r - f\rho}$$

et par suite

$$\int S_1\,dt = \frac{KM'R^2\omega \quad (\Omega - \omega)MR^2}{r - f\rho},$$

en se rappelant les notations adoptées aux nos 28 et suivants.

Autour de l'arbre de l'engrenage moteur, on aura une relation analogue, et, en appelant

$M_2$ la masse de l'eau contenue dans la roue et qui agit par son inertie pendant le choc,

$R_1$ la distance à laquelle elle est placée de l'axe de rotation,

$R''$ le rayon de la circonférence primitive de la roue d'engrenage montée sur l'arbre de la roue hydraulique,

$\Sigma r_1^2 m = M''R''^2$ le moment d'inertie de l'arbre de la roue hydraulique et de tout son équipage,

$\Omega_1$ et $\omega_1$ les vitesses angulaires de cet arbre avant et après le choc,

$f_1$ le rapport du frottement à la pression pour ses tourillons et leurs coussinets,

$\rho_1$ le rayon des tourillons,

$n$ et $n'$ les nombres de dents de la roue et du pignon,

$f$ le rapport du frottement à la pression pour les dents,

il est facile de voir que cette relation se réduira à

$$[M_1R_1(R_1 - f_1\rho_1) + M_2R''^2](\Omega_1 - \omega_1)$$
$$= \left(R'' - f_1\rho_1 + f''R''\pi\frac{n+n'}{nn'}\right)\int S_1\,dt.$$

Or, entre cette équation et la précédente, qui sont toutes deux du premier degré, on éliminera $\int S_1\,dt$, et il ne restera qu'une relation entre les quatre vitesses angulaires $\Omega_1$, $\omega_1$, $\Omega$ et $\omega$, auxquelles on devra joindre d'abord

$$R''\Omega_1 = R\Omega, \quad R''\omega_1 = R\omega$$

et

$$\Omega'_1 = \frac{\Omega_1 + \omega_1}{2},$$

en appelant $\Omega'_1$ la vitesse angulaire moyenne de l'arbre de la roue hydraulique déduite de l'observation, et qui est d'ailleurs liée à celle de l'arbre à cames par la relation $R''\Omega'_1 = R\Omega'$.

On aura donc ainsi quatre équations, à l'aide desquelles on obtiendra facilement l'expression des vitesses angulaires $\Omega_1$ et $\omega_1$ de l'arbre de la roue hydraulique, avant et après le choc, en fonction de sa vitesse moyenne $\Omega'_1$ et de quantités connues, et l'on en déduira la valeur de la force vive consommée par cet arbre pendant le choc et, par suite, celle de la quantité de travail correspondante

$$\frac{1}{2}(\Omega_1^2 - \omega_1^2)M''R''^2$$

que le moteur doit développer à chaque choc.

Le reste du calcul se continuera, dans ce cas, comme nous l'avons déjà indiqué, sans offrir aucune difficulté particulière.

### Des machines à percer, à découper, à étamper et à frapper les monnaies.

43. *Description sommaire.* — On emploie, dans les ateliers de construction et dans les arsenaux, des machines à découper, ou emporte-pièces, de différents genres, qui se distinguent les unes des autres par leurs dispositions particulières, mais qui agissent, en général, par le choc d'une masse animée d'une grande vitesse, ou plutôt d'une force vive considérable, sur la matière à enlever.

Un des appareils de ce genre le plus fréquemment usité est le balancier à découper (*fig.* 115) mû par des hommes. Il en existe un grand à l'Arsenal d'Artillerie et un petit à l'Arsenal du Génie à Metz. Nous les prendrons pour exemples de la marche à suivre dans le calcul de ces sortes de machines, et il sera facile ensuite d'en déduire la manière dont on devrait procéder dans d'autres cas.

L'outil destiné à percer ou à découper un trou dans des pièces de métal est ordinairement en acier fondu trempé; il porte le nom de *poinçon* et se termine inférieurement par une face plane perpendiculaire à la direction de son mouvement, et dont le contour a exactement la forme du trou que l'on veut obtenir. A partir du tranchant, le poinçon se rétrécit un peu vers le haut, afin que, après son passage dans le trou qu'il fait, le reste du corps de l'outil n'éprouve aucune résistance latérale. Ce poinçon s'engage, par une portion tronconique ou cylindrique, dans une pièce plus forte nommée

Fig. 115.

*mandrin* ou *emprunt;* il y est arrêté soit avec des vis, soit avec une clef, ou cheville, qui les traverse tous les deux. Le mandrin et le poinçon qui y est fixé s'élèvent verticalement et sont guidés dans ce mouvement par des coulisses prismatiques ou cylindriques, adaptées aux supports du balancier et parfaitement ajustées.

Le mouvement d'ascension du mandrin est produit par celui d'une vis en fer à filets carrés, qui est liée au mandrin; mais, comme la vis tourne en s'élevant et en descendant, tandis que le mandrin et le poinçon ne doivent avoir qu'un mouvement vertical, on assemble ces deux pièces au moyen d'un collet à vis, qui ne les rend solidaires que dans le sens vertical et permet à la vis de tourner sur elle-même, tandis que le mandrin, retenu par ses coulisses ou guides, ne peut que descendre ou monter verticalement.

La vis à plusieurs filets, ordinairement au nombre de trois ou quatre, traverse un écrou en bronze, logé dans le chapeau, qui réunit les deux montants du balancier, et sa tête est engagée dans un grand levier en fer dont les deux extrémités portent des masses sphériques ou lenticulaires, destinées à augmenter le moment d'inertie des pièces qui tournent avec la vis. C'est de ce levier ou balancier que la machine tire son nom.

Le support de la machine, ordinairement en métal, se compose de deux montants réunis par un chapeau et par une semelle; le tout est coulé, le plus souvent, d'une seule pièce, et posé sur un massif solide en maçonnerie ou en charpente. La semelle présente, en dessous de la vis, une ouverture sur laquelle se place une plaque plus ou moins épaisse, selon les cas, et que l'on nomme *porte-matrice*, et dans laquelle se fixe, à l'aide d'une vis, la *matrice*, dont l'ouverture est précisément de mêmes dimensions que le poinçon; celle-ci, qui doit être en acier fondu trempé, se place avec le plus grand soin, de manière que le poinçon la traverse sans frottement.

D'après cette description succincte, le jeu de la machine est facile à concevoir. Des hommes, agissant à l'extrémité du levier, soit directement à bras, soit par l'intermédiaire de tiraudes, impriment à la vis et à son équipage une vitesse de rotation et, par suite, une force vive considérable. Au travail qu'ils développent s'ajoute celui de la gravité, diminué de celui que consomme le frottement des filets. Le poinçon atteint la pièce à percer ou à découper, que l'on a poussée sur la matrice, et, en vertu de la force vive acquise par le système et quelquefois de l'effort que les hommes exercent encore pendant le percement, il pénètre à travers la matière et en détache une partie de même dimension que le volume engendré par sa surface tranchante. La vitesse de descente et de rotation de la machine est considérablement diminuée à la fin du percement; mais, passé ce terme, la résistance devenant nulle, le mouvement s'accélère de nouveau, jusqu'à l'instant où la machine est arrêtée, soit par un obstacle fixe, qui éteint en pure perte la force vive qu'elle possède encore, soit par des ressorts qui lui en restituent une portion plus ou moins grande.

Cela posé, on voit qu'une même descente de la vis correspond à trois périodes distinctes de mouvement, qu'il faut examiner à part. Dans la première, relative à la descente de la vis et de son équipage, depuis le moment où le moteur commence à agir jusqu'à celui où le poinçon atteint la pièce à percer, le mouvement s'accélère par l'action simultanée et successive des hommes et de la gravité. Dans la deuxième, correspondant à toute la durée du percement, le mouvement se retarde jusqu'à l'instant où, la pièce à découper étant traversée, la troisième période commence, et le mouvement s'accélère de nouveau jusqu'à ce qu'il soit tout à fait éteint par des arêtes fixes ou par des ressorts.

Nous allons examiner successivement ce qui se passe dans chacune de ces trois périodes.

44. *Théorie du balancier à découper ordinaire. Première période du mouvement.* — A cet effet, appelons :

Q le poids de la vis, du balancier, des sphères, du mandrin, etc.;

$r'$ le rayon moyen des filets de la vis;

$h'$ le pas;

$\alpha$ l'angle d'inclinaison du filet moyen à l'horizon;

$r$ la distance à l'axe de la vis d'un élément quelconque de masse $m$;

$\omega$ la vitesse angulaire à un instant quelconque de la descente de la vis;

$\omega'$ la vitesse angulaire au moment où le poinçon atteint la pièce et où le choc et le percement commencent;

H la hauteur totale dont le système est descendu à cette époque;

P l'effort variable exercé par les hommes sur le levier dans le sens de l'arc décrit;

$ds$ l'arc élémentaire décrit dans $dt$ par le point d'application de P.

Pendant la descente, la pression sur les filets de la vis se borne à son poids Q, dont la composante $Q\sin\alpha$, parallèle aux filets, tend à la faire glisser, tandis que le frottement qui résulte de la composante $Q\cos\alpha$, normale à ces filets, s'oppose à ce mouvement.

L'effort $p$ horizontal et tangentiel au cylindre du rayon $r'$, qu'il faut exercer pour faire descendre la vis, a pour expression (*voir* nos 73 et suivants, Section III)

$$p = Q\,\frac{f - \operatorname{tang}\alpha}{1 + f\operatorname{tang}\alpha} = fQ\,\frac{1 + \operatorname{tang}^2\alpha}{1 + f\operatorname{tang}\alpha} - Q\operatorname{tang}\alpha,$$

expression qui, attendu que $\operatorname{tang}\alpha = \frac{h'}{2\pi r'}$, revient à

$$p = fQ\,\frac{4\pi^2 r'^2 + h'^2}{2\pi r'(2\pi r' + fh')} - Q\,\frac{h'}{2\pi r'}.$$

Cet effort agissant horizontalement, si la vis descend d'une hauteur H, son point d'application parcourra un arc égal à

$$\frac{H}{h'}\,2\pi r';$$

le travail consommé dans ce déplacement par la résistance de la vis sera

$$p\,\frac{H}{h'}\,2\pi r' = fQ\,\frac{4\pi^2 r'^2 + h'^2}{2\pi r' + fh'}\,\frac{H}{h'} - QH \text{ (1)}.$$

---

(1) *Frottement de la vis dans le mouvement varié.* — L'expression du frottement donnée dans le texte convient au mouvement uniforme. Dans l'exemple traité, le mouvement est variable, et il en est de même de la pression normale N sur les filets; celle-ci peut changer de signe, pendant la course, ce qui exige une discussion spéciale dans chaque cas.

Supposons que la vis appuie sur l'écrou de haut en bas, on trouve, en projetant le mouvement sur l'axe de la vis,

$$N = \frac{Q}{\cos\alpha + f\sin\alpha}\left(1 - \frac{h'}{2\pi g}\,\frac{d\omega}{dt}\right).$$

Au moyen de cette expression, on peut calculer le travail du frottement $fN$; en appliquant le principe des forces vives, on trouve que, dans l'équation (1), p. 509, il faut ajouter au second membre la quantité $\frac{1}{2}\omega'^2 Q\,\frac{h'f}{4\pi^2 g}\,\frac{4\pi^2 r'^2 + h'^2}{h'f + 2\pi r'}$, ce qui revient, en conservant les autres termes, à remplacer dans le premier membre $\frac{Q}{g}\,\frac{h'^2}{4\pi^2}$ par $\frac{Q}{g}\,\frac{r'h'}{2\pi}\,\frac{h' - 2\pi r' f}{fh' + 2\pi r'}$. (K.)

Pendant cette même période, la puissance motrice développe la quantité de travail

$$\int P\,ds,$$

qui doit être prise depuis $s = 0$ jusqu'à la valeur de $s$ qui correspond à l'arc total décrit par le point d'application de P pendant l'action du moteur. Cette quantité de travail est, par exemple, celle que peuvent livrer les hommes à chaque coup de balancier.

Quant à la variation de la force vive, il est clair que, la machine étant partie du repos et ayant acquis dans le sens horizontal une vitesse angulaire $\omega'$ à l'instant où le poinçon atteint la matière à percer, elle possédera à ce moment, dans ce sens, une force vive de rotation exprimée par $\omega'^2 \Sigma mr^2$.

Mais ces pièces sont en outre animées d'une vitesse de descente commune et verticale égale à $\frac{\omega h'}{2\pi}$ pour un instant quelconque, et à $\frac{\omega' h'}{2\pi}$ pour celui que l'on considère, ce qui correspond à une force vive acquise dans le sens vertical et égale à

$$M\omega'^2 \frac{h'^2}{4\pi^2} = \frac{Q}{g}\omega'^2 \frac{h'^2}{4\pi^2},$$

en appelant $M = \frac{Q}{g}$ la masse totale de la vis et de tout son équipage.

D'après ce qui précède, le principe des forces vives, appliqué à cette première période, nous donnera l'équation

$$(1)\qquad \left\{\begin{aligned} &\tfrac{1}{2}\omega'^2\left(\Sigma mr^2 + \frac{Q}{g}\frac{h'^2}{4\pi^2}\right)\\ &\quad = \int P\,ds + QH - fQ\,\frac{4\pi^2 r'^2 + h'^2}{2\pi r' + fh'}\,\frac{H}{h'}. \end{aligned}\right.$$

On remarquera que, dans cette descente de la vis, nous avons négligé de tenir compte de la quantité de travail consommée par le frottement contre la lunette qui lie le mandrin à la vis, parce qu'il est, dans ce cas, extrêmement faible.

L'équation précédente donnera la vitesse angulaire $\omega'$ à l'instant où le poinçon atteint la pièce à percer, lorsque l'on connaîtra la quantité de travail livrée par le moteur à chaque coup de balancier. On sait, par exemple, d'après les observations de Coulomb et d'autres ingénieurs, qu'un homme agissant alternativement sur une tiraude développe une quantité moyenne de travail de $5^{\text{kgm}},50$ par seconde, à raison de huit heures de travail par jour. Lors donc qu'on aura observé le nombre de pièces découpées, dans un temps donné de travail suivi, on en déduira le nombre de coups par seconde, et, par suite, la quantité de travail livrée par le moteur à la machine pour chaque coup.

A l'inverse, si, à l'aide d'appareils particuliers, on pouvait déterminer immédiatement $\omega'$, l'équation ci-dessus donnerait la quantité de travail $\int P\,ds$ développée par le moteur.

45. *Deuxième période du mouvement.* — Passons maintenant à la deuxième période, pendant laquelle le poinçon pénètre dans la matière, et appelons

F la force de réaction ou la résistance totale de la matière au percement, à un instant quelconque du mouvement;
*e* l'épaisseur de la pièce à découper au même instant;
*c* le contour de l'ouverture ou de la partie à enlever : c'est aussi celui du poinçon;
K un coefficient constant dépendant de la nature de la matière découpée.

Nous admettrons, jusqu'à ce que l'expérience ait prononcé, que la résistance F est à chaque instant proportionnelle au contour *c*, à l'épaisseur *e* et au coefficient K, de sorte que nous aurons

$$F = Kce.$$

On voit que, dans cette expression, K représente, à proprement parler, la résistance de l'unité de surface à découper.

D'après cela (*fig.* 116)

E étant l'épaisseur totale de la pièce à percer;

$h$ la hauteur totale dont le poinçon est descendu à l'instant du percement que l'on considère, H conservant la signification précédente,

Fig. 116.

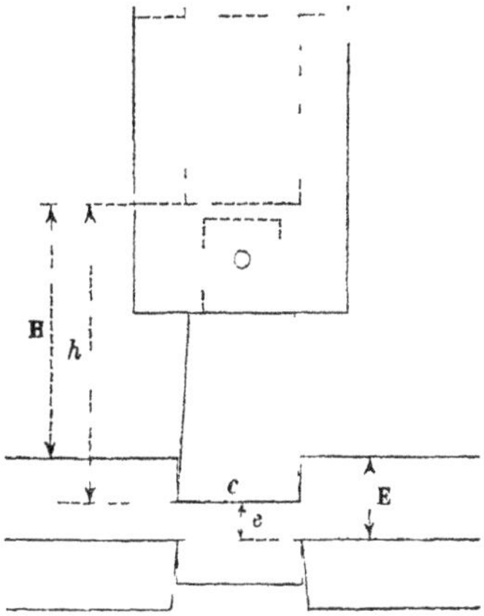


la profondeur de l'impression ou le chemin parcouru dans le sens de F, jusqu'à l'instant que nous considérons, sera $h - \mathrm{H}$, et l'on aura

$$e = \mathrm{E} - (h - \mathrm{H});$$

par conséquent, la quantité de travail développée dans l'élément de temps $dt$ par la résistance F sera

$$\mathrm{F}\,dh = \mathrm{K}\,ce\,dh = \mathrm{K}c(\mathrm{E} + \mathrm{H} - h)\,dh;$$

et, en intégrant depuis $h = \mathrm{H}$ jusqu'à $h = \mathrm{H} + \mathrm{E}$, on a, pour le travail total de F pendant le percement,

$$\int \mathrm{F}\,dh = \mathrm{K}c\frac{\mathrm{E}^2}{2}.$$

Cela posé, à un instant quelconque du percement, la vis éprouve, de la part de la matière, la résistance F dirigée en sens contraire de son mouvement de descente, qui se retarde, dans l'élément du temps, dans le sens vertical et dans le sens horizontal; et si nous désignons par $d\omega$ la variation de la vitesse angulaire horizontale, celle de la vitesse verticale sera

$$d\omega \frac{h'}{2\pi}.$$

L'inertie de la masse totale $\frac{Q}{g}$ de la vis et de son équipage tend à s'opposer à ce retard avec une intensité mesurée à chaque instant par

$$\frac{h'}{2\pi}\int \frac{d\omega}{dt} m = \frac{h'}{2\pi}\frac{d\omega}{dt} M = \frac{h'}{2\pi}\frac{Q}{g}\frac{d\omega}{dt};$$

le poids Q de la vis se joint d'ailleurs ici aux forces d'inertie pour entretenir le mouvement de descente, et la résistance que la vis éprouve dans le sens vertical a pour expression

$$F - \frac{h'}{2\pi}\frac{Q}{g}\frac{d\omega}{dt} - Q.$$

Nous la représenterons provisoirement, et pour simplifier les formules, par $q$, et nous aurons à exprimer qu'à chaque instant du percement il doit y avoir équilibre entre cette résistance, les frottements qui en résultent d'une part, et de l'autre entre les forces d'inertie tangentielles ou de rotation qui tendent à entretenir le mouvement, auquel s'ajoute l'effort P, développé par le moteur pendant le percement.

On remarquera d'abord que, la résistance $q$ éprouvée par la vis agissant de bas en haut, les filets seront appuyés par leur surface supérieure contre la face inférieure de ceux de l'écrou, et il est facile de voir, en suivant la marche indiquée dans la Section III, que l'effort $p$, tangentiel au cylindre des filets moyens de rayon $r'$, qu'il faut exercer à chaque instant pour faire descendre la vis, a pour expression

$$p = q\frac{f + \text{tang}\,\alpha}{1 - f\,\text{tang}\,\alpha} = q\frac{2\pi r' f + h'}{2\pi r' - fh}.$$

Si la vis descend de la quantité élémentaire $dh$ dans l'instant $dt$, le point d'application de cette force $p$ parcourra le chemin élémentaire $ds = \frac{2\pi r'}{h'}dh$, de sorte qu'elle développera, dans l'élément du temps, une quantité de travail

$$q\,\frac{2\pi r' f + h'}{2\pi r' - fh'}\,\frac{2\pi r'}{h'}\,dh.$$

Le mandrin est pressé contre le bout de la vis, pendant le percement, par un effort exprimé par $F + \frac{h'}{2\pi}\frac{Q}{g}\frac{d\omega}{dt} + Q$, qui donne lieu à un frottement analogue à celui des pivots. En appelant $\rho$ le rayon de ce pivot et $f'$ le rapport du frottement à la pression pour les surfaces en contact, il est facile de voir que cette résistance développera, en sens contraire du mouvement pendant $dt$, une quantité élémentaire de travail mesurée par

$$\tfrac{2}{3}f'\left(F + \frac{h}{2\pi}\frac{Q}{g}\frac{d\omega}{dt} + Q\right)\frac{2\pi\rho}{h'}\,dh.$$

Enfin le frottement que nous venons d'évaluer, et qui s'exerce sur la tête du mandrin, tend à le faire tourner et à presser les oreilles dont il est garni dans les coulisses qui les guident; de là résulte un nouveau frottement qui agit dans le même sens que la résistance F et qui, en appelant

$f''$ le rapport du frottement à la pression pour les coulisses;
$l$ la distance moyenne des oreilles à l'axe de rotation,

a pour expression

$$f'f''\left(F + \frac{h}{2\pi}\frac{Q}{g}\frac{d\omega}{dt} + Q\right)\frac{2}{3}\frac{\rho}{l}.$$

Cette résistance consommera dans l'élément du temps la quantité de travail

$$f'f''\left(F + \frac{h}{2\pi}\frac{Q}{g}\frac{d\omega}{dt} + Q\right)\frac{2}{3}\frac{\rho}{l} + dh.$$

Mais il est évident qu'à cause de la petitesse ordinaire des quantités $f'$, $f''$ et du rapport $\frac{\rho}{l}$ on pourra, sans erreur notable, négliger ce dernier frottement, dont la considération ne compliquerait au reste nullement les calculs.

D'une autre part, l'effort moteur P développera, dans le même intervalle, une quantité de travail mesurée par

$$P\,ds = P\,\frac{2\pi R}{h'}\,dh,$$

R étant le rayon de l'arc décrit par son point d'application ; et les forces d'inertie horizontales ou de rotation développeront dans le même sens la quantité de travail

$$\omega\,d\omega\,\Sigma\,mr^2,$$

numériquement égale à la moitié de la variation de la force vive de rotation pendant le même temps.

Nous aurons donc, pour exprimer qu'à chaque instant il y a équilibre entre les différentes forces du système ou qu'elles développent des quantités de travail égales en sens contraire, l'équation

$$\begin{aligned}\omega\,d\omega\,\Sigma\,mr^2 + P\,ds = {} & q\,\frac{2\pi r' f + h'}{2\pi r' - f h'}\,\frac{2\pi r'}{h'}\,dh \\ & + \tfrac{2}{3}f'\left(F + \frac{h}{2\pi}\,\frac{Q}{g}\,\frac{d\omega}{dt} + Q\right)\frac{2\pi\rho}{h}\,dh,\end{aligned}$$

ou, en remplaçant $q$ par sa valeur $q = F - \frac{h'}{2\pi}\,\frac{Q}{g}\,\frac{d\omega}{dt} - Q$,

$$\begin{aligned}\omega\,d\omega\,\Sigma\,mr^2 + P\,ds = {} & \left(F - \frac{h'}{2\pi}\,\frac{Q}{g}\,\frac{d\omega}{dt} - Q\right)\frac{2\pi r' f + h'}{2\pi r' - f h'}\,\frac{2\pi r'}{h}\,dh \\ & + \tfrac{2}{3}f'\left(F + \frac{h'}{2\pi}\,\frac{Q}{g}\,\frac{d\omega}{dt} + Q\right)\frac{2\pi\rho}{h'}\,dh,\end{aligned}$$

qui, en observant que $\frac{dh}{dt} = \frac{h'}{2\pi}\,\omega$, revient à

$$\begin{aligned}\omega\,d\omega\left[\Sigma\,mr^2 + \frac{Q}{g}\,\frac{h'}{2\pi}\left(\frac{2\pi r' f + h'}{2\pi r' - f h'}\,r' - \tfrac{2}{3}f'\rho\right)\right] + P\,ds \\ = F\left(\frac{2\pi r' f + h'}{2\pi r' - f h'}\,r' + \tfrac{2}{3}f'\rho\right)\frac{2\pi}{h'}\,dh \\ - Q\left(\frac{2\pi r' f + h'}{2\pi r' - f h'}\,r' - \tfrac{2}{3}f'\rho\right)\frac{2\pi}{h'}\,dh,\end{aligned}$$

ou, en posant, pour simplifier,

$$\frac{f\,2\pi r' + h'}{2\pi r' - f h'}\,r' + \tfrac{2}{3} f'\rho = \mathrm{A}, \qquad \frac{2\pi r' f + h'}{2\pi r' - h'}\,r' - \tfrac{2}{3} f'\rho = \mathrm{A}',$$

$$\omega\, d\omega \left(\Sigma\, m r^2 + \mathrm{A}' \frac{h'}{2\pi}\frac{\mathrm{Q}}{g}\right) + \quad ds = \frac{2\pi}{h'}\left(\mathrm{AF}\, dh - \mathrm{A}'\mathrm{Q}\, dh\right),$$

équation qui, intégrée pour toute la durée du percement, ou depuis $\omega = \omega'$ jusqu'à $\omega = \omega''$, correspondant respectivement à $h = \mathrm{H}$ et $h = \mathrm{H} + \mathrm{E}$, nous donnera

$$(2) \qquad \left\{ \begin{aligned} &\frac{(\omega'^2 - \omega''^2)}{2}\left(\Sigma\, m r^2 + \mathrm{A}' \frac{h'}{2\pi}\frac{\mathrm{Q}}{g}\right) + \int \mathrm{P}\, ds \\ &= \frac{2\pi}{h'}\left(\mathrm{A}\int \mathrm{F}\, dh - \mathrm{A}'\mathrm{QE}\right). \end{aligned} \right.$$

Dans les balanciers ordinaires, où les hommes agissent sur des tiraudes et impriment au système une grande vitesse de rotation, au commencement de la première période, en bornant là leur action sur la machine, le terme $\int \mathrm{P}\, ds$ est nul pendant la durée du percement, et, dans les balanciers où les hommes agissent à la main sur les bras du levier et prolongent leur effort pendant la seconde période, le travail qu'ils développent pendant cette période est très-faible par rapport à celui qui correspond à la variation de la force vive ; on peut donc presque toujours négliger le terme $\int \mathrm{P}\, ds$ par rapport au premier. Il en est de même du terme QE, relatif au travail développé par le poids de la vis et de son équipage, pendant le percement, attendu que E est toujours très-petit.

**46.** *Équation à employer pour les balanciers à tiraudes.* — D'après cette observation, l'équation à appliquer aux balanciers mus par des hommes qui agissent à l'aide de tiraudes, pour imprimer une certaine vitesse au système, qu'ils abandonnent ensuite à lui-même, ainsi que cela a lieu, notamment pour celui de l'Arsenal d'Artillerie de Metz, se réduira à

$$(3) \quad \frac{(\omega'^2 - \omega''^2)}{2}\left(\Sigma\, m r^2 + \mathrm{A}' \frac{h'}{2\pi}\frac{\mathrm{Q}}{g}\right) = \frac{2\pi}{h'}\left(\mathrm{A}\int \mathrm{F}\, dh - \mathrm{A}'\mathrm{QE}\right),$$

d'où l'on tirera

$$\int F\,dh = kc\frac{E^2}{2} = \frac{\dfrac{\omega'^2 - \omega''^2}{2}\left(\Sigma mr^2 - A'\dfrac{h'}{2\pi}\dfrac{Q}{g}\right)}{A\dfrac{2\pi}{h'}} + \frac{A'}{A}QE.$$

47. *Mode à suivre pour déterminer le coefficient* K *par l'expérience.* — Lors donc que, par des moyens particuliers, on aura pu déterminer la vitesse angulaire $\omega''$ à la fin du percement, on déduira de cette équation la valeur du coefficient constant K, ou de la résistance du métal découpé, sur l'unité de surface de rupture, et l'on pourra vérifier, par la comparaison des diverses valeurs de K correspondant à des valeurs différentes de $c$ et de E, si la loi que nous avons admise précédemment pour la résistance au percement est effectivement celle qui la régit. Cette loi étant une fois vérifiée et la valeur de K étant ainsi déterminée, on pourra en déduire la quantité de travail que nécessite le percement d'une pièce d'une épaisseur donnée, selon un contour connu.

48. *Moyens à employer pour déterminer la vitesse angulaire à la fin du percement.* — Il est en général assez difficile de déterminer la vitesse angulaire $\omega''$ correspondant à la fin du percement; mais on peut cependant y parvenir dans différents cas, comme nous allons l'indiquer.

Il arrive d'abord quelquefois que le percement ne peut s'effectuer d'un seul coup de balancier, et que par conséquent la vitesse est totalement détruite par une impression ou un découpage partiel de la pièce. Dans ce cas, on fera dans l'équation ci-dessus $\omega'' = 0$, en y mettant pour E la valeur correspondant à la profondeur observée de pénétration. Dans d'autres cas, le percement est complet, mais la vitesse est sensiblement éteinte à la fin : c'est ce qui arrive assez souvent, quand des hommes ont à découper un grand nombre de pièces de même matière et de mêmes dimensions, parce qu'ils acquièrent assez d'habitude pour proportionner leur effort à la résistance à vaincre.

Enfin certains balanciers, et particulièrement celui de l'Arsenal d'Artillerie de Metz, sont munis de dispositions spéciales qui permettent de déterminer facilement la vitesse $\omega''$.

49. *Disposition particulière du balancier de l'Arsenal d'Artillerie de Metz.* — Sur la circonférence décrite par celle des sphères qui est opposée au point d'action des hommes, on a disposé un ressort en spirale, contre lequel elle vient éteindre graduellement sa vitesse. Si l'on suppose que ce ressort soit convenablement proportionné et que son élasticité ne soit pas notablement altérée par ce choc, il développera en se débandant, après sa compression, une quantité de travail égale à celle que le système aura exercée sur lui en le faisant fléchir, et la vitesse de retour qu'il communiquera à la vis sera sensiblement égale à celle avec laquelle elle sera venue le choquer; comme il sera facile d'observer jusqu'à quel point de la circonférence la vis ou le balancier revient dans ce retour, on pourra en déduire la vitesse, qui a été restituée au système, et qui est égale à la vitesse d'arrivée que l'on cherche.

En effet, en appelant $\omega'''$ la vitesse angulaire de retour cherchée; H″ la hauteur dont la vis s'est relevée par suite de l'action du ressort et à laquelle correspond une vitesse angulaire nulle, il est facile de voir que, en conservant d'ailleurs les notations précédentes, on aura

$$\tfrac{1}{2}\omega''^2\left(\Sigma mr^2 + \frac{Q}{g}\frac{h'^2}{4\pi^2}\right) = QH'' + fQ\frac{4\pi^2 r'^2 - h'^2}{2\pi r' - fh'}\frac{H''}{h'},$$

d'où l'on déduira $\omega'''$.

Cela fait, puisque la vis ou le balancier atteint le ressort avec une vitesse angulaire $\omega'''$, et qu'à partir de la fin du percement jusqu'à ce moment la vis n'est sollicitée que par son poids et par le frottement des filets contre l'écrou, on aura, en nommant H′ la hauteur dont elle descend, depuis la fin du percement jusqu'à l'instant où elle rencontre le ressort, hauteur qui est donnée par l'observation directe,

$$\tfrac{1}{2}(\omega'''^2 - \omega''^2)\left(\Sigma mr^2 + \frac{Q}{g}\frac{h'^2}{4\pi^2}\right) = QH' - fQ\frac{4\pi^2 + h'^2}{2\pi r' + fh'}\frac{H'}{h'},$$

d'où l'on déduira la vitesse cherchée $\omega''$ correspondant à la fin du percement.

Cette méthode suppose, comme on le voit, que le ressort conserve son élasticité et que, pendant sa flexion et son débandement, il ne se développe pas de frottements ou de résistances capables d'altérer notablement la vitesse de retour; mais il arrive souvent dans la pratique que les choses sont disposées d'une manière moins convenable, et voici comment on devra s'y prendre pour tenir compte des résistances.

On observera d'abord jusqu'à quelle position le ressort renvoie le levier pendant le travail habituel de la machine, puis, en relevant la vis à diverses hauteurs et l'abandonnant à son poids, on déterminera, par tâtonnements, jusqu'à quelle hauteur il a fallu l'élever pour que le ressort renvoyât le levier à la même distance que pendant le travail. Cela fait, la formule

$$\frac{1}{2}\omega'''^2\left(\Sigma mr^2 + \frac{Q}{g}\frac{h'^2}{4\pi^2}\right) = QH'' - fQ\frac{4\pi^2 r'^2 + h'^2}{2\pi r' + fh'}\frac{H''}{h'},$$

dans laquelle on mettra pour H″ la hauteur de relèvement, déterminée comme ci-dessus, donnera la valeur de la vitesse angulaire $\omega'''$, avec laquelle le balancier vient à la fin de chaque opération rencontrer le ressort. On procédera ensuite à la recherche de $\omega''$, comme il a été dit plus haut.

50. *Appareils qui donnent directement la vitesse à un instant quelconque du mouvement.* — Il existe d'autres moyens plus commodes et plus précis de déterminer, à un instant quelconque de l'une des trois périodes du mouvement du balancier, la vitesse de descente ou la vitesse angulaire dont il est animé. Ils consistent en général dans la combinaison d'un mouvement connu avec le mouvement à déterminer, d'où l'on déduit une courbe qui représente la relation continue entre le temps et l'espace parcouru, et qui, par l'inclinaison de ses tangentes, permet de déterminer pour chaque position la vitesse angulaire. A l'aide de ces appareils, on connaîtra donc la vitesse à la fin de la première période, et l'on pourra déduire, de l'équation qui y est relative, la quantité de travail $\int P\,ds$ imprimée par le moteur à chaque coup du balancier;

puis, connaissant la vitesse au commencement et à la fin de chaque percement, on conclura, de l'équation relative à cette période, la quantité de travail $\int F\,dh = Kc\,\frac{E^2}{2}$ consommée par la résistance de la matière, et par suite la valeur de K.

51. *Balancier à étamper, à battre les monnaies.* — Lorsqu'il s'agit des balanciers à étamper, à battre les monnaies ou à faire des empreintes (*fig.* 117), la vitesse à la fin de chaque

Fig. 117.

opération est toujours nulle; mais il faut observer qu'alors la résistance F suit une loi différente. On peut admettre, dans ce cas, qu'elle est proportionnelle à l'aire ou à l'amplitude de l'impression et à la profondeur $e$ de cette impression, et qu'elle est représentée par $F = Kae$, et son travail total par

$$\int F\,dh = K\int ae\,de = \frac{Kae^2}{2},$$

le coefficient K exprimant alors la résistance par mètre carré de la matière à la compression.

On procédera, d'ailleurs, au reste du calcul comme dans le cas précédent.

52. *Résultats d'expériences.* — Nous terminerons ce que nous avons à dire sur les machines à percer et à découper, en rapportant ici succinctement quelques résultats d'expériences obtenues, avec le balancier de l'Arsenal de l'Artillerie de Metz, par M. Morin, à l'aide de l'observation de la loi du mouvement vertical de descente de la vis pendant les diverses périodes.

En laissant d'abord descendre la vis sous la seule action de son poids, et déterminant avec un appareil chronométrique à style la vitesse acquise après une hauteur de descente connue, il a trouvé que le rapport du frottement à la pression pour cette vis et son écrou, enduits de suif durci, était $f = 0{,}10$, ainsi que le montrent les expériences directes faites sur le frottement des surfaces planes de même nature dans le même état; ce qui vérifie la théorie du frottement des vis à filets carrés, développée dans la Section III. En observant ensuite de la même manière la vitesse que cinq hommes, habituellement employés à cette machine, lui imprimaient à chaque coup et à l'aide de la formule (1) du n° 44, il en a conclu que la quantité de travail développée par chacun d'eux et à chaque coup de balancier était moyennement de $15^{\text{kgm}},4$.

Enfin, en déterminant la vitesse possédée par la vis avant et après le percement de plaques en fer et en plomb de diverses épaisseurs et à l'aide de l'équation (3) du n° 46, il a reconnu que l'hypothèse admise au n° 45, sur la loi de la résistance de ces métaux au percement, était vérifiée par l'observation, et que l'on avait moyennement:

Pour le fer chauffé au rouge brun.... $K = 8206000$ kil.
Pour le plomb à froid............... $K = 4249000$

FIN.

570 Paris. — Imprimerie de GAUTHIER-VILLARS, quai des Augustins, 55.

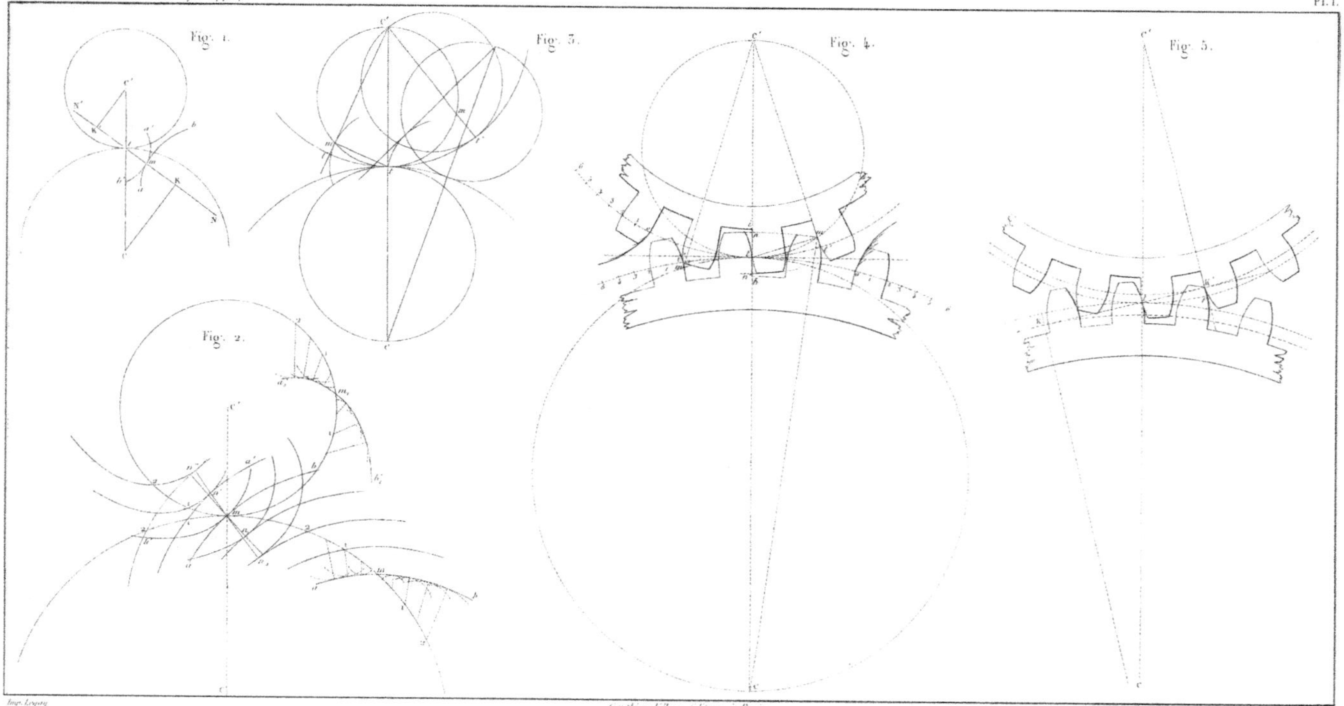
Fig. 1.
Fig. 2.
Fig. 3.
Fig. 4.
Fig. 5.

Fig. 6.

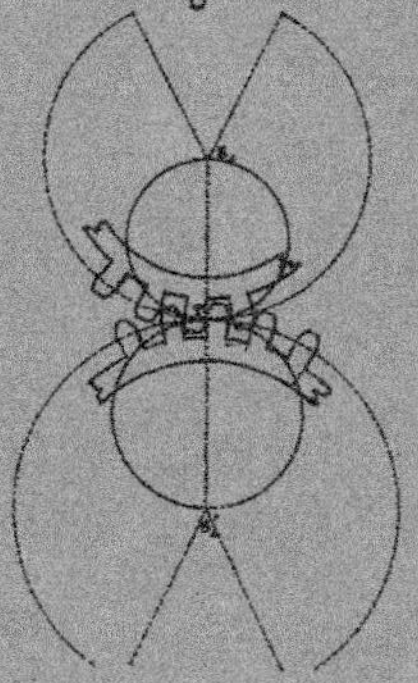

Fig. 8.

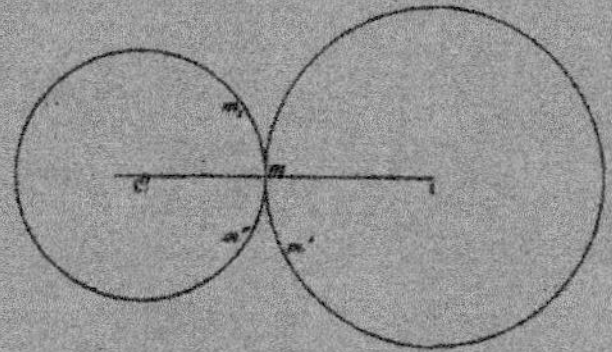

Fig. 9.

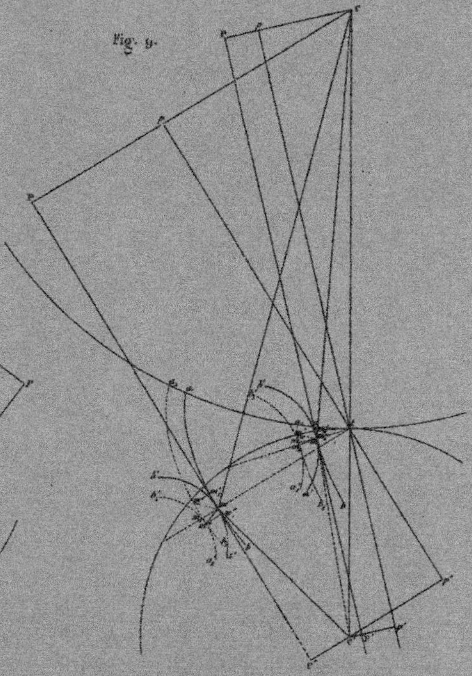

Fig. 10.

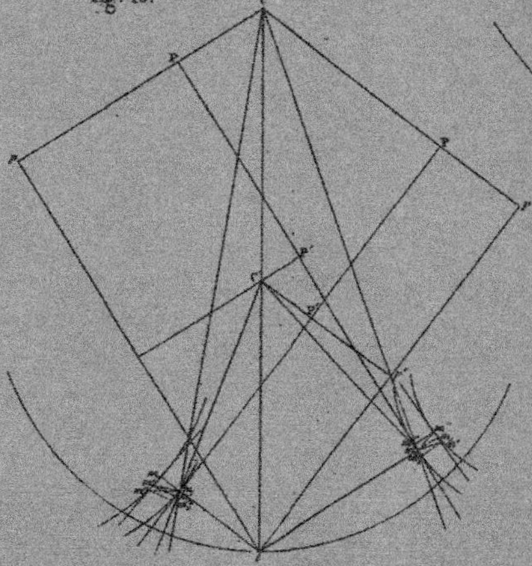

Fig. 7.

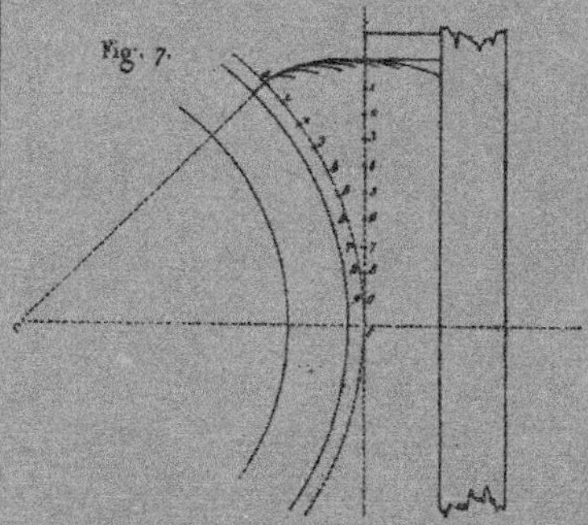

Gauthier-Villars, Éditeur, à Paris

Printed in Dunstable, United Kingdom

91626638R00308